용접산업기사 | 필기
10년간 기출문제

나중식 저

Industrial Engineer Welding

평생직장이라는 개념이 사라지고 경제적인 불황이 길어지면서 자격증 열풍이 되살아나고 있습니다. 특히 용접산업기사 자격은 조선 수주량의 증가, 금속산업의 발달, 건설경기 등 관련 산업의 성장이 되살아나는 시점인 만큼 그 수요가 더욱 크게 요구될 것입니다.

본 수험서는 한국산업인력공단이 주관 및 시행하고 있는 용접산업기사 자격시험에 보다 쉽고 빠르게 대비할 수 있도록 구성하였습니다. 이 책은 최근 기출문제의 유형을 파악, 분석하여 이를 통하여 수험생들이 보다 효과적으로 시험에 대비할 수 있도록 시험에 자주 출제되는 핵심적인 이론을 정리하였으며, CBT 변경 이전 시행된 10년간의 기출문제를 상세한 해설과 함께 수록함으로써 단기간에 시험을 준비할 수 있도록 하였습니다.

1. 개편된 한국산업인력공단의 출제기준과 관련법규에 따라 핵심적인 이론만 요약하였습니다.
2. 본문 이해를 돕기 위한 부분에는 삽화를 추가하였습니다.
3. CBT 변경 이전 한국산업인력공단이 주관하여 시행한 10년간의 기출문제를 상세한 해설과 함께 수록하였습니다.

모쪼록 용접산업기사 자격증을 취득하고자 하는 수험생 여러분에게 합격의 영광이 있기를 기원합니다. 끝으로 이 수험서가 나오기까지 도와주신 모든 분께 감사드리며, 본의 아니게 잘못된 부분은 앞으로 철저히 수정 보완하여 나갈 것을 약속드립니다.

저자 일동

검정안내 및 출제기준
Certified Information and Exam Standard

1. 검정 안내

(1) 개요

용접기술은 조선, 기계, 자동차, 전기, 전자 및 건설 등의 산업에서 제품이나 설비의 제조, 조립, 설치, 보수 등에 이르기까지 광범위하게 사용되고 있고, 산업기술의 척도라 할만큼 중요한 위치를 차지한다. 이에 산업현장에 필요한 용접기술인력을 양성하고자 한다.

(2) 수행직무

주로 제품과정에 필요한 용접을 하여 하나의 제품 또는 구조물을 완성하는 작업을 수행하며, 용접에 관한 설계와 제도 완성, 이에 따르는 비용계산, 재료준비 등의 업무를 수행한다.

(3) 취득방법

① **시행처** : 한국산업인력공단

② **관련학과** : 전문대학 및 대학의 기계공학, 금속공학 등 관련학과

③ **시험과목** :
- 필기 : 용접야금 및 용접설비제도, 용접구조설계, 용접일반 및 안전관리
- 실기 : 용접 실무

④ **검정방법**
- 필기 : 객관식 4지택일형 과목당 20문항(과목당 30분)
- 실기 : 작업형(1시간 40분 정도)

⑤ **합격기준**
- 필기 : 100점을 만점으로 하여 과목당 40점 이상, 전과목 평균 60점 이상
- 실기 : 100점을 만점으로 하여 60점 이상

(4) 진로 및 전망

- 조선, 기계, 자동차, 전기, 전자, 건설 등 산업 전반에 걸쳐 진출할 수 있다.

- 용접의 활용범위가 광범위해지고, 기술개발을 통한 고용착 및 고속 용접기법이 개발되고 있다. 이에 따라 기술인력의 수요증가가 예상되는 반면, 기능인력의 경우는 자동차생산공장 등 자동용접이 가능한 분야에서는 고용의 감소가 예상되며, 조선이나 건설업 등 여전히 수작업이 필요한 분야는 해당산업의 성장에 영향을 받는 것이다. 향후 이들 산업의 성장이 기대됨에 따라 이 분야에서의 고용은 점차 증가할 전망이다. 한편 국내 대기업의 용접인력 중 자격보유율이 20% 수준인 점을 감안하면 기본적인 용접 이론과 실무경험을 갖춘 해당 자격취득자의 향후 전망은 밝아 보인다.

2. 출제기준

과목명	세부항목	세세항목
용접야금 및 용접설비제도	1. 용접야금기초	1. 금속결정구조 2. 화합물의 반응 3. 평형상태도 4. 금속조직의 종류
	2. 용접부의 야금적 특징	1. 탈산, 탈황 및 탈인반응 2. 고온균열의 발생원인과 방지 3. 용접부 조직과 특징 4. 저온균열의 발생원인과 방지 5. 철강 및 비철재료의 열처리 6. 용접부의 열영향 및 기계적 성질
	3. 용접재료 선택	1. 용접재료의 분류와 기호 2. 용가제의 성분과 기능 3. 슬래그의 생성반응 4. 용접재료의 관리
	4. 용접 전후열처리	1. 예열 2. 후열처리 3. 응력풀림처리
	5. KS 제도 통칙	1. 제도의 개요 2. 문자와 선 3. 도면의 분류 및 도면관리
	6. 제도의 기본	1. 평면도법 2. 투상법 3. 도형의 표시 및 치수 기입 방법 4. 기계재료의 표시법 및 스케치 5. CAD기초
	7. 용접제도	1. 용접기호 기재 방법 2. 용접기호 판독 방법 3. 용접부의 시험 기호 4. 용접 구조물의 도면해독 5. 판금, 제관의 용접도면해독
용접구조설계	1. 용접설계	1. 용접 이음부의 종류 2. 용접 이음부의 강도계산 3. 용접 구조물의 설계
	2. 용접시공 및 결함	1. 용접시공, 경비 및 용착량 계산 2. 용접준비 3. 본 용접 및 후처리 4. 치수상 결함 5. 구조상 결함 6. 성질상 결함 7. 용접온도분포 8. 용접 변형 및 잔류 응력 9. 용접 결함 방지대책 10. 기타 결함
	3. 파괴시험	1. 인장시험 2. 굽힘시험 3. 충격시험 4. 경도시험 5. 현미경조직시험 6. 기타시험
	4. 비파괴시험	1. 침투탐상검사 2. 자기탐상검사 3. 방사선투과검사 4. 초음파탐상검사 5. 기타검사
용접일반 및 안전관리	1. 용접의 원리와 분류	1. 용접의 개요 및 원리 2. 용접의 분류 및 용도
	2. 피복아크 용접 및 가스용접, 절단	1. 피복아크용접 설비 및 기구 2. 피복아크용접법 3. 가스용접 설비 및 기구 4. 가스용접법 5. 절단 및 가공
	3. 기타 용접 및 용접의 자동화	1. 서브머지드아크용접 2. 가스텅스텐아크용접 3. 가스금속아크용접 4. 이산화탄소가스아크용접 5. 플라스마아크용접 6. 일렉트로슬래그용접 7. 전자빔용접 8. 저항용접 9. 납땜 10. 용접의 자동화 및 로봇용접 11. 기타용접
	4. 용접안전관리	1. 아크, 가스 및 기타 용접의 안전장치 2. 화재, 폭발, 전기, 전격사고의 원인 및 그 방지 대책 3. 용접에 의한 장해 원인과 그 방지대책 4. 산업안전보건법령에 관한 사항 5. 기계설비법령에 관한 사항

용접산업기사 최근 10년간 기출문제

Contents

| Part 01 | 핵심이론요약 |

 **제1장 용접야금 및 용접설비제도**

Section 1	용접부의 야금학적 특징	10
	01. 용접야금기초	10
	가. 금속 총론	10
	나. 금속결정구조	12
	다. 화합물의 반응	15
	라. 금속조직의 종류와 그 특징	15
	02. 용접부의 야금학적 특징	18
	가. 가스의 용해	18
	나. 탈산, 탈황 및 탈인 반응	20
	다. 용접부 조직과 그 특징	20
	라. 금속의 열처리 방법	23
	마. 용접 금속의 결함(고온균열 및 저온균열의 발생원인과 방지)	25
	바. 용접부의 열 영향 및 기계적 성질	29
Section 2	용접재료 선택 및 전·후처리	31
	01. 용접재료	31
	가. 철강의 제조법	31
	나. 철강 재료	32
	다. 비철금속 재료	36
	02. 용접 전·후처리	39
	가. 예열	39
	나. 후열처리	40
	다. 응력 풀림 처리	41
Section 3	용접 설비 제도	42
	01. 제도 통칙	42
	가. 제도의 개요	42
	나. 문자와 선	43
	다. 도면의 분류	44
	라. 도면관리	45
	02. 제도의 기본	46
	가. 투상법	46
	나. 도형의 표시 및 치수 기입방법	51
	다. 기계재료의 표시법 및 스케치	55
	라. CAD기초	56
	03. 용접 제도	58
	가. 용접기호	58
	나. 용접 도면상의 기호 위치	61
	다. 용접부의 치수 표시	63
	라. 배관 도시 기호	64
	마. 도면 해독	67

제2장 용접구조설계

Section 1 용접 설계 및 시공 69
    01. 용접 설계 69
        가. 용접 설계 69
        나. 용접 이음부의 종류 70
        다. 용접 이음부의 강도 계산 74
        라. 용접 구조물의 설계 77
    02. 용접시공 및 결함 78
        가. 용접 경비 78
        나. 용접 준비 78
        다. 용접 작업 80
        라. 용접 후 처리 82
        마. 용접 온도 분포, 잔류 응력, 변형, 결함 및 그 방지 대책 84

Section 2 용접성 시험 86
    01. 용접성 시험 86
        가. 비파괴 시험 및 검사 86
        나. 파괴 시험 및 검사 90

제3장 용접일반 및 안전관리

Section 1 용접, 피복아크 및 가스 용접의 개요 93
    01. 용접 개론 93
        가. 용접의 개요 및 원리 93
        나. 용접의 분류 및 용도 94
    02. 피복 아크 용접 97
        가. 피복 아크 용접 설비 및 기구 97
        나. 피복 아크 용접법 109
        다. 가스 용접 설비 및 기구 112
        라. 가스 용접법 119
        마. 절단 및 가공 121

Section 2 특수 용접 및 용접의 자동화 용접의 개요 131
    01. 특수 용접 131
        가. 불활성 가스 아크 용접 131
        나. 탄산가스 아크 용접 134
        다. 서브머지드 아크 용접 136
        라. 기타 특수 용접 139
        마. 전기 저항 용접 142
        바. 용접의 자동화 146

Section 3 안전관리 148
    01. 용접 안전관리 148
        가. 일반안전 148
        나. 용접 화재 방지 및 안전 152
        다. 산업안전 155

| Part 02 | 최근기출문제 |

11년
- 2011년도 제1회 시행 ········ 160
- 2011년도 제2회 시행 ········ 169
- 2011년도 제3회 시행 ········ 178

12년
- 2012년도 제1회 시행 ········ 187
- 2012년도 제2회 시행 ········ 196
- 2012년도 제3회 시행 ········ 205

13년
- 2013년도 제1회 시행 ········ 215
- 2013년도 제2회 시행 ········ 224
- 2013년도 제3회 시행 ········ 232

14년
- 2014년도 제1회 시행 ········ 241
- 2014년도 제2회 시행 ········ 249
- 2014년도 제3회 시행 ········ 257

15년
- 2015년도 제1회 시행 ········ 266
- 2015년도 제2회 시행 ········ 275
- 2015년도 제3회 시행 ········ 284

16년
- 2016년도 제1회 시행 ········ 293
- 2016년도 제2회 시행 ········ 302
- 2016년도 제3회 시행 ········ 309

17년
- 2017년도 제1회 시행 ········ 318
- 2017년도 제2회 시행 ········ 327
- 2017년도 제3회 시행 ········ 337

18년
- 2018년도 제1회 시행 ········ 348
- 2018년도 제2회 시행 ········ 356
- 2018년도 제3회 시행 ········ 364

19년
- 2019년도 제1회 시행 ········ 372
- 2019년도 제2회 시행 ········ 380
- 2019년도 제3회 시행 ········ 388

20년
- 2020년도 제1·2회 통합시행 ········ 396
- 2020년도 제3회 시행 ········ 406

Part 01
INDUSTIAL·ENGINEER·WELDING

핵심 이론 요약

제1장_ 용접야금 및 용접설비제도
제2장_ 용접구조설계
제3장_ 용접일반 및 안전관리

Chapter 01 용접야금 및 용접설비제도

SECTION · 01 용접부의 야금학적 특징

01 용접야금기초

가. 금속 총론

(1) 금속의 공통적인 성질(특성)

① 상온에서 고체이며 결정체이다.(예외 : Hg, Na, K, Li)
② 비중이 크고 금속마다 고유의 광택을 갖는다.
③ 결정면에서 슬립이 용이하여 가공이 용이하고 연성, 전성이 좋다.
④ 열과 전기의 양도체이다.
⑤ 이온화하면 양이온이 된다.
⑥ 모든 금속은 전자, 양자, 중성자를 가지고 있다.
⑦ 각 금속마다 금속의 성질과 구조가 다른 이유는 입자들이 다르게 배열되어 있기 때문이다.
⑧ 대부분의 금속은 고체 상태에서 빠르게 배열되어 있다.
⑨ 금속 결합의 요인은 자유 전자이다.

(2) 경금속과 중금속 : 비중 5 이하 경금속, 5 이상 중금속

① 경금속 : Al, Mg, Be(베릴륨), Ca, Ti, Li(리튬은 비중 0.53으로 금속 중 가장 가벼움)
② 중금속 : Fe(비중 7.87), Cu, Cr, Ni, Bi(비스무트), Cd(카드뮴), Ce(세륨), Co, Mo(몰리브덴), Pb, Zn
③ 비금속 또는 준금속 : B, Si, Ge, As, Te, Po

(3) 강괴(제강법) : 제강로에서 퍼낸 용강을 금속 주형이나 사형에 넣어 덩어리로 냉각시킨 것이다.
① 킬드강 : 완전 탈산강으로 탈산제로는 Fe-Si, Fe-Mn, Al 등을 이용한다. 편석이 적고 재질이 균일하며 압연재로 널리 사용된다.
③ 세미킬드강 : 약간 탈산강, 킬드강보다 탈산이 적은 것, 킬드강과 림드강의 중간이다.
④ 림드강 : 탈산 및 가스처리가 불충분한 상태의 것, 강괴 전부를 쓸 수 있는 이점이 있으나 기계적 성질은 킬드강만 못하여 용접봉, 선재 등으로 쓰인다.

(4) 철강의 5 원소
① 탄소(C), 규소(Si), 망간(Mn), 인(P), 황(S)
② 탄소(C)가 철강 성질에 가장 큰 영향을 준다.

(5) 철강의 분류
① 순철(pure iron) : 탄소함유량이 0~0.02% 정도로 기계구조용보다는 전기재료로 많이 사용된다.
② 강(steel) : 주로 탄소만 함유된 것을 탄소강 또는 보통강(탄소함유량 0.02~2.11%)이라 하고, 니켈, 크로뮴, 망가니즈, 텅스텐, 몰리브데넘 등의 특수금속 원소가 포함된 강을 특수강 또는 합금강이라고 한다.
③ 주철(cast iron) : 탄소함유량이 2.11~6.67% 정도의 범위인 철로, 일반적으로 4.5%인 것이 많이 쓰인다.

(6) 금속의 물리적 성질
① 비중 : 4°의 순수한 물을 기준으로 한 무게를 말한다.
② 용융점 : 고체에서 액체로 변하는 온도점으로 텅스텐이 3410°C로 금속 중 가장 높고, 수은은 38.8°C로 금속 중 가장 낮다. 순철은 1530°C이다.
③ 비열 : 단위 질량의 물체 온도를 1°C 올리는데 필요한 열량으로 비열 단위는 kJ/kg·°C이다.
④ 선팽창 계수 : 물체의 단위 길이에 대하여 온도 변화에 따라 막대 길이가 늘어나는 정도로, 단위는 cm/cm·°C이다.
⑤ 열전도율 : 거리 1m에 1°C씩 변할 때, 1m² 단면에 1시간 동안 전해지는 열량. 단위는 kJ/m·h·°C이며, 은>구리>백금>알루미늄 순이다.
⑥ 전기전도율 : 물체에 전기가 흐르는 정도로, 은>구리>금>알루미늄>마그네슘>아연>니켈>철>납>안티몬 순이다.

⑦ 자기적 성질
  ㉮ 자석에 끌리는 성질
  ㉯ 강자성체(잘 붙는 것) : Fe, Ni, Co
  ㉰ 상자성체(잘 안붙는 것) : Al, Pt, Mn, Cr
  ㉱ 비자성체(반자성체) : Cu, Ag, Au, Zn, Bi

〈시험에 잘 나오는 금속 용융점〉

금속	온도(℃)	금속	온도(℃)	금속	온도(℃)
Cu	1083	Al	660	Mg	650
Sn	232	Fe	1538	Ni	1455
Zn	419	Co	1495	Ti	1668

(7) 금속의 기계적 성질

① 항복점 : 금속재료의 인장시험에서 하중을 0으로부터 증가시키면 응력의 근소한 증가나 또는 증가없이도 변형이 급격히 증가하는 점에 이르게 되는데 이 지점을 항복점이라 한다.

② 연성 : 물체가 탄성한도를 초과한 힘을 받고도 파괴되지 않고 늘어나 소성변형이 되는 성질로 금＞은＞알루미늄＞구리＞백금＞납＞아연＞철 순으로 좋다.

③ 전성 또는 가단성 : 금속을 얇은 판이나 박으로 만들 수 있는 성질이다.

④ 인성 : 굽힘이나 비틀림 작용을 반복했을 때 끈기 있게 저항하는 성질이다.

⑤ 인장강도 : 최대하중을 원단면적으로 나눈 값이다.

⑥ 취성 : 물체가 약간의 변형에도 견디지 못하고 파괴되는 성질로 인성의 반대 개념이다.

⑦ 가공 경화 : 금속이 가공에 의하여 강도, 경도가 커지고 연신율이 감소하는 성질이다.

⑧ 주조성 : 가열하면 유동성이 좋아져서 주조 작업이 가능한 성질을 말한다.

나. 금속결정구조

(1) 고용체의 격자

① 침입형 고용체 : Fe-C, Fe-H, N, O, B 원자의 지름이 작아 Fe 가운데로 침입하여 들어간다.

② 치환형 고용체 : Ni-Cu, Ag-Au, Cu-Zn 원자의 반지름 값이 비슷하여 서로의 원자 자리에 들어간다.

③ 규칙 격자형 고용체 : CuZn, Fe_3Al, Ni_3Ke, Cu_3Au 고용체의 성분 원자 지름의 차가 15% 이내여야 한다.

(2) 고용체의 종류

① 1차 고용체 : 침입형, 치환형. 어떤 고체에서도 그 결정 구조는 모체 금속과 같다.

② 중간 고용체 : 성분 금속의 어느 쪽과도 다른 구조를 가진 고용체이다.

③ 전율 고용체 : 전 농도에 걸친 고용체. 두 성분 금속의 50% 점에서 경도, 강도가 최대이다.

④ 한율 고용체 : 농도에 따라 공정을 만드는 고용체로, 공정점에서 경도와 강도가 최대이다.

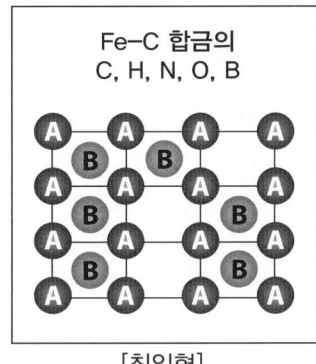
[침입형]

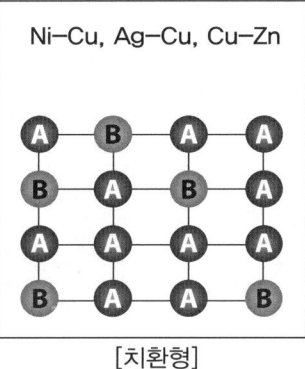
[치환형]

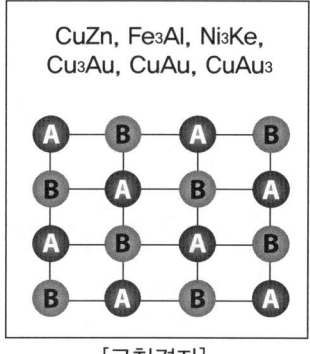
[규칙격자]

(3) 금속의 결정 구조

① γ철(면심입방격자, FCC) : 원소 - Al, Ag, Au, γ-Fe, Cu, Ni, Pb, Pt, Ca, β-Co, Rh, Pd, Ce, Th, Ir, Sr 등으로 귀속 원자수는 4이며, 원자 충전율은 74%이다.

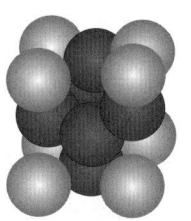 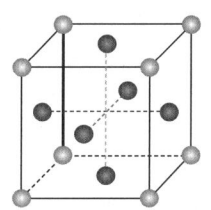 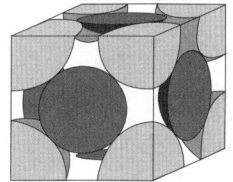

[면심입방격자(FCC)]

② α, δ철(체심입방격자, BCC) : Fe(α, δ(델타)철), Cr, W, Mo, V, Li, Na, Ta, K, Ba, Rb, Nb 등 귀속 원자수는 2이며, 원자 충전율은 68%이다.

 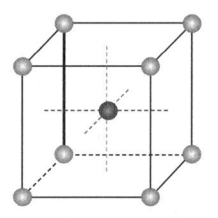 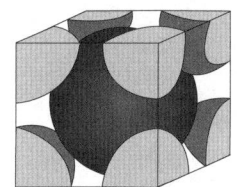

[체심입방격자(BCC)]

③ 조밀육방격자(HCP) : Mg, Zn, Ti, Be, Hg, Zr, Cd, Ce, Os 등이며 귀속 원자수는 2이며, 원자 충전율은 74%이다.

 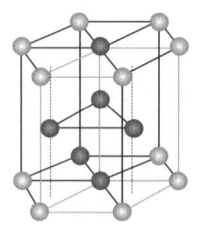 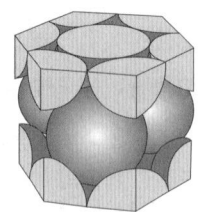

[조밀육방격자(HCP)]

⟨결정 구조 간의 비교⟩

결정구조	원자수	배위수	충진율	금 속	특 성
면심입방격자	4	12	74%	금, 은, 납, 알루미늄, 백금 등	전기전도도가 크다. 전연성이 크다.
체심입방격자	2	8	68%	텅스텐, 크롬, 망간, 나트륨 등	강도가 크며 융점이 높다. 전연성이 적다.
조밀육방격자	2	12	74%	코발트, 아연, 마그네슘 등	결합력이 적다.

(4) 금속의 변태(transformation) : 고체에서 액체, 액체에서 고체로 결정 격자 혹 자기 변화
 ① **동소 변태** : 고체 내에서 원자 배열의 변화를 수반하는 변태
  순철 체심 입방격자가 A_4(1400℃) 변태점에서 면심 입방격자로 바뀌고 다시 A_3(910℃) 변태점에서 체심 입방격자로 바뀜
 ② **자기 변태** : 원자 배열의 변화 없이 자기의 강도만 변화하는 것으로 순철의 자기변태는 A_2 변태점(768℃)에서 일어나고 시멘타이트(탄화철 Fe_3C 고온에서 생성)의 자기 변태점은 A_0(210℃)이다.

※동소체란 동일 화학 물질이면서, 서로 다른 상을 가지는 것을 말한다.

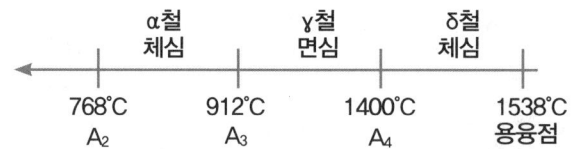

⟨주요한 합금⟩

합금명	성분	성질	용도
18-8스테인리스	Fe에 Cr18, Ni8	녹슬지 않고 산에 부식 안됨	식기, 화학기구
고속도강	Fe에 W, Cr, C	강하고 열에 잘 견딤	금속 절단기
규소강	Fe에 Si, C	자화 하기 쉬움	변압기, 발전기

합금명	성분	성질	용도
황동(놋쇠)	Cu에 Zn	잘 녹슬지 않으며 가공이 쉽고 황색	가정용구
청동	Cu에 Sn	구리색~황금색	화폐, 종
니크롬	Ni에 Cr	전기저항이 크고 산화 안됨	전열선
활자금	Pb에 Sb, Sn	용융점이 낮다.	활자
땜납	Pb에 Sn	용융점이 낮다.	Eoa
퓨우즈	Pb에 Sb, Sn	용융점이 낮다.	전기의 안전기
듀랄루민	Al에 Cu, Mg, Mn, Si	가볍고 질기다.	비행기

다. 화합물의 반응

(1) 포정 반응: 고체A+액체 ⇔ 고체 B
(2) 편정 반응: 액체 ⇔ 고체+액체B
하나의 액체에서 고체와 다른 액체를 동시에 형성하는 반응
(3) 고용체: 고체 A + 고체 B ⇔ 고체 C
(4) 공정 반응: A, B 금속을 합금하여 A, B 각각의 금속보다 저융점을 갖는 합금을 의미한다.

라. 금속 조직의 종류와 그 특징

(1) 평형 상태도 상의 조직

① 오스테나이트(Austenite)

㉮ γ 고용체이다.
㉯ A_1 변태점 이상에서만 안정한 고온 조직이다.
㉰ Fe에 Ni, Mo, Cr, Mn 등의 특수 원소가 포함된 합금강에서는 상온에서도 존재한다. 이를 잔류 오스테나이트*라 한다.
㉱ γ철의 최대 탄소 고용 한도는 2.11%C이다.

*잔류 오스테나이트는 심랭 처리(sub-zero treatment)로 조직을 안정화시킬 수 있다. 심랭 처리(sub-zero treatment)란 담금질한 강에 잔류 오스테나이트를 제거하기 위하여 1℃ 이하인 영하의 온도로 냉각하여 모두 마텐자이트로 변태시켜 주는 처리를 말하며, 드라이아이스나 소금물을 사용한다. 심랭 처리의 목적은 강에 강인성을 부여하고, 형상 및 치수 변형 방지 및 침탄층의 경화, 게이지강의 자연 시효 및 경도 증가, 공구강의 경도 증가, 절삭성 향상, 스테인리스강의 기계적 성질의 개선 및 담금질한 강의 조직을 안정화시키기 위한 것이다.

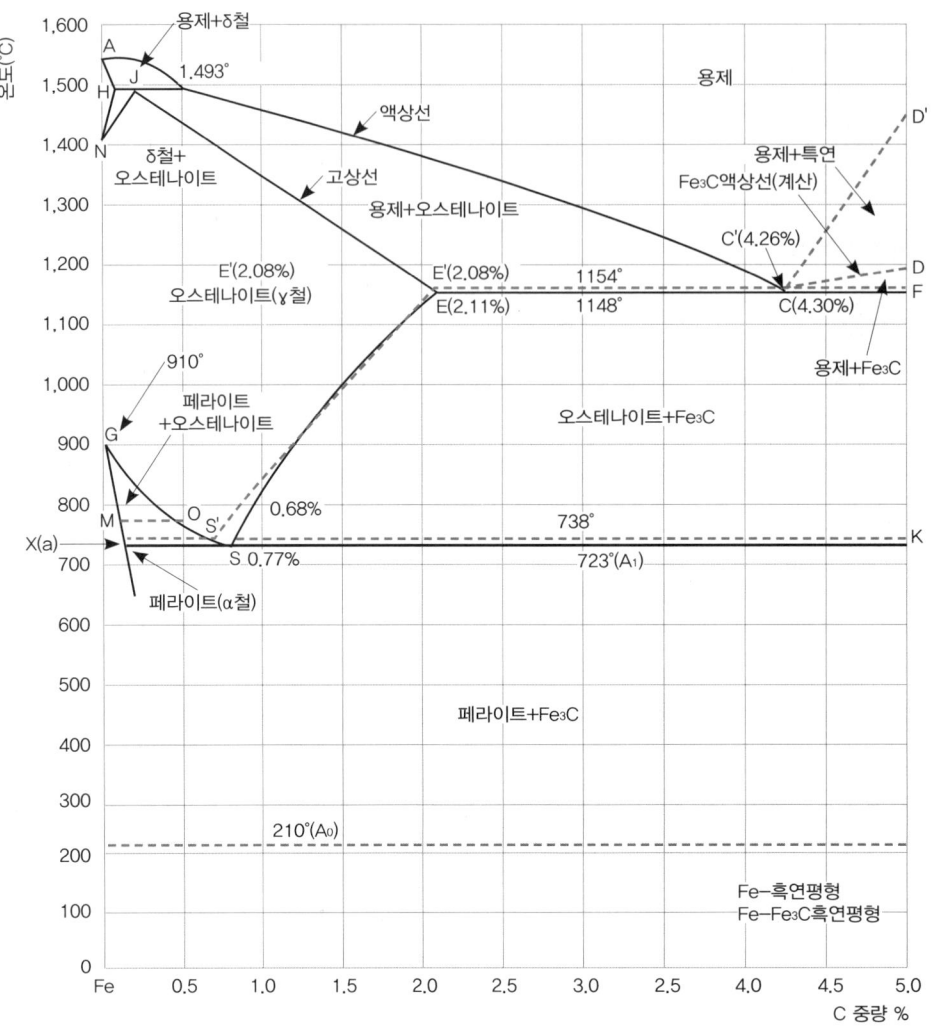

- 1536°C 순철의 용융점
- 1493°C 포정선 B(용액) + H (δ 고용체) ⇔ J(γ고용체)
- 1400°C 순철의 A₄ 변태점(δ철과 γ철 사이 동소변태)
- 910°C 순철의 A₃ 변태점 (γFe ⇔ 2Fe 사이 동소변태)
- 768°C α 고용체의 자기 변태점
- 210°C 강의 A₀ 변태(Fe₃C의 자기변태, 철이 탄소를 최대 6.68%로 고용하는 점, FeOC의 100% 점)
- 탄소 4.3%인 점은 공정(레데부라이트)
- 탄소 2.11%은 강과 주철의 분리점으로 γ가 C를 최대로 고용하는 점
- 탄소 0.77 % 공석(펄라이트)
- 탄소 0.51 % 포정반응을 하는 액체
- 탄소 0.16 % 포정점
- 탄소 0.10 % 포정 반응을 하는 고체 (δ가 C를 최대로 고용함)
- 탄소 0.03 % α(체심입방격자)가 C를 최대로 고용함

[철-탄소 상태도(Fe-Fe₃C 상태도)]

> **Note | 순철의 변태 과정**
> A_0 변태점 210°C
> A_1 변태점 723°C
> A_2 변태점 768°C 체심입방격자 (α철)
> A_3 변태점 910°C A_3-A_4 사이 면심입방격자 (γ 철)
> A_4 변태점 1400°C 이상 체심입방격자 (δ철)

② 시멘타이트(cementite)

 ㉮ 철탄화물이다. (Fe_3C)

 ㉯ 금속간 화합물이다. (6.67%C+Fe)

 ㉰ 경도가 매우 높으며(Hb820), 취약하다. *강자성체이나 210°C에서 자성을 상실한다.

 ㉱ 고탄소강, 공구강에서는 망목상이며, 이는 충격시 크랙의 원인이 되므로 열처리하여 구상화시킨다.

③ 페라이트(ferrite)

 ㉮ α 고용체이다.

 ㉯ 강자성체로 연성이 크며, 경도는 Hb=900~100 정도이다.

 ㉰ 순철에서 쉽게 볼 수 있는 백색 조직으로 검은선은 입계이다.

④ 펄라이트(pearlite)

 ㉮ 페라이트(α 고용체)와 시멘타이트의 층상 조직을 나타낸다.

 ㉯ 0.8% C강이 A_1 변태점에서 변태한 공석정이다. Hb=125~150 정도이다.

⑤ 레데부라이트(Ledeburite)

 ㉮ γ 고용체와 산화철의 공정 조직이다.

 ㉯ 강도 경도가 낮고, 취약하다.

 ㉰ 용융점이 낮다.

(2) 열처리에 의한 금속 조직

① 마텐자이트(martensite)

 ㉮ 강의 담금질 조직으로 오스테나이트에서 급랭한 것이다.

 ㉯ 무확산 변태의 조직이다.

 ㉰ 체심입방정의 백색 침상 조직이다.

 ㉱ 마텐자이트는 강을 수냉한 침상 조직으로, 열처리 조직 중에서 가장 단단하고(Hb=720) 깨지기 쉽다.

 ㉲ 마텐자이트가 되는 임계 냉각 속도는 탄소량이 증가함에 따라 빠르게 된다.

② 트루스타이트(troostite)
  ㉮ 페라이트와 미세 시멘타이트의 혼합 조직이다.
  ㉯ 마텐자이트보다 경도는 떨어지나 인성이 크다.(HB 400)
  ㉰ 강을 유냉한 조직이다.
  ㉱ 마텐자이트를 300~400℃로 뜨임한 조직이다. $\alpha-Fe$과 Fe_3C의 혼합 조직이다.

③ 소르바이트(sorbite)
  ㉮ 페라이트와 미세 시멘타이트의 혼합 조직이다.
  ㉯ 유냉보다 늦은 냉각 속도(Ar 600~650℃)에서 변태한 조직이다.
  ㉰ 마텐자이트보다 경도는 떨어지나 인성은 크다.(HB 270)
  ㉱ 강도와 탄성을 동시에 요구하는 구조용 재료로 사용한다.

④ 베이나이트(bainite)
  ㉮ 마텐자이트와 트루스타이트의 중간 상태 조직이다.
  ㉯ 열처리에 따른 변형이 적고 강도가 높으며 인성이 크다.
  ㉰ 마텐자이트에 비해 시약이 잘 부식된다.
  ㉱ 페라이트와 시멘타이트의 미립 혼합 조직이다.
  ㉲ 경도와 인성이 풍부하다.(HB 3400)
  ㉳ 상부 베이나이트는 우모상, 하부 베이나이트는 침상 조직이다.

⑤ 오스테나이트(austenite)
  ㉮ $\alpha-Fe$과 Fe_3C의 침상 조직으로 노중 냉각한 조직이다.
  ㉯ 연성이 크고, 상온 가공과 절삭성이 양호하다.
  ㉰ 평형 상태도 상에서는 고온에서 존재하나 18-8 스테인리스강을 820~880℃ 부근에서 급랭하면 상온에서도 존재한다.
  ㉱ 점성이 크고 내식성이 높아 불수강의 조직으로 이용된다.(*HB 155 정도)

02 용접부의 야금학적 특징

가. 가스의 용해

(1) 용접 금속과 산소와의 관계 K=[O]/[FeO]
① C가 증가하면 O_2가 급격히 감소한다.
② 1600℃에서는 0.3%의 산소를 용해하고 있으나 응고에 따라 급격히 저하하여 실온에서는 0.01% 이하가 된다. 여분의 산소는 산화물을 형성한다. 또 일부는 C와 반응해서 CO가스를 형성하며, 기공의 원인이 된다.

③ 피복아크용접에서 용접금속 중의 산소량은 용접봉 피복제 계통에 따라 다르고 저수소계가 가장 낮다.

(2) 용접 금속과 질소와의 관계

① N_2 용해량은 Sieverts 법칙 $N[=K_N\sqrt{P_{N_2}}]$에 따른다.
② 아크 용접시 용융 금속의 N_2 용해량은 제강시보다 매우 크다.
③ 과잉 N_2는 침상의 질화물로 석출하지만, 급랭하면 철의 결정 격자에 과포화 고용되어 마텐자이트 조직을 형성하므로 용접 금속의 성질에 각종 영향을 미친다.
④ 아크 용접시 N_2는 공기에서 침입된 것이며, 용접봉 피복제와 아크 길이, 용접 전류 등에 따라 변한다.

(3) 용접 금속과 수소

① H_2의 용해도는 Sieverts의 법칙에 따른다.
② 용해도 이상의 H_2의 존재는 분자상으로는 입계 등에 존재하며, 모자이크 구조 내에서는 분자 또는 원자상으로 존재하며, 철격자 내에서는 원자 또는 이온으로 존재한다.
③ 용강 중에 용입되는 H_2량은 용강 또는 슬래그 중에 함유되어 있는 FeO량에 지배된다.

(4) 용접에서의 수소원

용접 금속에 침입되는 수소, 즉 용접 분위기 중에서 발생하는 수소의 근원으로는 다음과 같다.
① 플럭스 중의 유기물, 즉 셀룰로오스, 전분 등이며 이것들이 연소하면 CO_2와 H_2O로 된다.
② 플럭스 중의 -OH 또는 결정수를 포함한 광물
③ 고착제가 포함된 수분
④ 플럭스에 흡착 또는 흡수된 수분
⑤ 개선면에 부착한 수분 및 유지류
⑥ 대기 중의 수분 등

(5) 용접 금속의 성질에 미치는 수소의 영향

① 비드 밑 터짐 : 용접 비드 바로 밑 열영향부(HAZ)에 나타나는 균열로, 용접 금속에서 열영향부로 확산된 수소가 주요 원인이다.
② 은점(fish eye) : 용접 금속부를 파단하였을 때, 그 파단부에 나타나는 물고기 눈모양의 점으로, 수소가 존재하는 경우에만 발생한다. 수소가 용접 금속 내의 공공이나 비금속 개재물 주위에 집중하면 여기서 수소취성이 발생하고, 그 시험편을 파단하면 국부적인 취성화 파면 현상으로 은점이 발견된다.

③ 수소 취성 : 강은 수소를 포함하면 취성화가 되며, 취성화의 정도는 수소량과 비례하여 증가한다.

④ 미세 균열 : 수소를 많이 함유한 용접 금속 내에 0.01~0.1mm 정도 미세 균열이 다수 발생하여 용접 금속의 굽힘 연성을 감소시킨다. 이 미세 균열은 비금속 개재물 주변이나 결정립계의 열간 미소 균열 등에 수소가 쌓인 결과 발생하고, 수소량에 비례한다.

⑤ 선상 조직 : 용접 금속의 파면에 매우 미세한 주상정이 서릿발 모양으로 병립하고 그 사이에 광학현미경으로 보이는 정도의 비금속 개재물이나 기공을 포함한 조직이 나타나는 것을 선상조직이라 하며, 수소의 존재가 원인이다.

나. 탈산, 탈황 및 탈인 반응

(1) 용접 금속의 성질에 영향을 주는 산소 또는 질소

① 석출 경화(담금질 시효) : 강을 저온 뜨임하면 시간 경과에 따라 경도가 증가하는 경우가 있는데, 이것은 담금질할 때 과포화로 고용한 질소나 탄소가 각각 질화물이나 탄화물로 석출하여 경화를 일으키기 때문이다.

② 변형 시효(Strain aging) : 냉각 가공한 강을 저온으로 뜨임하면 경화, 즉 질소가 영향을 주어 변형 시효를 일으키는 경우가 있다. 질소의 증가와 함께 충격치의 저하율은 증가하고, 같은 질소량에서는 탄소량의 증가에 따라 저하율이 감소한다. 용접 금속은 급랭되어 응고 금속의 수축 때문에 상당한 내부 응력이 남아 있어서 질소, 산소량이 많은 것과 상응하여 용접 금속은 변형 시효를 일으키는 경우가 많다.

③ 청열 취성(Blue shortness) : 저탄소강은 저온에서 인장 시험하면 200~300℃의 온도 범위에서 인장 강도, 경도는 최대로 증가하고 또한 연성과 단면수축률의 저하를 나타내는 경우가 있는데, 이런 현상을 청열 취성이라 한다. 원인은 P이고 산소는 그것을 조장하는 작용이 있으며, 변형 시효와 마찬가지 이유에서 발생한다.

④ 저온 취성 : 금속의 충격 시험에서 시험 온도의 저하와 함께 강도, 경도가 증가하고, 연신률과 충격치가 급격히 저하하는 온도, 즉 천이온도가 존재한다. 이렇게 저온에서 재질의 열화, 즉 취성화를 저온 취성이라 하며, 이러한 성질은 산소나 질소에 의해 현저히 영향을 받는 것으로 알려져 있다. 탈산이 불충분한 림드강은 천이 온도가 높고, 킬드강은 림드강에 비해 낮다.

※ 천이온도란 재료가 연성 파괴에서 취성 파괴로 변화하는 온도로, 천이온도가 낮을수록 우수한 재료이다.

⑤ 풀림 취성 : 강을 900도 전후로 풀림하면 충격치가 매우 저하하는 경우가 있는데, 이러한 현상을 풀림 취성이라 한다. 원인은 결정립(Grains) 성장과 결정립계에 석출하는 시멘타이트에 의한 것이다. 산소와 질소가 많으면 결정립 성장이 쉽고, 탄소가 많으면 시멘타이트 석출이 많으므로 이러한 원소 함유를 적게 해야 한다.

⑥ 적열 취성(Hot shortness) : 불순물이 많은 강은 열간 가공 중 900~1200°C의 온도 범위에서 FeS이 파괴되어 균열이 생기는 경우가 있는데, 이것을 적열 취성이라 한다. 주 원인은 유황(S), 즉 저융점의 FeS의 형성에 의한 것으로 되어 있지만, 산소가 존재하면 강에서 FeS의 용해도가 감소하므로 이것 역시 적열 취성의 한 원인이라고 볼 수 있다. Mn을 첨가하면 MnS나 MnO을 형성하며, 이것들의 융점은 비교적 높기 때문에 취성화를 방지할 수 있다.

⑦ 상온(냉간) 취성 : Fe_3P가 상온에서 연신율, 충격치를 감소시키는 현상이다. P가 원인이다.

다. 용접부 조직과 그 특징

(1) 순철의 용접

① 순철은 탄소함유량이 아주 적기 때문에 용접의 열영향부가 담금질 경화되지 않는다.
② 일반적으로 쉽게 용접이 가능하고 용접속도는 조금 천천히 하는 것이 좋다.

(2) 탄소강의 용접

① 저탄소강의 용접(탄소함유량 0.3% 이하)
  ㉮ 용접구조용강으로 세미킬드강이나 킬드강이 사용되고 일반적인 용접이 가능하지만, 노치 취성 및 용접부 터짐이 발생할 수 있다.
  ㉯ 연강 용접에서는 판 두께 25mm 이상에서는 예열하거나, 저수소계 용접봉을 사용하여 균열을 방지한다.

② 중탄소강의 용접(탄소함유량 0.3~0.5%)
  ㉮ 탄소량이 증가하면 용접 시 열영향부의 경화가 심해지며, 용접성이 나쁘고, 균열이 발생할 수 있으므로 예열을 하여야 한다.
  ㉯ 150~260°C 정도로 예열한다.
  ㉰ 용접봉은 저수소계를 사용하며 탄소함유량이 0.4%일 때는 후열도 고려해야 한다.

③ 고탄소강의 용접(탄소함유량 0.5% 이상)
  ㉮ 탄소함유량이 증가하면 담금질성이 향상되므로 급냉으로 인한 경화 및 균열이 발생하기 쉽다.
  ㉯ 균열을 방지하기 위해 예열 및 후열을 실시한다.
  ㉰ 예열은 260~420°C 정도이며, 후열은 600~650°C 정도로 실시한다.
  ㉱ 용접봉은 저수소계 용접봉을 사용한다.

(3) 주철의 용접

주철의 용접은 모재 전체를 일정한 온도로 예열하는 열간 용접법과 예열을 하지 않고 혹은 저온으로 예열해서 용접하는 냉간 용접법이 있다. 주물의 아크 용접에는 모넬 메탈 용접봉, 니켈봉, 연강봉 등이 있고, 예열하지 않아도 용접할 수 있다.

① 주철 용접시 유의사항
   ㉮ 보수 용접 시 바닥까지 깎아낸 후 용접한다.
   ㉯ 비드 배치 짧게 하는 것이 좋다.
   ㉰ 대형이나 판 두께가 두꺼운 제품 용접시 예열 및 후열을 실시한다.
   ㉱ 용입을 얕게 하고 직선비드 배치, 용접 전류를 너무 높게 사용하지 않아야 한다.
   ㉲ 용접봉은 가는 봉을 쓰는 것이 좋다.
   ㉳ 용접 후 피닝 작업을 하여 변형을 줄이는 것이 좋다.

② 주철의 보수 용접
   ㉮ 스터드법 : 용접부에 스터드 볼트를 사용한다.
   ㉯ 버터링법 : 처음 모재에 사용한 용접봉으로 적당한 두께까지 용접한 후 다른 용접봉으로 다시 용접하는 방법이다.
   ㉰ 비녀장법 : 스태플러 같은 것으로 찝어 놓고 용접하는 방법이다.
   ㉱ 로킹법 : 용접부 바닥면에 둥근 홈을 파고 이 부분에 힘을 받도록 하는 용접 방법이다.

(4) 고장력강의 용접
① 인장강도가 50kg/mm² 이상의 강도를 갖는 것을 고장력강이라고 한다.
② 용접봉은 저수소계를 사용하며, 300~350°C로 1~2시간 정도 건조하여 사용한다.
③ 아크 길이는 짧게 유지하고 위빙 폭을 작게, 엔드탭을 사용한다.
④ 용접 전에 용접부를 청소한다.

(5) 스테인리스강의 용접
① 스테인리스강 용접은 용융점이 높은 산화크롬 생성을 피해야 하므로 불활성 가스용접이나 비산화성 가스 또는 용제 등으로 용융금속을 보호해야 한다.
② 스테인리스강은 연강보다 열 팽창계수가 크고, 전기저항도 커서 열영향부가 변형되기 쉽다.
③ 용접 후 균열이 발생할 수 있다.
④ 스테인리스강의 종류 : 마르텐자이트계, 페라이트계, 오스테나이트계

(6) 구리 용접
① 용접성에 영향을 주는 것은 열전도도, 열팽창계수, 용융온도 등인데, 구리는 열팽창계수가 커서 용접 후 변형이 생기기 쉽다.

② 열전도가 연강의 8배 정도이며 국부적인 가열이 어렵다.

③ 산소에 의해 산화구리가 되어 깨지는 성질이 나타날 수 있다.

④ 용접 시 충분한 예열이 필요하며, 구리 합금 용접시에는 가열에 의해 아연이 증발하여 용접자가 중독될 수 있다.

⑤ 구리 합금의 종류 : 황동, 인청동, 규소청동, 알루미늄 청동 등

(7) 알루미늄 용접

① 알루미늄이나 알루미늄의 합금은 용접성이 대체로 불량하다.

② 용융점이 660℃로 용융점이 낮아서, 가열온도가 높아지면 용융이 커진다.

③ 열팽창계수가 크고 용접 후 변형이나 잔류응력이 발생하기 쉽다.

④ 산화알루미늄은 비중이 4이며, 용융점이 2050℃ 정도로 순수 알루미늄보다 높아서 용접하기 힘들다.

⑤ 알루미늄 합금의 종류 : 실루민, 와이합금, 두랄루민, 하이드로날륨 등

(8) 비철금속이 용접하기 어려운 이유

① 산화 및 질화가 발생하기 쉽다.

② 국부가열이 곤란하다.

③ 산화물의 용융점이 높다.

라. 금속의 열처리 방법

(1) 열처리의 목적

열처리란 금속을 목적하는 성질 및 상태로 만들기 위해 가열 후 냉각 등의 조작을 적당한 속도로 처리하여 그 재료의 특성을 개량하는 조작을 말한다. 열처리의 목적은 다음과 같다.

① 결정 입자의 미세화 및 조직의 표준화

② 조직의 안정화, 가공 시 생긴 응력 제거 및 변형 방지

③ 경도, 항자력 증가 및 기계 가공성의 향상

(2) 일반 열처리

① 담금질(소입, 퀀칭) : 강을 오스테나이트 상태의 고온보다 30~50℃ 정도 높은 온도에서 일정 시간 가열한 후 물이나 기름 중에서 담가서 급랭시키는 것을 말하며, 재료를 경화시키며 마르텐자이트 조직을 얻을 수 있다.

㉮ 목적 : 강도 및 경도를 증가시킨다.

㉯ 조직 경도 순서 : 마텐자이트〉트루스타이트〉솔바이트〉펄라이트〉오스테나이트

② 뜨임(소려, 템퍼링) : 담금질한 강은 단단하고 메져 있어서, 적당한 점도를 가지도록 하기 위해 723℃ 이하의 온도로 가열하여 서냉시키는 것을 말한다.
  ㉮ 목적 : 인성을 부여한다.
  ㉯ 조직 : 트루스타이트, 솔바이트
③ 불림(소준, 노멀라이징) : 단조 작업을 한 강철 재료는 고온으로 가열하여 작업함으로써 그 조직이 불균일하고 억세다. 이 조직을 균일하게 하고 결정입자의 조정, 연화 또는 냉간가공에 의한 내부응력을 제거하기 위해 적당하게 가열하고 서냉시키는 것을 말한다.
④ 풀림(소둔, 어닐링) : 단조, 압연 등의 소성가공이나 주조로 거칠어진 조직을 미세화하고 편석이나 잔류 응력을 제거하기 위하여 910℃보다 약 30~50℃ 높게 가열하여 공기 중에서 공냉하는 것을 말하며, 결정 입자와 조직이 미세하게 되어서 경도, 강도가 크게 증가하고 연신율과 인성도 조금 증가한다.
  ㉮ 고온 풀림 : 완전 풀림, 확산 풀림, 항온 풀림
  ㉯ 저온 풀림 : 응력 제거 풀림, 재결정 풀림, 구상화 풀림 등

(3) 특수 열처리
① 오스템퍼 : 베이나이트 담금질로 뜨임이 불필요하다.
② 마템퍼 : 마텐자이트와 베이나이트의 혼합 조직으로, 충격치가 높아진다.
③ 마퀜칭 : S곡선의 코 아래에서 항온 열처리 후 뜨임으로 담금 균열과 변형이 적은 조직이 돈다.
④ 타임 퀜칭 : 수중 혹은 유중 담금질하여 300~400℃ 정도 냉각시킨 후 다시 수냉 또는 유냉하는 방법
⑤ 항온 뜨임 : 뜨임 작업에서보다 인성이 큰 조직을 얻을 때 사용하는 것으로 고속도강, 다이스강의 뜨임에서 사용한다.
⑥ 항온 풀림 : S 곡선의 코 혹은 다소 높은 온도에서 항온 변태 후 공랭하여 연질의 펄라이트를 얻는 방법이다.

(4) 뜨임 취성의 종류
① 저온 뜨임 취성 : 300~350℃ 정도에서 충격치가 저하
② 뜨임 시효 취성 : 500℃ 정도에서 시간 경과와 더불어 충격값이 저하되는 현상
③ 뜨임 서냉 취성 : 550~650℃ 정도에서 수냉 및 유냉한 것보다 서냉하면 취성이 커지는 현상

(5) 심냉 처리
① 담금질한 강에 잔류 오스테나이트를 제거하기 위하여 0℃ 이하인 영하 온도로 냉각하여 마텐

자이트로 변태시켜 주는 처리를 말한다.

② 심냉 처리 목적
㉮ 강에 강인성을 부여하는 것이 주목적이다.
㉯ 형상 및 치수 변형 방지, 침탄층의 경화가 주목적이다.
㉰ 게이지강의 자연 시효 및 경도 증가한다.
㉱ 공구강 경도 증가, 절삭성 향상시킨다.
㉲ 스테인리스 강의 기계적 성질을 개선 및 담금질한 강의 조직을 안정화시킨다.

(6) 강의 표면 경화
① 물리적 표면 경화
㉮ 화염 경화법 : 산소, 아세틸렌 불꽃을 사용하여 강 표면을 가열한 후 물을 분사해 급랭시키는 방법으로 부품 크기와 형상은 무관하며 설비비가 저렴하다.
㉯ 고주파 경화법 : 표면에 고주파 유도 전류에 의해 표면을 급히 가열한 후 물을 분사해 급랭하는 방법으로 열영향이 적어 변형이 작다.
② 화학적 표면 경화
㉮ 침탄법 : 저탄소강의 표면에 탄소를 침투·확산시키고 탄소강으로 만든 후 담금질하여 표면을 경화시키는 방법이다.
㉯ 질화법 : 암모니아 가스를 이용하여 520℃에서 50~100시간 가열하면 알루미늄, 크롬 등이 질화 되는 방법으로 높은 표면 경도를 얻기 위해 사용한다.
③ 금속 침투법 : 모재와 다른 종류 금속을 확산 침투시켜 합금 피복층을 얻는 방법이다.
㉮ 크로마이징 : 크롬을 재료 표면에 침투 확산시켜 내식성, 내마모성이 향상시킨다.
㉯ 세라다이징 : 아연을 침투 확산시켜 표면 경화층을 얻는다.
㉰ 실리코나이징 : 규소를 침투 확산시켜 내산성을 향상시킨다.
㉱ 칼로라이징 : 알루미늄을 침투 확산시켜 내식성을 향상시킨다.
㉲ 보로나이지 : 붕소를 재료 표면에 침투 확산시켜 표면 경도를 향상시킨다.

마. 용접 금속의 결함(고온균열 및 저온균열의 발생원인과 방지)

(1) 박판 용접시 결정립 성장 속도
① 평균 성장 속도는 본드부에서 용접 비드 중심선에 가까울수록 증가하고, 중심 선상에서는 용접 속도와 같다.
② 입열량이 일정하면 성장 속도는 용접 속도에 비례한다.
③ 용접 속도가 일정하면 입열량의 감소에 따라 각 부분의 성장 속도는 균일화 경향을 보인다.

(2) 후판 용접 비드 중심부에서의 주상정

① 주상정 또는 주상 조직 : 벽면에 발생한 핵의 결정이 벽에 직각으로 가늘고 긴 모양이 되는 것을 말한다.(주상조직 : 충격치가 낮다. 방향성을 나타낸다. 보통 단층 용접의 경우에 나타난다)
② 용접 속도가 작을수록 또 용접 비드의 전 두께가 얇을수록 용접 방향으로 굽는다.
③ 온도 확산율이 작은 재료, 즉 γ계 스테인리스강의 경우에도 주상정이 직립하는 경향이 있고, 또 알루미늄과 같이 큰 재료는 수평 방향에 가깝게 된다.

(3) 용접 금속의 결정 미세화

① 응고하고 있는 용융 금속에 진동을 주면 결정이 미세화된다.
② 결정 미세화하는 방법에는 자기 교반, 초음파 진동, 합금 원소를 첨가하는 방법이 있다.
③ 용융 금속의 진동 작용은 결정을 미세화하고, 기공 발생을 방지하고, 용접 균열을 방지하며, 잔류 응력 발생을 방지한다.
④ 합금 원소의 조건
　㉮ 탄화물, 질화물 등의 고융점을 만든다.
　㉯ 융액 중에서 미세한 고상으로 석출한다.
　㉰ 융액과의 접촉각이 작아야 한다.
　㉱ Al, Ti, V, Cr 등이 유용한 첨가 원소이다.
⑤ 용접 시공에서는 실드 가스에 질소를 혼입시켜 결정립을 미세화하거나, 용접 중에 풍압을 가하거나 응고 직후에 가압하여 용접부의 주조 조직 파괴와 동시에 결정립을 미세화한다.

(4) 균열

① 용접 금속의 균열
　㉮ 비드의 균열 : 횡균열, 종 균열, 루트 균열, micro crack, sulfur crack(고온 균열, 용접 금속내부를 향해 균열이 진행됨, 황의 영향을 덜 받는 와이어와 플럭스의 결합을 고려함, 저수소계 용접봉으로 수동 용접)
　㉯ 크레이터의 균열(고온균열, 고장력강이나 합금 원소가 많은 강에 주로 나타남, 아크를 끊는 점을 중심으로 발생, 용접 금속의 수축이 원인, 아크를 끊을 때의 처리 방법이 필요), 선상 균열

② 열 영향부 균열
　㉮ 루트 균열 : 저온 균열에서 가장 주의해야 할 균열이다. 맞대기 이음의 가접부 또는 제1층 용접의 루트 부근 열영향부에서 발생, 종균열 형태로 표면에 잘 나타나지 않지만, 열영향부에서 발생하여 차차 비드 속으로 성장해 들어와 서서히 진행되는 경우가 많다. 원인은 열영향부의 조직 경화,용접부에 함유된 수소량, 작용하고 있는 응력 등이다.

㉯ 비드 밑 균열

　　㉰ toe 균열

　　㉱ micro crack

　　㉲ 입계액화 균열

　　㉳ lamellar tear

(5) 균열 이외의 결함
① 용접 금속 내부의 결함 : 기공, 개재물, 슬래그 혼입, 은점, 선상 조직
② 표면 결함 : overlap , undercut, bead 파형 불량, 표면의 기공

(6) 기공
① 용강에 침입한 다량의 가스가 응고시 용해도의 급감으로 기포가 부상되지 못하고 공동을 형성한 것이다.
② 강용접 기공의 원인은 먼저 CO 가스이고, N_2나 H_2도 다량으로 혼입되면 기공을 형성한다. 따라서 와이어에 탈산제가 부족하면 안된다.
③ 고장력강의 용접시 아크 분위기에서 H_2와 화합하여 H_2S가 되고 기공을 형성한다. 이때 저수소계 용접봉을 쓰면 방지할 수 있다.

(7) 개재물(Inclusion)
① 슬래그 혼입에 의한 것과 가스의 반응으로 생긴 비금속 개재물이 있다.
② 비금속 개재물은 미량이라면 그다지 유해하지 않지만, 슬래그 혼입은 파괴의 원인이 되므로 충분히 유의해야 한다.

(8) 은점(fish eye)
① 용접 금속이 인장 또는 굽힘으로 파단될 때, 그 파면에 나타나는 원형의 결함이다. 중심에는 작은기공이나 슬래그가 혼입되어 있어 고기의 눈과 같이 보인다.
② 강괴 백점(flake)의 생성 원인과 공통점이 많고, 외력에 의한 소성 변형에 수반하여 확산성 수소가 기공이나 비금속 개재물의 주위에 집결되어 일어나는 일종의 수소 취화이다.

(9) 성상 조직
① 아크 용접부에 생기는 특이 조직으로, 용접 금속을 파단시켰을 때, 그 일부가 상주상 아주 미세한 주상정으로 보이는 것이다.
② 응고 과정에서 생기는 주상정 간에 SiO_2 등의 개재물이나 기공을 품기 때문에 결정립 간의 결

합력이 약해져서 생긴다.
③ 기계적 성질을 저하시킨다.

(10) 취화

① 용접 금속 주에 가스가 침입하거나 기타 가공 또는 열처리에 의해서 용접 금속의 기계적 성질, 특히 연성이나 인성이 저하하는 현상을 취화라 한다. 이들 현상은 수소 취화를 제외하고는 거의 용접 금속 중의 탄소, 산소 및 질소가 단독 또는 화합물로서 작용된다고 볼 수 있다.

② 취화의 종류

㉮ 수소 취화
- 수소를 다량 함유하는 용접 금속은 연신율과 심교성의 저하가 현저하다. 저온 균열의 원인이 된다.

㉯ 저온 취성
- 실온 이하의 저온에서 취약한 성질을 나타내는 현상으로 O_2나 N_2가 저온 취성에 큰 영향을 준다.
- 용접 금속은 보통 O_2나 N_2가 강재보다 많고, 또 주조 조직이 있는 등의 원인으로 일반적으로 노치 취성이 높다.
- 저수소계 용접봉, 용접 금속의 성분이나 용착방법 조정으로 개선시킬 수 있다.

㉰ 열간 취성
- 강을 가열 중에 인장 시험 등의 변형을 주면 2단계의 범위에서 취화가 나타난다.
- 적열취성 : 1000℃ 부근의 고온에서 일어나는 취화로 S, O, Cu 등이 원인이다.
- 청열취성 : 150~300℃ 범위에서 일어나는 취화로 원인은 주로 N이며, 그 외 C, O의 영향도 있다. 용접 금속은 특히 N_2나 O_2가 강재에 비하여 높기 때문에 청열 취성을 일으키기 쉽다.

㉱ 뜨임 취성
- 용접 구조물은 용접 후 응력을 제거하기 위해 변태점 이하에서 풀림(annealing)을 한다. 그러나 어떤 합금 원소를 함유한 용접 금속은 응력 제거 풀림의 후열 처리로 경도가 증가하고, 연신율 및 노치 인성이 현저히 저하되는 현상이 있다.
- Mn, Cr, Ni, V을 품고 있는 합금계의 용접 금속에서 많이 발생한다. Ni은 인성을 증가시키지만, 2.5% 이상 첨가되면 뜨임 취성이 현저하여 제한된다. 뜨임 취성의 원인은 입계에 성분 원소의 석출 때문이다.

㉲ 시효(Aging)
- 실온에서 장시간 방치하거나 저온으로 가열하면 시간이 경과함에 따라 경도가 증가하고 신율 및 충격치가 저하하는 현상을 말한다.

• 담금질 시효 : 강 중의 C, O₂, N₂의 용해도는 저온에서 급격히 감소하기 때문에 약 600℃ 이상에서 급랭하면 이들의 원소가 과포화 상태에서 서서히 석출하는 현상을 일으킨다.

(11) 용접 변형의 교정 및 경감법

① **억제법** : 가장 많이 사용되는 방법으로 공작물을 가접 또는 지그 홀더 등을 장착하고 변형의 발생을 억제하는 방법이다. 용접 후 응력을 제거하기 위하여 풀림을 하면 좋다.

② **역변형법** : 용접 금속 및 모재수축에 대하여 용접 전에 반대 방향으로 굽혀 놓고 작업하는 방법이다.

③ **도열법** : 용접부에 구리로 된 덮개판을 두거나 뒷면에서 용접부를 수냉 또는 용접부 근처에 물기가 있는 석면, 천 등을 두고 모재에 용접 입열을 막음으로써 변형을 방지하는 법이다.

④ **피닝법** : 용접 직후 피닝 해머로 비드를 두드려서 용접 금속의 변형을 방지하는 방법으로, 이것은 비드가 700℃ 이상의 고온일 때 행해야 한다.

⑤ **롤링법** : 판상 또는 직선상과 같이 형상이 간단한 용접물을 롤에 의하여 롤링하는 것을 말한다.

⑥ **가열법** : 박판이나 형재는 변형 부분을 가열한 후 수냉하면 수축 응력 때문에 다른 부분을 잡아당겨 변형이 감소된다. 또 경우에 따라서는 가열 후에 때리기도 한다. 후판이나 큰 구조물은 구속판으로 압력을 주면서 가열한 후 수냉한다. 이 방법은 일반적으로 많이 사용된다.

바. 용접부의 열 영향 및 기계적 성질

(1) 용접부의 열 영향

① 아크 용접에서 발생하는 열량

$$H[Joule/cm] = \frac{60EI}{V}$$

② 열 영향부의 열 싸이클이 일반적인 열처리와 다른 점
㉮ 가열 속도가 매우 크다.
㉯ 가열 온도가 높다.
㉰ 가열 시간이 아주 짧다.

(2) 열 영향부의 기계적 성질

① **열 영향부의 경도** : 일반적으로 본드부에 근접한 조립역의 경도가 가장 높다. 이 값을 최고 경도라 하고 용접 난이의 측도가 된다. 최고 경도치는 일반적으로 열 사이클 중의 냉각 속도와 함께 증가한다. 냉각 조건이 일정하면 강재 성분으로 나타내며, 등가 탄소량 또는 탄소당량을

쓰면 편리하다.

② 열 영향부의 기계적 성질 : 열 싸이클 재현 시험이며, 간접적으로 측정한다. 조립역의 연신율이나 인성은 현저히 저하된다.(마텐자이트 생성이 원인이다)

(3) 열 영향부에 생기는 결함

① 용접 균열의 종류

㉮ Under bead crack(용접 금속 밑에 평행)

㉯ Toe crack : 용접 가장자리 끝의 응력 집중

㉰ Bead crack

㉱ Lameller tear : 압연 강재의 층상 개재물이 원인으로 황 함유량이 높을수록 심하고, 수소도 균열 경향을 증가시킨다.

㉲ Root crack : 마텐자이트나 수소 이외에, 루트의 노치에 의한 응력 집중도 원인이 된다.

② 저온 균열의 인자

㉮ 강재 성분 : 마텐자이트 생성이 쉬운, 즉 용접 열로 경화되기 쉬운 강재

㉯ 냉각 속도

㉰ 수소 : 수소취화의 원인

㉱ 구속

③ 수소에 의한 지연 파괴(Delayed failure) : 저온 균열이라고도 하며, 강의 마텐자이트 변태와 관련이 있고, 탄소강이나 저합금강에 많이 나타난다. 지연 파괴는 수소(확산성 수소)에 의한 저온 파괴의 일종이다.

특징은 하중이 가해져 파괴에 이를 때까지 잠복 시간과 그 이하에서는 전혀 파괴되지 않는다는 한계 응력이 존재하는 것이다. 한계 응력 및 잠복 시간은 용접봉의 수분량이나 예열 온도의 영향을 크게 받는다.

④ 구속의 영향 : 루트 균열이나 토 균열은 구속의 영향이 매우 크다.

㉮ 강판의 두께가 두꺼울수록

㉯ 이음 현상이 복잡할수록 구속은 증가하고 용접부에 큰 구속 응력이 유기된다.

SECTION · 02 용접재료 선택 및 전·후처리

01 용접재료

가. 철강의 제조법

(1) 제철법

① 선철의 제조

㉮ 철광석을 용광로에 넣고 용해 환원시켜 제조된다. 용광로에 철광석, 코우크스, 석회석 등을 교대로 장입시킨 후 용융된 철을 얻게 되는 것이다.

㉯ 용광로 내부에서 생기는 화학변화는 다음과 같다.

$$3Fe_2O_3 + CO \longrightarrow 2Fe_3O_4 + CO_2$$
$$Fe_3O_4 + CO \longrightarrow 3FeO + CO_2$$
$$FeO + CO \longrightarrow Fe + CO_2$$

② 철광석의 종류

광석명	주성분	Fe 함량	광석명	주성분	Fe 함량
자철광	Fe_3O_4	50~70%	갈철광	$2Fe_2O_3 3H_2O$	30~40%
적철광	Fe_2O_3	40~60%	능철광	$FeCO_3$	30~40%

(2) 강괴

제강로에서 퍼낸 용강을 금속주형이나 사형에 넣어서 덩어리 모양으로 냉각시킨 것으로 그 모양으로 4각, 6각, 8각형 등의 기둥과 같으며 탈산 정도에 따라서 다음 세 가지로 분류된다.

① **킬드강** : 완전 탈산강을 말하며, 사용되는 탈산제로는 규소철, 망간철, 알루미늄 분말 등을 이용, 편석이 적고 재질이 균일하며 압연재로 널리 쓰인다.

② **세미 킬드강** : 약간 탈산강으로 킬드강보다 탈산이 적다. 킬드강과 림드강의 중간 정도이다.

③ **림드강** : 탈산 및 가스처리가 불충분한 상태의 것으로 강괴 전부를 쓸 수 있는 잇점이 있으나 기계적 성질은 킬드강만 못하며 용접봉 선재 등으로 쓰인다.

(3) 제강법

① **전로 제강법** : 용융선을 전로에 넣고 노의 밑에서 공기를 흡입시켜 제거하는 방법이다. 단지 모양의 노를 회전해서 쇳물을 충강하기 때문에 전로라고 하며 제조비가 싸고 소요시간이 30분 정도이다.

② 평로 제강법 : 제강용의 반사로가 편평해서 불려지는 이름으로 시이멘스라고도 한다. 장시간 소요되지만 성분을 조절할 수 있고 대량생산이 가능하다.

③ 전기로 제강법 : 전기로를 사용하는 것으로 전류의 열효과를 이용하여 200~3,000°C의 고온을 얻어 사용한다. 전기로는 저항로, 아크로, 유도전기로의 3종이 있고 공구강이나 특수강의 제조에 적합하나 전력비가 많이 들고 탄소 전극의 소모가 많은 결점이 있다.

④ 도가니로 제강법 : 정련을 목적으로 하는 것보다 순도가 높은 것을 얻는데 쓰이며, 뚜껑으로 인하여 불꽃이 직접 닿지 않기 때문에 금속의 성분이 변화하지 않으나 열효율이 낮아 비용이 많이 드는 결점이 있고, 동합금 경합금, 합금강과 같은 성분의 정확성이 필요한 것에 적합하다.

나. 철강 재료

(1) 철강 재료의 구분

① 철강 재료는 순철, 강, 주철로 구분할 수 있다.

② 강의 5대 원소 : C, Si, P, S, Mn

③ 순철 : 탄소함유량이 0.02% 이하를 함유한 철이며, 조직은 페라이트이다.

④ 강의 종류

㉮ 아공석강 : 탄소함유량 0.85% 이하, 조직은 페라이트 + 펄라이트

㉯ 공석강 : 탄소함유량 0.85%, 조직은 펄라이트

㉰ 과공석강 : 탄소함유량 0.85~2%, 조직은 펄라이트 + 시멘타이트

⑤ 주철의 종류

㉮ 아공정 주철 : 탄소함유량 2.1~4.3%

㉯ 공정 주철 : 탄소함유량 4.3%, 조직은 레데뷰라이트

㉰ 과공정 주철 : 탄소함유량 4.3~6.7%

(2) 순철

① 성질 : 탄소함유량이 낮아서 기계재료로서는 부적당하지만 항장력이 낮고 투자율이 높기 때문에 변압기, 발전기용의 박철판으로 사용되며 순철의 물리적 성질 중 융점 1530°C, 비중 7.86~7.88, 열전도율 0.159과 기계적 성질 중 경도는 Hb로 60~65 정도이다.

② 순철의 변태

㉮ 순철의 변태에는 A_2(768°C), A_3(910°C), A_4(1400°C) 변태가 있으며 A_3, A_4 변태를 동소변태라 하고 A_2 변태를 자기변태라 한다.

㉯ 순철은 변태에 따라서 α철, γ철, δ철의 3개 동소체가 있으며, α철은 910°C 이하에서 체심입방격자 원자배열이고, γ철은 910~1,400°C 사이에서 면심 입방격자로 존재하며 1,400°C 이상에서는 δ철이 체심입방격자로 존재한다.

(3) 탄소강(강)

① 강의 표준 조직 : 강을 A선 또는 Acm선 이상 40~50°C까지 가열한 후 서냉시켜서 조직의 평준화기한 것을 말하며 소준이라 한다.

㉮ 페라이트 : 일명 지철이라고도 하며 강의 현미경조직에 나타나는 조직으로서 α철이 녹아 있는 가장 순철에 가까운 조직이다. 극히 연하고 상온에서 강자성체인 체심입방격자 조직이다.

㉯ 퍼얼라이트 : 726°C에서 오스테나이트가 페라이트와 시멘타이트의 층산의 공석정으로 변태한 것으로서 탄소함유량은 0.85%이다. 강도, 경도는 페라이트보다 크며 자성이 있다.

㉰ 시멘타이트 : 고온의 강중에서 생성하는 탄화철(Fe_3C)을 말하며 경도가 높고 취성이 많으며 상온에서 강자성체이다.

〈조직과 결정구조〉

기호	명칭	결정구조 및 내용
α	α-ferrite	B. C. C(체심입방 격자)
γ	austenite	F. C. C(면심입방 격자)
δ	δ-ferrite	B. C. C(체심입방 격자)
Fe_3C	cementite 또는 탄화철	금속간 화합물
$\alpha + Fe_3C$	pearlite	α와 Fe_3C의 기계적 혼합
$\gamma + Fe_3C$	ledeburite	γ와 Fe_3C의 기계적 혼합

② 탄소강 중에 함유된 성분과 그 영향

㉮ C : 강도, 경도, 전기저항, 항복점 증가, 연신율, 인성, 전연성, 충격치 감소

㉯ Si : 강도, 경도 증가, 용접성이 낮아진다.

㉰ P : 강도, 경도 증가, 연신율 감소, 청열취성, 상온취성 원인

㉱ S : 강도, 연신율 감소, 적열취성 원인 용접성 낮아진다.

㉲ Mn : 강도, 경도, 인성 증가, 유동성 향상, 탈산제, 황의 해를 감소시킨다.

㉳ Cu : 적은 양이 첨가되면 내식성이 향상, 함유량이 많은 경우 압연 시 균열의 원인이 된다.

㉴ H : 백점, 은점, 기공, 헤어크랙, 선상조직의 원인, 지연 균열의 원인이 된다.

③ 탄소강의 성질

㉮ 표준 조직 : γ 고용체의 범위(A_3, Acm 이상 30~60°C)로 가열한 후 서냉시킨 조직이다.

㉯ 탄소량 증가에 따라 : 강도, 경도 증가, 인성, 충격치 감소(가공성 감소)

㉰ 온도의 상승에 따라 : 강도, 경도 감소, 인성, 전연성 증가(단조성 향상)

㉱ 아공석강에서의 강도, 경도 : 강도 = $20 + 100 \times C$, 경도 = $2.8 \times \delta_B$

④ 탄소강의 종류와 용도

㉮ 저탄소강(0.3%C 이하) : 가공성 위주, 단접양호, 열처리 불량

㉯ 고탄소강(0.3%C 이상) : 경도 위주, 단접불량, 열처리 양호

㉰ 일반구조용강(SB) : 저탄소강(0.08~0.23% C), 구조물, 일반기계 부품으로 사용

㉱ 공구강(탄소 : STC, 합금 : STS), 스프링강(SPS) : 고탄소강(0.6~1.5% C), 킬드강으로 제조

㉲ 주강(SC) : 수축율은 주철의 2배, 융접(1600℃) 높고 강도 크나 유동성이 작다.

㉳ 쾌삭강(Free Cutting Steel) : 강에 S, Zr, Pb, Ce, 첨가하여 절삭성 향상(S의 양 : 0.25% 함유)

㉴ 침탄강(표면경화강) : 표면에 C를 침투시켜 강인성과 내마멸성을 증가시킨 강

⑤ 강의 취성(메짐=여짐)

㉮ 적열 취성 : 900~950℃에서 FeS가 파괴되어 균열을 발생. S이 원인

㉯ 열 취성 : 200~300℃에서 강도, 경도최대, 연신율, 단면 수축율 최소, P가 원인
- 상온(냉간) 취성 : Fe_3P가 상온에서 연신율, 충격치를 감소시킴. P가 원인
- 저온취성 : 상온보다 낮아지면 강도, 경도증가, 연신율, 충격치 감소되어 약해짐

(4) 주철

① 개요 : 주철의 탄소 함유량은 2.1~6.67%(보통 2.5~4.5% 함유)까지이며 Fe, C 이외에도 Si, Mn, P, S 등의 원소를 포함한다. 주철의 조직은 바탕 조직(펄라이트, 페라이트)과 흑연으로 구성되어 있다. 주조성이 좋고 값이 싸므로 기계몸체, 기둥, 실린더 등 기계의 대부분을 구성한다.

② 주철의 장·단점

장점	단점
• 용융점이 낮고 유동성이 좋다. • 주조성이 양호하다. • 마찰 저항이 좋다. • 가격이 저렴하다. • 절삭성이 우수하다. • 압축 강도가 크다.(인장 강도의 3, 4배)	• 인장강도가 작다. • 충격값이 작다. • 가공이 안 된다.

③ 주철의 평형 상태도

㉮ 공정 주철 4.3%C, 1145°, 아공정 주철 2.1~4.3%C, 과공정 주철 4.3%C 이상

㉯ 공정점은 Si가 증가함에 따라 저탄소 쪽으로 이동한다.

④ 주철의 성질

㉮ 전연성이 작고 가공이 안된다.

㉯ 점성은 C, Mn, P이 첨가되면 낮아진다.

㉰ 비중은 7.1~7.3(흑연이 많을수록 작아진다)이다.

㉰ 열처리는 담금질, 뜨임은 안되나 주조 응력 제거의 목적으로 500~600°에서 풀림 처리는 가능하다.
⑤ **자연시효(seasoning)** : 주조 후 1시간(장시간) 이상 방치하여 주조의 응력을 없애는 것이다.
⑥ **주철의 성장** : 고온에서 장시간 유지 또는 가열 냉각을 반복하면 주철의 부피가 팽창하여 변형, 균열이 발생하는 것을 말한다.
⑦ **주철의 성장을 방지하는 방법**
  ㉮ 흑연의 미세화(조직 치밀화)   ㉯ 흑연화 방지제(V, W, S, Mo, Mn, Cr)
  ㉰ 탄화물 안정제를 첨가하는 것

(5) 주강

① 주조한 강으로 주철로써는 강도가 부족할 경우에 사용하며 주철에 비해 기계적 성질이 좋고, 용접에 의한 보수가 용이하고 응축 수축이 크다.
② 균열이 생기기 쉽고, 주조 후에는 풀림처리를 해야 한다.
③ 주강의 종류 : 보통 주강, 특수 주강(니켈, 크롬, 망간, 니켈-크롬)

(6) 합금강(특수강)

① **합금의 특징**
  ㉮ 강도, 경도, 담금질 효과 증가, 전연성이 작아진다.
  ㉯ 전기전도율, 열전도율이 낮아지고, 내식성이 불량해진다.
  ㉰ 색이 변하며, 주조성이 증가하며 용해점이 낮아진다.
  ㉱ 담금질 효과가 크다.
② **합금 원소의 영향**
  ㉮ Ni : 내식성, 강인성   ㉯ Si : 전자기적 특성, 변압기 철심
  ㉰ Mn : 내마멸성, 황의 해 방지   ㉱ W : 고온강도
  ㉲ Mo : 담금질 증가   ㉳ Ti : 결정입자 미세화
  ㉴ Cr : 경도, 강도 증가, 함유량에 따라 내식성, 내열성, 내마멸성 증가
③ **합금강의 종류**
  ㉮ 구조강
    • 니켈강 : 강인성, 질량효과가 적다
    • 크롬강 : 내식성, 내마모성
    • 니켈-크롬강 : 가장 많이 사용
    • 니켈-크롬-몰리브덴강 : 가장 우수한 구조용강
    • 크롬-몰리브덴강 : 고온강도에 큰 장점, 각종 축, 강력볼트, 레버에 사용

⑭ 공구강
- 합금 공구강(STS) : 탄소 공구강의 결점인 담금질 효과, 고온 경도를 개선하기 위하여 Cr, W, Mo, V(바나듐)을 첨가한다.
- 고속도강(SKH) : 대표적인 절삭용 공구 재료로 일명 HSS(하이스)라 하며, 표준형 고속도강은 18W-4Cr-1V이다. 탄소량은 0.8%이다. 고속도강은 뜨임으로 더욱 경화된다(2차 마텐자이트=2차 경화), 풀림 온도는 850~900°이다.
- 주조경질합금 : 고온 저항이 크고 내마모성 우수하며 내구력, 인성은 작다.
- 초경합금 : 고온 경도, 압축 강도, 내마모성이 크나 충격에 취약하며 절삭용 공구 및 기계 부품에 사용된다.
- 세라믹 : 내열성, 고온 경도, 내마모성이 크고 충격에 취약하며 고온 절삭, 고속 정밀 가공용
- 시효경화합금(548합금) : 내열성이 우수하고 뜨임 경도가 높고, SKH보다 수명이 길다.

⑮ 공구강의 구비조건
- 고온 경도, 내마모성이 클 것
- 열처리 가공이 쉽고, 가격이 저렴할 것
- 강인성 및 내충격성이 좋을 것

⑯ 특수용도 합금강
- 스테인리스강 : 페라이트계, 마르텐자이트계, 오스테나이트계가 있으며 오스테나이트는 내식성이 가장 우수하며 스테인리스강의 대표로 가공성이 좋고 용접성이 우수하다.
- 내열강 : Cr, Al, Si 첨가로 고온에서 기계적, 화학적 성질이 안정적이며 가공성, 용접성이 우수하며 인코넬, 서미트, 탐켄, 해스텔로이가 있다.
- 불변강 : 인바, 엘린바, 플래티나이트, 코엘린바 등이 있다.

다. 비철금속 재료

(1) 구리와 구리 합금

① 구리의 성질

구 분	설 명
물리적 성질	• 구리의 비중은 8.96이고, 용융점은 1083°이며, 변태점이 없다. • 비자성체이며, 전기 및 열의 양도체이다.
기계적 성질	• 자연성이 풍부하다. • 열간 가공온도는 750~850도, 재결정 온도는 150~200°이다. • 인장 강도는 가공도 70%에서 최대이다. • 경도는 가공경화로 증가하고, 가공경화된 것은 600~700°에서 30분간 풀림하면 연화된다.

구 분	설 명
화학적 성질	• 황산, 염산에 용해되며, 습기, 탄산가스, 해수에서 녹이 생긴다. • 환원 여림의 일종이며, 산화구리를 환원성 분위기에서 가열하면 H_2가 구리에 확산 침투하여 균열이 발생하는 수소병 현상을 띈다.

② 구리 합금의 종류

㉮ 황동 : 구리와 아연의 합금으로 봉, 관, 선 등의 가공재로 사용된다.

   ㉮ 7:3 황동 : 연신율 최대, 탄피, 장식품 등

   ㉯ 6:4 황동 : 인장 강도 최대, 볼트, 너트, 탄피 등

   ㉰ 톰백(Zn 8~20%) : 금대용품

㉯ 황동의 부식

   ㉮ 자연 균열 : 냉간 가공을 한 황동이 저장 중에 자연히 균열이 일어나는 것을 말한다.

   ㉯ 탈아연 현상 : 황동이 바닷물에서 아연이 용해 부식되어 침식되는 현상을 말한다.

   ㉰ 고온 탈 아연 : 고온에서 증발에 의해 아연이 탈출하는 현상을 말한다.

㉰ 청동 : 구리와 주석 합금으로 청구주택, 장신구, 무기, 불상에 사용된다.

   ㉮ 포금(건메탈) : 내해수성이 우수하고 선박재료

   ㉯ 인청동 : 인장강도, 탄성 한계가 우수하고 스프링, 베어링용, 선박용, 화학기계용 등

   ㉰ 연청동 : 고속 회전용 베어링 재료

   ㉱ 화이트 메탈 : 고온, 고압에 견디는 베어링 합금

   ㉲ 켈밋 : 고속 고하중용 베어링 재료

   ㉳ 콜슨합금 : 구리+니켈+규소 합금으로 전선용

   ㉴ 베릴륨 청동 : 가장 강도가 높음

   ㉵ 알루미늄 청동 : 항공기, 자동차 등의 부품

(2) 알루미늄과 그 합금

① 알루미늄의 성질

구 분	설 명
물리적 성질	• 비중은 2.7, 용융점은 660도, 변태점이 없다. • 열 및 전기의 양도체이며, 내식성이 좋다.
기계적 성질	• 전연성이 풍부하며, 열간 가공온도 400~500°C에서 연신율이 최대이다. • 가공에 따라 강도, 경도가 증가하며, 연신율이 감소하고, 유동성이 작고, 수축률이 크다. • 풀림 온도는 250~300°C이며, 순수한 알루미늄은 주조가 안된다.

② 알루미늄 합금의 종류

구 분	종 류
주조용 알루미늄 합금	• 실루민 : 알루미늄-규소 합금으로 주조성이 좋으나 절삭성이 좋지 않음 • 하이드로날륨 : 알루미늄-마그네슘 합금, 내식성이 우수 • 라우탈 : 알루미늄-구리-규소 합금
가공용 알루미늄 합금	• 두랄루민 : 알루미늄-구리-마그네슘-망간 합금으로 항공기, 자동차 바디재료로 사용 • 초두랄루민 : 두랄루민에 마그네슘을 첨가 • 알민 : 알루미늄-망간 합금 • 알드레이 : 알루미늄-마그네슘-규소 합금 • 알클래드 : 두랄루민에 알루미늄을 피복한 것
내열용 알루미늄 합금	• Y합금 : 알루미늄-구리-마그네슘-니켈 합금 • 로엑스합금 : 알루미늄-규소-구리-마그네슘-니켈 합금

③ 알루미늄 합금의 열처리

㉮ 용체화 처리 : 금속재료를 석출 경화시키기 위한 처리이다.

㉯ 시효 경화 : 시간의 경과에 따라 합금의 성질이 변화하는 것이다.

(3) 니켈과 니켈 합금

① 니켈의 성질

㉮ 내식성, 전연성, 열전도도가 좋다.   ㉯ 알칼리에 대한 저항이 크다.

㉰ 상온에서 강자성체   ㉱ 비중 8.9, 용융온도 1453℃이다.

② 니켈 합금의 종류

구 분	종 류
니켈-구리계 합금	• 콘스탄탄 : Cu+Ni 40~50% 함유, 전기저항이 크고 온도계수가 작다. 전기 저항선, 열전쌍으로 많이 사용된다 • 모넬메탈 : Cu+Ni 65~70% 함유, 내열성, 내식성, 내마멸성, 연신율이 크다.
니켈-크롬계 합금	• 인코넬 • 크로멜 • 알루멜
니켈-철계 합금	• 인바 : Fe-Ni 36%, 선팽창 계수가 적다, 줄자, 표준자, 시계의 추에 이용 • 엘린바 : Fe-Ni 36%-Cr 12%, 탄성율이 불변, 시계의 스프링, 정밀계측기 부품 • 플래티나이트 : Fe-Ni 44~48%, 선팽창계수가 유리, 전구나 진공관의 도입선에 이용 • 초인바 : 인바보다 선팽창계수가 더 적다. • 코엘린바 : 스프링, 태엽, 기상 관측용 재료에 사용

(4) 마그네슘과 마그네슘 합금

① 마그네슘의 성질

㉮ 비중 1.74 실용금속 중에서 가장 적다. 용융점은 650℃이다.

㉯ 산류, 염류에는 침식되나, 알칼리에는 강하다.

㉰ 용도는 자동차, 배, 전기기기에 이용된다.
㉱ 냉간 가공이 불량하여 300℃ 이상 열간가공한다.
② 마그네슘 합금
㉮ 다우메탈 : Mg-Al 합금
㉯ 일렉트론 : Mg-Al-Zn 합금

(5) 티탄과 티탄 합금
① 비중 4.5, 용융점 1,730℃이고, 내열, 내식성이 좋다.
② 강한 탈산제인 동시에 흑연화 촉진제로 사용되나 많은 양을 첨가하면 흑연화를 방지하게 된다.

(6) 아연과 아연 합금
① 비중 7.13, 용융점 419℃이다.
② 가공성이 좋고, 냉간 가공도 가능하여 아연판으로 건전지 재료나 옵셋 인쇄용의 판재로 사용된다.
③ 대기 중의 습기가 이산화탄소 작용을 받아 표면에 염기성 탄산염의 얇은 막이 생기므로 내부를 보호 한다.
④ 다이캐스트용 합금 : 자동차 부품, 전기기기, 광학기기, 사무용품, 일반기계 부품에 널리 사용된다.

02 용접 전·후처리

가. 예열

(1) 예열 정의
용접부는 급격한 열 싸이클 및 응고 수축을 받기 때문에 모재부의 조직 변화, 열응력, 변형 또는 균열을 일으킬 수 있기 때문에 사용 성능상 지장을 주지 않고, 용접 구조물의 특징을 충분히 발휘하도록 하기 위하여 각종 열처리를 시행한다.

(2) 예열의 목적
① 균열의 방지 ② 기계적 성질 향상
③ 경화 조직의 석출 방지 ④ 변형, 잔류 응력의 저감
⑤ 블로홀(blowhole) 생성 방지

(3) 예열의 효과
① 예열에 의해 용접부의 온도 분포, 최고 도달 온도 및 냉각속도가 변한다.
② 예열하면 온도 분포가 완만하게 되어 열응력(thermal stress)의 저감으로 변형, 잔류 응력의 발생이 적게 된다.
③ 냉각 속도는 예열로 느려지지만 비교적 저온에서 큰 영향을 준다.
④ 냉각 시간이 길 경우 수소의 방출, 경도의 저하, 구속력의 저하로 균열 발생의 한계 응력이 높게 된다.

(4) 각종 금속의 예열 온도
① 고장력강, 저합금강, 주철 : 용접 홈을 50~350°로 예열(두께가 25t 이상 연강 포함)한다.
② 연강을 0° 이하에서 용접 시 이음의 양쪽 폭 100mm 정도를 40~75°로 예열하는 것이 좋다.
③ 열전도가 좋은 알루미늄 합금, 구리 합금은 200~400°C의 예열이 필요하다.

나. 후열처리

(1) 후열의 목적과 종류

목적	종류
• 균열의 방지 • 기계적 성질의 향상 • 화학적 성질의 향상 • 최적 조직으로 개선 • 변형, 잔류 응력의 완화 • 함유 가스의 배출	• 응력 제거(stress relief) • 완전 풀림(A_3점 이상) • 고용화 처리(solution heat treatment) • 불림(normalizing) • 불림 후 뜨임 • 담금질 후 뜨임 • 뜨임(tempering) • 저온 응력 제거(A_1점 이하) • 석출 열처리

(2) 후열의 효과
① 저온 균열의 원인이 되는 수소를 방출시킨다. 온도가 높고 시간이 길수록 수소 함유량은 낮아진다.
② 잔류 응력을 제거한다. 실제 시공에 있어 예열 온도를 높게 할 수 없으므로 후열에 의한 잔류 응력 제거가 유리하다.
③ 가열 온도 A_3 이상의 완전 풀림 또는 고온 풀림과 A_1 이하의 저온 풀림으로 나뉜다. A_3 이상 가열하면 변형이 심한 경우가 있어 A_1 이하가 바람직하다.

다. 응력 풀림 처리

(1) 응력 제거 풀림(SR-Stress Relief heat treatment)

① 노내 풀림법 : 응력 제거 열처리법 중에서 가장 잘 이용되고 있는 방법으로 제품 전체를 가열로 안에 넣고 적당한 온도에서 일정시간 유지한 다음, 노 내에서 서냉시킴으로써 잔류응력을 제거하는 방법이다.

② 국부 풀림법 : 제품이 커서 노 내에 넣을 수 없을 때나 현장 용접된 것으로 노 내 풀림을 하지 못할 경우에 용접선의 좌우 양측을 각각 250mm의 범위 혹은 판 두께의 12배 이상의 범위를 가스 불꽃 등으로 노내 풀림과 같은 온도 및 시간을 유지한 다음 서냉한다.

③ 그 밖의 잔류 응력 제거법

㉮ 저온 응력 완화법 : 용접선 양측을 일정 속도로 이동하는 가스 불꽃에 의하여 너비 약 150mm를 150~200℃로 가열한 다음 곧 수냉하는 방법으로 주로 용접선 방향의 응력을 완화시키는 방법이다.

㉯ 기계적 응력 완화법 : 잔류 응력이 있는 제품에 하중을 주고 용접부 약간의 소성 변형을 일으킨 다음 하중을 제거하는 방법이다.

㉰ 피닝법 : 끝이 구면이 특수한 피닝 해머로써 용접부를 연속적으로 때려 용접 표면상에 소성 변형을 주는 방법으로 용접 금속부의 인장 응력을 완화하는데 큰 효과가 있다.

(2) 용접 후 열처리의 목적

① 용접 잔류 응력의 완화와 치수 안정화
② 용접 열영향 경화부의 연화
③ 용접부의 연성, 인성 향상
④ 내응력 방식 균열성의 향상, 회복
⑤ 수소 등의 함유 가스 방출

(3) 재열(reheating) 균열과 취화

용접 후 열처리는 잔류 응력의 완화 등 용접 구조물의 신뢰성을 향상시키는 유효한 방법이지만, 각종에 따라서는 다음과 같은 문제를 유발하므로 주의해야 한다.

① 고장력강 저합금강의 SR 균열
② 저합금강의 SR 취화
③ 모재, 용접부의 강도 저하
④ 이재 이음에서의 탈탄, 침탄
⑤ 탄화물 석출에 의한 내응력 부식성 저하

SECTION · 03 용접 설비 제도

01 제도 통칙

가. 제도의 개요

(1) 제도의 개요
① 설계자의 요구 사항을 제작자에게 전달하기 위하여 선, 문자, 기호 등을 사용하여 생산품의 형상, 구조, 크기, 재료, 가공법 등을 제도 규격에 맞추어 정확하고 간단, 명료하게 도면을 작성하는 과정이다.

② 제품이나 구조물 등을 만들 때에는 그 사용 목적에 알맞은 모양, 기능, 구조, 크기 및 공작 방법 등을 합리적으로 설계하여 제품의 치수, 다듬질 정도, 재료, 공정 등을 도면에 나타내는 것이다.

③ 제도의 목적을 달성하기 위한 기본 요건
  ㉮ 대상물의 도형과 함께 필요로 하는 형상이나 구조, 조립상태, 치수, 가공법, 재질, 투상법, 면의 표면정도 등의 정보를 포함하여야 한다.
  ㉯ 도면은 명확하고 이해하기 쉬운 방법으로 표현하며, 애매한 해석이 생기지 않도록 난해하거나 복잡한 부분은 단면도와 상세도로 충분히 표현하여야 한다.
  ㉰ 기술의 각 분야에 걸쳐 정확성, 보편성을 가져야 한다.
  ㉱ 무역 및 기술의 국제교류 입장에서 국제적으로 통용될 수 있어야 한다.
  ㉲ 컴퓨터 및 마이크로 필름에 의한 도면의 보존관리, 복사, 검색 등이 쉽도록 도면 번호부여와 일정 약식에 의한 표제란 등록을 통하여 관리하여야 한다.

(2) 제도의 규격
① 각국의 표준 규격

각국 명칭	표준 규격기호	각국 명칭	표준 규격기호
국제 표준화 기구	ISO	미국 규격	ANSI
한국 산업 규격	KS	스위스 규격	SNV
영국 규격	BS	프랑스 규격	NF
독일 규격	DIN	일본 공업 규격	JIS

② KS의 분류

기호	부문	기호	부문	기호	부문
KS A	기본	KS F	토건	KS M	화학
KS B	기계	KS G	일용품	KS P	의료
KS C	전기	KS H	식료품	KS R	수송기계
KS D	금속	KS K	섬유	KS V	조선
KS E	광산	KS L	요업	KS W	항공

③ 척도
  ㉮ 표제란에 척도를 기입하는 것이 원칙이지만, 표제란이 없을 경우에는 도명이나 품번 옆에 척도를 기입한다.
  ㉯ 치수와 비례하지 않을 경우에는 NS 또는 치수 밑에 줄을 긋거나, 비례가 아님이라 기입한다.
  ㉰ 척도의 표시 방법
    A : B (A : 도면에서 크기, B : 물체의 실제 크기)

    • 축척 : 실물의 크기를 도면에 일정한 비율로 줄여서 그린 것
      예 1 : 2, 1 : 5, 1 : 100 등
    • 배척 : 실물의 크기를 도면에 실물보다 크게 그린 것
      예 2 : 1, 5 : 1 등
    • 현척 : 실물의 크기를 도면에 같은 크기로 그린 것
      예 1 : 1

나. 문자와 선

(1) 선과 문자

① 선의 종류와 용도

종류	구분	명칭	용도
실선	――――――――	굵은 실선	외형선
	――――――――	가는 실선	치수선, 치수보조선 등
파선	-------------	파선	숨은선
쇄선	―·―·―·―·―	가는 1점 쇄선	중심선, 기준선 등
	―··―··―··―	가는 2점 쇄선	가상선, 무게중심선
	―·―·―·―·―	굵은 1점 쇄선	특수 지정선

② 선의 굵기
  ㉮ 선 굵기 기준은 0.18, 0.25, 0.35, 0.5, 0.7, 1mm로 한다.
  ㉯ 도면에서 두 종류 이상의 선이 같은 장소에 겹치는 경우에는 외형선, 숨은선, 절단선, 중심선, 무게중심선, 치수 보조선 순으로 한다.
③ 문자
  ㉮ 글자는 명백히 쓰고 글자체는 고딕체로 한다.
  ㉯ 문자의 크기는 문자의 높이로 나타낸다.
  ㉰ 한글의 크기는 호칭 2.24, 3.15, 4.5, 6.3, 9mm의 5종류로 한다.
  ㉱ 아라비아 숫자의 크기는 호칭 2.24, 3.15, 4.5, 6.3, 9mm의 5종류로 한다.
  ㉲ 문장은 왼편에서 가로쓰기를 원칙으로 한다.

다. 도면의 분류

(1) 용도에 따른 분류

① 계획도 : 설계자의 설계의도와 계획을 나타낸 도면을 말한다.
  ㉮ 기본 설계도 : 제작도 또는 실시 설계도를 작성하기 전에 필요한 기본적인 설계를 나타낸 계획도
  ㉯ 실시 설계도 : 건조물을 실제로 건설하기 위한 설계를 나타낸 계획도(토목, 건축 부문)
② 제작도 : 제작에 필요한 모든 정보를 전달하기 위한 도면을 말한다.
  ㉮ 공정도 : 제조 공정의 도중 상태, 또는 일련의 공정 전체를 나타낸 제작도로 공작 공정도, 검사도, 설치도가 포함된다.
  ㉯ 시공도 : 현장시공을 대상으로 해서 그린 제작도이다.
  ㉰ 상세도 : 건조물이나 구성재의 일부에 대해서 그 형태, 구조 또는 조립, 결합의 상세함을 나타낸 제작도로서 일반적으로 큰 척도로 그린다.
③ 주문도 : 주문하는 사람이 주문하는 물건의 크기, 형태, 정밀도, 정보 등의 주문 내용을 나타낸 도면으로 주문서에 첨부한다
④ 견적도 : 견적 의뢰를 받은 사람이 의뢰받은 물건의 견적 내용을 나타낸 도면으로 견적서에 첨부한다.
⑤ 승인용 도면 : 주문자 또는 기타 관계자의 승인을 얻기 위한 도면이다.
⑥ 승인도 : 주문자 또는 기타 관계자의 승은일 얻은 도면이다.
⑦ 설명도 : 사용자에게 물품의 구조, 기능, 성능 등을 설명하기 위한 도면으로 주로 카탈로그에 사용한다.

(2) 내용에 따른 분류

① **부품도** : 부품에 대하여 최종 완성상태에서 구비해야 할 사항을 완전히 나타내기 위하여 필요한 모든 정보를 기록한 도면이다.

② **조립도** : 2개 이상의 부품이나 부분 조립품을 조립한 상태에서 그 상호 관계와 조립에 필요한 치수 및 정보 등을 나타낸 도면으로 도면 내에 부품란을 포함하는 것과 별도의 부품표를 갖는 것이 있다.

③ **기초도** : 기계나 구조물을 설치하기 위한 기초를 나타낸 도면이다.

④ **상세도** : 특정 부분을 상세하게 나타내는 도면이다.

⑤ **배관도** : 건축물의 배수관, 선박의 급수, 기계장치의 송유관 등 배관의 위치, 설치방법 등을 나타내는 도면이다.

⑥ **배선도** : 전기기기의 설치 위치, 전선의 배치를 나타내는 도면이다.

⑦ **장치도** : 기계, 구조물 등 각 장치나 배치, 제조공정 등의 관계를 나타내는 도면이다.

(3) 도면의 성질에 따른 분류

① **원도** : 트레이스도의 원본이 되며 제도지에 연필로 직접 그리거나, CAD에 작성된 도면이다.

② **복사도** : 트레이스도를 원본으로 하여 복사한 도면이다.

③ **트레이스도** : 원도 위에 트레이싱 페이퍼나 미농지를 놓고 연필이나 먹물로 그린 도면이다.

라. 도면관리

(1) 도면 번호의 부여

① 도면의 등록, 보관, 출도, 변경 등 도면 관리는 도면 번호에 의하여 처리되므로 합리적으로 부여할 필요가 있다.

② 도면 번호를 부여하는 방법

㉮ 도면의 작성 순서에 따라 일련 번호를 붙이는 방법이다.

㉯ 도면 일련 번호대로 기입하지 않고 기계의 종류, 형식 조립도, 부품도의 구분, 도면의 크기에 따라 부여하는 방법이 있다.

③ **도면 번호** : 표제란에 기입하되 도면의 왼쪽 위에 거꾸로 기입해 두면 도면 정리 시 편리하다.

(2) 도면의 등록

① 도면 작성이 완료된 도면은 도면 대장에 등록하여야 한다.

② 도면 대장에는 등록일, 품명, 도면의 크기별 매수 등을 기재하며 도면을 폐기하거나 마이크로 필름으로 촬영하였을 때에는 근거를 기록하여 둔다.

(3) 도면의 보관
① 도면은 화재나 수해, 도난으로부터 안전하게 보관되어야 한다.
② 도면 보관함에는 도면 번호, 명칭, 크기 등을 표시하고 원도는 가능한 접지 않고 꺼내기 쉽도록 보관한다.
③ 원도는 도면을 변경하고자 할 때 이외에는 대출하지 않으며 다른 이유로 도면이 필요할 때는 복사도를 사용한다.

(4) 도면의 출도
① 제품 생산을 위하여 제작 부서에 도면을 출도할 때에는 복사도를 사용한다.
② 복사도는 보통 도면 출도 의뢰서에 의하여 출도하며 출도 상황은 관리 대장을 작성하여 관리하며, 사용한 후에는 회수하여 폐기하여야 한다.

(5) 도면의 변경
① 제품의 형상, 치수를 바꾸거나 가공법의 개선 등을 위하여 도면을 변경할 경우에는 변경개소에 적당한 기호를 부기하고 변경전의 형상과 치수를 알 수 있도록 보존한다.
② 변경 내용이 복잡한 경우에는 도면을 재작성한다.

02 제도의 기본

가. 투상법

(1) 투상법의 종류
① 정투상법
  ㉮ 물체로부터 나온 투상선(projecting line)은 모두 정점(station point)에 모아진다. 따라서 투상면(projection plane)이 물체로부터 멀어지면 투상도의 크기도 점점 작아진다.
  ㉯ 정투상법에서는 물체로부터 나온 투상선이 투상면에 수직이며 서로 평행한 것으로 가정한다. 따라서 투상면이 어느 위치에 있든지 투상도의 크기는 항상 일정하다.
② 등각투상법
  ㉮ 등각투상도(isometric view)는 물체의 옆면 모서리가 수평선과 30°가 되도록 회전시켜서, 세 모서리가 이루는 각이 모두 120°가 되도록 그린 투상도를 말한다. 등각을 이루는 세 개의 모서리를 등각축(isometric axis)이라 한다.
  ㉯ 대상물의 실제길이는 등각투상도는 원칙적으로 0.8165배의 등 축척(isometric scale) 등 축척은 사용하기가 불편하여 현척을 사용한다.

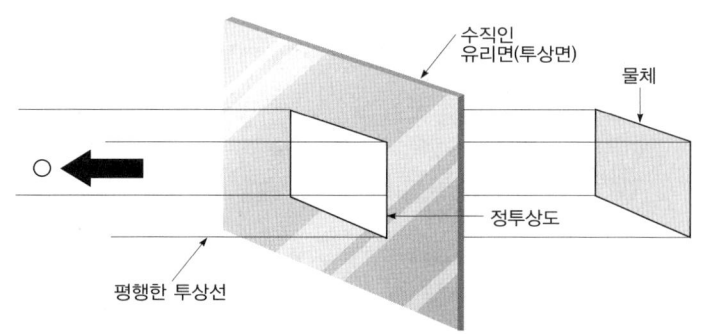

[정투상법의 원리와 정투상도]

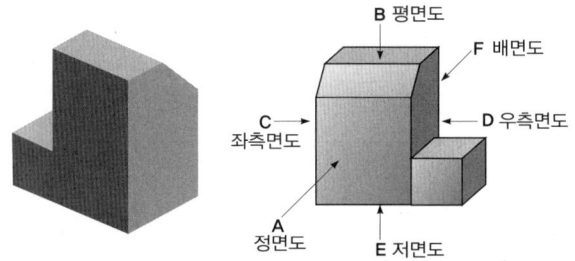

1. 정면도(Front view) : 물체를 앞으로 바라본 모양
2. 평면도(Top view) : 물체를 위에서 바라본 모양
3. 우측면도(Right side view) : 물체를 오른쪽에서 바라본 모양
4. 좌측면도(Left side view) : 물체를 왼쪽에서 바라본 모양
5. 저면도(Bottom view) : 물체를 아래에서 바라본 모양
6. 배면도(Rear view) : 물체를 뒤쪽에서 바라본 모양

[투상도의 명칭]

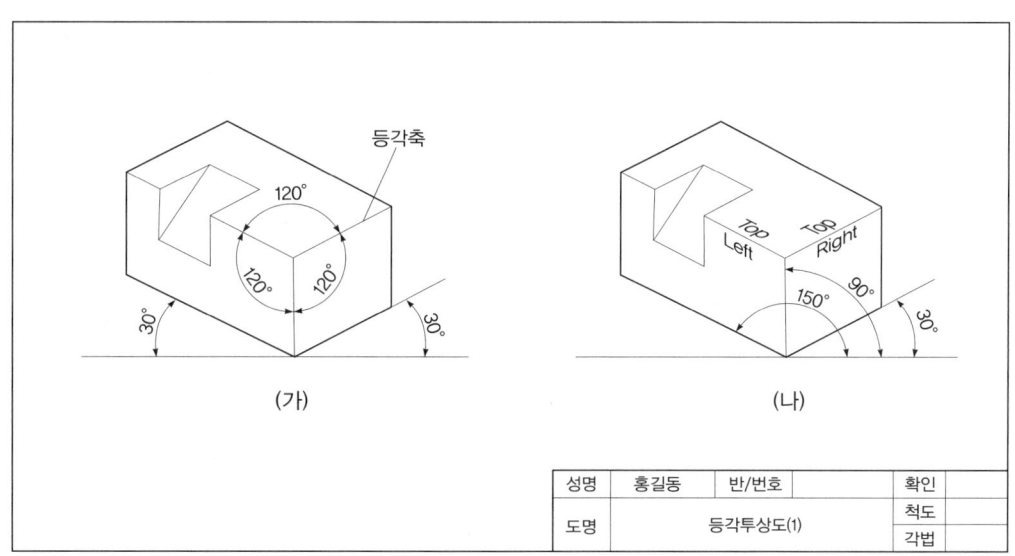

[등각투상법의 예]

③ **사투상법** : 정투상도에서 정면도의 크기와 모양은 그대로 사용하고, 평면도와 우측면도를 경사시켜 그리는 투상법을 말한다. 종류에는 카발리에도와 캐비닛도가 있다.

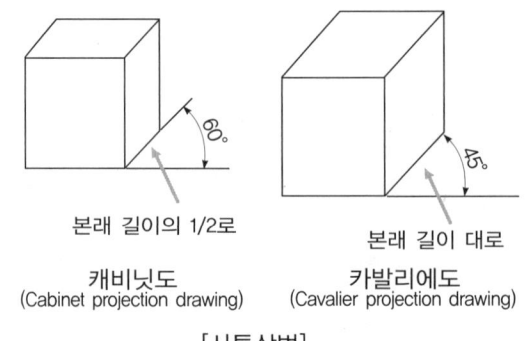

[사투상법]

(2) 투상각

① 제 1각법 : 물체를 제 1상한에 놓고 투상하여 투상면의 앞쪽에 물체를 놓는다.

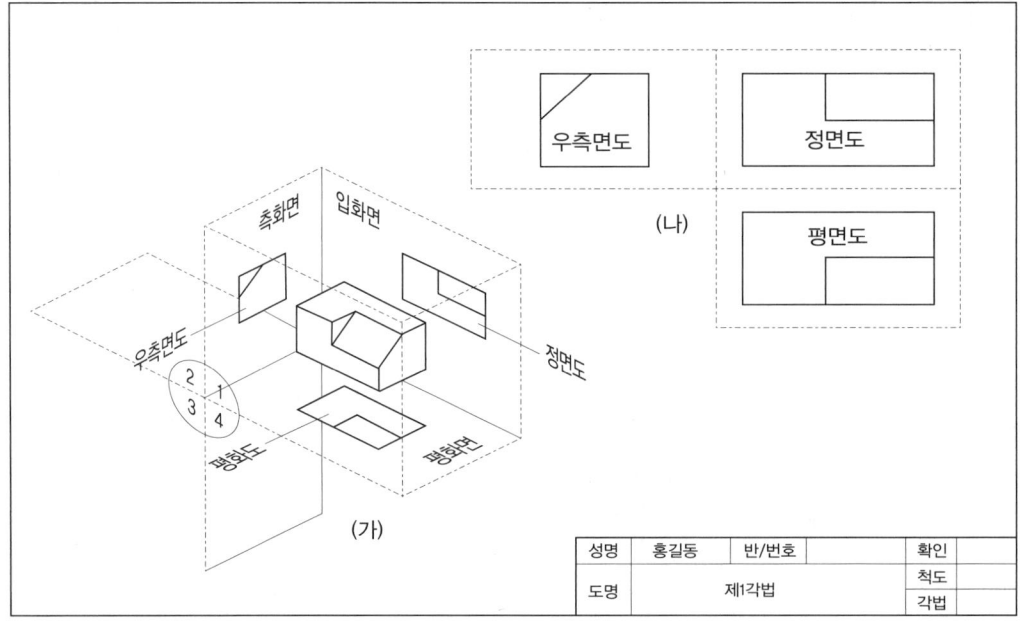

② 제 3각법 : 물체를 제 3상한에 놓고 투상하여, 투상면의 뒤쪽에 물체를 놓는다.

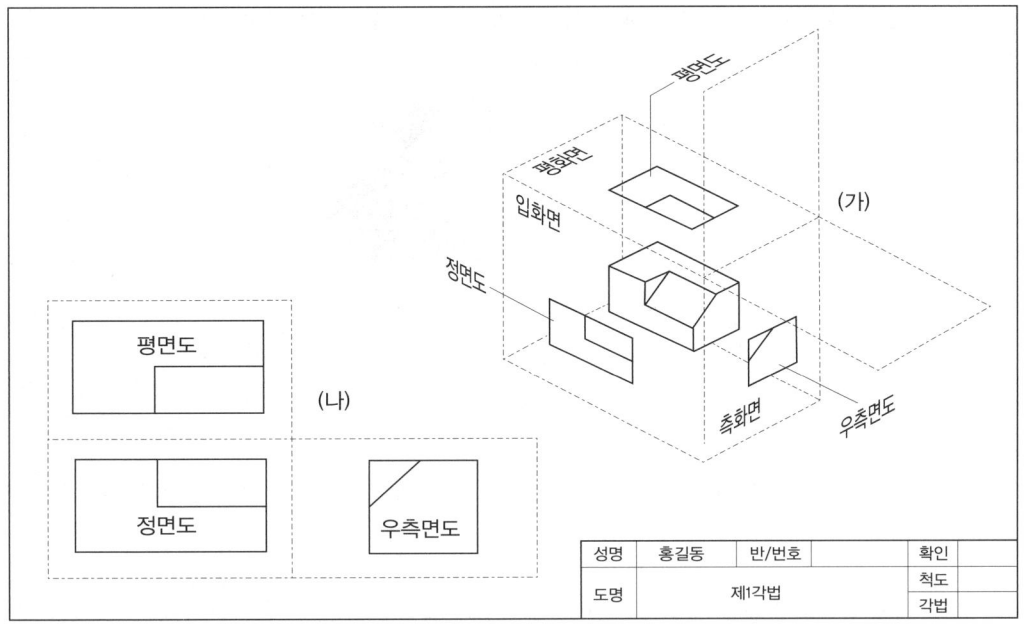

③ 제 1각법과 제 3각법 도면 배열 위치

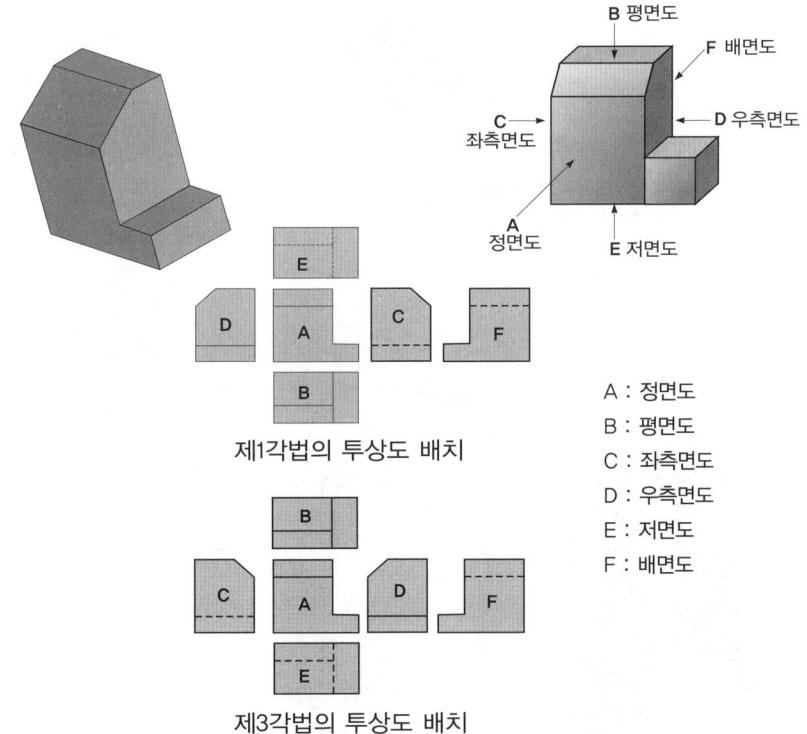

A : 정면도
B : 평면도
C : 좌측면도
D : 우측면도
E : 저면도
F : 배면도

④ **보조 투상도** : 경사면부가 있는 물체는 정투상도로 그리면 물체의 실형을 나타낼 수 없으므로 그 경사면과 맞서는 위치에 보조 투상도를 그려 경사면의 실형을 나타낸다.

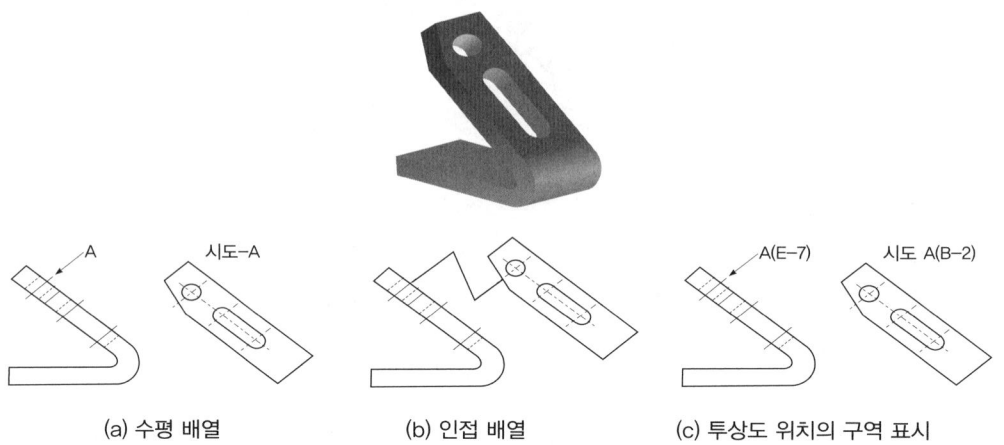

(a) 수평 배열　　　　　(b) 인접 배열　　　　(c) 투상도 위치의 구역 표시

⑤ **부분 투상도** : 그림의 일부를 도시하는 것으로 충분한 경우에는 그 필요 부분만을 부분 투상도로써 표시하고 생략한 부분과의 경계를 파단선으로 나타낸다.

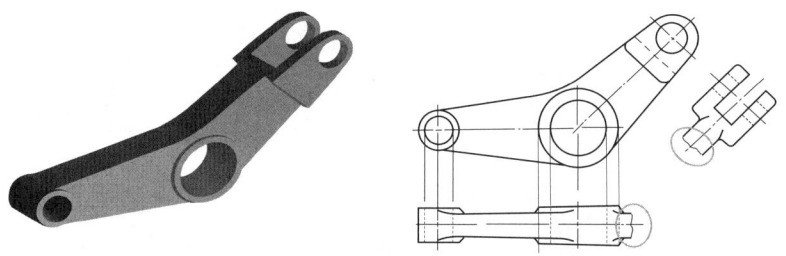

⑥ **국부 투상도** : 대상물의 구멍, 홈 등 한 국부만의 모양을 도시하는 것으로 충분한 경우에는 그 필요 부분을 국부 투상도로써 나타낸다.

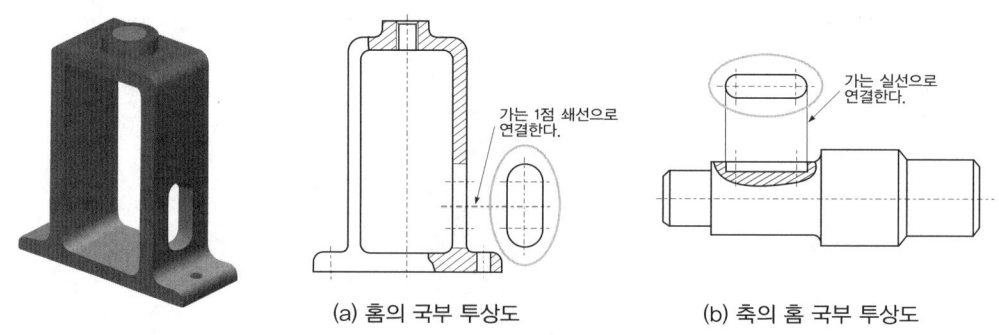

(a) 홈의 국부 투상도　　　　　(b) 축의 홈 국부 투상도

⑦ **부분 확대도** : 특정 부분의 도형이 작아서 그 부분의 상세한 도시나 치수 기입을 할 수 없을 때에는 그 부분을 가는 실선으로 에워싸고, 글자 및 척도를 기입한다.

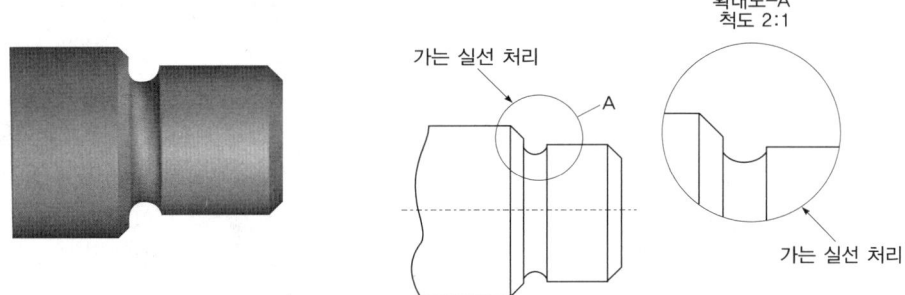

⑧ **회전 투상도** : 대상물의 일부가 어느 각도를 가지고 있기 때문에 그 실제 모양을 나타내기 위해서 회전하여 실제 모양을 나타낸다.

나. 도형의 표시 및 치수 기입방법

(1) 도형의 표시

① 단면도 표시

㉮ 단면은 원칙적으로 기본 중심선에서 절단한 면으로 표시한다.

㉯ 단면은 필요한 경우에는 기본 중심선이 아닌 곳에서 절단한 면으로 표시해도 좋다.

㉰ 단면으로 나타낸 것을 분명하게 할 필요가 있을 때에는 해칭 또는 스머징을 한다.

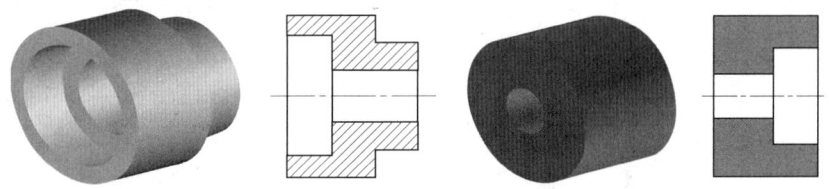

(a) **해칭 방법**
주 외형선에서 45° 기울어진 2~3mm의 같은 간격의 가는 실선으로 표현

(b) **스머징 방법**
외형선 안쪽의 일부 또는 전부를 색칠하여 표현

㉱ 숨은 선은 단면도에 되도록 기입하지 않는다.

㉲ 관련도는 단면을 그리기 위하여 제거했다고 가정한 부분도 그린다.

㉳ 투상도에서 가상의 절단면 설치 위치와 한계의 표시는 가는 1점 쇄선과 굵은 실선으로 나타낸다.

② 단면도의 종류
  ㉮ 온 단면도 : 대상물을 1평면의 절단면으로 절단해서 얻어지는 단면을 빼놓지 않고 그린 단면도이다. 원칙으로 대상물의 기본적인 모양을 가장 좋게 표시할 수 있도록 그림 (a), (b)와 같이 절단면을 정하여 그린다.

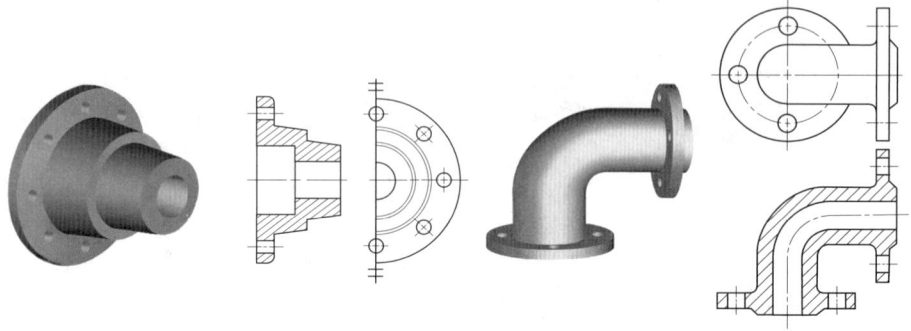

  ㉯ 한쪽 단면도 : 대칭형의 대상물은 외형도의 절반과 온 단면도의 절반을 조합하여 표시할 수 있다.

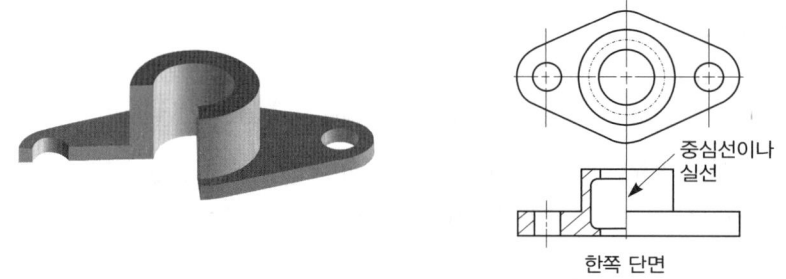

  ㉰ 부분 단면도 : 일부분을 잘라내고 필요한 내부 모양을 그리기 위한 방법이다.

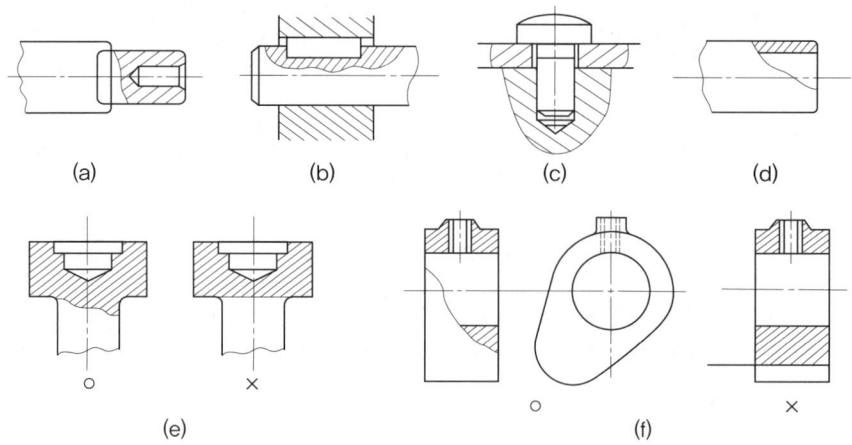

㉣ 회전 도시 단면도 : 핸들, 벨트 풀리, 기어 등과 같은 바퀴의 암, 림, 리브, 훅, 축 등의 절단면을 회전시켜 표시한다.

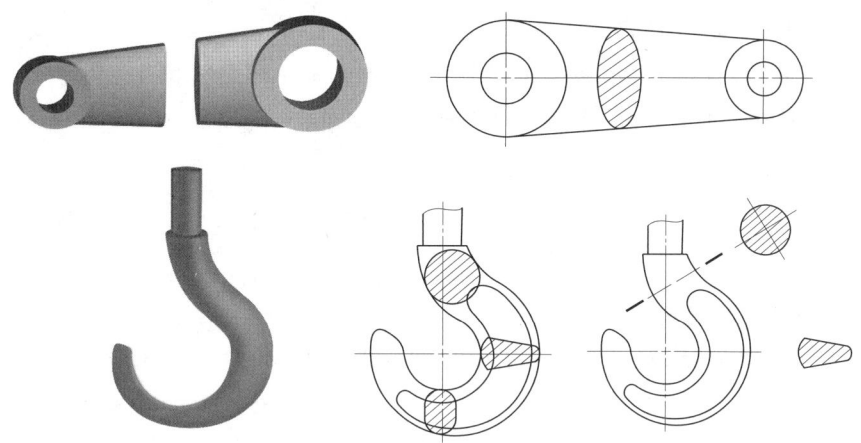

㉤ 계단 단면도 : 절단면이 투상면에 평행 또는 수직하게 계단 형태로 절단된 것을 계단 단면도로 한다.

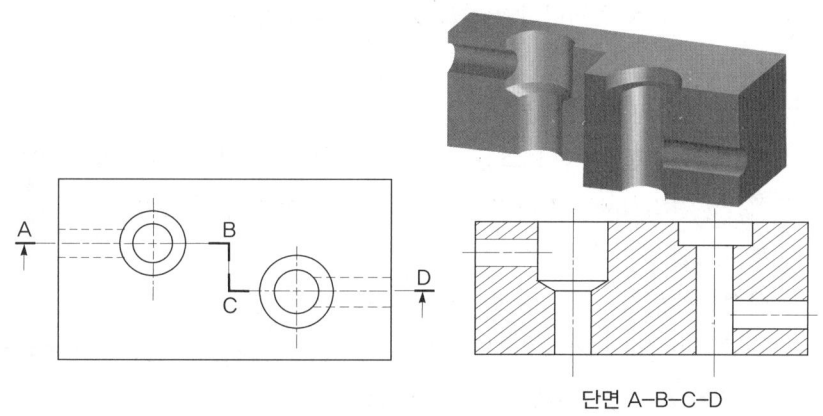

단면 A-B-C-D

(2) 치수 기입 방법

① 치수 표시 방법

㉮ 치수는 치수선, 치수 보조선, 지시선, 화살표시선 등의 끝부분 기호, 치수 수치, 주 등의 기본적인 요소와 치수 보조 기호를 사용하여 표시한다.

㉯ 도면에 기입하는 치수는 필요한 경우에 치수의

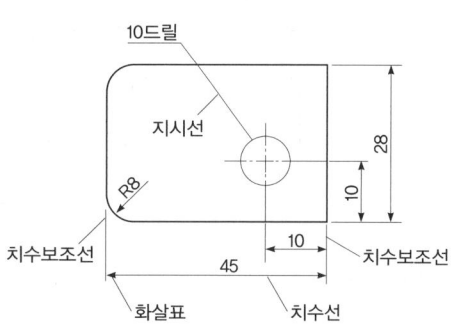

혀용한계를 지시한다.

② **치수 수치 표시 방법**
  ㉮ 길이의 치수 수치는 mm 단위로 기입하고 단위 기호는 붙이지 않는다.
  ㉯ 각도의 치수 수치는 일반적으로 도의 단위로 기입하고, 필요한 경우에는 분 및 초를 병용할 수 있다.
  ㉰ 치수 수치의 소수점은 아래쪽의 점으로 하고 숫자 사이를 적당이 떼어서 그 중간에 약간 크게 쓴다.

③ **치수 기입 원칙**
  ㉮ 대상물의 기능, 제작, 조립 등을 고려하여 필요하다고 생각되는 치수를 명료하게 도면에 지시한다.
  ㉯ 치수는 대상물의 크기, 자세, 위치를 명확하게 표시하는데 필요하다.
  ㉰ 치수는 되도록 주 투상도에 집중하고 중복 기입을 피한다.
  ㉱ 치수는 필요에 따라 기준으로 하는 점, 선 또는 면을 기준으로 하여 기입한다.
  ㉲ 치수는 되도록 공정마다 배열을 분리하여 기입한다.

④ **치수 기입 방법의 일반 형식**
  ㉮ 치수는 치수선, 치수 보조선, 치수 보조기호 등을 사용하여 치수 수치에 따라 나타낸다.
  ㉯ 치수선은 지시하는 길이 또는 각도를 측정하는 방향에 평행하게 긋고, 선의 양끝에는 끝부분 기호를 표기한다.
  ㉰ 치수선은 원칙으로 치수 보조선을 사용하여 기입한다.
  ㉱ 각도를 기입하는 치수선은 각도를 구성하는 2변 또는 그 연장선의 교점을 중심으로 하여 양변 또는 연장선 사이에 그린 원호로 표시한다.
  ㉲ 좁은 곳에서의 치수 기입은 부분 확대도를 그려서 기입한다.

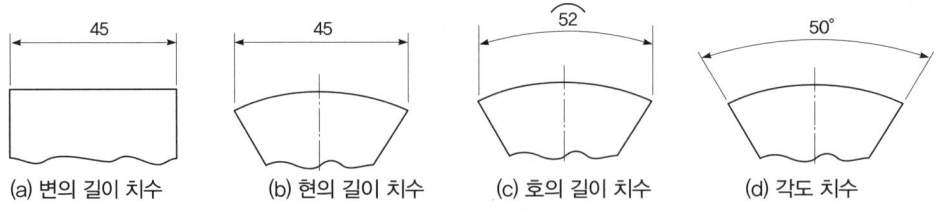

[길이 및 각도 치수]

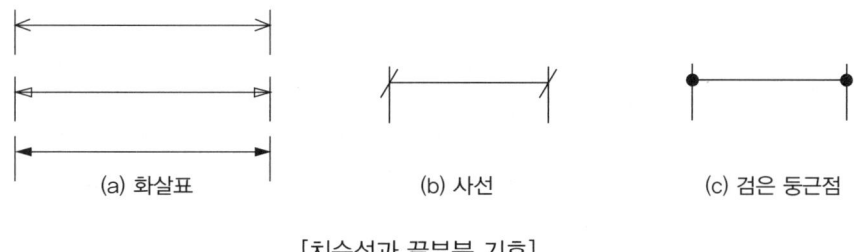

[치수선과 끝부분 기호]

다. 기계재료의 표시법 및 스케치

(1) 재료 기호의 구성
① 재료 기호는 로마자와 아라비아 숫자로 구성되어 있다.
② 처음 부분은 재질을 표시하는 기호이며 로마자의 머리글자나 원소기호로 표시한다.
③ 중간 부분은 규격명, 제품명을 표시하는 기호이며, 판, 봉, 선재와 주조품, 단조품 등과 같은 제품의 모양에 따른 종류나 용도를 표시한다.
④ 끝 부분은 재료의 종류 번호, 최저 인장 강도와 제조 방법, 열처리 방법 등을 나타낸다.

〈보기〉

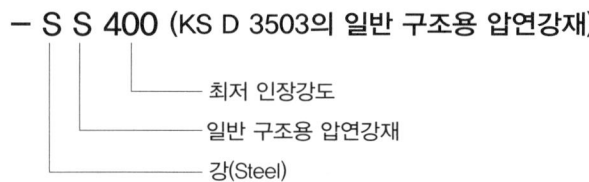

(2) 기계 재료의 기호와 용도 및 특징
① 각종 기계재료의 기호는 KS D에 규정되어 있다. 그러므로 설계자는 필요에 따라 기호를 선택해서 사용한다.

(3) 스케치
① 정의 : 스케치는 동일 부품의 제작, 파손된 기계부품을 교체하고자 할 때, 또는 현품을 기준으로 개선된 부품을 고안하려 할 때 제도 용구를 사용하지 않고, 모눈 종이 또는 제도용지에 프리핸드로 그리는 것을 말한다.

② 스케치 방법
- ㉮ 프리핸드법 : 일반적인 방법으로 척도에 관계없이 적당한 크기로 부품을 그린 후 치수를 측정하여 기입하는 방법이다.
- ㉯ 프린트법 : 부품에 면이 평면으로 가공되어 있고, 복잡한 윤곽을 갖는 부품인 경우에 그 면에 광명단 등을 발라 스케치 용지에 찍어 그 면의 실형을 얻는 직접법과 면에 용지를 대고 연필 등으로 문질러서 도형을 얻는 간접법이 있다.
- ㉰ 본뜨기법 : 불규칙한 곡선부분이 있는 부품을 직접 용지 위에 놓고 윤곽을 본뜨는 직접 본뜨기법과 납선 또는 구리선 등의 연선을 부품의 윤곽에 대고 구부린 후 그 선의 커브를 용지에 대고 간접적으로 본뜨는 방법이 있다.
- ㉱ 사진 촬영법 : 복잡한 기계의 조립 상태나 부품의 형상, 구조를 가장 잘 나타내고 있는 방향에서 여러 장의 사진을 찍어 두면, 제도할 때 또는 부품을 조립할 때 좋은 자료로 활용할 수 있다.

③ 스케치 시 유의사항
- ㉮ 스케치도는 간단하게 보기 쉽게 작성해야 한다.
- ㉯ 표준부품은 약도와 호칭 방법을 표시해야 한다.
- ㉰ 필요한 스케치 용구를 잊지 않도록 한다.
- ㉱ 대칭형인 것은 생략해서 도시해도 된다.

라. CAD기초

(1) CAD 관련 용어

① CAM : 생산 계획, 제품 생산 등 생산에 관련된 일련의 작업을 컴퓨터를 이용하여 직접 혹은 간접적으로 제어하는 것이다.
② CAE : 컴퓨터를 이용하여 엔지니어링 부분, 기본설계, 상세설계에 대한 해석, 시뮬레이션 등을 하는 것이다.
③ CAP : NC 가공에 필요한 정보, 생산, 검사를 위한 계획 등의 리스트를 작성하는 것이다.
④ CIM : 제품의 사양, 개념 사양의 입력만으로 최종 제품이 완성되는 자동화 시스템 관리업무를 합한 통합 시스템이다.
⑤ CAT : 제조 공정에 있어서 검사 공정의 자동화에 대한 것으로 CAM의 일부분이다.
⑥ FMS : 생산 시스템을 모듈화하여 처리하는 지능화된 기계군, 기계 공정간을 자동적으로 결합하는 반송 시스템, 그리고 이들 모두를 생산관리 정보로 결합하는 정보 네트워크 시스템으로 구성되는 공장 자동화 시스템이다.

⑦ FA : 생산 시스템과 로봇, 반송기기, 자동창고 등 컴퓨터에 의해 집중 관리하는 공장 전체의 자동화, 무인화 등을 이루는 것이다.

(2) 형상 모델링의 종류

① 와이어 프레임 모델링

㉮ 물체를 면과 면이 만나서 이루어지는 모서리로 표현하는 것

㉯ 점, 직선, 곡선으로 구성되면 2차원 윤곽

㉰ 데이터의 구성이 간단하고, 모델 작성을 쉽게 할 수 있다.

㉱ 처리속도가 빠르고 은선 제거가 불가능하고 단면도 작성이 불가능하다.

② 서피스 모델링

㉮ 자유곡면형상, 모서리 대신에 면을 사용하므로 은선이 제거되고, 면의 구분이 가능하므로 가공면을 자동으로 처리할 수 있다.

㉯ 3차원 형상 모델링에도 활용된다.

㉰ 복잡한 형상 표현이 가능하고 단면도를 작성할 수 있다.

㉱ 2개의 교선을 구할 수 있다.

③ 솔리드 모델링

㉮ 제품의 표면뿐만 아니라 부피도 표현할 수 있으며 무게중심, 관성모멘트 등의 공학적인 해석에 이용된다.

㉯ 은선 제거가 가능하고 물리적 성질 등의 계산이 가능하다.

㉰ 이동, 회전 등을 통하여 정확한 형상 파악을 할 수 있다.

㉱ 데이터 처리가 많아지고 컴퓨터의 메모리량이 많아진다.

(3) CAD 장단점

① CAD 장점

㉮ 설계제도의 규격화, 표준화가 용이하다.

㉯ 품질향상, 도면 작성 시간이 단축되고 원가가 절감된다.

㉰ 신뢰성 향상 및 경쟁력이 강화된다.

㉱ 수치결과에 대한 정확성이 증가한다.

② CAD 단점

㉮ 시스템 도입에 대한 고가의 초기 투자비용이 소요된다.

㉯ 소프트웨어, 하드웨어의 기능이나 성능의 불안 요소가 있다.

㉰ 효율적인 시스템 운용이나 시스템 서비스 등의 불안 요소가 있다.

03 용접 제도

가. 용접기호

(1) 기본기호

① 각종 이음은 제작에서 사용되는 용접부의 형상과 유사한 기호로 표시한다.
② 용접부의 기호는 기본기호 및 보조기호로 되어 있으며 기본기호는 원칙적으로 두 부재 사이의 용접부의 모양을 표시하고 보조기호는 용접부의 표면형상, 다듬질 방법, 시공상의 주의 사항 등을 표시한다.

〈용접 기본 기호〉

번호	명칭	도시	기호
1	양면 플랜지형 맞대기 이음 용접		
2	평행(I형) 맞대기 용접		
3	V형 맞대기 용접		
4	일면 개선형 맞대기 용접		
5	넓은 루트면이 있는 V형 맞대기 용접		
6	넓은 루트면이 있는 한 면 개선형 맞대기 용접		
7	U형 맞대기 용접(평행 또는 경사면)		
8	J형 맞대기 용접		
9	이면 용접		
10	필릿 용접		
11	플러그 용접 : 플러그 또는 슬롯 용접(미국)		

번호	명칭	도시	기호
12	점 용접		○
13	심(seam) 용접		⊖
14	개선 각이 급격한 V형 맞대기 용접		\/
15	개선 각이 급격한 일면 개선형 맞대기 용접		|
16	가장자리(edge) 용접		|||
17	표면 육성		⌒
18	표면 접합부		=

(2) 기본기호의 조합

① 필요한 경우에는 기본 기호를 조합하여 사용할 수 있다.
② 부재의 양쪽을 용접하는 경우에는 적당한 기본 기호를 기준선에 좌우 대칭으로 조합시켜 OCL 하는 방법으로 표시한다.

〈대칭적인 용접부의 조합 기호〉

명칭	도시	기호
양면 V형 맞대기 용접 (X용접)		X
K형 맞대기 용접		K
넓은 루트면이 있는 양면 V형 용접		X
넓은 루트면이 있는 K형 맞대기 용접		K

명 칭	도 시	기 호
양면 U형 맞대기 용접		)(

(3) 보조 기호

① 기본 기호는 외부 표면의 형상 및 용접부 형상의 특징을 나타내는 기호에 따른다.
② 보조 기호가 없는 경우에는 용접부 표면의 형상을 정확히 지시할 필요가 없다는 것이다.

〈보조 기호〉

용접부 및 용접부 표면의 형상	기 호
a) 평면(동일한 면으로 마감 처리)	───
b) 볼록형	⌒
c) 오목형	⌣
d) 토우를 매끄럽게 함	⌄
e) 영구적인 이면 판재(backing strip) 사용	M
f) 제거 가능한 이면 판재 사용	MR

〈보조 기호의 적용 예〉

명 칭	도 시	기 호
한쪽면 V형 맞대기 용접 – 평면(동일면) 다듬질		▽
양면 V형 용접 – ▵형 다듬질		⧖
필릿 용접 – ▵형 다듬질		
뒤쪽면 용접을 하는 한쪽면 V형 맞대기 용접 – 양면 평면(동일면)다듬질		
뒤쪽면 용접과 넓은 루트면을 가진 한쪽면 V형 (Y 이음) 맞대기 용접 – 용접한 대로		
한쪽면 V형 다듬질 맞대기 용접 – 동일면 다듬질		▽¹⁾
필릿 용접 끝단부를 매끄럽게 다듬질		

1) 기호는 ISO 1302에 따름 : 여기 호 대신 기호를 사용할 수 있음

나. 용접 도면상의 기호 위치

(1) 일반사항

① 다음의 규정에 근거하여 3가지 구성된 기호는 모든 표시 방법 중 단지 한 부분을 만든다.
  ㉮ 하나의 이음에 하나의 화살표
  ㉯ 하나는 연속이고 다른 하나는 파선인 2개의 평행선으로 된 2중 기준선
    (좌우 대칭인 용접부에서는 파선은 필요 없고 생략하는 편이 좋다)
  ㉰ 치수선의 정확한 숫자와 규정상의 기호
② 다음 규정의 목적은 명기하여 둠으로써 용접부의 위치를 한정하기 위함이다.
  ㉮ 화살표의 위치
  ㉯ 기준선의 위치
  ㉰ 기호의 위치
③ 화살표 및 기준선에는 모든 관련 기호를 붙인다. 예를 들면, 용접 방법, 허용 수준, 용접 자세, 용가재 등 상세 항목을 표시하려는 경우에는 기준선의 끝에 꼬리를 덧붙인다.

(2) 화살표와 이음과의 관계

① 이음의 "화살표 쪽"
② 이음의 "화살표 반대쪽"
③ 화살의 위치는 명확한 목적에 근거하여 선택된다. 일반적으로 화살은 이음에 직접 인접한 부분에 배치된다.

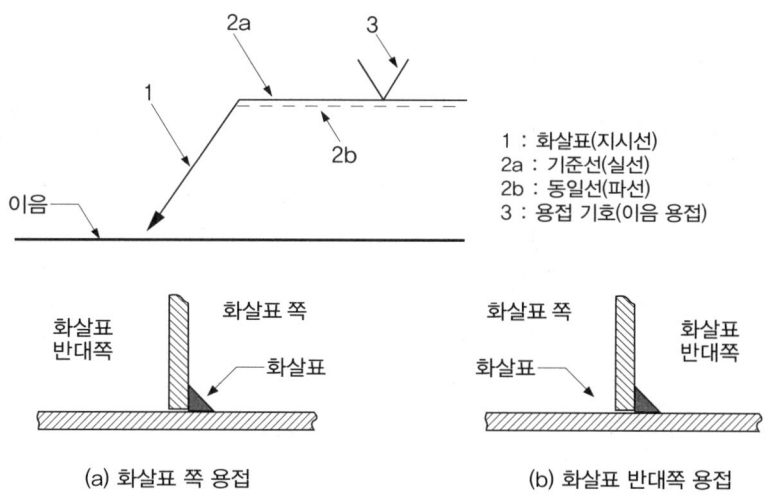

[T 이음의 한쪽면 필릿 용접]

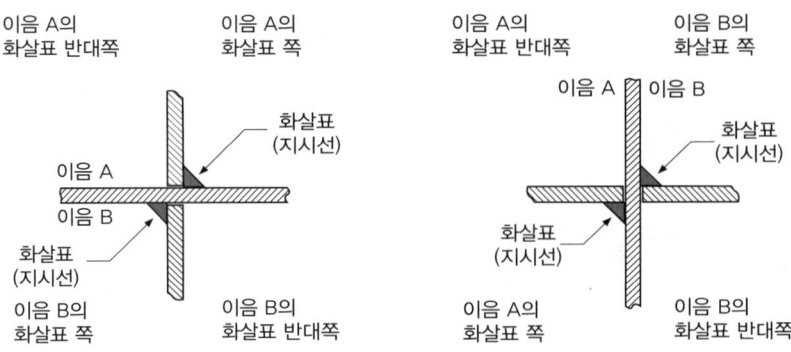

[+ 이음의 양면 필릿 용접]

(3) 화살표의 위치

용접부에 화살표의 위치는 특별한 의미가 없다.

① 화살표는 기준선에 대하여 각도가 있도록 하여 기준선의 한쪽 끝에 연결한다.

② 화살표는 화살 머리로 끝낸다.

(4) 기준선의 위치

기준선은 도면 이음부를 표시하는 선에 평행으로 또는 불가능한 경우에는 수직으로 기입하여야만 한다.

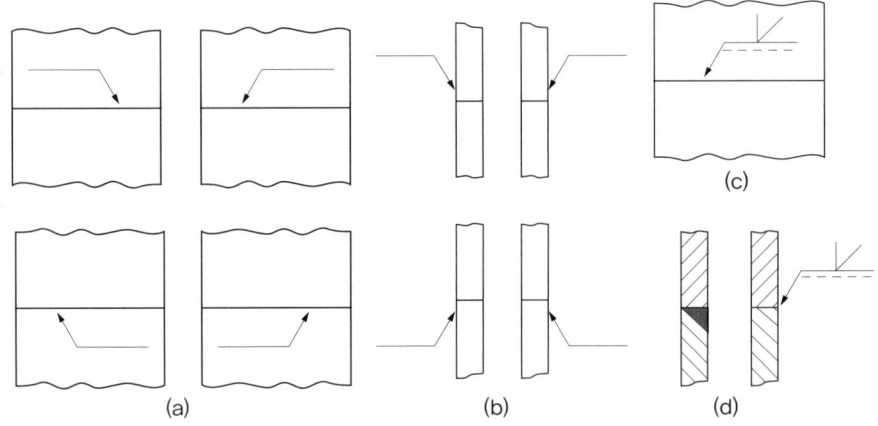

[화살표의 위치]

(5) 기준선에 대한 기호의 위치

기호는 다음 규정에 따라 기준선의 위 또는 그 바로 아래 둘 중 어느 한쪽에 표시한다.

① 만일 용접부(용접면)가 이음의 화살표 쪽에 있을 때에는 기호는 실선 쪽의 기준선에 기입한다.
② 만일 용접부(용접면)가 이음의 화살표와는 반대쪽에 있을 때에는 기호는 파선쪽에 기입한다. 프로젝션 용접법에 따른 스폿 용접부의 경우 프로젝션 표면은 용접부의 외부 표면으로 생각한다.

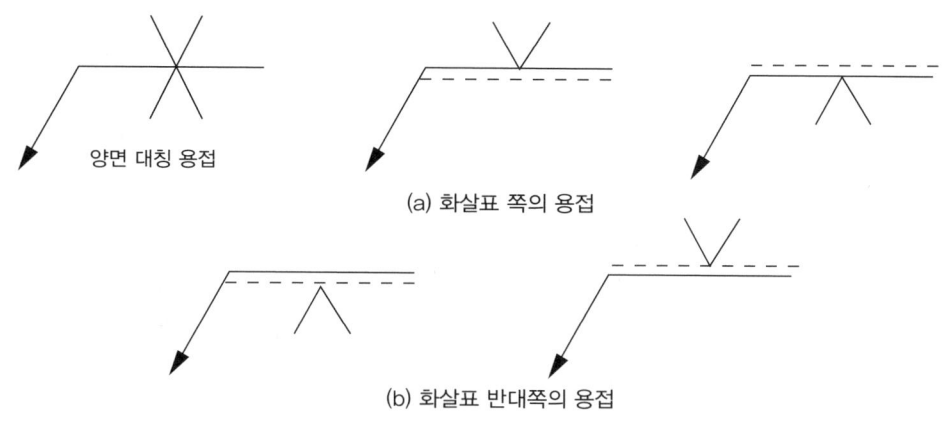

[기준선에 따른 기호의 위치]

다. 용접부의 치수 표시

(1) 일반규정

각 이음의 기호에는 확정된 치수의 숫자를 덧붙인다.
① 가로 단면에 관한 주요 치수는 기호의 좌측(기호의 앞)에 기입한다.
② 세로 단면 방향 치수는 기호의 우측(기호의 뒤)에 기입한다.

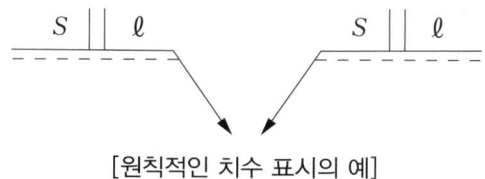

[원칙적인 치수 표시의 예]

(2) 표시해야 할 주요 치수

판의 끝 단면에 용접되는 용접부의 치수는 도면상 외에는 기호로 표시하지 않는다.
① 기호에 연달아 어떠한 표시도 없는 경우에는 공작물의 전 길이에 걸쳐 연속용접을 하는 것을 뜻한다.

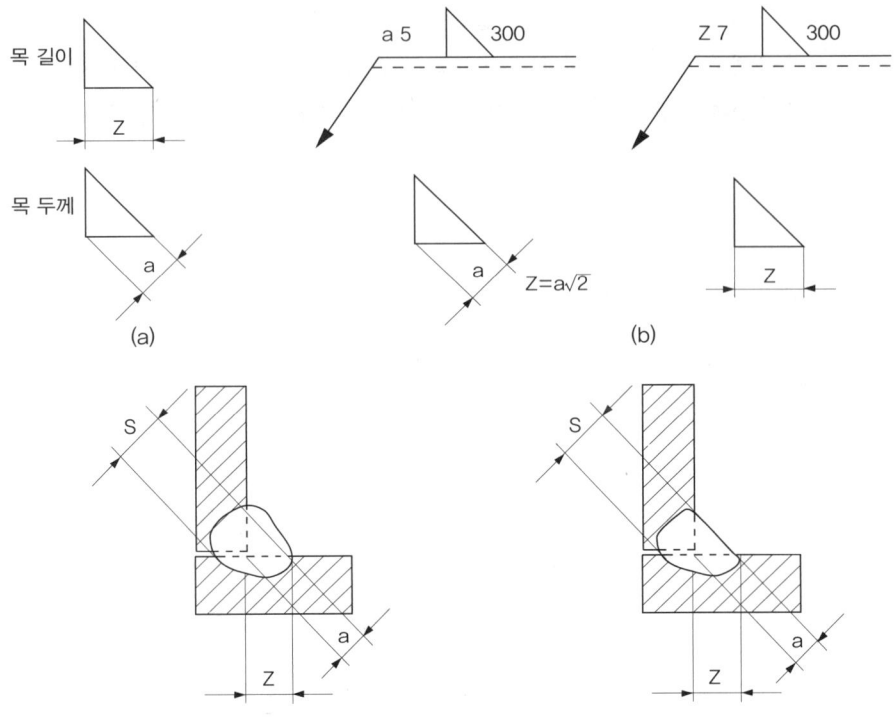

[필릿용접의 치수표시 및 용입깊이 표시방법]

② 치수 표시가 없는 한 맞대기 용접에서는 완전 용입 용접을 한다.
③ 필릿 용접부에는 2개의 치수 표시 방법이 있다. 문자 a 또는 z를 해당하는 치수값의 앞에 항상 배치한다. 필릿 용접부의 용입깊이를 지시하는 곳에는 목두께 s가 있다.
④ 경사된 끝 단면을 가진 플러그 또는 슬롯 용접부의 경우에는 해당하는 구멍 밑의 치수를 표시한다.

라. 배관 도시 기호

(1) 높이 표시

① EL 표시 : 배관 높이를 관의 중심을 기준으로 표시
② BOP 표시 : 서로 지름이 다른 관의 높이를 나타낼 때 적용되는 것으로 관 바깥지름의 밑면까지를 기준으로 표시
　㉮ TOP 표시 : 관 윗면을 기준으로 표시
　㉯ GL 표시 : 포장된 지표면의 높이를 표시
　㉰ FL 표시 : 1층 바닥면을 기준으로 높이를 표시

(2) 관 접속 상태

접속 상태	실제 모양	도시 기호	접속 상태	실제 모양	도시 기호
접속하지 않을 때			파이프 A가 앞쪽으로 수직으로 구부려질 때		
접속하고 있을 때			파이프 B가 앞쪽으로 수직으로 구부려질 때		
분기하고 있을 때			파이프 C가 뒤쪽으로 구부러져서 D에 접속될 때		

(3) 관 연결 방법

이음 종류	연결 방법	도시 기호	예	이음 종류	연결 방법	도시 기호
관이음	나사형			신축이음	루프형	
	용접형				슬리브형	
	플랜지형				벨로스형	
	턱걸이형				스위블형	
	납땜형					

(4) 밸브 및 계기의 표시

접속 상태	도시 기호	접속 상태	도시 기호
옥형 밸브(글로브 밸브)		일반 조작 밸브	
사절 밸브(슬루스 밸브)		전자 밸브	
앵글 밸브		전동 밸브	
역지 밸브(체크 밸브)		도출 밸브	
안전 밸브(스프링식)		공기 빼기 밸브	

접속 상태	도시 기호	접속 상태	도시 기호
안전 밸브(추식)		닫혀 있는 일반 밸브	
일반 콕		닫혀 있는 일반 콕	
삼방 콕		온도계 · 압력계	T P

(5) 배관도의 일반 표시

명 칭	기 호	비 고	명 칭	기 호	비 고
송기관	———	증기 및 온수	편심 조이트		주철 이형관
복귀관	-------	증기 및 온수	팽창 곡관		
증기관	—//—	증기	배관 고정점		
응축수관	--/--/--		급탕관	—|—	
기타 관	A/A		온수 복귀관	—||—	
급수관	—— —		기수 분리기	—(S.S)—	
상수도관	—·—·—		리프트 피팅	—∞—	
우물 급수관	— — —		분기 가열기		

(6) 비파괴 시험 기호

기 호	시험의 종류
RT	방사선 투과 시험
UT	초음파 탐상 시험
MT	자분 탐상 시험
PT	침투 탐상 시험
ET	와류 탐상 시험
LT	누설 시험
ST	변형도 측정 시험
VT	육안 시험
PRT	내압 시험
AET	에쿠스틱에미션 시험

마. 도면 해독

(1) 전개 : 판금이나 제관에서 전개하는 방식

① **평행 전개법** : 직각기둥이나 직원기둥을 직평면 위에 전개하는 방법으로 모서리와 직선 면소에 직각 방향으로 전개된다.

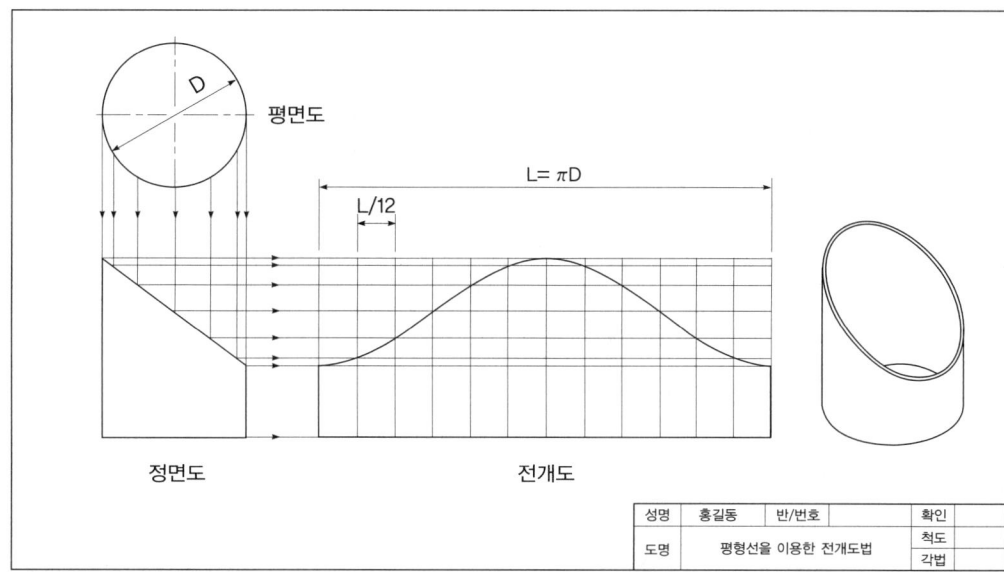

② **방사 전개법** : 각뿔이나 뿔면을 꼭지점을 중심으로 해서 방사상으로 전개하는 방식으로 방사 전개시의 원뿔각을 구하는데 사용된다.

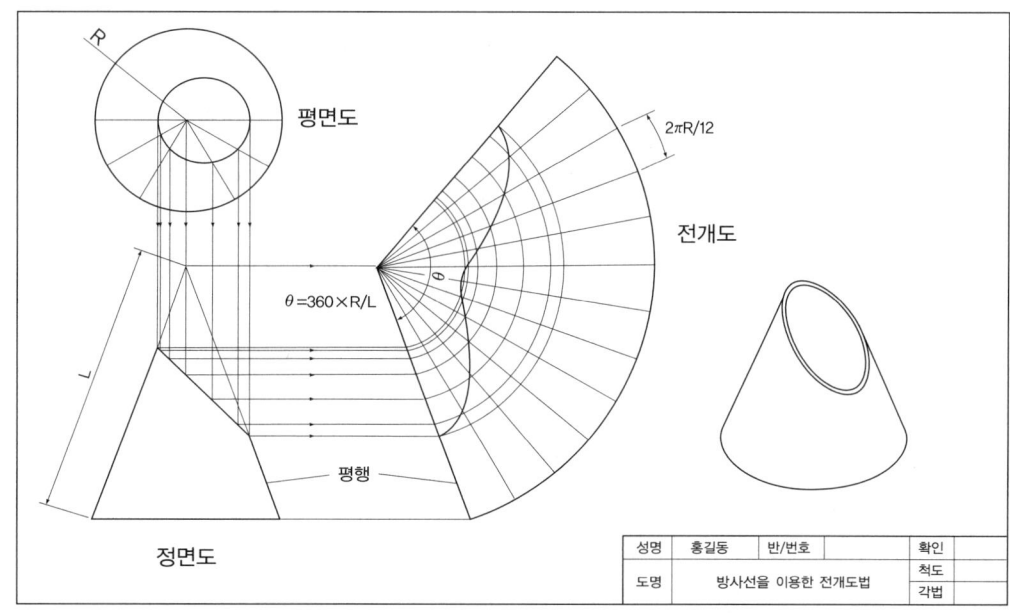

③ **삼각 전개법** : 방사 전개법으로 곤란한 원뿔 즉 꼭지점의 위치가 멀거나, 전개지가 작을 경우에 사용하는 방법으로 서로 이웃하는 부분을 4각형으로 생각하여 대각선으로 2등분하여 두 개의 삼각형으로 나누어 작도한다.

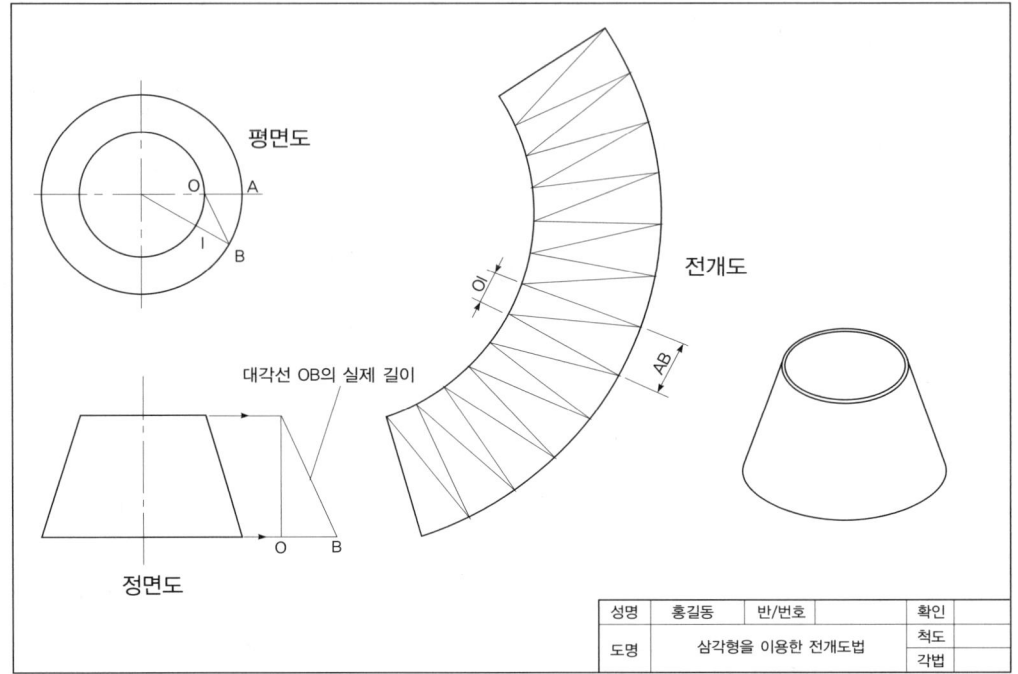

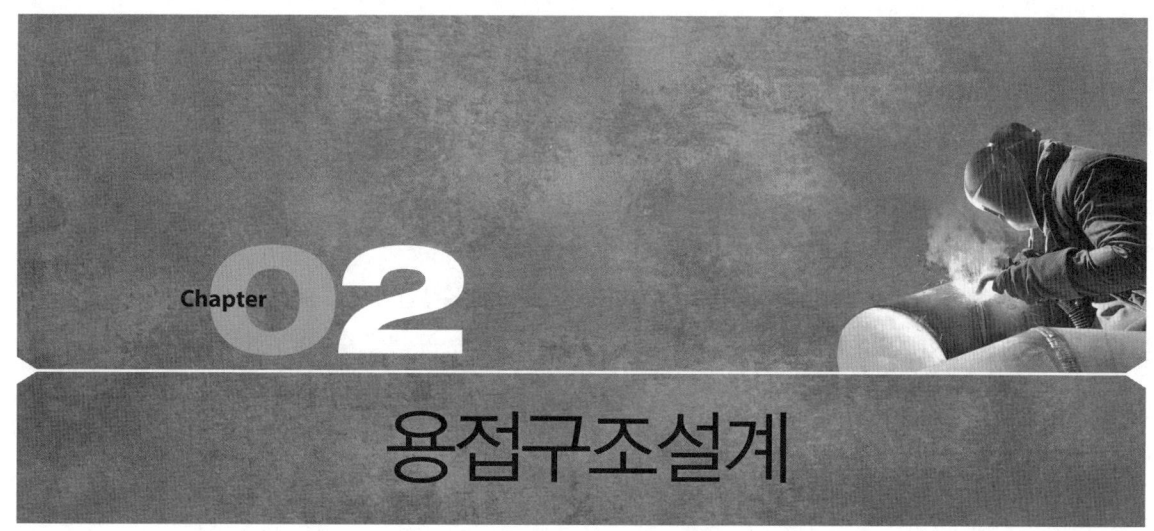

Chapter 02 용접구조설계

SECTION · 01 용접 설계 및 시공

01 용접 설계

가. 용접 설계

(1) 개요

용접을 이용하여 기계나 구조물을 제작할 경우 사용목적에 충분히 만족시킬 수 있도록 하는 것으로, 경제성을 고려하여 재료의 선택, 구조나 이음의 종류, 이음부의 형상, 구조물의 치수, 강도, 용접 방법, 용접 순서, 검사, 사후 관리 요령 등을 종합적으로 결정하는 것을 용접 설계라 한다.

① 용접 설계 순서

　기본 계획 →강도 계산 → 구조 설계 → 공작도면 작성 → 재료 적산 → 사양서 작성

② 설계상의 주의 사항

　㉮ 용접 이음의 집중, 교차, 접근 등을 피한다.

　㉯ 노치인성, 용접성이 우수한 재료를 선택하여 시공하기 쉽게 설계한다.

　㉰ 리벳과 용접을 병용할 때에는 충분히 유의해야 한다.

　㉱ 후판 용접시 용입이 깊은 용접법을 이용하여 층수를 줄이도록 한다.

　㉲ 용접에 의한 변형이나 잔류응력을 줄일 수 있도록 한다.

　㉳ 용접치수는 강도상 필요한 치수 이상으로 크게 하지 않는다.

③ 용접 이음의 장점

　㉮ 용접 이음은 다른 이음 방법에 비해 이음 효율이 대단히 높다.

　㉯ 용접 이음은 수밀, 기밀을 얻기 쉽다.

㈐ 압연 강재를 사용한 용접 구조물은 시공을 확실하게 하면 주조품보다 결함이 없는 제품이 되며, 신뢰성이 높고 우수한 기계적 성질의 제품이 된다.
㈑ 주강품이나 단조품보다 가볍게 할 수 있다.
㈒ 작업 공정을 적게 할 수 있으며 설비도 단조품보다 간단하므로 빠르고 싸게 만들 수 있다.
㈓ 작업할 때 소음 발생이 적으며 자동화가 용이하다.

④ 용접 이음의 단점
㈎ 용접할 때 급열, 급랭에 의해 수축, 변형 및 잔류 응력이 발생한다.
㈏ 모재가 열영향을 받아서 취성이 생기는 경우가 많으므로 모재 선택에 충분한 주의가 필요하다.
㈐ 용접으로 제작된 구조물은 리벳 구조에 비해 융통성이 없으므로 응력 집중이 생기기 쉽다.
㈑ 노치부 등에 균열이 발생하기 쉽고 또 균열이 구조물 전체에 파급되는 경우가 있다.

나. 용접 이음부의 종류

(1) 용접 이음부의 종류

① 용접 이음의 종류

용접 구조물의 제작에 사용되는 용접 이음은 맞대기 이음, 또는 필릿 이음 등이 있으며, 두 가지 이음을 기본으로 구조물의 조건에 맞도록 금속 재료를 절단하거나 굽힘 가공하여 여러 가지 형식으로 이음을 할 수 있다.

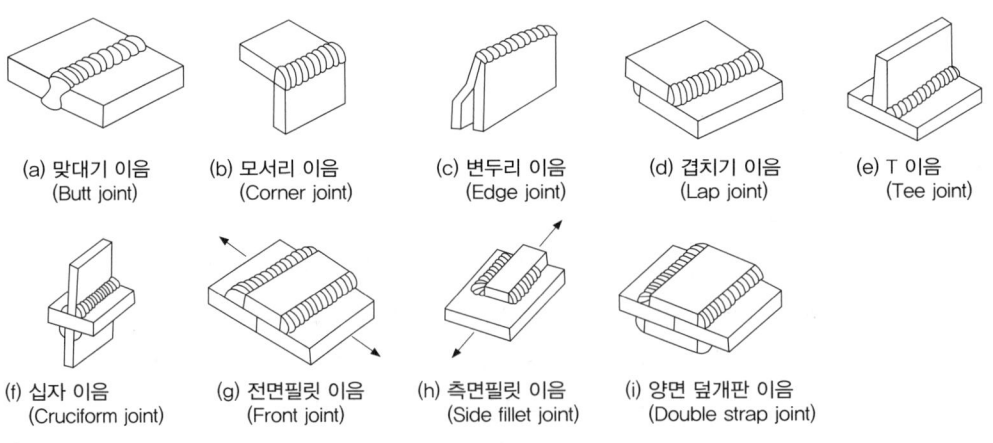

[용접 이음의 종류]

② 이음부의 홈 형상
  ㉮ 용접 이음부의 필요로 하는 충분한 강도를 얻기 위해서는 용입 깊이(penetration), 덧살부, 비드 폭, 각장(leg length) 등을 충분히 확보할 필요가 있다.
  ㉯ 일반적으로 두께가 4mm 이상인 판재를 용접할 경우 접합하고자 하는 부분에 적당한 홈(groove)을 만들어 완전한 용입이 되도록 하여야 한다.
  ㉰ 홈의 형상은 구조물의 형태나 재료의 두께에 따라 다르게 제작하며 맞대기 용접은 대략 동일 평면에 있는 두 부재를 맞대서 용접하는 이음을 말한다.

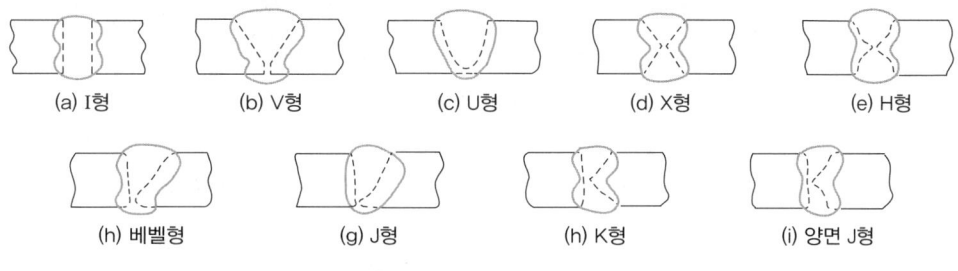

[맞대기 용접부의 홈 형상]

  ㉱ 필릿 용접은 T 이음부의 구석 부분을 용접하는 것으로 T 이음의 경우는 홈을 가공하는 경우도 있으나 대부분 구석부분을 그대로 용접하는 경우가 많다.

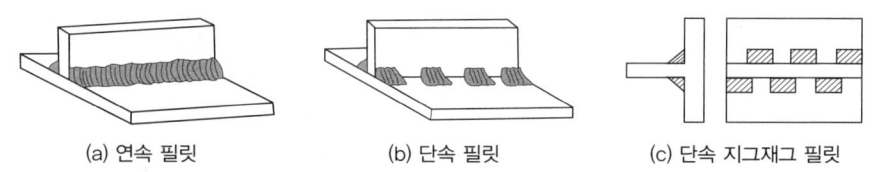

[용접부의 형상에 따른 필릿 용접의 종류]

  ㉲ 플러그 용접과 슬롯 용접은 겹쳐 있는 두장의 판재를 용접하기 위해 한쪽 판에 드릴머신이나 밀링머신으로 구멍이나 긴 홈을 가공하여 용접하는 방법이다.

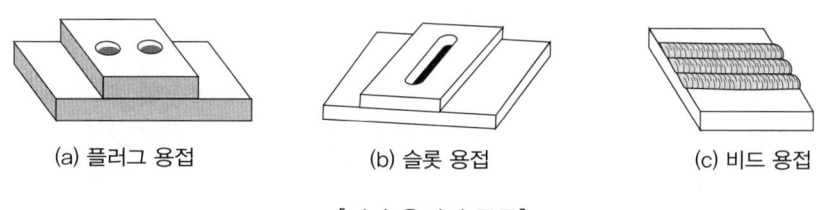

[기타 용접의 종류]

㉾ 플레어 용접은 두 부재 사이의 휨 부분을 용접하는 것을 말한다.

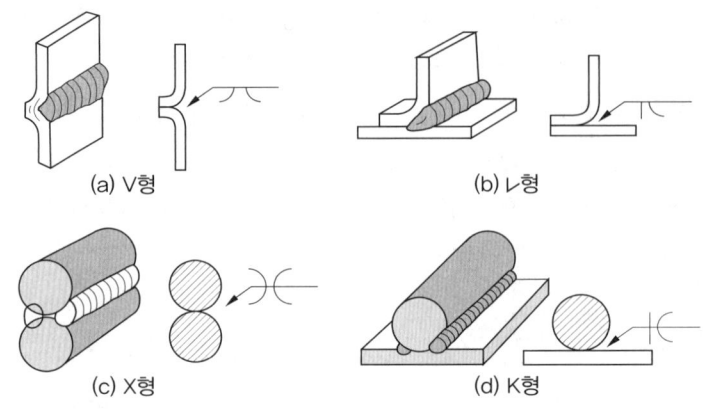

[플레어 용접부의 현상]

㉂ 하중 방향에 따른 필릿 용접은 종류에는 전면 필릿, 측면 필릿, 경사 필릿 용접이 있다.

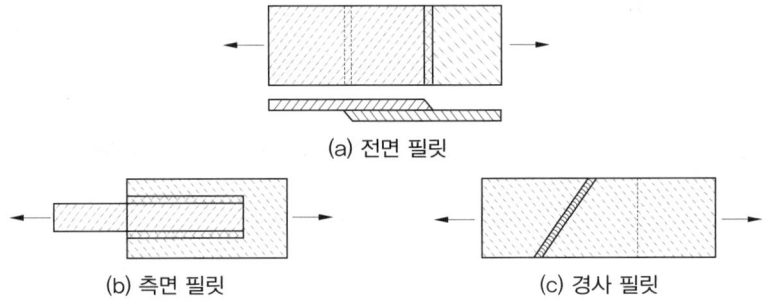

[하중방향에 따른 필릿 용접의 종류]

③ 홈의 특징과 선택
  ㉮ I형 홈 : 판 두께가 6mm 이하의 경우 사용되며 홈 가공이 쉽고 루트 간격을 좁게 하면 용착 금속의 양도 적어져 경제적인 면에서 우수하나 두께가 두꺼워지면 완전 용입이 어렵다.
  ㉯ V형 홈 : 두께 20mm이하의 판을 한쪽 용접으로 완전히 용입을 얻고자 할 때 쓰이며, 홈 가공은 쉬우나 판 두께가 두꺼워지면 용착 금속의 양이 증가하고 각 변형이 발생할 위험이 있음으로 판재의 두께에 따라 홈의 선택에 신중해야 한다.
  ㉰ X형 홈 : X형 홈의 개선가공은 판 두께가 15~40mm 정도에 사용되며 양면 용접에 의해 완전한 얻는 방법으로 두꺼운 판에 매우 유리하나 이면의 용접시 이면 따내기를 한 후 용접할 필요가 있다.
  ㉱ U형 홈 : 두꺼운 판의 양면 용접을 할 수 없는 경우에 가공하는 방법으로 한쪽 용접에 의해 충분한 용입을 얻으려고 할 때 사용된다.

⑮ H형 홈 : X형 홈과 같이 양면 용접이 가능한 경우에 용착 금속의 양과 패스 수를 줄일 목적으로 사용되며 모재가 두꺼울수록 유리하다.

⑯ K형 홈 : V형의 경우보다 약간 두꺼운 판에 쓰이며, 작업성과 설계상 주의할 점은 V형과 동일하나 밑면 따내기가 매우 곤란하다.

⑰ J형 또는 양면 J형 홈 : V형과 K형 홈보다 두꺼운 판에 용착 금속의 양이나 용접 패스 수를 줄일 필요가 있을 경우에 사용된다.

④ 용접이음 선택시 주의할 사항

㉮ 각종 이음의 특성을 파악하여 선택한다.

㉯ 제품에 가해지는 하중의 종류 및 크기에 따라서 이음을 선택한다.

㉰ 용접방법, 판 두께, 구조물의 종류에 따라서 이음을 선택한다.

㉱ 용접변형 및 용접성을 고려하여 선택한다.

㉲ 이음의 준비 및 실제 용접에 요하는 비용에 따라 이음을 선택한다.

㉳ 이음 형상, 모재의 재질에 따라서 이음을 선택한다.

(2) 용접 이음에 영향을 주는 요소

① 용접 결함이 이음 강도에 미치는 영향

㉮ 이음 성능에 가장 나쁜 영향을 주는 것은 용접부의 결함으로 기공, 슬래그 섞임, 융합 불량, 용입 부족, 언더 컷, 오버 랩, 균열 등이 있다.

㉯ 응력 집중이란 용접부의 결함, 기계 부품의 홈 및 구멍과 같은 모양의 변화가 있으며 국부적으로 응력이 증가하는 현상이다.

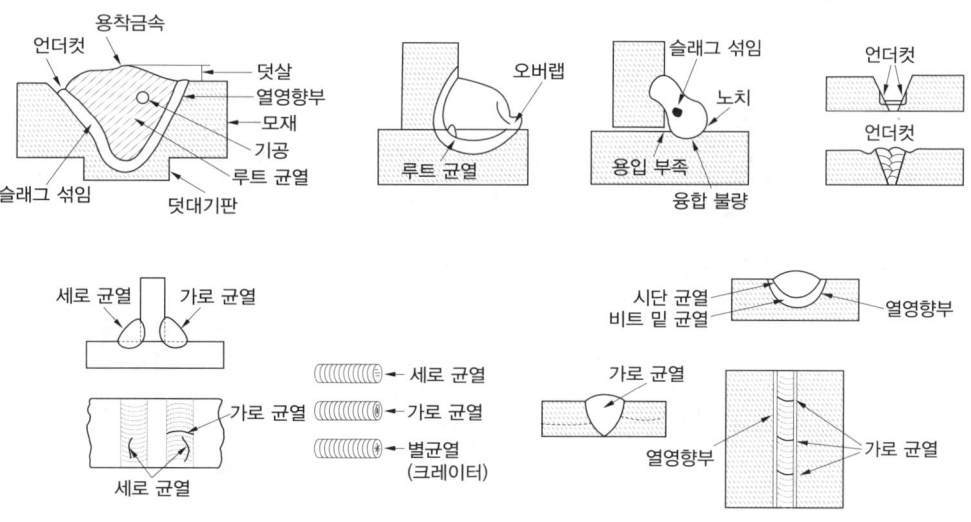

[용접부의 각종 결함]

② 용접 변형 및 잔류 응력이 이음 성능에 미치는 영향
㉮ 변형에 의해 구조물의 치수가 틀어질 위험이 있고 또한 변형이 있으므로 외력을 받으면 의외로 큰 응력이 변형부에 집중해서 구조물이 약해지며 미관을 해치기도 한다.
㉯ 잔류 응력의 영향은 용접 제품에 대한 마무리 가공을 했을 경우 잔류 응력에 변화가 일어나 변형이 생기게 하는 것, 교번 하중을 받을 때 약해지는 경우가 있는 것, 저온에서 사용되는 구조물에 취성 파괴를 생기게 하는 위험 및 특수 분위기 중에서 부식하기 쉬운 것 등이 있다.

다. 용접 이음부의 강도 계산

(1) 용접의 강도

① 맞대기 이음
㉮ 맞대기 용접 이음은 용접 금속 부분을 모재 표면보다 조금 높게 덧붙이는 것이 보통이다.
㉯ 연강 용접봉은 용착 금속의 기계적 성질이 모재보다도 약간 높게 만들어지므로 용입이 완전한 이음에서는 덧살을 제거하여 옆으로 잡아당기면 용착 금속 이외의 모재 부분에서 절단되는 경우가 많으므로 용접부 이음 효율은 100%가 된다.

$$\text{이음효율} = \frac{\text{용접시험편의 인장강도}}{\text{모재의 인장강도}} \times 100$$

㉰ 용접부에 작용하는 하중 $P(kgf)$와 용착 금속의 인장강도 $\sigma_w(kgf/mm^2)$ 관계식
(단, ℓ : 용접부의 길이, t : 판 두께, h_t : 목 두께)

$$P = \sigma_w \times h_t \times \ell = \sigma_w \times t \times \ell$$

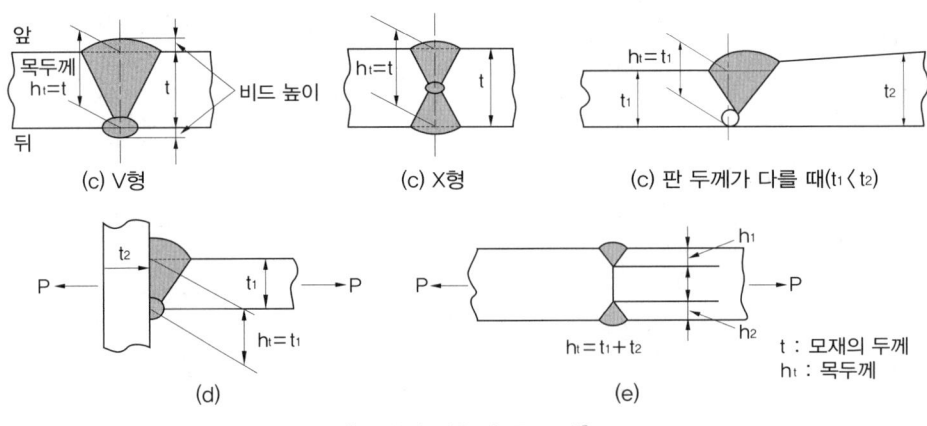

[맞대기 이음의 목 두께]

㉱ 좌우의 판 두께가 다를 경우에는 그림 (c)와 같이

$P = \sigma_w \times h_t \times \ell = \sigma_w \times t_1 \times \ell$

㉮ 맞대기 용접 이음의 인장 강도는 안전한 쪽을 취하여 목의 이론 두께의 단면적이 하중을 지지하는 것으로 가정하는 것이 보통이다.

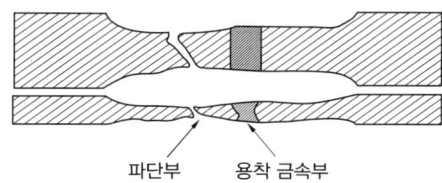

[인장 시험편의 파단 상태]

② 전면 필릿 이음

㉮ 용접선이 응력 방행과 직각인 필릿 용접을 전면 필릿 용접이라 한다.

㉯ 전면 필릿 용접의 최대 인장 하중(P)을 하중을 부담한 이론 목 두께의 단면적으로 나눈 값을 전면 필릿 용접의 인장 강도(σ_f)라 하면

$\sigma_f = \dfrac{P}{h_t \times \ell}$

㉰ 필릿 용접의 크기, 용접봉, 시공 조건의 차이에 따라 약 35~50kgf/mm²의 범위에서 변화한다.

㉱ T 이음에서는 전면 필릿 용접의 인장 강도가 약 36kgf/mm²이다.

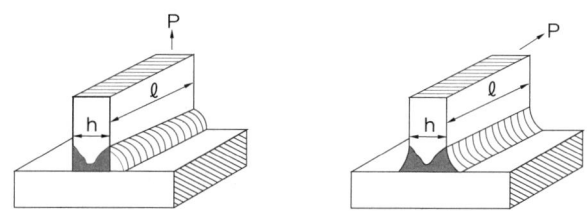

[전면 필릿 이음과 측면 필릿 이음]

③ 측면 필릿 이음

㉮ 측면 필릿 이음은 용접선의 방향과 하중 방향이 평행한 필릿 용접이다.

㉯ 필릿 용접부의 단면에서 이에 내접하는 이등변삼각형을 생각하고 용입을 고려하지 않은 이음의 루트부터 사면까지의 거리를 이론 목두께라 하며, 용입을 고려한 용접의 루트부터 필릿 용접의 표면까지의 최단 거리를 실제 목두께라 한다.

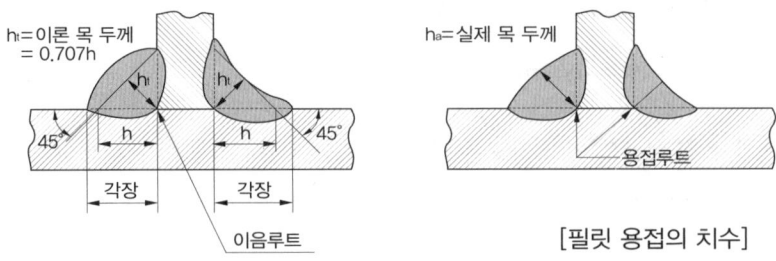

[필릿 용접의 치수]

㉢ 이론 목 두께 h_t, 필릿 용접의 크기(각장 : 다리의 길이)를 h라 하면

$$h_t = h \cos 45° = 0.707h$$

㉣ 측면 필릿 이음이 파단할 때의 강도 즉 전단 강도 τ의 실용 계산식

$$\tau = \frac{P}{h_t \times \ell} = \frac{1.414P}{h \times \ell}$$

(단, h_t : 이론 목 두께, ℓ : 용접 길이 P : 길이(ℓ)의 필릿이 분담하는 최대 하중)

㉤ 측면 필릿의 전단 강도(τ)는 전면 필릿의 인장 강도(σ_t)에 비하여 낮은 것이 일반적이나 전용착 금속의 인장강도에 비하여 전단 응력이 상당히 낮은 것에 기인된다.

㉥ 측면 필릿의 전단 강도(τ)는 목 단면적에 대하여 $32 kgf/mm^2$(인장 강도의 약 70%)
즉, $\tau ≒ 0.7\sigma_w$이며 필릿 용접의 방향, 용접봉, 시공 조건의 차이에 따라 약 $28~38 kgf/mm^2$의 범위에서 변하며 전면 필릿 이음과 같이 필릿 각장이 크게 될수록 강도가 저하하는 경향이 있다.

(2) 안전율 및 허용응력

① 안전율(S) = $\frac{허용응력}{사용응력} = \frac{인장강도}{허용응력}$

② 이음효율(Joint efficiency) = (이음의 파단강도 ÷ 모재의 파단강도) × 100

  ㉮ 용착부 물성치의 근거하에 안전율을 고려하여 계산
  ㉯ 이음효율 × 모재의 허용응력
  * 이음효율은 규정에 따라 다르다.

③ 용접이음의 충격 강도

  ㉮ 취성파괴에 대한 저항력으로 노치 인성(Notch toughness)으로 정적강도와 충격강도는 별개의 사항
  ㉯ 노치위치에 따라 차이 : Weld, HAZ, Base metal
  ㉰ 용접부의 각종 결함 즉 언더컷, 슬래그 혼입, 기공, 용입 부족 등이 노치로서 존재함에 따른 취성파괴의 가능성 내포

④ 용접이음의 피로 강도

㉮ 피로강도는 정적강도와는 무관계이며 이음 형상, 용접부 표면형상에 민감하게 영향

㉯ 용접구조물 파괴는 정적하중에 의한 소성변형에 의한 파괴는 거의 없고, 노치부에서 저기온 시에 발생하는 취성파괴나 반복하중에 의한 피로파괴가 많음

㉰ 피로시험 하중 : 양진하중, 편진하중, 반복하중

㉱ 피로곡선 : S와 Log N의 관계, 강의 경우 $N=10^6 \sim 10^7$ 횟수 이상의 경우 평행하게 되며, 이 응력 (피로한도, 내구한, Endurance limit) 이하에서는 아무리 많은 회수의 하중을 가해도 파단 되지 않음)

㉲ 임의의 반복수(n)에 대한 피로강도(s)는 기지(旣知, 이미 알고 있는)의 회수(N)에 대한 피로강도(S)를 알고 있을 때 다음 식으로 예측이 가능하다.

s = S (N/n)k , 용접이음의 경우 k≒0.18 (0.05~0.35)

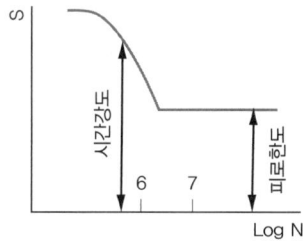 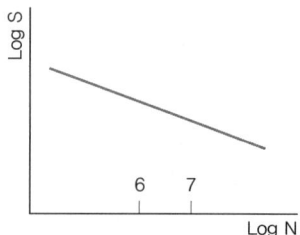

라. 용접 구조물의 설계

(1) 용접구조의 단점

① 변형이나 비틀림이 발생
② 용접부 수축에 의해 내부에 항복점에 가까운 잔류응력 존재 : 변형, 파괴원인
③ 대형 용접구조물에서 저온하 노치부의 취성균열이 전파 우려
④ 용접 열영향으로 재질 취화 가능성
⑤ 용접사의 기능에 의존함에 따라 품질이 불균일
⑥ 용접결함 확인을 위한 세심한 검사 및 품질관리 필요

(2) 설계상의 유의사항

① 용접수행에 적합한 설계 : 이면비드, 재질별 개선치수
② 용착량은 강도상 필요한 최소량
③ 적절한 용접이음 형상을 선택하여 사용
④ 용접하기 용이하게 설계 : 간섭, 접근성

⑤ 결함이 생기기 쉬운 형상 유의 : 겹침부위는 모따기
⑥ 약한 필릿 용접을 피할 것 : 굽힘응력이 취약, 약간 돌림용접
⑦ 구조상 노치: 집중응력 있는 곳은 용접을 피할 것

02 용접시공 및 결함

가. 용접 경비

(1) 용접 경비

① 용접 시공에 필요한 경비의 산출시에는 노임, 재료비, 전력비, 일반 간접비, 이익을 고려해야 하므로 용접봉의 사용량, 용접 작업 시간, 용접 준비비, 전력 사용량, 가스 사용량을 산출한다.

② 용접 경비를 절감하기 위한 유의 사항
 ㉮ 용접봉의 적절한 선정과 그 경제적 사용방법
 ㉯ 재료 절약을 위한 방법
 ㉰ 고정구 사용에 의한 능률 향상
 ㉱ 용접 지그의 사용에 의한 아래보기 자세의 이용
 ㉲ 용접사의 작업 능률의 향상
 ㉳ 적당한 품질 관리와 검사 방법
 ㉴ 적당한 용접 방법의 사용

나. 용접 준비

(1) 일반 준비

① 용접 전의 일반적인 준비 사항
 ㉮ 제작 도면을 잘 이해하고 작업 내용을 충분히 검토한다.
 ㉯ 사용 재료를 확인하고 그 기계적 성질, 용접성 및 용접 후의 모재의 변형 등을 알아 둔다.
 ㉰ 용착 금속의 강도가 사용 목적을 충족시켜야 된다.
 ㉱ 용접 이음과 홈의 선택에 대하여 이해한다.
 ㉲ 용접기와 그 외의 필요한 설비가 준비되었는지 조사한다.
 ㉳ 용접 전류, 용접 순서, 용접 조건을 미리 정해 둔다.
 ㉴ 이음부에 페인트, 기름, 녹 등의 불순물을 제거한다.
 ㉵ 예열, 후열의 필요성 여부를 검토한다.

(2) 이음 준비

① 홈 가공
㉮ 홈 가공의 정밀도는 용접 능률과 이음의 성능에 큰 영향을 끼친다.

㉯ 홈 모양은 용접 방법과 조건에 따라 다르나 능률면으로 보면 용입이 허용되는 한 홈 각도를 작게 하여 용착 금속량을 적게 하는 것이 좋다.

㉰ 피복 아크 용접에서는 54~70° 정도의 홈 각도가 적합하며 용접 균열은 루트 간격이 좁을수록 적게 발생한다.

㉱ 서브머지드 아크 용접에서는 루트 간격을 0.8mm 이하, 루트 면을 7~16mm로 하고 표면 및 뒷면 용접의 용입이 3mm 이상 겹치도록 하는 것이 좋다.

㉲ 홈 가공은 가스 절단법에 의하나 정밀한 것은 기계 가공을 하며 비철 금속을 플라스마 절단에 의한 가공을 한다.

② 조립 및 가접
㉮ 홈 가공을 끝낸 판은 제품으로 제작하기 위해 조립 또는 가접을 실시하는데 용접 시공에서 중요한 공정의 하나이며, 그의 좋고 나쁨은 용접 결과에 직접적 영향을 준다.

㉯ 가접은 본 용접을 실시하기 전에 좌우의 홈 또는 이음 부분을 잠정적으로 고정하기 위한 짧은 용접인데 균열, 기공, 슬래그 섞임 등 많은 결함을 수반하기 쉬우므로 원칙적으로 중요한 용접부에는 가접을 피하도록 하고, 꼭 필요한 경우에는 본 용접 전에 갈아내는 것이 좋다.

㉰ 강도상 중요한 곳과 용접 시점 및 종점이 되는 끝부분은 가접을 피하도록 하고, 가접시에는 본 용접보다 지름이 약간 가는 용접봉을 사용하는 것이 좋다.

㉱ 용접 지그 사용시 이점
- 동일 제품을 다량 생산할 수 있다.
- 제품의 정밀도와 용접부의 신뢰성을 높인다.
- 작업을 용이하게 하고 용접 능률을 높인다.

㉲ 용접 지그 사용시 유의할 점
- 구속력이 너무 크면 잔류 응력이나 용접 균열이 발생하기 쉽다.
- 지그의 제작비가 많이 들지 않아야 하고, 사용이 간단해야 한다.

③ 루트 간격
㉮ 맞대기 이음에서 루트 간격을 6mm 이하, 6~16mm, 16mm 이상 등으로 나누어 같이 보수한다.

㉯ 필릿 용접의 경우 간격이 1.5mm 이하일 때는 규정대로 각장으로 용접하며, 간격이 1.5~4.5mm일 때는 그대로 용접하여도 좋으나 넓혀진 만큼 각장을 증가시킬 필요가 있으며, 간격이 4.5mm 이상일 때는 라이너를 넣든지, 부족한 판을 300mm 이상 잘라내서 대체하도록 한다.

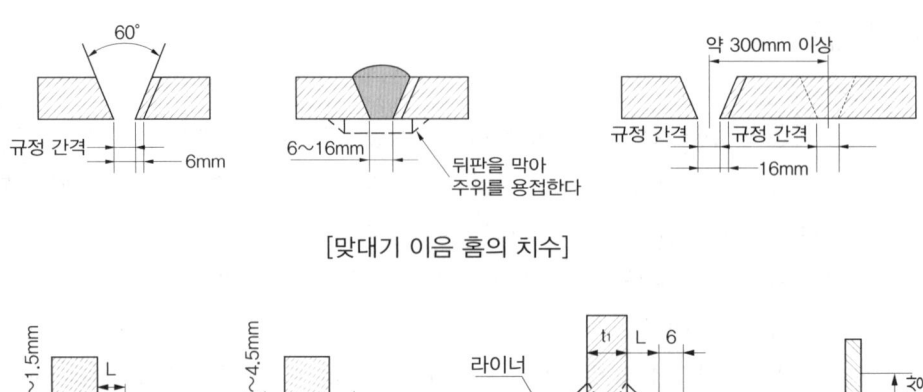

[맞대기 이음 홈의 치수]

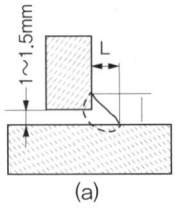 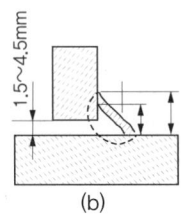 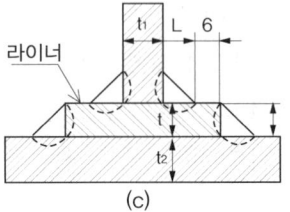 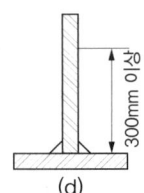

[필릿 이음 홈의 치수]

다. 용접 작업

(1) 용접 순서와 용착법

① 용접 순서

㉮ 용접 순서를 결정하는 기준은 가능한 한 변형이나 잔류 응력의 누적을 피할 수 있도록 한다.

㉯ 변형과 잔류 응력은 서로 상반되는 경향이 있으므로 다음 사항에 유의해 용접한다.

- 용접 구조물이 조립되어 감에 따라 용접 작업이 불가능한 곳이나 곤란한 경우가 생기지 않도록 한다.
- 용접물의 중심에 대하여 항상 대칭으로 용접을 해 나간다.
- 수축이 큰 이음을 먼저 용접하고 수축이 작은 이음은 나중에 용접한다.
- 용접 구조물의 중립축에 대하여 용접 수축력의 모멘트의 합이 0이 되게 하면 용접선 방향에 대한 굽힘을 줄일 수 있다.

② 용착법

㉮ 전진법 : 한 끝에서 다른 쪽 끝을 향해 연속적으로 진행하는 간단한 방법으로 용접 길이가 짧은 경우나 변형과 잔류 응력이 그다지 문제가 되지 않을 때 이용되며 수축과 잔류 응력이 용접의 시작부분보다 끝부분에 더 크게 된다.

㉯ 후진법 : 용접 진행 방향과 용착 방향이 서로 반대가 되는 방법으로 잔류 응력은 다소 적게 발생한다.

㉰ 대칭법 : 용접부의 중앙으로부터 양 끝을 향해 대칭적으로 용접해 나가는 방법으로 이음의 수축에 의한 변형의 서로 대칭이 되게 할 경우에 사용된다.

㉣ 스킵법 : 일명 비석법이라고 하며 용접 길이를 짧게 나누어 간격을 두면서 용접하는 방법으로 피용접물 전체에 변형이나 잔류 응력이 적게 발생하도록 하는 용착 방법이다.

㉤ 덧살 올림법 : 각 층마다 전체의 길이를 용접하면서 쌓아 올리는 방법으로 가장 일반적인 방법이다.

㉥ 케스케이드법 : 한 부분의 몇 층을 용접하다가 이것을 다음 부분의 층으로 연속시켜 전체가 계단 형태의 단계를 이루도록 용착시켜 나가는 방법이다.

㉦ 전진 블록법 : 한 개의 용접봉으로 살을 붙일만한 길이로 구분해서 홈을 한 부분씩 여러 층으로 쌓아 올린 다음 다른 부분으로 진행하는 방법이다.

㉧ 케스케이드법과 전진 블록법은 변형과 잔류 응력을 작게 하기 위하여 부분적 용접을 완료한 후에 용접 전체를 마무리하는 방법이다.

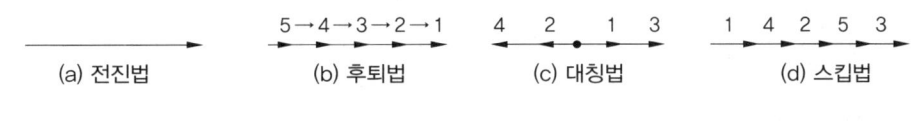

[각종 용착법]

(2) 용접부의 예열

① 용접시의 온도 분포

㉮ 용접 열원 근방의 온도는 대단히 높고 열원에서 멀어질수록 온도는 내려가고 있으며 온도 분포에서 온도 기울기가 급할수록 용접부의 주위는 급랭하게 된다.

㉯ 금속의 대부분은 급랭하면 열 영향부가 경화되는 경우가 있고 이음 성능에 나쁜 영향을 주므로 용접할 때에는 용접부의 급랭에 주의할 필요가 있다.

㉰ 그림 (a)는 확산하는 방향이 하나 밖에 없어 냉각 속도가 비교적 느려지고 (b)는 좁은 평판 위에 비드를 놓을 경우 열은 두 방향으로 확산되므로 (a)보다 냉각 속도가 빠르게 된다.

㉱ (c)는 판이 극히 두꺼울 때에는 열이 확산되는 방향은 여러 방향이 되므로 냉각속도가 매우 빠르고 (d), (e)는 모서리 이음, 필릿 이음의 경우도 열의 확산되는 방향이 두 방향 또는 세 방향이 되므로 모서리 이음보다는 필릿 이음이 냉각 속도가 빠르게 된다.

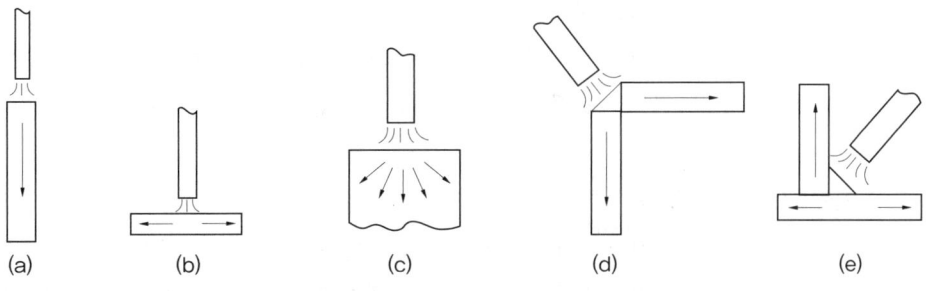

[이음 종류에 대한 열의 확산]

② 예열

㉮ 고장력강, 저합금강, 주철의 경우 용접 홈을 50~350℃로 예열(두께 25t 이상의 연강 포함)한다.

㉯ 연강을 0℃이하에서 용접할 경우 이음의 양쪽 폭 100mm 정도를 40~75℃로 예열하는 것이 좋다.

㉰ 열전도가 좋은 알루미늄 합금, 구리 합금은 200~400℃의 예열이 필요하다.

㉱ 고급 내열 합금에서도 용접 균열을 방지하기 위해 예열시켜야 한다.

㉲ 모재를 예열할 때 온도의 측정에는 표면 온도 측정용 열전대로 온도를 측정하거나 측온 초크를 이용하는데 측온 초크는 여러 가지 용융점의 분말 물질을 색연필과 같은 모양으로 만든 것으로 그 끝으로 가열 표면을 문질러서 표면에 부착한 분말이 녹는 온도로써 측정하는 방법이다.

라. 용접 후 처리

(1) 응력 제거

① 노내 풀림법

㉮ 응력 제거 열처리법 중에 가장 잘 이용되고 있는 방법이다.

㉯ 제품 전체를 가열로 안에 넣고 적당한 온도에서 일정 시간 유지한 다음 노 내에서 서냉 시킴으로써 잔류 응력을 제거하는 방법이다.

② 국부 풀림법

제품이 커서 노 내에 넣을 수 없을 때나 현장 용접된 것으로 노내 풀림을 하지 못할 경우에 용접선의 좌우 양측을 각각 250mm의 범위 혹은 판 두께의 12배 이상의 범위를 가스 불꽃 등으로 노내 풀림과 같은 온도 및 시간을 유지한 다음 서냉한다.

③ **저온 응력 완화법** : 용접선 양측을 일정 속도로 이동하는 가스 불꽃에 의하여 나비 약 150mm를 150~200℃로 가열한 다음 곧 수냉하는 방법으로 주로 용접선 방향의 응력을 완화시키는 방법이다.

④ **기계적 응력 완화법** : 잔류 응력이 있는 제품에 하중을 주고 용접부 약간의 소성 변형을 일으킨 다음 하중을 제거하는 방법이다.

⑤ **피닝법** : 끝이 구면인 특수한 피닝 해머로써 용접부를 연속적으로 때려 용접 표면상에 소성 변형을 주는 방법으로 용접 금속부의 인장 응력을 완화하는데 큰 효과가 있다.

(2) 변형의 방지와 교정

① 수축과 팽창으로 인한 변형은 잔류 응력을 발생시키게 되고 잔류 응력으로 인하여 구조물의 수명이 단축되는 결과를 초래하므로 용접 변형과 잔류 응력의 발생을 억제하기 위한 시공법을

선택하는 것이 중요하다.
② 변형과 잔류 응력을 경감시키는 방법
   ㉮ 용접 전 변형 방지책으로 억제법, 역변형법을 쓴다.
   ㉯ 모재의 열전도를 억제하여 변형을 방지하는 방법으로 도열법을 쓴다.
   ㉰ 용접 시공에 의한 경감법으로 대칭법, 후진법, 스킵 블록법, 스킵법 등을 쓴다.
   ㉱ 용접 금속부의 변형과 잔류 응력을 경감하는 방법으로는 피닝법을 쓴다.
③ 제품의 종류와 변형의 형식과 양에 따른 변형 교정의 방법
   ㉮ 박판에 대한 점 수축법
   ㉯ 형재에 대한 직선 수축법
   ㉰ 가열 후 해머링하는 방법
   ㉱ 두꺼운 판에 대하여 가열 후 압력을 가하고 수냉하는 방법
   ㉲ 롤러에 거는 방법
   ㉳ 피닝법
   ㉴ 절단에 의하여 성형하고 재 용접하는 방법

(3) 보수 용접

① 보수 용접은 마모된 기계 부품, 예를 들면 차축이 마모되었을 때 내마멸성을 가진 용접봉을 사용하여 덧살 올림 용접으로 재생 수리하는 것을 말한다.
② 덧살 올림의 경우 용접봉을 사용하지 않고 용융된 금속을 고속 기류에 의해 불어 붙이는 용사 용접도 사용되고 있으며 서브머지드 아크 용접에서도 덧살올림 용접을 하는 방법이 많이 이용되고 있다.

(4) 용접 후 가공

① 용접 후 굽힘 가공을 하거나 용접봉을 잘못 선택했을 때도 용접부에 균열이 발생하는 수가 있는데 그 원인은 용접 열 영향부의 경화가 심해지고 그 부분의 연성이 용접 금속 및 모재에 비하여 저하되기 때문이다.
② 굽힘 가공을 하면 연성이 적은 열영향부에 집중된 응력에 의하면 균열이 발생하기 쉬우며 또 열 영향부의 연성 저하에는 경도뿐만 아니라 그 부분에 함유된 수소량도 큰 영향을 끼친다.
③ 수소가 많아지면 연성의 저하뿐만 아니라 비드 균열 등과 같은 이음 표면에서 검출하기 어려운 균열을 열 영향부에 만들고 이것이 굽힘 가공을 할 때 균열을 유발시키는 수가 있다.
④ 용접 후 가공을 실시하는 것에 대해서는 노내 풀림을 하는 것이 바람직하므로 공정 계획 중에 노내 풀림의 공정을 삽입하도록 하는 것이 좋다.

마. 용접 온도 분포, 잔류 응력, 변형, 결함 및 그 방지 대책

(1) 용접부의 결함

① **치수상 결함** : 변형, 치수불량, 형상 불량

② **구조상 결함** : 기공 및 피트(blow hole & pit), 은점, 슬래그 섞임, 용입 불량(부족), 융합 불량, 언더컷, 오버랩, 균열, 선상 조직

③ **성질상 결함** : 기계적 불량(인장강도, 피로 강도, 경도, 연성 등), 화학적 불량(화학성분 부적당, 부식 등)

(2) 용접 결함의 종류와 그 방지 대책

① **용입 불량**(IP : Incomplete Penetration)

㉮ 발생 원인 : 이음 설계의 결함, 용접 속도가 너무 빠름, 용접 전류가 낮음, 용접봉 선택 불량

㉯ 방지 대책 : 루트 간격 및 치수를 크게 함, 용접 속도를 늦춤, 슬래그가 벗겨지지 않는 한도 내로 전류를 높임, 용접봉의 선택을 잘 함

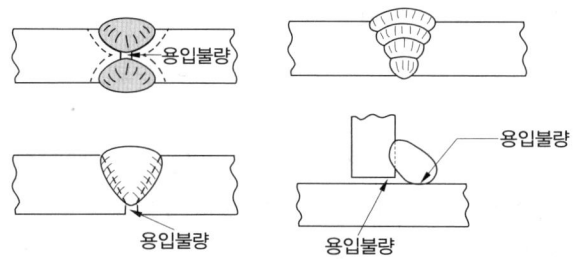

② **언더컷**(under cut)

㉮ 발생 원인 : 잔류가 너무 높음, 아크 길이가 너무 김, 용접봉 취급의 부적당, 용접 속도가 너무 빠름, 용접봉 선택 불량

㉯ 방지 대책 : 낮은 전류를 사용, 짧은 아크 길이 유지, 유지 각도를 바꿈, 용접 속도를 늦춤, 적정봉을 선택함

③ **오버랩**(over lap)

㉮ 발생 원인 : 용접 전류가 너무 낮음, 운봉 및 봉의 유지 각도 불량, 용접봉 선택 불량,

㉯ 방지 대책 : 적정 전류 선택, 수평 필릿의 경우는 봉의 각도를 잘 선택함, 적정봉을 선택함

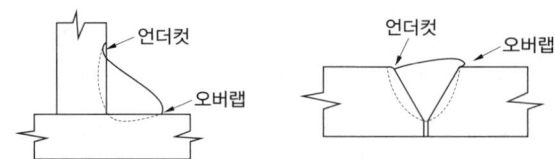

④ 선상조직
  ㉮ 발생 원인 : 용착 금속의 냉각속도가 빠름, 모재 재질 불량
  ㉯ 방지 대책 : 급랭을 피함, 모재의 재질에 맞는 적정봉을 선택함
⑤ 균열(crack)
  ㉮ 발생 원인 : 이음의 강성이 큼, 부적당한 용접봉 사용함, 모재의 탄소, 망간 등의 합금 원소 함량이 많음, 과대 전류 또는 과대 속도, 모재의 유황 함량이 많음
  ㉯ 방지 대책 : 예열, 피닝 작업을 하거나 용접 비드 배치법 변경, 비드 단면적을 넓힘, 적정봉을 선택함, 예열 및 후열을 함, 적정 전류 속도로 운봉함, 저수소계봉을 사용함
⑥ 기공(blow hole)
  ㉮ 발생 원인 : 용접 분위기 가운데 수소 또는 일산화탄소의 과잉, 용접부의 급속한 응고, 모재 가운데 유황 함유량 과대, 강재에 부착되어 있는 기름, 페인트, 녹 등, 아크 길이, 전류 조작의 부적당, 과대 전류의 사용, 용접속도가 빠름
  ㉯ 방지 대책 : 용접봉을 바꿈, 위빙을 하여 열량을 늘리거나 예열함, 충분히 건조한 저수소계 용접봉을 사용함, 이음의 표면을 깨끗이 함, 정해진 범위 안의 전류로 좀 긴 아크를 사용하거나 용접법을 조절함, 적당한 전류로 조절함, 용접 속도를 늦춤
⑦ 슬래그 섞임(slag inclusion)
  ㉮ 발생 원인 : 슬래그 제거 불완전, 전류 과소, 운봉 조작 불완전, 용접 이음의 부적당, 슬래그 유동성이 좋고 냉각하기 쉬울 때, 봉의 각도 부적당, 운봉 속도가 느림
  ㉯ 방지 대책 : 슬래그를 깨끗이 제거함, 전류를 약간 세게 함, 운봉 조작을 적절히 함, 루트 간격을 넓게 설계함, 용접부를 예열을 함, 봉의 유지 각도가 용접 방향에 적절하게 함, 슬래그가 앞지르지 않도록 운봉 속도를 유지함
⑧ 피트(pit)
  ㉮ 발생 원인 : 모재 가운데 탄소, 망간 등의 합금 원소가 많을 때, 습기가 많거나 기름, 녹, 페인트가 묻었을 때, 후판 또는 급랭되는 용접의 경우, 모재 가운데 유황 함유량이 많을 때
  ㉯ 방지 대책 : 염기도가 높은 봉을 선택함, 이음부를 청소함, 예열을 함, 저수소계봉을 사용함, 봉을 건조시킴
⑨ 스패터(spatter)
  ㉮ 발생 원인 : 전류가 높음, 건조되지 않은 용접봉을 사용함, 아크 길이가 너무 김, 아크 블로가 큼
  ㉯ 방지 대책 : 모재의 두께와 봉지름에 맞는 최소 전류로 용접함, 충분히 건조시켜 사용함, 위빙을 크게 하지 말고 적당한 아크 길이로 함, 교류 용접기를 사용함, 아크의 위치를 바꿈

SECTION · 02 용접성 시험

01 용접성 시험

가. 비파괴 시험 및 검사

(1) 비파괴 시험

① 비파괴 시험의 종류

외관 시험(비드 모양, 언더 컷, 오버 랩, 용입 불량, 표면 균열, 기공 등의 검사), 누설(누수검사) 시험, 침투시험(형광 침투 또는 염료 침투 시험), 형광 시험, 음향 시험, 초음파 시험, 자기적 시험, 와류 시험(맴돌이 검사), 방사선 투과 시험, 천공 시험

② 외관 검사(visual inspection)

㉮ 외관의 좋고 나쁨을 검사하는 것으로 다층 용접의 경우 각 층마다 외관 검사를 하고 결함이 있을 경우에는 곧 보수 용접을 하여 다음 층으로 진행할 수 있도록 한다.

㉯ 외관 검사는 간편하면서도 중요한 검사법으로 비드 외관, 비드 높이, 비드 폭, 용입, 언더 컷, 오버랩, 표면 균열 등을 검사할 수 있다.

㉰ 외관 검사의 장점
- 어떤 용접부이건 제작 전, 제작 중, 제작 후에 할 수 있다.
- 대부분 큰 불연속만을 검출하나 기타 다른 방법에 의해 검출되어야 할 불연속도 예측할 수 있다.
- 용접이 끝난 즉시 보수해야 할 불연속부를 검출, 제거할 수 있다.
- 다른 비파괴 검사보다 비용이 적게 든다.

㉱ 외관 검사의 단점
- 검사원의 경험과 지식에 따라 크게 좌우된다.
- 일반적으로 용접부의 표면에 있는 불연속 검출에만 제한된다.
- 용접 작업 순서에 따라 육안 검사를 늦게 하면 이음부를 확인하기 곤란하다.

③ 누수 검사

㉮ 탱크, 용기 등의 기밀, 수밀 및 내압을 요하는 용접부 등에 실시하며 보통 수압 또는 공기압으로 실시하나, 할로겐 가스, 헬륨 가스 등을 사용할 때도 있다.

㉯ 탱크나 용기 중에 물 등의 액체를 채우고 소정의 압력으로 유지시킨 후 내압의 좋고 나쁨을 판정하는 방법이다.

④ 침투 탐상 검사

㉮ 검사방법은 용접부 표면을 깨끗이 세척한 다음 침투성이 강한 액체를 표면에 칠하면 결함이 있는 곳으로 침투액이 스며들고, 건조 후 표면의 침투액을 닦아 내고 다시 현상제를 칠하면 결함 중에 침투되었던 액이 소재의 표면으로 나타나 결함을 판별한다.

㉯ 침투 탐상 검사의 장점
- 시험 방법이 간단하고 고도의 숙련이 요구되지 않는다.
- 제품의 크기, 형상 등에 크게 구애를 받지 않는다.
- 국부적 시험이 가능하고 미세한 균열도 탐상이 가능하다
- 비교적 가격이 저렴하고 판독이 쉽다.
- 철, 비철, 플라스틱, 세라믹 등의 거의 모든 제품에 적용이 용이하다.

㉰ 침투 탐상 검사의 단점
- 표면의 균열이 열려 있는 상태이어야 한다.
- 시험 표면이 너무 거칠거나 기공이 많으면 허위 지시 모양을 만든다.
- 시험 표면이 침투제 등과 반응하여 손상을 입는 제품은 검사할 수 없다.
- 주변 환경 특히 온도에 민감하여 제약을 받는다.
- 후처리가 요구되고 침투제가 오염되기 쉽다.

㉱ 침투 탐상 검사에는 형광 침투 검사와 염료 침투 검사가 있다.

[침투검사의 원리]

⑤ 초음파 탐상 검사

㉮ 파장이 짧은 음파를 검사물의 내부에 침투시켜 내부 결함 또는 불균일층의 존재를 검사하는 방법

㉯ 초음파 탐상 검사의 장점
- 감도가 높으므로 미세한 결함을 검출할 수 있다.
- 초음파의 투과 능력이 크므로 수 미터 정도의 두꺼운 부분도 검사가 가능하다.
- 결함의 위치와 크기를 비교적 정확히 알 수 있다.
- 탐상 결과를 즉시 알 수 있으며 자동 탐상이 가능하다.
- 검사 시험체의 한 면에서도 검사가 가능하다.

㉰ 초음파 탐상 검사의 단점
- 표면 거칠기, 형상의 복잡함 등으로 인하여 탐상이 불가능한 경우가 있다.
- 검사 시험체의 내부 조직 구조 및 결정입자가 조대하던가 다공성일 경우 평가가 어렵다.

㉱ 초음파 탐상법의 종류
- 투과법 : 시험체 속에 초음파의 펄스 또는 연속파를 투과하고 뒷면에서 이를 수신하여 결함으로 인한 초음파의 장해 및 쇠약 정도를 조사한다.
- 펄스반사법 : 초음파 펄스를 시험체의 한쪽면으로 송신하여 그 결함에서 반사되는 반사파의 형태로 결함을 판정하며 가장 많이 이용된다.
- 공진법 : 시험체의 두께에 따라 어떤 특정 주파수일 때 시험체 속에 초음파의 정상파가 생겨 공진하므로 그 상황을 근거로 라미네이션을 검출할 수 있다.

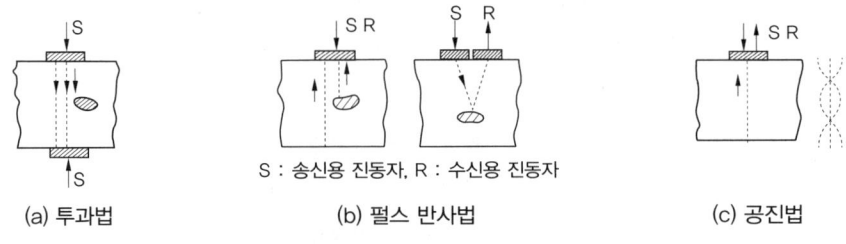

[초음파 탐상법의 종류]

⑥ 자분 탐상 검사
㉮ 강력한 자성체인 철강 등에 자주 실시되며 시험체를 자화하여 그 속에 자속을 발생시켰을 때 결함이 있으면 누설 자속을 관찰하여 결함의 유무 및 그 상황을 확인하는 검사법이다.

㉯ 자분 탐상 검사의 장점
- 표면 균열검사에 가장 적합하고 작업이 신속 간단하다.
- 결함 모양이 표면에 직접 나타나 육안으로 관찰할 수 있다.
- 검사자가 쉽게 검사 방법을 배울 수 있고 시험편의 크기, 형상에 구애 받지 않는다.
- 정밀한 전처리가 요구되지 않으며 자동화가 가능하며 비용이 저렴하다.

㉰ 자분 탐상 검사의 단점
- 강자성체 재료에 가능하며 내부 결함의 검사가 불가능하다.
- 불연속부의 위치가 자속 방향에 수직이어야 한다.
- 탈자가 요구되는 경우가 있다.
- 후처리가 필요하다.

⑦ 방사선 투과 검사
㉮ X선, γ선 등의 방사선을 이용하여 시험체의 두께와 밀도 차이에 의한 방사선 흡수량의 차이에 따라 방사선 투과 사진 또는 형광 스크린상에 결함이나 내부 구조 등을 나태내어 관

찰하는 시험 방법이다.
㉯ 주조품이나 용접부 시험에 적용하며 다른 비파괴 검사에 비해 안전 관리에 주의해야 한다
㉰ 방사선 투과 검사의 장점
- 모든 재질에 적용할 수 있고 내부 결함 검출에 용이하다.
- 검사 결과를 필름에 영구적으로 기록할 수 있다.
- 주변 재질과 비교하여 1% 이상의 흡수차를 나타내는 경우도 검출될 수 있다
㉱ 방사선 투과 검사의 단점
- 미세한 표면 균열은 검출되지 않는다.
- 방사선의 입사방향에 따라 15° 이상 기울어져 있는 결함 즉 면상 결함은 검출되지 않는다.
- 라미네이션은 검출이 불가능하다.
- 현상이나 필름을 판독해야 한다.
- 마이크로 기공, 마이크로 터짐 등은 검출되지 않는 경우도 있다.

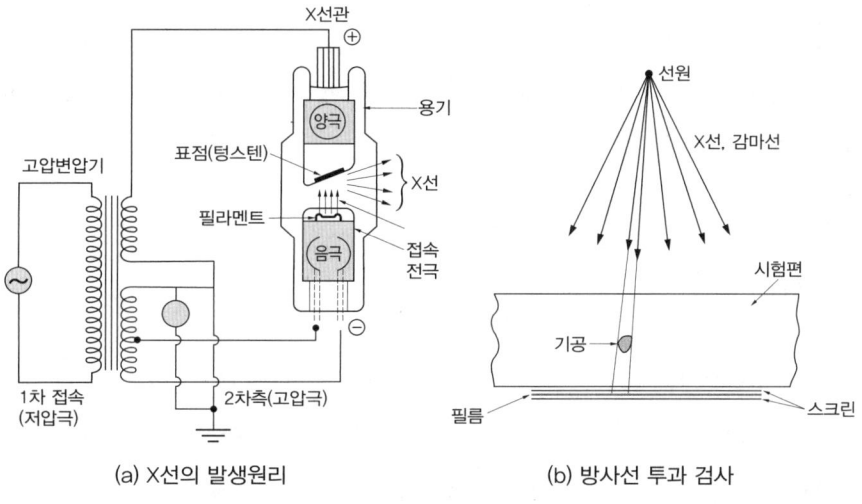

[방사선 투과 검사법]

⑧ **와류 탐상 검사(맴돌이 검사)**
㉮ 금속 내에 유기되는 맴돌이 전류를 발생시켜 그 와류 전류의 변화를 측정하여 용접부의 결함 유무 및 크기를 추정하는 것으로 자기 검사를 할 수 없는 비자성 금속 재료에 편리하다.
㉯ 와류 탐상 검사의 장점
- 응용분야가 광범위하고 결과를 기록하여 보존할 수 있다.
- 표면 결함에 대한 검출 감도가 우수하며 결함 평가에 유용하다.
- 비접촉법으로 프로브를 접근시켜 검사하는 것 뿐만 아니라 원격 조작으로 좁은 영역이나 홈이 깊은 곳의 검사가 가능하다.

㉰ 와류 탐상 검사의 단점
- 표면 아래 깊은 곳에 있는 결함의 검출이 곤란하다.
- 검사를 통해 얻은 지시로 직접 결함의 종류, 형상 등을 판별하기 어렵다.
- 검사의 숙련도가 요구되고 강자성 금속에 적용이 어렵다.

나. 파괴 시험 및 검사

(1) 파괴 시험의 종류

① 기계적 시험 : 인장 시험, 굽힘 시험, 경도 시험, 충격 시험, 피로 시험, 그 밖의 고온 및 저온 시험

② 물리적 시험 : 비중, 점성, 표면 장력, 탄성 등의 물성 시험, 팽창, 비열, 열전도 등의 열특성 시험, 전기, 저항, 기전력, 투자율 등의 자기 특성 시험

③ 화학적 시험 : 화학 분석 시험, 부식 시험, 함유 수소 시험

④ 야금학적 시험 : 육안 조직 시험, 현미경 조직 시험, 파면 시험, 설퍼 프린트 시험

⑤ 용접성 시험 : 노치 취성 시험, 용접 경화성 시험, 용접 연성 시험, 용접 균열 시험

⑥ 내압 시험

⑦ 낙하 시험

(2) 기계적 시험

① 인장 시험

㉮ 여러 가지 모양(각상, 관상, 환봉상)의 고른 단면을 가진 기다란 시험편을 사용해 인장시험기로 잡아당겨서 파단시켜 인장 강도, 항복점, 단면 수축률 등을 측정하는 방법이다.

㉯ 응력(σ) = $\dfrac{P}{A}$ P : 하중(kgf), A : 시험편의 최초 단면적(mm^2)

㉰ 변형률(ε) = $\dfrac{\ell - \ell_o}{\ell}$ 시험편의 파단 후 거리 ℓ(mm), 최초의 길이 ℓ_o

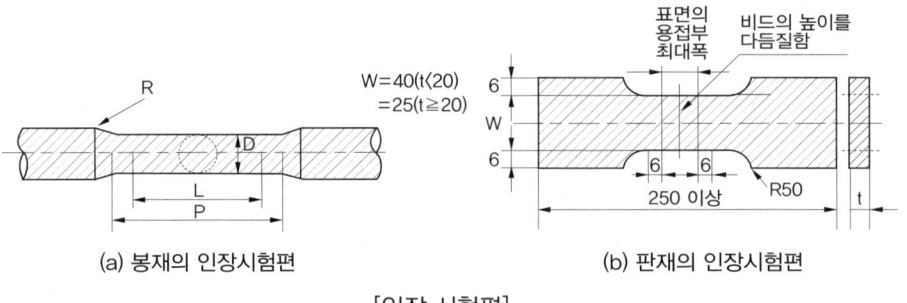

(a) 봉재의 인장시험편   (b) 판재의 인장시험편

[인장 시험편]

㉣ 응력에 대응하는 변형의 변화를 도시한 것을 응력-변형도라 하고 그림에서 E점은 비례한도, Y점은 항복점을 나타내며 Y_1을 상 항복점, Y_2를 하 항복점이라 한다.

② 굽힘 시험

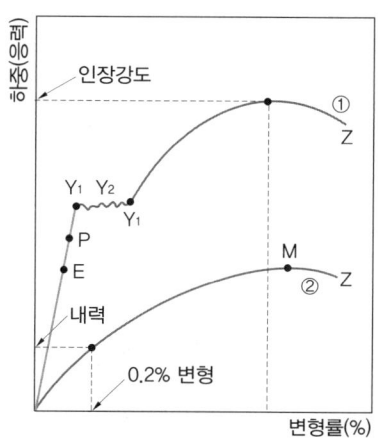

[하중과 변형률 선도]

㉮ 용접부의 연성 결함을 조사하기 위하여 사용되는 시험법이다.
㉯ 굽힘 시험 방법에는 자유 굽힘, 형틀 굽힘, 롤러 굽힘 등이 있다.
㉰ 시험하는 상태에 따라 표면 굽힘, 이면 굽힘, 측면 굽힘 시험 등이 있다.

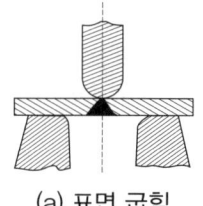 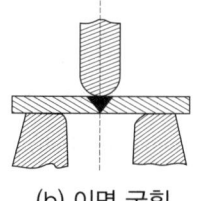 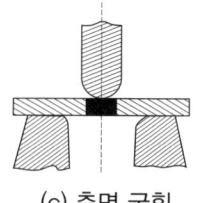

(a) 표면 굽힘   (b) 이면 굽힘   (c) 측면 굽힘

[굽힘 시험 방법]

③ 경도 시험

㉮ 경도란 물체의 기계적 성질 중 단단함의 정도를 나타내는 수치로 가장 널리 사용된다.
㉯ 시험 방법에는 브리넬, 로크웰, 비커스, 쇼어 경도 시험이 있다.

④ 충격 시험

㉮ 시험편에 V형, U형의 노치를 만들고 충격적인 하중을 주어서 시험편을 파괴시키는 시험
㉯ 재료가 충격에 견디는 저항을 인성이라 하고, 시험 방법에는 샤르피식과 아이조드식이 있다.
㉰ 시험편의 파단에 필요한 흡수 에너지가 크면 클수록 인성이 큰 재료가 되고 작을수록 취성이 큰 재료가 된다.

⑤ 피로 시험

㉮ 재료가 인장강도나 항복점으로부터 계산한 안전 하중 상태라 하더라도 작은 힘이 수없이 반복하여 작용하면 파괴를 피로 파괴라 한다.
㉯ 하중이 일정 값보다 작을 경우에는 무수히 많은 반복하중이 작용하여도 재료는 영구히 파단하지 않는 응력 상태에서 가장 큰 것을 피로 한도라 한다.

(3) 화학적 시험

① 화학 분석

㉮ 모재 또는 용착 금속 등의 금속 또는 합금 중에 포함되는 각 성분을 알기 위해 금속을 분석하는 것이다.

㉯ 탄소강에 대해서 보통 탄소, 규소, 망간 등을 분석하여 현미경 조직, 설퍼 프린트 등과 같이 금속 재료의 금속학적 성질이 좋고 나쁨을 판정해 주는 기초 자료가 된다.

② 부식 시험

㉮ 습부식 : 용접부가 바닷물, 유기산, 무기산, 알칼리 등에 접촉되어 부식되는 상태에 대하여 시험이다.

㉯ 건부식 : 고온의 증기, 가스 등과 반응하여 부식하는 상태를 알 수 있는 시험이다.

㉰ 응력부식 : 어느 응력하의 부식 상태를 알 수 있는 시험이다.

③ 수소 시험

㉮ 용접부에 용해한 수소는 기공, 비드 밑 균열, 은점, 선상 조직 등 결함의 큰 요인이 되며 용접방법 또는 용접봉에 의해 용접 금속 중에 용해되는 수소량의 측정은 주요한 시험법이다.

㉯ 종류에는 글리세린 치환법과 진공 가열법이 있다.

(4) 금속학적 시험

① 파면 시험

㉮ 모서리 용접부를 해머 또는 프레스로 굽힘 파단하여 그 파단면의 용입 부족, 결함, 결정의 조밀성, 선상조직, 은점 등을 육안으로 검사하는 방법이다.

㉯ 결정 파면이 은백색으로 빛나는 파면은 취성 파면, 쥐색의 치밀한 파면은 연성 파면이다.

② 매크로 조직 시험

㉮ 용접부의 단면을 연삭기나 샌드 페이퍼 등으로 연마하고 적당한 매크로 에칭을 해서 육안 또는 저배율의 확대경으로 관찰하여 용입의 좋고 나쁨, 다층 용접에 잇어서의 각층의 양상, 열 영향부의 범위, 결함의 유무 등을 파악하는 방법이다.

③ 현미경 시험 : 시험편을 샌드 페이퍼 등으로 연마하여 그 위에 연마포롤 충분히 매끈하게 광택을 내도록 한 다음 적당한 매크로 부식액으로 부식시켜 광학 현미경으로 조직이나 미소 결함을 관찰하는 방법이다.

Chapter 03 용접일반 및 안전관리

SECTION · 01 용접, 피복아크 및 가스 용접의 개요

01 용접 개론

가. 용접의 개요 및 원리

(1) 용접의 원리

① 용접은 접합하고자 하는 2개 이상의 물체나 재료의 접합 부분을 용융 또는 반용융 상태에서 용가재(용접봉)를 첨가하여 접합하거나, 접합하고자 하는 부분을 적당한 온도로 가열한 후 압력을 가하여 서로 접합시키는 기술을 말한다.

② 금속과 금속의 원자간 거리를 충분히 접근시키면 금속 원자간 거리를 충분히 접근시키면 금속 원자간에 인력이 작용한다. 금속 원자가 인력에 의하여 접합할 수 있는 원자간의 거리는 ($Å=10^{-8}$cm)이다.

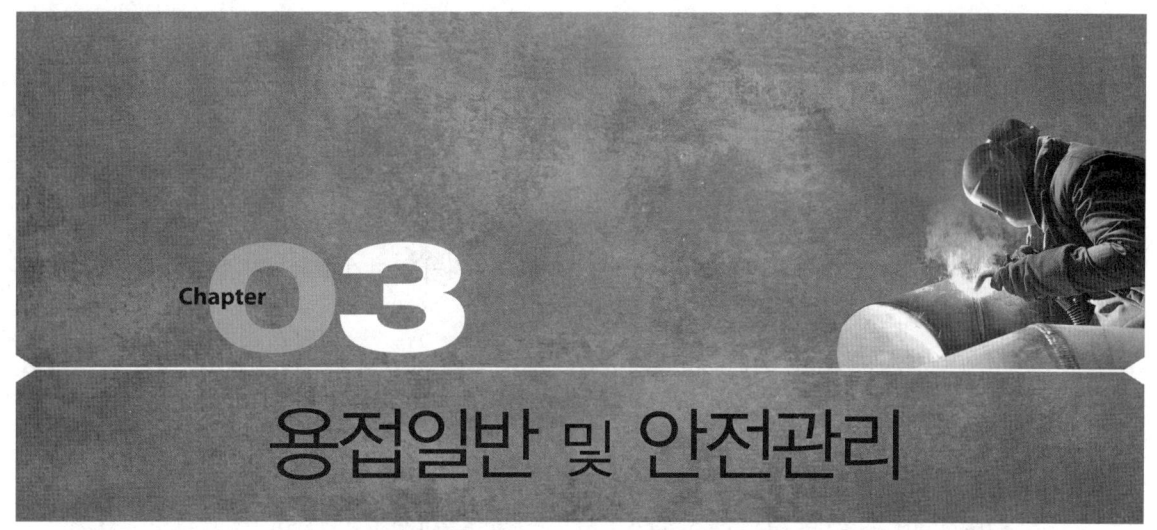

(2) 용접의 역사

① 그림 (a)에서와 같이 1885년 탄소전극과 모재(母材, parent) 사이에 아크(arc)를 발생시켜 용접하였다.

② 1889년 그림 (b)와 같이 탄소 전극봉 사이에 arc를 발생시키는 용접기가 개발되었다.(베르도스)

③ 1891년 개발되어 현재 주로 사용되고 있는 것으로서 그림 (c)와 같이 금속전극과 모재 사이에 arc를 발생시킨다.(슬라비아노프)

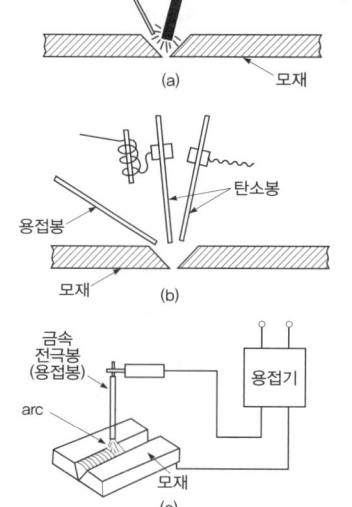

나. 용접의 분류 및 용도

(1) 용접의 종류

① 용접 : 접합하고자 하는 물체의 접합부를 가열, 용융시키고 여기에 용가제를 첨가하여 접합하는 방법

② 압접 : 접합부를 냉간 상태 또는 적당한 온도로 가열한 후 기계적 압력을 가하여 접합하는 방법

③ 납땜 : 모재를 용융시키지 않고 별도의 용융 금속을 접합부에 넣어 접합하는 방법

> **Note**
> - 기계적 접합 : 볼트이음, 리벳이음, 접어잇기, 키 및 코더이음 등이 있고 볼트나 키와 같이 수시로 분해할 수 있는 이음과 리벳, 접어잇기와 같이 수시 분해할 수 없는 것들이 있다.
> - 야금적 접합 : 금속과 금속을 충분히 접근시키면 금속 원자 사이에 인력이 작용하며 그 인력에 의하여 금속을 영구 결합시키는 것으로 용접, 압접, 납땜 등이 이에 속한다.

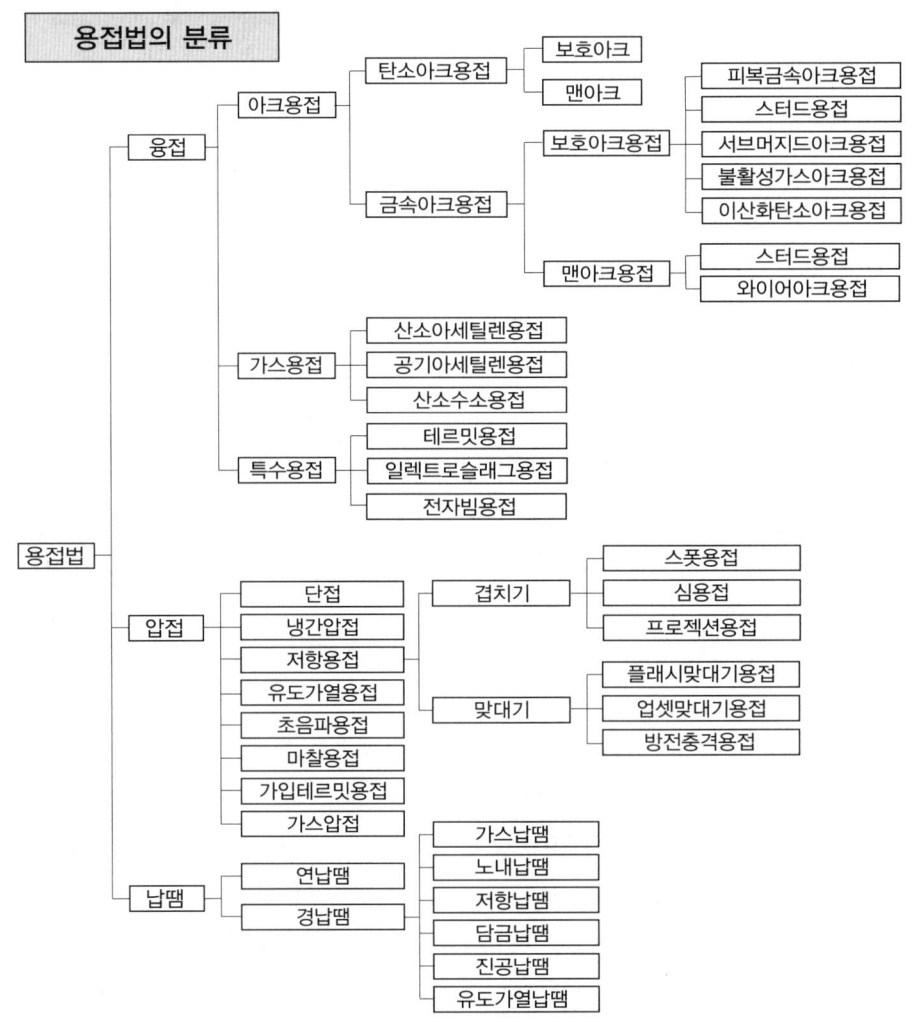

용접법의 분류

(2) 용접의 특징

① 용접의 장점과 단점

장점	단점
• 재료가 절약된다. • 공정수가 절약된다. • 접합효율이 좋다. • 중량을 가볍게 할 수 있다. • 보수하기 쉽다. • 설비비가 싸다.	• 품질 검사가 곤란하다. • 응력 집중에 대하여 극히 민감하다. • 용접 모재의 재질이 변질 되기 쉽다. • 용접공의 기술에 의해서 이음부의 강도가 좌우된다. • 저온취성 파괴가 발생된다.

② 용접의 응용

㉮ 각종 구조물 : 철탑, 교량, 석유화학 탱크, 건물, 테라스 등

㉯ 운반기계 : 선박, 자동차, 탱크, 장갑차, 항공기, 중장비, 철도 차량 등

㉰ 기계 장치 : 보일러, 압력 용기, 기계 부품, 배관, 기계설비 등

㉱ 가정용품 : 난로, 주방기기, 가전제품 등

㉲ 기타 : 원자로, 로켓, 우주선 등

(3) 용접자세와 이음의 종류

① 용접자세의 종류

㉮ 아래보기 용접(flat welding, F) : 모재를 수평으로 놓고 용접봉을 아래로 향하게 한다.

㉯ 수평 용접(horizontal welding, H) : 모재의 용접면이 수직 또는 수직면에 대하여 45° 이내이고, 용접선이 수평인 자세이다.

㉰ 수직용접(vertical welding, V) : 용접면이 수직 또는 수직면과 45° 이내의 각을 이룬 면상에서 용접선을 상하로 이동시킨다.

㉱ 위보기 용접(overhead welding, OH) : 용접면이 수평인 면에서 용접선이 수평이며, 용접봉을 모재의 하방향에 대고 위를 향하게 한다.

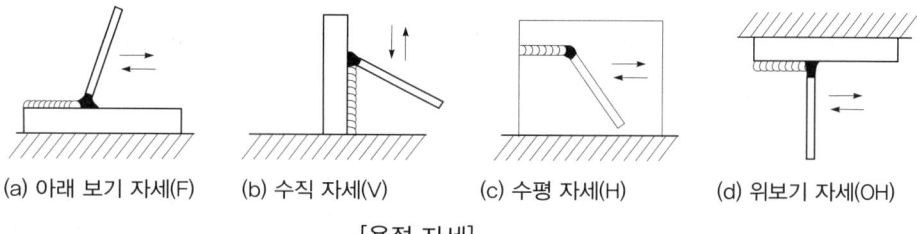

(a) 아래 보기 자세(F)   (b) 수직 자세(V)   (c) 수평 자세(H)   (d) 위보기 자세(OH)

[용접 자세]

② **용접이음의 종류** : 다음 그림에서와 같이 맞대기용접(1), 겹침용접(2), (3), (4), 구석용접(5), (6), 모서리용접(7), 끝단용접(8), 마개용접(plug welding)(9) 등이 있다.

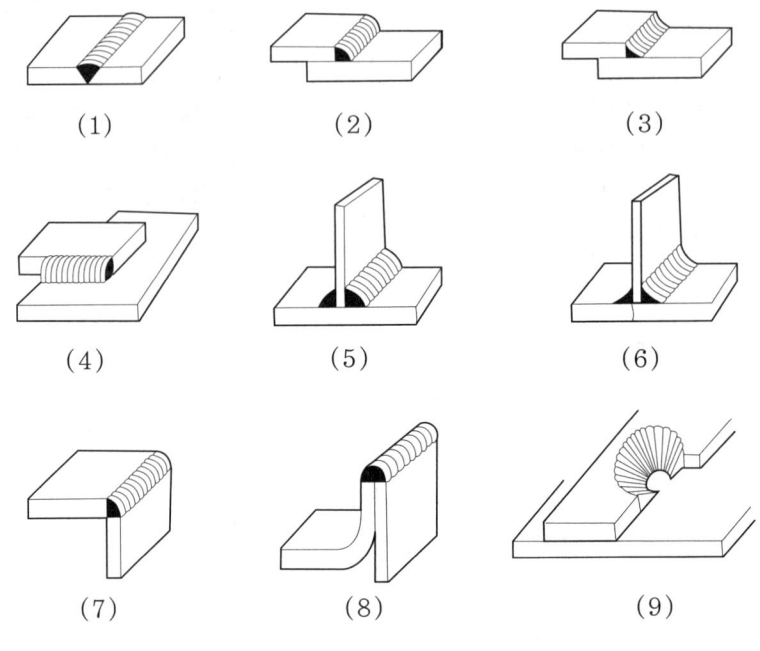

[용접 이음의 종류]

(4) 용접 작업

① **용접재료**

㉮ 주로 철강, 비철 금속을 사용하며 모재의 재질에 따라 적당한 용접법과 용가재를 선택하여야 한다.

㉯ 연강이나 저합금강에는 거의 모든 용접법이 적용되며, 구리나 알루미늄과 그 합금 등에는 불활성 가스 아크 용접으로 우수한 용접 결과를 얻을 수 있다.

② **용접 열원**

㉮ 가스 에너지 : 가연성 가스와 지연성 가스를 적당히 혼합 연소시 발생하는 열을 이용하는 것으로 얇은 판이나 비철 금속의 용접에 주로 이용된다.

㉯ 전기 에너지 : 모재와 전극 사이에 아크열 또는 전기 저항열을 이용하는 방법으로 용접 작업에서의 주된 에너지원이다.

㉰ 기계적 에너지 : 기계적 압력, 마찰, 진동에 의한 열을 이용하는 용접방식으로 마찰 압접, 초음파 용접, 냉간 압접 등이 이에 속한다.

02 피복 아크 용접

가. 피복 아크 용접 설비 및 기구

(1) 피복 아크 용접 설비

① **피복아크 용접 원리** : 피복제를 바른 용접봉과 모재 사이의 전기 아크열을 이용하여(약 5000℃) 모재와 용접봉을 녹여서 접합하는 용극식 방법(consumable electrode method)으로 직류 또는 교류전압을 걸어 아크를 발생시킨다.

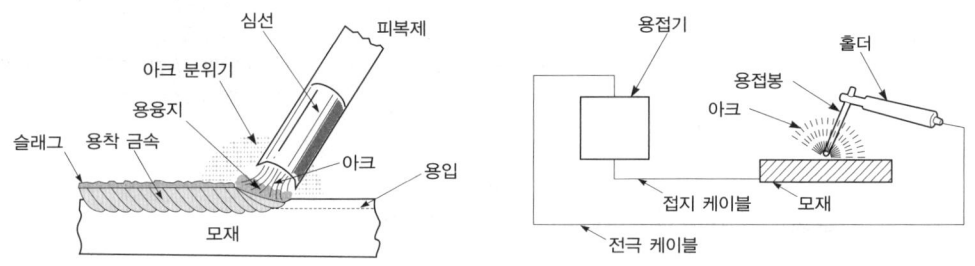

[피복 아크 용접 회로]

② **용접 회로** : 피복 아크 용접의 회로는 용접기, 전극 케이블, 용접봉 홀더, 피복 아크 용접봉, 아크, 피 용접물 또는 모재, 접지 케이블 등으로 이루어져 있으며 용접기에서 발생한 전류가 전극 케이블을 지나서 다시 용접기로 되돌아오는 한 바퀴를 말한다.

③ **피복 아크 용접의 특징**
  ㉮ 아크 온도가 높아서 열효율이 높고 용접속도가 빠르며, 효율적인 용접이 가능하다.
  ㉯ 변형이 적고, 폭발 위험이 없다.
  ㉰ 전격의 위험이 있고, 초기 설비 투자 비용이 비싸다.
  ㉱ 높은 열과 아크 광선에 피해를 입을 수 있다.

④ **용어 정의**
  ㉮ 용융지 : 모재가 녹은 쇳물 부분
  ㉯ 용적 : 용접봉이 녹아 모재로 이행되는 쇳물 방울
  ㉰ 용착 : 용접봉이 녹아 용융지에 들어가는 것
  ㉱ 용입 : 모재가 녹은 깊이
  ㉲ 용락 : 모재가 녹아 쇳물일 떨어져 흘러 내려 구멍이 나는 것

⑤ **극성** : 직류 용접기를 사용할 경우에 고려해야 할 성질로서 일반적으로 열의 분배는 (+)극에 70%, (-)극에 30% 정도

⟨극성의 종류와 특징⟩

극성	상태	특징
정극성(DCSP)		• 모재의 용입이 깊다 • 용접봉의 녹음이 느리다. • 비드 폭이 좁다 • 일반적으로 많이 쓰인다.
역극성(DCRP)		• 모재의 용입이 얕다. • 용접봉의 녹음이 빠르다. • 비드 폭이 넓다. • 박판, 주철, 고탄소강, 합금강 · 비철금속의 용접에 쓰인다.

(2) 용접 입열 : 용접부에 외부에서 주어지는 열량

$$H = \frac{60EI}{v} \text{(joule/cm)}$$

E : 아크전압(V), I : 아크 전류(A), v : 용접속도(cm/min)

(3) 용융 금속의 이행 형식

① **단락형** : 용접봉과 모재 사이의 용융 금속이 용융지에 접촉하여 단락되고 표면장력의 작용으로서 모재에 이행하는 방법으로 연강 나체 용접봉, 박피 복봉을 사용할 때 많이 볼 수 있다.

② **스프레이형** : 피복제 일부가 가스화하여 맹렬하게 분출하여 용융 금속을 소립자로 불어내어 이행하는 형식이다.

③ **글로블로형** : 비교적 큰 용적이 단락되지 않고 이행하는 형식이다.

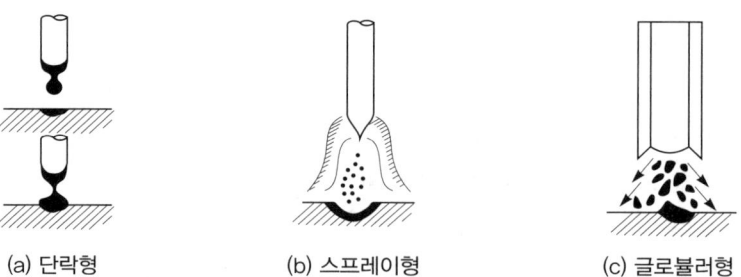

(a) 단락형　　　　(b) 스프레이형　　　　(c) 글로뷸러형

[용융 금속의 이행 형식]

> **Note | 핀치 효과**
> 플라즈마 속에서 흐르는 전류와 그것으로 생기는 자기장과의 상호작용으로 플라즈마 자신이 가는 줄 모양으로 수축하는 현상으로 핀치 효과에는 전자기 핀치 효과와 열 핀치 효과의 2종류가 있다.

(4) 아크 쏠림과 방지책

① 아크 쏠림 발생시 나타나는 증상

㉮ 아크가 불안정

㉯ 용착금속 재질 변화

㉰ 슬래그 섞임 및 기공이 발생

② 방지책

㉮ 직류 용접을 하지 말고, 교류 용접을 할 것

㉯ 모재와 같은 재료 조각을 용접선에 연장하도록 가(假)용접할 것

㉰ 접지점을 용접부보다 멀리 할 것

㉱ 긴 용접에는 후퇴법으로 용접할 것

㉲ 짧은 아크를 사용할 것

(5) 용접기의 종류와 특징

① 교류 아크 용접기의 종류별 특성

용접기의 종류	특 성
가동 철심형	• 가동 철심으로 누설자속을 가감하여 전류를 조정한다. • 광범위한 전류 조정이 어렵다. • 미세한 전류 조정이 가능하다. • 현재 가장 많이 사용된다.
가동 코일형	• 1차 코일과 2차 코일 중의 하나를 이동하여 누설자속을 변화하여 전류를 조정한다. • 아크 안정도가 높고 소음이 없다. • 가격이 비싸며 현재 사용이 거의 없다.
탭 전환형	• 코일의 감긴 수에 따라 전류를 조정한다. • 적은 전류 조정시 무부하 전압이 높아 전격의 위험이 크다. • 탭 전환부 소손이 심하다. • 넓은 범위는 전류 조정이 어렵다. • 주로 소형에 많다.
가포화 리액터형	• 가변 저항의 변화로 용접 전류를 조정한다. • 전기적 전류 조정으로 소음이 없고 기계 수명이 길다. • 원격 조작이 간단하고 원격제어가 된다.

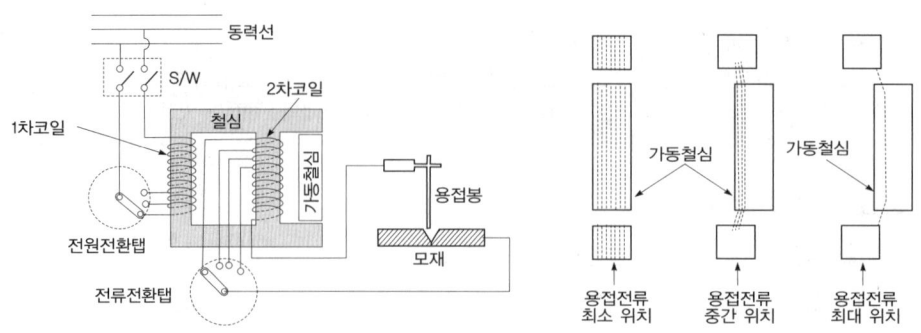

[가동 철심형 용접기]

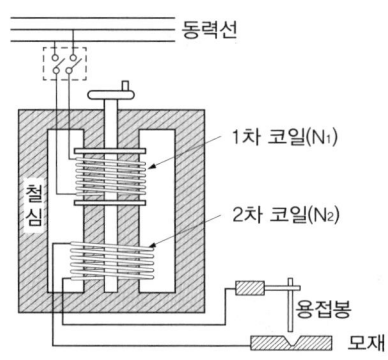

[가동 코일형 용접기의 원리]

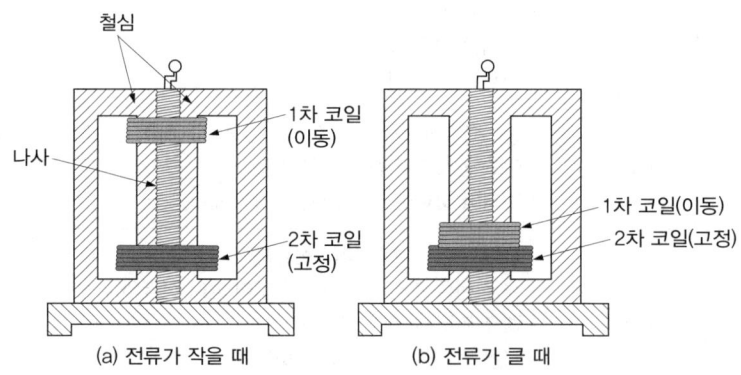

[가동 코일의 위치에 따른 전류 변화]

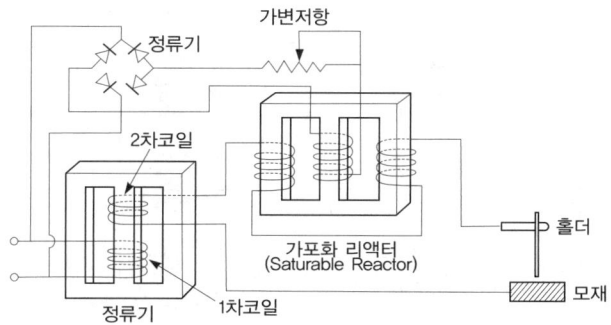

[가포화 리액터형 용접기 원리]

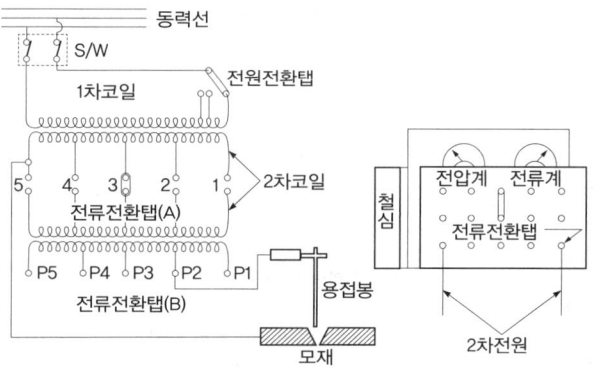

[탭 전환형 용접기 원리]

② 직류 아크 용접기의 종류별 특성

용접기의 종류	특 성
발전형 (모터형, 엔진구동형)	• 완전한 직류를 얻는다. (모터형, 엔진구동형) • 옥외나 교류 전원이 없는 장소에서 사용한다. (엔진구동형) • 회전하므로 고장나기가 쉽고 소음을 낸다. (엔진구동형) • 구동부와 발전부로 되어 있어 고가이다. (모터형, 엔진구동형) • 보수와 점검이 어렵다. (모터형, 엔진구동형)
정류기형	• 소음이 나지 않는다. • 취급이 간단하고 발전형과 비교하여 염가이다. • 교류를 정류하므로 완전한 직류를 얻지 못한다. • 정류기 파손에 주의 해야 한다. • 보수 점검이 간단하다.

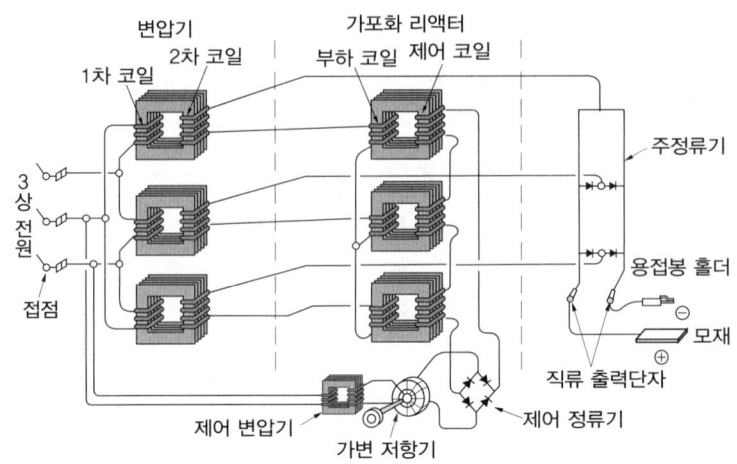

[정류기형 아크 용접기 배선]

(6) 용접기의 특성

① **수하특성** : 부하전류가 증가하면 단자 전압이 낮아지는 특성을 수하특성이라 한다.

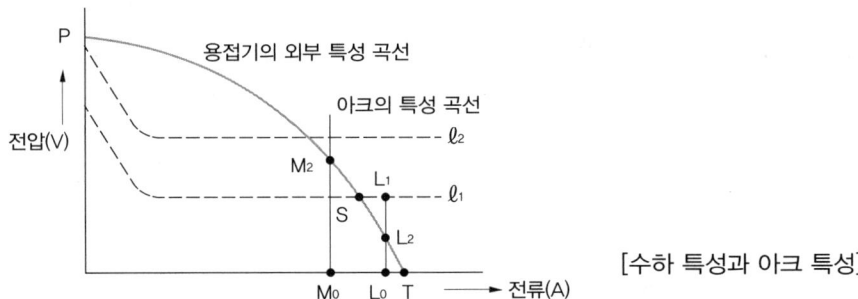

[수하 특성과 아크 특성]

② **정전압 특성** : 수하 특성과는 반대의 성질을 갖는 것으로서 부하 전류가 변하여도 단자 전압은 거의 변화하지 않는 특성으로서 CP특성이라고도 한다.

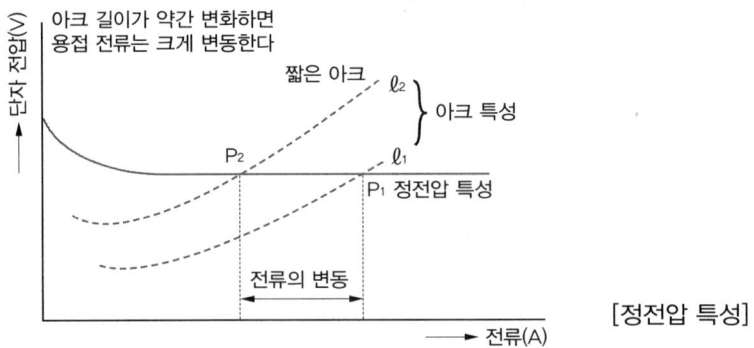

[정전압 특성]

③ 상승 특성 : 전류의 증가에 따라서 전압이 약간 높아지는 특성을 말하며, 자동이나 반자동 용접에 사용되는 가는 지름의 나체 와이어에 큰 전류를 통할 때의 아크는 상승 특성을 나타내는 것이다.

④ 정전류 특성
  ㉮ 수하 특성 중에서도 전원 특성 곡선에 있어서 작동점 부근의 경사가 상당히 급격한 것을 말한다.
  ㉯ 아크 길이에 따라 전압이 변동하여도 아크 전류는 거의 변하지 않는다.
  ㉰ 수동 아크 용접기는 수하 특성인 동시에 정전류 특성으로 설계되어 있다.

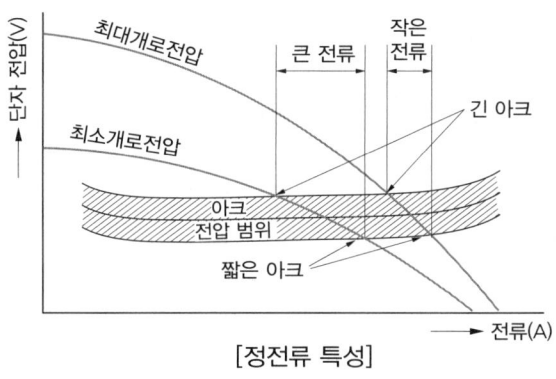

[정전류 특성]

⑤ 사용률
  ㉮ 용접기를 사용하여 아크 용접을 할 때 용접기의 2차측에서 아크를 발생하는 시간을 나타내는 것으로서 사용율이 40%이면 아크를 발생하는 시간은 대체로 40%이고, 나머지 60%는 아크를 발생시키지 않고, 쉬는 시간의 비율을 나타낸다.

$$사용률 = \frac{아크발생시간}{아크발생시간+정지시간} \times 100$$

  ㉯ 보통 사용률 : 정격 2차 전류로서 용접하는 경우에 사용
  ㉰ 허용 사용률 : 정격 2차 전류 이하 전류로서 용접하는 경우의 허용되는 사용률

$$허용 사용률 = \frac{정격\ 2차\ 전류^2}{실제\ 용접\ 전류^2} \times 정격\ 사용률$$

⑥ 역률과 효율

교류 용접기에서 전원 입력(무부하 전압×아크 전류)을 kVA로 표시하고 아크의 출력(아크 전압×전류)과 2차측 내부 손실의 화(소비전력)를 kW로 표시할 때 역률과 효율은 다음과 같다.

• 역률(%) = $\frac{소비\ 전력(kW)}{전원\ 입력(kVA)} \times 100$ • 효율(%) = $\frac{아크\ 출력(kW)}{소비\ 전력(kW)} \times 100$

(7) 아크 용접 부속 기구

① 원격 제어 : 용접 전류의 조정을 먼 거리에서 조작하는 것으로 이것에는 가동 철심 또는코일을 소형 전동기로 움직이는 방법과 가변 저항기의 전환에 의한 방법이 있다.

② 전격 방지기 : 아크가 발생되기 전에는 2차 무부하 전압을 15V 만큼 내려주고, 아크가 발생할 때에는 필요한 전압을 올려주게 되어 있다.

③ 하트 스타아트 장치 : 아크가 발생하는 초기만 용접전류를 특별히 크게 하는 것으로서 다음과 같은 장점이 있다.

　㉮ 아크가 발생을 쉽게 한다.

　㉯ 기포를 방지 한다.

　㉰ 비이드 모양을 개선한다.

　㉱ 아크 발생 초기의 비이드 용입을 좋게 한다.

④ 고주파 발생 장치 : 교류 아크 용접기의 아크 안정을 확보하기 위하여 상용주파의 아크 전류 외에 고전압(2,000~3,000V)의 고주파 전류(300~1,000kc)를 발생시키는 방식이다.

(8) 아크 용접용 기구

① 용접용 홀더

　㉮ 용접봉 홀더는 용접봉의 피복이 없는 부분을 고정하여 용접 전류를 용접 케이블을 통하여 용접봉과 모재 쪽으로 전달하는 기구이다.

　㉯ KS C 9607에 규정되어 있으며 무게가 가볍고 전기 절연이 잘 되어 있는 것이 좋으며, 용접봉의 지름이 다른 여러 용접봉을 탈착할 수 있어야 한다.

　㉰ 홀더 자신의 전기 저항과 용접봉을 고정시키는 조(jow) 부분의 접촉 저항에 의한 발열에도 과열되지 않아야 한다.

② 용접 케이블

　㉮ 용접기에 사용되는 전선에는 전원에서 용접기로 연결하는 1차측 케이블과 용접기에서 작업대와 홀더를 연결하는 2차측 케이블이 있다.

　㉯ 홀더용 2차측 케이블은 유연성이 좋은 캡타이어 전선을 사용하며, 캡타이어 전선은 지름이 0.2~0.5mm의 가는 구리선을 수백 내지 수천선 꼬아서 튼튼한 종이로 감고 그 위에 고무 피복을 한 것이다.

③ 케이블 커넥터와 러그

　㉮ 용접 작업할 때 케이블을 길게 연결하여 사용하고자 할 때 접속을 케이블 커넥터로 한다.

　㉯ 커넥터 중 러그는 홀더용 케이블 끝에 연결하고, 또한 커넥터는 용접기의 단자에 연결한다.

　㉰ 연결 및 체결시에 접촉불량이 되면 접촉 저항에 의한 발열이 생기게 되므로 완전하게 접촉시켜야 한다.

④ 용접 헬멧과 핸드 실드
  ㉮ 용접 작업시 아크에서 나오는 유해 광선인 자외선 및 적외선과 스패터(spatter)로부터 작업자의 눈이나 얼굴, 머리 등을 보호하기 위하여 사용하는 기구이다.
  ㉯ 종류로는 머리에 쓰고 작업하는 용접 헬멧(helmet)과 손잡이가 달려 손에 들고 작업하는 핸드실드(hand shield)가 있다.
⑤ **접지 클램프** : 모재와 용접기를 케이블로 연결할 때 모재에 접속하는 것으로 접속이 나쁘면 전기의 소모가 많고, 아크 전류가 끊어져 불안정하며 용접부의 용입이 불량하게 된다.
⑥ 퓨즈
  ㉮ 용접기의 1차측에는 용접기 근처에 퓨즈를 붙인 안전 스위치를 설치해야 한다.
  ㉯ 퓨즈는 규정값보다 큰 것을 사용하면 작업시 매우 위험하다.
⑦ 차광 유리
  ㉮ 자외선과 적외선을 차단하는 차광 유리는 빛의 차광 능력에 따라 번호를 붙이며 번호가 높으면 빛의 차단량이 많게 된다.
  ㉯ 납땜 작업에서는 2~4, 가스 용접에는 4~6, 피복 아크 용접에는 10~12번 정도를 사용한다.
⑧ **장갑, 앞치마, 팔덮개** : 용접 작업시 유해한 광선 및 아크열, 스패터 등으로부터 몸을 보호하기 위해서 착용하는 것을 말한다.

(9) 피복 아크 용접봉

① 개요
  ㉮ 용접봉은 용접해야 할 모재 사이의 틈을 채우기 위해 필요한 것으로 용가재, 전극봉이 있다.
  ㉯ 금속 아크 용접의 용접봉에는 비피복 용접봉과 피복 용접봉이 쓰이는데, 비피복용접봉은 주로 자동이나 반자동 용접에 사용된다.
② 피복제의 역할
  ㉮ 중성 또는 환원성 분위기를 만들어 질화나 산화를 방지하고 용융금속 보호한다.
  ㉯ 아크를 안정시킨다.
  ㉰ 용접을 미세화하여 용착효율을 높인다.
  ㉱ 용착금속의 탈산·정련 작용을 한다.
  ㉲ 용착금속에 합금 원소를 첨가한다.
  ㉳ 용융점이 낮고 적당한 점성의 가벼운 슬래그를 생성한다.
  ㉴ 용착 금속의 응고와 냉각속도를 느리게 한다.
  ㉵ 어려운 자세의 용접 작업을 쉽게 한다.
  ㉶ 비드 파형을 곱게 하며 슬래그 제거도 쉽게 된다.
  ㉷ 절연 작용을 한다.

③ 피복 배합제의 종류

㉮ 가스 발생제 : 유기물(셀룰로오스, 전분, 펄프), 탄산염(석회석, 마그네사이트)

㉯ 탈산제 : 페로망간, 페로실리콘

㉰ 슬래그 생성제 : 규사, 운모, 석면, 석회석, 마그네사이트, 일미나이트, 이산화망간

㉱ 아크 안정제 : 규산칼륨, 산화티탄, 탄산바륨

㉲ 합금 첨가제 : 페로망간, 페로실리콘, 페로크롬, 니켈, 페로바나듐

④ 연강용 피복 아크 용접봉의 종류

종류	피복제 계통	용접 자세	사용 전류의 종류
E4301	일미나이트계	F, V, H, OH	AC 또는 DC(±)
E4303	라임티타니아계	F, V, H, OH	AC 또는 DC(±)
E4311	고셀룰로오스계	F, V, H, OH	AC 또는 DC(+)
E4313	고산화티탄계	F, V, H, OH	AC 또는 DC(−)
E4316	저수소계	F, V, H, OH	AC 또는 DC(+)
E4324	철분산화티탄계	F, H-Fill	AC 또는 DC(±)
E4326	철분 저수소계	F, H-Fill	AC 또는 DC(+)
E4327	철분 산화철계	F, H-Fill	F 용접시는 AC 또는 DC(+) H-Fill 용접시는 AC 또는 DC(−)
E4340	특수계	F, V, H, OH, H-Fill 전부 또는 어느 한 자세	AC 또는 DC(±)

㉮ 일미나이트계 (E 4301)
- 일미나이트를 약 30% 이상 포함한 용접봉으로 슬래그 생성계이다.
- 작업성과 용접성이 우수하고 값이 싸서 조선, 철도 차량 일반 구조물에 사용된다.

㉯ 라임티타니아계 (E 4303)
- 산화티탄을 약 30% 이상 함유한 슬래그 생성계로 피복이 다른 용접봉에 비해 두꺼우며 용접 비드는 평면적이며 슬래그는 유동성이 풍부하고 용접 시 슬래그의 제거가 양호하다.
- 용접 비드의 외곤은 곱고 작업성이 양호하여 전자세 용접에 사용되고 박판의 용접이나 선박의 내부 구조물, 기계, 차량, 일반 구조물 등 사용범위가 매우 넓다.

㉰ 고셀룰로오스계 (E 4311)
- 셀룰로오스(유기물)를 20~30% 정도 포함하고 있으며 피복이 얇고 슬래그가 적으므로 좁은 홈의 용접이나 수직 상진, 하진 및 위보기 용접에 사용된다.
- 용착 금속의 기계적 성질이 양호하며, 비드 표면이 거칠고 스패터의 발생이 많은 것이 결점이다.

㉣ 고산화티탄계 (E 4313)
- 산화티탄을 약 35% 정도 포함한 용접봉으로 일반 경구조물의 용접에 많이 사용되고 아크가 안정되어 있다.
- 스패터가 적고 슬래그의 박리성도 좋아 비드 표면이 고우며 작업성이 우수한 것이 특징이다.

㉤ 저수소계 (E 4316)
- 석회석이나 형석을 주성분으로 아크가 약간 불안하고 용접 속도가 느리다.
- 다른 연 강 용접봉보다 우수하므로 중요 부재의 용접, 고압용기, 후판 중구조물, 탄소 당량이 높은 기계 구조용강, 유황 함유량이 높은 강 등의 용접에 결함이 없는 양호한 용접부를 얻을 수 있다.

㉥ 철분 산화티탄계 (E 4324)
- 고산화티탄계 용접봉의 피복제에 철분을 첨가한 것으로 작업성이 좋고 스패터가 적으나 용입이 얕으며 아래보기 자세와 수평 필릿 자세의 전용 용접봉이다.

㉦ 철분 수소계 (E 4326)
- 저수소계 용접봉의 피복제에 30~50% 정도의 철분을 첨가한 것으로 용착 속도가 크고 작업 능률이 좋고 용착 금속의 기계적 성질이 양호하다.
- 아래보기 및 수평필릿 용접 자세에서만 사용한다.

㉧ 철분 산화철계 (E 4327)
- 철분 산화철계 용접봉은 주성분은 산화철에 철분을 첨가하여 만든 것이다.
- 산성 슬래그가 생성되며 스패터가 적으며 비드 표면이 곱고 슬래그의 박리성이 좋다.

㉨ 특수계 (E 4340)
- 특수계 용접봉은 피복제의 계통이 특별히 규정되어 있는 않은 사용 특성이나 용접 결과가 특수한 것으로 용접 자세는 제조회사가 권장하는 방법을 쓰도록 되어 있다.

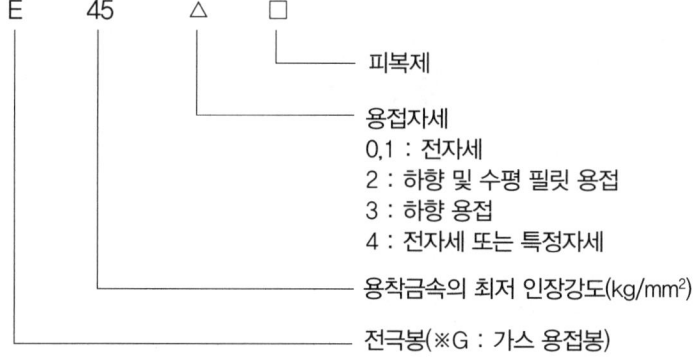

[용접봉 표시 방법]

⑤ 그 밖의 피복 아크 용접봉
  ㉮ 스테인리스강용 피복 아크 용접봉 : 스테인리스강은 내식용 재료로 주로 많이 사용되며, 내열 및 저온용에도 사용되며 스테인리스강의 용접은 이러한 성질을 만족시킬 수 있는 용접봉을 사용해야 한다.
  ㉯ 고장력강용 피복 아크 용접봉 : 고장력강은 일반 구조용 압연강재(SS400)나 용접 구조용 압연강재(SWS400)보다 높은 강도를 얻기 위해 망간(Mn), 크롬(Cr), 니켈(Ni), 규소(Si) 등의 적당한 원소를 첨가한 저합금강(low alloy steel)이며, 사용목적은 무게 경감, 재료의 절약, 내식성 향상 등이다. 내충격성·내마멸성이 요구되는 구조물, 선박, 차량, 항공기, 압력용기, 병기 등에 사용한다.
  ㉰ 저합금 내열강용 피복 아크 용접봉 : 저합금용 피복 아크 용접봉은 내열용 Mo 및 Cr-Mo 강용 피복 아크 용접봉과 저온용 피복 아크 용접봉으로 분류한다.
  ㉱ 구리 및 구리합금용 피복 아크 용접봉 : 구리 및 구리합금용 피복 아크 용접봉으로는 주로 탈산구리 용접봉 또는 구리합금 용접봉이 사용되고 있다.
⑥ 피복 아크 용접봉의 선택
  ㉮ 용접봉의 선택은 용접봉의 내균열성, 아크 안정성, 스패터링, 슬래그의 성질 등을 확인하고 선택해야 한다.
  ㉯ 사용하기 전에 편심 상태를 확인한 후 사용하고 편심률은 3% 이내이어야 한다.

$$\text{편심률}(\%) = \frac{D'-D}{D} \times 100$$

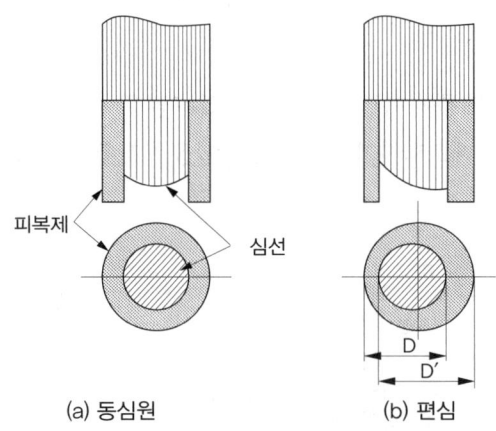

[피복제의 편심 상태]

나. 피복 아크 용접법

(1) 피복 아크 용접 기법

① 용접 작업 준비

㉮ 용접도면 및 용접작업 시방서 숙지

㉯ 용접봉 건조

㉰ 보호구 착용

㉱ 모재 준비 및 청소

㉲ 설비 점검 및 전류 조정

② 용접 작업에 영향을 주는 요소

㉮ 아크 길이

- 용접봉 심선의 지름 정도이나 일반적인 아크 길이는 3mm 정도이다.
- 양호한 용접을 하려면 짧은 아크를 사용해야 한다. 아크 길이가 너무 길면 아크가 불안정하며, 용융 금속이 산화 및 질화되기 쉽고, 열집중의 부족, 용입 불량 및 스패터가 발생된다.

㉯ 용접 속도

- 모재에 대한 용접선 방향의 아크 속도를 용접속도라고 하며, 운봉속도, 또는 아크 속도라고도 한다.
- 아크 속도는 8~30cm/min이 적당하다.

㉰ 용접 각도 :

- 용접봉의 각도는 언더컷이나 슬래그 섞임을 방지하고, 파형이 균일하고 아름다운 비드를 얻기 위하여 중요한 것이다.
- 용접봉과 모재의 이루는 각도를 용접봉 각도라 하며, 진행각과 작업각으로 나누어진다.
- 진행각 : 용접봉과 용접선이 이루어지는 각도로서 용접봉과 수직선사이의 각도(용접선과 용접봉 사이의 각도)로 표시한다.
- 작업각은 용접봉과 용접이음 방향에 나란하게 세워진 수직평면(또는 수평 평면)과의 각도로 표시한다.

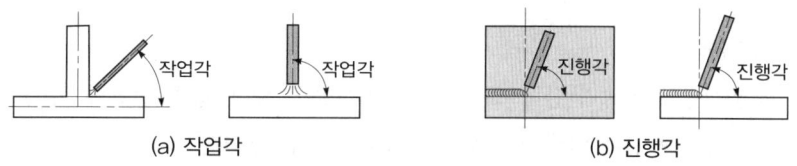

(a) 작업각　　　　(b) 진행각

[용접 각도]

③ 아크 발생법
  ㉮ 긁기법 : 용접봉을 쥔 손목을 오른쪽으로(또는 왼쪽으로)으로 운봉하여 아크를 발생시키는 방법으로 초보자에게 알맞다.
  ㉯ 찍기법 : 용접봉 끝으로 모재면에 점을 찍듯이 대었다가 재빨리 떼어 일정(3~4mm)을 유지하여 아크를 발생시키는 방법이다.

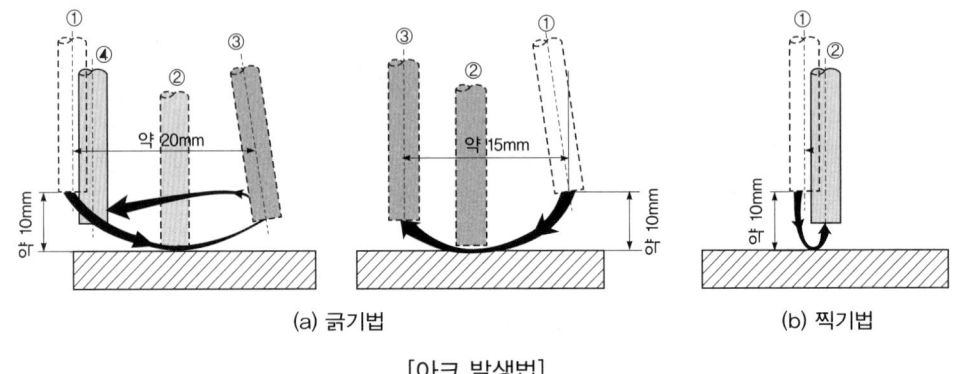

[아크 발생법]

④ 크레이터
  ㉮ 용접 중에 아크를 중단시키면 중단된 부분이 오목하거나 납작하게 파진 모습으로 남게 되는 현상이다.
  ㉯ 크레이터부에는 불순물과 편석이 남게 되고 냉각 중에 균열이 발생할 우려가 있으므로 아크 중단시 완전하게 메꾸어 주는 것을 크레이터 처리라 한다.

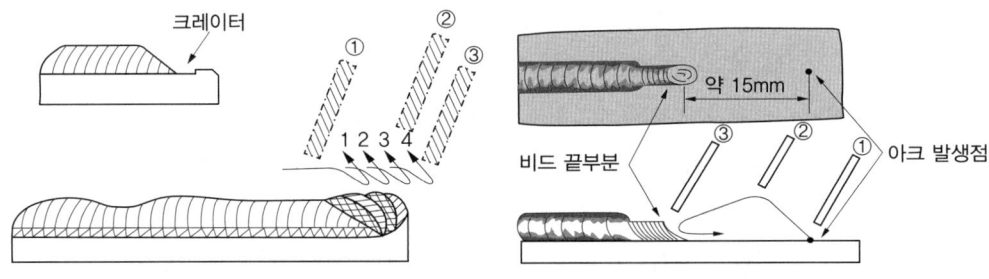

[크레이터 처리 및 비드 이음]

⑤ 아크 쏠림
  ㉮ 용접봉에 아크가 한쪽으로 쏠리는 현상을 말하며, 용접 전류에 의해 아크 주위에 발생하는 자장이 용접에 대해 비대칭으로 나타나는 현상이다.
  ㉯ 아크 쏠림 방지법
    • 교류용접으로 하고 짧은 아크를 사용한다.
    • 접지점을 될 수 있는 대로 용접부에서 멀리한다.

- 용접봉 끝을 아크 쏠림 반대 방향으로 기울인다.
- 큰 가접부 또는 이미 용접이 끝난 용착부를 향하여 용접한다.
- 용접부가 긴 경우는 후퇴 용접법으로 한다.
- 받침쇠, 긴 가접부, 이음의 처음과 끝의 엔드 탭 등을 이용한다.
- 접지점 2개를 연결한다.

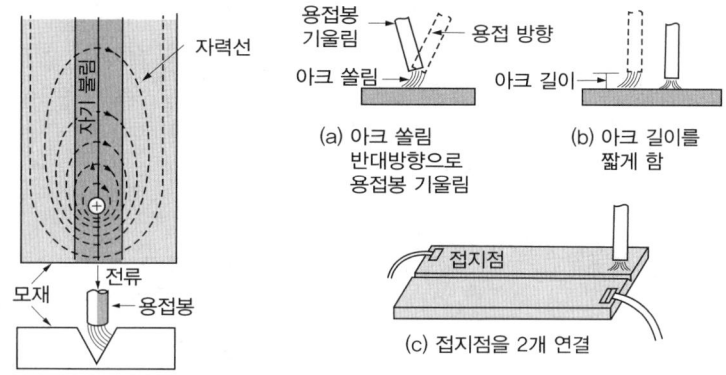

[아크 쏠림과 아크 쏠림 방지책]

⑥ **운봉법** : 용접봉을 여러 가지 모양으로 움직여 비드를 형성하는 것

㉮ 직선 비드
- 용접봉을 용접선에 따라 직선으로 움직이면 직선 비드(straight bead)라고 한다.
- 주로 박판 용접 및 홈 용접의 이면 비드 형성 시 사용한다.

㉯ 위빙 비드
- 용접봉을 좌우로 움직여 운봉하는 것을 위빙 비드(weaving bead)라고 한다.
- 위빙 운봉 폭은 심선 지름의 2~3배로 한다.
- 크레이터 발생과 언더 컷 발생이 생길 염려가 있으므로 특히 주의한다.

아래보기 용접	직 선	———
	소 파 형	～～～
	대 파 형	ＭＭＭ
	원 형	⟨⟨⟨
	삼 각 형	𝒆𝒆𝒆
	각 형	⊓⊔⊓⊔

아래보기 T형 용접	대 파 형	∿∿∿
	선 전 형	⊚⊚⊚
	삼 각 형	⧈⧈⧈
	부 채 형	⊳⊳⊳
	지그재그형	30~40°

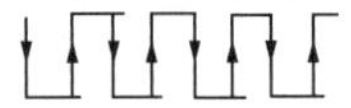

[운봉법의 예]

다. 가스 용접 설비 및 기구

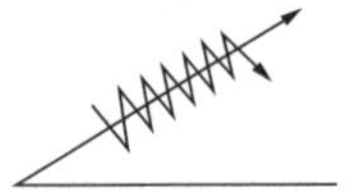

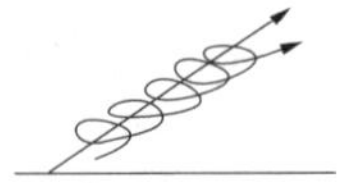

(1) 가스 용접의 원리

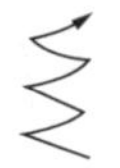

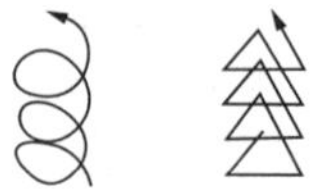

① 가스 용접 원리

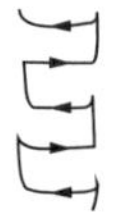

㉮ 각종 가연성 가스와 산소의 연소반응열을 용접열원으로 이용하는 용접이다.

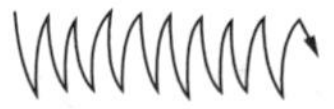

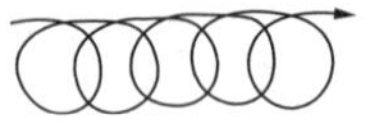

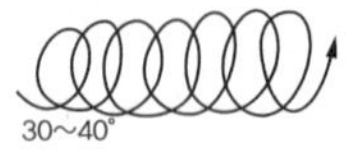

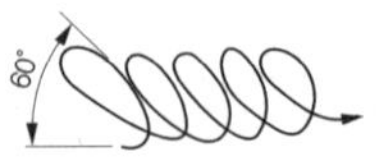

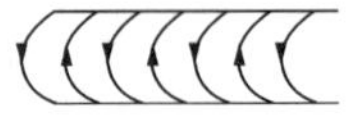

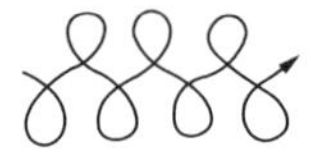

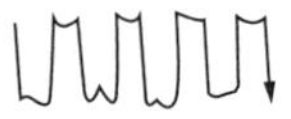

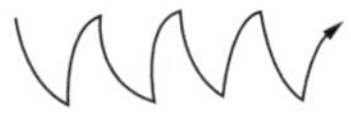

㉯ 사용하는 가스에 따라 산소-아세틸렌 용접, 산소-수소 용접, 산소-프로판 용접, 공기-아세틸렌 용접 등이 있고, 이 중에 산소-아세틸렌 용접을 많이 사용되고 있다.

㉰ 산소 : 아세틸렌 용접은 아크 용접과 같은 용접의 일종으로 산소-아세틸렌 가스 연소할 때 발생하는 약 3000℃의 높은 열을 이용하여 모재와 용가재를 용융시켜 접합시키는 방법이다.

(2) 가스 용접의 특징

① 장점

㉮ 응용 범위가 넓으며 운반이 편리하다.

㉯ 열량 조절이 자유롭고 박판 용접에 적당하다.

㉰ 아크 용접에 비해 유해 광선의 발생이 적다.

㉱ 무전원이므로 설치가 쉽고 비용이 싸다.

② 단점
   ㉮ 아크 용접에 비해 불꽃 온도가 낮다.
   ㉯ 열집중성이 나빠 효율적인 용접이 어렵다.
   ㉰ 용접 변형이 크고 금속 종류에 따라 기계적 강도가 떨어진다.
   ㉱ 폭발 위험성이 크고 금속 탄화 및 산화될 가능성이 많다.

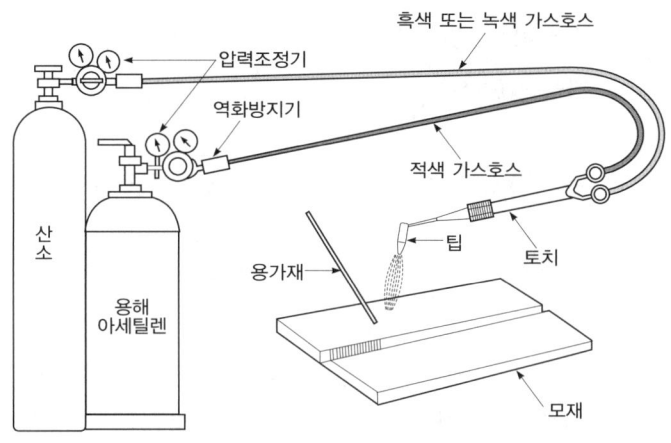

[산소-아세틸렌 용접 장치]

(3) 용접용 가스의 종류

① 가스 용접 개요 : 가스용접에 사용되는 지연성 가스에는 산소(O_2), 가연성 가스에는 아세틸렌 (C_2H_2), 프로판(C_3H_8), 부탄(C_4H_{10}), 석탄가스(CO, H_2, CH_4 혼합가스), 천연가스, 수소(H_2) 등이 있다.

② 산소
   ㉮ 특징
   - 공기 중 약 21% 함유되어 있으며 조연성 가스이다.
   - 고압에서 산화폭발 위험이 있으므로 사염화탄소로 세척해야 한다.
   - 산소 농도가 증가함에 따라 연소속도, 화염온도, 폭발범위 등이 넓어지고 착화온도, 점화원 에너지 등 낮아져서 위험성이 증가된다.

   ㉯ 산소 용기
   - 안전 밸브 : 박판식(파열판식)
   - 용기 도색 : 녹색(공업용), 백색(의료용)
   - 용기 구분 : 무계목 용기
   - 용기 재질 : 고온, 고압의 산소는 크롬강이나 규소 또는 알루미늄 등 첨가

   ㉰ 산소의 용도
   - 응급환자, 고산의 등산가, 잠수부, 파일럿 등의 호흡용

- 산소 : 아세틸렌, 산소-수소, 산소-LPG 등으로 각종 금속의 용접이나 절단 등

③ 아세틸렌

㉮ 특징
- 무색 기체로 순수한 것은 에테르와 같은 향기가 있고 불순물로 인해 악취
- 용제 : 아세톤, 디메틸 포름 아미드

㉯ 아세틸렌 용기
- 용기 구분 : 용접 용기, 주황색
- 안전 밸브 : 가용전(용융온도 105±5℃)
- 용기 재질 : 탄소강
- 밸브 재질 : 황동, 청동 등의 동합금, 아세틸렌 검지는 염화제1동착염지로 하며 적색으로 변한다.

④ LPG 가스

㉮ 특징
- 무색, 무취, 무독하다.
- LP가스는 공기보다 무겁다.
- 연소 범위가 좁고 증발 잠열이 크다.
- 기화 및 액화가 용이하다.
- 연소시 많은 공기가 필요하고 발열량이 크다.
- 착화온도가 높고 연소속도가 늦다.

㉯ 장점
- 점화 및 소화를 자동화하기 쉽다.
- 화염 조절이 쉽고 공해가 없다.
- 일정한 압력으로 공급 가능하다.
- 발열량이 크고 열효율이 높다.
- 연소성이 좋아서 완전 연소한다.

㉰ 단점
- 저장 탱크 및 용기 등의 집합장치가 필요하다.
- 연소시 다량의 공기가 필요하다.
- 재액화의 우려가 있다.
- 공급시에 예비 용기의 확보가 필요하다.

㉱ LP가스 용기
- 용기 종류 : 용접용기
- 안전 밸브 : 스프링식
- 최고충전압력 및 기밀시험 압력 : $15.6kg/cm^2$
- 용기 도색 : 회색
- 내압시험압력 : $26kg/cm^2$

(4) 산소-아세틸렌 불꽃

① **개요** : 산소-아세틸렌 불꽃은 산소와 아세틸렌의 혼합비에 의해 불꽃 모양이 변하는데 아세틸렌 가스가 완전 연소하는 2.5배의 산소가 필요하지만 실제로는 아세틸렌 1ℓ에 산소 1.2~1.3ℓ가 필요하다.

② **불꽃의 구성** : 산소와 아세틸렌을 1:1로 혼합하여 연소시키면 그림과 같이 3부분으로 구성된다.

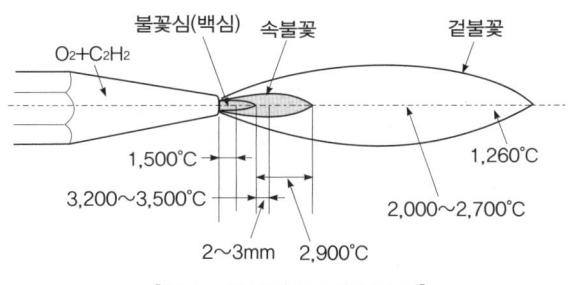

[산소-아세틸렌 불꽃 구성]

㉮ 불꽃심(flame core) : 팁에서 나오는 혼합가스가 연소하여 환원성 백색 불꽃이다.

㉯ 속불꽃(inner flame) : 백심 부분에서 생성된 일산화탄소와 수소가 공기 중의 산소와 결합 연소되어 3200~3500℃의 높은 열을 발생하는 부분으로 무색에 가깝고 약간의 환원성을 띠게 된다.

㉰ 겉불꽃(outer flame) : 연소 가스가 공기 중의 산소와 결합해 완전 연소되는 부분으로 불꽃 가장 자리를 이루며 2000℃의 열을 내게 된다.

③ **불꽃의 종류** : 아세틸렌과 산소를 연소시킬 때 공급되는 산소량에 따라 탄화 불꽃, 중성 불꽃, 산화 불꽃으로 구분된다.

㉮ 탄화 불꽃(아세틸렌 과잉 불꽃) : 아세틸렌의 양이 산소보다 많을 때 생기는 불꽃으로 백심과 겉불꽃과의 사이에 연한 백심의 제 3의 불꽃으로 알루미늄, 스테인레스강의 용접에 이용된다.

㉯ 중성 불꽃(표준 불꽃) : 산소와 아세틸렌의 용적비가 약 1:1의 비율로 혼합될 때 얻어지며 이론상의 혼합비는 산소 2.5에 아세틸렌 1로써 모든 일반 용접에 이용된다.

㉰ 산화 불꽃(산소 과잉 불꽃) : 산소의 양이 아세틸렌의 양보다 많은 불꽃인데, 금속을 산화시키는 성질이 있어 구리, 황동 등의 용접에 이용된다.

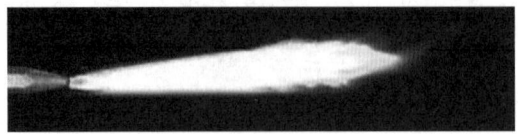

(5) 가스 용접 설비

① 산소 용기 : 산소용기는 경합금(硬合金)으로서 인장강도 57kg/mm², 연신율 18% 이상의 재료로 되어 있으며, 산소의 대기 중에서의 환산 체적이 5000, 6000, 7000ℓ의 것이 많이 사용된다.

> **Note | 산소 용기 취급상의 주의 사항**
> - 타격 및 충격을 주면 폭발할 염려가 있으므로 옮길 때 주의할 것
> - 누설되어 가연성 가스와 혼합되었을 때 사용하지 않을 때에는 밸브를 잠글 것
> - 용기는 40℃ 이하가 되도록 직사광선 또는 화기있는 곳을 피할 것
> - 겨울에 산소가 분출되지 않으면 더운 물로 가열하고, 화기를 사용하지 말 것
> - 밸브(valve)의 개폐는 조용히 할 것
> - 누설검사에는 비눗물을 사용할 것이며, 화기를 사용하지 말 것

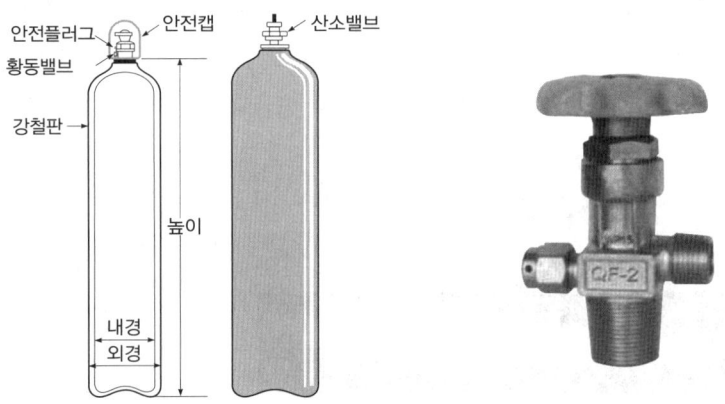

[산소 용기와 산소 용기 밸브]

② 아세틸렌 용기

㉮ 아세틸렌은 기체 상태로 압축하면 폭발의 위험성이 있기 때문에 아세톤을 흡수시킨 다음 아세틸렌을 흡수시킨다. 용기 크기는 내용적에 따라 15, 30, 40, 50ℓ가 있고 충전된 용해 아세틸렌 가스는 순도가 98% 이상이다.

㉯ 아세틸렌 용기 속의 다공질 물질의 다공도는 75% 이상, 92% 미만이어야 한다.

㉓ 다공질 물질의 구비 조건
- 화학적으로 안정되고 값이 저렴하며 다공성일 것
- 가스 충전과 방출이 쉬울 것
- 아세톤이 골고루 침윤될 것

> **Note | 용해 아세틸렌 취급시 주의 사항**
> - 저장 장소는 통풍이 잘 되어야 한다.
> - 저장 장소에는 화기를 가까이 하지 말아야 한다.
> - 저장실의 전기 스위치, 전등 등은 방폭 구조여야 한다.
> - 용기는 아세톤의 유출을 방지하기 위해 세워서 두어야 한다.
> - 용기는 40℃ 이하에서 보관하며 반드시 캡을 씌워야 한다.
> - 용기는 진동이나 충격을 가하지 말고 신중히 취급해야 한다.
> - 아세틸렌 충전구가 동결시는 35℃ 이하의 온수로 녹여야 한다.
> - 밸브는 전용 핸들로 1/4~1/2 회전만 시키고 핸들은 밸브에 끼워 놓은 상태에서 작업하고 가스누설검사는 비눗물을 사용해 검사하며 사용 후에는 반드시 약간의 잔압을 남겨 두어야 한다.

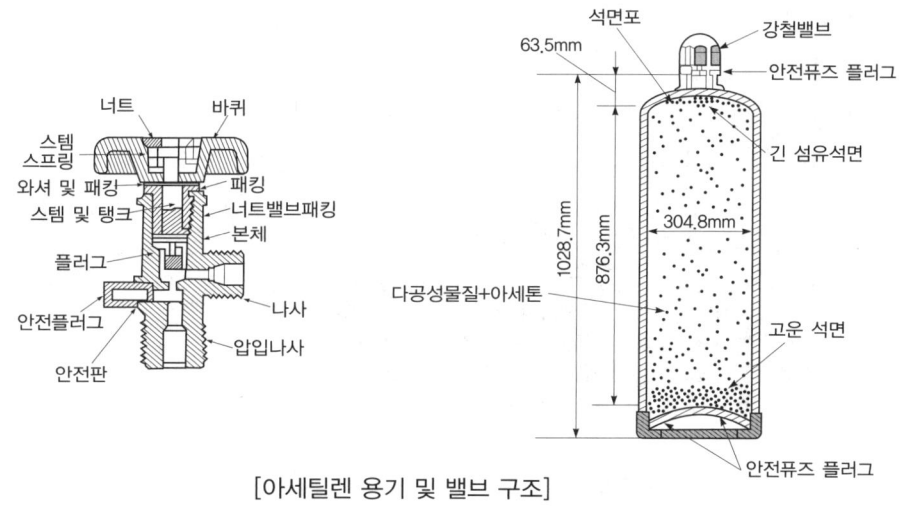

[아세틸렌 용기 및 밸브 구조]

③ 가스 용접 토치

㉮ 용접용 토치는 아세틸렌 가스와 산소를 일정한 혼합 가스를 연소시켜 불꽃을 형성, 용접 작업에 사용하는 기구로 손잡이, 혼합실, 팁으로 구성되어 있다.

㉯ 가스 용접 토치는 사용되는 아세틸렌 가스 압력에 따라 저압식, 중압식, 고압식으로 분류되고, 토치의 구조에 따라 불변압식(독일식 : A형), 가변압식(프랑스식: B형)으로 분류한다.

㉰ 팁의 능력
- 독일식 : 강판의 용접을 기준으로 해서 팁이 용접하는 판 두께 나타낸다.
- 프랑스식 : 1시간 동안 표준 불꽃으로 용접하는 경우 아세틸렌의 소비량으로 나타낸다.

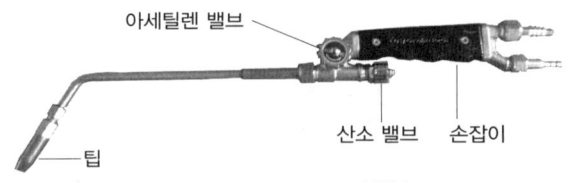

[가스 용접 토치의 구조]

> **Note | 토치 취급상의 주의 사항**
> - 팁 및 토치를 작업장 바닥이나 흙 속에 방치하지 않는다.
> - 점화되어 있는 토치를 아무 곳에 방치하지 않는다.
> - 토치에 충격을 주어 변형이 되지 않도록 해야 한다.
> - 팁 과열시는 아세틸렌 밸브를 닫고 산소 밸브만 조금 열어 물 속에서 냉각시킨다.
> - 팁을 바꿔 끼울 때는 반드시 양쪽 밸브를 모두 닫은 다음에 행한다.
> - 작업 중 발생하기 쉬운 역류, 역화, 인화에 항상 주의한다.

④ 압력 조정기

  ㉮ 감압 조정기라고 하며 산소는 $1\sim5\,kgf/cm^2$ 이하, 아세틸렌은 $0.1\sim0.2\,kgf/cm^2$ 이하 정도로 한다.

  ㉯ 압력 조정기의 구조와 작동원리는 아세틸렌용과 산소용이 같으며 산소용은 오른나사, 아세틸렌용은 왼나사로 되어 있어 용기에 장착할 때 혼돈을 피하고 있다.

> **Note | 압력 조정기 취급상의 유의사항**
> - 조정기를 설치할 때는 설치구에 있는 먼지를 제거하고 연결부에 정확하게 연결한다.
> - 압력 지시계가 잘 보이게 설치하며 유리가 파손되지 않도록 한다.
> - 조정기를 취급할 때에는 기름이 묻은 장갑 등을 사용해서는 안된다.
> - 압력 용기의 설치구 방향에는 아무런 장애물이 없어야 한다

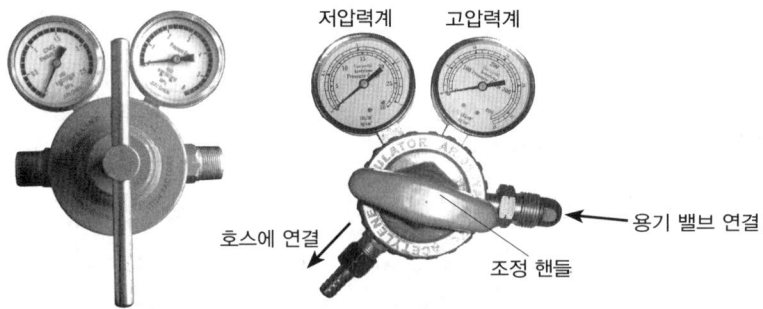

[산소 압력 조정기(左)와 아세틸렌 압력 조정기(右)]

⑤ 가스 용접용 공구 및 보호구

  ㉮ 가스 용접용 보호안경 및 차광렌즈

  ㉯ 점화 라이터와 팁 클리너

㉓ 보호장갑, 앞치마 및 발덮개
㉔ 용접용 지그 : 제품을 제작하는 경우에 피용접물을 정확한 치수로 완성하기 위해서는 적당한 용접 작업대 위에서 부품을 조립 고정하는 것으로 가접지그, 용접 포지셔너, 용접 머니퓰레이터가 있다. 지그 사용 시 장점은 다음과 같다.
- 공정수를 절약하므로 능률이 좋다.
- 작업을 쉽게 할 수 있다.
- 제품의 정도가 균일하다.

⑥ 가스 용접 재료
㉮ 가스 용접봉의 성분이 모재에 미치는 영향
- 탄소(C) : 강의 경도를 증가시키나 연신율, 굽힘성이 감소한다.
- 규소(Si) : 기공은 막을 수 있으나 강도가 떨어지게 된다.
- 인(P) : 강에 취성을 주며 가연성을 잃게 한다.
- 유황(S) : 용접부의 저항력을 감소시키고 기공 발생의 원인이 된다.
- 산화철 : 용접부 내에 남아서 거친 부분을 만들므로 강도가 떨어진다.

㉯ 가스 용접봉 규격
- GA, GB : 가스 용접봉의 재질에 대한 종류이다.
- NSR : 용접한 그대로 응력을 제거하지 않은 것을 나타낸다.
- SR : 625±25℃에서 1시간 동안 응력을 제거한 것을 뜻한다.

㉰ 용접봉 지름 구하는 식

$$D = \frac{T}{2} + 1$$ (D : 용접봉의 지름, T : 판두께)

㉱ 용제 : 용접 중에 생기는 금속의 산화물 또는 비금속 개재물을 용해하여 용융온도가 낮은 슬래그를 만들고 용융 금속의 표면에 떠올라 용착 금속의 성질을 양호하게 한다.

라. 가스 용접법

(1) 작업 준비 및 불꽃 조정

① 가스 용접기 설치 및 불꽃 조정
㉮ 산소와 아세틸렌 용기의 고압 밸브를 열어 조정기 설치부를 깨끗이 한다.
㉯ 압력 조정기를 각각의 용기에 가스 누설이 없도록 설치한다.
㉰ 적색호스는 아세틸렌 조정기, 검은색 또는 녹색호스는 산소 조정기에 설치한다.
㉱ 용접 토치에 호스 밴드를 사용하여 단단히 호스를 접속한다.
㉲ 각 부의 접속이 완료되면 모든 접속부에 가스 누설의 유무를 점검한다.

㉕ 아세틸렌 용기의 밸브를 열어 사용압력 0.1~0.3kgf/cm²로 산소 압력은 3~4kgf/cm²으로 조정한다.
㉖ 토치에 점화를 한 후 산소 밸브를 조금씩 열어 중성 불꽃으로 조정한다.
㉗ 모재와 용가재를 용융시키면서 용접을 실시한다.
② 용접 작업이 끝난 후 처리
㉮ 토치의 아세틸렌 밸브 및 산소 밸브를 잠근 후 용기의 고압 밸브를 잠근다.
㉯ 토치의 산소와 아세틸렌 밸브를 열어 압력 조정기, 호스 및 토치 내의 잔류 가스를 방출시킨 후 밸브를 잠그고 아세틸렌 압력 조정기의 조정나사를 푼다.

(2) 전진법과 후진법

① 전진법
㉮ 전진법은 토치를 오른손에, 용접봉을 왼손에 오른쪽에서 왼쪽으로 용접해 나가는 방법으로 좌진법이라고도 한다.
㉯ 화염이 불어 내어 용입을 방해하며 모재를 과열시키고, 용금의 산화가 심하나 비드(bead)의 표면이 매끈하다.
㉰ 5mm 이하 얇은 판 맞대기 용접이나 비철 및 주철, 금속 덧붙이 용접에 이용된다.

② 후진법
㉮ 후진법은 토치와 용접봉을 오른쪽으로 용접해 나가는 방법으로 오른쪽 방향으로 움직인다 하여 우진법이라고도 한다.
㉯ 화염이 용접부를 집중 가열하므로 두꺼운 판재의 용접에 적합하다.
㉰ 용접봉의 위빙(weaving)이 없으므로 홈(groove)이 좁아도 되며, 용접봉 및 가스 소비량이 적고, 용접속도가 크며, 용접부의 변형도 적다. 그러나 비드 표면은 전진법만큼 매끈하지 못하며 비드가 높다.

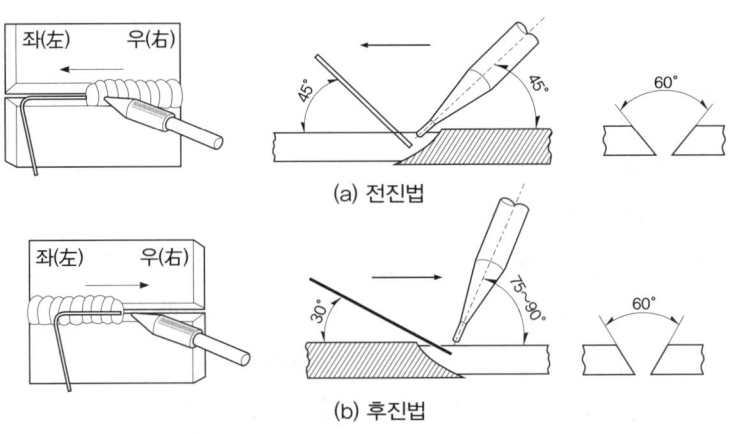

[전진법과 후진법]

〈전진법과 후진법의 비교〉

항 목	전진법	후진법
열이용률	나쁘다	좋다
용접속도	느리다	빠르다
비드모양	보기 좋다	매끈하지 못하다
홈 각 도	크다	작다
용접변형	크다	작다
용접가능 판 두께	얇다(5mm까지)	두껍다
용착 금속 냉각도	급랭	서냉
산화 정도	심하다	약하다
용착 금속 조직	거칠어진다	미세하다

(3) 역화, 역류, 인화

① 역화 : 팁 끝이 모재에 닿는 순간 팁 끝이 막히거나 과열, 가스 압력이 부적당할 때 팁속에서 폭발음을 내며 불꽃이 꺼졌다가 다시 나타나는 현상이다.

② 역류 : 토치 내부 청소 불량으로 토치 내부가 막혀 고압 산소가 배출되지 못하고 산소보다 낮은 아세틸렌 호스쪽으로 흐르는 현상이다.

※ 역류 방지법 : 팁을 깨끗이 청소한다. 가스를 차단시킨다. 안전기와 발생기를 차단시킨다.

③ 인화 : 팁 끝이 순간적으로 막혀 가스 분출이 나빠지고 토치 가스 혼합실까지 불꽃이 그대로 도달되어 토치가 빨갛게 달구어지는 현상을 말한다.

※ 인화 방지법 : 토치의 아세틸렌 밸브를 차단시킨다. 산소 밸브를 차단시킨다.

마. 절단 및 가공

(1) 절단의 개요

절단은 용접 작업에 수반되는 작업으로 용접 작업의 능률화를 위하여 금속을 신속하게 절단할 수 있는 절단 방법이 필요하다. 절단은 크게 가스 절단과 아크 절단으로 나뉜다.

① 가스 절단 : 산소와 금속과의 산화 반응을 이용하여 절단하는 방법으로 강 또는 합금강의 절단에 널리 이용되며, 비철 금속에는 분말 가스절단, 아크 절단이 이용된다.

② 아크 절단 : 아크 열로 모재를 용융시켜 절단하는 방법으로 압축 공기나 산소기류를 이용하여 용융 금속을 불어 내면 능률적이고 절단면의 정밀도가 낮다.

※ 열에너지에 의해 금속을 국부적으로 용융하여 절단하는 것을 열절단이라 하며, 이것을 용단작업이라 한다.

② 절단의 종류

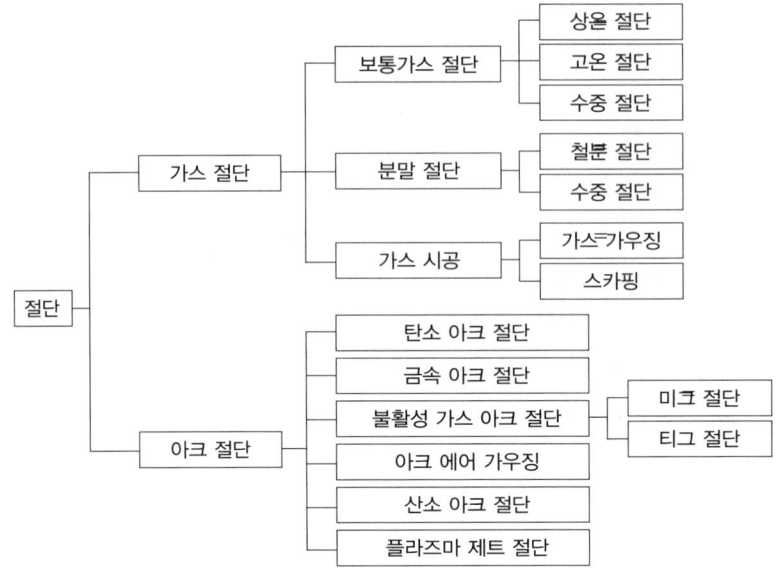

(2) 가스 절단

① 가스 절단의 개요

㉮ 가스 절단은 강 또는 합금강의 절단에 널리 이용되며, 산소와 철과의 화학 반응열을 이용하는 절단법이다.

㉯ 소재의 절단 부분을 산소-아세틸렌 가스 불꽃으로 약 800~900℃가 될 때까지 예열 후, 고압의 산소(절단산소)를 불어 내면 철은 연소하여 산화철이 되고, 그 산화철의 용융과 동시에 절단되며 절단시 강의 산화는 보통 다음과 같은 열화학 반응에 의하여 발열이 수반된다.

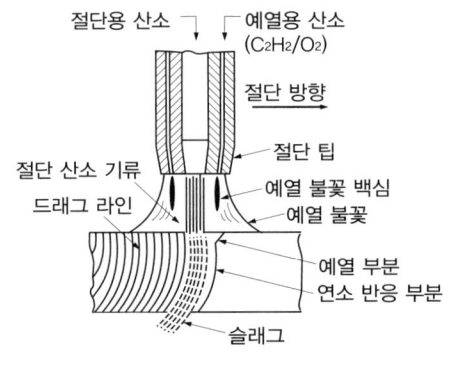

[가스 절단의 원리]

② 가스 절단에 영향을 미치는 인자

㉮ 절단의 조건

- 드래그가 가능한 한 작을 것
- 절단면이 평활하며 드래그의 홈이 낮고 노치 등이 없을 것
- 절단면 표면의 각이 예리할 것
- 슬래그 이탈이 양호할 것
- 경제적인 절단이 이루어 질 것

㈏ 절단용 산소 : 절단부를 연소시켜 그 산화물을 깨끗이 밀어내는 역할을 하므로 산소 압력과 순도가 절단 속도에 큰 영향을 미치게 된다.
㈐ 예열 불꽃
㈑ 절단 속도 : 절단 속도는 모재의 온도가 높을수록 고속 절단이 가능하며 절단 산소의 압력이 높고 산소 소비량이 많을수록 정비례하여 증가한다.
㈒ 절단 팁 : 절단 팁이 거리, 오염, 절단 산소 구멍 형상 등도 절단 결과에 많은 영향을 미친다.
㈓ 드래그 : 드래그 길이는 절단 속도, 산소 소비량 등에 의하여 변화하며 절단면 말단부가 남지 않을 정도의 드래그를 표준 드래그 길이라 하는데 보통 판 두께의 20% 정도이다.

③ 가스 절단 장치
㈎ 저압식 절단토치 : 아세틸렌 가스의 압력이 보통 $0.07 kgf/cm^2$ 이하에서 사용되며, 가장 널리 사용되고 있다.
㈏ 중압식 절단토치 : 아세틸렌 가스의 압력이 보통 $0.07 \sim 1.3 kgf/cm^2$ 정도에서 사용된다.
㈐ 자동 가스 절단기 : 자동 가스 절단기 절단토치를 자동으로 이동시키는 주행 대차에 설치한 것인데 절단 방향을 손으로 조작하는 반자동식과 모든 조작이 자동적으로 되는 전자동식이 있다.

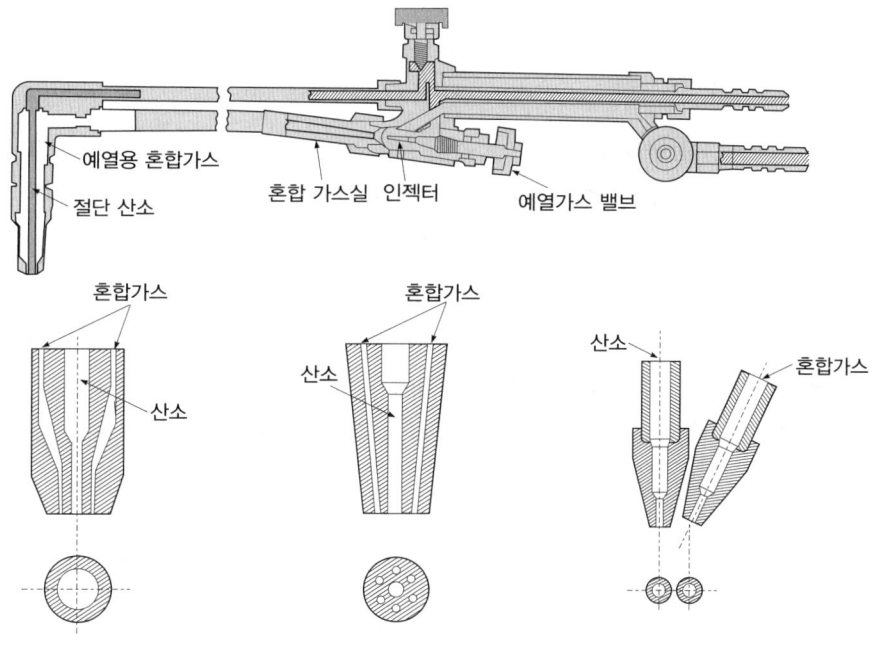

[절단 토치와 팁 모양]

㈑ 자동 가스 절단기 종류
• 소형 : 보통 1~2개의 팁에 의해 직선 절단에 사용되며 한 사람이 할 수 있다.

- 반 자동 : 자유로운 형의 곡선이나 짧은 거리의 직선 절단에 주로 사용된다.
- 형 자동 : 같은 형상의 것을 다량으로 절단하는 경우에 쓰인다.
- 광전식형 : 소량, 다량 절단에 적합하고 고정밀이며, 원격조정된다.

④ 가스 절단 작업 요령

㉮ 수동 절단법 : 토치 각도는 용접 이음의 홈 각도에 따라 손 조작이나 지그, 형틀 등을 사용하여 조절하며, 팁 거리는 1.5~2mm 정도로 유지하여 절단부을 예열하여 약 900℃ 정도 되었을 때 고압 산소를 열어 절단을 시작한다.

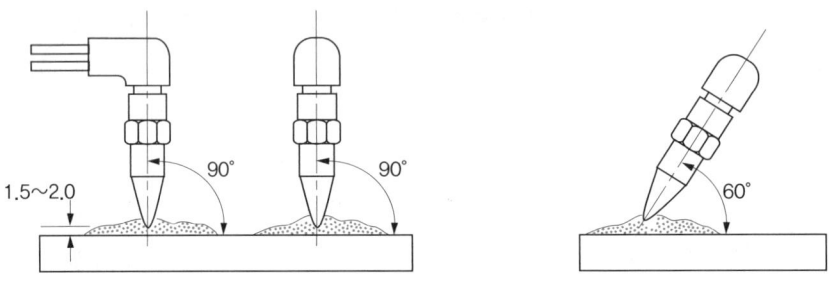

[직선 및 홈 절단시 팁의 각도와 거리]

㉯ 자동 절단법 : 레일(rail)을 강판의 절단선에 따라 평행하게 놓고, 팁과 강판과의 간격은 예열 불꽃의 백심으로부터 약 1.5~2.5mm되게 유지시킨다. 이 때, 팁과의 간격이 너무 가까우면 위쪽 가장자리가 녹기 쉬우며, 간격이 너무 크면 절단 범위가 점차로 커진다.

절단 속도는 전동기에 붙어 있는 눈금판에 의하여 알맞은 속도로 조정한 후 예열 불꽃을 점화하고, 중성 불꽃으로 조정하여 전동기의 스위치를 켜고 공전시켜 절단개 시 위치에 팁을 맞춰서 절단선에 따라 절단 부위 전체를 한 두 번 예열한다. 직선부는 각각 절단 안내 장치에 토치를 부착하여 절단한다.

㉰ 홈 가공 절단 : 용접 이음의 홈 가공은 여러 개의 팁으로 강판의 V형 홈, X형 홈을 일시에 가공하는 방법이며 홈의 전 길이가 짧을 때에는 수동절단기나 소형 자동 절단기로 가공하나, 홈의 길이가 길어지면 정밀도 높은 가공을 하기가 어려우므로, 홈 가공 전용기를 사용하도록 한다.

(3) 아크 절단

① 탄소 아크 절단(carbon arc cutting)

㉮ 탄소 또는 흑연 전극봉과 금속 사이에서 아크를 일으켜 금속의 일부를 용융 제거하는 절단법으로 사용 전원은 직류, 교류 모두 사용되지만, 주로 직류 정극성(DCSP)이 사용된다.

㉯ 절단은 용접과는 달리 대전류를 사용하고 있으므로 전도성 향상을 목적으로 전극봉 표면에 구리 도금을 한 것도 있다.

㉰ 흑연 전극봉은 탄소 전극봉보다 전기 저항이 적기 때문에 많이 사용된다.

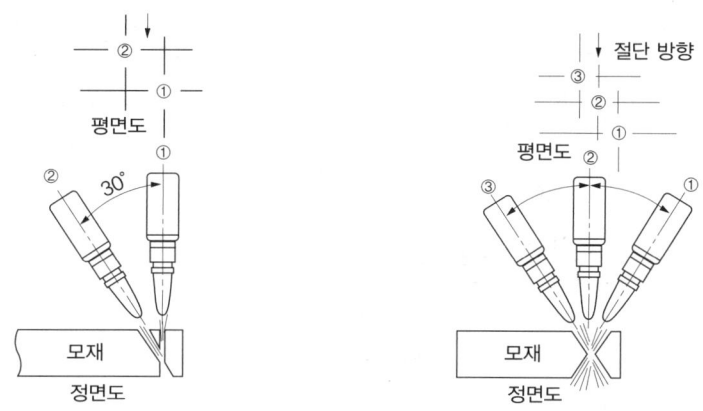

[V형 홈 및 X형 홈 가공]

② 금속 아크 절단(metal arc cutting)
  ㉮ 피복봉으로서 절단 피복제를 씌운 전극봉을 써서 절단하는 방법이다.
  ㉯ 피복봉은 절단 중에 3~5mm 정도 보호통을 만들어 모재와의 단락(short)을 방지함과 동시에 아크의 집중을 좋게 하며 피복제에서 다량의 가스를 발생시켜 절단을 촉진하게 된다.
  ㉰ 절단 효율은 주철이 가장 나쁘고 스테인리스강이 가장 우수하다.
  ㉱ 사용 전류는 직류정극성(DCSP)이 바람직하며 교류 전원의 사용도 가능하다.
  ㉲ 절단 조작 원리는 탄소 아크 절단의 경우와 같으며, 절단면은 가스 절단면에 비하여 대단히 거칠다.

③ 산소 아크 절단(oxygen arc cutting)
  ㉮ 산소 아크 절단은 중공의 피복 용접봉과 모재 사이에 아크를 발생시켜, 이 아크열을 이용한 가스 절단법이다.
  ㉯ 이 아크열로 예열된 모재 절단부에 중공으로 된 전극 구멍에 고압 산소를 분출하여 그 산화열로 절단되며 모재의 아크의 예열효과 외에 산소에 의한 산화 발열 효과 및 산소 분출의 기계적 에너지 등에 의하여 단순한 아크 절단 때보다 높은 절단 속도를 얻을 수 있다.
  ㉰ 전원은 보통 직류 정극성(DCSP)이 사용되나 교류도 사용된다. 그리고 절단면은 가스 절단면에 비하여 거칠지만, 절단 속도가 크므로 철강 구조물의 해체, 특히 수중 해체 작업에 널리 이용된다.

④ 불활성 가스 아크 절단
  ㉮ 미그(MIG) 절단 : 모재의 절단부를 불활성 가스로 보호하고 금속 와이어에 대전류를 흐르게 하여 절단하는 방법으로 알루미늄과 같이 산화에 강한 금속의 절단에 이용된다. 사용되는 전원은 직류 정극성(DCSP)이 사용되고, 보호가스로는 10~15% 정도의 산소를 혼합한 아르곤 가스를 사용한다. 미그 절단법은 모든 금속의 절단이 가능하다.

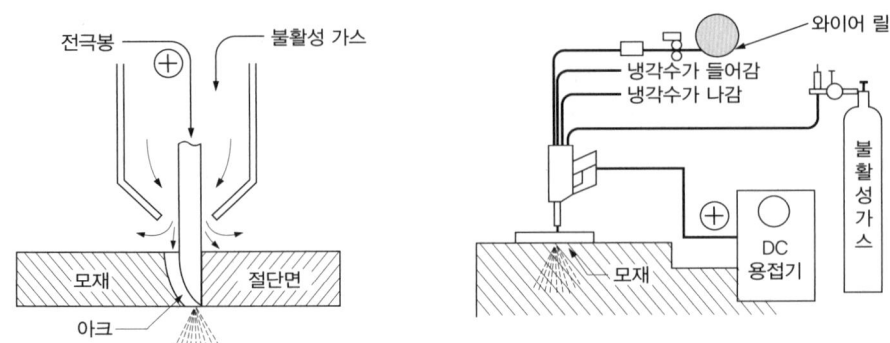

[미그 절단 원리 및 절단 장치]

⑤ 티그(TIG) 절단

　　TIG 용접과 같이 텅스텐 전극과 모재 사이에 아크를 발생시켜 모재를 용융하여 절단하는 방법을 티그 절단이라 한다. 전원은 직류 정극성(DCSP)을 사용하며 아크 냉각용 가스에는 주로 아르곤과 수소의 혼합 가스가 사용된다.

　　알루미늄, 마그네슘, 구리 및 구리 합금, 스테인리스강 등의 금속 재료의 절단에만 이용되며 절단면이 매끈하고 열효율이 좋으며 능률이 대단히 높다. 이 절단법은 플라즈마 제트와 같이 아크를 냉각하고, 주로 열적 핀치 효과에 의하여 고온, 고속의 제트상의 아크 플라즈마를 발생시켜 용융된 금속을 절단하는 방법이다.

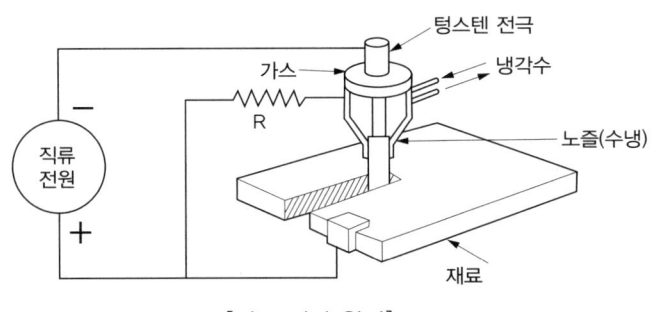

[티그 절단 원리]

⑥ 플라즈마 절단

　㉮ 아크 플라즈마의 바깥 둘레를 강제로 냉각하여 발생하는 고온, 고속의 플라즈마를 이용한 절단이다.

　㉯ 플라즈마는 기체를 가열하여 온도가 상승되면 기체 원자의 운동은 대단히 활발하게 되어 마침내는 기체 원자가 원자핵과 전자로 분리되어 (+), (−)의 이온상태로 된 것을 플라즈마(plasma)라 부르며, 이것은 고체, 액체, 기체 이외의 제 4의 물리 상태로 알려지고 있다.

　㉰ 아크의 방전에 있어 양극 사이에 강한 빛을 발하는 부분을 아크 플라즈마라고 하는데, 아크 플라즈마는 종래의 아크보다 고온도(10,000~30,000℃)로 높은 열에너지를 가지는 열원이다.

㉘ 플라즈마 절단 방식
- 이행형 아크 절단 : 텅스텐 전극과 모재 사이에서 아크 플라즈마를 발생시키는 것
- 비이행형 아크 절단 : 텅스텐 전극과 수냉 노즐과의 사이에서 아크를 발생시켜 절단하는 것을 말하며 플라즈마 제트 절단이라 한다.

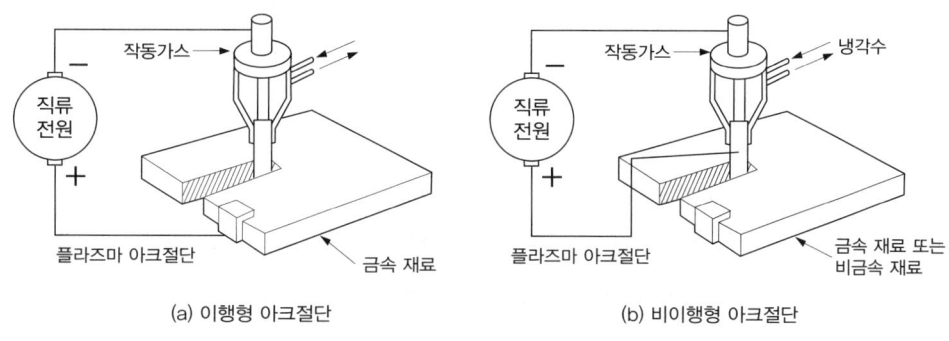

[플라즈마 절단 방식]

⑦ 아크 에어 가우징(arc air gauging)
㉮ 탄소 아크 절단에 압축 공기를 병용하여 전극 홀더의 구멍에서 탄소 전극봉에 나란히 분출하는 고속의 공기를 분출시켜 용융 금속을 불어 내어 홈을 파는 방법을 이용한다.
㉯ 용접 현장에서 결함부 제거, 용접 홈의 준비 및 가공 등 여러 가지 용도에 이용되며, 특히 보수용접을 하기 위해 균열 부분이나 용접 결함부를 제거하는데 아주 적합하며 때로는 절단을 하는 수도 있다.
㉰ 아크에어 가우징의 장치는 보통 용접기를 모두 사용할 수 있으나, 충분한 용량의 과부하 방지 장치가 부착된 직류 역극성(DCRP)의 전원에 정전류 특성의 용접기가 가장 활용도가 높다.
㉱ 아크 에어 가우징 장점
- 그라인딩이나 치핑 또는 가스 가우징보다 작업능률이 2~3배 높다.
- 장비가 간단하고 작업 방법도 비교적 용이하다.
- 활용 범위가 넓어 비철금속(스테인리스강, 알루미늄, 동합금 등)에도 적용된다.

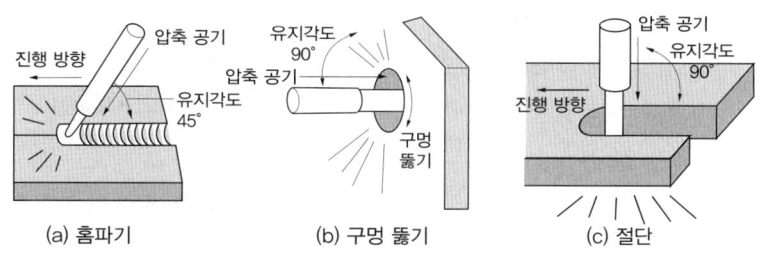

[아크 에어 가우징]

(4) 특수절단

① 분말 절단

㉮ 절단부위에 철분이나 용제의 미세한 분말을 압축공기 또는 압축 질소와 같이 연속적으로 팁을 통해서 분출시키고, 예열 불꽃으로 이들과의 연소반응을 시켜 절단부위를 고온으로 만들어 그 산화열 또는 용제의 화학 작용을 이용하여 절단하는 방법이다.

㉯ 절단면을 가스 절단면에 비하여 거칠다.

㉰ 분말 절단의 종류
- 철분 절단 : 200메시(mesh)정도의 철분에 알루미늄 분말을 배합하여 절단하는 것으로, 주철, 스테인리스강, 구리, 청동 등의 절단에 효과적이다.
- 용제 절단 : 주로 스테인리스강의 절단에 쓰이는데 융점이 높은 크롬-산화물을 제거하는 약품을 절단 산소와 함께 공급하는 방법이다.

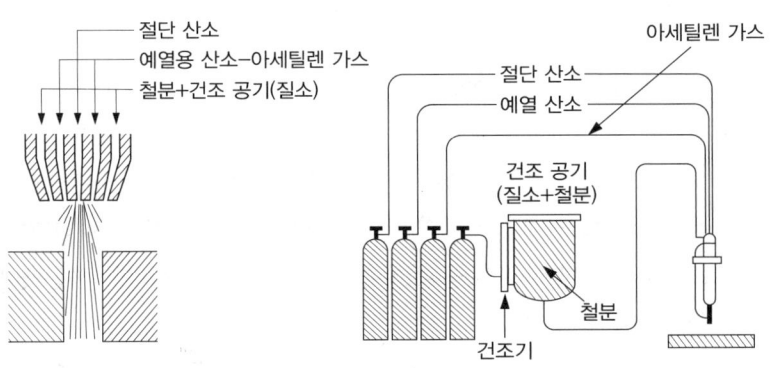

[분말 절단]

② 산소창 절단(oxygen lance cutting)

㉮ 토치의 팁 대신에 안지름 3.2~6mm, 길이 1.5~3m 정도의 강관(긴 파이프)에 산소를 공급하여 그 강관이 산화 연소할 때의 반응열로 금속을 절단하는 방법이다.

㉯ 산소창은 그 자신이 예열 불꽃을 가지지 않기 때문에 절단을 시작할 때에는 별도의 토치를 이용하여 창의 끝을 가열하여야 하는데 가열하는 방법에는 산소-아세틸렌 불꽃이나, 창과 모재 사이에 아크를 두꺼운 강판의 절단이나, 주철, 강괴 등의 절단에 사용된다.

㉰ 산소창에 철 분말을 공급하면 콘크리트에 구멍을 뚫을 수도 있다.

③ 포갬(겹치기) 절단

㉮ 비교적 얇은 판(6mm 이하)을 작업 능률을 높이기 위하여 여러 장을 겹쳐 놓고 한 번에 절단하는 방법을 말한다.

㉯ 절단시 판과 판 사이에 산화물이나 불순물을 깨끗이 제거하고, 0.08mm 이하의 틈이 생기

도록 포개어 압착시킨 후 절단하여야 하며, 예열 불꽃으로는 산소-아세틸렌 불꽃보다 산소-프로판 불꽃이 적합하다.

④ 수중 절단
- ㉮ 침몰선의 해체나 교량의 개조, 항만의 방파제 공사 등에 사용된다.
- ㉯ 토치는 일반적으로 사용되는 토치의 구조와 큰 차이가 없으나 수중에서 예열 불꽃을 안정하게 착화하고 연소시키기 위해서 절단팁의 외측에 압축공기를 보내어 물을 배제하고 이 공간에서 절단이 행해지도록 커버가 붙어 있다.
- ㉰ 수중에서는 점화를 할 수 없기 때문에 토치를 물속에 넣기 전에 점화용 보조팁에 점화하며 연료 가스로는 수소가 주로 사용된다.

⑤ 워터 제트 절단
- ㉮ 물의 압력을 초고압(3,500~4,000bar) 이상으로 압축하여 물의 정지에너지를 운동에너지로 전환한 후 0.75mm의 미세한 노즐을 통해 음속 이상의 속도로 좁은 면적에 집중적으로 분사시켜 소재를 정밀 절단하는 방법이다.
- ㉯ 모든 소재의 절단이 가능하다.
- ㉰ 워터제트 절단은 절단의 정밀성이 대단히 높아, 모든 재료(강, 플라스틱, 알루미늄, 구리, 유리, 기타 비금속 등)를 오차 및 변형 없이 절단가능하다.
- ㉱ robot, CNC table, JIG 등과 결합되어 작업의 편이성, 공정의 자동화, 절단의 정밀 성 높아 산업 전반에 걸쳐서 활용 범위가 급속히 확장되어 가고 있는 실정이다.

⑥ CNC 자동절단
- ㉮ CNC 자동 절단기는 조선소를 중심으로 널리 보급 되었지만, 현재는 조선소뿐만 아니라 교량 제작업체, 절단 업체 등에서도 일반적으로 사용되고 있다.
- ㉯ 장비는 모든 제어를 컴퓨터로 지시하는 절단기로서, 절단에 필요한 정보를 수치로 입력하여 처리하는 방식이다
- ㉰ 실제 사용되는 장치에서는 절단 도형을 원호와 직선의 조합으로 컴퓨터에 지시하며 절단하는 도형 이외에 동적인 이동, 마킹 등도 수치를 이용하여 제어한다
- ㉱ 현장이 아니더라도 원격 전송이 가능하기 때문에 현장에서는 전송된 프로그램에 의하여 스위치만 작동시키면 작업이 되며, 무인 작업도 가능하다.

(5) 가스 가공

① 가스 가우징
- ㉮ 가스 가우징은 용접 부분의 뒷면을 따내든지 U형, H형의 용접홈을 가공하기 위한 가공법을 말한다.

㉴ 장치는 가스 용접 또는 가스 절단용 장치를 그래도 이용할 수 있으며 가우징용 토치의 본체는 프랑스식 토치와 비슷하나 팁은 비교적 저압으로 대용량의 산소를 방출할 수 있도록 슬로우 다이버전트(slow divergent)로 설계되어 있다.

㉵ 가우징은 용접부의 결함, 뒤따내기, 가접의 제거, 압연 강재, 단조, 주강의 표면 결함의 제거 등에 사용되며 스카핑에 비해서 나비가 좁은 홈을 가공하며, 홈의 길이와 나비의 비는 1:2~3 정도이다.

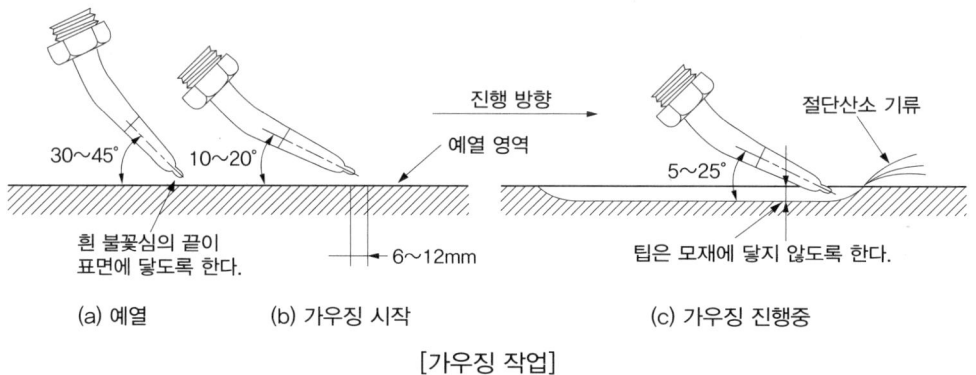

[가우징 작업]

② 스카핑

㉮ 스카핑은 강재 표면의 홈이나 개재물, 탈탄층 등을 제거하기 위하여 될 수 있는대로 얇게 그리고 타원형 모양으로 표면을 깎아 내는 가공법이다.

㉯ 제강 공장에서 많이 이용되고 있다.

㉰ 토치는 가우징 토치에 비하여 능력이 크고 팁은 슬로우 다이버전트형이다.

㉱ 작업 방법은 스카핑 토치를 공작물의 표면과 75° 정도로 경사지게 하고 예열 불꽃의 끝이 표면에 접촉되도록 한다.

SECTION · 02 특수 용접 및 용접의 자동화 용접의 개요

01 특수 용접

가. 불활성 가스 아크 용접

(1) 원리와 특징

① 아르곤(Ar) 또는 헬륨(He) 등 고온에서도 금속과 반응하지 않고 불활성 가스 분위기속에서 텅스텐 전극봉 또는 와이어와 모재와의 사이에서 아크를 발생시켜 그 열로 용접하는 방식이다.

종류	TIG	MIG
용극	비용극식, 비소모식	용극식, 소모식
상품명	헬륨 아크(hellum-arc) 아르곤 아크(argon-arc)	에어 코메틱(air comatic) 시그마(sigma) 필러 아크(filler arc) 아르곤 노트(argon naut)
작업개요도	(텅스텐 전극, 용가재, 노즐, 가스 시일드(불활성가스), 티그아크, 비드, 모재)	(전극 와이어, 노즐, 미그아크, 가스 시일드(불활성가스), 비드, 모재)

② 장점
- ㉮ 아크가 안정되어 스패터가 적고 열 집중성이 좋아 고능률적이다.
- ㉯ 피복제나 용제가 불필요하고 모든 금속의 용접이 가능하다.
- ㉰ 직류 전류를 이용하면 모재 용입이나 비드 폭의 조절이 가능하다.
- ㉱ 용접 품질이 우수하고 전자세 용접이 가능하다.
- ㉲ 낮은 전압에서 용입이 깊고 용접 속도가 빠르며 용접 변형이 비교적 적다.
- ㉳ 청정 작용이 있어 산화막이 강한 금속 용접이 가능하다.

③ 단점 : 설비와 재료비가 다소 비싸다.

(2) 불활성 가스 텅스텐 아크 용접법(TIG 용접법)

불활성 가스 텅스텐 아크 용접법은 텅스텐 전극봉을 사용하여 아크를 발생시키고 용접봉을 아크로 녹이면서 용접하는 방법으로 비용극식 또는 비소모식 불활성가스 아크 용접법이라 한다.

① 극성효과와 청정 작용

 ㉮ 직류 정극성(DCSP) : 용접기의 양극에 모재를, 음극에 토치를 연결하는 방식으로 비드 폭이 좁고 용입이 깊다.

 ㉯ 직류 역극성(DCRP) : 용접기의 음극에 모재를, 양극에 토치를 연결하는 방식으로 비드 폭이 넓고 용입이 얕으며 산화 피막을 제거하는 청정 작용이 있다.

 ㉰ 고주파 교류(ACHF) : 직류 정극성과 역극성의 중간 형태의 용입과 비드 폭을 얻을 수 있으며 청정 효과가 있어 알루미늄이나 마그네슘 등의 용접에 이용된다.

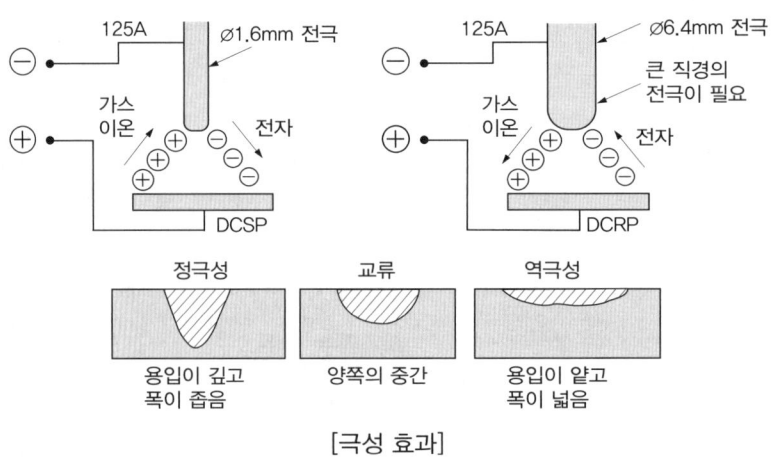

[극성 효과]

② 용접 장치

 ㉮ 용접 토치 : 냉각 방식에 따라 수냉식(200A 이상의 용접전류)과 공랭식(200A 이하의 용접전류)으로 구분된다.

 ㉯ 가스 노즐 : 세라믹 노즐 또는 가스 캡이라 부르며 재질은 세라믹 또는 동제품으로 만들어지며 용접물의 재질, 용접 전류, 이음 형태, 사용 가스 등에 따라 적당한 노즐을 선택해야 한다.

 ㉰ 용접 전원 : 교류, 직류 또는 교류/직류 겸용 용접기를 사용할 수 있으며 수하 특성의 용접기가 사용된다.

 ㉱ 텅스텐 전극봉 : 순수한 텅스텐 전극봉, 1~2% 토륨 또는 지리코늄을 첨가한 텅스텐 전극봉이 있다.

③ 용접 작업
    ㉮ 이음부의 청정 : 이음부의 표면에 스케일, 기름, 녹 등 기타 불순물을 완전히 제거하지 않으면 용접부에 기공이나 균열이 발생하므로 용접 전에 깨끗이 청소한 후 용접을 해야 한다.
    ㉯ 뒤받침 용접 : 용접부 뒤면이 공기로부터 산화될 우려가 있어 금속제 뒷받침을 사용한다.

(3) 불활성 가스 금속 아크 용접 (MIG 용접)
용가재인 전극 와이어를 연속적으로 보내어 아크를 발생시키는 용극식 또는 소모식 불활성 아크용접법으로 에어코메틱 용접법, 시그마 용접법, 필러 아크 용접법 등이 있다.

① 특징
    ㉮ 반자동 또는 전자동으로 용접속도가 빠르다.
    ㉯ 정전압 특성 또는 상승 특성의 직류 용접기가 사용된다.
    ㉰ 전류 밀도가 매우 높아 3mm 이상의 두꺼운 판 용접에 능률적이다.
    ㉱ 아크 자기 제어 특성이 있다.
    ㉲ 직류 역극성 이용시 청정 작용에 의해 알루미늄, 마그네슘 등 용접이 가능하다.
② 용접 장치
    ㉮ 와이어 송급 장치 : 송급 장치의 종류에는 푸시(push)식, 풀(pull)식, 푸시풀(push-pull)식이 있다.
    ㉯ 제어 장치 : 아르곤 가스 개폐제어, 와이어 송급 제어, 아크 자기 제어 등
    ㉰ 용접 토치 : 토치 구성은 전원 케이블, 가스 송급 호스, 스위치 케이블로 구성됨
③ 용접 작업 : 주로 알루미늄, 스테인리스강, 저합금강, 동합금, 티타늄 합금, 니켈 합금 등의 용접에 사용된다.

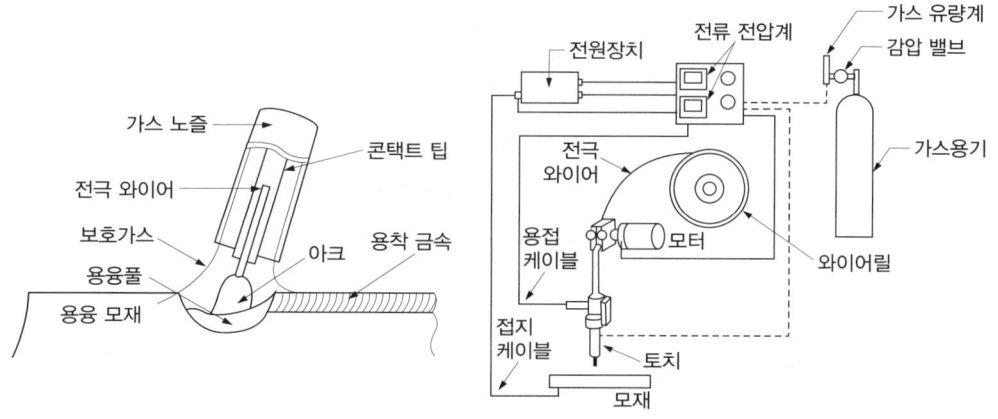

[불활성 가스 금속 아크 용접기 및 원리]

나. 탄산가스 아크 용접

(1) 원리 및 특징

① 원리

㉮ 용접 와이어와 모재 사이에 아크를 발생시키고 토치 선단의 노즐에서 순수한 탄산 가스나 혼합가스를 보내어 아크와 용융금속을 대기로부터 보호한다.

㉯ 탄산 가스는 아크열에 의해 열해리되어 강한 산화성을 나타내게 되어 용융 금속 주위를 산성 분위기로 만들므로 용융 금속에 탈산제가 없으면 산화철이 된다.

② 장·단점

장점	단점
• 전류 밀도가 높아 용입이 깊고 용접 속도를 빠르게 할 수 있다. • 용착 금속의 기계적 성질 및 금속학적 성질이 우수하다. • 단락 이행에 의하여 박판도 용접이 가능하며 전자세 용접이 가능하다. • 용제를 사용하지 않아 슬래그의 혼입이 없고 용접 후 처리가 간단하다. • 가시 아크(visible arc)이므로 시공이 편리하다.	• 바람의 영향을 받으므로 풍속 2m/sec 이상에서 방풍 장치가 필요하다. • 비드 외관이 피복 아크 용접이나 서브머지드 용접보다 약간 거칠다. • 적용되는 재질이 철계통으로 한정되어 있다.

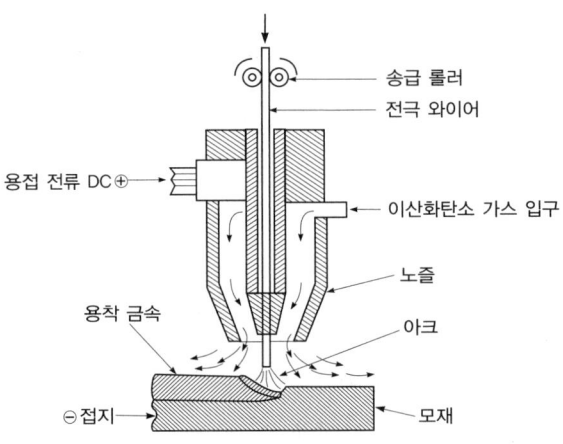

[탄산 가스 아크 용접의 원리]

③ 탄산 가스 아크 용접의 분류

㉮ 솔리드 와이어 이산화탄소법

㉯ 솔리드 와이어 이산화탄소 : 산소법

㉰ 용제가 들어 있는 와이어 이산화탄소법

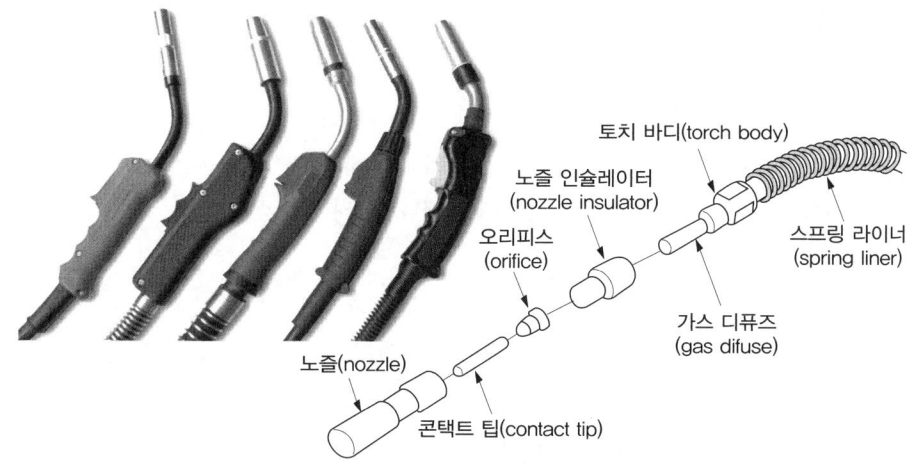

[탄산가스아크용접 토치와 구조]

(2) 용접 전원 및 용접장치

① 용접 전원
   ㉮ 교류 전원에서 동력을 받아 정류시켜 직류 전류로 사용되며 직류 정전압 특성이나 상승 특성의 용접 전원이 이용된다.
   ㉯ 탄산 가스 아크 용접법에는 수동식, 반자동식, 전자동식이 있으나 반자동식과 전자동식이 주로 이용되고 있다.

② 제어 장치
   ㉮ 와이어 송급 제어 장치, 보호 가스 제어 장치, 냉각수 공급 제어 장치 등이 하나의 제어상자에 넣어 조작된다.
   ㉯ 와이어 송급은 토크가 크고, 적응성이 우수한 구동 모터에 의해 감속기 롤러를 통해 일정한 속도로 송급된다.
   ㉰ 보호 가스의 공급은 용접 토치의 스위치 작동에 의해 전자 밸브를 작동시켜 제어하도록 되어 있다.

③ **용접 토치** : 토치는 전자동식과 반자동식이 있으며 전자동식은 주행대차에 설치되어 있다.

④ **보호 가스 설비** : 가스 용기, 히터, 조정기, 유량계 및 가스 연결용 호스 등이 있으며 가스 유량은 낮은 전류에서는 10~15ℓ/min, 높은 전류에서는 20~25ℓ/min 정도이다.

(3) 용접 재료

① 용접용 와이어

㉮ 솔리드 와이어
- 나체 와이어라 하며 단면 전체가 균일한 강으로 되어 있다.
- 단락 이행에 의한 박판이나 전자세, 고전류에 의한 후판 용접에 널리 사용된다.

㉯ 복합 와이어
- 용제에 탈산제, 아크 안정제 등 합금 원소가 포함되어 있다.
- 양호한 용착 금속을 얻을 수 있고 아크가 안정되며 스패터가 적고 비드 외관이 아름다워 많이 이용된다.

② 보호 가스 : 아르곤 가스와 혼합해 사용할 경우 용융 금속의 이행이 스프레이 이행으로 변해 스패터의 발생이 적고 용착 효율을 높을 수 있다.

(4) 용접 작업

① 이음부의 청정

㉮ 이음부 및 와이어에는 기름, 페인트, 수분, 녹 등 이물질을 제거해야 한다.

㉯ 용제가 내장되어 있는 복합 와이어는 사용 전에 건조해 사용해야 한다.

② 용접 조건 : 용접 전류는 용입을 결정하는 가장 큰 요인으로 전류를 높게 하면 와이어의 녹음이 빠르고 용착률 및 용입이 증가하게 된다.

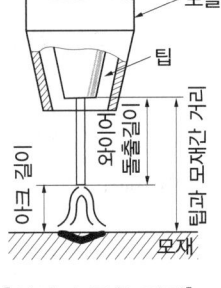

[와이어 돌출 길이]

다. 서브머지드 아크 용접

(1) 원리 및 특징

① 원리

㉮ 아크가 보이지 않는 상태에서 용접이 진행되어 잠호 용접, 유니언 멜트 용접법, 링컨 용접법이라고도 한다.

㉯ 용접 방법은 미세한 용제를 용접부에 산포(散布)하고, 그 속에 전극 와이어를 연속적으로 공급해 용제 속에서 모재와 와이어 사이에 아크를 발생하면서 이동 대차에 의해 주행하는 자동 방식이다.

② 장 · 단점

장점	단점
• 대기 중의 산소, 질소 등의 해가 적다. • 용접속도가 수동용접에 비해 10~20배가 된다. • 용접금속의 품질을 양호하게 할 수 있다. • 용제의 단열작용으로 용입을 크게 한다. • 용접조건을 일정하게 하면 용접공의 기술 차이가 없다. • 강도가 좋아 이음의 신뢰도가 높다. • 높은 전류 밀도로 용접 할 수 있다. • 용접홈의 크기가 작아도 상관없고 재료 소비가 적어 경제적 용접 변형이 적다.	• 아크가 보이지 않으므로 용접의 적부를 확인해서 용접할 수 없다. • 설비비가 많이 든다. • 용입이 크므로 모재의 재질을 신중히 검사해야 한다. • 용접선이 짧고 복잡한 형상의 경우에는 용접기의 조작이 번거롭다. • 용입이 크기 때문에 요구된 이음 가공의 정도가 엄격하다. • 특수한 장치를 사용하지 않는 한 용접자세가 아래보기나 수평필렛에 한정된다. • 용제는 흡습이 쉽기 때문에 건조나 취급을 잘해야 한다. • 용접 시공 조건을 잘못 잡으면 제품의 불량률이 커진다.

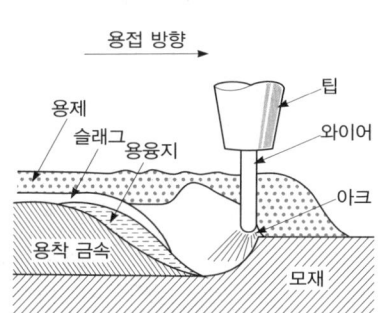 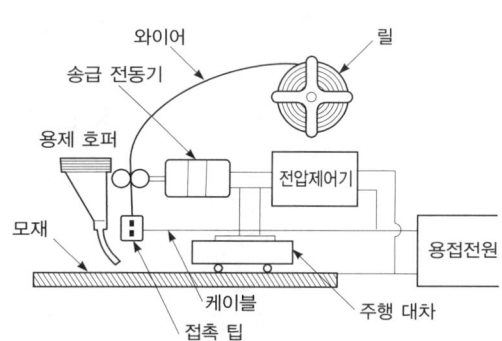

[서브머지드 아크 용접 원리 및 용접 장치]

(2) 용접 장치의 구성 및 종류

① 용접기 종류

㉮ 대형 : 최대전류 4000A 75mm 후판을 1회 용접 가능

㉯ 표준 : 최대전류 2000A

㉰ 경량 : 최대전류 1200A

㉱ 반자동 : 최대전류 900A

② 다전극 방식에 의한 분류

㉮ 텐덤식 : 두 개의 전극 와이어를 각각 독립된 전원에 연결

㉯ 횡병렬식 : 같은 종류의 전원에 두 개의 전극을 연결

㉰ 횡직렬식 : 두 개의 와이어에 전류를 직렬로 연결

③ 용접 재료

㉮ 용접용 와이어
- 비피복선을 코일 모양으로 릴에 감겨져 있으며, 와이어가 녹스는 것을 방지하고 전류의 통전 효과를 높이기 위하여 와이어의 표면에 구리 도금되어 있다.
- 와이어 지름은 1.2~12.7mm가 있으나 보통 2.4~7.9mm 정도가 주로 사용된다.

㉯ 용제의 구비 조건
- 아크 발생을 안정시켜 안정된 용접을 할 수 있을 것
- 적당한 합금 성분을 첨가하여 탈산, 탈황 등 정련 작용을 할 것
- 적당한 입도를 가져 아크 보호성이 좋을 것
- 용접 후 슬래그의 박리성이 양호할 것

㉰ 용제의 종류
- 용융형 용제 : 광물성 원료 고온(1300℃) 유리와 같은 광택
- 소결형 용제 : 원료광석가루 규산나트륨과 같은 점결제와 더불어 원료가 융해되지 않을 정도
- 혼선형 용제 : 분발성 원료의 고착제 300~400℃에서 건조

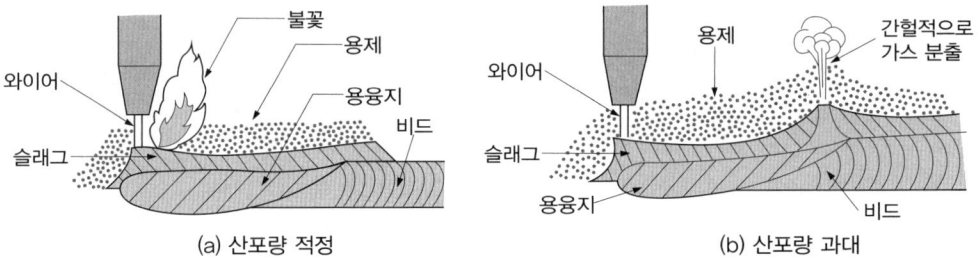

(a) 산포량 적정 (b) 산포량 과대

[용제의 산포량]

(3) 용접 작업

① 이음 홈의 가공

㉮ 홈의 각도는 ±5° 허용

㉯ 루트 간격은 0.8mm 이하(뒤받침이 없는 경우)

㉰ 루트 면은 ±1mm 허용

② 받침 : 루트 면의 치수가 용융 금속을 지지할 만큼 정밀하지 못할 경우 또는 단층 용접으로 뒷면까지 완전한 용입이 필요한 경우는 용착 금속의 용락을 방지하기 위해 받침재를 사용한다.

③ 가용접 및 엔드 탭

㉮ 가용접 : 본 용접 시 각 부분의 정확한 위치 유지 및 변형을 방지하기 위한 용접으로 가용접 길이 및 가용접 개소 등의 설정이 매우 중요하다.

㉰ 엔드 탭 : 용접 시점과 끝나는 부분에 용접 결함을 방지하기 위해 모재와 홈의 형상이나 두께, 재질 등이 동일한 규격의 엔드 탭을 부착한다.

라. 기타 특수용접

(1) 테르밋 용접법
① 원리 : 미세한 알루미늄 분말과 산화철분말을 약 1:3~4의 중량비로 혼합한 테르밋제에 과산화바륨과 마그네슘의 혼합분말로 테르밋반응이라 부르는 화학반응에 의해 발열을 이용하는 용접법이다.

② 분류
  용융 테르밋 용접법, 가압 테르밋 용접법

③ 특징
  ㉮ 용접 작업이 단순하고 용접결과의 재현성이 높다.
  ㉯ 용접기구가 간단하며 설비비도 싸다.
  ㉰ 전기를 필요로 하지 않는다.
  ㉱ 용접 가격이 싸다.
  ㉲ 용접 후 변형이 적다.

(2) 일렉트로 슬래그 용접
① 원리 : 고능률 전기용접 방법 용융 슬랙 중의 저항 발열을 이용하여 용접하는 방법이다. 용융 슬랙과 용융금속이 용접부에서 흘러내리지 않도록 모재양측에 수냉식 구리판을 붙이고 용융 슬랙 속에 전극 와이어를 연속적으로 공급하면 용융 슬랙의 전기 저항열에 의하여 와이어와 용융되어 용접된다.

② 장·단점

장점	단점
• 후판강재의 용접의 적당 • 특별한 홈가공이 필요 없음 • 용접시간 단축, 능률적, 경제적 • 냉각속도가 느리고, 기공 및 슬래그 섞임이 없고, 고온균열이 발생하지 않음	• 기계적 성질이 나쁨 • 노치취성이 큼

(3) 전자빔 용접법
① 원리 : 고진공 중에서 고속의 전자빔을 모아서 그 에너지를 접합부에 조사하여 그 충격을 이용한 용접법이다.

② 특징
- ㉮ 활성재료가 용이하게 용접이 되며 진공중에서도 용접하므로 불순가스의 오염이 적고 높은 순도의 용접
- ㉯ 용접부의 기계적 야금성질이 우수
- ㉰ 용접부 열이 적고 용접부가 좁고 용입이 깊으므로 용접 변형이 적고 정밀 용접 가능
- ㉱ 고용융점 재료의 용접가능
- ㉲ 얇은 판에서 두꺼운 판 용접가능
- ㉳ 에너지 밀도가 크다.

(4) 냉간 압접

① 원리 : 2개의 금속을 가까이하면 자유전자가 공통화하여 결정격자 점의 금속이온과 상호 작용으로 금속원자를 결합시키는 결합형식을 이용 상온에서 단순히 가압만의 조작 금속 상호간의 확산을 일으켜 압접한다.

② 장·단점

장점	단점
• 접합부에 열영향이 없다. • 숙련이 필요하지 않다. • 압접공구가 간단하다. • 접합부의 전기저항은 모재와 거의 같다.	• 용접부가 가공경화한다. • 겹치기 압접은 눌린 흔적이 남는다. • 철강 재료의 접합은 부적당하다.

(5) 일렉트로 가스용접

① 원리 : 일렉트로 슬래그 용접과 같이 수직 자동 용접의 일종으로 시일드 가스는 주로 탄산가스 사용하며 이산화탄소 분리기 속에서 아크를 발생시켜 아크열로 모재를 용융 용접하는 방법이다.

② 특징
- ㉮ 일렉트로 슬래그 용접보다 두께가 얇은 것(40~50mm) 중 후판물의 모재에 적용되는 것이 능률적, 효과적이다.
- ㉯ 용접속도가 빠르다.
- ㉰ 용접 변형이 거의 없고 작업성이 양호하다.

(6) 플라즈마 제트 용접

① 장점
- ㉮ 플라즈마 제트의 에너지 밀도가 크고 안정도가 높으며 보유열량이 크다.

㉯ 비드폭이 좁고 용입이 깊다.
㉰ 용접홈은 도형이면 되고 용접봉의 소모가 적다.
㉱ 용접변형이 적다.
㉲ 용접속도가 크며 각종 재료 용접이 가능하다.
② 단점
㉮ 용접속도를 크게 하면 가스의 보호가 불충분하다.
㉯ 용접부의 경화 현상이 일어나기 쉽다.

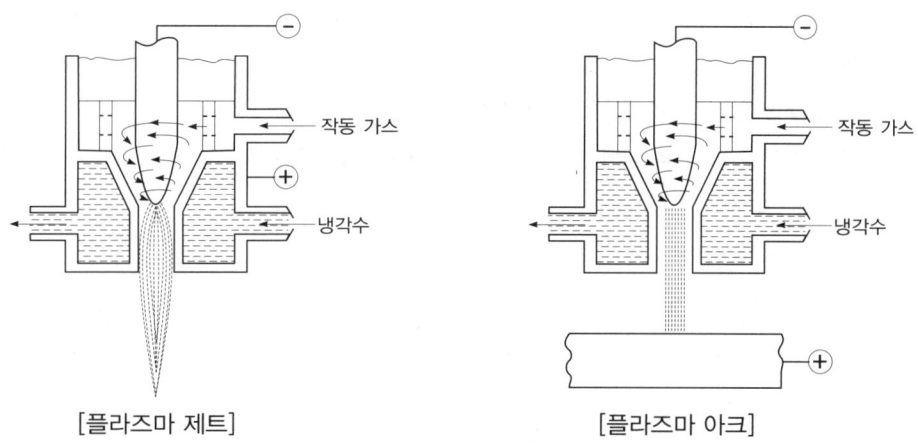

[플라즈마 제트]   [플라즈마 아크]

(7) 레이저빔 용접
① 원리 : 레이저에서 얻어진 에너지를 가진 접속성이 강한 단색광선을 이용한 용접이다.
② 특징
㉮ 진공이 필요하지 않다.
㉯ 접촉하기 어려운 부재용접이 가능하다.
㉰ 미세 정밀 용접, 전기가 통하지 않는 부도체 용접이 가능하다.

(8) 플라스틱 용접
① **열풍 용접** : 전열에 의해 기체를 가열하여 고온으로 되면 그 가스를 용접부와 용접봉에 분출하면서 용접하는 방법이다.
② **열기구 용접** : 니켈 도금한 구리나 알루미늄제의 가열된 인두를 사용하여 접합부를 알맞은 온도까지 가열한 후 국부적으로 용융됨에 따라 용접을 한다.
③ **고주파 용접** : 플라스틱과 같은 절연체를 고주파 전장 내에 넣으면 분자가 강력하게 진동되어 발열하는 성질을 이용하여 이음부를 전극 사이에 놓고, 고주파 전류를 가열하여 연화 또는 용융시켜 용접하는 방법이다.

마. 전기 저항 용접

(1) 전기 저항 용접 개요

① 개요
- ㉮ 저항 용접은 접합하려는 부분에 압력을 가해 전류를 통하여 그 곳에 발생되는 저항 발열을 이용하여 접합시키는 방법이다.
- ㉯ 두 금속을 접촉시켜 그 면에 수직으로 압력을 가해 많은 전류를 흘리면 접촉부분은 급격히 온도가 상승하여 반용융 상태로 되므로 가해지고 있는 기계적 압력에 의해 두 금속은 밀착된다. 이 때 전류를 끊으면 그 부분이 녹아 붙어 용접이 된다.

② 저항용접의 특징
- ㉮ 아크 용접과 같이 용접봉이나 용제가 필요없다.
- ㉯ 가압에 의한 효과 때문에 용접 후 금속조직이 매우 양호하다.
- ㉰ 작업속도가 빠르므로 대량생산에 적합하다.
- ㉱ 박판 용접에 적합하다.
- ㉲ 용접부위의 온도가 아크 용접보다 낮으므로 용접 후 열에 의한 변형이나 잔류응력이 낮다.
- ㉳ 아크 용접보다 전류가 크므로 기계 용량 및 전원 용량이 커진다.
- ㉴ 시설 투자비가 많이 들고 기동성이 저조하다.
- ㉵ 대량 생산이 아니면 비경제적이다.

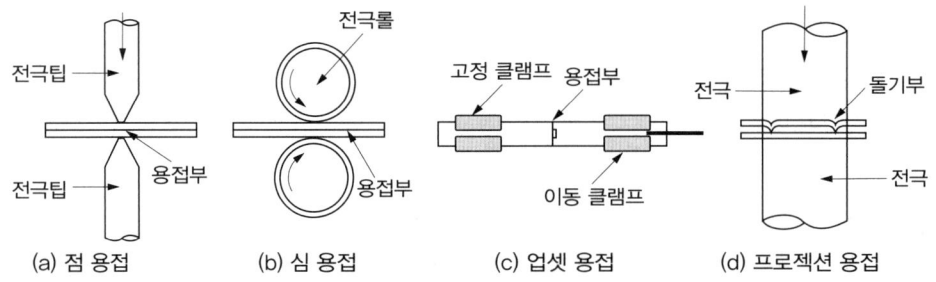

[저항 용접의 종류]

(2) 점 용접

① 원리
- ㉮ 잇고자 하는 판을 2개의 전극 사이에 끼워놓고 전류를 통하면 접촉면의 전기 저항이 크므로 발열한다.
- ㉯ 점 용접에서는 전류의 세기, 통전 시간, 가압력이 3대 요소이다.

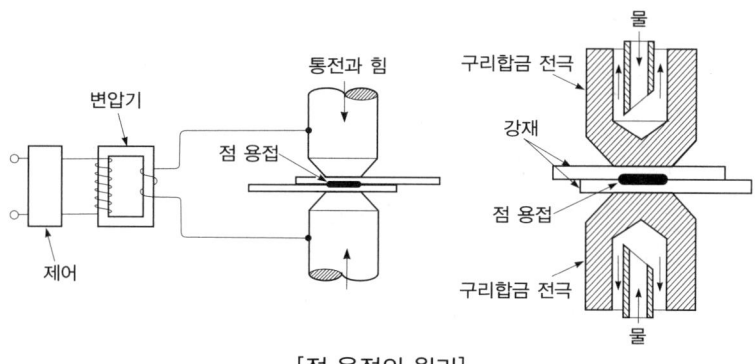

[점 용접의 원리]

② 특징
   ㉮ 용접부 표면에 돌기가 발생하지 않는다.
   ㉯ 재료가 절약되고 작업속도가 빠르고 작업 공정수가 감소한다.
   ㉰ 변형이 일어나지 않고 숙련이 필요없다.
   ㉱ 가압력에 의하여 조직이 치밀해진다.

③ 점 용접법의 종류
   ㉮ 단극식 : 점 용접법의 기본적인 방법으로 1상의 전극으로 1점의 용접부를 만드는 용접법이다.
   ㉯ 다전극 : 전극을 2개 이상으로 하여 2점 이상의 용접을 하며 용접 속도를 향상시키고 용접 용접 변형을 방지시키는 효과가 있다.
   ㉰ 직렬식 : 1개의 전류 회로에 2개 이상의 용접점을 만드는 방법으로 전류 손실이 많으므로 전류를 증가시켜야 하며 용접 표면이 불량하여 용접 결과가 균일하지 못하다.
   ㉱ 맥동 점 용접 : 모재 두께가 다른 경우에 전극 과열을 피하기 위해 사이클 단위를 몇 번이고 전류를 단속하여 용접하는 것이다.

(3) 프로젝션 용접

① 원리
   ㉮ 모재 한쪽 또는 양쪽에 작은 돌기를 만들어 이 부분에 대 전류와 압력을 가해 압접하는 방법이다.
   ㉯ 1개의 돌기보다는 2개 이상의 돌기부를 만들어서 1회의 작동으로 여러 개의 점 용접이 되도록 한 것이 특징이다.

② 특징
   ㉮ 작은 지름 점 용접의 짧은 피치로서 동시에 많은 점 용접이 가능하다.
   ㉯ 비교적 넓은 면적 판형 전극을 사용함으로 기계적 강도 및 열전도면에서 유리하다.

ⓒ 작업 속도가 빠르며 작업 능률도 높다.

ⓓ 돌기 정밀도가 높아야 정확한 용접이 된다.

③ 용접 조건

ⓐ 프로젝션은 전류가 통하기 전의 가압력에 견딜 수 있을 것

ⓑ 상대 판이 충분히 가열될 때까지 녹지 않을 것

ⓒ 성형시 일부에 전단 부분이 생기지 않을 것

ⓓ 성형에 의한 변형이 없어야 하며 용접 후 양면의 밀착이 양호할 것

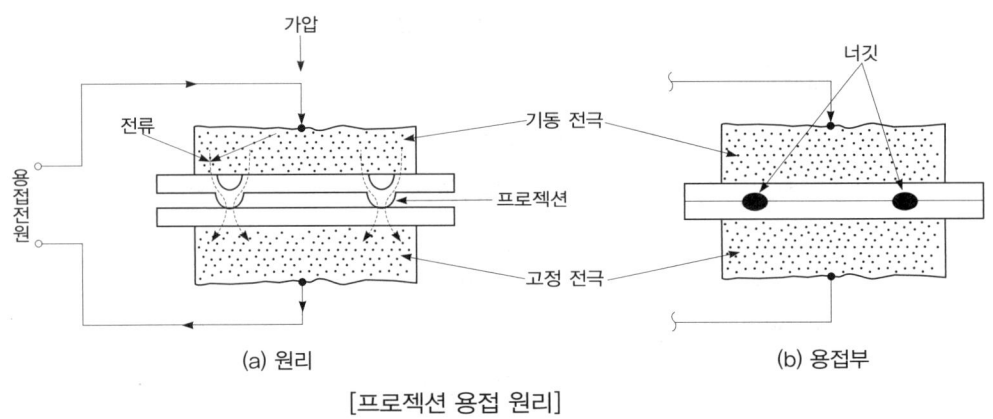

[프로젝션 용접 원리]

(4) 심 용접

① 원리

ⓐ 원판상의 롤러 전극 사이에 용접할 2장의 판을 두고 가압 통전하여 전극을 회전시키면서 연속적으로 점 용접을 반복하는 방법이다.

ⓑ 통전 방법에는 단속 통전법, 연속, 통전법, 맥동 통전법이 있고 단속 용접법을 가장 많이 사용한다.

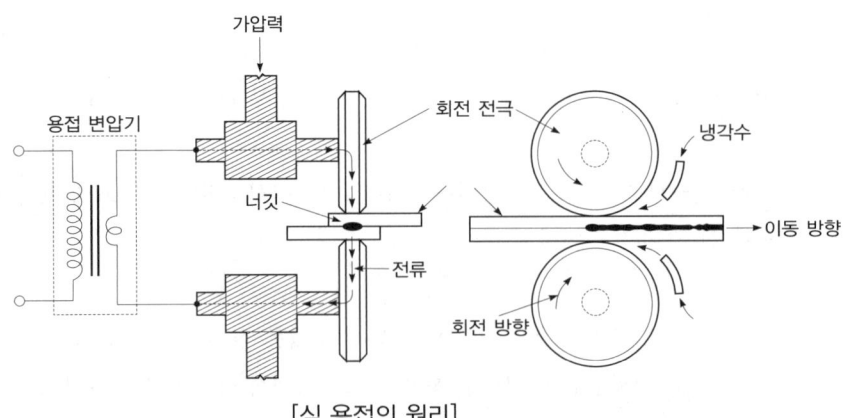

[심 용접의 원리]

② 특징
　㉮ 수밀, 기밀이 요구되는 액체와 기체를 넣는 용기를 제작하는데 사용된다.
　㉯ 박판 용기 제작으로 우수한 특성을 가지며 용접 이음을 기계적으로 행하므로 강하고 용접 속도도 빠르고 능률이 좋다.
　㉰ 같은 재료의 점 용접법보다 용접 전류는 1.5~2배, 전극 사이의 가압력은 1.2~1.6배 정도를 필요로 한다.

(5) 업셋 용접
① 원리 : 버트 용접이라 하며 단면 모재를 서로 맞대어 가압하고 전류를 통전하면 모재 단면에 저항열이 발생되어 단접 온도가 되었을 때 가압하여 접합하는 방식이다.
② 특징
　㉮ 단면이 큰 것을 용접시 접합면이 산화되기 쉽다.
　㉯ 기공 발생이 가능하므로 접합면 청소를 잘해야 한다.
　㉰ 두꺼운 관, 환봉, 체인 접합에 사용한다.

(6) 플래시 버트 용접
① 원리
　㉮ 모재 단면을 가볍게 접촉시켜 대 전류를 통과시키면 모재 단면이 용융되고, 불꽃이 비산되면서 가열되면 강한 압력을 주어 접합하는 용접방식이다.
　㉯ 예열과정, 플래시 과정, 업셋 과정의 3단계로 구분된다.
② 특징
　㉮ 가열 범위와 열영향부가 좁다.
　㉯ 플래시 과정에서 산화물 비산으로 불순물 제거가 쉽다.
　㉰ 용접물을 아주 정확하게 가공할 필요가 없다.
　㉱ 동일한 전기 용량에 큰 물건 용접이 가능하다.
　㉲ 용접 시간이 짧고 업셋 용접보다 전력 소비가 적다.
　㉳ 능률이 높고 강재 니켈 합금 등에서 좋은 용접 결과를 얻는다.
③ 용접기의 종류 : 수동 플래시 용접기, 전기식 플래시 용접기, 공기 가압식 용접기, 유압식 플래시 용접기 등이 있다.

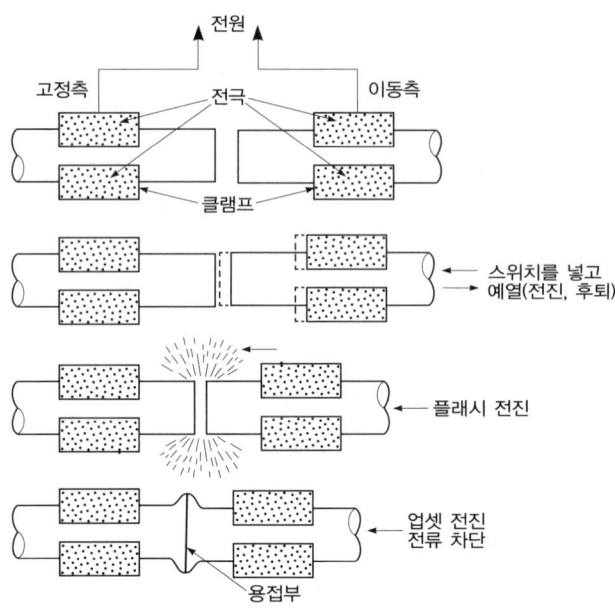

[플래시버트 용접법 원리]

바. 용접의 자동화

(1) 로봇 용접

① 로봇의 개요

㉮ 로봇은 새로운 것처럼 생각하기 쉬우나 실제는 구조에 있어서 지금까지 기계와 약간의 차이가 있을 뿐이고 사용되는 부품이나 재료, 조립 등은 현존하는 여러가지 기계와 거의 동일하다.

㉯ 경로 결정, 위치 결정, 작동 속도의 규정 등의 제어 수법도 비슷하다.

② 원리 및 특징

㉮ 손과 다리와 암 부분, 즉 동작을 가지는 부분 전체를 가동부 또는 구동부라고 한다.

㉯ 액추에이터는 이것에 관련된 부분이며 조작단이라 한다.

㉰ 동작을 하기 위해 제어가 필요하며 구동단을 움직이기 위해 제어부가 필요하다.

㉱ 검출부의 역할

- 자기 자신의 가동부분이 어떻게 되어 있는가를 검출하는 내부 시스템 계측기능
- 작업 대상이 어떻게 되어 있는가를 검출하는 외부 시스템 계측 인식 기능
- 기기 장치나 로봇의 주변기기는 어떻게 되어 있는가 검출하는 제어정보 교환 기능
- 자기 자신이 정상인가 아닌가를 판단하는 기능을 검출하는 진단 기능

③ 산업용 로봇의 분류
  ㉮ 기능면
    • 작업 기능 : 실제로 가동해서 일을 하는 부분의 기능
    • 제어 기능 : 작업 기능을 실현하기 위하여 동작을 시킬 것인가를 지시하는 기능
    • 계측인식기능 : 제어기능을 실현하기 위한 정보를 수집하는 기능
  ㉯ 입력 정보 교시 방법 : 산업용 로봇의 분류안에는 입력 정보, 교시 즉 사람이 로봇에게 행하고자 하는 작업 내용 즉 작업 순서, 위치 또는 경로 등의 정보를 기억시키는 것, 무엇을 어떻게 하여 움직이는가를 가르치는 것 또 어떤 것이 있는가에 대해서 분류한 것
  ㉰ 동작 형태에 따른 분류 : 몇 개의 기본 동작의 조합에 의하여 산업용 로봇으로 동작 형태는 결정되며 기본 동작은 신축, 회전, 선회의 3가지가 대부분이다.

(2) 용접기 및 적용범위

① 용접용 로봇 종류
  ㉮ 수직 다관절형 용접 로봇
  ㉯ 복관 다관절형 용접 로봇
  ㉰ 긴팔 아크 용접 로봇

② 점용접 작업의 적용 실례
  ㉮ 사람이 공작물을 치구에 고정하여 작업개시 버튼을 누르면 산업용 로봇은 용접 작업을 개시한다.
  ㉯ 1대의 치구측에서 용접하는 가운데 다른 1대는 사람이 공작물을 고정한다.
  ㉰ 부품 복잡한 경우에는 공작물 고정을 자동화하지 않는 편이 나은 경우를 표시한다.

(3) 레이저 용접

① 마이크로 용접
  ㉮ 레이저의 미소한 초점과 고파워 밀도와 짧은 펄스의 특징을 이용하면 미소물의 점 용접이나 연속 용접을 할 수 있다.
  ㉯ 소용량이므로 보통은 YAG 레이저 가공기가 사용된다.

② 레이저 열처리
  ㉮ 레이저 펄스에 의한 금속표면 박층의 급열과 그 후의 자연 급랭 현상은 열처리 및 표면경화에 이용할 수 있다.

SECTION · 03
안전관리

01 용접 안전관리

가. 일반안전

(1) 개요

① 안전이란 사고가 없는 상태를 뜻하며 사고란 물적 또는 인적 위험에 의해 발생되므로 안전을 사고의 위험이 없는 상태라 할 수 있다.

② 직접 또는 간접으로 인명 및 재산상 손실을 가져오는 재해를 미리 막기 위한 여러 가지 활동을 안전이라 한다.

(2) 사고 원인의 종류 및 경향

① 인적 사고 원인(불안전한 행동)

㉮ 후천적 원인
- 무지 : 기계의 취급 방법 및 성질 등을 알지 못하는 데서 일으키는 재해
- 과실 : 취급이나 조작 잘못 및 부주의에서 일으키는 재해
- 미숙련 : 기능의 정도가 낮아 일으키는 재해
- 난폭, 흥분 : 물건 취급시 난폭하거나 매사에 흥분하고 서둘러서 일으키는 재해
- 고의 : 경솔하게 작업 명령 및 안전 수칙을 지키지 않거나 위험한 줄 알면서 일으키는 재해

㉯ 선천적 원인
- 체력의 부적응 : 체력의 한계를 넘어 작업시에 일으키는 재해
- 신체의 결함 : 부자유스러운 손이나 난청이 원인이 되어 일으키는 재해
- 질병 : 신체가 허약하여 병중이거나 병후에 주의력이 없어지므로 일으키는 재해
- 음주 : 술을 과음하여 덜 깬 상태에서 작업시 일으키는 재해
- 수면부족 : 수면 부족하여 졸린 상태에서 작업시 일으키는 재해

② 물적 사고 원인(불안전한 상태) : 재해의 물적 원인에는 시설물의 불안전한 상태가 주원인이 되며 이는 안전 기준 미흡, 안전 장치 불량, 안전 교육, 시설물 자체의 강도, 조직, 구조 또는 작업장의 협소 등이 불량한 관계로 발생하는 사고를 말한다.

③ 경향

㉮ 재해와 계절 : 1년 중 여름에 사고가 많이 발생하는데 기온 상승으로 인한 체력 허약과 정신적 이완 때문이다.

㈑ 작업 시간 : 하루 중에 오후 3시경 가장 피로가 많이 오는 시간이다.
㈒ 휴일 : 휴일 다음 날에 사고가 많이 발생한다.
㈓ 재해와 숙련도 : 경험이 1년 미만인 근로자가 사고가 많다.
㈔ 위험 작업 : 제조업 분야가 사고가 가장 많고 다음이 건설업이다.

(3) 작업 복장

① 작업복
  ㈎ 작업복은 신체에 맞고 가벼운 것일 것
  ㈏ 실밥이 풀리거나 터진 것은 즉시 꿰메도록 할 것
  ㈐ 늘 깨끗이 하고 특히 기름이 묻은 작업복은 불이 붙기 쉬우므로 위험하다.
  ㈑ 더운 계절이나 고온 작업시에는 작업복을 절대로 벗지 말 것
  ㈒ 착용자의 연령, 직종 등을 고려해서 적절한 스타일을 선정할 것

② 안전모
  ㈎ 안전모의 종류
    • A형 : 낙하, 비래(날아옴) 등의 위험을 방지 또는 경감시키기 위한 것
    • B형 : 추락에 의한 위험 등을 방지 또는 경감시키기 위한 것
    • AB형 : 낙하, 비래, 추락 등에 의한 것
    • AE형 : 물체의 낙하, 비래, 감전에 대한 위험 방지 또는 경감
    • ABE형 : 물체의 낙하, 비래, 추락, 감전에 대한 위험의 방지 또는 경감
  ㈏ 안전모의 구비조건
    • 쉽게 부식하지 않을 것
    • 피부에 해로운 영향을 주지 않을 것
    • 사용 목적에 따라 내열성, 내한성 및 내수성을 보유할 것
    • 안전모는 착장체, 턱끈 등의 부속품을 제외한 무게가 0.44kg을 초과하지 않을 것
    • 모체의 표면은 밝고 선명한 색채로 할 것

③ 안전화
  ㈎ 가죽제 발보호 안전화의 성능시험 : 내압박시험, 충격시험, 박리시험, 내답발성시험
  ㈏ 고무제 발보호 안전화의 성능시험 : 압박시험, 충격시험, 침수시험
  ㈐ 절연화의 내전압 성능 : 60Hz, 14,000V의 전압에 1분간 견뎌야 하며, 충전전류가 0.5mA 이하이어야 한다.
  ㈑ 절연장화 : 감전보호용도
    • A종 : 300V 초과 교류 600V, 직류 750V 이하의 작업에 사용
    • B종 : 직류 750V를 초과 3,500V 이하의 작업에 사용

- C종 : 3,500V 초과, 7,000V 이하의 작업에 사용
- 내전압성능은 60Hz, 20,000V전압에 1분간 견디고, 충전전류가 20mA 이하

④ 보호구
  ㉮ 보호구의 정의 : 인체에 미치는 각종의 유해, 위험으로부터 인체를 보호하기 위하여 착용하는 보조기구를 말한다.(안전의 소극적 대책이다)
  ㉯ 보호구가 갖추어야 할 구비요건
  - 착용이 간편할 것
  - 작업에 방해를 주지 않을 것
  - 유해 위험요소에 대한 방호가 완전할 것
  - 재료의 품질이 우수할 것
  - 구조 및 표면가공이 우수할 것
  - 외관상 보기가 좋을 것

> **Note | 보호구의 선정시 유의사항**
> - 사용목적에 적합할 것
> - 검정에 합격하고 성능이 보장되는 것
> - 작업에 방해가 되지 않는 것
> - 착용이 쉽고 크기 등 사용자에게 편리한 것

  ㉰ 검정대상 보호구의 종류 : 안전모 – 안전대 – 안전화 – 보안경 – 안전장갑 – 보안면 – 방진마스크 – 방독마스크 – 귀마개 또는 귀덮개 – 방열복
  ㉱ 보호구의 관리
  - 햇빛이 들지 않고 통풍이 잘 되며, 청결하고 습기가 없는 장소에 보관할 것
  - 발열체가 주변에 없을 것
  - 부식성 액체, 유기용제, 기름, 화장품, 산 등과 혼합하여 보관하지 않을 것
  - 모래, 진흙 등이 묻는 경우는 세척하고 그늘에서 말려 보관할 것
  - 땀 등으로 오염된 경우는 세탁하고 건조시킨 후 보관할 것

(4) 안전표지

① 녹십자 표지 : 하얀 바탕 위에 녹십자를 그린 표지가 우리나라에서 산업 안전의 상징으로 쓰이게 된 것은 1964년 노동부예규 제 6호에 따른 것이다.
② 안전 표식
  ㉮ 적색 : 방화 금지, 방향 표시
  ㉯ 오렌지색 : 위험 표식

㉓ 황색 : 주의 표시

㉔ 녹색 : 안전지도, 위생 표시

㉕ 청색 ; 주의 수리 중, 송전 중 표시

㉖ 진한 보라색 : 방사능 위험 표시

㉗ 백 색 : 주의 표시

㉘ 흑색 : 방향 표시

③ 안전 표찰 : 안전모 등에 부착하는 녹십자 표지로서 작업복 또는 보호의의 우측 어깨 안전모의 좌우면, 안전 완장

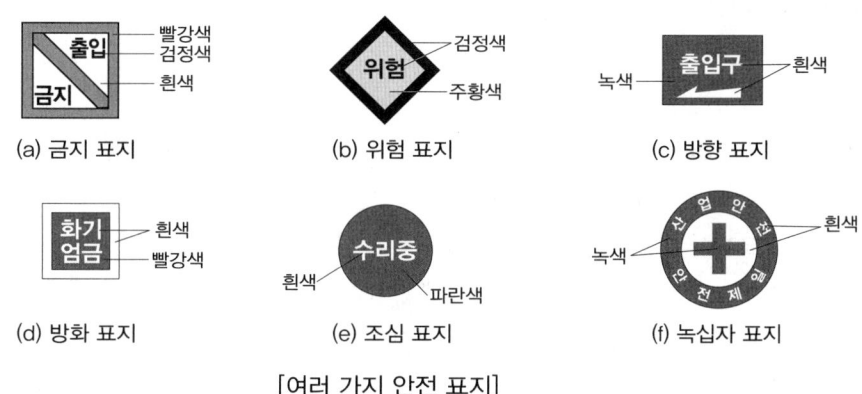

[여러 가지 안전 표지]

(5) 작업상 화재

① 용접

㉮ 용접작업장은 원칙으로 가연물에서 격리된 곳에서 한다.

㉯ 인화성 물질이나 가연물의 곁에서는 절대로 하지 않는다.

㉰ 마루 바닥이나 벽, 창 등의 갈라진 틈에 불꽃이 뛰어 들어가는 경우가 있으므로 막을 수 있는 방법을 취해야 한다.

② 전기 설비

㉮ 전기로 건조기 등의 전열기 사용시는 가연물과의 접촉, 근접을 피하고 특히 코드 절연, 열화가 생기기 쉬우므로 잘 점검한다.

㉯ 기타의 전기설비 배선기구에 대해서는 기구 장치류의 청소 점검을 하고, 발열이나 과열 아크 등이 일어나지 않게 주의한다.

⟨소화기 종류와 용도⟩

종류 \ 소화기	보통화재	기름화재	전기화재
포말 소화기	적합	적합	부적합
분말 소화기	양호	적합	양호
CO_2 소화기	양호	양호	적합

나. 용접 화재 방지 및 안전

(1) 아크 용접의 안전

① 아크 용접의 안전대책

㉮ 아크 용접자는 용접기 내부에 손을 대지 않도록 한다.

㉯ 용접기의 리드 단자와 케이블의 접속부는 반드시 절연물로 보호한다.

㉰ 홀더는 항시 파손이 없는 것을 사용한다.

㉱ 용접봉 교환시는 홀더에 몸이 닿지 않도록 조심스럽게 한다.

㉲ 작업장 이동시 홀더와 홀더선을 바닥에 끓지 않도록 한다.

㉳ 특히 위험한 장소에서는 반드시 절연용 홀더를 사용한다.

㉴ 캡타이어 케이블을 사용전에 점검하여 피복부분에 상처가 있는 지 살펴본다.

㉵ 피용접물 또는 작업대에 접속된 접지선이 완강한가 점검하고 작업에 착수한다.

㉶ 차광유리는 아크 전류의 크기에 적당한 번호를 사용한다.

㉷ 작업장은 충분한 통풍 환기를 해서 유해가스를 호흡하지 않도록 한다.

㉮ 가스가 많이 발생시 통풍환기가 불충분 시 보호 호흡기를 사용한다.

㉸ 아연 도금 강판 용접시는 유해가스가 발생하므로 통풍 환기를 충분히 한다.

㉹ 용접 작업장 주위에는 기름, 나무조각, 도료 등의 타기 쉬운 물건을 두지 않는다.

(2) 가스 용접의 안전

① 중독의 예방

㉮ 용접 또는 절단을 할 경우에는 취급 금속, 용접봉, 용제 등의 종류에 따라서 산화질소, 일산화탄소, 탄산가스 등의 가스나 철, 납, 아연, 카드듐, 망간 등의 가루가 포함되어 있으므로 주의한다.

㉯ 황동과 아연 도금한 재료 용접, 절단의 경우 아연 연기 때문에 아연 중독이 생길 위험이 있으므로 자주 환기한다.

㉰ 알루미늄, 용접봉 용제에는 불화물 사용시 해로운 가스가 발생하므로 통풍이 잘 되도록 해야 한다.

㉣ 해로운 가스, 연기, 분진 등 발생이 심한 작업이나 선실속 탱크 속과 같이 특별한 배기장치를 사용해서 환기시키면서 작업한다.

② 화재 폭발 예방
㉮ 용접과 절단 작업은 화재 방지 설비가 되어 있으며 부근에 가연물이 없는 안전한 장소를 선택한다.
㉯ 이동 작업이나 출장 작업은 화재난 폭발 위험이 많으므로 부근에 위험물이나 가연 물질이 없는 지 살펴보고 작업에 착수한다.
㉰ 작업 중에는 반드시 가까운 장소에 소화기를 설치한다.
㉱ 가연성 가스 또는 인화성 액체가 들어 있는 용기 탱크, 배관 장치 등은 증기, 열탕 물로 완전히 청소 후 통풍 구멍을 개방하고 작업한다.

③ 기타 안전 수칙
㉮ 산소 봄베 운반시는 충격을 주지 않도록 한다.
㉯ 산소 봄베는 기름이나 먼지를 피하고 40℃ 이하 온도에서 보관하고 직사광선을 피하여 그늘진 곳에 두어야 한다.
㉰ 산소 누설 시험에는 비눗물을 사용한다.
㉱ 토치 점화는 성냥불과 담뱃불을 사용하지 않도록 한다.(점화라이터 사용)
㉲ 토치를 고무 호스에 연결시 산소와 아세틸렌이 바뀌지 않도록 한다.
㉳ 산소 봄베와 아세틸렌 봄베 가까이에서 불꽃 조정을 피해야 한다.
㉴ 아세틸렌 도관과 접속 부분에는 구리를 쓰지 말 것(구리 함유량 62% 이하 사용)
㉵ 산소 봄베는 화기에서 최소 4m 이상 거리를 둘 것

(3) 관계 안전 관리 법규

① 안전 관리자의 자격 인원 및 직무 범위 기타 필요한 사항을 대통령령으로 정한다.
② 수소, 산소 및 액화 석유가스 등의 사용시는 동력자원부령에 정하는 바에 의하여 시장, 군수, 구청장에 신고하여야 한다.
  ㉮ 산소가스는 35℃에서 150kg/cm으로 용기에 충전한다.
  ㉯ 아세틸렌 가스는 충전 후 24시간 저장을 한 후 15℃ 15.5kg/cm이 되었을 때 운반 및 시판
  ㉰ 상온온도에서 2kg/cm 이상 되는 액화 가스
③ 용기 관리에서 고압가스 충전용기는 40℃ 이하 온도에서 보관
④ 매 시간당 200m 이하에서는 안전관리자 1인을 둔다.
⑤ 가연성가스의 저장 용적 300m 이상은 단속법 고압가스에 적용
⑥ 도관은 그 온도를 항상 40℃ 이하로 유지할 수 있을 것
⑦ 용기 보관 장소에는 가스 충전용기, 빈 용기를 구분하여 놓을 것

⑧ 습식 아세틸렌가스 발생기 표면은 섭씨 70℃ 이하의 온도로 유지하여야 하며, 그 부분에서는 불꽃이 튀는 작업을 하지 아니할 것
⑨ 상하통으로 구성된 아세틸렌 제조 설비로 고압가스를 제조할 때에는 사용 후 고압가스 발생장치의 상하통을 분리하거나 잔류갓가 없도록 조치할 것
⑩ 석유류, 유지류, 글리세린 또는 농후한 글리세린수는 압축기내의 윤활제로 사용하지 아니할 것
⑪ 충전 용기(내용적 5L 이하의 것은 제외)에는 전락, 전도 등에 의한 충격 및 밸브의 손상을 방지하는 등의 조치를 하고 난폭한 취급을 하지 아니할 것
⑫ 아세틸렌 가스 충전 용기에 동, 또는 동의 함유량이 62% 이상인 동합금을 사용하지 아니할 것
⑬ 안전밸브는 그 성능이 용기의 내압시험 압력의 80% 이하 압력에서 작동할 수 있는 것일 것(산소는 170kg/cm 이상에서 작동)
⑭ 산소 저장 설비주위 5m 이내에서는 화기를 취급해서는 안되며 작업에 필요한 양 이상의 연소하기 쉬운 물질을 두지 아니할 것
⑮ 용기 표기 방식
  ㉮ 제조업자 명칭 또는 약호
  ㉯ 충전하는 가스의 명칭
  ㉰ 용기 기호의 번호
  ㉱ 내용적(V:L로 표시)
  ㉲ 아세틸렌 가스 충전용기에 있어서는 용기 다공질 물질 용제 및 밸브의 질량을 합한 질량 (TW : 킬로그램)
  ㉳ 내압 시험에 합격한 연월

〈일반 용기〉

가스 종류	도색 구분	가스 종류	도색 구분
산소	녹색	아세틸렌	황색
수소	주황색	액화암모니아	백색
액화탄산가스	청색	액화염소	갈색
액화서유가스	회색	기타 가스	회색

〈의료 용기〉

가스 종류	도색 구분	가스 종류	도색 구분
산소	백색	헬륨	갈색
액화탄산가스	회색	에틸렌	자색
질소	흑색	싸이크로프로판	주황색
이산화질소	청색		

다. 산업안전

(1) 재해의 종류

① 산업재해 : 통재를 벗어난 에너지의 광란으로 인하여 입은 인명과 재산의 피해 현상

② 중대재해

㉮ 사망자가 1인 이상 발생한 재해

㉯ 3개월 이상의 요양을 요하는 부상자가 2인 이상 발생한 재해

㉰ 부상자 또는 질병자가 동시에 10인 이상 발생한 재해

③ 중대재해 발생시 관할 지방 노동관서의 장에게 보고해야 할 사항

㉮ 발생개요 및 피해상황

㉯ 조치 및 전망

㉰ 기타 중요한 사항

④ 재해발생 형태

㉮ 집중형 : 발생요소가 각각 독립적으로 작용하는 형태(재해가 집중적으로 발생)

㉯ 연쇄형 : 원인들이 연쇄적 작용을 일으켜 결국 재해를 발생하게 하는 형태

㉰ 복합형 : 집중형과 연쇄형의 혼합형으로 대부분의 재해가 이 형태를 따른다.

(2) 산업재해의 발생과정

① 하인리히

㉮ 제1단계 : 사회적 환경 및 유전적 요소

㉯ 제2단계 : 개인적인 결함

㉰ 제3단계 : 불안전행동 및 불안전한 상태

㉱ 제4단계 : 사고

㉲ 제5단계 : 재해

재해발생 비율 – 사망 : 경상해 : 무상해 =1 : 29 : 300

② 버드의 사고연쇄성 이론

㉮ 제1단계 : 관리의 부족(통제부족)

㉯ 제2단계 : 기본원인-기원론, 원인학(기원)

㉰ 제3단계 : 직접원인-불안전행동, 불안전상태(징후)

㉱ 제4단계 : 사고(접촉)

㉲ 제5단계 : 상해(손실)

③ 아담스의 도미노 이론
   ㉮ 관리구조
   ㉯ 작전적(operation) 에러 : 관리감독자의 오판, 누락
   ㉰ 전술적(tactical) 에러 : 작전적 에러에 의한 작업자의 에러
   ㉱ 사고
   ㉲ 물적 상해
④ 간접 원인
   ㉮ 기술적 원인 : 건물, 기계장치의 설계 불량, 구조, 재료의 부적합, 생산방법의 부적합, 점검, 정비, 보존불량
   ㉯ 교육적 원인 : 안전지식의 부족, 안전수칙의 오해, 경험·훈련의 미숙, 작업방법의 교육 불충분, 유해·위험작업의 교육 불충분
   ㉰ 작업관리상의 원인 : 안전관리조직 결함, 안전수칙 미제정, 작업준비 불충분, 인원배치 부적당, 작업지시 부적당
⑤ 불안전한 행동(인적)과 불안전한 상태(물적)
   ㉮ 불안전한 행동 : 위험장소 접근, 안전장치의 기능 제거, 기계기구의 잘못 사용, 운전 중인 기계장치의 손질, 위험물 취급 부주의 등
   ㉯ 불안전한 상태 : 물 자체의 결함, 안전방호장치의 결함, 복장·보호구의 결함, 물의 배치 및 작업 장소 결함, 생산 공정의 결함

(3) 산업재해 예방대책
① 재해예방 기본원칙 : 손실우연, 원인연계, 예방가능, 대책선정
② 하인리히의 사고방지 5단계
   ㉮ 제1단계 : 안전관리조직의 조직
   ㉯ 제2단계 : 사실의 발견
      1) 사고 및 활동기록검토
      2) 안전점검 및 검사
      3) 안전회의·토의
      4) 사고조사
      5) 작업분석

㉰ 제3단계 : 분석 평가
   재해 조사 분석, 안전성 진단·평가, 작업환경 측정, 사고기록, 인적·물적 조건 조사 등)
㉱ 제4단계 : 시정책의 선정(인사조정, 교육 및 훈련방법 개선)
㉲ 제5단계 : 시정책의 적용(3E, 3S의 활용)

③ 재해발생시 조치 순서
㉮ 제1단계 : 긴급 처리(기계정지-응급처치-통보-2차 재해방지-현장보존)
㉯ 제2단계 : 재해 조사(6하 원칙에 의해서)
㉰ 제3단계 : 원인 강구(중점분석대상 : 사람-물체-관리)
㉱ 제4단계 : 대책 수립(이유 : 동종 및 유사재해의 예방)
㉲ 제5단계 : 대책 실시 계획
㉳ 제6단계 : 대책 실시
㉴ 제7단계 : 평가

(4) 무재해 운동

① 정의 : 무재해개시 사업장에서 근로자가 업무에 기인하여 사망 또는 4일 이상의 요양을 요하는 부상 또는 질병에 이환되지 않는 산업재해가 발생하지 않거나 500만원 이상의 물적 손실이 따르는 산업사고가 발생하지 않는 것

② 무재해 운동의 기본 3원칙
㉮ 무의 원칙
㉯ 선취의 원칙
㉰ 참가의 원칙

③ 무재해 운동의 3기둥(요소)
㉮ 최고경영자의 엄격한 안전경영자세
㉯ 안전활동의 라인화 (라인화 철저)
㉰ 직장 자주 안전 활동의 활성화

④ 무재해 운동의 이념 : 무재해 운동은 인간존중의 이념에서 출발한다.
   ※ 팀 활동의 3원리 : 팀 워크의 원리, 합의의 원리, 미팅의 원리

⑤ 무재해 운동의 실천기법 위험예지훈련(3훈련)
㉮ 감수성 훈련
㉯ 단시간미팅훈련
㉰ 문제해결 훈련

(5) 산업 재해율

① 연천인율 : 연근로자 1000명당 발생하는 재해로 인한 재해 지수

$$연천인율 = \frac{재해자\ 수}{연평균\ 근로자\ 수} \times 1000$$

② 도수율(빈도율) : 연평균근로시간 100만시간당 발생하는 재해 건수

$$도수율 = \frac{재해\ 건수}{연근로시간\ 수} \times 10^6$$

연천인율 = 도수율 × 2.4

③ 강도율 : 1000명의 근로자가 1년 동안에 일으키는 손실일수

$$강도율 = \frac{근로손실\ 일수}{연근로시간\ 수} \times 1000$$

④ 안전 활동률 : 일정기간의 안전 활동률

$$안전활동율 = \frac{안전활동건수}{근로시간\ 수 \times 평균\ 근로자\ 수} \times 10^6$$

Part 02
INDUSTIAL·ENGINEER·WELDING

최근 기출 문제

2011~2020년 기출문제

최근기출문제
2011년도 제1회 시행

제1과목 | 용접야금 및 용접설비제도

01 용접재료 중 고장력강의 경우 용접에 있어서 균열을 예방하는 방법으로 올바른 것은?

① 예열과 후열 처리를 한다.
② 높은 경도의 재질을 선택한다.
③ 고산화티탄계 용접봉을 사용한다.
④ 용접부의 구속력을 크게 하여 용접한다.

> **해설** 용접 전 후 예열과 후열처리를 함으로써 균열 및 잔류 응력이 감소한다.

02 탄소강의 표준조직이 아닌 것은?

① 페라이트　② 마텐자이트
③ 펄라이트　④ 시멘타이트

> **해설** 탄소강 표준 조직
> - 오스테나이트 : γ-Fe의 FCC 조직이며 상자성체
> - 페라이트 : α-Fe, β-Fe의 BCC 조직이며 강자성체
> - 펄라이트 : 공석강의 조직이며 페라이트보다 강도, 경도가 크며 자성이 있음
> - 시멘타이트 : Fe_3C로 고온에서 탄화철로 발생, 경도가 높고 취성이 많고 강자성체
> - 레데뷰라이트 : 공정주철의 조직

03 용접분위기 중에서 발생하는 수소의 원(源)이 아닌 것은?

① 플럭스 중의 유기물
② 결정수를 포함한 광물
③ 플럭스에 흡수된 수분
④ 모재의 성분

> **해설** 수소의 근원은 수분이며 모재의 성분과는 관계가 없다.

04 용접 후 열처리의 목적으로 틀린 것은?

① 수소 등의 가스 흡수
② 용접 열영향 경화부의 연화
③ 용접부의 연성 및 인성 향상
④ 잔류 응력의 완화와 치수 안정화

> **해설** 용접 후 열처리는 용접의 열영향으로 경화된 부분의 연화, 용접부의 연성, 인성 향상, 균열 및 잔류 응력을 줄이기 위해 실시한다.

05 15℃에서 15기압을 하면 아세톤 1리터에 대하여 아세틸렌가스 몇 리터가 용해되는가?

① 285　② 350
③ 375　④ 420

> **해설** 아세틸렌 1리터는 아세톤 25배 용해되므로 15×25 =375이다.

06 시멘타이트를 구상화하는 구상화 풀림의 효과로 옳은 것은?

① 인성 및 절삭성이 개선된다.
② 잔류 응력이 커진다.
③ 조직이 조대화 되며 취성이 생긴다.
④ 별로 변화가 없다.

07 고장력강의 용접 시 일반적인 주의사항으로 잘못된 것은?

① 용접봉은 저수소계를 사용한다.
② 용접 개시 전 이음부 내부를 청소한다.
③ 위빙 폭을 크게 하지 말아야 한다.

④ 아크 길이는 최대한 길게 유지한다.

※ 아크 길이가 길어지면 스패터가 많이 발생하고 용접 결함도 발생할 가능성이 높다.

08 강의 충격시험시의 천이온도에 대해 가장 올바르게 설명한 것은?

① 재료가 연성 파괴에서 취성 파괴로 변하는 온도 범위를 말한다.
② 충격 시험한 시편의 평균 온도를 말한다.
③ 천이온도가 낮은 강을 노치강도가 날카롭다고 한다.
④ 천이온도가 높은 강을 노치인성이 풍부하다고 한다.

09 특수 황동의 종류에 속하지 않는 것은?

① 에드미럴티 황동   ② 네이벌 황동
③ 쾌삭 황동   ④ 코어손 황동

※ 구리 합금에는 연황동, 에드미럴티 황동, 네이벌 황동, 델타메탈, 쾌삭황동, 양은, 납황동 등이 있다.

10 다음 금속 중 면심입방격자(FCC)에 속하는 것은?

① 니켈   ② 크롬
③ 텅스텐   ④ 몰리브덴

※ 면심입방격자는 전연성이 크고 원자수 4개, 배위수 12, 충진율은 74%로 Au, Ag, Cu, Ni, Al, Pb, Pt 등이 있다

11 대상물의 보이는 부분의 모양을 표시하는데 쓰이는 외형선의 종류는?

① 굵은실선   ② 가는실선
③ 굵은 1점 쇄선   ④ 은선

※ 대상물이 보이는 부분은 외형선으로 굵은 실선을 사용한다.

12 재료의 조질도 기호에서 풀림상태(연질)를 표시하는 기호는?

① H   ② A
③ B   ④ 1/2H

※ A : 어닐링, H : 경질, 1/2H : 1/2 경질, S : 표준 조직

13 CAD 시스템의 도입에 따른 적용 효과가 아닌 것은?

① 시제품 제작을 현저히 줄일 수 있는 방법을 제공한다.
② 설계에서의 수정 사항에 대한 신속한 대응이 가능하다.
③ 설계 오류에 따른 검증 절차가 분산되어 정보를 제공한다.
④ 생산성 향상 및 대외 신뢰도의 향상이 가능하다.

14 그림과 같은 용접 기호의 설명으로 올바른 것은?

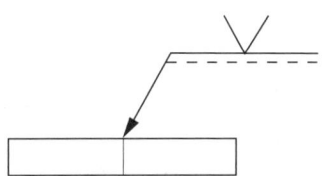

① 이음의 화살표 쪽에 용접을 한다.
② 양쪽에 용접을 한다.
③ 화살표 반대쪽에 용접을 한다.
④ 어느 쪽에 용접을 해도 무방하다.

※ 실선에 기호가 표시되었으므로 화살표 쪽에 용접한다.

15 KS에서 일반구조용 압연강재의 종류를 나타낸 기호는?

① SS400   ② SM45C

③ SWS400 ④ SPC

해설 SS : 일반구조용 압연강재, SM00 : 기계구조용 탄소강재, SWS : 용접구조용 압연강재

16 도면에 사용하는 윤곽선의 굵기로 가장 적합한 것은?

① 0.2mm ② 0.25mm
③ 0.3mm ④ 0.5mm

해설 윤곽선은 0.5mm 이상의 실선을 사용하여 그린다.

17 프로젝션(projection) 용접의 단면치수는 무엇으로 하는가?

① 너깃의 지름 ② 구멍의 바닥 치수
③ 다리길이 치수 ④ 루트 간격

18 용접 기호 중에서 스폿 용접을 표시하는 기호는?

① ②
③ ④

해설 ① 심 용접, ② 플러그 용접, ③ 점 용접, ④ 서페이싱 이음

19 면이 평면으로 가공되어 있고, 복잡한 윤곽을 갖는 부품인 경우에 그 면에 광명단 등을 발라 스케치 용지에 찍어 그 면의 실형을 얻는 스케치 방법은?

① 프리핸드법
② 프린트법
③ 모양뜨기법
④ 사진촬영법

해설 프린트법은 부품 표면에 광명단, 스탬프 잉크를 칠한 후 종이에 찍어서 실제 형상 모양을 뜨는 방법이다.

20 복사한 도면을 접었을 경우에 어느 부분이 표면으로 나오게 하여야 하는가?

① 표제란이 있는 부분
② 부품란이 있는 부분
③ 정면도가 있는 부분
④ 조립도가 있는 부분

해설 도면을 접어서 보관할 때는 A4로 접고 표제란이 겉에서 보이도록 한다.

제2과목 용접구조설계

21 완전 맞대기 용접이음이 단순굽힘모멘트 M_b = 9800N·cm을 받고 있을 때, 용접부에 발생하는 최대 굽힘 응력은? (단, 용접선길이 =200mm, 판 두께=25mm이고, 굽힘응력방향은 용접선에 수직이다)

① 196.0 N/cm²
② 470.4 N/cm²
③ 376.3 N/cm²
④ 235.2 N/cm²

해설 굽힘응력 = $\dfrac{\text{굽힘 모멘트}(M_b)}{\text{단면계수}(Z_P)} = \dfrac{\text{굽힘 모멘트}}{\dfrac{\text{용접선 길이} \times \text{두께}^2}{6}}$

$= \dfrac{6 \times 9,800}{20 \times 2.5^2} = 470.4$

22 다음 그림에서 용접 홈(Groove)의 각부 명칭을 올바르게 설명한 것은?

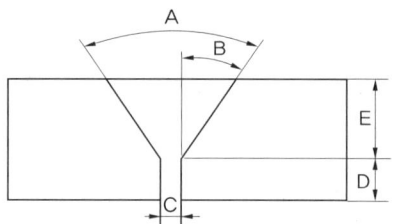

① A : 베벨각도, B : 홈 각도, C : 루트간격,
  D : 루트면, E : 홈 깊이

② A : 홈 각도, B : 베벨각도, C : 루트면,
   D : 루트간격, E : 홈 깊이
③ A : 홈 각도, B : 베벨각도, C : 루트면,
   D : 루트각도, E : 홈 깊이
④ A : 홈 각도, B : 베벨각도, C : 루트간격,
   D : 루트면, E : 홈 깊이

23 가접 시 주의해야 할 사항으로 틀린 것은?

① 본용접자의 동등한 기량을 갖는 용접자가 가용접을 시행한다.
② 본용접과 같은 온도에서 예열을 한다.
③ 개선 홈 내의 가접부는 백치핑으로 완전히 제거한다.
④ 가접의 위치는 부품의 끝 모서리나 각 등과 같이 응력이 집중되는 곳에 한다.

해설 가접 시 응력이 집중되는 곳은 피해야 한다.

24 용접이음의 피로강도에 대한 설명으로 틀린 것은?

① 피로강도에 영향을 주는 요소는 이음형상, 하중상태, 용접부 표면상태, 부식환경 등이 있다.
② S-N 선도를 피로선도라 부르며, 응력 변동이 피로한도에 미치는 영향을 나타내는 선도를 말한다.
③ 일반적으로 용접 구조물이 받는 응력은 정응력보다도 반복응력을 받는 경우가 적다.
④ 하중, 변위 또는 열응력이 반복되어 재료가 손상(균열의 발생이나 파단 등)하는 현상을 피로라고 한다.

25 끝이 구면인 특수한 해머로써 용접부를 연속적으로 때려 용접표면상에 소성변형을 주어 잔류응력을 완화하는 방법은?

① 구속법   ② 스킵법
③ 가열법   ④ 피닝법

해설 피닝법은 용접부를 연속적으로 타격해 표면상에 소성변형을 주어 응력을 제거하는 방법이다.

26 용접시공 시 용접순서에 관한 설명으로 가장 옳은 것은?

① 용접을 중립축에 대하여 수축력 모멘트의 합이 최대가 되도록 한다.
② 동일 평면 내에 많은 이음이 있을 때에는 수축은 가능한 한 중앙으로 보낸다.
③ 용접물의 중심에 대하여 항상 대칭으로 용접을 진행시킨다.
④ 수축이 작은 이음을 가능한 한 먼저 용접하고, 수축이 큰 이음은 나중에 용접한다.

해설 용접 설계
- 수축이 큰 이음을 먼저 하고 적은 이음을 나중에 용접한다.
- 맞대기 이음을 먼저하고 필릿 이음을 나중에 한다.
- 용접을 먼저하고 리벳을 나중에 한다.
- 용접물의 중심에 대하여 항상 대칭으로 용접을 진행시킨다.

27 다음 그림과 같은 S_1, S_2의 다리길이가 다를 때 필릿 용접부의 단면적의 공식으로 맞는 것은?

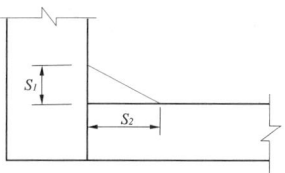

① 단면적 = $\dfrac{S_1+S_2}{4}$ ② 단면적 = $S_1 \times S_2$

③ 단면적 = $\dfrac{S_1+S_2}{2}$ ④ 단면적 = $\dfrac{S_1 \times S_2}{2}$

28 맞대기 용접에서 변형이 가장 적은 홈의 형상은?

① V형 홈   ② U형 홈
③ X형 홈   ④ 한쪽 J형 홈

해설) 변형이 가장 적은 홈의 형상은 X형 홈이다.

29 용접경비를 산출하는 경우 가공부의 크기, 부재의 상태, 용접시간 등 많은 사항을 고려해야 하는데 보통 용접 경비를 산출하는 것으로 가장 적당한 것은?

① 용접 길이 1m당의 제(諸)자료에 의하여 산출한다.
② 2시간당 들어가는 제반 비용에 의하여 산출한다.
③ 용접봉 10kg 사용량을 기준으로 산출한다.
④ 용접 홈의 길이와 높이 폭을 감안한 용접 부피를 기준으로 산출한다.

30 다음 그림과 같이 완전용입의 평판 맞대기 용접이음에 인장하중 P=10,000N일 때 인장 응력은? (단, 판 두께 t=10mm, 용접선 길이 ℓ=200mm)

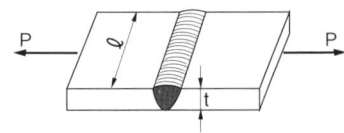

① 20 N/mm²
② 15 N/mm²
③ 10 N/mm²
④ 5 N/mm²

해설) 인장응력 = $\dfrac{하중}{면적}$ = $\dfrac{하중}{폭 \times 두께}$ = $\dfrac{10,000}{200 \times 10}$ = 5

31 용접의 결함 중 기공의 발생 원인으로 틀린 것은?

① 이음부에 기름, 페인트 등 이물질이 있을 때
② 용접 이음부가 서냉 될 때
③ 아크 분위기 속에 수소가 많을 때
④ 아크 분위기 속에 일산화탄소가 많을 때

해설) 용접부 냉각이 빠를수록 기공이 많아진다.

32 용접 후 잔류응력을 제거 또는 경감시킬 필요가 있을 때 사용하는 응력제거 방법이 아닌 것은?

① 피닝법
② 노내 풀림법
③ 고온응력완화법
④ 기계적응력완화법

해설) 잔류응력을 제거하는 방법에는 노내 풀림법, 국부풀림법, 저온응력완화법, 기계적응력완화법, 피닝법 등이 있다.

33 아크 용접시 6mm 이상 두꺼운 강판용접의 용접 홈의 형상으로 거리가 먼 것은?

① I형   ② U형
③ 양면J형   ④ H형

해설) 맞대기 홈의 형상
• I형 : 판 두께 6mm까지
• V형 : 판 두께 6~19mm
• J형 : 판 두께 6~19mm , 양면 J형은 12mm 이상
• H형 : 판 두께 50mm 이상

34 용접부의 노치 인성(notch toughness)을 조사하기 위해 시행하는 시험법은?

① 맞대기용접부의 인장시험
② 샤르피 충격시험
③ 저사이클 피로시험
④ 브리넬경도시험

해설) 충격시험은 재료의 인성과 취성을 알아보는 시험으로 종류에는 샤르피, 아이조드식이 있다.

35 용접 결함부 보수용접에서 균열부를 용접 시 균열의 진행을 방지하기 위해 사용하는 방법으로 가장 적당한 것은?

① 앤드탭을 사용한다.
② 살포법을 사용한다.
③ 스톱 홀을 뚫는다.
④ 백비드를 낸다.

해설) 용접 결함의 보수 방법
 • 언더컷 : 가는 용접봉으로 재용접
 • 기공, 슬래그, 오버랩 : 발생부분을 깎아내고 재용접
 • 균열 : 발생부분에 구멍을 뚫고 그 부분을 따내고 재용접

36 용착법 중에서 일명 비석법이라고도 하며 용접길이를 짧게 나누어 간격을 두면서 용접하는 방법으로 변형이나 잔류응력을 비교적 적게 발생하는 용착방법은?

① 스킵법 ② 대칭법
③ 덧살 올림법 ④ 전진블록법

37 용접작업에서 급열, 급냉에 의한 열응력이나 변형, 균열을 방지하는 방법으로 가장 올바른 것은?

① 용접 전 칸막이를 하고 용접한다.
② 용접 전 모재를 예열한다.
③ 용접부 앞면에 냉각수를 뿌리며 용접한다.
④ 용접 전용장치를 선택하여 사용한다.

해설) 용접 전, 후 예열과 후열처리로 균열 및 잔류 응력이 감소한다.

38 그림과 같은 용착 시공 방법은?

용접 중심선 단면도

① 띄움법 ② 캐스케이드법
③ 살붙이법 ④ 전진블록법

해설) 캐스케이드법은 계단모양으로 용접하는 방법이다.

39 V형에 비하여 홈의 폭이 좁아도 되고 또한 루트 간격을 "0"으로 해도 작업성과 용입이 좋으며 한 쪽에서 용접하여 충분한 용입을 얻을 필요가 있을 때 사용하는 이음 형상은?

① I형 ② U형
③ X형 ④ K형

40 로크웰 B스케일에서 시험하중에 의한 압입깊이와 기준하중에 의한 압입깊이의 차를 h라 할 때 경도값을 구하는 공식으로 맞는 것은?

① HRB = 100 − 500h
② HRB = 130 − 400h
③ HRB = 130 − 500h
④ HRB = 100 − 400h

해설) B스케일은 HRB = 130 − 500h이다.

제3과목 용접일반 및 안전관리

41 원격제어 방식이 뛰어난 교류 아크 용접기는?

① 가동 코일형 ② 가동 철심형
③ 가포화 리액터형 ④ 탭 전환형

해설)
 • 가동 코일형 : 코일을 이동시켜 전류 조정
 • 가동 철심형 : 가동 철심으로 전류 조정, 미세한 전류 조

정이 가능해 많이 사용
- 가포화리액터형 : 원격 조정이 가능
- 탭 전환형 : 코일 감긴 수에 따라 전류 조정, 미세한 전류 조정이 어려움

42 냉간 압접시 주의해야 할 점이 아닌 것은?

① 표면을 깨끗이 한다.
② 표면 산화 방지에 유의한다.
③ 손으로 접촉면을 만지지 않는다.
④ 작업 전 모재를 0℃ 이하로 한다.

해설 냉간 압접은 외부로부터 열이나 전류를 가하지 않고 실내온도에서 가압하며 작업 전 모재를 0℃ 이하로 하지 않아도 된다.

43 피복 아크 용접작업시 주의할 사항으로 옳지 못한 것은?

① 용접봉은 건조시켜 사용할 것
② 용접전류의 세기는 적절히 조절할 것
③ 앞치마는 고무복으로 된 것을 사용할 것
④ 습기가 있는 보호구를 사용하지 말 것

해설 앞치마는 고무복을 사용하면 스패터로 인한 화재 및 화상 우려가 있다.

44 다음 용접법 중 압접이 아닌 것은?

① 마찰용접   ② 플래시 맞대기용접
③ 초음파용접 ④ 전자빔용접

해설 전자빔용접은 융접 중 특수용접에 속한다.

45 아크 용접기의 바깥 케이스를 어스 시키는 가장 중요한 이유는?

① 용접기에 과잉전류가 흐르는 것을 방지하기 위하여
② 누전되었을 때 작업자의 감전을 방지하기 위하여
③ 용접기의 과열을 방지하기 위하여
④ 용접기의 효율을 높이기 위하여

46 불활성 가스 금속 아크 용접의 특징 설명으로 틀린 것은?

① TIG 용접에 비해 용융속도가 느리고 박판 용접에 적합하다.
② 각종 금속 용접에 다양하게 적용할 수 있어 응용 범위가 넓다.
③ 보호 가스의 가격이 비싸 연강 용접의 경우는 부적당하다.
④ 비교적 깨끗한 비드를 얻을 수 있고 CO_2 용접에 비해 스패터 발생이 적다.

해설 TIG 용접에 비해 능률이 커서 후판 용접에 적당하다.

47 산업·보건 표지의 색채, 색도기준 및 용도에서 파란색 또는 녹색에 대한 보조색으로 사용되는 색채는?

① 빨간색   ② 흰색
③ 검은색   ④ 노란색

48 납땜의 용제가 갖추어야 할 조건에 대한 설명으로 틀린 것은?

① 용제의 유효온도 범위와 납땜 온도가 일치할 것
② 모재와 납땜에 대한 부식 작용이 최소한 일 것
③ 전기 저항 납땜에 사용되는 것은 비전도체일 것
④ 침지땜에 사용되는 것은 수분을 흡수하지 않을 것

해설 전기 저항 납땜에 사용되는 것은 전도체이어야 한다.

49 산소용기의 각인 표시에서 내용적을 표시하는 기호와 단위가 각각 올바르게 구성된 것은?

① 기호 : DT,　단위 : kgf
② 기호 : TP,　단위 : MPa
③ 기호 : V,　단위 : L
④ 기호 : LT,　단위 : kg/h

50 서브머지드 아크 용접법 중 다전극의 일종으로서, 두 전극에서 아크가 발생되고 그 복사열에 의해 용접이 이루어지므로 비교적 용입이 얕아 주로 스테인리스강 등의 덧붙이 용접에 흔히 사용하는 용 방식은?

① 텐덤식(tandem process)
② 횡병렬식(parallel transverse process)
③ 횡직렬식(series transverse process)
④ 데버식(dever process)

51 가스절단에서 산소 중에 불순물이 증가할 때 나타나는 결과에 대한 설명으로 틀린 것은?

① 절단 속도가 늦어진다.
② 산소의 소비량이 적어진다.
③ 절단면이 거칠어진다.
④ 슬래그의 이탈성이 나빠진다.

해설 산소의 소비량은 증가한다.

52 중압식 가스용접 토치에서 사용되는 아세틸렌가스의 압력으로 적당한 것은?

① 0.001~0.007 MPa
② 0.007~0.13 MPa
③ 0.13~0.25 MPa
④ 0.25 MPa 이상

해설 압력에 따라 저압식(0.07kg/cm² 이하), 중압식(0.07~1.3kg/cm²), 고압식(1.3kg/cm² 이상)

53 아크용접 작업에서 전류가 인체에 미치는 영향 중 몇 mA 이상인 전류가 인체에 흐르면 심장마비를 일으켜 사망할 위험이 있는가?

① 50　　　　② 30
③ 20　　　　④ 10

해설 전류에 따른 감전의 영향
• 1mA : 감전을 느낄 정도
• 5mA : 상당한 고통을 느낌
• 20mA : 근육의 수축이 심해 의사대로 행동 불능
• 50mA : 상당히 위험한 상태

54 가연성 가스 등이 있다고 판단되는 용기를 보수용접하고자 할 때 안전 사항으로 가장 적당한 것은?

① 고온에서 점화원이 되는 기기를 갖고 용기 속으로 들어가서 보수 용접한다.
② 용기 속을 고압산소를 사용하여 환기하며 보수 용접한다.
③ 용기 속의 가연성 가스 등을 고온의 증기로 세척을 한 후 환기를 시키면서 보수 용접한다.
④ 용기 속의 가연성 가스 등이 다 소모되었으면 그냥 보수 용접한다.

55 돌기 용접(projection welding)의 특징 중 틀린 것은?

① 용접부에 거리가 작은 점용접이 가능하다.
② 전극 수명이 길고 작업 능률이 높다.
③ 작은 용접점이라도 높은 신뢰도를 얻을 수 있다.
④ 한 번에 한 점씩만 용접할 수 있어서 속도가 느리다.

해설: 프로젝션 용접은 피용접물에 돌기를 만들어 점용접하면서 평탄한 용접봉으로 압접하는 방법이다.

56 탄소전극과 모재사이에서 발생된 아크에 의해 금속을 용융함과 동시에 고압의 압축공기를 전극과 평행으로 분출시켜 용융 금속을 불어내어 홈을 파는 방법은?

① 스카핑
② 산소아크 절단
③ 아크에어 가우징
④ 플라스마 아크 절단

해설: 아크에어 가우징은 용접 결함부 제거, 절단 및 구멍뚫기 작업에 적합하고 소음이 없다.

57 직류 아크용접 중의 전압분포에서 양극 전압강하 V_1, 음극 전압강하 V_2, 아크기둥 전압강하 V_3로 분류할 때 아크 전압 Va는 어떻게 표시되는가?

① $Va = V_1 - V_2 + V_3$
② $Va = V_1 - V_2 - V_3$
③ $Va = V_1 + V_2 + V_3$
④ $Va = V_1 + V_2 - V_3$

58 정격 2차 전류 400A, 정격 사용률이 50%인 교류 아크 용접기로서 250A로 용접할 때 이 용접기의 허용 사용율은?

① 128%
② 122%
③ 112%
④ 95%

해설: 허용사용률 = $\frac{정격 2차 전류^2}{실제 용접 전류^2} \times 정격 사용률$

= $\frac{400^2}{250^2} \times 50 = 128\%$

59 피복아크 용접봉에 탄소(C)량을 적게 하는 가장 주된 이유는?

① 스패터 방지
② 용락방지
③ 산화방지
④ 균열방지

해설: 용접봉에 탄소함유량을 적게 하면 균열을 방지할 수 있다.

60 가스 절단이 곤란한 주철, 스테인리스강 및 비철 금속의 절단부에 용제를 공급하며 절단하는 방법은?

① 특수절단
② 분말절단
③ 스카핑
④ 가스 가우징

해설: 분말 절단은 철분이나 플럭스 분말을 압축 공기 또는 압축 질소에 혼입 공급하여 절단하는 방법으로 철, 비철금속, 콘크리트까지 절단은 가능하지만 절단면이 매끄럽지 않다.

2011년도 제1회 기출문제 정답

01 ①	02 ②	03 ④	04 ①	05 ③	06 ①	07 ④	08 ①	09 ④	10 ①
11 ①	12 ②	13 ③	14 ①	15 ①	16 ④	17 ①	18 ③	19 ②	20 ①
21 ②	22 ④	23 ④	24 ③	25 ①	26 ③	27 ④	28 ③	29 ①	30 ④
31 ①	32 ③	33 ①	34 ③	35 ③	36 ①	37 ②	38 ②	39 ①	40 ③
41 ③	42 ④	43 ③	44 ④	45 ②	46 ①	47 ②	48 ③	49 ③	50 ③
51 ②	52 ②	53 ①	54 ③	55 ④	56 ③	57 ③	58 ①	59 ④	60 ②

최근기출문제
2011년도 제2회 시행

제1과목 용접야금 및 용접설비제도

01 서브머지드 아크 용접시 용융지에서 금속정련 반응이 일어날 때 용접금속의 청정도 및 인성과 매우 깊은 관계가 있는 것은?

① 플럭스(flux)의 염기도
② 플럭스(flux)의 소결도
③ 플럭스(flux)의 입도
④ 플럭스(flux)의 용융도

해설 플럭스의 염기도가 높으면 용접 금속의 청정도 및 인성이 향상된다.

02 저온응력 완화법은 용접선 양측을 일정속도로 이동하는 가스불꽃에 의하여 약 150mm를 가열한 다음 수냉하는 방법이다. 이때 일반적인 가열온도는?

① 50~100℃
② 100~150℃
③ 150~200℃
④ 200~300℃

해설 저온응력 완화법은 가스 불꽃을 이용하여 150~200℃ 정도 가열 후 수냉한다.

03 면심입방격자(FCC)에서 단위격자 중에 포함되어 있는 원자의 수는 몇 개 인가?

① 2
② 4
③ 6
④ 8

해설 면심입방격자 : 4, 조밀육방격자 및 체심입방격자 : 2

04 저 융점의 FeS가 결정입계에 개재하여 발생하는 취성으로 Mn을 첨가하여 이것을 방지하는 것은?

① 청열취성
② 적열취성
③ 뜨임취성
④ 저온취성

해설 황은 적열취성(고온취성)의 원인이다.

05 용접에 의한 경화가 가장 현저한 스테인리스강은?

① 마텐자이트 스테인리스강
② 페라이트 스테인리스강
③ 오스테나이트 스테인리스강
④ 2상 스테인리스강

해설 마텐자이트 스테인리스강은 용접성이 취약하여 용접 후 열처리를 해야 한다.

06 고장력강의 용접열영향부 중에서 경도 값이 가장 높게 나타나는 부분은?

① 세립역
② 조립역
③ 중간역
④ 입상 펄라이트 역

07 알루미늄의 성질을 설명한 것으로 틀린 것은?

① 비중이 가벼워 경금속에 속한다.
② 전기 및 열의 전도율이 좋다.
③ 산화 피막의 보호작용으로 내식성이 좋다.
④ 염산에 아주 강하다.

해설 알루미늄은 대기 중에서 쉽게 산화되고, 염산에는 침식이 빨리 진행된다.

08 다음 조직 중 순철에 가장 가까운 것은?

① 펄라이트 ② 오스테나이트
③ 소르바이트 ④ 페라이트

> 해설 페라이트는 연하고 상온에서 강자성체로 탄소함유량이 적은 순철에 가까운 조직이다.

09 열영향부(HAZ)의 기계적 특성을 향상시키기 위하여 가장 많이 취하는 방법은?

① 특수한 용가재를 사용한다.
② 용접부를 피닝 한다.
③ 용접부의 냉각속도를 빠르게 한다.
④ 용접부를 예열과 후열을 한다.

> 해설 용접 전·후에 실시하는 예열이나 후열은 미리 검토하는 것이 좋다.

10 금속재료의 용접에서 용접변형을 일으키는 가장 큰 원인은?

① 용접자세
② 금속의 수축과 팽창
③ 용접 홈의 모양
④ 용접속도

> 해설 용접 변형을 일으키는 주 원인은 아크 온도가 5000°C 이상 되었다 저온이 되기 전에 금속의 수축과 팽창이 발생하기 때문이다.

11 그림과 같은 용접기호가 심(seam) 용접부에 도시되어 있다. 다음 중 설명이 잘못된 것은?

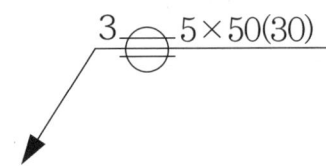

① 심 용접부의 폭은 3mm이다.
② 심 용접부의 길이는 50mm이다.
③ 심 용접부의 거리는 30mm이다.
④ 심 용접부의 두께는 5mm 이다.

12 기계재료의 표시 방법에서 기호 설명으로 옳지 않은 것은?

① B - 봉 ② C - 주조품
③ F - 강 ④ P - 판

> 해설 F는 철이다.

13 다음과 같은 용접 기본기호의 명칭으로 맞는 것은?

① 개선 각이 급격한 V형 맞대기 용접
② 가장자리 용접
③ 필릿 용접
④ 일면 개선형 맞대기 용접

14 도면의 명칭에 관한 용어 중 구조물, 장치에 있어서의 관의 접속·배치의 실태를 나타낸 계통도는?

① 공정도 ② 배선도
③ 배관도 ④ 계장도

> 해설 배관도는 관의 접속 및 배치의 상태를 나타낸 계통도이다.

15 실형의 물건에 광명단 등 도료를 발라 용지에 찍어 스케치하는 방법은?

① 사진촬영법 ② 본뜨기법
③ 프리핸드법 ④ 프린트법

16 다음 중 가는 실선으로만 구성된 것이 아닌 것은?

① 치수선 – 지시선 – 치수보조선
② 지시선 – 회전단면선 – 치수보조선
③ 치수선 – 회전단면선 – 절단선
④ 수준면선 – 치수보조선 – 치수선

해설 가는 실선은 치수선, 치수보조선, 지시선, 회전단면선, 중심선 등에 나타낸다.

17 도면의 윤곽선은 규정된 간격으로 그려야 한다. 도면을 철하는 부분의 경우 A3용지의 가장자리에서 부터의 최소 간격은?

① 10mm   ② 20mm
③ 25mm   ④ 30mm

해설 도면을 철하기 위해 도면 사이즈와 상관없이 25mm 최소 간격을 둔다.

18 도면 크기의 종류 중 호칭방법과 치수(A×B)가 맞지 않는 것은?(단, 단위는 mm이다.)

① A0 = 841×1189
② A1 = 594×841
③ A3 = 297×420
④ A4 = 220×297

해설 A4는 210×297mm이다.

19 CAD 시스템을 사용하여 얻을 수 있는 장점이 아닌 것은?

① 도면의 품질이 좋아진다.
② 도면작성 시간이 단축된다.
③ 수치결과에 대한 정확성이 증가한다.
④ 설계제도의 규격화와 표준화가 어렵다.

해설 CAD를 사용하면 설계제도의 규격화 및 표준화가 쉽다.

20 핸들이나 바퀴 등의 암 및 림, 리브, 훅 등 절단부위를 90° 회전시켜서 투상도에 그린 단면도는?

① 온 단면도   ② 한쪽 단면도
③ 부분 단면도 ④ 회전도시 단면도

해설 회전도시 단면도는 물체를 절단하여 단면 모양을 90° 회전하여 표현한다.

제2과목 용접구조설계

21 용접변형 방지법 중 냉각법에 속하지 않는 것은?

① 살수법   ② 수냉동판 사용법
③ 비석법   ④ 석면포 사용법

해설 비석법은 용접 변형을 줄이는 용착방법이다.

22 용접구조물에서 파괴 및 손상의 원인으로 가장 거리가 먼 것은?

① 재료 불량   ② 사용 불량
③ 설계 불량   ④ 시공 불량

해설 사용 불량은 파괴 및 손상 원인과 거리가 멀다.

23 용접부의 잔류응력을 제거하는 방법에 해당되지 않는 것은?

① 노내 풀림법   ② 국부 풀림법
③ 피닝법   ④ 코킹법

해설 잔류 응력을 제거하는 방법으로 노내 풀림법, 국부 풀림법, 저온응력 완화법, 기계적응력 완화법, 피닝법 등이 있다.

24 필릿 용접이음의 파면시험은 시험편을 파단시킨 후 용접부를 검사하는 방법이다. 다음

중 파면시험으로 검사할 수 없는 것은?

① 용입 불량 ② 슬래그 잠입
③ 라미네이션 균열 ④ 기공

해설 라미네이션 균열은 모재 재질의 결함으로 재료 내부에 문제가 발생할 수 있으므로 비파괴 검사법을 사용해야 한다.

25 용접시공에서 예열을 하는 목적을 잘못 설명한 것은?

① 용접부와 인접한 모재의 수축응력을 감소하고 균열을 방지하기 위하여 예열을 한다.
② 냉각속도를 지연시켜 열영향부와 용착금속의 경화를 방지하기 위하여 예열을 한다.
③ 냉각속도를 지연시켜 용접금속 내에 수소성분을 배출함으로서 비드 밑 균열(under bead crack)을 방지한다.
④ 탄소성분이 높을수록 임계점에서의 냉각속도가 느리므로 예열을 할 필요가 없다.

26 용접 후 잔류응력 제거를 목적으로 일반적으로 판 두께가 25mm인 용접 구조용 압연강재 또는 탄소강의 경우 노내 풀림시 온도로 가장 적당한 것은?

① 325±25℃ ② 425±25℃
③ 625±25℃ ④ 825±25℃

해설 노내 풀림을 실시할 때는 유지 온도 625±25℃, 판 두께 25mm일 때 1시간이 적당하다.

27 용접용어 중 아크 용접의 비드 끝에서 오목하게 파진 곳이라고 정의하는 것은?

① 스패터(Spatter) ② 크레이터(Creater)
③ 피트(Pit) ④ 오버랩(Overlap)

해설 크레이터는 내부 결함이 아니고 외부에 용접이 끝나는 곳에 움푹 파인 것을 말한다.

28 인장강도 P, 사용응력 σ, 허용응력 $σ_a$라 할 때 안전율 공식으로 옳은 것은?

① 안전율 = $P/(σ×σ_a)$
② 안전율 = $P/σ_a$
③ 안전율 = $P/(2×σ)$
④ 안전율 = $P/σ$

29 용접봉에 용착효율은 용접봉의 소요량을 산출하거나 용접작업시간을 판단하는 데 필요하다. 용착효율(%)을 나타내는 식으로 맞는 것은?

① 용착효율 = $\dfrac{피복제의\ 중량}{용착금속의\ 중량} \times 100$

② 용착효율 = $\dfrac{용착금속의\ 중량}{피복제의\ 중량} \times 100$

③ 용착효율 = $\dfrac{용착금속의\ 중량}{용접봉\ 사용중량} \times 100$

④ 용착효율 = $\dfrac{용접봉\ 사용중량}{용착금속의\ 중량} \times 100$

30 구조용 강재 용접부의 피로강도에 영향을 주는 인자로 가장 거리가 먼 것은?

① 이음형상
② 용접결함의 존재
③ 용접구조상의 응력 집중
④ 용접선 길이

해설 피로강도에 영향을 주는 인자는 이음형상, 용접결함의 존재, 용접 구조상의 응력 집중이다.

31 용착금속 중의 수소량과 산소량이 가장 적은 용접봉은?

① 라임티타니아계 ② 고셀룰로오스계
③ 일루미나이트계 ④ 저수소계

해설 저수소계 용접봉은 피복제가 두껍고, 아크가 불안정하고 용접속도가 느리다.

32 레이저 용접의 특징 설명으로 틀린 것은?

① 좁고 깊은 용접부를 얻을 수 있다.
② 대입열 용접이 가능하고 열영향부의 범위가 넓다.
③ 고속 용접과 용접 공정의 융통성을 부여할 수 있다.
④ 접합되어야 할 부품의 조건에 따라서 한 방향의 용접으로 접합이 가능하다.

> 해설 레이저 용접의 특징은 모재의 열변형이 거의 없고 이종 금속 용접이 가능하며 미세하고 정밀한 용접을 할 수 있으며 비접촉 용접 방식으로 모재에 손상을 주지 않는다.

33 맞대기 용접 시에 사용되는 엔드탭(end tap)에 대한 설명으로 틀린 것은?

① 용접 시작부와 끝부분에 가접한 후 용접한다.
② 용접 시작부와 끝부분의 결함을 방지한다.
③ 모재와 다른 재질을 사용해야 한다.
④ 모재와 같은 두께와 홈을 만들어 사용한다.

> 해설 엔드탭은 용접 시작부와 끝부분에 설치하는 보조판으로 모재와 동일 재질이어야 한다.

34 가접 시 주의해야 할 사항으로 옳은 것은?

① 본 용접자(者)보다 용접 기량이 낮은 용접자가 가접을 시행한다.
② 가접 위치는 부품의 끝 모서리나 각 등과 같이 응력이 집중되는 곳에 가접한다.
③ 가접 간격은 일반적으로 판 두께의 150~300배 정도로 하는 것은 좋다.
④ 용접봉은 본 용접 작업 시에 사용하는 것보다 가는 것을 사용한다.

> 해설 가용접은 본 용접자와 용접 기량이 비슷한 용접자가 실시해야 한다.

35 용접입열이 일정한 경우 열전도율(λ)이 큰 것일수록 냉각속도가 크다. 다음 금속 중 냉각속도가 가장 빠른 것은?

① 연강
② 스테인리스강
③ 알루미늄
④ 동(銅)

> 해설 냉각속도는 열전도율이 클수록 크며 열전도율은 은 〉구리 〉금 〉알루미늄 〉마그네슘 〉아연 〉니켈〉철 순이다.

36 용접이음 설계 시 일반적인 주의사항으로 틀린 것은?

① 가급적 능률이 좋은 아래보기 용접을 많이 할 수 있도록 할 것
② 가급적 용접선을 교차시키도록 할 것
③ 용접작업에 지장을 주지 않도록 충분한 공간을 갖도록 할 것
④ 용접이음을 1개소로 집중시키거나 너무 접근시키지 않을 것

> 해설 가급적 용접선을 교차하지 않도록 해야 한다.

37 용접부에 인장, 압축의 반복하중 30ton이 작용하는 폭 600mm인 두 장의 강판을 I형 맞대기 용접하였을 때 두 강판의 두께가 약 몇 mm이면 견딜 수 있는가? (단, 허용응력 σ_a= 6.3kg/mm²로 한다)

① 1mm
② 2mm
③ 6mm
④ 8mm

> 해설 허용응력 $= \dfrac{P}{A} = \dfrac{P}{t \times l}$
> $t = \dfrac{P}{\sigma \times l} = \dfrac{30,000}{6.3 \times 600} = 7.93$

38 용접부 시험법 중 파괴시험법에 해당되는 것은?

① 와류 시험
② 현미경 조직 시험
③ X선 투과 시험
④ 형광 침투 시험

> 해설 비파괴 시험에는 방사선, 초음파, 자기 탐상, 침투 탐상, 와전류 시험이 있다.

39 다음 그림과 같은 맞대기 용접 이음에서 강판의 두께를 10mm로 하고 최대 2500N의 인장하중을 작용시킬 때 필요한 용접 길이는? (단, 용접부의 허용인장응력은 10N/mm²이다)

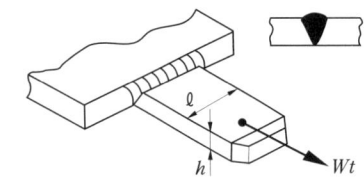

① 25mm ② 23mm
③ 20mm ④ 18mm

> 해설 허용응력 = $\dfrac{P}{A} = \dfrac{P}{t \times l}$
> $l = \dfrac{P}{\sigma \times t} = \dfrac{2,500}{10 \times 10} = 25\text{mm}$

40 한쪽 모재 구멍을 이용하여 구멍안쪽과 다른 모재의 표면을 용접하는 것은?

① 플러그 용접
② 마찰 용접
③ 플랜지 용접
④ 플레어 용접

> 해설 플러그 용접은 한쪽 구멍을 이용하여 구멍 안쪽과 다른 모재의 표면을 용접하는 방법이다.

제3과목 용접일반 및 안전관리

41 가스절단면에서 절단면에 생기는 드래그라인(drag line)에 관한 설명으로 틀린 것은?

① 절단속도가 일정할 때 산소 소비량이 적으면 드래그 길이가 길고 절단면이 좋지 않다.
② 가스 절단의 양부를 판정하는 기준이 된다.
③ 절단속도가 일정할 때 산소 소비량을 증가시키면 드래그 길이는 길어진다.
④ 드래그 길이는 주로 절단속도, 산소 소비량에 따라 변화한다.

> 해설 산소 소비량을 증가시키면 드래그 길이는 짧아진다.

42 TIG 용접에 관한 사항 중 올바른 것은?

① 직류는 TIG 용접기에 사용할 수 없다.
② 직류 역극성은 직류 정극성에 비해 비드 폭이 좁다.
③ 두꺼운 모재일수록 직류 정극성으로 한다.
④ 교류는 TIG 용접기에 사용할 수 없다.

> 해설 직류 정극성의 특징은 모재 용입이 깊고, 용접봉이 천천히 녹으며 비드 폭이 좁다는 점이다.

43 MIG 용접의 특징에 대한 설명으로 틀린 것은?

① 반자동 또는 전자동 용접기로 용접속도가 빠르다.
② 정전압 특성 직류용접기가 사용된다.
③ 상승특성의 직류용접기가 사용된다.
④ 아크 자기 제어특성이 없다.

> 해설 불활성 가스 금속 아크 용접의 특징
> • 반자동 또는 전자동 용접기로 용접속도가 빠르다.
> • 정전압 특성 또는 상승 특성의 직류 용접기가 사용된다.
> • 전류 밀도가 매우 높아 3mm 이상의 두꺼운 판 용접에 이용된다.
> • 아크 자기 제어 특성이 있다.

• 직류 역극성 이용 시 청정작용에 의해 알루미늄, 마그네슘 등 용접이 가능하다.

44 용접기는 아크의 안정을 위하여 아크 용접전원의 외부특성 곡선이 필요하다. 관련이 없는 것은?

① 수하 특성 ② 정전압 특성
③ 상승 특성 ④ 과부하 특성

해설 과부하 특성과는 관계없다.

45 40kVA 교류아크 용접기의 전원전압이 200V일 때 전원스위치에 넣을 퓨즈의 용량은 몇 A인가?

① 50 ② 100
③ 150 ④ 200

해설 퓨즈용량 = $\dfrac{1차입력}{전원입력} = \dfrac{40000}{200} = 200$

46 정격출력 전류가 180A인 교류 아크 용접기의 최고 무부하전압으로 맞는 것은?

① 30V 이하 ② 50V 이하
③ 80V 이하 ④ 100V 이하

해설 2차측 무부하전압이 70~80V가 되도록 만들어져 있다.

47 TIG 용접 중 직류정극성을 사용하여 용접했을 때 용접 효율을 가장 많이 올릴 수 있는 재료는?

① 스테인리스강
② 알루미늄합금
③ 마그네슘합금
④ 알루미늄주물

해설 직류정극성은 폭이 좁고 용입이 깊고, 용접속도가 빨라 주로 스테인리강 용접에 이용된다.

48 용접 중 아크 빛으로 인하여 눈이 혈안이 되고 붓는 수가 있는 데 이때 우선 취해야 할 조치로 가장 적절한 것은?

① 밖에 나가 먼 산을 바라본다.
② 눈에 소금물을 넣는다.
③ 안약을 넣고 계속 작업한다.
④ 냉습포를 눈 위에 얹고 안정을 취한다.

해설 아크 광선은 안질, 결막염 등을 일으킬 수 있으므로 눈에 노출되었을 때 냉습포를 눈 위에 얹고 안정을 취해야 한다.

49 가스절단 방법의 종류에 해당되지 않는 것은?

① 가스 시공
② 보통 가스 절단
③ 분말 절단
④ 플라즈마 제트 절단

50 피복 아크 용접봉에서 아크를 안정시키는 피복제의 성분은?

① 산화티탄 ② 페로망간
③ 마그네슘 ④ 알루미늄

해설 아크 안정제로 규산나트륨, 규산칼슘, 산화티탄, 석회석 등이 있다.

51 MIG 용접시 직류 역극성에 의한 용적 이행은?

① 핀치 이행
② 스프레이 이행
③ 입적 이행
④ 단락 이행

해설 직류 역극성일 때는 스프레이 이행을 한다.

52 초음파 용접의 특징 설명 중 옳지 않은 것은?

① 냉간압접에 비하여 주어지는 압력이 작으므로 용접물의 변형이 적다.
② 용접입열이 적고 용접부가 좁으며 용입이 깊어 이종 금속의 용접이 불가능하다.
③ 용접물의 표면처리가 간단하고 압연한 그대로의 재료도 용접이 가능하다.
④ 얇은 판이나 필름(film)의 용접도 가능하다.

> 해설 초음파 용접은 이종 금속, 플라스틱, 두꺼운 고속도강 용접도 가능하다.

53 가스용접 작업 시 전진법과 후진법의 비교 중 전진법의 특징이 아닌 것은?

① 열 이용률이 양호하다.
② 용접속도가 느리다.
③ 용접변형이 크다.
④ 용접 가능한 판 두께가 5mm 정도로 얇다.

> 해설 열 이용률은 후진법이 양호하다.

54 피복아크 용접에서 전류가 인체에 미치는 영향 중 고통을 느끼고 강한 근육 수축이 일어나며 호흡이 곤란한 경우의 감전 전류값은 몇 mA정도인가?

① 1~5
② 20~50
③ 100~150
④ 200~300

> 해설 전류에 따른 감전의 영향
> · 1mA : 감전을 느낄 정도
> · 5mA : 상당한 고통을 느낌
> · 20mA : 근육의 수축이 심해 의사대로 행동 불능
> · 50mA : 상당히 위험한 상태

55 교류아크 용접 시 아크시간이 6분이고 휴식시간이 4분일 때 사용률은 얼마인가?

① 40%
② 50%
③ 60%
④ 70%

> 해설 용접기 사용률 =
> $\dfrac{\text{아크발생시간}}{\text{아크발생시간}+\text{아크정지시간}} \times 100$
> $= \dfrac{6}{6+4} \times 100 = 60\%$

56 연강용 피복 아크 용접봉의 종류와 피복제의 계통이 서로 맞게 연결된 것은?

① E4301 : 일루미나이트계
② E4303 : 저수소계
③ E4311 : 라임티타니아계
④ E4313 : 고셀룰로오스계

> 해설 E4301 : 일루미나이트계, E4313 : 고산화티탄계,
> E4311 : 고셀룰로오스계, E4340 : 특수계

57 피복 아크 용접에서 정극성과 역극성의 설명으로 옳은 것은?

① 용접봉을 (−)극에, 모재에 (+)극을 연결하면 정극성이라 한다.
② 정극성일 때 용접봉의 용융속도는 빠르고 모재의 용입은 얕아진다.
③ 역극성일 때 용접봉의 용융속도는 빠르고 모재의 용입은 깊어진다.
④ 박판의 용접은 주로 정극성을 이용한다.

> 해설 직류 정극성은 모재 용입이 깊고, 용접봉이 천천히 녹으며 비드 폭이 좁고 일반적으로 많이 사용한다.

58 심(seam)용접에서 용접법의 종류가 아닌 것은?

① 플래시 심 용접(flash seam welding)
② 맞대기 심 용접(butt seam welding)
③ 매시 심 용접(mash seam welding)
④ 포일 심 용접(foil seam welding)

> 해설: 심 용접의 종류에는 매시 심, 포일 심, 맞대기 심 용접이 있다.

59 표피효과(skin effect)와 근접효과(proximity effect)를 이용하여 용접부를 가열 용접하는 방법은?

① 초음파 용접(ultrasonic welding)
② 마찰 용접(friction pressure welding)
③ 폭발 압접(explosive welding)
④ 고주파 용접(high-frequency welding)

> 해설: 고주파 용접은 표피효과와 근접효과를 이용하여 용접부를 가열하여 용접하는 방법이다.

60 다음 중 필릿 용접을 나타낸 그림은?

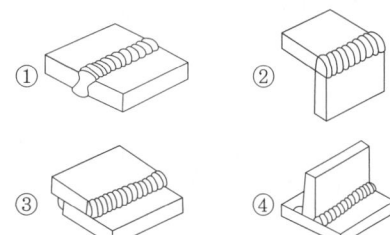

> 해설: ① 맞대기 용접, ② 모서리 용접, ③ 겹치기용접, ④ 필릿 용접

2011년도 제2회 기출문제 정답

01 ①	02 ③	03 ②	04 ②	05 ①	06 ②	07 ④	08 ④	09 ④	10 ②
11 ④	12 ③	13 ④	14 ③	15 ④	16 ③	17 ③	18 ④	19 ④	20 ④
21 ③	22 ②	23 ④	24 ③	25 ④	26 ③	27 ②	28 ②	29 ③	30 ④
31 ④	32 ②	33 ③	34 ④	35 ④	36 ②	37 ④	38 ②	39 ①	40 ①
41 ③	42 ③	43 ④	44 ④	45 ④	46 ③	47 ①	48 ④	49 ④	50 ①
51 ②	52 ②	53 ①	54 ②	55 ③	56 ①	57 ①	58 ①	59 ④	60 ④

최근기출문제
2011년도 제3회 시행

제1과목: 용접야금 및 용접설비제도

01 아크 분위기는 대부분이 플럭스를 구성하고 있는 유기물 탄산염 등에서 발생한 가스로 구성되어 있다. 다음 중 아크 분위기의 가스 성분에 속하지 않는 것은?

① He   ② CO
③ CO_2 ④ H_2

해설 헬륨(He)은 불활성 가스이다.

02 용접한 오스테나이트 스테인리스강의 입간 부식을 방지하기 위해 사용하는 탄화물 안정화 원소에 속하지 않는 것은?

① Ti   ② Nb
③ Ta   ④ Al

03 오스테나이트계 스테인리스강에서 발생하는 응력 부식 균열의 특징에 대한 설명 중 틀린 것은?

① 산소는 응력부식을 가속화시키는 작용을 한다.
② 초기의 균열이 발견되지 않는 잠복기를 거친 후 균열이 급격히 진행된다.
③ 외부에서 수축력이 작용하면 응력부식 균열 저항성이 감소된다.
④ 완전 오스테나이트계 스테인리스강보다 오스테나이트상과 페라이트상이 혼합된 스테인리스강의 응력부식 균열 저항성이 더 높다.

해설 오스테나이트계 스테인리스강은 응력부식 균열 저항성이 높다.

04 용접부의 연성시험 방법에 사용되는 굽힘시험 시 시험편의 외부에 적용되는 변형량을 산출하는 식으로 맞는 것은? (단, ε은 변형율, t는 굽힘 시험편의 두께, R은 굽힘시험 시 내부의 반경이다)

① $\varepsilon = \dfrac{100t}{2R+t}$

② $\varepsilon = \dfrac{100t}{2R}$

③ $\varepsilon = \dfrac{100t}{4R+t}$

④ $\varepsilon = \dfrac{100t}{4R}$

05 합금강에 첨가한 각 원소의 일반적인 효과가 잘못된 것은?

① Ni - 강인성 및 내식성 향상
② Ti - 내식성 향상
③ Cr - 내식성 감소 및 연성 증가
④ W - 고온 강도 향상

해설 Cr : 경도, 강도 증가, 함유량에 따라 내식성 및 내열성, 내마멸성이 증가한다.

06 주철용접에서 예열을 실시할 때 얻는 효과 중 틀린 것은?

① 변형의 저감
② 열영향부 경도의 증가
③ 이종 재료 용접시의 온도 기울기 감소
④ 사용 중인 주조의 탄수화물 오염의 저감

해설 예열은 용접부 및 주변의 열영향을 줄이기 위해 실시하며, 냉각속도를 느리게 하여 취성 및 균열을 방지한다.

07 가스 용접시 산소와 함께 연소되어 가장 높은 온도의 불꽃을 발생시키는 가스는?

① 수소　　　　② 프로판
③ 메탄　　　　④ 아세틸렌

해설 아세틸렌은 불꽃온도가 가장 높고, 수소는 연소속도가 가장 빠르고, 프로판은 발열량이 크다.

08 화살표가 지시하는 면의 밀러지수로 바른 것은? (단, x, y, z축의 절편의 길이는 2, 1, 3이다)

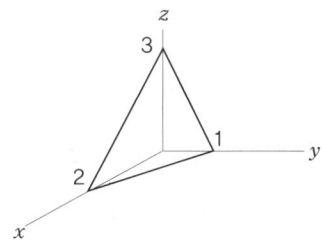

① (2 1 3)　　　② (2 3 6)
③ (3 1 2)　　　④ (3 6 2)

해설 x, y, z 의 역수를 하여 통분을 하면 에서 분자 값은 (3 6 2)이다.

09 GA 46이라 표시된 연강용 가스 용접봉 규격에서 46은 무엇을 의미하는가?

① 용착금속의 최소 인장강도 수준
② 용접봉의 표준 조직번호
③ 용착금속의 최소 연신율 구분
④ 용접봉의 피복제의 종류

해설 46은 최소 인장 강도를 나타낸다.

10 다음 중 감마철(γ-Fe)의 결정 구조는?

① 면심입방격자　　② 체심입방격자
③ 조밀입방격자　　④ 사방입방격자

해설 γ-Fe은 910~1400℃ 사이에서 발생하며 면심입방격자이다.

11 용접 시방서에 반드시 표기해야 되는 내용이 아닌 것은?

① 후열 처리 방법
② 모재 재질
③ 용접봉의 종류
④ 비파괴 검사 방법

해설 용접 시방서에 반드시 표기해야 하는 내용은 후열 처리 방법, 모재 재질, 용접봉 종류 등이다.

12 다음 [보기]와 같이 용접부 표면 또는 용접부 현상을 나타내는 기호에 대한 설명으로 옳은 것은?

$$\boxed{MR}$$

① 동일한 면으로 마감 처리
② 영구적인 이면 판재 사용
③ 토우를 매끄럽게 함
④ 제거 가능한 이면 판재 사용

해설 MR은 제거 가능한 덮개판, R은 영구적인 덮개판을 나타낸다.

13 도면에는 도면의 크기에 따라 굵기 몇 mm 이상의 윤곽선을 그리는가?

① 0.2mm　　　② 0.25mm
③ 0.3mm　　　④ 0.5mm

해설 윤곽선은 0.5mm 이상의 실선을 사용하여 그리며 도면에 표현할 영역을 명확히 한다.

14 다음 그림에 대한 명칭으로 맞는 것은?

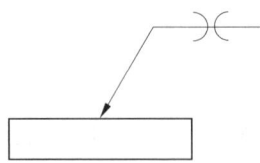

① 맞대기 용접
② 연속 필릿 용접
③ 슬롯 용접
④ 플랜지형 맞대기 용접

15 선에 관한 용어 중 "대상물의 일부분을 가상으로 제외했을 경우의 경계를 나타내는 선"을 뜻하는 것은?

① 절단선　　② 피치선
③ 파단선　　④ 무게중심선

해설　파단선은 대상물 일부분을 가상으로 제외했을 경우의 경계를 나타내는 선이다.

16 X, Y, Z 방향의 축을 기준으로 공간상에 하나의 점을 표시할 때 각축에 대한 X, Y, Z에 대응하는 좌표값으로 표시하는 CAD시스템의 좌표계의 명칭은?

① 직교 좌표계　　② 극좌표계
③ 원통 좌표계　　④ 구면 좌표계

해설　절대좌표 : A, B / 상대좌표 : @A, B / 극좌표 : @A〈B

17 다음의 용접기호를 바르게 설명한 것은?

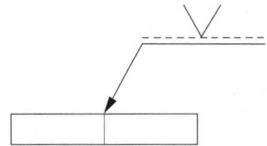

① 화살표 쪽의 용접
② 양면대칭 부분 용입의 용접
③ 양면대칭 용접
④ 화살표 반대쪽의 용접

해설　파선에 기호를 나타냈으므로 화살표 반대쪽 용접이다.

18 일반적으로 부품의 모양을 스케치하는 방법이 아닌 것은?

① 프린트법　　② 프리핸드법
③ 판화법　　　④ 사진촬영법

해설　프린트법은 부품 표면에 광명단, 스탬프 잉크를 칠한 후 종이에 찍어서 실제 형상을 본뜨는 방법이다.

19 척도의 종류 중 축적으로 그릴 때의 내용을 바르게 설명한 것은?

① 도면의 치수는 실물의 축적된 치수를 기입한다.
② 표제란의 척도란에 "NS"라고 기입한다.
③ 표제란의 척도란에 2:1, 20:1 등으로 기입한다.
④ 표제란의 척도란에 1:2, 1:10 등으로 기입한다.

해설　NS는 비례척이 아님을 나타내며 축척은 1:2, 1:10 등으로 표시하고 실척은 1:1, 배척은 2 : 1, 5 :1 등으로 표시한다.

20 도형에 관한 용어 중 "대상물의 사면에 대향하는 위치에 그린 투상도"를 뜻하는 것은?

① 주 투상도　　② 보조 투상도
③ 회전 투상도　④ 부분 투상도

해설　보조 투상도는 물체의 경사면을 실제의 모양으로 나타내는 경우나 필요한 부분만을 나타낸다.

제2과목 용접구조설계

21 전 용접길이에 X선 검사를 하여 결함이 1개도 발견되지 않았을 때 용접이음의 효율은?

① 85% ② 90%
③ 100% ④ 30%

해설) 용접의 이음효율은 보통 100%이며 결함이 발생되지 않으면 이음 효율은 당연히 100%이다.

22 다음 용접 결함 중 용접사의 기량과 가장 관계가 없는 것은?

① 슬래그 잠입
② 용입 불량
③ 비드 밑 터짐
④ 언더 컷

해설) 비드 밑 터짐은 외부에서 볼 수 없는 균열이다.

23 플러그 용접의 전단강도는 구멍의 면적당 전용착금속 인장강도의 몇 % 정도인가?

① 60~70% ② 80~90%
③ 40~50% ④ 20~30%

24 용접 이음을 설계할 때 유의사항으로 틀린 것은?

① 용접 작업에 지장을 주지 않도록 공간을 남긴다.
② 가능한 한 아래보기 자세로 작업이 가능하도록 한다.
③ 용접선의 교차를 최대한도로 줄여야 한다.
④ 국부적인 열의 집중을 받도록 한다.

해설) 용접 이음부가 한 곳에 집중하지 않도록 설계해야 한다.

25 용접변형에서 수축변형에 영향을 미치는 인자로서 다음 중 영향을 가장 적게 미치는 것은?

① 판 두께와 이음 현상
② 판의 예열 온도
③ 용접 입열
④ 용접 자세

해설) 용접 자세는 수축 변형에 큰 영향을 미치지 않는다.

26 TIG 용접 이음부 설계에서 I형 맞대기 용접이음의 설명으로 적합한 것은?

① 판 두께가 12mm 이상의 두꺼운 판 용접에 이용된다.
② 판 두께가 6~20mm 정도의 다층 비드 용접에 이용된다.
③ 판 두께가 3mm 정도의 박판 용접에 많이 이용된다.
④ 판 두께가 20mm 이상의 두꺼운 판 용접에 이용된다.

27 가용접을 할 때 주의할 사항으로 틀린 것은?

① 잔류응력이 남지 않도록 한다.
② 특히 용접순서를 고려해야 한다.
③ 본 용접을 하는 홈 내에 용접한다.
④ 본 용접과 동일 정도의 기량을 가진 용접사가 해야 한다.

해설) 홈 안에 가접을 할 경우에는 용접 전에 갈아내야 한다.

28 용접부의 가로방향 수축량을 계산하는 공식으로 옳은 것은? (단, Δt : 온도 변화량, L : 팽창한 길이, α : 선팽창계수, $\Delta \ell$: 수축량이다.)

① $\Delta l = \dfrac{\alpha}{\Delta t} \times L$ ② $\Delta l = \dfrac{L^2}{\Delta t} \times \alpha$

③ $\Delta l = \alpha \times L \times \Delta t$ ④ $\Delta l = \dfrac{\Delta t}{L} \times \alpha$

29 표점거리가 50mm인 인장 시험편을 인장시험한 결과 62mm로 늘어났다면 연신율은 얼마인가?

① 12%   ② 18%
③ 24%   ④ 30%

<small>해설</small> 변형율 = $\dfrac{\text{변형 후 길이} - \text{변형 전 길이}}{\text{변형 전 길이}} \times 100$

= $\dfrac{62-50}{50} \times 100 = 24\%$

30 본 용접의 용착법에서 용접방향에 따른 비드 배치법이 아닌 것은?

① 전진법과 후진법   ② 대칭법
③ 스킵법   ④ 펄스 반사법

<small>해설</small> 펄스 반사법은 초음파 검사 방법 중 하나이다.

31 맞대기 용접이음의 덧살은 용접이음의 강도에 어떤 영향을 주는가?

① 덧살은 보강 덧붙임으로서의 가치가 거의 없고 오히려 피로 강도를 감소시킨다.
② 덧살을 크게 하면 강도가 증가하고 취성이 좋아진다.
③ 덧살을 작게 하면 응력 집중이 커지고 강도가 좋아진다.
④ 덧살이 커지면 피로강도에는 영향을 주지 않는 것으로 생각해도 되나 정적강도에는 크게 영향을 미친다.

<small>해설</small> 덧살 용접시 마멸 부분을 제거한 후 용접을 해야 하며 피로감소를 감소시킨다.

32 다음과 같은 식에서 (A)에 들어갈 적당한 용어는?

(A) = $\dfrac{\text{용착금속 무게}}{\text{사용된 용접와이어의 무게}} \times 100$

① 용접효율
② 재료효율
③ 가동율
④ 용착효율

33 맞대기 용접이음에서의 각(角)변형 방지 대책이 아닌 것은?

① 개선 각도는 작업에 지장이 없는 한도 내에서 작게 하는 것이 좋다.
② 판 두께가 얇을수록 첫 패스측은 개선 깊이를 크게 한다.
③ 용접속도가 느린 용접법을 이용한다.
④ 역변형의 시공법을 사용한다.

<small>해설</small> 각변형은 용접에 의해 부재 또는 구조물에 생기는 가로 방향의 굽힘 변형으로 용접 개선 각도는 작게 하고 용접 속도가 빠른 용접법을 이용하여 패스 수를 줄인다.

34 용접 이음에서 중판 이상의 두꺼운 판의 용접을 위한 홈 설계시 고려하여야 할 사항으로 틀린 것은?

① 루트 간격의 최대치는 사용하는 용접봉의 지름을 한도로 한다.
② 루트 반지름은 가능한 크게 한다.
③ 홈의 단면적은 가능한 크게 한다.
④ 최소 10° 정도는 전후좌우로 용접봉을 움직일 수 있는 각도를 만든다.

<small>해설</small> 홈 단면적은 가능한 작게 해야 한다.

35 용접 설계에서 허용응력을 올바르게 나타낸 공식은?

① 허용응력 = $\dfrac{안전율}{이완력}$

② 허용응력 = $\dfrac{인장강도}{안전율}$

③ 허용응력 = $\dfrac{이완력}{안전율}$

④ 허용응력 = $\dfrac{안전율}{인장강도}$

36 용접 직후 피닝을 하는 주목적으로 맞는 것은?

① 도료 및 산화된 부분을 없애기 위해서
② 응력을 강하게 하기 위해서
③ 용접 후 잔류 응력을 방지하기 위해서
④ 용접이음 효율을 좋게 하기 위해서

> **해설** 피닝법은 용접부를 연속적으로 타격해 표면상에 소성변형을 주어 응력을 제거하는 방법이다.

37 용접 절차 검증서(PQR)를 작성하기 위하여 PQ Test를 수행하는데 가장 적당한 사람은?

① 관리책임자
② 숙련된 용접사
③ 용접 절차서(WPS)에 의해 용접하는 용접사
④ 용접 초보자

38 두께 10mm, 폭 20mm인 시편을 인장시험 한 후 파단된 부위를 측정하였더니 두께 8mm, 폭 16mm가 되었을 때 단면 수축률은 얼마인가?

① 82%   ② 64%
③ 48%   ④ 36%

> **해설** 단면수축률 = $\dfrac{최초\ 단면적 - 나중\ 단면적}{최초\ 단면적} \times 100$
> $= \dfrac{(10\times20)-(8\times16)}{(10\times20)} \times 100 = 36\%$

39 일반적으로 양쪽 필릿 용접이음에서 다리길이는 판 두께의 몇 % 정도가 가장 적당한가?

① 60%   ② 75%
③ 85%   ④ 100%

> **해설** 양쪽 필릿 용접 이음에서 다리 길이는 판 두께의 75% 정도가 적당하다.

40 설비에 사용되는 용접기가 결정되면 필요한 전원 변압기의 용량(Q)을 결정하는데 용접기를 1대 설치하는 경우 필요한 전원 변압기의 용량(Q)을 구하는 식은? (단, α:용접기 사용률, β:용접기 부하율, p:용접기 1대당 최대 용량, n:용접기 대수)

① $Q = \sqrt{\alpha} \times \beta \times P$
② $Q = \sqrt{n\alpha} \times \sqrt{(n-1)\alpha} \times \beta \times P$
③ $Q = \alpha \times \beta \times P$
④ $Q = n \times \alpha \times \beta \times P$

제3과목 | 용접일반 및 안전관리

41 서브머지드 아크 용접법의 설명 중 잘못된 것은?

① 용융속도와 용착속도가 빠르며, 용입이 깊다.
② 비소모식이므로 비드의 외관이 거칠다.
③ 모재 두께가 두꺼운 용접에서 효율적이다.
④ 용접선이 수직인 경우 적용이 곤란하다.

> **해설** 서브머지드 아크 용접은 열효율이 높고 비드 외관이 양호하며 용접금속 품질을 높게 한다.

42 용해된 아세틸렌 양은 50리터의 용기에서 21리터가 포화 흡수되어 있는데 15℃, 15기압에서 아세톤 1리터에 아세틸렌 324리터가 용해되어 있다면 50리터 용기에서 아세틸렌 약 몇 리터를 용해시킬 수 있는가?

① 3246　　② 1159
③ 4156　　④ 6804

해설 324×21= 6804

43 압력조정기의 구비조건으로 틀린 것은?

① 동작이 예민해야 한다.
② 빙결하지 않아야 한다.
③ 조정압력과 방출압력과의 차이가 커야 한다.
④ 조정압력은 용기 내의 가스량이 변화하여도 항상 일정해야 한다.

해설 압력 조정기의 조정압력과 방출압력과의 차이가 작아야 한다

44 탄산가스 아크 용접에서 기공이 발생하는 원인으로 가장 거리가 먼 것은?

① CO_2 가스 유량이 부족하다.
② 토치의 겨눔 위치가 부적당하다.
③ CO_2 가스에 공기가 혼입되어 있다.
④ 노즐에 스패터가 많이 부착되어 있다.

해설 탄산가스 아크 용접에서 기공 발생은 토치의 겨눔 위치와는 상관 없다

45 다음 보기 중 용접의 자동화에서 자동제어의 장점에 해당되는 사항으로만 모두 조합한 것은?

〈보기〉
㉮ 제품의 품질이 균일화되어 불량품이 감소된다.
㉯ 원자재, 원료 등이 증가된다.
㉰ 인간에게는 불가능한 고속작업이 가능하다.
㉱ 위험한 사고의 방지가 불가능하다.
㉲ 연속작업이 가능하다.

① ㉮, ㉯, ㉱
② ㉮, ㉯, ㉰, ㉲
③ ㉮, ㉰, ㉲
④ ㉮, ㉯, ㉰, ㉱, ㉲

해설 자동 제어의 장점
• 균일한 제품을 생산할 수 있고 불량품이 줄어든다.
• 연속작업이 가능하고 원자재, 원료 등이 절감된다.
• 고속, 고위험 작업이 가능하다.
• 초기에 설비비가 많이 든다.

46 용접지그를 사용할 때의 이점으로 틀린 것은?

① 작업을 쉽게 할 수 있다.
② 공정수를 절약하므로 능률이 좋다.
③ 제품의 제작 속도가 느리다.
④ 제품의 정도가 균일하다.

해설 용접 지그를 사용하면 용접 작업을 효율적으로 할 수 있다.

47 잠호 용접의 자동이송 장치에 대한 설명 중 틀린 것은?

① 판을 용접할 경우 암이 자동으로 전진 또는 후퇴한다.
② 원형체일 경우 따로 설치한 롤러가 회전하여 자동 이송이 된다.
③ 와이어의 송급장치, 제어장치, 콘택트 팁, 용제 호퍼를 일괄하여 용접헤드라고 한다.
④ 와이어의 송급은 전류 제어장치에 의하여 와이어 롤러가 회전한다.

해설 와이어 송급은 송급 모터의 송급 롤러에 의해 연속적으로 송급된다.

48 용접재의 판 두께를 측정하는 측정기로 가장 적당한 것은?

① 각장 게이지　　② 버니어 캘리퍼스
③ 다이얼 게이지　　④ 내경 마이크로미터

해설 판 두께 측정하는데 일반적으로 버니어 캘리퍼스를 많이 사용한다.

49 점 용접시의 안전사항 중 틀린 것은?

① 보호장갑을 착용하여야 한다.
② 용접기에 어스는 필요에 따라 실시한다.
③ 판재의 기름을 제거한 후 용접한다.
④ 보호안경을 착용하여야 한다.

해설 용접기 바깥 케이스에 접지를 하는 이유는 누전시 작업자 감전을 방지하기 위함이다.

50 피복 아크 용접봉의 피복제의 주된 역할에 대한 설명으로 맞는 것은?

① 용착금속의 탈산, 정련작용을 막는다.
② 용착금속에 적당한 합금 원소의 첨가를 막는다.
③ 용착금속의 냉각 속도를 느리게 하여 급랭을 방지한다.
④ 모재 표면의 산화물의 제거를 방지한다.

해설 피복제는 아크를 안정시키고 산화, 질화를 방지하며 용착효율을 향상시키고 용착금속의 탈산, 정련 작용 및 전기 절연 작용을 하며 급냉으로 인한 취성을 방지한다.

51 내균열성이 가장 좋은 피복 아크 용접봉은?

① 일루미나이트계
② 저수소계
③ 고셀룰로오스계
④ 고산화티탄계

해설 저수소계 용접봉은 내균열성이 우수하여 고압 용기, 구속이 큰 용접, 중요강도 부재에 사용되고 있다.

52 저수소계 피복 금속 아크 용접봉은 사용 전에 몇℃ 정도에서 건조해야 하는가?

① 300~350℃ ② 400~450℃
③ 500~550℃ ④ 600~650℃

해설
• 저수소계 용접봉 : 300~350℃로 1~2시간 정도 건조
• 일반 용접봉 : 70~100℃로 30분에서 1시간 정도 건조

53 불활성 가스 텅스텐 아크 용접의 직류 역극성 용접에서 사용 전류의 크기에 상관없이 정극성 때보다 어떤 전극을 사용하는 것이 좋은가?

① 가는 전극 사용   ② 굵은 전극 사용
③ 같은 전극 사용   ④ 전극에 상관없음

해설 직류역극성은 모재(-), 전극(+)이므로 많은 열이 전극 쪽으로 흐르게 되므로 굵은 전극을 사용한다.

54 용접 용어 중 "아크 용접의 비드 끝에서 오목하게 파진 곳"을 뜻하는 것은?

① 크레이터   ② 언더컷
③ 오버랩   ④ 스패터

55 용접기의 1차선에 비하여 2차선에 굵은 도선을 사용하는 이유는?

① 2차 전압이 1차 전압보다 높기 때문에
② 2차선의 방열을 좋게 하기 위해서
③ 2차 전류가 1차 전류보다 높기 때문에
④ 전선의 유연성을 좋게 하기 위해서

해설 용접기의 1차선에 비해 2차선에 굵은 도선을 사용하는 이유는 2차 전류가 높기 때문이다.

56 아크 용접 시 전격에 의해 몸에 근육수축을 가져오는 경우의 전류값으로 가장 적당한 것은?

① 10mA   ② 20mA
③ 1mA   ④ 5mA

해설 전류에 따른 감전의 영향
• 1mA : 감전을 느낄 정도
• 5mA : 상당한 고통을 느낌
• 20mA : 근육의 수축이 심해 의사대로 행동 불능
• 50mA : 상당히 위험한 상태

57 아크 용접 작업 중 아크 쏠림 현상이 가장 심하게 발생될 수 있는 조건은?

① 교류전원을 이용하여 와전류 발생
② 직류전원을 이용하여 아크쏠림 발생
③ 교류전원을 이용하여 아크쏠림 발생
④ 아크의 길이를 짧게 할 때 발생

해설 교류 아크 용접기를 사용해야 아크쏠림을 방지할 수 있다.

58 AW300 용접기의 정격사용률이 40%일 때 200A로 용접을 하면 10분 작업 중 몇 분까지 아크를 발생해도 용접기에 무리가 없는가?

① 3분   ② 5분
③ 7분   ④ 9분

해설 허용사용률 = $\dfrac{\text{정격 2차 전류}^2}{\text{실제 용접 전류}^2} \times \text{정격 사용률}$

$= \dfrac{300^2}{200^2} \times 40 = 90\%$

용접기 사용률 = $\dfrac{\text{아크시간}}{\text{아크시간}+\text{아크정지시간}}$

$90 = \dfrac{\text{아크시간}}{10} \times 100$, 아크시간 : 9분

59 각종 용접법은 그 종류에 따라 다른 이름으로 불리고 있다. 틀리게 짝지어진 것은?

① 퍼커션 용접 – 충돌용접
② 서브머지드 아크 용접 – 잠호용접
③ 버트 용접 – 불꽃용접
④ 프로젝션 용접 – 돌기용접

해설 불꽃용접은 플래시 용접이다.

60 아크전류가 일정할 때 아크전압이 높아지면 용접봉의 용융속도가 늦어지고 아크전압이 낮아지면 용융속도가 빨라지는 아크 특성은?

① 부저항 특성
② 아크길이 자기제어특성
③ 절연 회복특성
④ 전압 회복특성

해설 아크길이 자기제어특성은 아크전류가 일정할 때 아크전압이 높아지면 용접봉의 용융속도가 늦어지고 아크전압이 낮아지면 용융속도가 빨라지는 아크 특성이다.

2011년도 제3회 기출문제 정답

01 ①	02 ④	03 ③	04 ①	05 ③	06 ②	07 ④	08 ④	09 ①	10 ①
11 ④	12 ④	13 ④	14 ④	15 ③	16 ①	17 ②	18 ③	19 ④	20 ②
21 ③	22 ③	23 ①	24 ④	25 ④	26 ③	27 ②	28 ③	29 ③	30 ④
31 ①	32 ④	33 ③	34 ③	35 ②	36 ③	37 ②	38 ④	39 ②	40 ①
41 ②	42 ④	43 ③	44 ②	45 ③	46 ③	47 ④	48 ②	49 ③	50 ③
51 ②	52 ①	53 ②	54 ①	55 ③	56 ②	57 ②	58 ④	59 ③	60 ②

최근기출문제
2012년도 제1회 시행

제1과목 용접야금 및 용접설비제도

01 스테인리스강 중에서 내식성, 내열성, 용접성이 우수하여 대표적인 조성이 18Cr-8Ni인 계통은?

① 마텐자이트계
② 페라이트계
③ 오스테나이트계
④ 솔바이트계

해설) 오스테나이트계 스테인리스강은 내식성, 내열성이 우수하며 대표적인 조성은 18Cr-8Ni이다.

02 용접금속의 파단면에 매우 미세한 주상정(柱狀晶)이 서릿발 모양으로 병립하고 그 사이에 현미경으로 보이는 정도의 비금속 개재물이나 기공을 포함한 조직이 나타나는 결함은?

① 선상조직
② 은점
③ 슬랙혼입
④ 용입불량

해설) 선상조직은 주상정이 서릿발 모양으로 병립하고 비금속 개재물이나 기공을 포함하는 조직을 말한다.

03 용접부의 노내 응력제거방법에서 가열부를 노에 넣을 때 및 꺼낼 때의 노내 온도는 몇 ℃ 이하로 하는가?

① 180℃
② 200℃
③ 250℃
④ 300℃

04 Fe-C 평형상태도에서 순철의 용융온도는?

① 약 1530℃
② 약 1495℃
③ 약 1145℃
④ 약 723℃

해설) 1536℃ 부근에서 응고되면서 BCC 구조를 갖는다.

05 황(S)의 해를 방지할 수 있는 적합한 원소는?

① Mn(망간)
② Si(규소)
③ Al(알루미늄)
④ Mo(몰리브덴)

해설) 황은 적열취성(고온취성)의 원인이며 망간을 첨가해서 방지한다.

06 합금공구강 강재 종류의 기호 중 주로 절삭공구강용에 적용되는 것은?

① STS 11
② SM 55
③ SS 330
④ SC 350

07 용접금속에 수소가 침입하여 발생하는 결함이 아닌 것은?

① 언더 비드 크랙
② 은점
③ 미세균열
④ 언더 필

해설) 수소가 침입하면서 비드 크랙, 은점, 미세균열이 발생한다.

08 대상 편석이 고스트 선(ghost line)을 형성시키고 상온취성의 원인이 되는 원소는?

① Mn
② Si
③ S
④ P

해설) P(인)은 상온취성, S(황)은 적열취성의 원인이 된다.

09 레데부라이트(ledeburite)를 옳게 설명한 것은?

① δ고용체의 석출을 끝내는 고상선
② cementite의 용해 및 응고점

③ γ고용체로부터 α고용체와 cementite가 동시에 석출되는 점
④ γ고용체와 Fe₃C와의 공정주철

10 슬립에 의한 변형에서 철(Fe)의 슬립면과 슬립방향이 맞지 않는 것은?

① {110}, ⟨111⟩ ② {112}, ⟨111⟩
③ {123}, ⟨111⟩ ④ {111}, ⟨111⟩

11 한국산업표준(KS)의 분류기호와 해당 부문의 연결이 틀린 것은?

① KS K : 섬유
② KS B : 기계
③ KS E : 광산
④ KS D : 건설

해설 D : 금속, E : 광산, F : 토건

12 다음 용접기호 표시를 올바르게 설명한 것은?

C ⊖ n×ℓ(e)

① 지름이 C이고 용접길이 ℓ인 스폿 용접이다.
② 지름이 C이고, 용접길이 ℓ인 플러그 용접이다.
③ 용접부 너비가 C이고 용접개수 n인 심 용접이다.
④ 용접부 너비가 C이고 용접개수 n인 스폿 용접이다.

13 용접 보조기호 중 토우를 매끄럽게 하는 것을 의미하는 것은?

① [볼록형 기호]
② [끝단부 매끄럽게 기호]
③ M
④ MR

해설 ① 볼록형, ② 끝단부를 매끄럽게 함, ③ 제거 가능한 덮개판 사용, ④ 영구적인 덮개판 사용

14 치수 문자를 표시하는 방법에 대하여 설명한 것 중 틀린 것은?

① 길이 치수문자는 mm단위를 기입하고 단위 기호를 붙이지 않는다.
② 각도 치수문자는 도(°)의 단위만 기입하고 분('), 초(")는 붙이지 않는다.
③ 각도 치수문자를 라디안으로 기입하는 경우 단위 기호 rad 기호를 기입한다.
④ 치수문자의 소수점은 아래쪽의 점으로 하고 약간 크게 찍는다.

해설 도(°) 치수문자는 도(°)의 단위만 기입하고 필요한 경우에는 분('), 초(")는 붙인다.

15 도면 크기의 치수가 "841×1189"인 경우 호칭방법은?

① A0 ② A1
③ A2 ④ A3

해설
• A0 : 841×1189
• A1 : 594×841
• A2 : 420×594
• A3 : 297×420
• A4 : 210×297

16 그림과 같이 대상물의 사면에 대향하는 위치에 그린 투상도는?

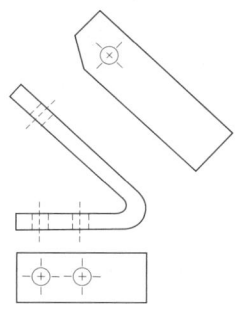

① 회전투상도 ② 보조투상도
③ 부분투상도 ④ 국부투상도

해설 보조투상도는 경사면부가 있는 물체는 정투상도로 그리며 그 물체의 실형을 나타낼 수 없으므로 그 경사면과 맞서는 위치에 경사면의 실형으로 나타낸다.

17 다음 그림이 나타내는 용접 명칭으로 옳은 것은?

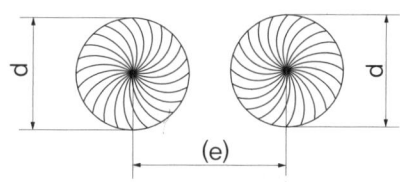

① 플러그 용접 ② 점 용접
③ 심 용접   ④ 단속 필릿 용접

18 도형 내의 특정한 부분이 평면이라는 것을 표시할 경우 맞는 기입방법은?

① 가는 2점 쇄선으로 대각선을 기입
② 은선으로 대각선을 기입
③ 가는 실선으로 대각선을 기입
④ 가는 1점 쇄선으로 사각형을 기입

해설 특수한 용도의 선은 가는 실선으로 나타낸다.

19 전개도를 그리는 방법에 속하지 않는 것은?

① 평행선 전개법
② 나선형 전개법
③ 방사선 전개법
④ 삼각형 전개법

해설 전개법에는 평행선, 방사선, 삼각형 전개법이 있다.

20 물체의 모양을 가장 잘 나타낼 수 있는 것으로 그 물체의 가장 주된 면, 즉 기본이 되는 면의 투상도 명칭은?

① 평면도   ② 좌측면도
③ 우측면도 ④ 정면도

해설 정면도는 물체의 가장 주된 면을 나타낸다.

제2과목 용접구조설계

21 용접변형의 종류 중 박판을 사용하여 용접하는 경우 아래 그림과 같이 생기는 물결 모양의 변형으로 한번 발생하면 교정하기 힘든 변형은?

① 좌굴변형   ② 회전변형
③ 가로 굽힘변형 ④ 가로수축

22 용접이음 설계에서 홈의 특징을 설명한 것으로 틀린 것은?

① I형 홈은 홈 가공이 쉽고 루트 간격을 좁게 하면 용착금속의 양도 적어져서 경제적인 면에서 우수하다.
② V형 홈은 홈 가공이 비교적 쉽지만 판의 두께가 두꺼워지면 용착 금속량이 증대한다.

③ X형 홈은 양쪽에서의 용접에 의해 완전한 용입을 얻는 데 적합하다.
④ U형 홈은 두꺼운 판을 양쪽에서 용접에 의해서 충분한 용입을 얻으려고 할 때 사용한다.

해설 U형 홈은 두꺼운 판의 양면을 용접할 수 없는 경우에 가공하는 방법으로 한쪽 용접에 의해 충분한 용입을 얻으려고 할 때 사용한다.

23 용접부에 균열이 있을 때 보수하려면 균열이 더 이상 진행되지 못하도록 균열 진행 방향의 양단에 구멍을 뚫는다. 이 구멍을 무엇이라 하는가?

① 스톱 홀(stop hole)
② 핀 홀(pin hole)
③ 블로 홀(blow hole)
④ 피트(pit)

24 용접부 인장시험에서 최초의 길이가 50mm 이고 인장시험편의 파단 후의 거리가 60mm 일 경우에 변형율은?

① 10% ② 15%
③ 20% ④ 25%

해설 변형율 = $\frac{\text{파단 후 길이} - \text{최초 길이}}{\text{최초 길이}} \times 100$
= $\frac{60-50}{50} \times 100 = 20\%$

25 기계나 용접구조물을 설계할 때 각 부분에 발생되는 응력이 어떤 크기 값을 기준으로 하여 그 이내이면 인정되는 최대 허용치를 표현하는 응력은?

① 사용응력 ② 잔류응력
③ 허용응력 ④ 극한강도

해설 허용응력은 기계나 구조물을 안전하게 사용하는 데 허용될 수 있는 최대한도의 응력이다.

26 미세한 결함이 있어 응력의 이상 집중에 의하여 성장하거나 새로운 균열이 발생될 경우 변형개방에 의한 초음파가 방출하게 되는 데 이러한 초음파를 AE검출기로 탐상함으로서 발생장소와 균열의 성장 속도를 감지하는 용접시험 검사법은?

① 누설 탐상검사법
② 전자초음파법
③ 진공검사법
④ 음향방출 탐상검사법

27 겹쳐진 두 부재 한쪽에 둥근 구멍 대신에 좁고 긴 홈을 만들어 놓고 그 곳을 용접하는 용접법은?

① 겹치기 용접 ② 플랜지 용접
③ T형 용접   ④ 슬롯 용접

해설 슬롯 용접은 겹쳐 있는 두 장의 판재를 용접하기 위해 한쪽 판에 드릴 머신이나 밀링 머신으로 구멍이나 긴 홈을 가공하여 용접하는 방법이다.

28 용접부에 발생한 잔류응력을 완화시키는 방법에 해당되지 않는 것은?

① 기계적 응력 완화법
② 저온 응력 완화법
③ 피닝법
④ 선상 가열법

해설 잔류응력을 완화시키는 방법에는 노내 풀림법, 국부 풀림법, 저온 응력 완화법, 기계적 응력 완화법, 피닝법이 있다.

29 용접설계에 있어 일반적인 주의사항으로 틀린 것은?

① 용접에 적합한 구조의 설계를 할 것
② 반복하중을 받는 이음에서는 특히 이음 표면을 볼록하게 할 것

③ 용접이음을 한 곳으로 집중 근접시키지 않도록 할 것
④ 강도가 약한 필릿 용접은 가급적 피할 것

해설 용접설계시 주의 사항
- 아래보기 용접 및 맞대기 용접을 하도록 설계한다.
- 용접 이음부가 한곳에 집중되지 않도록 설계한다.
- 용접부 길이는 짧게 하고 용착 금속양도 적게 한다.
- 두께가 다른 재료를 용접할 때에는 구배를 두어 단면이 갑자기 변하지 않도록 설계한다.

30 맞대기 용접 이음에서 모재의 인장강도가 50N/mm²이고 용접 시험편의 인장강도가 25N/mm²으로 나타났을 때 이음 효율은?

① 40%   ② 50%
③ 60%   ④ 70%

해설 이음효율 = $\frac{50-25}{50} \times 100 = 50\%$

31 다음 중 용접 균열성 시험이 아닌 것은?

① 리하이 구속 시험
② 휘스코 시험
③ CTS 시험
④ 코머렐 시험

해설 코머렐 시험은 용접부의 연성을 시험하는 방법이다.

32 V형 홈에 비해 홈의 폭이 좁아도 되고 루트 간격을 "0"으로 해도 작업성과 용입이 좋으나 홈 가공이 어려운 단점이 있는 이음 형상은?

① H형 홈
② X형 홈
③ I형 홈
④ U형 홈

해설 U형 홈은 두꺼운 판의 양면 용접을 할 수 없는 경우에 가공하는 방법이다.

33 용접이음의 내식성에 영향을 미치는 인자로서 틀린 것은?

① 이음형상   ② 플럭스(flux)
③ 잔류응력   ④ 인장강도

해설 인장강도는 내식성과 관계가 없다.

34 쇼어경도(Hs) 측정시 산출 공식으로 맞는 것은?(단, h_0 : 해머의 낙하 높이, h_1 : 해머의 반발높이)

① $Hs = \frac{10,000}{65} \times \frac{h_0}{h_1}$

② $Hs = \frac{65}{10,000} \times \frac{h_1}{h_0}$

③ $Hs = \frac{65}{10,000} \times \frac{h_0}{h_1}$

④ $Hs = \frac{10,000}{65} \times \frac{h_1}{h_0}$

35 용접 구조 설계자가 알아야 할 용접 작업 요령으로 틀린 것은?

① 용접기 및 케이블의 용량을 충분하게 준비한다.
② 용접보조기구 및 장비를 사용하여 작업조건을 좋게 만든다.
③ 용접 진행은 부재의 자유단에서 고정단으로 향하여 용접하게 한다.
④ 열의 분포가 가능한 부재 전체에 일정하게 되도록 한다.

36 노내 풀림법으로 잔류응력을 제거하고자 할 때 연강재 용접부 최대 두께가 25mm인 경우 가열 및 냉각속도 R이 만족시켜야 하는 식은?

① R ≤ 500(deg/h)   ② R ≤ 200(deg/h)
③ R ≤ 300(deg/h)   ④ R ≤ 400(deg/h)

해설 냉각속도는 $R \leq \frac{200 \times 25}{t}$ 에서 두께가 25이므로

R ≤ 200(deg/h)이다.

37 피복 아크용접 결함 중 용입 불량의 원인으로 틀린 것은?

① 이음 설계의 불량
② 용접속도가 너무 빠를 때
③ 용접전류가 너무 높을 때
④ 용접봉 선택 불량

해설 용접전류가 너무 높을 때는 언더컷이 발생한다.

38 설계 단계에서 용접부 변형을 방지하기 위한 방법이 아닌 것은?

① 용접길이가 감소될 수 있는 설계를 한다.
② 변형이 적어질 수 있는 이음 부분을 배치한다.
③ 보강재 등 구속이 커지도록 구조설계를 한다.
④ 용착금속을 증가시킬 수 있는 설계를 한다.

해설 용착금속을 될 수 있는 한 감소시키도록 설계해야 한다.

39 다음 그림과 같이 두께(h) = 10mm인 연강판에 길이(ℓ) = 400mm로 용접하여 1000N의 인장하중(P)을 작용시킬 때 발생하는 인장응력(σ)은?

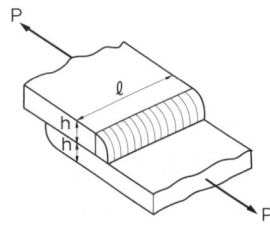

① 약 177MPa   ② 약 125MPa
③ 약 177kPa   ④ 약 125kPa

해설 인장응력 = $\dfrac{1.414P}{단면적}$ = $\dfrac{1.414 \times 10,000 \times 0.102}{(1+1) \times 40}$

= 1.80kg/cm² = 1.80×98.07 = 176.8kPa
(1N = 0.102kgf이며, 1kg/cm² = 98.07kPa)

40 용접 시 탄소량이 높아지면 어떤 대책을 세우는 것이 가장 적당한가?

① 지그를 사용한다.
② 예열온도를 높인다.
③ 용접기를 바꾼다.
④ 구속용접을 한다.

제3과목 용접일반 및 안전관리

41 인체에 흐르는 전류의 값에 따라 나타나는 증세 중 근육운동은 자유로우나 고통을 수반한 쇼크(shock)를 느끼는 전류량은?

① 1mA   ② 5mA
③ 10mA ④ 20mA

해설 전류에 따른 감전의 영향
• 1mA : 감전을 느낄 정도
• 5mA : 상당한 고통을 느낌
• 20mA : 근육의 수축이 심해 의사대로 행동 불능
• 50mA : 상당히 위험한 상태

42 스터드 용접(stud welding)법의 특징 설명으로 틀린 것은?

① 아크열을 이용하여 자동적으로 단시간에 용접부를 가열 용융하여 용접하는 방법으로 용접변형이 극히 적다.
② 탭 작업, 구멍 뚫기 등이 필요없이 모재에 볼트나 환봉 등을 용접할 수 있다.
③ 용접 후 냉각속도가 비교적 느리므로 용착금속부 또는 열영향부가 경화되는 경우가 적다.

④ 철강 재료 외에 구리, 황동, 알루미늄, 스테인리스강에도 적용이 가능하다.

해설 스터드 용접은 냉각속도가 빠르고 경화성이 큰 모재를 사용할 경우에는 균열이 생기기 쉽다.

43 납땜부를 용제가 들어 있는 용융 땜 조에 침지하여 납땜하는 방법과 이음면에 땜납을 삽입하여 미리 가열된 염욕에 침지하여 가열하는 두 방법이 있는 납땜법은?

① 가스 납땜
② 담금 납땜
③ 노내 납땜
④ 저항 납땜

해설 담금 납땜은 이음면에 땜납을 삽입하여 미리 가열된 염욕에 침지하여 가열하는 방법과 납땜부를 용제가 들어 있는 용융땜 조에 침지하여 납땜하는 방법이 있다.

44 아크 용접법과 비교할 때 레이저 하이브리드 용접법의 특징으로 틀린 것은?

① 용접속도가 빠르다.
② 용입이 깊다.
③ 입열량이 높다.
④ 강도가 높다.

해설 레이저 하이브리드 용접은 입열량이 낮다.

45 피복아크 용접 작업 중 스패터가 발생하는 원인으로 가장 거리가 먼 것은?

① 전류가 높을 때
② 운봉이 불량할 때
③ 건조되지 않은 용접봉을 사용했을 때
④ 아크길이가 너무 짧을 때

해설 스패터는 아크길이가 너무 길 때 발생한다.

46 피복아크 용접에서 자기쏠림을 방지하는 대책은?

① 접지점은 가능한 한 용접부에 가까이 한다.
② 용접봉 끝을 아크 쏠림 방향으로 기울인다.
③ 직류용접 대신 교류용접으로 한다.
④ 긴 아크를 사용한다.

해설 아크 쏠림을 방지하기 위해서는 교류용접을 사용하고 접지점은 가능한 용접부에서 멀리하며, 아크 쏠림 반대 방향으로 기울이고 짧은 아크를 사용해야 한다.

47 실드 가스로서 주로 탄산가스를 사용하여 용융부를 보호하여 탄산가스 분위기 속에서 아크를 발생시켜 그 아크 열로 모재를 용융시켜 용접하는 방법은?

① 테르밋 용접
② 실드 용접
③ 전자 빔 용접
④ 일렉트로가스 아크 용접

48 가스도관(호스) 취급에 관한 주의사항 중 틀린 것은?

① 고무 호스에 무리한 충격을 주지 말 것
② 호스 이음부에는 조임용 밴드를 사용할 것
③ 한냉시 호스가 얼면 더운물로 녹일 것
④ 호스의 내부 청소는 고압 수소를 사용할 것

49 산소-아세틸렌 불꽃에 대한 설명으로 틀린 것은?

① 불꽃은 불꽃심, 속불꽃, 겉불꽃으로 구성되어 있다.
② 불꽃의 종류는 탄화, 중성, 산화불꽃으로 나눈다.
③ 용접작업은 백심 불꽃 끝이 용융금속에 닿도록 한다.

④ 구리를 용접할 때 중성 불꽃을 사용한다.

해설 백심 불꽃은 용융 금속에 조금 떨어져 용접해야 한다.

50 100A 이상 300A 미만의 아크 용접 및 절단에 사용되는 차광유리의 차광도 번호는?

① 4~6
② 7~9
③ 10~12
④ 13~14

해설 차광도는 10~12가 적당하다.

51 테르밋 용접에 관한 설명으로 틀린 것은?

① 테르밋 혼합제는 미세한 알루미늄 분말과 산화철의 혼합물이다.
② 테르밋 반응시 온도는 약 4000℃이다.
③ 테르밋 용접시 모재가 강일 경우 약 800~900℃로 예열시킨다.
④ 테르밋은 차축, 레일, 선미 프레임 등 단면이 큰 부재 용접시 사용한다.

해설 테르밋 반응시 온도는 약 1200℃ 이상의 고온이다.

52 탄산가스(CO_2) 아크 용접에 대한 설명 중 틀린 것은?

① 전(全)자세 용접이 가능하다.
② 용착금속의 기계적, 야금적 성질이 우수하다.
③ 용접전류의 밀도가 낮아 용입이 얕다.
④ 가시(可視)아크 이므로 시공이 편리하다.

해설 탄산가스 아크 용접은 전류 밀도가 높아 용입이 깊고 용접 속도를 빠르게 할 수 있다.

53 아크 용접 작업에서 전격의 방지대책으로 틀린 것은?

① 절단 홀더의 절연부분이 노출되면 즉시 교체한다.
② 홀더나 용접봉은 절대로 맨손으로 취급하지 않는다.
③ 밀폐된 공간에서는 자동 전격방지기를 사용하지 않는다.
④ 용접기의 내부에 함부로 손을 대지 않는다.

해설 밀폐된 공간에서도 전격방지기를 사용해야 감전의 우려가 없다.

54 가스절단에 영향을 미치는 인자 중 절단속도에 대한 설명으로 틀린 것은?

① 절단속도는 모재의 온도가 높을수록 고속 절단이 가능하다.
② 절단속도는 절단산소의 높을수록 정비례하여 증가한다.
③ 예열불꽃의 세기가 약하면 절단속도가 늦어진다.
④ 절단속도는 산소 소비량이 적을수록 정비례하여 증가한다.

해설 절단속도는 모재 온도가 높을수록 고속 절단이 가능하며 절단 산소 압력이 높고 소비량이 많을수록 정비례하여 증가한다.

55 피복 아크 용접봉의 피복제 작용을 설명한 것으로 틀린 것은?

① 아크를 안정시킨다.
② 점성을 가진 무거운 슬래그를 만든다.
③ 용착금속의 탄산정련작용을 한다.
④ 전기절연 작용을 한다.

해설 피복제는 용융점이 낮은 적당한 점성의 가벼운 슬래그를 만든다.

56 상하 부재의 접합을 위해 한편의 부재에 구멍을 내어 이 구멍 부분을 채워 용접하는 것은?

① 플레어 용접
② 플러그 용접
③ 비드 용접
④ 필릿 용접

57 절단하려는 재료에 전기적 접촉을 하지 않으므로 금속재료뿐만 아니라 비금속의 절단도 가능한 절단법은?

① 플라즈마(plasma) 아크 절단
② 불활성 가스 텅스텐(TIG) 아크 절단
③ 산소 아크 절단
④ 탄소 아크 절단

> 해설 플라즈마 아크 절단은 고온 고속의 플라즈마를 이용한 절단법으로 고온(10000~30000℃)의 높은 열에너지를 가지는 열원을 사용한다.

58 전기저항 용접시 발생되는 발열량 Q를 나타내는 식은?

① $Q = 0.24I^2Rt$
② $Q = 0.24IR^2t$
③ $Q = 0.24I^2R^2t$
④ $Q = 0.24IRt$

59 이론적으로 순수한 카바이드 5kg에서 발생할 수 있는 아세틸렌 량은 약 몇 리터인가?

① 3480 ℓ
② 1740 ℓ
③ 348 ℓ
④ 34.8 ℓ

> 해설 순수한 카바이드 1kg당 약 348ℓ의 아세틸렌 가스를 발생하므로 348×5 = 1740ℓ이다.

60 가스 실드계의 대표적인 용접봉으로 피복이 얇고 슬래그가 적으므로 좁은 홈의 용접이나 수직상진, 하진 및 위보기 용접에서 우수한 작업성을 가진 용접봉은?

① E4301
② E4311
③ E4313
④ E4316

> 해설 고셀룰로오스계(E4311)는 셀룰로오스를 20~30% 정도 포함하고 있으며 용착금속의 기계적 성질이 양호하며 빠른 용융속도를 나타낸다.

2012년도 제1회 기출문제 정답

01 ③	02 ①	03 ④	04 ①	05 ①	06 ①	07 ④	08 ④	09 ④	10 ④
11 ④	12 ③	13 ②	14 ②	15 ①	16 ②	17 ①	18 ③	19 ③	20 ④
21 ①	22 ④	23 ①	24 ③	25 ③	26 ④	27 ④	28 ④	29 ②	30 ②
31 ④	32 ④	33 ④	34 ④	35 ③	36 ②	37 ③	38 ④	39 ④	40 ②
41 ③	42 ③	43 ②	44 ①	45 ④	46 ③	47 ③	48 ④	49 ③	50 ③
51 ②	52 ③	53 ③	54 ④	55 ②	56 ②	57 ①	58 ①	59 ②	60 ②

최근기출문제
2012년도 제2회 시행

제1과목: 용접야금 및 용접설비제도

01 순철은 상온에서 어떤 조직을 갖는가?

① γ-Fe의 오스테나이트
② α-Fe의 페라이트
③ α-Fe의 펄라이트
④ γ-Fe의 마텐자이트

해설 순철은 상온에서 α-Fe의 페라이트 조직을 나타낸다.

02 용접 제품의 열처리 선택조건과 가장 관련이 적은 것은?

① 용접부의 치수
② 용접부의 모양
③ 용접부의 재질
④ 가공경화

해설 가공 경화는 열처리 선택 조건과 관계가 적다.

03 2종 이상의 금속원자가 간단한 원자비로 결합되어 본래의 물질과는 전혀 다른 결정격자를 형성할 때 이것을 무엇이라고 하는가?

① 동소변태
② 금속간 화합물
③ 고용체
④ 편석

04 냉간 가공한 강을 저온으로 뜨임하면 질소의 영향으로 경화가 되는 경우를 무엇이라 하는가?

① 질량효과
② 저온경화
③ 자기확산
④ 변형시효

해설 변형시효는 냉간 가공한 강을 실내온도로 방치하면 시간과 함께 경도의 증가, 연신율의 증가, 충격치의 저하 등이 일어난다.

05 피복 아크 용접시 용융금속 중에 침투한 산화물을 제거하는 탈산제로 쓰이지 않는 것은?

① 망간철
② 규소철
③ 산화철
④ 티탄철

해설 탈산제는 규소철, 망간철, 티탄철 등의 철합금 또는 금속 망간, 알루미늄 등이 사용되며 용융금속 중에 침투한 산화물을 제거하는 탈산, 정련작용을 한다.

06 저탄소강 용접금속의 조직에 대한 설명으로 맞는 것은?

① 용접 후 재가열하면 여러 가지 탄화물 또는 α 상이 석출하여 용접성질을 저하시킨다.
② 용접금속의 조직은 대부분 페라이트이고 다층용접의 경우는 미세 페라이트이다.
③ 용접부가 급냉되는 경우는 레데뷰라이트가 생성한 백선조직이 된다.
④ 용접부가 급냉되는 경우는 시멘타이트 조직이 생성된다.

07 응력제거 풀림의 효과를 나타낸 것 중 틀린 것은?

① 용접 잔류응력의 제거
② 치수 비틀림 방지
③ 충격 저항 증대
④ 응력부식에 대한 저항력 감소

08 용접 후 열처리의 목적이 아닌 것은?

① 용접 잔류응력 제거
② 용접 열영향부 조직 개선

③ 응력부식 균열방지
④ 아크열량 부족 보충

해설 열처리 목적은 잔류 응력을 제거하고 용접 열영향부의 조직을 개선시키면 균열을 방지한다.

09 탄소강의 A_2, A_3 변태점이 모두 옳게 표시된 것은?

① $A_2 = 723°C$, $A_3 = 1400°C$
② $A_2 = 768°C$, $A_3 = 910°C$
③ $A_2 = 723°C$, $A_3 = 910°C$
④ $A_2 = 910°C$, $A_3 = 1400°C$

10 다음 중 적열취성을 일으키는 유화물 편석을 제거하기 위한 열처리는?

① 재결정 풀림
② 확산 풀림
③ 구상화 풀림
④ 항온 풀림

해설 적열취성은 황(S)이 원인이며 확산 풀림을 해서 유화물 편석을 제거한다.

11 다음 그림과 같은 원뿔을 단면 M-N으로 경사지게 잘랐을 때 원뿔에 나타난 단면 형태는?

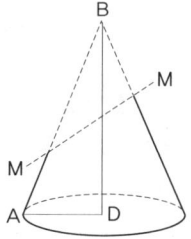

① 원
② 타원
③ 포물선
④ 쌍곡선

12 다음 중 치수 보조기호의 설명으로 옳은 것은?

① SØ - 원통의 지름
② C - 45°의 모따기
③ R - 구의 지름
④ □ - 직사각형의 변

해설 SØ - 구면의 지름, R - 반지름, □ - 정사각형

13 다음의 용접 보조 기호에 대한 명칭으로 옳은 것은?

① 볼록 필릿 용접
② 오목 필릿 용접
③ 필릿 용접 끝단부를 매끄럽게 다듬질
④ 한쪽면 V형 맞대기 용접 평면 다듬질

14 일반적으로 사용되는 용접부의 비파괴 시험의 기본기호를 나타낸 것으로 잘못 표기한 것은?

① UT : 초음파 시험
② PT : 와류 탐상 시험
③ RT : 방사선 투과 시험
④ VT : 육안 시험

해설 PT : 침투 탐상 시험, ET : 와류 탐상 시험

15 용접부 및 용접부 표면의 형상 보조기호 중 영구적인 이면 판재를 사용할 때 기호는?

해설 ① 평면, ② 영구적인 덮개판 사용,
③ 제거 가능한 덮개판 사용, ④ 끝단부를 매끄럽게 함

16 다음 그림은 용접 실제 모양을 표시한 것이다. 기호 표시로 올바른 것은?

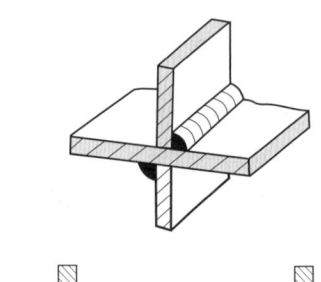

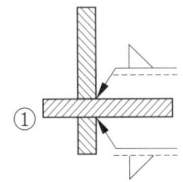 ① 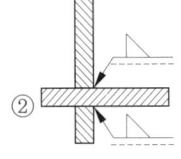 ②

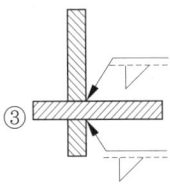 ③ 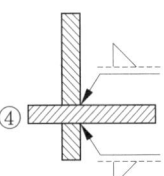 ④

17 다음 용접기호 설명 중 틀린 것은?

① ∨ 는 V형 맞대기 용접을 의미한다.
② ▷ 는 필릿 용접을 의미한다.
③ ○ 는 점 용접을 의미한다.
④ ⌒ 는 플러그 용접을 의미한다.

해설 ⌒는 양면 플랜지형 맞대기 이음 용접을 의미한다.

18 다음 중 "복사도를 재단할 때의 편의를 위해서 원도(原圖)에 설정하는 표시"를 뜻하는 용어는?

① 중심마크　② 비교눈금
③ 재단마크　④ 대조번호

19 한국산업규격에서 냉간압연 강판 및 강대 종류의 기호 중 "드로잉용"을 나타내는 것은?

① SPCC
② SPCD
③ SPCE
④ SPCF

20 선의 종류에 따른 용도에 의한 명칭으로 틀린 것은?

① 굵은 실선 – 외형선
② 가는 실선 – 치수선
③ 가는 1점 쇄선 – 기준선
④ 가는 파선 – 치수 보조선

해설 가는 파선은 대상물의 보이지 않는 부분의 모양을 표시하는 숨은선에 사용한다.

제2과목 용접구조설계

21 필릿 용접부의 내력(단위 길이당 허용력) f=1700kgf/cm의 작용을 견디어 낼 수 있는 용접치수(다리길이) h는 약 몇 mm인가? (단, 용접부의 허용응력 σ_n = 1000kgf/cm²이다)

① 12　　② 17
③ 21　　④ 25

22 서브머지드 아크용접에서 용접선의 전류에 약 150mm×150mm×판두께 크기의 엔드 탭(end tap)을 붙여 용접비드를 이음 끝에서 약 100mm 정도 연장시켜 용접 완료 후 절단하는 경우가 있다. 그 이유로 가장 적당한 것은?

① 용접 후 모재의 급냉을 방지하기 위하여
② 루트 간격이 너무 클 때 용락을 방지하기 위하여

③ 용접시점 및 종점에서 일어나는 결함을 방지하기 위하여

④ 용접선의 길이가 너무 짧을 때, 용접 시공하기가 어려우므로 원활한 용접을 하기 위하여

> **해설** 엔드 탭은 용접 시점과 종점에 결함을 방지하기 위해 사용한다.

23 용접부를 연속적으로 타격하여 표면층에 소성 변형을 주어 잔류응력을 감소시키는 방법은?

① 저온응력 완화법
② 피닝법
③ 변형 교정법
④ 응력 제거 어닐링

> **해설** 피닝법은 용접부를 연속적으로 타격해 표면상의 소성 변형을 주어 잔류응력을 제거한다.

24 용접구조물의 재료 절약 설계 요령으로 틀린 것은?

① 가능한 표준 규격의 재료를 이용한다.
② 재료는 쉽게 구입할 수 있는 것으로 한다.
③ 고장이 났을 경우 수리할 때의 편의도 고려한다.
④ 용접할 조각의 수를 가능한 많게 한다.

> **해설** 용접할 조각 수는 가능한 적게 설계해야 한다

25 구조물 용접에서 용접선이 만나는 곳 또는 교차하는 곳에 응력 집중을 방지하기 위해 만들어 주는 부채꼴 오목부를 무엇이라 하는가?

① 스캘럽(scallop)
② 포지셔너(positioner)
③ 매니플레이터(manipulator)
④ 원뿔(cone)

> **해설** 스캘럽은 용접이음이 한 곳에 집중하거나 근접하면 용접에 의한 잔류응력이 커지고 용접금속이 여러 번 용접열을 받게 되어 열화하는 경우가 있기 때문에 모재에 그림과 같이 부채꼴 노치를 만들어 용접선이 교차하지 않도록 설계한다.

26 탄소함유량이 약 0.25%인 탄소강을 용접할 때 예열온도는 약 몇 ℃ 정도가 적당한가?

① 90~150℃
② 150~260℃
③ 260~420℃
④ 420~550℃

27 용착금속의 인장강도가 40kgf/mm²이고 안전율이 5라면 용접이음의 허용응력은 얼마인가?

① 8kgf/mm²
② 20kgf/mm²
③ 40kgf/mm²
④ 200kgf/mm²

> **해설** 허용응력 = $\dfrac{\text{인장강도}}{\text{안전율}} = \dfrac{40}{5} = 8$

28 용접이음의 충격강도에서 취성파괴의 일반적인 특징이 아닌 것은?

① 항복점이하의 평균응력에서도 발생한다.
② 온도가 낮을수록 발생하기 쉽다.
③ 파괴의 기점은 각종 용접결함, 가스절단부 등에서 발생된 예가 많다.
④ 거시적 파면상황은 판 표면에 거의 수평이고 평탄하게 연성이 큰 상태에서 파괴된다.

29 용접구조의 설계상 주의사항에 대한 설명 중 틀린 것은?

① 용접이음의 집중, 접근 및 교차를 피한다.
② 용접치수는 강도상 필요한 치수이상으로 하지 않는다.
③ 두꺼운 판을 용접할 경우에는 용입이 얕은 용접법을 이용하여 층수를 늘린다.

④ 판면에 직각방향으로 인장하중이 작용할 경우에는 판의 이방성에 주의한다.

> 해설 용접부 길이를 짧게 하고 용착 금속양도 적게 하기 위해서는 층수도 줄여야 한다.

30 그림과 같은 용접이음의 종류는?

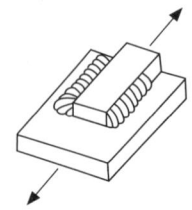

① 전면 필릿 용접 ② 경사 필릿 용접
③ 양쪽 덮개판 용접 ④ 측면 필릿 용접

31 잔류응력이 있는 제품에 하중을 주고 용접부에 약간의 소성변형을 일으킨 다음 하중을 제거하는 잔류응력 제거법은?

① 저온 응력 완화법
② 기계적 응력 완화법
③ 고온 응력 완화법
④ 피닝법

> 해설 기계적 응력 완화법은 잔류 응력이 있는 제품에 하중을 주고 용접부 약간의 소성 변형을 일으킨 다음 하중을 제거하는 방법이다.

32 용접 후 열처리(PWHT) 중 응력제거 열처리의 목적과 가장 관계가 없는 것은?

① 응력부식균열 저항성의 증가
② 용접변형을 방지
③ 용접열영향부의 연화
④ 용접부의 잔류응력 완화

33 방사선 투과 검사에 대한 설명 중 틀린 것은?

① 내부 결함 검출이 용이하다.
② 라미네이션(lamination) 검출도 쉽게 할 수 있다.
③ 미세한 표면 균열은 검출되지 않는다.
④ 현상이나 필름을 판독해야 한다.

> 해설 라미네이션은 방사선 투과 검사를 할 수 없다.

34 용접이음의 부식 중 용접 잔류응력 등 인장응력이 걸리거나 특정의 부식 환경으로 될 때 발생하는 부식은?

① 입계부식 ② 틈새부식
③ 접촉부식 ④ 응력부식

35 용접금속의 균열에서 저온균열의 루트크랙은 실험에 의하면 약 몇 ℃ 이하의 저온에서 일어나는가?

① 200℃ 이하 ② 400℃ 이하
③ 600℃ 이하 ④ 800℃ 이하

> 해설 저온균열의 루트 크랙은 200℃ 이하에서 일어난다.

36 용접 잔류응력의 완화법인 응력 제거 풀림(annealing)에서 적정온도는 625±25℃(탄소강)를 유지한다. 이 때 유지시간은 판 두께 25mm에 대하여 약 몇 시간이 적당한가?

① 30분 ② 1시간
③ 2시간 30분 ④ 3시간

> 해설 판의 두께가 25mm인 보일러용 압연 강재나 용접 구조용 압연강재, 일반 구조용 압연강재, 탄소강의 경우에는 625±25℃에서 1시간 정도 풀림을 유지하며 600℃에서 10℃씩 온도가 내려가는데 대하여 20분씩 길게 잡는다.

37 그림과 같은 맞대기 용접 이음 홈의 각 부 명칭을 잘못 설명한 것은?

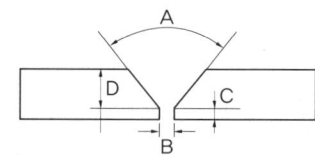

① A - 홈 각도 ② B - 루트간격
③ C - 루트면 ④ D - 홈 길이

해설 D는 홈 깊이를 나타낸다.

38 용접 제품의 설계자가 알아야 하는 용접 작업 공정의 제반 사항 중 맞지 않는 것은?

① 용접기 및 케이블의 용량은 충분하게 준비한다.
② 홈 용접에서 용접 품질상 첫 패스는 뒷댐판 없이 용접한다.
③ 가능한 높은 전류를 사용하여 짧은 시간에 용착량을 많게 용접한다.
④ 용접 진행은 부재의 자유단으로 향하게 한다.

39 용접성 시험 중 용접부 연성시험에 해당하는 것은?

① 로버트슨 시험 ② 카안 인열 시험
③ 킨젤 시험 ④ 슈나트 시험

해설 용접부 연성 시험에는 코머렐 시험과 킨젤 시험이 있다.

40 용적 40리터의 아세틸렌 용기의 고압력계에서 60기압이 나타났다면 가변압식 300번 팁으로 약 몇 시간을 용접할 수 있는가?

① 4.5시간 ② 8시간
③ 10시간 ④ 20시간

제3과목 용접일반 및 안전관리

41 연강용 피복 아크 용접봉 종류 중 특수계에 해당하는 용접봉은?

① E4301 ② E4311
③ E4324 ④ E4340

해설 특수계 용접봉은 E4340으로 피복제의 계통이 특별히 규정하지 않는다.

42 점용접(spot welding)의 3대 요소에 해당되는 것은?

① 가압력, 통전시간, 전류의 세기
② 가압력, 통전시간, 전압의 세기
③ 가압력, 냉각수량, 전류의 세기
④ 가압력, 냉각수량, 전압의 세기

해설 점용접의 3대 요소로 전류세기, 통전시간, 가압력이 있다.

43 탄산가스 아크 용접의 특징에 대한 설명으로 틀린 것은?

① 전류밀도가 높아 용입이 깊고 용접속도를 빠르게 할 수 있다.
② 적용 재질이 철 계통으로 한정되어 있다.
③ 가시 아크이므로 시공이 편리하다.
④ 일반적인 바람의 영향을 받지 않으므로 방풍장치가 필요없다.

해설 탄산가스 아크 용접은 바람의 영향을 받으므로 풍속 2m/s 이상에서는 방풍장치가 필요하다.

44 연강용 피복 아크 용접봉의 피복제 계통에 속하지 않는 것은?

① 철분산화철계 ② 철분저수소계
③ 저셀룰로오스계 ④ 저수소계

해설 연강용 피복 아크 용접봉 : 일미나이트계(E4301), 라임티타니아계(E4303), 고셀룰로오스계(E4311), 고산화티탄계(E4313), 저수소계(E4316), 철분산화티탄계(E4324), 철분저수소계(E4326), 철분 산화철계(E4327), 특수계(E4340) 등이 있다.

45 용접용 케이블 이음에서 케이블을 홀더 끝이나 용접기 단자에 연결하는 데 쓰이는 부품의 명칭은?

① 케이블 티그(tig)   ② 케이블 태그(tag)
③ 케이블 러그(lug)   ④ 케이블 form

해설 용접용 케이블을 접속하려고 할 때는 케이블 커넥터와 러그를 사용하여 접속한다.

46 가스용접에서 전진법에 비교한 후진법의 설명으로 틀린 것은?

① 열이용률이 좋다.
② 용접속도가 빠르다.
③ 용접변형이 크다.
④ 후판에 적합하다.

해설 후진법은 용접변형이 적으며, 용착금속의 조직이 미세하고, 산화 정도가 약하다.

47 연납에 대한 설명 중 틀린 것은?

① 연납은 인장강도 및 경도가 낮고 용융점이 낮으므로 납땜 작업이 쉽다.
② 연납의 흡착작용은 주로 아연의 함량에 의존되며 아연 100%의 것이 가장 좋다.
③ 대표적인 것은 주석 40%, 납 60%의 합금이다.
④ 전기적인 접합이나 기밀, 수밀을 필요로 하는 장소에 사용된다.

해설 흡착작용은 주석 100%일 때가 가장 좋으며 아연 100%일 때가 흡착작용이 없다.

48 테르밋 용접에서 테르밋제란 무엇과 무엇의 혼합물인가?

① 탄소와 붕사 분말
② 탄소와 규소의 분말
③ 알루미늄과 산화철의 분말
④ 알루미늄과 납의 분말

해설 테르밋제는 알루미늄 분말과 산화철 분말을 약 3~4 : 1의 중량비로 혼합한다.

49 피복 아크 용접에서 피복제의 주된 역할 중 틀린 것은?

① 전기 절연작용을 한다.
② 탈산 정련작용을 한다.
③ 아크를 안정시킨다.
④ 용착금속의 급랭을 돕는다.

해설 피복제는 용착 금속의 냉각 속도를 느리게 하여 급랭을 방지한다.

50 피복 아크 용접봉에서 피복제의 편심률은 몇 % 이내이어야 하는가?

① 3%   ② 6%
③ 9%   ④ 12%

해설 편심률은 $\frac{D'-D}{D} \times 100$이며 3% 이내이어야 한다.

51 직류와 교류 아크 용접기를 비교한 것으로 틀린 것은?

① 아크 안정 : 직류용접기가 교류용접기 보다 우수하다.
② 전격의 위험 : 직류용접기가 교류용접기 보다 많다.
③ 구조 : 직류용접기가 교류용접기 보다 복잡하다.

④ 역률 : 직류용접기가 교류용접기 보다 매우 양호하다.

> 해설 무부하 전압이 직류 용접기는 40~60V, 교류 용접기는 70~80V로 전격 위험은 교류 용접기가 많다.

52 직류 아크 용접기에서 발전형과 비교한 정류기형의 특징 설명으로 틀린 것은?

① 소음이 적다.
② 취급이 간편하고 가격이 저렴하다.
③ 교류를 정류하므로 완전한 직류를 얻는다.
④ 보수 점검이 간단하다.

> 해설 교류를 정류하므로 완전한 직류를 얻을 수 없다.

53 아크 용접기의 사용률을 구하는 식으로 옳은 것은?

① 사용률(%) = $\dfrac{\text{아크시간} + \text{휴식시간}}{\text{아크시간}} \times 100$

② 사용률(%) = $\dfrac{\text{아크시간}}{\text{아크시간} + \text{휴식시간}} \times 100$

③ 사용률(%) = $\dfrac{\text{휴식시간}}{\text{아크시간}} \times 100$

④ 사용률(%) = $\dfrac{\text{아크시간}}{\text{휴식시간}} \times 100$

54 MIG 용접 시 사용되는 전원은 직류의 무슨 특성을 사용하는가?

① 수하 특성
② 동전류 특성
③ 정전압 특성
④ 정극성 특성

> 해설 MIG 용접은 직류역극성을 이용한 정전압 특성의 직류 용접기를 사용한다.

55 아크 용접용 로봇(robot)에서 용접작업에 필요한 정보를 사람이 로봇(robot)에게 기억(입력)시키는 장치는?

① 전원장치
② 조작장치
③ 교시장치
④ 머니퓰레이터

56 구리 및 구리합금의 가스용접용 용제에 사용되는 품질은?

① 중탄산소다
② 염화칼슘
③ 붕사
④ 황산칼륨

> 해설 구리 및 구리 합금의 용제는 붕사 75% + 염화리듐 25% 이다.

57 TIG, MIG, 탄산가스 아크 용접시 사용하는 차광렌즈 번호로 가장 적당한 것은?

① 12~13   ② 8~9
③ 6~7   ④ 4~5

58 TIG 용접기에서 직류 역극성을 사용하였을 경우 용접 비드의 형상으로 맞는 것은?

① 비드 폭이 넓고 용입이 깊다.
② 비드 폭이 넓고 용입이 얕다.
③ 비드 폭이 좁고 용입이 깊다.
④ 비드 폭이 좁고 용입이 얕다.

> 해설 직류 역극성(DCRP) : 용접기의 음극에 모재를 양극에 토치를 연결하는 방식으로 비드 폭이 넓고 용입이 얕으며 산화 피막을 제거하는 청정 작용이 있다.

59 피복 아크 용접에서 아크 길이가 긴 경우 발생하는 용접결함에 해당되지 않는 것은?

① 선상조직　② 스패터
③ 기공　　　④ 언더컷

해설 아크 길이와 선상조직과는 상관이 없다.

60 피복 아크 용접시 안전 홀더를 사용하는 이유로 맞는 것은?

① 자외선과 적외선 차단
② 유해가스 중독 방지
③ 고무장갑 대용
④ 용접작업 중 전격예방

해설 안전 홀더를 사용하는 이유는 용접 작업 중 전격 예방하여 감전 사고를 줄이기 위함이다.

2012년도 제2회 기출문제 정답

01 ②	02 ④	03 ②	04 ④	05 ③	06 ②	07 ④	08 ④	09 ②	10 ②
11 ②	12 ②	13 ②	14 ②	15 ②	16 ①	17 ②	18 ③	19 ②	20 ④
21 ④	22 ③	23 ②	24 ④	25 ①	26 ①	27 ①	28 ④	29 ③	30 ④
31 ②	32 ②	33 ②	34 ④	35 ①	36 ②	37 ④	38 ②	39 ③	40 ②
41 ④	42 ①	43 ②	44 ③	45 ③	46 ③	47 ②	48 ③	49 ④	50 ①
51 ②	52 ③	53 ②	54 ③	55 ③	56 ③	57 ①	58 ②	59 ①	60 ④

최근기출문제
2012년도 제3회 시행

제1과목: 용접야금 및 용접설비제도

01 맞대기 용접 이음의 가접 또는 첫 층에서 루트 근방의 열영향부에서 발생하여 점차 비드 속으로 들어가는 균열은?

① 토 균열 ② 루트 균열
③ 세로 균열 ④ 크레이터 균열

해설
- 루트 균열: 루트의 노치에 의한 응력 집중부에서 발생한 균열
- 토균열: 용접부의 지단(모재의 면과 용접비드의 표면이 만나는 점)에서 발생한 균열
- 세로균열: 용접비드에 평행하게 발생한 균열
- 크레이터 균열(Crater Crack): 용접 비드의 크레이터 부분에 발생한 균열

02 2성분계의 평형상태도에서 액체, 고체 어떤 상태에서도 두 성분이 완전히 융합하는 경우는?

① 공정형 ② 전율포정형
③ 편정형 ④ 전율 고용형

해설
- 전율고용형: 두 성분 어떤 조성, 조합에서도 완전히 서로 고용되어 한 개의 상만 나타나는 경우
- 부분 고용체형 (공정형): 융액(E) ↔ α 고용체(F) + β 고용체(G)
- 부분 고용체형 (포정형): α 고용체(G) + 융체(E) ↔ β 고용체(F)

03 용접 결함 중 비드 밑(under bead) 균열의 원인이 되는 원소는?

① 산소 ② 수소
③ 질소 ④ 탄산가스

해설 비드 밑 균열은 비드 밑 아래 쪽에 생기는 균열로 수소가 원인이 된다.

04 일반적으로 고장력강은 인장강도가 몇 N/mm² 이상일 때를 말하는가?

① 290 ② 390
③ 490 ④ 690

해설 고장력강은 490N/mm² 이상의 인장 강도를 가지는 강으로 용접성 및 가공성이 나빠지지 않도록 한 것이다.

05 오스테나이트계 스테인리스강의 용접시 유의사항으로 틀린 것은?

① 예열을 한다.
② 짧은 아크 길이를 유지한다.
③ 아크를 중단하기 전에 크레이터 처리한다.
④ 용접입열을 억제한다.

해설 오스테나이트계 스테인리스강 용접시 유의 사항
- 예열을 하지 말아야 한다.
- 층간 온도가 320°C 이상을 넘어서는 안된다.
- 짧은 아크 길이를 유지한다.
- 아크를 중단하기 전에 크레이터 처리를 한다.
- 용접봉은 모재 재질과 동일한 것을 쓰며 될수록 가는 용접봉을 사용한다.
- 낮은 전류값으로 용접하여 용접 입열을 억제한다.

06 응력제거 열처리법 중에서 노내 풀림시 판 두께가 25mm인 일반구조용 압연강재, 용접구조용 압연강재 또는 탄소강의 경우 일반적으로 노내 풀림 온도로 가장 적당한 것은?

① 300±25°C ② 400±25°C
③ 525±25°C ④ 625±25°C

해설 판 두께가 25mm인 탄소강의 경우 625±25°C에서 1시간 정도 풀림을 유지하며 600°C에서 10°C씩 온도가 내려가는 데 대하여 20분씩 길게 잡는다.

07 다음 중 산소에 의해 발생할 수 있는 가장 큰 용접 결함은?

① 은점 ② 헤어 크랙
③ 기공 ④ 슬랙

해설
- 기공 : 용접 금속 내부에 존재하는 것으로 산소가 원인
- 은점 : 금속의 인장 또는 굽힘 시험시 파단면에 나타나는 것으로 물고기모양으로 반짝거리는 형태로 원인은 수소의 석출취화
- 헤어크랙 : 강재의 다듬질면에 있어서 미세한 균열

08 제품이 너무 크거나 노내에 넣을 수 없는 대형 용접 구조물은 노내 풀림을 할 수 없으므로 용접부 주위를 가열하여 잔류 응력을 제거하는 방법은?

① 저온 응력 완화법
② 기계적 응력 완화법
③ 국부 응력 제거법
④ 노내 응력 제거법

해설 국부 응력 제거법은 노내 풀림을 하지 못할 경우에 용접선의 좌우 양측을 각각 250mm의 범위 혹은 판 두께의 12배 이상의 범위를 가스 불꽃 등으로 노내 풀림과 같은 온도 및 시간을 유지한 다음 서냉한다.

09 주철의 용접시 주의사항으로 틀린 것은?

① 용접 전류는 필요 이상 높이지 말고 지나치게 용입을 깊게 하지 않는다.
② 비드의 배치는 짧게 해서 여러 번의 조작으로 완료한다.
③ 용접봉은 가급적 지름이 굵은 것을 사용한다.
④ 용접부를 필요 이상 크게 하지 않는다.

해설 주철의 용접시 주의 사항
- 보수 용접을 행하는 경우는 본 바닥이 나타날 때까지 잘 깎아낸 후 용접한다.
- 균열 보수는 균열의 성장을 방지하기 위해 균열의 끝에 정지 구멍을 뚫는다.
- 용접 전류는 필요이상 높이지 말고 직선 비드를 배치할 것이며 용입을 깊게 하지 않는다.
- 용접봉은 될 수 있는 대로 지름이 가는 것을 사용한다.
- 비드의 배치는 짧게 해서 여러 번의 조작으로 완료한다.
- 가열되어 있을 때 피닝 작업을 하여 변형을 줄이는 것이 좋다.
- 모양이 복잡한 형상의 용접에는 예열과 후열 후 서냉되도록 한다.
- 가스 용접에 사용되는 불꽃은 중성 불꽃 또는 약한 탄화 불꽃을 사용하며 용제를 충분히 사용하며 용접부를 필요 이상 크게 하지 않는다.

10 동일 강도의 강에서 노치 인성을 높이기 위한 방법이 아닌 것은?

① 탄소량을 적게 한다.
② 망간을 될수록 적게 한다.
③ 탈산이 잘 되도록 한다.
④ 조직이 치밀하도록 한다.

해설 노치 인성을 증가하기 위해서는 망간을 많이 사용한다.

11 용접의 기본기호 중 가장자리 용접을 나타내는 것은?

① ⊐ ② ∨
③ ||| ④ =

해설 ① 겹침 이음, ② 급경사면 한쪽면 V형 홈 맞대기 이음 용접, ③ 가장자리 용접, ④ 서퍼이싱 이음

12 건설 또는 제조에 필요한 정보를 전달하기 위한 도면으로 제작도가 사용되는데, 이 종류에 해당되는 것으로만 조합된 것은?

① 계획도, 시공도, 견적도
② 설명도, 장치도, 공정도
③ 상세도, 승인도, 주문도
④ 상세도, 시공도, 공정도

해설 제작도는 공정도, 시공도, 상세도가 있으며, 계획도에는 기본 설계도, 실시 설계도가 있다.

13 용접 도면에서 기호의 위치를 설명한 것 중 틀린 것은?

① 화살표는 기준선이 한쪽 끝에 각을 이루며 연결된다.
② 좌우 대칭인 용접부에서는 파선은 필요 없고 생략하는 편이 좋다.
③ 파선은 연속선의 위 또는 아래에 그을 수 있다.
④ 용접부(용접면)가 이음의 화살표 쪽에 있으면 기호는 파선 쪽의 기준선에 표시한다.

> 해설) 용접부(용접면)가 이음의 화살표 쪽에 있으면 기호는 실선 쪽의 기준선에 표시하고 반대쪽에 있으면 파선 쪽에 기입한다.

14 다음 중 도면용지 A0의 크기로 옳은 것은?

① 841×1189   ② 594×841
③ 420×594   ④ 297×420

> 해설) A0 : 841×1189, A1 : 594×841, A2 : 420×594, A3 : 297×420, A4 : 210×297

15 용접부 및 용접부 표면의 형상 보조기호 중 제거 가능한 이면 판재를 사용할 때 기호는?

> 해설) ① : 끝단부를 매끄럽게 함, ② : 오목형, ③ : 영구적인 덮개 판을 사용, ④ : 제거 가능한 덮개 판을 사용

16 용접부의 비파괴시험 기호로서 "RT"로 표시하는 비파괴시험 기호는?

① 초음파 시험
② 자분탐상 시험
③ 침투탐상 시험
④ 방사선 투과 시험

> 해설) 초음파 : UT, 자분 탐상 : MT, 침투 탐상 : PT, 방사선 투과 : RT

17 그림과 같이 치수를 둘러싸고 있는 사각 틀 (ㅁ) 뜻하는 것은?

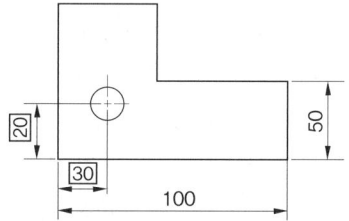

① 정사각형의 한 변의 길이
② 이론적으로 정확한 치수
③ 판 두께의 치수
④ 참고 치수

> 해설) 사각 틀(ㅁ)은 이론적인 정확한 치수를 나타낸다.

18 제도에서 사용되는 선의 종류 중 가는 2점 쇄선의 용도를 바르게 나타낸 것은?

① 물체의 가공 전 또는 가공 후의 모양을 표시하는데 쓰인다.
② 도형의 중심선을 간략하게 나타내는데 쓰인다.
③ 특수한 가공을 하는 부분 등 특별한 요구 사항을 적용할 수 있는 범위를 표시하는데 쓰인다.
④ 대상물의 실제 보이는 부분을 나타낸다.

> 해설) • 2점 쇄선 : 물체의 가공 전 또는 가공 후의 모양을 표시하는데 사용
> • 중심선 : 도면의 중심선을 간략하게 표시
> • 굵은 1점 쇄선 : 특수한 가공을 하는 부분 등 특별한 요구 사항을 적용할 수 있는 범위를 표시
> • 굵은 실선 : 대상물이 보이는 부분의 모양을 표시

19 도면을 그리기 위하여 도면에 설정하는 양식에 대하여 설명한 것 중 틀린 것은?

① 윤곽선 : 도면으로 사용된 용지의 안쪽에 그려진 내용을 확실히 구분되도록 하기 위함
② 도면의 구역 : 도면을 축소 또는 확대했을 경우, 그 정도를 알기 위함
③ 표제란 : 도면 관리에 필요한 사항과 도면 내용에 관한 중요한 사항을 정리하여 기입하기 위함
④ 중심 마크 : 완성된 도면을 영구적으로 보관하기 위하여 도면을 마이크로필름을 사용하여 사진 촬영을 하거나 복사하고자 할 때 도면의 위치를 알기 쉽도록 하기 위하여 표시하기 위함

해설 도면의 구역은 도면을 읽을 때 윤곽 안에 있는 특정한 부분의 그림 위치를 읽거나 지시해야 할 때 도면의 구역을 표시한다.

20 주로 대칭 모양의 물체를 중심선을 기준으로 내부 모양과 외부 모양을 동시에 표시하는 단면도는?

① 회전 단면도 ② 부분 단면도
③ 한쪽 단면도 ④ 전단면도

해설
- 한쪽 단면도 : 대칭형의 대상물은 외형도의절반과 온 단면도의 절반을 조합하여 표시한다.
- 회전 단면도 : 핸들, 벨트 풀리, 기어 등과 같은 바퀴 암, 림, 축, 구조물의 부재 등의 절단면을 회전시켜 표시한다.
- 부분 단면도 : 일부분을 잘라 내고 필요한 내부 모양을 그리기 위한 방법으로 파단선을 그어 단면 부분의 경계를 표시한다.
- 전단면도 : 대상물의 기본적인 모양을 가장 좋게 표시할 수 있도록 한다.

제2과목 용접구조설계

21 맞대기 용접 이음에서 이음 효율을 구하는 식은?

① 이음효율 = $\frac{모재의 인장강도}{용접시험편의 인장강도} \times 100$

② 이음효율 = $\frac{용접시험편의 인장강도}{모재의 인장강도} \times 100$

③ 이음효율 = $\frac{허용 응력}{사용 응력} \times 100$

④ 이음효율 = $\frac{사용 응력}{허용 응력} \times 100$

22 용접 이음을 설계할 때 주의사항으로 옳은 것은?

① 용접 길이는 되도록 길게 하고, 용착금속도 많게 한다.
② 용접 이음을 한 군데로 집중시켜 작업의 편리성을 도모한다.
③ 결함이 적게 발생하는 아래보기 자세를 선택한다.
④ 강도가 강한 필릿 용접을 주로 선택한다.

해설 용접 설계상의 주의사항
- 용접 길이는 되도록 짧게 하고 용착금속량도 최소한으로 할 것
- 용접 이음이 한 곳으로 집중되거나 또는 너무 근접하지 않도록 할 것
- 강도가 약한 필릿 용접은 가급적 피할 것

23 다음 그림과 같은 용접이음 명칭은?

① 겹치기 용접 ② T 용접
③ 플레어 용접 ④ 플러그 용접

24 응력제거 열처리법 중에서 가장 잘 이용되고 있는 방법으로써 제품 전체를 가열로 안에 넣고 적당한 온도에서 일정시간 유지한 다음 노내에서 서냉시킴으로써 잔류응력을 제거하는데 연강류 제품을 노내에서 출입시키는 온도는 몇 도를 넘지 않아야 하는가?

① 100℃
② 300℃
③ 500℃
④ 700℃

> 해설 연강은 300℃에서 급속히 감소하기 시작해 700℃ 정도에서는 거의 0이 되어 탄성체로 응력을 갖지 못하므로 노내 출입시키는 온도는 300℃를 넘어서는 안된다.

25 꼭지각이 136°인 다이아몬드 사각추의 압입자를 시험하중으로 시험편에 압입한 후 측정하여 환산표에 의해 경도를 표시하는 시험법은?

① 로크웰 경도 시험
② 브리넬 경도 시험
③ 비커스 경도 시험
④ 쇼어 경도 시험

> 해설
> • 로크웰 경도 시험 : 지름이 1.578mm인 강구나 꼭지각이 120°인 원뿔형 다이아몬드 압입자를 사용한다.
> • 브리넬 경도 시험 : 일정한 지름의 강철 볼을 일정한 하중으로 시험편의 표면에 압입 후 생긴 오목 자국의 표면적을 측정하여 나타낸다.
> • 쇼어 경도 시험 : 작은 강구나 다이아몬드를 붙인 소형의 추를 일정 높이에서 시험편 표면에 낙하시켜 튀어 오르는 반발 높이에 의해 경도를 측정한다.

26 용접부의 피로강도 향상법으로 맞는 것은?

① 덧붙이 크기를 가능한 최소화한다.
② 기계적 방법으로 잔류 응력을 강화한다.
③ 응력 집중부에 용접 이음부를 설계한다.
④ 야금적 변태에 따라 기계적인 강도를 낮춘다.

27 용접 열영향부에서 생기는 균열에 해당되지 않는 것은?

① 비드 밑 균열(under bead crack)
② 세로 균열(longitudinal crack)
③ 토 균열(toe crack)
④ 라멜라테어 균열(lamella tear crack)

> 해설 세로 균열은 용접비드에 평행하게 발생한 균열이다.

28 용접이음에서 취성파괴의 일반적 특징에 대한 설명 중 틀린 것은?

① 온도가 높을수록 발생하기 쉽다.
② 항복점 이하의 평균응력에서도 발생한다.
③ 파괴의 기점은 응력과 변형이 집중하는 구조적 및 형상적인 불연속부에서 발생하기 쉽다.
④ 거시적 파면상황은 판 표면에 거의 수직이다.

> 해설 철강 재료 등에서는 연성-취성 천이온도가 있으며, 그 온도보다 높은 온도에서는 연성 파괴를 나타내지만, 낮은 온도 쪽에서는 취성 파괴를 나타낸다.

29 다음 그림과 같은 순서로 하는 용착법을 무엇이라고 하는가?

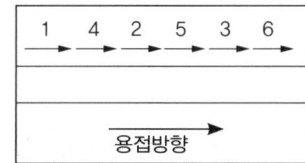

① 전진법　　　② 후퇴법
③ 캐스케이드법　④ 스킵법

> 해설 스킵법은 비석법이라고도 하며 용접 길이를 짧게 나누어 간격을 두면서 용접하는 방법으로 피용접물 전체에 변형이나 잔류 응력이 적게 발생하도록 하는 용착법이다.

30 용접구조물의 수명과 가장 관련이 있는 것은?

① 작업 태도 ② 아크 타임율
③ 피로강도 ④ 작업율

해설 구조물의 수명은 피로 강도에 의해 좌우된다.

31 잔류 응력을 제거하는 방법이 아닌 것은?

① 저온 응력 완화법
② 기계적 응력 완화법
③ 피닝법(peening)
④ 담금질 열처리법

해설 잔류 응력 제거법에는 노내 풀림법, 국부 풀림법, 저온 응력 완화법, 기계적 응력 완화법, 피닝법 등이 있다.

32 그림과 같은 필릿 용접에서 목 두께를 나타내는 것은?

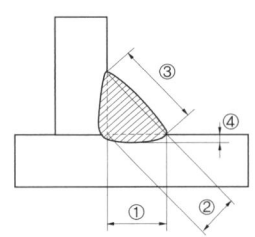

① ① ② ②
③ ③ ④ ④

해설 ①은 목 길이, ②는 목 두께를 나타낸다.

33 용접부의 파괴 시험법 중에서 화학적 시험방법이 아닌 것은?

① 함유수소시험 ② 비중시험
③ 화학분석시험 ④ 부식시험

해설
• 화학적 시험 : 화학 분석 시험, 부식 시험, 함유 수소 시험
• 물리적 시험 : 물성시험(비중, 점성, 표면 장력, 탄성), 열특성 시험, 전기, 자기 특성 시험 등

34 2매의 판이 100°의 각도로 조립되는 필릿 용접 이음의 경우 이론 목두께는 다리 길이의 약 몇 %인가?

① 70.7% ② 65%
③ 50%   ④ 55%

해설 직각이 아닌 필릿 용접 이음에의 '이론 목두께 = 다리길이×cos(각도/2)'이므로 '다리길이×cos50°'는 약 65%이다.

35 연강을 0°C 이하에서 용접할 경우 예열하는 방법은?

① 이음의 양쪽 폭 100mm 정도를 40°C~75°C로 예열하는 것이 좋다.
② 이음의 양쪽 폭 150mm 정도를 150°C~200°C로 예열하는 것이 좋다.
③ 비드 균열을 일으키기 쉬우므로 50°C~350°C로 용접홈을 예열하는 것이 좋다.
④ 200°C~400°C 정도로 홈을 예열하고 냉각 속도를 빠르게 용접한다.

해설 연강을 0°C 이하에서 용접할 경우 이음의 양쪽 폭 100mm 정도를 40°C~75°C로 예열하고, 고장력강, 저합금강, 주철의 경우 용접 홈을 50~350°C로 예열한다.

36 용접부의 시점과 끝나는 부분에 용입 불량이나 각종 결함을 방지하기 위해 주로 사용되는 것은?

① 엔드 탭
② 포지셔너
③ 회전 지그
④ 고정 지그

해설 용접의 시점과 끝나는 부분에는 용접 결함을 방지하기 위해 모재와 홈의 형상이나 두께, 재질이 동일한 규격의 엔드탭을 부착한다.

37 65%의 용착효율을 가지고 단일의 V형 홈을 가진 20mm 두께의 철판을 3m 맞대기 용접했을 때, 필요한 소요 용접봉의 중량은 약 몇 kgf인가? (단, 20mm 철판의 용접부 단면적은 2.6cm²이고, 용착 금속의 비중은 7.85이다)

① 7.42
② 9.42
③ 11.42
④ 13.42

38 용접 제품을 제작하기 위한 조립 및 가접에 대한 일반적인 설명으로 틀린 것은?

① 강도상 중요한 곳과 용접의 시점과 종점이 되는 끝부분을 주로 가접한다
② 조립 순서는 용접 순서 및 용접 작업의 특성을 고려하여 계획한다.
③ 가접시에는 본 용접보다도 지름이 약간 가는 용접봉을 사용하는 것이 좋다.
④ 불필요한 잔류응력이 남지 않도록 미리 검토하여 조립 순서를 정한다.

해설 강도상 중요한 곳과 용접의 시점과 종점이 되는 끝부분은 가접을 피해야 한다.

39 그림과 같이 강판 두께(t) 19mm, 용접선의 유효길이(ℓ) 200mm, h_1, h_2가 각각 8mm, 하중 (P) 7000kgf가 작용할 때 용접부에 발생하는 인장응력은 약 몇 kgf/mm²인가?

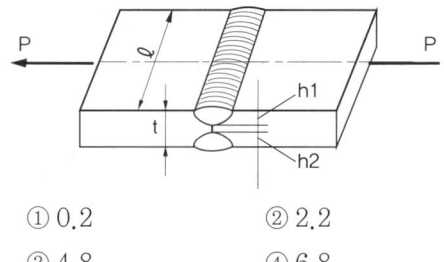

① 0.2
② 2.2
③ 4.8
④ 6.8

해설 인장응력 = $\dfrac{하중}{단면적} = \dfrac{P}{(h_1+h_2)\times \ell}$
= $\dfrac{7000}{(8+8)\times 200} = 2.19$

40 용접작업에서 지그 사용시 얻어지는 효과로 틀린 것은?

① 용접 변형을 억제하고 적당한 역변형을 주어 변형을 방지한다.
② 제품의 정밀도가 낮아진다.
③ 대량생산의 경우 용접 조립 작업을 단순화 시킨다.
④ 용접작업은 쉽고 작업능률이 향상된다.

해설 지그를 사용하면 제품의 정밀도가 높아진다.

제3과목　용접일반 및 안전관리

41 교류 아크 용접기의 용접 전류 조정 방법에 의한 분류에 해당하지 않는 것은?

① 가동 철심형
② 가동 코일형
③ 탭 전환형
④ 발전형

해설 교류 아크 용접기에는 가동 철심형, 가동 코일형, 탭 전환형, 가포화 리액터형이 있다.

42 정격 2차 전류 300A의 용접기에서 실제로 200A의 전류로서 용접한다고 가정하면 허용사용률은 얼마인가? (단, 정격 사용률은 40%라고 한다)

① 80%
② 85%
③ 90%
④ 95%

해설 허용사용률 = $\dfrac{정격\ 2차\ 전류^2}{실제\ 용접\ 전류^2} \times 정격\ 사용률$
= $\dfrac{300^2}{200^2} \times 40 = 90$

43 탄산가스 아크용접 장치에 해당되지 않는 것은?

① 용접 토치
② 보호 가스 설비
③ 제어 장치
④ 플럭스 공급 장치

해설 플럭스 공급 장치는 서브머지드 아크용접 장치이다.

44 피복 아크 용접법이 가스 용접법보다 우수한 점이 아닌 것은?

① 열의 집중성이 좋다.
② 용접 변형이 적다.
③ 유해 광선의 발생이 적다.
④ 용접부의 강도가 크다.

해설 피복 아크 용접 단점으로 전격의 위험성이 있고 유해 광선의 발생이 많다.

45 서브머지드 아크 용접의 다전극 방식에 의한 분류 중 같은 종류의 전원에 두 개의 전극을 접속하여 용접하는 것으로 비드 폭이 넓고, 용입이 깊은 용접부를 얻기 위한 방식은?

① 탠덤식
② 횡병렬식
③ 횡직렬식
④ 종직렬식

해설
• 횡병렬식 : 같은 종류의 전원에 두 개의 전극을 연결
• 탠덤식 : 두 개의 전극 와이어를 각각 독립된 전원에 연결
• 횡직렬식 : 두 개의 와이어에 전류를 직렬로 연결

46 가스용접으로 주철을 용접할 때 가장 적당한 예열온도는 몇 ℃ 인가?

① 300~400℃
② 500~600℃
③ 700~800℃
④ 900~1000℃

해설 주철 용접의 예열온도는 500~600℃가 적당하다.

47 용접기에서 떨어져 작업을 할 때 작업 위치에서 전류를 조정할 수 있는 장치는?

① 전자 개폐 장치
② 원격 제어 장치
③ 전류 측정기
④ 전격 방지 장치

해설 용접기에서 떨어져 작업을 할 때 작업 위치에서 전류를 조정할 수 있는 장치는 원격 제어장치로 전동기 족작형과 가포화 리액터형이 있다.

48 공업용 아세틸렌 가스 용기의 도색은?

① 녹색
② 백색
③ 황색
④ 갈색

해설 녹색 : 산소, 백색 : 암모니아, 황색 : 아세틸렌, 갈색 : 염소

49 이음부의 루트 간격 치수에 특히 유의하여야 하며, 아크가 보이지 않는 상태에서 용접이 진행된다고 하여 잠호 용접이라고도 부르는 용접은?

① 피복 아크 용접
② 서브머지드 아크 용접
③ 탄산가스 아크 용접
④ 불활성가스 금속 아크 용접

해설 서브머지드 아크 용접은 잠호용접, 유니언 멜트 용접, 링컨 용접이라고도 한다.

50 산소 용기의 취급상의 주의사항으로 잘못된 사항은?

① 운반이나 취급에서 충격을 주지 않는다.
② 가연성 가스와 함께 저장하여 누설되어도 인화되지 않게 한다.
③ 기름이 묻은 손이나 장갑을 끼고 취급하지 않는다.
④ 운반시 가능한 한 운반 기구를 이용한다.

해설 산소용기는 가연성 가스와 함께 저장하면 폭발의 우려가 있다.

51 중량물의 안전운반에 관한 설명 중 잘못된 것은?

① 힘이 센 사람과 약한 사람이 조를 짜며 키가 큰 사람과 작은 사람이 한 조가 되게 한다.
② 화물의 무게가 여러 사람에게 평균적으로 걸리게 한다.
③ 긴 물건은 작업자의 같은 쪽 어깨에 메고 보조를 맞춘다.
④ 정해진 자의 구령에 맞추어 동작한다.

해설 힘이나 키 차이가 나며 수평 및 힘 조절이 힘들다.

52 용접법의 분류에서 융접에 속하는 것은?

① 테르밋 용접
② 단접
③ 초음파 용접
④ 마찰 용접

해설 테르밋 용접은 융접에 포함되고 단접, 초음파용접, 마찰용접, 저항용접, 냉간 압접, 가압 테르밋 용접 등은 압접에 포함된다.

53 피복 아크 용접봉의 피복제 중에 포함되어 있는 주성분이 아닌 것은?

① 아크 안정제
② 가스 억제제
③ 슬래그 생성제
④ 탈산제

해설 피복제는 아크 안정제, 가스 발생제, 슬래그 생성제, 탈산제, 고착제, 합금제가 포함되어 있다.

54 냉간 압접의 일반적인 특징으로 틀린 것은?

① 용접부가 가공 경화된다.
② 압접에 필요한 공구가 간단하다.
③ 접합부의 열 영향으로 숙련이 필요하다.
④ 접합부의 전기저항은 모재와 거의 동일하다.

해설 냉간 압접은 2개 금속을 밀착시키면 자유 전자가 공동화하여 결정 격자점의 금속 이온과의 상호 작용으로 금속 원자를 결합시키는 방법으로 접합부의 열 영향이 없고 숙련이 불필요하다.

55 용가재인 전극 와이어를 와이어 송급 장치에 의해 연속적으로 보내어 아크를 발생시키는 용극식 용접 방식은?

① TIG용접
② MIG용접
③ 탄산가스 아크용접
④ 마찰용접

해설 불활성 가스 금속 아크 용접(MIG용접)은 용가재인 전극 와이어를 와이어 송급 장치에 의해 연속적으로 보내어 아크를 발생시키는 소모식과 용극식 용접 방식으로 직류 역극성을 이용한 정전압 특성의 직류 용접기를 사용한다.

56 금속과 금속의 원자간 거리를 충분히 접근시키면 금속원자 사이에 인력이 작용하여 그 인력에 의하여 금속을 영구 결합시키는 것이 아닌 것은?

① 융접
② 압접
③ 납땜
④ 리벳이음

해설 리벳이음, 볼트이음, 접어 잇기, 키 및 코터 이음은 기계적 접합이다.

57 연강용 피복 아크 용접봉 중 내균열성이 가장 좋은 용접봉은?

① 고셀룰로오스계
② 일미나이트계
③ 고산화티탄계
④ 저수소계

해설 저수소계 용접봉(E4316)은 기계적 성질이 우수하고 내균열성이 우수하다.

58 연강의 가스 절단시 드래그(drag)길이는 주로 어느 인자에 의해 변화하는가?

① 예열과 절단 팁의 크기
② 토치 각도와 진행 방향
③ 예열 불꽃 및 백심의 크기
④ 절단 속도와 산소소비량

해설 드래그 길이는 절단 속도와 산소 소비량 등에 의하여 변화하며 절단면 말단부가 남지 않을 정도의 드래그를 표준 드래그 길이라 하는데, 보통 판 두께의 20% 정도이다.

59 피복 아크 용접봉의 단면적 1mm²에 대한 적당한 전류 밀도는?

① 6~9A
② 10~13A
③ 14~17A
④ 18~21 A

해설 용접봉의 단면적 1mm²에 대한 전류 밀도는 10~13A가 적당하다.

60 이음 형상에 따른 저항용접의 분류 중 맞대기 용접이 아닌 것은?

① 플래시 용접
② 버트심 용접
③ 점 용접
④ 퍼커션 용접

해설
• 겹치기 용접 : 점용접, 프로젝션, 심 용접
• 맞대기 용접 : 업셋, 플래시, 버트심, 포일심, 퍼커션 용접

2012년도 제3회 기출문제 정답									
01 ②	02 ④	03 ②	04 ③	05 ①	06 ④	07 ③	08 ③	09 ③	10 ②
11 ③	12 ④	13 ④	14 ①	15 ④	16 ④	17 ②	18 ①	19 ②	20 ③
21 ②	22 ③	23 ③	24 ②	25 ③	26 ①	27 ②	28 ①	29 ④	30 ③
31 ④	32 ②	33 ②	34 ②	35 ①	36 ①	37 ②	38 ①	39 ②	40 ②
41 ④	42 ②	43 ④	44 ③	45 ②	46 ②	47 ②	48 ③	49 ②	50 ②
51 ①	52 ①	53 ②	54 ③	55 ②	56 ④	57 ④	58 ④	59 ②	60 ③

최근기출문제
2013년도 제1회 시행

제1과목　용접야금 및 용접설비제도

01 적열취성의 원인이 되는 것은?

① 탄소　② 수소　③ 질소　④ 황

해설 철강 중에 함유되어 있는 황은 망간과 결합하여 황화망간(MnS)이 되어 존재하지만, 황의 함유량이 과도한 경우 또는 망간의 함유량이 충분하지 않을 때에 황은 철과 결합한 황화철(FeS)이 되어 적열 상태에서 강을 무르게 한다.

02 용접 중 용융된 강의 탈산, 탈황, 탈인에 관한 설명으로 적합한 것은?

① 용융 슬래그(Slag)은 염기도가 높을수록 탈인율이 크다.
② 탈황 반응시 용융 슬래그(Slag)은 환원성, 산성과 관계없다.
③ Si, Mn 함유량이 같을 경우 저수소계 용접봉은 티탄계 용접봉보다 산소 함유량이 적어진다.
④ 관구이론은 피복아크용접봉의 플럭스(flux)를 사용한 탈산에 관한 이론이다.

03 서브머지드 용접에서 소결형 용제의 사용 전 건조온도와 시간은?

① 150~300℃에서 1시간 정도
② 150~300℃에서 3시간 정도
③ 400~600℃에서 1시간 정도
④ 400~600℃에서 3시간 정도

해설 소결형 용제는 흡습성이 높으므로 150~300℃에서 1시간 정도 건조해야 한다.

04 철강의 용접부 조직 중 수지상 결정조직으로 되어 있는 부분은?

① 모재　② 열영향부
③ 용착금속부　④ 융합부

해설 수지상 결정 조직은 응고되는 금속 내부에서 응고에 따른 잠열의 방출 형태 때문에 형성되는 나뭇가지 조직으로 용착금속부에 발생된다.

05 금속재료의 일반적인 특징이 아닌 것은?

① 금속결합인 결정체로 되어 있어 소성가공이 유리하다.
② 열과 전기의 양도체이다.
③ 이온화하면 음(-)이온이 된다.
④ 비중이 크고 금속적 광택을 갖는다.

06 일반적으로 주철의 탄소함량은?

① 0.03% 이하　② 2.11~6.67%
③ 1.0~1.3%　④ 0.03~0.08%

해설
- 순철 : 0.01% 이하
- 탄소강 : 0.01~ 2.0%
- 주철 : 2.0 ~ 6.67%

07 용접 후 강재를 연화시키기 위하여 기계적, 물리적 특성을 변화시켜 함유가스를 방출시키는 것으로 일정시간 가열 후 노안에서 서냉하는 금속의 열처리 방법은?

① 불림　② 뜨임　③ 풀림　④ 재결정

해설 풀림은 금속 재료를 적당한 온도로 가열한 다음 서서히 상온으로 냉각시키는 조작. 이 조작은 가공 또는 담금질로 인하여 경화한 재료의 내부 균열을 제거하고, 결정 입자를 미세화하여 전연성을 높인다.

08 큰 재료일수록 내·외부 열처리 효과의 차이가 생기는 현상으로 강의 담금질성에 의하여 영향을 받는 현상은?

① 시효경화 ② 노치효과
③ 담금질효과 ④ 질량효과

해설 질량 효과는 강재의 질량의 대소에 따라서 열처리 효과가 달라지는 비율로 질량 효과가 크다는 것은 강재의 크기에 따라 열처리 효과가 크게 달라진다는 것을 뜻한다.

09 오스테나이트계 스테인리스강 용접부의 입계 부식 균열 저항성을 증가시키는 원소가 아닌 것은?

① Nb ② C ③ Ti ④ Ta

10 철의 동소 변태에 대한 설명으로 틀린 것은?

① α-철 : 910℃이하에서 체심입방격자이다.
② γ-철 : 910~1400℃에서 면심입방격자이다.
③ β-철 : 1400~1500℃에서 조밀육방격자이다.
④ δ-철 : 1400~1538℃에서 체심입방격자이다.

11 선의 용도 중 가는 실선을 사용하지 않는 것은?

① 숨은선 ② 지시선
③ 치수선 ④ 회전단면선

해설 숨은선은 대상물의 보이지 않는 부분의 모양을 표시하는 데 쓰이며 가는 파선 또는 굵은 파선을 사용한다.

12 전개도를 그리는 기본적인 방법 3가지에 해당하지 않는 것은?

① 평행선 전개법 ② 삼각형 전개법
③ 방사선 전개법 ④ 원통형 전개법

해설 전개법에는 평행선 전개법, 방사선 전개법, 삼각형 전개법이 있다.

13 도면에서 2종류 이상의 선이 같은 장소에서 중복될 경우 우선되는 선의 순서는?

① 외형선 - 숨은선 - 중심선 - 절단선
② 외형선 - 중심선 - 절단선 - 숨은선
③ 외형선 - 중심선 - 숨은선 - 절단선
④ 외형선 - 숨은선 - 절단선 - 중심선

해설 우선되는 선의 순서는 외형선 - 숨은선 - 절단선 - 중심선 - 무게 중심선 - 치수보조선 이다.

14 도면의 분류 중 표현 형식에 따른 설명으로 틀린 것은?

① 선도 : 투시 투상법에 의해서 입체적으로 표현한 그림의 총칭이다.
② 전개도 : 대상물을 구성하는 면을 평면으로 전개한 그림이다.
③ 외관도 : 대상물의 외형 및 최소한의 필요한 치수를 나타낸 도면이다.
④ 곡면선도 : 선체, 자동차 차체 등의 복잡한 곡면을 여러 개의 선으로 나타낸 도면이다.

해설 선도는 기호와 선을 사용하여 장치, 플랜트 기능, 그 구성 부분 사이의 상호관계, 정보의 계통 등을 나타낸 도면으로 계통도, 구조선도 등이 있다.

15 부품의 면이 평면으로 가공되어 있고, 복잡한 윤곽을 갖는 부품인 경우에 그 면에 광명단 등을 발라 스케치 용지에 찍어 그 면의 실형을 얻는 스케치 방법은?

① 프리핸드법　② 프린트법
③ 본뜨기법　　④ 사진촬영법

- 프리핸드법 : 척도에 관계없이 적당한 크기로 부품을 그린 후 치수를 측정해 기입하는 방법
- 본뜨기법 : 불규칙한 곡선부분이 있는 부품을 직접 용지위에 놓고 윤곽을 본뜨는 방법
- 사진촬영법 : 복잡한 기계의 조립 상태나 형상, 구조를 가장 잘 나타내고 있는 방향에서 여러 장의 사진을 찍는 방법이다.

16 재료 기호 중 "SM400C"의 재료 명칭은?

① 일반 구조용 압연 강재
② 용접 구조용 압연 강재
③ 기계 구조용 탄소 강재
④ 탄소 공구 강재

- SM(Steel for Marine) : 용접구조용압연강재
- SN(Steel New Structure) : 고성능 건축구조용 압연강판및 강재
- SS(Steel Structure) : 일반구조용압연강재

17 KS 용접기호 중 [보기]와 같은 보조기호의 설명으로 옳은 것은?

① 끝단부를 2번 오목하게 한 필릿 용접
② K형 맞대기 용접 끝단부를 2번 오목하게 함
③ K형 맞대기 용접 끝단부를 매끄럽게 함
④ 매끄럽게 처리한 필릿 용접

18 KS규격에 의한 치수 기입의 원칙 설명 중 틀린 것은?

① 치수는 되도록 주 투상도에 집중한다.
② 각 형체의 치수는 하나의 도면에서 한번만 기입한다.
③ 기능 치수는 대응하는 도면에 직접 기입해야 한다.
④ 치수는 되도록 계산으로 구할 수 있도록 기입한다.

치수는 되도록 계산해서 구할 필요가 없도록 해야 한다.

19 투상도의 배열에 사용된 제1각법과 제3각법의 대표 기호로 옳은 것은?

[제1각법]　[제3각법]

①
②
③
④

20 다음 [그림]과 같은 형상을 한 용접기호에 대한 설명으로 옳은 것은?

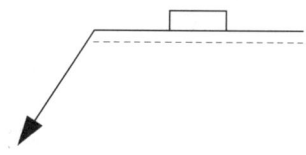

① 플러그 용접기호로 화살표 반대쪽 용접이다.
② 플러그 용접기호로 화살표쪽 용접이다.
③ 스폿 용접기호로 화살표 반대쪽 용접이다.
④ 스폿 용접기호로 화살표쪽 용접이다.

제2과목 용접구조설계

21 용접부에서 발생하는 저온 균열과 직접적인 관계가 없는 것은?

① 열영향부의 경화현상
② 용접전류 응력의 존재
③ 용착금속에 함유된 수소
④ 합금의 응고시에 발생하는 편석

22 용접 입열량에 대한 설명으로 옳지 않은 것은?

① 모재에 흡수되는 열량은 보통 용접 입열량의 약 98% 정도이다.
② 용접 전압과 전류의 곱에 비례한다.
③ 용접속도에 반비례한다.
④ 용접부에 외부로부터 가해지는 열량을 말한다.

해설 모재에 흡수된 열량은 입열의 75~85% 정도이다.

23 필릿 용접에서 목길이가 10mm일 때 이론 목두께는 몇 mm인가?

① 약 5.0   ② 약 6.1   ③ 약 7.1   ④ 약 8.0

해설 '이론 목두께 = 다리길이×cos45° = 0.707×다리길이'이므로 7.07%이다.

24 용접작업 중 예열에 대한 일반적인 설명으로 틀린 것은?

① 수소의 방출을 용이하게 하여 저온 균열을 방지한다.
② 열영향부의 용착금속의 경화를 방지하고 연성을 증가시킨다.
③ 물건이 작거나 변형이 많은 경우에는 국부 예열을 한다.
④ 국부 예열의 가열 범위는 용접선 양쪽에 50~100mm 정도로 한다.

해설 작은 물건이나 변형이 많은 경우를 제외하고 국부예열을 한다.

25 용접수축에 의한 굽힘 변형 방지법으로 틀린 것은?

① 개선 각도는 용접에 지장이 없는 범위에서 작게 한다.
② 판 두께가 얇은 경우 첫 패스 측의 개선 깊이를 작게 한다.
③ 후퇴법, 대칭법, 비석법 등을 채택하여 용접한다.
④ 역변형을 주거나 구속 지그로 구속한 후 용접한다.

해설 판두께가 얇은 경우 첫 패스 측의 개선 깊이를 크게 해야 한다.

26 용접 후 잔류 응력을 완화하는 방법으로 가장 적합한 것은?

① 피닝(peening)
② 치핑(chipping)
③ 담금질(quenching)
④ 노멀라이징(normalizing)

해설 피닝은 용접부를 연속적으로 타격해 표면층에 소성 변형을 주는 방법으로 용착 금속부의 인장응력을 연화시키는 효과가 있다.

27 중판 이상 두꺼운 판의 용접을 위한 홈 설계 시 고려사항으로 틀린 것은?

① 적당한 루트 간격과 루트 면을 만들어 준다.
② 홈의 단면적은 가능한 한 작게 한다.
③ 루트 반지름은 가능한 한 작게 한다.
④ 최소 10°정도 전후 좌우로 용접봉을 움직일

수 있는 홈 각도를 만든다.

> **해설** 루트 반지름은 가능한 한 크게 한다. 홈 각이 0인 U형이 좋다.

28 응력 제거 풀림의 효과가 아닌 것은?

① 충격저항의 감소
② 용착금속 중 수소 제거에 의한 연성의 증대
③ 응력 부식에 대한 저항력 증대
④ 크리프 강도의 향상

29 강판의 맞대기 용접이음에서 가장 두꺼운 판에 사용할 수 있으며 양면 용접에 의해 충분한 용입을 얻으려고 할 때 사용하는 홈의 종류는?

① V형   ② U형   ③ I형   ④ H형

> **해설**
> - V형 : 판 두께가 4~19mm 이하의 경우를 한쪽에서 용접으로 완전 용입을 얻고자 할 때 사용한다.
> - U형 : V형 홈가공보다 두꺼운 판을 양면 용접할 수 없는 경우에 사용한다.
> - I형 : 판두께가 6mm 이하의 용접에 사용되며 루트 간격 없이 완전용입이 가능하다.

30 용접이음에서 피로 강도에 영향을 미치는 인자가 아닌 것은?

① 용접기 종류   ② 이음 형상
③ 용접 결함   ④ 하중 상태

> **해설** 피로 강도에 영향을 미치는 인자
> - 모재 재질과 용접부의 재질의 차
> - 이음 형상과 하중 상태
> - 용접부 표면 형상과 용접 구조상의 응력 집중
> - 용접 결함과 부식 환경

31 용접부에 하중을 걸어 소성변형을 시킨 후 하중을 제거하면 잔류응력이 감소되는 현상을 이용한 응력제거 방법은?

① 기계적 응력 완화법   ② 저온 응력 완화법
③ 응력 제거 풀림법   ④ 국부 응력 제거법

> **해설**
> - 기계적 응력 완화법 : 잔류 응력이 존재하는 구조물에 어떤 하중을 걸어 용접부를 약간 소성 변형시킨 다음 하중을 제거하면 잔류 응력이 현저하게 감소하는 현상을 이용하는 방법
> - 국부 응력 제거법 : 제품이 커서 노내에 넣을 수 없을 때나 현장 용접된 것으로 노내 풀림을 하지 못할 경우에 사용하는 방법

32 용접에 사용되고 있는 여러 가지 이음 중에서 다음 [그림]과 같은 용접이음은?

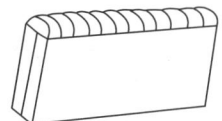

① 변두리 이음   ② 모서리 이음
③ 겹치기 이음   ④ 맞대기 이음

33 용접 구조 설계상 주의 사항으로 틀린 것은?

① 용접 부위는 단면 형상의 급격한 변화 및 노치가 있는 부위로 한다.
② 용접 치수는 강도상 필요한 치수 이상으로 크게 하지 않는다.
③ 용접에 의한 변형 및 잔류응력을 경감시킬 수 있도록 한다.
④ 용접 이음을 감소시키기 위하여 압연 형재, 주단조품, 파이프 등을 적절히 이용한다.

> **해설** 용접 부위는 단면 형상의 급격한 변화 및 노치가 있는 부위는 피해야 한다.

34 판 두께가 같은 구조물을 용접할 경우 수축변형에 영향을 미치는 용접시공조건으로 틀린 것은?

① 루트 간격이 클수록 수축이 크다.
② 피닝을 할수록 수축이 크다.
③ 위빙을 하는 것이 수축이 작다.

④ 구속력이 크면 수축이 작다.

35 맞대기 용접부에 3960N의 힘이 작용할 때 이 음부에 발생하는 인장 응력은 약 몇 N/mm² 인가? (단, 판 두께는 6mm, 용접선의 길이는 220mm로 한다.)

① 2   ② 3   ③ 4   ④ 5

해설) 인장응력 = $\dfrac{하중}{면적} = \dfrac{3960}{6 \times 220} = 3$

36 엔드 탭(end tab)에 대한 설명으로 틀린 것은?

① 모재를 구속시키는 역할도 한다.
② 모재와 다른 재질을 사용해야 한다.
③ 용접이 불량하게 되는 것을 방지한다.
④ 피복아크 용접시 엔드 탭의 길이는 약 30mm 정도로 한다.

해설) 엔드 탭은 모재와 같은 재질을 사용해야 한다.

37 용접부의 잔류 응력의 경감과 변형 방지를 동시에 충족시키는데 가장 적합한 용착법은?

① 도열법   ② 비석법
③ 전진법   ④ 구속법

해설) 비석법은 용접 길이를 짧게 나누어 간격을 두면서 용접하는 방법으로 피용접물 전체에 변형이나 잔류 응력이 적게 발생하도록 하는 용착방법이다.

38 약 2.5g의 강구를 25cm 높이에서 낙하시켰을 때 20cm 튀어 올랐다면 쇼어경도(HS) 값은 약 얼마인가? (단 계측통은 목측형(C형)이다.)

① 112.4   ② 192.3
③ 123.1   ④ 154.1

해설) $H_S = \dfrac{10000}{65} \times \dfrac{h}{h_0} = \dfrac{10000}{65} \times \dfrac{20}{25} = 123.07$

39 다음 [그림]과 같은 다층 용접법은?

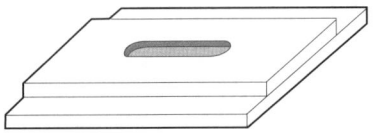

① 전진 블록법   ② 케스케이드법
③ 덧살 올림법   ④ 교호법

해설) 전진블록법은 한 개의 용접봉으로 살을 붙일만한 길이로 구분해 홈을 한 부분씩 여러 층으로 쌓아 올린 다음 다른 부분으로 진행하는 방법이다.

40 다음 [그림]과 같은 홈 용접은?

① 플러그 용접   ② 슬롯 용접
③ 플레어 용접   ④ 필릿 용접

제3과목 용접일반 및 안전관리

41 일반적으로 용접의 단점이 아닌 것은?

① 품질 검사가 곤란하다.
② 응력 집중에 민감하다.
③ 변형과 수축이 생긴다.
④ 보수와 수리가 용이하다.

해설) 용접의 장점
- 재료가 절약되고 중량이 가벼워진다.
- 작업 공정이 단축되며 경제적이다.
- 재료 두께에 제한이 없고 기밀, 수밀, 유밀성이 우수하며 이음효율이 높다.
- 보수와 수리가 용이하다.

42 서브머지드 아크 용접에 대한 설명으로 틀린 것은?

① 용접 전류를 증가시키면 용입이 증가한다.
② 용접 전압이 증가하면 비드 폭이 넓어진다.
③ 용접 속도가 증가하면 비드 폭과 용입이 감소한다.
④ 용접 와이어 지름이 증가하면 용입이 깊어진다.

43 MIG용접 제어장치에서 용접 후에도 가스가 계속 흘러나와 크레이터 부위의 산화를 방지하는 제어 기능은?

① 가스 지연 유출 시간(post flow tome)
② 버언 백 시간(burn back time)
③ 크레이터 충전시간(crate fill time)
④ 예비 가스 유출 시간(preflow time)

> 해설
> • 가스 지연 유출 시간 : 용접이 끝난 후에도 5~25초 동안 가스가 계속 흘러나와 크레이터 부위의 산화를 방지하는 기능
> • 버언 백 시간 : 크레이터 처리 기능에 의해 낮아진 전류가 서서히 줄어들면서 아크가 끊어지는 기능
> • 크레이터 충전시간 : 크레이터 처리를 위해 용접이 끝나는 지점에서 토치 스위치를 다시 누르면 용접전류와 전압이 낮아져 쉽게 크레이터가 채워져 결함을 방지하는 기능
> • 예비 가스 유출시간 : 아크가 처음 발생되기 전 보호가스를 흐르게 하여 아크를 안정되게 하여 결함 발생을 방지하기 위한 기능

44 300A 이상의 아크 용접 및 절단시 착용하는 차광 유리의 차광도 번호로 가장 적합한 것은?

① 1~2
② 5~6
③ 9~10
④ 13~14

45 교류 아크 용접기 중 전기적 전류 조정으로 소음이 없고 기계적 수명이 길며 원격제어가 가능한 용접기는?

① 가동 철심형
② 가동 코일형
③ 탭 전환형
④ 가포화 리액터형

> 해설 가포화 리액터형 특징
> • 가변 저항의 변화로 용접 전류를 조정한다.
> • 전기적 전류 조정으로 소음이 없고 기계 수명이 길다.
> • 조작이 간단하고 원격 제어가 된다.

46 아크 용접기의 구비조건이 아닌 것은?

① 구조 및 취급이 간단해야 한다.
② 가격이 저렴하고 유지비가 적게 들어야 한다.
③ 효율이 낮아야 한다.
④ 사용 중 용접기의 온도 상승이 작아야 한다.

> 해설 용접기는 역률 및 효율이 좋아야 한다.

47 고진공 중에서 높은 전압에 의한 열원을 이용하여 행하는 용접법은?

① 초음파 용접법
② 고주파 용접법
③ 전자 빔 용접법
④ 심 용접법

> 해설 전자 빔 용접은 높은 진공실 속에서 음극으로부터 방출된 전자를 고전압으로 가속시켜 피용접물과의 충돌에 의한 에너지로 용접을 하는 방법이다.

48 아크 용접 작업 중의 전격에 관련된 설명으로 옳지 않은 것은?

① 습기찬 작업복, 장갑 등을 착용하지 않는다.
② 오랜 시간 작업을 중단할 때에는 용접기의 스위치를 끄도록 한다.
③ 전격 받은 사람을 발견하였을 때에는 즉시 손으로 잡아당긴다.
④ 용접 홀더를 맨손으로 취급하지 않는다.

> 해설 전격 받은 사람을 발견했을 때에는 전원 스위치를 차단한 후 응급처치를 해야 한다.

49 연강용 피복아크 용접봉 중 저수소계(E4316)에 대한 설명으로 틀린 것은?

① 석회석이나 형석을 주성분으로 하고 있다.
② 용착 금속 중의 수소 함유량이 다른 용접봉에 비해 1/10 정도로 적다.
③ 용접 시점에서 기공이 생기기 쉬우므로 백스탭법을 선택하면 해결할 수도 있다.
④ 작업성이 우수하고 아크가 안정하며 용접 속도가 빠르다.

해설 저수소계는 아크가 불안정하고 용접속도가 느리다.

50 탱크 등 밀폐 용기 속에서 용접 작업을 할 때 주의사항으로 적합하지 않은 것은?

① 환기에 주의한다.
② 감시원을 배치하여 사고의 발생에 대처한다.
③ 유해가스 및 폭발가스의 발생을 확인하다.
④ 위험하므로 혼자서 용접하도록 한다.

해설 위험하므로 2인 1조로 용접을 해야 한다.

51 전자 빔 용접의 일반적인 특징 설명으로 틀린 것은?

① 불순가스에 의한 오염이 적다.
② 용접 입열이 적으므로 용접 변형이 적다.
③ 텅스텐, 몰리브덴 등 고융점 재료의 용접이 가능하다.
④ 에너지 밀도가 낮아 용융부나 열영향부가 넓다.

해설 전자 빔은 자기 렌즈에 의해 에너지 집중이 가능하므로 용융 속도가 빠르고 고속 용접이 가능하다.

52 저수소계 용접봉의 피복제에 30~50% 정도의 철분을 첨가한 것으로서 용착 속도가 크고 작업 능률이 좋은 용접봉은?

① E4313
② E4324
③ E4326
④ E4327

해설 철분 저수소계(E4326)은 용착 금속의 기계적 성질이 양호하고 슬래그의 박리성이 저수소계 보다 좋으며 아래보기, 수평필릿 용접 자세에서만 사용한다.

53 아크 용접기의 특성에서 부하 전류(아크 전류)가 증가하면 단자 전압이 저하하는 특성을 무엇이라 하는가?

① 수하 특성
② 정전압 특성
③ 정전기 특성
④ 상승 특성

해설
• 수하특성 : 부하 전류가 증가하면 단자 전압이 저하하는 특성
• 정전압 특성 : 부하 전압이 변화해도 단자 전압은 거의 변하지 않는 특성
• 상승 특성 : 부하 전류가 증가할 때 단자 전압이 다소 높아지는 특성

54 그림은 피복 아크 용접봉에서 피복제의 편심 상태를 나타낸 단면도이다. D' = 3.5mm D = 3mm일 때 편심률은 약 몇 %인가?

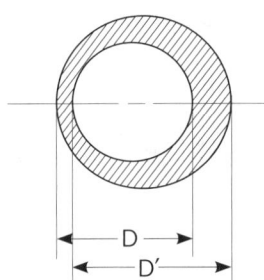

① 14%
② 17%
③ 18%
④ 20%

해설 편심률 = $\frac{D'-D}{D} \times 100 = \frac{3.5-3}{3} \times 100 = 16.7$

55 정격 2차 전류가 300A, 정격 사용률 50%인 용접기를 사용하여 100A의 전류로 용접을 할 때 허용 사용률은?

① 250% ② 350%
③ 450% ④ 500%

해설 허용사용률 = $\frac{정격2차전류^2}{실제용접전류^2} \times 정격사용률 = \frac{300^2}{100^2} \times 50$

56 MIG용접의 스프레이 용적이행에 대한 설명이 아닌 것은?

① 고전압 고전류에서 얻어진다.
② 경합금 용접에서 주로 나타난다.
③ 용착속도가 빠르고 능률적이다.
④ 와이어보다 큰 용적으로 용융 이행한다.

해설 스프레이 이행은 연강에서는 0.89 또는 1.14mm 직경의 와이어를 가지고 용융지를 작게 하여 전 자세 용접을 할 수 있다.

57 경납땜은 융점이 몇 도(℃) 이상인 용가재를 사용하는가?

① 300℃ ② 350℃
③ 450℃ ④ 120℃

해설 융점이 450℃ 이하는 연납, 이상은 경납이다.

58 가스용접으로 알루미늄판을 용접하려 할 때 용제의 혼합물이 아닌 것은?

① 염화나트륨 ② 염화칼륨
③ 황산 ④ 염화리튬

해설 알루미늄판의 용제는 염화나트륨 30% + 염화칼륨 45% + 염화리튬 15% + 플루오르화칼륨 7% + 황산칼륨 3% 이다.

59 용접 자동화에 대한 설명으로 틀린 것은?

① 생산성이 향상된다.
② 외관이 균일하고 양호하다.
③ 용접부의 기계적 성질이 향상된다.
④ 용접봉 손실이 크다.

해설 자동화를 하면 용접봉 손실이 적다.

60 산소병 용기에 표시되어 있는 FP, TP의 의미는?

① FP : 최고 충전압력, TP : 내압 시험 압력
② FP : 용기의 중량, TP : 가스 충전시 중량
③ FP : 용기의 사용량, TP : 용기의 내용적
④ FP : 용기의 사용압력, TP : 잔량

해설 FP : 최고충전압력, TP : 내압시험압력, V : 내용적, W : 용기 중량

2013년도 제1회 기출문제 정답

01 ④	02 ③	03 ①	04 ③	05 ③	06 ②	07 ③	08 ④	09 ②	10 ③
11 ①	12 ④	13 ④	14 ①	15 ②	16 ②	17 ④	18 ④	19 ①	20 ②
21 ④	22 ①	23 ③	24 ③	25 ②	26 ①	27 ③	28 ①	29 ④	30 ①
31 ①	32 ①	33 ①	34 ②	35 ②	36 ②	37 ②	38 ①	39 ①	40 ②
41 ④	42 ④	43 ④	44 ④	45 ④	46 ④	47 ③	48 ①	49 ④	50 ④
51 ④	52 ③	53 ①	54 ②	55 ③	56 ④	57 ③	58 ③	59 ④	60 ①

최근기출문제
2013년도 제2회 시행

제1과목 용접야금 및 용접설비제도

01 탄소강의 가공성을 탄소의 함유량에 따라 분류할 때 옳지 않은 것은?

① 내마모성과 경도를 동시에 요구하는 경우 : 0.65 ~ 1.2 %C
② 강인성과 내마모성을 동시에 요구하는 경우 : 0.45 ~ 0.65 %C
③ 가공성과 강인성을 동시에 요구하는 경우 : 0.03 ~ 0.05 %C
④ 가공성을 요구하는 경우 : 0.05 ~ 0.3 %C

02 체심입방격자를 갖는 금속이 아닌 것은?

① W   ② Mo   ③ Al   ④ V

> 해설
> • 면심입방격자(FCC) : Ag, Al, Au, Ca, Cu, Ni, Pb, Pt, Rh, Th 등
> • 체심입방격자(BCC) : Ba, K, Li, Mo, Na, Nb, Ta, W, V 등
> • 조밀육방격자(HCP) : Be, Cd, Mg, Zn 등

03 용착금속부에 응력을 완화할 목적으로 끝이 구면인 특수 해머로서 용접부를 연속적으로 타격하여 소성변형을 주는 방법은?

① 기계해머법   ② 소결법
③ 피닝법   ④ 국부풀림법

> 해설
> 피닝법 : 끝이 구면인 특수 해머로서 용접부를 연속적으로 타격하여 소성변형을 주는 방법

04 용접금속의 가스 흡수에 대한 설명 중 틀린 것은?

① 용융 금속 중의 가스 용해량은 가스 압력의 평방근에 반비례한다.
② 용접금속은 고온이므로 극히 단시간 내에 다량의 가스를 흡수한다.
③ 흡수된 가스는 온도 강하에 수반하여 용해도가 감소한다.
④ 과포화된 가스는 기공, 균열, 취화의 원인이 된다.

05 온도에 따른 탄성률의 변화가 거의 없어 시계나 압력계 등에 널리 이용되고 있는 합금은?

① 플래티나이트   ② 니칼로이
③ 인바   ④ 엘린바

> 해설
> 엘린바 : Ni 36%, Cr 12%를 함유하는 Ni 합금으로 상온에 있어서 실용상 탄성률이 불변하며 열팽창계수가 적기 때문에 고급 시계, 크로노미터 등에 단일 금속 밸런스로 사용

06 다음 ( ) 안에 알맞은 것은?

> 철강은 체심입방격자를 유지하다 910℃~1400℃에서 면심입방격자의 ( ) 철로 변태한다.

① 알파 (α)   ② 감마 (γ)
③ 델타 (δ)   ④ 베타 (β)

> 해설
> • α-Fe : 910℃ 이하에서 체심입방격자
> • γ-Fe : 910~1400℃에서 면심입방격자
> • δ-Fe : 1400℃ 이상에서 체심입방격자

07 강의 내부에 모재 표면과 평행하게 층상으로 발생하는 균열로서 주로 T 이음, 모서리 이음에 잘 생기는 것은?

① 라멜라티어 균열 ② 크레이터 균열
③ 설퍼 균열 ④ 토우 균열

> **해설** 라멜라티어 균열은 T형 이음과 구석이음에서 완전 용입만으로 다층의 용접을 할 경우 압연 강판의 두께방향 응력에 의해 구속이 심할 때 용접금속의 수축을 수분하는 국부적인 변형이 주원인으로 압연강판의 층 사이에 균열이 생기는 현상이다.

08 용접 후 용접강재의 연화와 내부응력 제거를 주목적으로 하는 열처리 방법은?

① 불림 ② 담금질
③ 풀림 ④ 뜨임

> **해설**
> • 담금질(퀜칭) : 강의 경도와 강도를 증가
> • 뜨임(템퍼링) : 잔류응력을 감소시키고 안정된 조직으로 변화
> • 불림(노멀라이징) : 조직을 미세화하고 내부 응력을 제거
> • 풀림(어닐링) : 내부응력제거, 경화된 재료의 연화, 금속 결정 입자의 미세화

09 루트 균열의 직접적인 원인이 되는 원소는?

① 황 ② 인 ③ 망간 ④ 수소

> **해설** 루트(root) 균열은 용접부의 루트에서 발생하는 균열로 저온균열의 일종이며, 루트 균열이 생기는 원인은 마텐자이트 변태에 따르는 경화, 수소 및 구속 응력 등이 있다.

10 용접금속의 변형시효(strain aging)에 큰 영향을 미치는 것은?

① H_2 ② O_2 ③ CO_2 ④ CH_4

11 용접부의 기호 도시방법 설명으로 옳지 않은 것은?

① 설명선은 기선, 화살표, 꼬리로 구성되고, 꼬리는 필요가 없으면 생략해도 좋다.
② 화살표는 용접부를 지시하는 것이므로 기선에 대하여 되도록 60°의 직선으로 한다.
③ 기선은 보통 수직선으로 한다.
④ 화살표는 기선의 한 쪽 끝에 연결한다.

12 굵은 일점쇄선을 사용하는 것은?

① 기계가공 방법을 명시할 때
② 조립도에서 부품번호를 표시할 때
③ 특수한 가공을 하는 부품을 표시할 때
④ 드릴 구멍의 치수를 기입할 때

> **해설** 굵은 일점 쇄선은 특수한 가공을 하는 부분 등 특별한 요구사항을 적용할 수 있는 범위를 표시한다.

13 KS의 분류와 해당부분의 연결이 틀린 것은?

① KS A – 기본 ② KS B – 기계
③ KS C – 전기 ④ KS V – 건설

> **해설** KS V : 조선

14 도면의 표제란에 표시하는 내용이 아닌 것은?

① 도명 ② 척도
③ 각법 ④ 부품 재질

> **해설** 표제란에는 도면번호, 도면명칭, 기업명, 책임자 서명, 도면 작성 연월일, 척도, 투상법 등을 기입하며 필요시에는 제도자, 설계자, 검토자, 결재란 등을 기입한다

15 외형도에 있어서 필요로 하는 요소의 일부분만을 오려서 국부적으로 단면도를 표시하는 것은?

① 한쪽단면도 ② 온단면도
③ 부분단면도 ④ 회전도시 단면도

> **해설**
> • 부분단면도 : 일부분을 잘라 내고 필요한 내부 모양을 그리기 위한 방법
> • 한쪽 단면도 : 대칭형의 대상물은 외형도의 절반과 온 단면도의 절반을 조합하여 표시

- 온단면도 : 대상물의 기본적인 모양을 가장 좋게 표시할 수 있도록 절단면을 정해 그린다.
- 회전도시 단면도 : 핸들, 벨트 풀리, 기어 등과 같은 바퀴의 암, 림, 축, 구조물의 부재 등의 절단면을 회전시켜 표시

16 도면의 용도에 따른 분류가 아닌 것은?

① 계획도   ② 배치도
③ 승인도   ④ 주문도

해설
- 용도에 따른 분류 : 계획도, 제작도, 주문도, 견적도, 승인도, 설명도 등
- 내용에 따른 분류 : 부품도, 조립도, 기초조, 배치도, 배근도, 장치도, 스케치도 등
- 표현 형식에 따른 분류 : 외관도, 전개도, 곡면선도, 선도, 입체도 등

17 다음 [보기]에서 기계용 황동 각봉 재료 표시 방법 중 ㄷ의 의미는?

〈보기〉
BS   BM   A   D   ㄷ

① 강판   ② 채널   ③ 각재   ④ 둥근강

해설
BS : 황동, BM : 비철금속 기계용 봉재
A : 연질, D : 무광택 마무리, ㄷ : 4각재

18 투상도의 명칭에 대한 설명으로 틀린 것은?

① 정면도는 물체를 정면에서 바라본 모양을 도면에 나타낸 것이다.
② 배면도는 물체를 아래에서 바라본 모양을 도면에 나타낸 것이다.
③ 평면도는 물체를 위에서 내려다 본 모양을 도면에 나타낸 것이다.
④ 좌측면도는 물체를 좌측에서 바라본 모양을 도면에 나타낸 것이다.

해설 배면도는 정면도의 뒷면을 나타낸 것이다.

19 다음 용접 기호를 설명한 것으로 옳지 않은 것은?

C ▯ n×ℓ(e)

① n : 용접 갯수   ② ℓ : 용접 길이
③ C : 심 용접 길이   ④ e : 용접단속길이

해설 C : 슬롯부의 폭

20 판금 제관 도면에 대한 설명으로 틀린 것은?

① 주로 정투상도는 1각법에 의하여 도면이 작성되어 있다.
② 도면 내에는 각종 가공 부분 등이 단면도 및 상세도로 표시되어 있다.
③ 중요 부분에는 치수 공차가 주어지며, 평면도, 직각도, 진원도 등이 주로 표시된다.
④ 일반공차는 KS 기준을 적용한다.

해설 정투상도는 3각법에 의해 도면이 작성되어 있다.

제2과목 용접구조설계

21 용착금속 내부에 균열이 발생되었을 때 방사선투과검사 필름에 나타나는 것은?

① 검은 반점   ② 날카로운 검은 선
③ 흰색   ④ 검출이 안 됨

22 용접 변형 방지법 중 용접부의 뒷면에서 물을 뿌려주는 방법은?

① 살수법   ② 수냉 동판 사용법
③ 석면포 사용법   ④ 피닝법

해설
- 수냉 동판 사용법 : 용접선 뒷면이나 옆에 대어 용접열을 열전도성이 큰 구리판에 흡수하게 하여 용접 부위 열

을 식히는 방법
- 석면포 사용법 : 용접선 뒷면이나 옆에 물에 적신 석면포나 형겊을 대어 용접열을 냉각시키는 방법으로 널리 사용
- 피닝법 : 가늘고 긴 피닝 망치로 용접 부위를 계속해 두들겨 줌으로 급열을 방지하는 방법

23 두께와 폭, 길이가 같은 판을 용접시 냉각속도가 가장 빠른 경우는?

① 1개의 평판 위에 비드를 놓는 경우
② T형이음 필릿 용접의 경우
③ 맞대기 용접하는 경우
④ 모서리이음 용접의 경우

24 용접부의 이음효율을 나타내는 것은?

① 이음효율 = $\dfrac{\text{용접시험편의 인장강도}}{\text{모재의 굽힘강도}} \times 100(\%)$

② 이음효율 = $\dfrac{\text{용접시험편의 굽힘강도}}{\text{모재의 인장강도}} \times 100(\%)$

③ 이음효율 = $\dfrac{\text{모재의 인장강도}}{\text{용접시험편의 인장강도}} \times 100(\%)$

④ 이음효율 = $\dfrac{\text{용접시험편의 인장강도}}{\text{모재의 인장강도}} \times 100(\%)$

25 다음 [그림]에서 실제 목두께는 어느 부분인가?

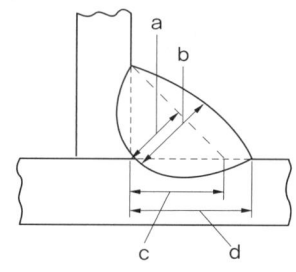

① a ② b ③ c ④ d

해설 a : 이론 목두께, b : 실제 목두께, c : 치수, d : 다리 길이

26 다음 [그림]과 같은 V형 맞대기 용접에서 굽힘 모멘트(M_b)가 1000 N·m 작용하고 있을 때, 최대 굽힘 응력은 몇 MPa인가? (단, $ℓ$ = 150mm, t = 20mm이고 완전 용입이다.)

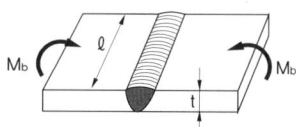

① 10 ② 100 ③ 1000 ④ 10000

해설 굽힘응력 = $\dfrac{M}{Z} = \dfrac{6M}{lh^2} = \dfrac{6 \times 1000}{0.15 \times 0.02^2} = 100 \times 10^6 \text{N/m}^2$

1MPa = 10^6 N/m²이므로 100MPa

27 용접 길이 1m 당 종수축은 약 얼마인가?

① 1 mm ② 5 mm
③ 7 mm ④ 10 mm

해설 종수축은 용접선 방향의 수축으로 일반적으로 용접이음의 종수축량은 $\dfrac{1}{1000}$ 정도이므로 1mm이다.

28 용접작업 전 홈의 청소방법이 아닌 것은?

① 와이어 브러쉬 작업
② 연삭 작업
③ 숏 블라스트 작업
④ 기름 세척작업

29 용접이음부의 홈 형상을 선택할 때 고려해야 할 사항이 아닌 것은?

① 완전한 용접부가 얻어질 수 있을 것
② 홈 가공이 쉽고 용접하기가 편할 것
③ 용착 금속의 양이 많을 것
④ 경제적인 시공이 가능할 것

해설 용착 금속의 양이 적어야 한다.

30 모재의 두께 및 탄소당량이 같은 재료를 용접할 때 일미나이트계 용접봉을 사용할 때보다 예열온도가 낮아도 되는 용접봉은?

① 고산화티탄계　② 저수소계
③ 라임티타니아계　④ 고셀룰로스계

해설) 저수소계 용접봉은 탄소 당량이 높은 기계구조용강, 유황 함유량이 높은 강 등의 용접에 결함이 없는 양호한 용접부를 얻을 수 있다.

31 강의 청열취성의 온도 범위는?

① 200~300℃　② 400~600℃
③ 500~700℃　④ 800~1000℃

해설) 청열취성은 상온보다 높은 250℃ 부근에서 인장강도와 경도가 커지며, 연신이 적어지고 부스러지기 쉽게 된다. 이 온도는 마치 연마한 철강의 표면이 청색으로 변화하는 온도에 해당된다.

32 잔류응력 완화법이 아닌 것은?

① 기계적 응력 완화법　② 도열법
③ 저온 응력 완화법　④ 응력 제거 풀림법

해설) 도열법은 모재의 열전도를 억제하여 변형을 방지하는 방법이다.

33 용접선의 방향과 하중 방향이 직교되는 것은?

① 전면 필릿 용접　② 측면 필릿 용접
③ 경사 필릿 용접　④ 병용 필릿 용접

34 본 용접하기 전에 적당한 예열을 함으로써 얻어지는 효과가 아닌 것은?

① 예열을 하게 되면 기계적 성질이 향상된다.
② 용접부의 냉각속도를 느리게 하면 균열발생이 적게 된다.
③ 용접부 변형과 잔류응력을 경감시킨다.
④ 용접부의 냉각속도가 빨라지고 높은 온도에서 큰 영향을 받는다.

해설) 용접 전에 예열을 하는 것은 용접부의 냉각속도를 느리게 하여 결함을 방지하기 위함이다.

35 용접 잔류응력을 경감하는 방법이 아닌 것은?

① 피이닝을 한다.
② 용착 금속량을 많게 한다.
③ 비석법을 사용한다.
④ 수축량이 큰 이음을 먼저 용접하도록 용접 순서를 정한다.

해설) 잔류 응력을 경감하기 위해 용착 금속량을 적게 해야 한다.

36 용접 변형을 최소화하기 위한 대책 중 잘못된 것은?

① 용착금속량을 가능한 작게 할 것
② 용접부위 냉각속도를 느리게 하면 온도에서 큰 영향을 받는다.
③ 필릿 용접보다 맞대기 용접을 먼저한다
④ 용착열이 적은 용접법으로 한다

해설) 용접부위 냉각속도를 빠르게 하여야 한다.

37 다음 용접기호를 설명한 것으로 옳지 않은 것은?

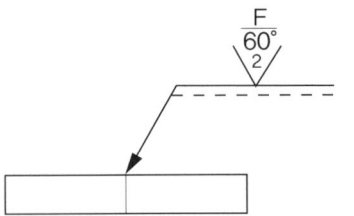

① 용접부의 다듬질 방법은 연삭으로 한다.
② 루트 간격은 2mm로 한다.
③ 개선 각도는 60°로 한다.
④ 용접부의 표면 모양은 평탄하게 한다.

38 용접부 잔류응력측정 방법 중에서 응력이완 법에 대한 설명으로 옳은 것은?

① 초음파 탐상 실험장치로 응력측정을 한다.
② 와류 실험장치로 응력측정을 한다.
③ 만능 인장시험 장치로 응력측정을 한다.
④ 저항선 스트레인 게이지로 응력측정을 한다.

해설 용접부를 절삭 또는 천공 등 기계 가공에 의해 응력을 해방하고 이때 생기는 탄성변형을 전기적 또는 기계적 변형도계를 써서 측정하는 경우가 많은데 저항선 변형도계가 잘 쓰인다.

39 응력이 "0"을 통과하여 같은 양의 다른 부호 사이를 변동하는 반복응력 사이클은?

① 교번 응력   ② 양진 응력
③ 반복 응력   ④ 편진 응력

40 단면적이 150mm², 표점거리가 50mm인 인장시험편에 20kN의 하중이 작용할 때 시험편에 작용하는 인장응력(σ)은?

① 약 133 GPa   ② 약 133 MPa
③ 약 133 KPa   ④ 약 133 Pa

해설 인장응력 = $\dfrac{하중}{단면적}$ = $\dfrac{20 \times 10^3 N}{150 \times 10^{-6} m^2}$ = 133.3MPa

제3과목 용접일반 및 안전관리

41 서브머지드 아크 용접의 용접헤드에 속하지 않는 것은?

① 와이어 송급장치   ② 제어 장치
③ 용접 레일   ④ 콘택트 팁

해설 용접 헤드에는 와이어 송급장치, 제어 장치, 콘택트 팁, 용제 호퍼 등이 있다.

42 CO_2 용접 와이어에 대한 설명 중 옳지 않은 것은?

① 심선에 대체로 모재와 동일한 재질을 많이 사용한다.
② 심선 표면에 구리 등의 도금을 하지 않는다.
③ 용착금속의 균열을 방지하기 위해서 저탄소강을 사용한다.
④ 심선은 전 길이에 걸쳐 균일해야 된다.

해설 심선 표면에 구리, 규소, 망간, 인, 황 등이 도금되어 있다.

43 강의 가스절단(gas cutting) 시 화학반응에 의하여 생성되는 산화철 융점에 관한 설명 중 가장 알맞은 것은?

① 금속산화물의 융점이 모재의 융점보다 높다.
② 금속산화물의 융점이 모재의 융점보다 낮다.
③ 금속산화물의 융점이 모재의 융점이 같다.
④ 금속산화물의 융점이 모재의 융점과 관련이 없다.

44 아크 용접기로 정격 2차 전류를 사용하여 4분간 아크를 발생시키고 6분을 쉬었다면 용접기의 사용률은 얼마인가?

① 20%   ② 30%   ③ 40%   ④ 60%

해설 사용률은 아크 시간과 휴식 시간을 합한 전체 시간을 10분을 기준으로 하며 아크 발생시간이 사용률이 된다.

45 산소 – 아세틸렌 불꽃의 구성 중 온도가 가장 높은 것은?

① 백심   ② 속불꽃
③ 겉불꽃   ④ 불꽃심

해설
• 속불꽃(내염): 약 3200~3500℃
• 겉불꽃(외형): 약 2000℃ 정도
• 불꽃심(백심): 약 1500℃

46 교류 아크용접기 AW300인 경우 정격 부하전압은?

① 30V ② 35V ③ 40V ④ 45V

> 해설
> - AW 200 : 정격부하 전압 30V
> - AW 300 : 정격부하 전압 35V
> - AW 400, 500 : 정격부하 전압 40V

47 스테인리스강의 MIG용접에 대한 종류가 아닌 것은?

① 단락 아크용접
② 펄스 아크용접
③ 스프레이 아크용접
④ 탄산가스 아크용접

> 해설 스테인리스강의 MIG 용접 종류에는 단락 아크, 스프레이 아크, 펄스 아크 용접이 있다.

48 용접에 사용되는 산소를 산소용기에 충전시키는 경우 가장 적당한 온도와 압력은?

① 30℃, 18MPa   ② 35℃, 18MPa
③ 30℃, 15MPa   ④ 35℃, 15MPa

> 해설 산소용기는 35℃, 150kgf/cm²(15MPa)으로 충전되어 있다.

49 용해 아세틸렌을 안전하게 취급하는 방법으로 옳지 않은 것은?

① 아세틸렌병은 반드시 세워서 사용한다.
② 아세틸렌가스의 누설은 점화라이터로 자주 검사해야 한다.
③ 아세틸렌 밸브가 얼었을 때는 35℃ 이하의 온수로 녹여야 한다.
④ 밸브고장으로 아세틸렌 누출시는 통풍이 잘되는 곳으로 병을 옮겨 놓아야 한다.

> 해설 가스 누설은 비눗물이나 가스 누설 검출기로 검사해야 한다.

50 수소가스 분위기에 있는 2개의 텅스텐 전극봉 사이에 아크를 발생시키는 용접법은?

① 전자 빔 용접   ② 원자수소 용접
③ 스텃 용접   ④ 레이저 용접

51 산화철 분말과 알루미늄 분말의 혼합제에 점화시켜 화학반응을 이용한 용접법은?

① 스터드 용접   ② 전자 빔 용접
③ 테르밋 용접   ④ 아크 점 용접

> 해설 테르밋 용접은 테르밋 반응에 의해 생성되는 열을 이용하여 금속을 용접하는 방법이다.

52 MIG 용접이나 CO_2 아크용접과 같이 반자동 용접에 사용되는 용접기의 특성은?

① 정전류 특성과 맥동전류 특성
② 수하특성과 정전류 특성
③ 정전압 특성과 상승특성
④ 수하특성과 맥동전류특성

> 해설 MIG 용접이나 CO_2 아크용접과 같이 반자동 용접에는 직류 정전압 특성과 상승 특성을 이용한다.

53 압접에 속하는 용접법은?

① 아크용접   ② 단접
③ 가스용접   ④ 전자빔용접

> 해설 압접에는 단접, 냉간압접, 저항용접(스폿, 심, 프로젝션, 플래시 맞대기, 업셋 맞대기, 방전충격), 초음파 용접, 마찰 용접, 가압 테르밋 용접, 가스 압접 등이 있다.

54 피복아크용접봉 중 내균열성이 가장 우수한 것은?

① 일미나이트계   ② 티탄계
③ 고셀룰로스계   ④ 저수소계

> 해설 저수소계 용접봉은 용착 금속은 강인성이 풍부하고, 기계적 성질, 내균열성이 우수하다.

55 2차 무부하전압이 80V, 아크전압 30V, 아크전류 250A, 내부손실 2.5kW라 할 때, 역률은 얼마인가?

① 50% ② 60% ③ 75% ④ 80%

해설
- 역률 = $\dfrac{\text{소비 전력(kW)}}{\text{전원입력(kVA)}} \times 100 = \dfrac{10}{20} \times 100 = 50\%$
- 전원입력 = 무부하 전압×아크 전류 = 80×250 = 20000VA = 20kVA
- 아크출력 = 아크전압×아크 전류 = 30×250 = 7500W = 7.5kW
- 소비전력 = 아크출력+내부손실 = 7.5+2.5 = 10

56 아세틸렌(C_2H_2)가스 폭발과 관계가 없는 것은?

① 압력 ② 아세톤
③ 온도 ④ 동 또는 동합금

57 용접 흄(fume)에 대한 설명 중 옳은 것은?

① 인체에 영향이 없으므로 아무리 마셔도 괜찮다.
② 실내 용접 작업에서는 환기설비가 필요하다.
③ 용접봉의 종류와 무관하며 전혀 위험은 없다.
④ 가제마스크로 충분히 차단할 수 있으므로 인체에 해가 없다.

58 음극과 양극의 두 전극을 접촉시켰다가 떼면 두 전극 사이에 생기는 활 모양의 불꽃방전을 무엇이라 하는가?

① 용착 ② 용적 ③ 용융지 ④ 아크

해설 아크는 2개의 탄소봉 끝을 접촉시켜 강한 전류를 흐르게 하다가 조금 띄우면 양극은 약 3500℃, 음극은 2800℃로 가열되어 강한 백색 빛을 말한다.

59 MIG용접에 사용하는 실드가스가 아닌 것은?

① 아르곤 – 헬륨   ② 아르곤 – 탄산가스
③ 아르곤 – 수소   ④ 아르곤 – 산소

해설 실드가스에는 아르곤, 헬륨, 아르곤–헬륨, 아르곤–탄산가스, 헬륨–아르곤–탄산가스, 아르곤–산소 등이 있다

60 아크열을 이용한 용접 방법이 아닌 것은?

① 티그 용접   ② 미그 용접
③ 플라즈마 용접 ④ 마찰 용접

해설 마찰 용접은 두 개의 모재에 압력을 가해 접촉시킨 후 접촉면에 압력을 주면서 상대 운동을 시키면 마찰로 인한 열을 이용하여 접합부의 산화물을 녹여 내리면서 압력으로 접합하는 방식이다.

2013년도 제2회 기출문제 정답

01 ③	02 ③	03 ③	04 ①	05 ④	06 ②	07 ①	08 ③	09 ④	10 ②
11 ③	12 ③	13 ④	14 ④	15 ③	16 ②	17 ③	18 ②	19 ③	20 ①
21 ②	22 ①	23 ②	24 ④	25 ②	26 ②	27 ①	28 ②	29 ③	30 ②
31 ①	32 ②	33 ①	34 ④	35 ②	36 ②	37 ①	38 ④	39 ②	40 ②
41 ③	42 ②	43 ②	44 ③	45 ②	46 ②	47 ④	48 ④	49 ②	50 ②
51 ③	52 ③	53 ②	54 ④	55 ①	56 ②	57 ②	58 ④	59 ③	60 ④

최근기출문제
2013년도 제3회 시행

제1과목　용접야금 및 용접설비제도

01 알루미늄판을 가스 용접할 때 사용되는 용제로 적합한 것은?

① 중탄산소다 + 탄산소다
② 염화나트륨, 염화칼륨, 염화리튬
③ 염화칼륨, 탄산소다, 붕사
④ 붕사, 염화리튬

해설 알루미늄판 용제
염화나트륨 30% + 염화칼륨 45% + 염화리듐 15% + 플루오르화칼륨 7% + 황산칼륨 3%

02 금속의 일반적인 특성 중 틀린 것은?

① 금속 고유의 광택을 가진다.
② 전기 및 열의 양도체 이다.
③ 전성 및 연성이 좋다.
④ 액체 상태에서 결정 구조를 가진다.

해설 고체 상태에서 결정 구조를 가진다.

03 용접 시 적열취성의 원인이 되는 원소는?

① 산소　② 황　③ 인　④ 수소

해설 적열취성(고온취성) : 황, 청열취성(저온 취성) : 인

04 탄소강의 용접에서 탄소함유량이 많아지면 낮아지는 성질은?

① 인장강도　② 취성
③ 연신율　④ 압축강도

해설 연신율은 늘어난 길이의 최초의 길이에 대한 백분율로 탄소량이 증가하면 연신율은 낮아진다

05 냉간 가공만으로 경화되고 열처리로는 경화되지 않으며, 비자성이나 냉간가공에서는 약간의 자성을 갖고 있는 강은?

① 마텐자이트계 스테인리스강
② 페라이트계 스테인리스강
③ 오스테나이트계 스테인리스강
④ PH계 스테인리스강

해설 오스테나이트계 스테인리스강은 상온에서 비자성이지만 상온 가공하면 소량의 마텐자이트화에 의해 경화되고, 약간의 자성을 갖게 되며 18-8형 스테인리스강이 대표적이다.

06 6.67%의 C와 Fe의 화합물로서 Fe_3C로서 표기되는 것은?

① 펄라이트
② 페라이트
③ 시멘타이트
④ 오스테나이트

07 탄소강 중에 인(P)의 영향으로 틀린 것은?

① 연신율과 충격값을 증대
② 강도와 경도를 증대
③ 결정립을 조대화
④ 상온취성의 원인

해설 인의 영향
• 결정립의 조대화
• 경도, 인장강도 증가, 연신율 감소
• 상온 취성의 원인

08 다음 금속 중 면심입방격자(FCC)에 속하는 것은?

① 니켈, 알루미늄 ② 크롬, 구리
③ 텅스텐, 바나듐 ④ 몰리브덴, 리튬

해설
- 면심입방격자(FCC) : Ag, Al, Au, Ca, Cu, Ni, Pb, Pt, Rh, Th 등
- 체심입방격자(BCC) : Ba, K, Li, Mo, Na, Nb, Ta, W, V 등
- 조밀육방격자(HCP) : Be, Cd, Mg, Zn 등

09 금속의 결정계와 결정격자 중 입방정계에 해당하지 않는 결정격자의 종류는?

① 단순입방격자 ② 체심입방격자
③ 조밀입방격자 ④ 면심입방격자

해설 입방정계 : 단순입방격자, 체심입방격자, 면심입방격자가 있다.

10 용접 결함의 종류 중 구조상 결함에 포함되지 않는 것은?

① 용접균열 ② 융합불량
③ 언더컷   ④ 변형

해설
- 치수상 결함 : 변형, 치수불량, 형상불량
- 구조상 결함 : 기공, 슬래그 섞임, 융합불량, 용입불량, 언더컷, 오버랩, 용접균열, 표면결함
- 성질상 결함 : 기계적 성질 부족, 화학적 성질 부족, 물리적 성질 부족

11 인접부분, 공구, 지그 등의 위치를 참고로 나타내는데 사용하는 선의 명칭은?

① 지시선 ② 외형선
③ 가상선 ④ 파단선

해설 가상선의 용도
- 인접 부분, 공구, 지그 등의 위치를 참고로 나타낸다.
- 가동 부분을 이동 중의 특정한 위치 또는 이동한계의 위치로 표시한다.
- 도시된 단면의 양쪽에 잇는 부분을 표시한다.

12 용접 이음을 할 때 주의할 사항으로 틀린 것은?

① 맞대기 용접에서 뒷면에 용입 부족이 없도록 한다.
② 용접선은 가능한 서로 교차하게 한다.
③ 아래보기 자세 용접을 많이 사용하도록 한다.
④ 가능한 용접량이 적은 홈 형상을 선택한다.

해설 용접선은 가능한 서로 평행하게 한다.

13 다음 치수기입 방법의 일반 형식 중 잘못 표시된 것은?

① 각도 치수 :

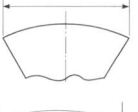

② 호의 길이 치수 :

③ 현의 길이 치수 :

④ 변의 길이 치수 :

14 기계재료 표시방법 중 SF340A에서 "340"은 무엇을 표시하는가?

① 평균 탄소 함유량
② 단조품
③ 최저 인장 강도
④ 최고 인장 강도

해설 S : 강, F : 단조품, 340 : 최저 인장강도

15 용접부의 비파괴 시험 보조기호 중 잘못 표기된 것은?

① RT : 방사선투과 시험
② UT : 초음파탐상 시험
③ MT : 침투탐상 시험
④ ET : 와류탐상 시험

해설 MT : 자분탐상 시험, PT : 침투탐상 시험

16 도면의 명칭에 관한 용어 중 잘못된 것은?

① 제작도 : 건설 또는 제조에 필요한 모든 정보를 전달하기 위한 도면이다.
② 시공도 : 설계의 의도와 계획을 나타낸 도면이다.
③ 상세도 : 건조물이나 구성재의 일부에 대해서 그 형태, 구조 또는 조립, 결합의 상세함을 나타낸 것이다.
④ 공정도 : 제조공정의 도중 상태, 또는 일련의 공정 전체를 나타낸 것이다.

해설 시공도는 현장 시공을 대상으로 해서 그린 제작도면이다.

17 제 3각법에 대한 설명으로 틀린 것은?

① 제3상한에 놓고 투상하여 도시하는 것이다.
② 각 방향으로 돌아가며 비춰진 투상도를 얻는 원리이다.
③ 표제란에 제 3각법의 그림 기호로 ⊕ ⊏ 과 같이 표시한다.
④ 투상도를 얻는 원리는 눈 → 투상면 → 물체이다.

해설 각 방향으로 돌아가며 비춰진 투상도를 얻는 원리를 제1각법이라 하며, 각 방향으로 돌아가며 보아서 반사되도록 하여 투상도를 얻는 원리를 제3각법이라 한다.

18 다음 [그림]에서 2번의 명칭으로 알맞은 것은?

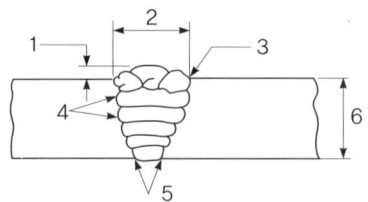

① 용접 토우   ② 용접 덧살
③ 용접 루트   ④ 용접 비드

19 사투상도에 있어서 경사축의 각도로 적합하지 않는 것은?

① 15°   ② 30°   ③ 45°   ④ 60°

해설 사투상도는 투상선이 투상면을 사선으로 평행하도록 무한대의 수평시선으로 얻은 물체의 윤곽을 그려 육면체의 세 모서리는 경사축이 각을 이루는 입체도가 되며, 이를 그린 그림을 말하며 경사축은 30°, 45°, 60°가 있다.

20 기계재로의 재질을 표시하는 기호 중 기계구조용강을 나타내는 기호는?

① Al   ② SM   ③ Bs   ④ Br

해설 S : 강, 기계 구조용 : M이므로 SM은 기계구조용강이다.

제2과목 | 용접구조설계

21 맞대기 용접 시험편의 인장강도가 650N/㎟이고, 모재의 인장 강도가 700N/㎟ 일 경우에 이음 효율은 약 얼마인가?

① 85.9%   ② 90.5%
③ 92.9%   ④ 98.2%

해설 이음 효율 = $\dfrac{이음허용응력}{모재허용응력} \times 100 = \dfrac{650}{700} \times 100 = 92.8\%$

22 용접이음 설계시 일반적인 주의사항 중 틀린 것은?

① 가급적 능률이 좋은 아래보기 용접을 많이 할 수 있도록 설계한다.
② 후판을 용접할 경우는 용입이 깊은 용접법을 이용하여 용착량을 줄인다.
③ 맞대기 용접에는 이면 용접을 할 수 있도록 해서 용입 부족이 없도록 한다.
④ 될 수 있는 대로 용접량이 많은 홈 형상을 선택한다.

[해설] 용접 설계시 될 수 있는 대로 용접량이 적은 홈 형상을 선택해야 한다.

23 그림과 같이 폭 50 mm, 두께 10 mm의 강판을 40 mm만을 겹쳐서 전둘레 필릿 용접을 한다. 이 때 100 KN의 하중을 작용시킨다면 필릿 용접의 치수는 얼마로 하면 좋은가? (단, 용접 허용응력은 10.2 KN/cm²)

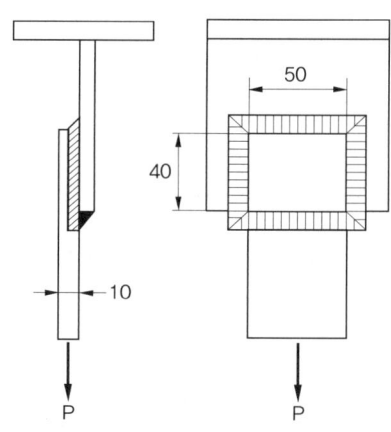

① 약 2 mm
② 약 5 mm
③ 약 8 mm
④ 약 11 mm

24 용접부를 기계적으로 타격을 주어 잔류 응력을 경감시키는 것은?

① 저온 응력 완화법
② 취성 경감법
③ 역변형법
④ 피닝법

[해설] 피닝법은 가늘고 긴 피닝 망치로 용접 부위를 계속해 두들겨 줌으로써 비드 표면층에 성질 변화를 주어 용접부의 인장 잔류 응력을 완화시키고 용접 금속의 급열을 방지하는 효과를 얻는 작업이다.

25 다음 [그림]과 같이 균열이 발생했을 때 그 양단에 정지구멍을 뚫어 균열진행을 방지하는 것은?

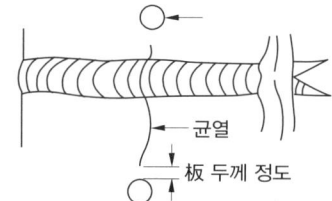

① 브로우 홀
② 핀 홀
③ 스톱 홀
④ 웜 홀

[해설] 스톱 홀 : 균열이 더 전파될 우려가 있을 때는 보수부의 양 끝에 뚫어 균열진행을 방지한다.

26 다음 [그림]과 같이 일시적인 보조판을 붙이든지 변형을 방지할 목적으로 시공되는 용접 변형 방지법은?

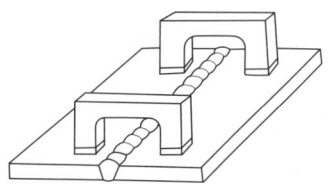

① 억제법
② 피닝법
③ 역변형법
④ 냉각법

[해설] 억제법 : 용접물을 정반에 고정시키거나 보강재를 이용하든지 또는 일시적인 보조판을 붙이든지 하여 변형을 방지하는 방법으로 가장 널리 이용된다.

27 용착 금속부 내부에 발생된 기공결함 검출에 가장 좋은 검사법은?

① 누설 검사 ② 방사선 투과 검사
③ 침투 탐상 검사 ④ 자분 탐상 검사

> **해설** 방사선 투과 검사는 X선, γ선 등의 방사선을 이용하는 방법으로 주로 주조품이나 용접부 시험에 적용하며 가장 신뢰성이 있으며 널리 사용되고 있다.

28 용접부에 형성된 잔류응력을 제거하기 위한 가장 적합한 열처리 방법은?

① 담금질을 한다. ② 뜨임을 한다.
③ 불림을 한다. ④ 풀림을 한다.

29 용접 이음부 형상의 선택시 고려사항이 아닌 것은?

① 용접하고자 하는 모재의 성질
② 용접부에 요구되는 기계적 성질
③ 용접할 물체의 크기, 형상, 외관
④ 용접 장비 효율과 용가재의 건조

30 이면 따내기 방법이 아닌 것은?

① 아크 에어 가우징 ② 밀링
③ 가스 가우징 ④ 산소창 절단

> **해설** 산소창 절단의 용도는 두꺼운 강판 절단이나 주철, 강괴 등의 절단에 사용되며 산소창에 철 분말을 공급하면 콘크리트에 구멍을 뚫을 수도 있다.

31 아크 용접 중에 아크가 전류 자장의 영향을 받아 용접비드(bead)가 한쪽으로 쏠리는 현상은?

① 용융 속도 ② 자기 불림
③ 아크 부스터 ④ 전압강하

> **해설** 아크 쏠림은 용접전류에 의해 아크주위에 발생하는 자장이 용접에 대해서 비대칭으로 나타나는 현상을 말하며 자기 불림이라고도 한다.

32 용착 금속의 인장강도를 구하는 식은?

① 인장강도 = $\dfrac{\text{인장하중}}{\text{시험편의 단면적}}$

② 인장강도 = $\dfrac{\text{시험편의 단면적}}{\text{인장하중}}$

③ 인장강도 = $\dfrac{\text{표점거리}}{\text{연신율}}$

④ 인장강도 = $\dfrac{\text{연신율}}{\text{표점거리}}$

33 용접이음의 안전율을 나타내는 식은?

① 안전율 = $\dfrac{\text{인장강도}}{\text{허용응력}}$

② 안전율 = $\dfrac{\text{허용응력}}{\text{인장강도}}$

③ 안전율 = $\dfrac{\text{이음효율}}{\text{허용응력}}$

④ 안전율 = $\dfrac{\text{허용응력}}{\text{이음효율}}$

> **해설** 안전율 = $\dfrac{\text{허용응력}}{\text{사용응력}}$ = $\dfrac{\text{인장강도}}{\text{허용응력}}$

34 용접부 검사에서 파괴 시험에 해당되는 것은?

① 음향 시험 ② 누설 시험
③ 형광 침투 시험 ④ 함유 수소 시험

> **해설** 파괴시험 종류
> - 기계적 시험 : 인장, 굽힘, 경도, 충격, 피로 시험 등
> - 물리적 시험 : 물성시험, 열특성 시험, 자기 특성 시험 등
> - 화학적 시험 : 화학 분석, 부식시험, 함유 수소 시험 등
> - 야금학적 시험 : 육안 조직, 현미경 조직, 파면 시험, 설퍼 프린트 시험 등
> - 용접성 시험 : 노치 취성, 용접 경화성, 용접 연성, 용접 균열 시험 등

35 용접 이음의 종류 중 겹치기 이음은?

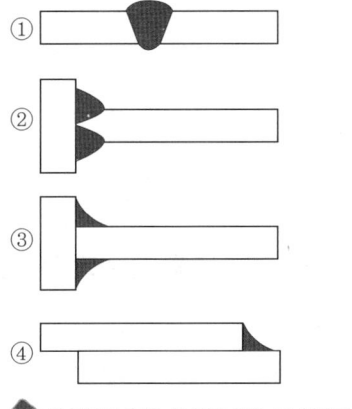

해설 ① 맞대기 이음, ③ 필릿 이음, ④ 겹치기 이음

36 초음파 경사각 탐상 기호는?

① UT-A   ② UT
③ UT-N   ④ UT-S

해설 • UT : 초음파 탐상 • UT-A : 초음파 경사각 탐상
• UT-N : 초음파 수직 탐상

37 일반적으로 피로 강도는 세로축에 응력(S), 가로축에 파괴까지의 응력 반복 횟수(N)를 가진 선도로 표시한다. 이 선도를 무엇이라 부르는가?

① B - S 선도   ② S - S 선도
③ N - N 선도   ④ S - N 선도

해설 S-N 선도는 가해지는 응력(변형력)의 반복횟수와 그 진폭과의 관계를 나타내는 곡선이다

38 다음 중 똑같은 용접조건으로 용접을 실시하였을 때 용접변형이 가장 크게 되는 재료는 어떤 것인가?

① 연강
② 800MPa급 고장력강
③ 9% Ni강
④ 오스테나이트계 스테인리스강

39 용접금속 근방의 모재는 용접열에 의해 급열, 급랭되는 부위가 발생하는데 이 부위를 무엇이라 하는가?

① 본드(bond)부
② 열영향부
③ 세립부
④ 용착 금속부

해설 열영향부는 용접 열 또는 절단 열에 의하여 금속 조직과 기계적 성질이 변화하지만 용융되지 않은 모재부분을 말한다.

40 제품 제작을 위한 용접순서로 옳지 않은 것은?

① 수축이 큰 맞대기 이음을 먼저 용접한다.
② 리벳과 용접을 병용할 경우 용접이음을 먼저 한다.
③ 큰 구조물은 끝에서부터 중앙으로 향해 용접한다.
④ 대칭적으로 용접을 한다.

해설 구조물의 중립축에 대하여 용접 수축력의 모멘트의 합이 '0'이 되게 구조물 중심에서 항상 대칭으로 용접을 해야 한다.

제3과목   용접일반 및 안전관리

41 가스용접 작업시 점화할 때, 폭음이 생기는 경우의 직접적인 원인이 아닌 것은?

① 혼합가스의 배출이 불완전했다.
② 산소와 아세틸렌 압력이 부족했다.
③ 팁이 완전히 막혔다.
④ 가스분출 속도가 부족했다.

해설 팁이 막혔을 때는 역화가 발생된다.

42 피복아크용접에서 보통 용접봉의 단면적 1 mm²에 대한 전류밀도로 가장 적합한 것은?

① 8~9A ② 10~13A
③ 14~18A ④ 19~23A

해설 용접봉의 단면적 1mm²에 대한 전류밀도는 10~13A가 적당하다.

43 용접 작업에서 전격의 방지대책으로 틀린 것은?

① 용접기 내부에 함부로 손을 대지 않는다.
② 홀더나 용접봉은 맨손으로 취급하지 않는다.
③ 보호구는 반드시 착용하지 않아도 된다.
④ 습기찬 작업복, 장갑 등을 착용하지 않는다.

해설 보호구는 반드시 착용해야 한다.

44 피복아크용접용 기구 중 보호구가 아닌 것은?

① 핸드 실드 ② 케이블 커넥터
③ 용접 헬멧 ④ 팔 덮개

해설 케이블 커넥터는 용접용 케이블을 접속하려고 할 때 사용하는 것을 말한다.

45 서브머지드 아크 용접의 장점에 속하지 않는 것은?

① 용융속도 및 용착속도가 빠르다.
② 용입이 깊다.
③ 용접 자세에 제약을 받지 않는다.
④ 대 전류 사용이 가능하여 고 능률적이다.

해설 서브머지드 용접은 대부분 아래보기 자세로 용접 자세에 제약을 받는다.

46 자동가스절단기(산소-프로판)의 사용은 어떤 경우에 가장 유리한가?

① 특수강의 절단
② 형강의 절단
③ 비철금속의 절단
④ 곧고 긴 저탄소강의 절단

47 알루미늄을 TIG 용접할 때 가장 적합한 전류는?

① DCSP ② DCRP
③ ACHF ④ AC

해설 ACHF(고주파 장치 교류)는 알루미늄, 마그네슘에 많이 사용되며 청정작용이 있다.

48 피복아크용접의 피복제 중 슬래그(Slag) 생성제가 아닌 것은?

① 셀룰로오스 ② 산화티탄
③ 이산화망간 ④ 산화철

해설
- 슬래그 생성제 : 산화철, 일미나이트, 산화티탄, 이산화망간, 석회석, 규사, 장석, 형석 등
- 가스 발생제 : 녹말, 톱밥, 석회석, 탄산바륨, 셀룰로오스 등
- 아크 안정제 : 산화티탄, 규산나트륨, 석회석, 규산칼륨 등
- 탈산제 : 규소철, 망간철, 티탄철 등

49 탄산가스아크용접이 피복아크용접에 비해 장점이라고 볼 수 없는 것은?

① 전류 밀도가 높으므로 용입이 깊고 용접 속도가 빠르다.
② 박판용접은 단락이행 용접법에 의해 가능하다.
③ 슬래그 섞임이 없고 용접후 처리가 간단하다.
④ 적용 재질은 비철금속 계통에만 가능하다.

해설 탄산가스아크용접의 적용 재질은 철계통으로 한정되어 있다.

50 피복아크용접작업의 기초적인 용접조건으로 가장 거리가 먼 것은?

① 용접 속도
② 아크길이
③ 스틱아웃길이
④ 용접전류

해설 스틱아웃길이는 용융물에서 토치까지의 거리를 말한다.

51 연강용 피복아크 용접봉 E4316의 피복제 계통은?

① 저수소계
② 고산화티탄계
③ 일미나이트계
④ 철분산화철계

해설 저수소계 : E4316, 고산화티탄계 : E4313, 일미나이트계 : E4301, 철분산화철계 : E4327

52 가스 용접용으로 사용되는 가스가 갖추어야 할 성질에 해당되지 않는 것은?

① 불꽃의 온도가 높을 것
② 연소속도가 빠를 것
③ 발열량이 적을 것
④ 용융금속과 화학반응을 일으키지 않을 것

해설 가스는 발열량이 많아야 한다.

53 1차 입력 전원 전압이 200V인 용접기의 정격 용량이 20 kVA라면 가장 적합한 퓨즈의 용량은?

① 50
② 100
③ 150
④ 200

해설 퓨즈 용량 = $\dfrac{\text{정격 용량}}{\text{입력 전압}} = \dfrac{20000}{200} = 100A$

54 자동 및 반자동 용접이 수동 아크 용접에 비하여 우수한 점이 아닌 것은?

① 와이어 송급 속도가 빠르다.
② 용입이 깊다.
③ 위보기 용접 자세에 적합하다.
④ 용착금속의 기계적 성질이 우수하다.

해설 자동 및 반자동 용접은 아래보기 자세에 적합하다

55 용접법의 종류 중 알루미늄 합금재료의 용접이 불가능한 것은?

① 피복 아크용접
② 탄산가스 아크용접
③ 불활성가스 아크용접
④ 산소 – 아세틸렌 가스용접

56 불활성 가스 금속 아크 용접에서 와이어 송급 방식이 아닌 것은?

① 위빙 방식
② 푸시 방식
③ 풀 방식
④ 푸시 – 풀 방식

해설 와이어 송급방식에는 푸시, 풀, 푸시-풀, 더블 푸시 방식이 있다.

57 아크용접 중 방독마스크를 쓰지 않아도 되는 용접재료는?

① 연강
② 황동
③ 아연도금판
④ 카드뮴합금

58 가스 용접에서 알루미늄 용제로 사용되지 않는 것은?

① 붕사
② 염화나트륨
③ 염화칼륨
④ 염화리튬

> • 알루미늄 용제 : 염화나트륨, 염화칼륨, 염화리튬, 플루오르화칼륨, 황산칼륨 등
> • 붕사는 주철 및 구리합금 용제이다.

59 텅스텐 전극봉을 사용하는 용접은?

① 산소 – 아세틸렌 용접
② 피복 아크용접
③ MIG 용접
④ TIG 용접

> 텅스텐 전극봉을 사용하는 용접은 불활성 가스 텅스텐 아크 용접(TIG)이다.

60 가스절단 진행 중 열량을 보충하는 예열불꽃으로 사용되지 않는 것은?

① 산소 – 탄산가스 불꽃
② 산소 – 아세틸렌 불꽃
③ 산소 – LPG 불꽃
④ 산소 – 수소 불꽃

> 예열 불꽃 가스로는 아세틸렌, 프로판, 수소, 천연가스 등이 있으나 아세틸렌 가스를 많이 사용한다.

2013년도 제3회 기출문제 정답

01 ②	02 ④	03 ②	04 ③	05 ③	06 ③	07 ①	08 ①	09 ③	10 ④
11 ③	12 ②	13 ①	14 ③	15 ③	16 ②	17 ②	18 ④	19 ①	20 ②
21 ③	22 ④	23 ③	24 ④	25 ③	26 ①	27 ②	28 ④	29 ④	30 ④
31 ②	32 ①	33 ①	34 ④	35 ④	36 ①	37 ④	38 ④	39 ②	40 ③
41 ③	42 ②	43 ③	44 ④	45 ③	46 ④	47 ③	48 ①	49 ④	50 ③
51 ①	52 ③	53 ②	54 ③	55 ②	56 ①	57 ①	58 ①	59 ④	60 ①

최근기출문제
2014년도 제1회 시행

제1과목 : 용접야금 및 용접설비제도

01 용접성이 가장 좋은 강은?

① 0.2%C 이하의 강
② 0.3%C 강
③ 0.4%C 강
④ 0.5%C 강

해설 탄소량이 적을수록 용접성은 좋아진다.

02 저수소계 용접봉의 특징을 설명한 것 중 틀린 것은?

① 용접금속의 수소량이 낮아 내균열성이 뛰어나다.
② 고장력강, 고탄소강 등의 용접에 적합하다.
③ 아크는 안정되나 비드가 오목하게 되는 경향이 있다.
④ 비드 시점에 기공이 발생되기 쉽다.

해설 저수소계는 아크가 불안정하고 용접속도가 느리며 용접시점에서 기공이 생기기 쉽다.

03 합금주철의 함유 성분 중 흑연화를 촉진하는 원소는?

① V
② Cr
③ Ni
④ Mo

해설
• 흑연화 촉진 : Si, Al, Ni
• 흑연화 방해 : Cr, Mn, S

04 용접분위기 중에서 발생하는 수소의 원인이 될 수 없는 것은?

① 플럭스 중의 무기물
② 고착제(물유리 등)가 포함한 수분
③ 플럭스에 흡수된 수분
④ 대기 중의 수분

05 Fe-C 상태도에서 공정반응에 의해 생성된 조직은?

① 펄라이트
② 페라이트
③ 레데뷰라이트
④ 솔바이트

해설 레데뷰라이트는 철-탄소 합금에 있어서 오스테나이트와 시멘타이트의 공정반응에서 생성된다.

06 편석이나 기공이 적은 가장 좋은 양질의 단면을 갖는 강은?

① 킬드강
② 세미킬드강
③ 림드강
④ 세미림드강

해설 킬드강은 규소 또는 알루미늄과 같은 강한 탈산제(脫酸劑)로 탈산한 강이다.

07 노치가 붙은 각 시험편을 각 온도에서 파괴하면, 어떤 온도를 경계로 하여 시험편이 급격히 취성화되는가?

① 천이 온도
② 노치 온도
③ 파괴 온도
④ 취성 온도

해설 성질이 급변하는 온도를 천이 온도라고 하는데 변태점 등은 그 한 예이며, 충격치가 급변하는 온도, 바꾸어 말하면 저온 취성을 나타내는 온도를 말하는 경우가 많다.

08 금속재료를 보통 500~700℃로 가열하여 일정시간 유지 후 서냉하는 방법으로 주조, 단조, 기계가공 및 용접 후에 잔류응력을 제거하는 풀림방법은?

① 연화 풀림 ② 구상화 풀림
③ 응력제거 풀림 ④ 항온 풀림

해설 응력제거 풀림은 용접에 의해서 생긴 잔류 응력을 제거하기 위한 열처리의 일종이다.

09 알루미늄의 특성이 아닌 것은?

① 전기전도도는 구리의 60% 이상이다.
② 직사광의 90% 이상을 반사할 수 있다.
③ 비자성체이며 내열성이 매우 우수하다.
④ 저온에서 우수한 특성을 갖고 있다.

해설 알루미늄은 열 및 전기의 양도체이며 내식성이 좋다

10 강의 담금질 조직 중 냉각속도에 따른 조직의 변화순서가 옳게 나열된 것은?

① 트루스타이트 → 솔바이트 → 오스테나이트 → 마텐자이트
② 솔바이트 → 트루스타이트 → 오스테나이트 → 마텐자이트
③ 마텐자이트 → 오스테나이트 → 솔바이트 → 트루스타이트
④ 오스테나이트 → 마텐자이트 → 트루스타이트 → 솔바이트

11 3차원의 물체를 원근감을 주면서 투상선이 한 곳에 집중되게 그린 것으로 건축, 토목의 투상에 주로 사용되는 것은?

① 투시도 ② 사투상도
③ 부등각투상도 ④ 정투상도

해설 투시도는 원근감을 갖게 하기 위해 시점과 물체를 방사선으로 표시하는 방법으로 건축, 토목의 조감도 등에 널리 사용된다.

12 도면의 분류 중 내용에 따른 분류에 해당되지 않는 것은?

① 기초도 ② 스케치도
③ 계통도 ④ 장치도

해설
• 내용에 따른 분류 : 부품도, 조립도, 기초도, 배치도, 배근도, 장치도, 스케치도 등
• 용도에 따른 분류 : 계획도, 제작도, 주문도, 견적도, 승인도, 설명도 등
• 표현 형식에 따른 분류 : 외관도, 전개도, 곡면선도, 선도, 입체도 등

13 겹쳐진 부재에 홀(Hole) 대신 좁고 긴 홈을 만들어 용접하는 것은?

① 맞대기 용접 ② 필렛 용접
③ 플러그 용접 ④ 슬롯 용접

해설 슬롯 용접은 겹친 2매의 판 한쪽에 가늘고 긴 홈을 파고, 그 속에다 살붙임 용접을 하는 방법을 말한다.

14 CAD 시스템의 도입 효과가 아닌 것은?

① 품질 향상 ② 원가 절감
③ 납기 연장 ④ 표준화

해설 CAD 시스템 도입하면 납기일을 단축시킬 수 있다.

15 보이지 않는 부분을 표시하는데 쓰이는 선은?

① 외형선 ② 숨은선
③ 중심선 ④ 가상선

해설
• 외형선 : 대상물의 보이는 부분의 모양을 표시
• 숨은선 : 대상물의 보이지 않는 부분의 모양을 표시
• 중심선 : 도형의 중심을 표시하는데 사용
• 가상선 : 인접부분의 참고로 표시하거나, 공구, 지그 등의 위치를 참고로 나타내는데 사용

16 도형의 표시방법 중 보조투상도의 설명으로 옳은 것은?

① 그림의 일부를 도시하는 것으로 충분한 경우에 그 필요 부분만을 그리는 투상도
② 대상물의 구멍, 홈 등 한 국부만의 모양을 도시하는 것으로 충분한 경우에 그 필요 부분만을 그리는 투상도
③ 대상물의 일부가 어느 각도를 가지고 있기 때문에 투상면에 그 실형이 나타나지 않을 때에 그 부분을 회전해서 그리는 투상도
④ 경사면부가 있는 대상물에서 그 경사면의 실형을 나타낼 필요가 있는 경우에 그리는 투상도

해설 ① 부분 투상도, ② 국부투상도, ③ 회전투상도

17 용접 기호 중에서 스폿 용접을 표시하는 기호는?

① ⊖   ② ⊏
③ ○   ④ =

해설 ① 심용접, ② 플러그 용접, ④ 서페이싱 이음

18 다음 중 서로 관련되는 부품과의 대조가 용이하여 다종 소량 생산에 쓰이는 도면은?

① 1품 1엽 도면   ② 1품 다엽 도면
③ 다품 1엽 도면   ④ 복사 도면

19 용접부의 비파괴시험에서 150mm씩 세 곳을 택하여 형광자분탐상시험을 지시하는 것은?

① MT-F150(3)   ② MT-D150(3)
③ MT-F3(150)   ④ MT-D3(150)

19 다음 용접기호를 설명한 것으로 올바른 것은?

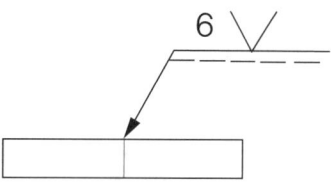

① 용접은 화살표 쪽으로 한다.
② 용접은 I형 이음으로 한다.
③ 용접 목길이는 6mm이다.
④ 용접부 루트간격은 6mm이다.

해설 V형 맞대기 이음으로 6은 용입 바닥까지의 거리이다.

제2과목 용접구조설계

21 루트 균열에 대한 설명으로 거리가 먼 것은?

① 루트 균열의 원인은 열영향부 조직의 경화성이다.
② 맞대기 용접이음의 가접에서 발생하기 쉬우며 가로 균열의 일종이다.
③ 루트 균열을 방지하기 위해 건조된 용접봉을 사용한다.
④ 방지책으로는 수소량이 적은 용접, 건조된 용접봉을 사용한다.

해설 루트 균열(Root Crack)은 루트의 노치에 의한 응력 집중부에서 발생한 균열이다.

22 연강을 용접이음 할 때 인장강도가 21N/mm², 허용응력이 7N/mm²이다. 정하중에서 구조물을 설계할 경우 안전율은 얼마인가?

① 1   ② 2   ③ 3   ④ 4

해설 안전율은 21÷7 = 3

23 연강판의 맞대기 용접이음 시 굽힘 변형방지법이 아닌 것은?

① 이음부에 미리 역변형을 주는 방법
② 특수 해머로 두들겨서 변형하는 방법
③ 지그로 정반에 고정하는 방법
④ 스트롱 백에 의한 구속 방법

24 아크 전류가 300A, 아크 전압이 25V, 용접속도가 20cm/min인 경우 발생되는 용접입열은?

① 20000 J/cm
② 22500 J/cm
③ 25500 J/cm
④ 30000 J/cm

해설 용접입열 = $\dfrac{60 \times 아크전압 \times 아크전류}{용접속도}$
= $\dfrac{60 \times 300 \times 25}{20}$ = 22,500 J/cm

25 [그림]과 같은 겹치기 이음의 필릿 용접을 하려고 한다. 허용응력을 50[MPa]라 하고 인장하중을 50[kN], 판 두께 12mm라고 할 때, 용접 유효길이는 약 몇 mm인가?

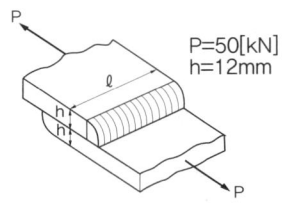

① 83 ② 73 ③ 69 ④ 59

해설 응력 = $\dfrac{\sqrt{2} \times 인장하중}{(두께 \times 2) \times 용접유효길이}$ 에서

용접유효길이 = $\dfrac{\sqrt{2} \times 50,000}{50 \times (12 \times 2)}$ = 58.92

26 다음 중 용접이음의 설계로 가장 좋은 것은?

① 용착 금속량이 많게 되도록 한다.
② 용접선이 한 곳에 집중되도록 한다.
③ 잔류응력이 적게 되도록 한다.
④ 부분 용입이 되도록 한다.

해설 용착 금속량은 적게, 용접선은 분산되게, 잔류응력은 적게 설계해야 한다.

27 자분탐상검사의 자화방법이 아닌 것은?

① 축통전법 ② 관통법
③ 극간법   ④ 원형법

해설 자분탐상의 자화방법에는 축통전법, 관통법, 직각통전법, 코일법, 극간법이 있다.

28 용접 구조물을 조립할 때 용접자세를 원활하기 위해 사용되는 것은?

① 용접게이지   ② 제관용 정반
③ 용접지그(jig) ④ 수평바이스

29 용접시 용접자세를 좋게 하기 위해 정반 자체가 회전하도록 한 것은?

① 매니플레이터
② 용접 고정구(fixture)
③ 용접대(bace die)
④ 용접 포지셔너(positioner)

해설 용접 포지셔너는 용접하기 쉬운 상태로 놓아 정반 자체가 회전하도록 한 것이다.

30 용접선에 직각 방향으로 수축되는 변형을 무엇이라 하는가?

① 가로수축 ② 세로수축
③ 회전수축 ④ 좌굴변형

31 공업용 가스의 종류와 그 용기의 색상이 잘못 연결된 것은?

① 산소 – 녹색   ② 아세틸렌 – 황색
③ 아르곤 – 회색 ④ 수소 – 청색

해설 수소는 주황색이다.

32 용착금속에서 기공의 결함을 찾아내는데 가장 좋은 비파괴 검사법은?

① 누설검사　　② 자기탐상검사
③ 침투탐상검사　④ 방사선투과시험

33 용접 구조 설계시 주의사항에 대한 설명으로 틀린 것은?

① 용접치수는 강도상 필요이상 크게 하지 않는다.
② 용접이음의 집중, 교차를 피한다.
③ 판면에 직각방향으로 인장하중이 작용할 경우 판의 압연방향에 주의한다.
④ 후판을 용접할 경우 용입이 낮은 용접법을 이용하여 층수를 줄인다.

[해설] 후판 용접시 용입이 높은 용접법을 이용해야 한다.

34 용접 결함 중 언더컷이 발생했을 때 보수방법은?

① 예열한다.
② 후열한다.
③ 언더컷 부분을 연삭한다.
④ 언더컷 부분을 가는 용접봉으로 용접 후 연삭한다.

[해설] 언더컷 보수방법은 가는 용접봉으로 용접 후 연삭한다.

35 두꺼운 강판에 대한 용접이음 홈 설계시는 용접자세, 이음의 종류, 변형, 용입상태, 경제성 등을 고려하여야 한다. 이 때 설계의 요령과 관계가 먼 것은?

① 용접 홈의 단면적은 가능한 작게 한다.
② 루트 반지름(r)은 가능한 작게 한다.
③ 전후좌우로 용접봉을 움직일 수 있는 홈 각도가 필요하다.
④ 적당한 루트간격과 루트면을 만들어 준다.

36 용착효율을 구하는 식으로 옳은 것은?

① 용착효율(%) = $\dfrac{\text{용착금속의 중량}}{\text{용접봉 사용중량}} \times 100$

② 용착효율(%) = $\dfrac{\text{용접봉 사용중량}}{\text{용착금속의 중량}} \times 100$

③ 용착효율(%) = $\dfrac{\text{남은 용접봉의 중량}}{\text{용접봉 사용중량}}$

④ 용착효율(%) = $\dfrac{\text{용접봉 사용중량}}{\text{남은 용접봉의 중량}}$

37 용접시 발생하는 용접변형의 주 발생 원인으로 가장 적합한 것은?

① 용착금속부의 취성에 의한 변형
② 용접이음부의 결함 발생으로 인한 변형
③ 용착금속부의 수축과 팽창으로 인한 변형
④ 용착금속부의 경화로 인한 변형

38 한 끝에서 다른 쪽 끝을 향해 연속적으로 진행하는 방법으로 용접이음이 짧은 경우나 변형, 잔류응력 등이 크게 문제되지 않을 때 이용되는 용착법은?

① 비석법　　② 대칭법
③ 후퇴법　　④ 전진법

[해설] • 비석법(스킵법) : 용접 길이를 짧게 나누어 간격을 두면서 용접하는 방법
• 대칭법 : 용접부의 중앙으로부터 양끝을 향해 대칭적으로 용접하는 방법
• 후퇴법 : 용접 진행방향과 용착 방향이 서로 반대가 되는 방법

39 용접부의 부식에 대한 설명으로 틀린 것은?

① 임계부식은 용접 열영향부의 오스테나이트 입계에 크롬탄화물이 석출될 때 발생한다.
② 용접부의 부식은 전면부식과 국부부식으로 분류한다.
③ 틈새부식은 틈 사이의 부식을 말한다.
④ 용접부의 잔류응력은 부식과 관계없다.

해설 용접부의 잔류응력은 용접부에 필연적으로 존재하는 응력으로 저응력파괴 및 응력부식균열 등의 발생원인이 된다.

40 저온취성 파괴에 미치는 요인과 가장 관계가 먼 것은?

① 온도의 저하
② 인장 잔류 응력
③ 예리한 노치
④ 강재의 고온 특성

해설 저온취성은 탄소 강 등에 있어서 저온(상온 부근 또는 그 이하)이 되면 충격치가 현저하게 저하되고 무르게 되는 현상으로 강재의 고온과는 거리가 멀다.

제3과목 용접일반 및 안전관리

41 판 두께가 가장 두꺼운 경우에 적당한 용접방법은?

① 원자수소 용접
② CO_2 가스 용접
③ 서브머지드 용접(submerged welding)
④ 일렉트로 슬래그 용접(electro slag welding)

해설 일렉트로 슬래그 용접은 단층 수직 상진용접법으로 원판의 용접에 적당하며 1m 두께의 강판을 연속 용접이 가능하다.

42 TIG용접으로 Al을 용접할 때 가장 적합한 용접 전원은?

① DC SP
② DC RP
③ AC HF
④ AC RP

해설 알루미늄의 용접에는 고주파를 이용한 평형 교류 용접(AC HF)를 사용한다.

43 직류 아크 용접기를 교류·아크용접기와 비교했을 때 틀린 것은?

① 비피복 용접봉 사용이 가능하다.
② 전격의 위험이 크다.
③ 역률이 양호하다.
④ 유지보수가 어렵다.

해설 직류 아크 용접기는 비피복 용접봉 사용이 가능하고, 전격 위험이 적으며, 역률이 양호하고 유지보수가 어렵다.

44 전기 저항열을 이용한 용접법은?

① 일렉트로슬래그 용접
② 잠호용접
③ 초음파 용접
④ 원자수소용접

45 용제없이 가스용접을 할 수 있는 재질은?

① 연강   ② 주철
③ 알루미늄   ④ 황동

46 두께가 12.7mm인 강판을 가스 절단하려 할 때 표준 드래그의 길이는 2.4mm이다. 이때 드래그는 몇 % 인가?

① 18.9   ② 32.1
③ 42.9   ④ 52.4

해설 드래그(%) = $\dfrac{\text{드래그 길이}}{\text{판 두께}} \times 100 = \dfrac{2.4}{12.7} \times 100 = 18.9$

47 용접에 관한 안전 사항으로 틀린 것은?

① TIG용접시 차광렌즈는 12~13번을 사용한다.
② MIG용접시 피복 아크 용접보다 1m가 넘는 거리에서도 공기 중의 산소를 오존(O_3)으로 바꿀 수 있다.

③ 전류가 인체에 미치는 영향에서 50mA는 위험을 수반하지 않는다.
④ 아크로 인한 염증을 일으켰을 경우 붕산수(2% 수용액)로 눈을 닦는다.

> **해설** 전류가 50mA 이상 인체에 흐르면 심장마비를 일으켜 사망할 위험이 있다.

48 CO_2 아크 용접에 대한 설명 중 틀린 것은?

① 전류 밀도가 높아 용입이 깊고, 용접속도를 빠르게 할 수 있다.
② 용접장치, 용접 전원 등 장치로서는 MIG용접과 같은 점이 많다.
③ CO_2 아크 용접에서는 탈산제로서 Mn 및 Si를 포함한 용접와이어를 사용한다.
④ CO_2 아크 용접에서는 차폐가스로 CO_2에 소량의 수소를 혼합한 것을 사용한다.

49 최소에너지 손실속도로 변화되는 절단 팁의 노즐 형태는?

① 스트레이트 노즐 ② 다이버전트 노즐
③ 원형 노즐 ④ 직선형 노즐

> **해설**
> • 스트레이트 노즐 : 보통 절단용
> • 직선형 노즐 : 후판 절단에 이용

50 맞대기 압접의 분류에 속하지 않는 것은?

① 플래시 맞대기 용접
② 방전충격 용접
③ 업셋 맞대기 용접
④ 심 용접

> **해설**
> • 겹치기 : 스폿, 심, 프로젝션 용접
> • 맞대기 : 플래시 맞대기, 업셋 맞대기, 방전충격 용접

51 TIG 용접 시 교류용접기에 고주파 전류를 사용할 때의 특징이 아닌 것은?

① 아크는 전극을 모재에 접촉시키지 않아도 발생된다.
② 전극의 수명이 길다.
③ 일정 지름의 전극에 대해 광범위한 전류의 사용이 가능하다.
④ 아크가 길어지면 끊어진다.

> **해설** 아크는 고주파를 발생시키면서 아크를 일으키고, 용접을 하게 되면 냉각수 순환 장치가 토치의 과열을 방지한다.

52 다음 중 전격의 위험성이 가장 적은 것은?

① 케이블의 피복이 파괴되어 절연이 나쁠 때
② 무부하 전압이 낮은 용접기를 사용할 때
③ 땀을 흘리면서 전기용접을 할 때
④ 젖은 몸에 홀더 등이 닿았을 때

53 아세틸렌 청정기는 어느 위치에 설치함이 좋은가?

① 발생기의 출구 ② 안전기 다음
③ 압력 조정기 다음 ④ 토오치 바로 앞

> **해설** 아세틸렌 청정기는 발생기 출구에 설치한다.

54 이산화탄소 아크 용접에 대한 설명으로 옳지 않은 것은?

① 아크 시간을 길게 할 수 있다.
② 가시(可視)아크이므로 시공시 편리하다.
③ 용접입열이 크고 용융속도가 빠르며 용입이 깊다.
④ 바람의 영향을 받지 않으므로 방풍장치가 필요없다.

> **해설** 바람의 영향을 받으므로 풍속 2m/s 이상에서는 방풍장치가 필요하다.

55 교류 아크 용접시 아크시간이 6분이고, 휴식시간이 4분일 때 사용률은 얼마인가?

① 40% ② 50%
③ 60% ④ 70%

해설 사용률(%) = $\dfrac{\text{아크시간}}{\text{아크시간}+\text{휴식시간}} \times 100$
= $\dfrac{6}{6+4} \times 100 = 60$

56 B형 가스용접 토치의 팁 번호 250을 바르게 설명한 것은?

① 판 두께 250mm까지 용접한다.
② 1시간에 250리터의 아세틸렌가스를 소비하는 것이다.
③ 1시간에 250리터의 산소가스를 소비하는 것이다.
④ 1시간에 250cm까지 용접한다.

해설 가변압식(프랑스식) 토치를 말하며 1시간 동안에 표준 불꽃을 이용하여 용접할 경우 아세틸렌가스의 소비량이 팁 번호이다.

57 CO_2 가스에 O_2(산소)를 첨가한 효과가 아닌 것은?

① 슬래그 생성량이 많아져 비드 외관이 개선된다.
② 용입이 낮아 박판 용접에 유리하다.
③ 용융지의 온도가 상승된다.
④ 비금속개재물의 응집으로 용착강이 청결해진다.

58 교류 아크 용접기에서 2차측의 무부하 전압은 약 몇 V가 되는가?

① 40~60V ② 70~80V
③ 80~100V ④ 100~120V

해설 2차측 무부하는 70~80V이다.

59 강을 가스 절단할 때 쉽게 절단할 수 있는 탄소함유량은 얼마인가?

① 6.68%C 이하 ② 4.3%C 이하
③ 2.11%C 이하 ④ 0.25%C 이하

해설 0.25%C 이하의 저탄소강에서는 절단성이 양호하나 탄소량의 증가로 균열이 생길 수 있다

60 열원이 광선이며 진공 중에서 용접이 가능하고 원격 조작이 가능하며 열의 영향범위가 좁은 용접법은?

① 레이저 용접 ② 원자수소 용접
③ 플라스마 용접 ④ 테르밋 용접

해설 레이저 용접은 접촉하기 어려운 부재나 진공 또는 진공이 아닌 곳에 용접이 가능하고 열의 영향 범위가 좁으므로 미세 정밀 용접에 접합하며 원격 조작이 가능하고 가시 용접을 할 수 있다.

2014년도 제1회 기출문제 정답

01 ①	02 ③	03 ③	04 ①	05 ③	06 ①	07 ①	08 ③	09 ③	10 ④
11 ①	12 ③	13 ④	14 ③	15 ②	16 ④	17 ③	18 ③	19 ①	20 ①
21 ②	22 ③	23 ②	24 ②	25 ④	26 ③	27 ①	28 ③	29 ④	30 ①
31 ④	32 ④	33 ④	34 ④	35 ②	36 ①	37 ③	38 ④	39 ④	40 ④
41 ④	42 ③	43 ②	44 ①	45 ①	46 ①	47 ③	48 ③	49 ②	50 ④
51 ④	52 ②	53 ①	54 ④	55 ③	56 ②	57 ②	58 ②	59 ④	60 ①

최근기출문제
2014년도 제2회 시행

제1과목 | 용접야금 및 용접설비제도

01 강의 조직 중 오스테나이트에서 냉각 중 탄소 농도의 확산으로 탄소농도가 낮은 페라이트와 탄소농도가 높은 시멘타이트가 층상을 이루는 조직은?

① 펄라이트
② 마텐자이트
③ 트루스타이트
④ 레데뷰라이드

해설: 펄라이트는 강의 조직에서 페라이트와 시멘타이트가 층을 이루는 조직이다.

02 용접부 고온균열의 직접적인 원인이 되는 것은?

① 전극의 피복제에 흡수된 수분
② 고온에서의 연성 향상
③ 응고시의 수축, 팽창
④ 후열처리

해설: 고온 균열은 응고과장, 응고 후에 발생되며 균열이 표면까지 진전되면 균열의 면은 산화되어 피막이 형성된다.

03 Fe-C 합금에서 6.67%C를 함유하는 탄화철의 조직은?

① 시멘타이트
② 레데브라이트
③ 페라이트
④ 오스테나이트

해설: 시멘타이트는 탄화철(Fe_3C, 탄소량 6.67%)로 금속적인 광택이 있으며 대단히 단단하고, 취성이 있으며, 자성을 갖고 있다.

04 한국산업표준에서 정한 일반 구조용 탄소 강관을 표시하는 것은?

① SCPH
② STKM
③ NCF
④ STK

해설: STK는 steel pipe structure로 일반 구조용 탄소강관을 표시한다.

05 황(S)에 관한 설명으로 틀린 것은?

① 강에 함유된 S는 대부분 MnS로 잔류한다.
② FeS는 결정입계에 망상으로 분포되어 있다.
③ S는 상온취성의 원인이 되며, 경도를 증가시킨다.
④ S가 0.02% 정도만 있어도 인장강도, 충격치를 감소시킨다.

해설: 황은 900~950℃에서 FeS가 파괴되어 균열되는 적열취성이다.

06 피복아크용접에서 피복제의 역할 중 가장 거리가 먼 것은?

① 용접금속의 응고와 냉각속도를 지연시킨다.
② 용접금속에 적당한 합금원소를 첨가한다.
③ 용융점이 낮은 적당한 점성의 슬래그를 만든다.
④ 합금원소 첨가 없이도 냉각속도로 인해 입자를 미세화하여 인성을 향상시킨다.

해설: 피복제는 용융 금속의 용적을 미세화하여 용착 효율을 높인다.

249

07 연강용 피복 아크용접봉에서 피복제의 염기도가 가장 낮은 것은?

① 티탄계 ② 저수소계
③ 일미나이트계 ④ 고셀룰로스계

해설 티탄계 용접봉이 염기도가 가장 낮다.

08 다음 중 탄소의 함유량이 가장 적은 것은?

① 경강 ② 연강
③ 합금공구강 ④ 탄소공구강

해설 연강은 탄소함유량이 0.12~0.25% 전후의 강으로 용도가 넓어 철사, 정, 강판, 선, 관 등에 사용되며 구조용재로써 가장 널리 이용되고 있다.

09 용접구조물에서 예열의 목적이 잘못 설명된 것은?

① 열 영향부의 경도를 증가시킨다.
② 잔류응력을 경감시킨다.
③ 용접변형을 경감시킨다.
④ 저온균열을 방지시킨다.

해설 예열은 용접 열 영향부를 경화하여 용접부의 냉각속도를 느리게 하여 결함을 방지할 수 있다.

10 다음의 금속재료 중 전기 전도율이 가장 큰 것은?

① 크롬 ② 아연
③ 구리 ④ 알루미늄

해설 전기 전도율은 구리 〉 알루미늄 〉 아연 〉 크롬 순이다.

11 다음의 용접기호를 바르게 설명한 것은?

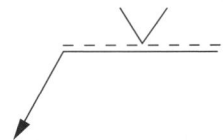

① 화살표 쪽의 용접
② 양면대칭 부분용입의 용접
③ 양면대칭 용접
④ 화살표 반대쪽의 용접

해설 화살표 반대쪽의 용접을 나타낸 그림이다.

12 도면에서 2종류 이상의 선이 같은 장소에서 중복될 경우 도면에 우선적으로 그어야 하는 선은?

① 외형선 ② 중심선
③ 숨은선 ④ 무게 중심선

해설 2종류 이상의 선이 중복될 경우 우선 되는 종류의 선은 외형선 – 숨은선 – 절단선 – 중심선 – 무게중심선 – 치수보조선 순이다.

13 외형선 및 숨은선의 연장선을 표시하는데 사용되는 선은?

① 가는 1점쇄선 ② 가는 실선
③ 가는 2점쇄선 ④ 파선

해설 가는 실선은 외형선 및 숨은선의 연장선을 표시하는데 사용한다.

14 치수 기입시 구의 반지름을 표시하는 치수보조기호는?

① SR ② Sϕ ③ R ④ t

해설 ① 구의 반지름, ② 구의 지름, ③ 반지름, ④ 두께

15 일반적으로 부품의 모양을 스케치하는 방법이 아닌 것은?

① 프린트법 ② 프리핸드법
③ 판화법 ④ 사진촬영법

해설 판화법은 불규칙한 곡선부분이 있는 부품을 윤곽을 본뜨는 직접 본뜨기와 간접 본뜨기법이 있다.

16 KS 기계제도에 사용하는 평행 투상법의 종류가 아닌 것은?

① 정 투상 ② 등각 투상
③ 사 투상 ④ 투시 투상

해설 평행 투상법에는 정 투상, 등각 투상, 사투상법이 있다.

17 도면을 그리기 위하여 도면에 반드시 설정해야 되는 양식이 아닌 것은?

① 윤곽선 ② 도면의 구역
③ 표제란 ④ 중심 마크

해설 도면에는 윤곽선, 표제란, 중심마크는 반드시 설정해야 하고, 도면 구역은 도면을 읽거나 관리하는데 편리하도록 표시한 것이다.

18 도형이 이동한 중심 궤적을 표시할 때 사용하는 선은?

① 굵은 실선 ② 가는 2점 쇄선
③ 가는 1점 쇄선 ④ 가는 실선

해설 가는 1점 쇄선은 도형의 중심을 표시하거나 중심이 이동한 중심궤적을 표시하는데 사용된다.

19 용접이음의 기호에서 뒷면 용접을 나타낸 기호는?

① ○ ② ⌣
③ □ ④ ⌣

20 다음 용접부의 기본기호 중 서페이싱을 나타내는 것은?

① ⌢⌢ ② ⌣
③ ○ ④ ⊖

해설 ① 서페이싱, ② 뒷면 용접, ③ 스폿 용접, ④ 심용접

제2과목 용접구조설계

21 잔류 응력의 완화법인 응력 제거 어닐링(Annealing)의 효과로 틀린 것은?

① 응력 부식에 대한 저항력 감소
② 크리프 강도 향상
③ 충격 저항의 증대
④ 치수 비틀림 방지

해설 응력제거 어닐링은 철이나 강의 연화 또는 결정 조직의 조정이나 내부 응력의 제거를 위하여 적당한 온도로 가열한 후 천천히 냉각시키는 것을 말한다.

22 두께가 5mm인 강판을 가지고 완전 용입의 T형 용접을 하려고 한다. 이 때 최대 50000N의 인장하중을 작용시키려면 용접길이는 얼마인가?

① 50mm ② 100mm
③ 150mm ④ 200mm

23 용접금속의 균열 현상에서 저온 균열에서 나타나는 균열은?

① 응고 균열 ② 노치 균열
③ 설퍼 균열 ④ 루트 균열

해설 비드밑 크랙, 토우 크랙, 루트 크랙은 모두 저온 균열에 속한다.

24 T형 이음(흠 완전 용입)에서 P=31.5kN, h=7mm로 할 때 용접 길이는 얼마인가? (단, 허용 응력은 90MPa이다.)

① 20mm ② 30mm
③ 40mm ④ 50mm

해설 용접 길이 = $\dfrac{P}{두께 \times 응력} = \dfrac{31.5 \times 10^3}{7 \times 90} = 50$

(1MPa = 10^6N/m²)

25 용접 이음준비에서 조립과 가접에 대한 설명이다. 틀린 것은?

① 수축이 큰 맞대기 용접을 먼저 한다.
② 용접과 리벳이 있는 경우 용접을 먼저 한다.
③ 가접은 본 용접사와 같은 기량을 가진 용접사가 한다.
④ 가접은 변형 방지를 위하여 용접봉 지름이 큰 것을 사용한다.

해설 용접봉 지름이 작은 것을 사용해야 한다.

26 맞대기 이음부의 홈의 형상으로만 조합된 것은?

① Z형, K형, L형, T형
② I형, V형, U형, H형
③ G형, X형, J형, P형
④ B형, U형, K형, Y형

27 다층 용접에서 변형과 잔류 응력을 경감시키기 위해 사용하는 용접법은?

① 빌드업(build up)법
② 스킵(skip)법
③ 후퇴법
④ 전진 블록(block)법

해설 전진 블록법은 한 개의 용접봉으로 살을 붙일만한 길이로 구분해 홈을 한 부분씩 여러 층으로 쌓아 올린 다음 다른 부분으로 진행하여 용접 전체를 마무리하는 방법이다.

28 다음 설명 중 옳지 않는 것은?

① 금속은 압축응력에 비하여 인장응력에는 약하다.
② 팽창과 수축의 정도는 가열된 면적의 크기에 반비례한다.
③ 구속된 상태의 팽창과 수축은 금속의 변형과 잔류응력을 생기게 한다.
④ 구속된 상태의 수축은 금속이 그 장력에 견딜만한 연성이 없으면 파단한다.

29 용접 이음의 피로강도를 시험할 때 사용되는 S-N곡선에서 S와 N를 옳게 표시한 항목은?

① S : 스트레인, N : 반복하중
② S : 응력, N : 반복 횟수
③ S : 인장강도, N : 전단강도
④ S : 비틀림강도, N : 응력

해설 피로 시험은 재료가 인장 강도나 항복점으로부터 작은 힘이 수없이 반복하여 작용하면 파괴를 일어나게 하는 시험으로 S : 응력, N : 반복 횟수를 나타낸다.

30 수직으로 4000N의 힘이 작용하는 부분에 수평으로 맞대기 용접을 하고자 하는데 용접부의 형상은 판 두께 6mm, 용접선의 길이 220m로 하려고 할 때, 이음부에 발생하는 인장응력은 약 얼마인가?

① 4.0 N/mm^2 ② 3.0 N/mm^2
③ 109.1 N/mm^2 ④ 110.2 N/mm^2

해설 응력 = $\dfrac{\text{인장하중}}{\text{두께}\times\text{용접유효길이}}$ = $\dfrac{4000}{6\times 220}$ = 3.03

31 플레어 용접부의 형상으로 맞는 것은?

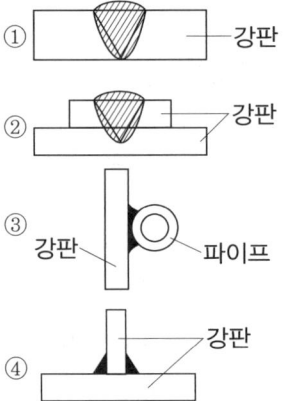

32 다음 예열에 대한 설명으로 옳지 않은 것은?

① 연강의 두께가 25mm 이상인 경우 약 50~350℃ 정도의 온도로 예열한다.
② 연강을 0 이하에서 용접할 경우 이음의 양쪽 폭 100mm 정도를 약 40~70℃ 정도로 예열하는 것이 좋다.
③ 구리나 알루미늄 합금 등은 200~400℃로 예열한다.
④ 예열은 근본적으로 용접 금속 내에 수소의 성분을 넣어주기 위함이다.

해설) 예열은 용접 금속 내의 수소 성분을 제거하기 위함이다.

33 아래 그림과 같은 필릿 용접부의 종류는?

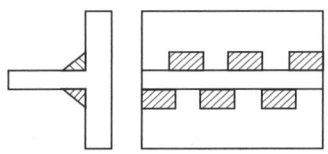

① 연속 병렬 필릿용접
② 연속 필릿용접
③ 단속 병렬 필릿용접
④ 단속 지그재그 필릿용접

34 용융된 금속이 모재와 잘못 녹아 어울리지 못하고 모재에 덮인 상태의 결함은?

① 스패터   ② 언더컷
③ 오버랩   ④ 기공

해설) 오버랩은 용접 전류가 너무 낮거나 운봉 및 봉의 유지각도 불량, 용접봉 선택이 잘못되었을 때 발생하는 현상이다.

35 용접변형의 교정법에서 박판에 대한 점 수축법의 시공조건으로 틀린 것은?

① 가열온도는 500~600℃
② 가열시간은 180초
③ 가열점 지름은 20~30mm
④ 가열 후 즉시 수냉

해설) 점 수축 시공법은 가열온도 500~600℃, 가열시간은 약 30초, 가열점 지름은 20~30mm로 하여 가열 후에 즉시 수냉시키는 방법이다.

36 연강판 용접 인장 시험에서 모재의 인장 강도가 3500MPa, 용접 시험편의 인장 강도가 2800MPa로 나타났다면 이음 효율은?

① 60%   ② 70%
③ 80%   ④ 90%

해설) 이음효율 = (2800 ÷ 3500) × 100 = 80%

37 용접변형의 종류에 해당 되지 않는 것은?

① 좌굴변형   ② 연성변형
③ 비틀림변형 ④ 회전변형

38 시험편에 V형 또는 U형 노치를 만들어 파괴시키는 시험법은?

① 경도 시험법   ② 인장 시험법
③ 굽힘 시험법   ④ 충격 시험법

해설) 충격시험은 시험편에 V형 또는 U형 노치를 만들고 충격적인 하중을 주어서 시험편을 파괴시키는 시험이다.

39 인장시험의 시험편의 처음길이를 l_0, 파단 후의 거리를 l 이라 하면 변형률(ε)에 관한 식은?

① $\varepsilon = \dfrac{l - l_0}{l} \times 100[\%]$ ② $\varepsilon = \dfrac{l_0 - l}{l} \times 100[\%]$

③ $\varepsilon = \dfrac{l_0 - l}{l_0} \times 100[\%]$ ④ $\varepsilon = \dfrac{l - l_0}{l_0} \times 100[\%]$

40 필릿 용접에서 응력집중이 가장 큰 용접부는?

① 루트부   ② 토우부
③ 각장   ④ 목두께

해설 필릿 용접에서는 루트부가 응력집중이 가장 크다.

제3과목 용접일반 및 안전관리

41 테르밋 용접 이음부의 예열 온도는 약 몇 ℃가 적당한가?

① 400~600   ② 600~800
③ 800~900   ④ 1000~1100

해설 테르밋 용접의 모재에 적당한 온도는 강의 경우 800~900℃가 적당하다.

42 실드 가스로써 주로 탄산가스를 사용하여 용융부를 보호하여 탄산가스 분위기 속에서 아크를 발생시켜 그 아크열로 모재를 용융시켜 용접하는 방법은?

① 테르밋 용접
② 실드 용접
③ 전자 빔 용접
④ 일렉트로 가스 아크 용접

43 가스절단시 절단속도에 영향을 주는 것과 가장 거리가 먼 것은?

① 팁의 형상   ② 용기의 산소량
③ 모재의 온도 ④ 산소 압력

해설 절단 속도는 절단 산소의 분출 상태, 속도에 따라 크게 좌우되며 다이버전트 노즐은 고속 분출을 얻는데 가장 적합하며, 팁의 형상, 모재 온도, 산소압력에 따라 속도가 달라진다.

44 아크 용접기의 사용상 주의점이 아닌 것은?

① 정격 사용률 이상으로 사용한다.
② 접지(earth)를 확실히 한다.
③ 비, 바람이 치는 장소에서는 사용하지 않는다.
④ 기름이나 증기가 많은 장소에서는 사용하지 않는다.

해설 정격 사용률 이하로 사용해야 한다.

45 용접전류가 400A 이상일 때 가장 적합한 차광도 번호는?

① 5   ② 8
③ 10   ④ 14

해설 전류가 400A 이상이면 차광도는 14이며 용접봉 지름은 9.0~9.6mm를 사용한다.

46 전격방지를 위한 작업으로 틀린 것은?

① 보호구를 완전히 착용한다.
② 직류보다 교류를 많이 사용한다.
③ 무부하 전압이 낮은 용접기를 사용한다.
④ 절연상태를 확인한 후 사용한다.

47 아크 용접 작업에서 전격의 방지 대책으로 틀린 것은?

① 절연 홀더의 절연 부분이 노출되면 즉시 교체한다.
② 홀더나 용접봉은 절대로 맨손으로 취급하지 않는다.
③ 밀폐된 공간에서는 자동 전격 방지기를 사용하지 않는다.
④ 용접기의 내부에 함부로 손을 대지 않는다.

해설 밀폐된 공간이라도 자동 전격 방지기를 사용해야 한다.

48 가스절단의 예열불꽃이 너무 약할 때의 현상을 가장 적절하게 설명한 것은?

① 절단속도가 빨라진다.
② 드래그가 증가한다.
③ 모서리가 용융되어 둥글게 된다.
④ 절단면이 거칠어진다.

해설 예열불꽃이 약할 때
• 절단속도가 늦어지고 절단이 중단되기 쉽다.
• 드래그가 증가한다.
• 역화를 일으키기 쉽다.

49 절단산소의 순도가 낮은 경우 발생하는 현상이 아닌 것은?

① 산소 소비량이 증가된다.
② 절단속도가 저하된다.
③ 절단 개시 시간이 길어진다.
④ 절단홈 폭이 좁아진다.

해설 절단 산소의 순도가 낮은 경우 발생되는 현상
• 절단면이 거칠어지고, 절단 속도가 늦어진다.
• 산소의 소비량이 증가하고 절단 개시 시간이 길어진다.
• 슬래그의 이탈성이 나빠지고 절단홈의 폭이 넓어진다.

50 스테인리스나 알루미늄 합금의 납땜이 어려운 가장 큰 이유는?

① 적당한 용제가 없기 때문에
② 강한 산화막이 있기 때문에
③ 융점이 높기 때문에
④ 친화력이 강하기 때문에

해설 스테인리스나 알루미늄 합금은 강한 산화막이 있어 납땜하기 어렵다.

51 용해 아세틸렌 가스를 충전하였을 때 용기 전체의 무게가 34 kgf이고 사용 후 빈병의 무게가 31 kgf이면, 15℃, 1 kgf/cm² 하에서 충전된 아세틸렌 가스의 양은 약 몇 L인가?

① 465 L   ② 1054 L
③ 1581 L ④ 2715 L

해설 가스량 = 905(충전 무게−빈 병 무게) = 905(34−31) = 2715

52 불활성가스 텅스텐 아크 용접에 사용되는 뒷받침의 형식이 아닌 것은?

① 금속 뒷받침(metal backing)
② 배킹 용접(backing weld)
③ 플럭스 뒷받침(flux backing)
④ 용접부의 뒤쪽에 불활성 가스를 흐르게 하는 방법(inert gas backing)

해설 이면에 보강할 필요가 있는 용접에서 받침쇠나 뒷받침 재료를 사용하여 용접을 한다.

53 아크 용접시 발생되는 유해한 광선에 해당하는 것은?

① X−선   ② 감마선(γ)
③ 알파선(α) ④ 적외선

54 직류 용접기와 비교하여 교류 용접기의 장점이 아닌 것은?

① 자기 쏠림이 방지된다.
② 구조가 간단하다.
③ 소음이 적다.
④ 역률이 좋다.

해설 교류 용접기는 아크 안정성이 떨어지고, 자기쏠림이 없으며, 소음이 적고 가격은 비싸지만 역률이 나쁘다.

55 내용적 40리터의 산소용기에 140kgf/cm²의 산소가 들어있다. 350번 팁을 사용하여 혼합비 1:1의 표준 불꽃으로 작업하면 몇 시간이나 작업할 수 있는가?

① 10시간 ② 12시간
③ 14시간 ④ 16시간

해설 (40×140) ÷ 350 = 16

56 표준 불꽃으로 용접할 때, 가스용접 팁의 번호가 200 이면 다음 중 옳은 설명은?

① 매 시간당 산소의 소비량이 200리터이다.
② 매 분당 산소의 소비량이 200리터이다.
③ 매 시간당 아세틸렌가스의 소비량이 200리터이다.
④ 매 분당 아세틸렌가스의 소비량이 200리터이다.

해설 가변압식일 경우 팁 번호는 1시간 동안에 표준 불꽃으로 용접할 경우의 아세틸렌가스의 소비량을 나타낸다.

57 피복아크용접에서 피복제의 역할이 아닌 것은?

① 용적을 미세화하고 용착 효율을 높인다.
② 용착금속에 필요한 합금 원소를 첨가한다.
③ 아크를 안정시킨다.
④ 용착금속의 냉각속도를 빠르게 한다.

해설 피복제는 용착 금속의 냉각 속도를 느리게 하여 급랭을 방지한다.

58 탄산가스(CO_2) 아크 용접에 대한 설명 중 틀린 것은?

① 전자세 용접이 가능하다.
② 용착금속의 기계적·야금적 성질이 우수하다.
③ 용접전류의 밀도가 낮아 용입이 얕다.
④ 가시(可視)아크이므로, 시공이 편리하다.

해설 탄산가스는 용접 전류 밀도가 높아 용입이 깊고 용접 속도를 빠르게 할 수 있다.

59 아크쏠림의 발생 주원인은?

① 아크발생의 불량으로 발생한다.
② 전류가 흐르는 도체 주변의 자장 발생으로 발생한다.
③ 용접봉이 굵은 관계로 발생한다.
④ 자석의 크기로 인해서 발생한다.

해설 아크 쏠림은 아크 전류에 의한 자장에 원인이 있으므로 교류 아크 용접에서는 발생하지 않는다.

60 가스 실드계의 대표적인 용접봉으로 피복이 얇고, 슬래그가 적으므로 좁은 홈의 용접이나 수직상진·하진 및 위보기 용접에서 우수한 작업성을 가진 용접봉은?

① E4301 ② E4311
③ E4313 ④ E4316

해설 E4301 : 일미나이트계, E4311 : 고셀룰로오스계, E4313 : 고산화티탄계, E4316 : 저수소계

2014년도 제2회 기출문제 정답

01 ①	02 ③	03 ①	04 ④	05 ③	06 ④	07 ①	08 ②	09 ①	10 ③
11 ④	12 ②	13 ②	14 ①	15 ③	16 ④	17 ②	18 ④	19 ④	20 ①
21 ①	22 ②	23 ④	24 ④	25 ④	26 ②	27 ④	28 ②	29 ②	30 ②
31 ④	32 ④	33 ④	34 ③	35 ②	36 ③	37 ②	38 ④	39 ④	40 ①
41 ③	42 ④	43 ②	44 ①	45 ④	46 ②	47 ②	48 ②	49 ④	50 ②
51 ④	52 ②	53 ④	54 ④	55 ④	56 ③	57 ④	58 ③	59 ②	60 ②

최근기출문제
2014년도 제3회 시행

제1과목 용접야금 및 용접설비제도

01 다음 보기를 공통적으로 설명하고 있는 표면경화법은?

〈보기〉
- 강을 NH_3 가스 중에서 500~550℃로 20~100시간 정도 가열한다.
- 경화 깊이를 깊게 하기 위해서는 시간을 길게 하여야 한다.
- 표면층에 합금 성분인 크롬, 알루미늄, 몰리브덴 등이 단단한 경화층을 형성하며 특히 알루미늄은 경도를 높여주는 역할을 한다.

① 질화법
② 침탄법
③ 크로마이징
④ 화염경화법

해설 질화법은 질화용 강의 표면층에 질소를 확산시켜, 표면층을 경화하는 방법으로 게이지, 측정기의 측정면의 경화 등에 이용된다.

02 강을 단조, 압연 등의 소성가공이나 주조로 거칠어진 결정조직을 미세화하고 기계적 성질, 물리적 성질 등을 개량하여 조직을 표준화하고 공랭하는 열처리는?

① 풀림(annealing)
② 불림(normalizing)
③ 담금질(quenching)
④ 뜨임(tempering)

해설 불림이란 강의 조직을 미세화 하기 위해 변태점 이상 적당한 온도로 가열한 후 고요한 대기 중에 냉각시키는 열처리방법이다.

03 Fe-C 평형상태도에서 조직과 결정 구조에 대한 설명으로 옳은 것은?

① 펄라이트는 $\gamma+Fe_3C$ 이다.
② 레데뷰라이트는 $\alpha+Fe_3C$ 이다.
③ α-페라이트는 면심입방격자이다.
④ δ-페라이트는 체심입방격자이다.

04 티타늄(Ti)의 성질을 설명한 것 중 옳은 것은?

① 비중은 약 8.9정도이다.
② 열 및 도전율이 매우 높다.
③ 활성이 작아 고온에서 산화되지 않는다.
④ 상온부근의 물 또는 공기 중에서는 부동태 피막이 형성된다.

05 다음은 금속의 공통적인 성질로 틀린 것은?

① 수은 이외에는 상온에서 고체이며 결정체이다.
② 전기에 부도체이며, 비중이 작다.
③ 결정의 내부구조를 변경시킬 수 있다.
④ 금속 고유의 광택을 갖고 있다.

해설 금속은 열과 전기의 양도체이다.

06 다음 중 강괴의 결함이 아닌 것은?

① 수축공   ② 백점
③ 편석   ④ 용강

해설 용강은 제강의 공정에 있어서 한 번 용융한 후 형에 넣어 응고시킨 것을 말한다.

07 일반적으로 용융 금속 중에 기포가 응고시 빠져 나가지 못하고 잔류하여 용접부에 기계적 성질을 저하시키는 것은?

① 편석 ② 은점
③ 기공 ④ 노치

08 주철 용접부 바닥면에 스터드 볼트 대신 등근 홈을 파고 이 부분에 걸쳐 힘을 받도록 용접하는 방법은?

① 버터링법 ② 로킹법
③ 비녀장법 ④ 스터드법

해설
- 비녀장법 : 균열부 수리 및 가늘고 긴 용접을 할 때 용접선에 직각이 되게 지름 6~10mm 정도의 ㄷ 자형의 강봉을 박고 용접하는 방법
- 버터링법 : 처음에는 모재와 잘 융합되는 용접봉으로 적당한 두께까지 용착시키고 난 후 다른 용접봉으로 용접하는 방법

09 강을 경화시키기 위한 열처리는?

① 담금질 ② 뜨임
③ 불림   ④ 풀림

해설 담금질은 급랭함으로써 금속이나 합금의 내부에서 일어나는 변화를 막아 고온에서의 안정 상태 또는 중간 상태를 저온·온실에서 유지하는 방법으로 소입(燒入), 퀜칭(quenching)이라 한다.

10 탄소강의 조직 중 전연성이 크고 연하며 강자성체인 조직은?

① 페라이트   ② 펄라이트
③ 시멘타이트 ④ 레데뷰라이트

11 척도의 종류 중 축척(contraction scale)으로 그릴 때의 내용을 바르게 설명한 것은?

① 도면의 치수는 실물의 배척된 치수를 기입한다.
② 표제란의 척도란에 "NS"라고 기입한다.
③ 표제란의 척도란에 2:1, 20:1 등으로 기입한다.
④ 도면의 치수는 실물의 축적된 치수를 기입한다.

해설 ①항과 ③항은 배척에 대한 설명이며, ②항은 비례척이 아닐 때 기입한다.

12 다음 용접기호 설명 중 틀린 것은?

① ∨는 V형 맞대기 용접을 의미한다.
② ▷는 필릿 용접을 의미한다.
③ ○는 점 용접을 의미한다.
④ ⋀는 플러그 용접을 의미한다.

해설 ⋀는 양면 플랜지형 맞대기 이음을 의미한다.

13 다음 치수 보조 기호 중 잘못 설명된 것은?

① t : 판의 두께
② (20) : 이론적으로 정확한 치수
③ C : 45°의 모떼기
④ SR : 구의 반지름

해설 (20) : 참고 치수의 치수 수치를 나타낸다.

14 화살표 쪽 필릿 용접의 기호는?

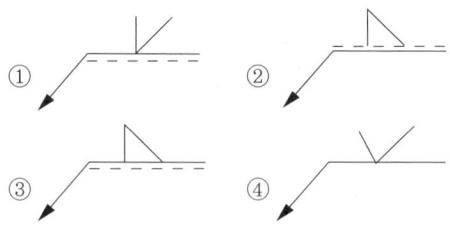

해설 실선에 표시되어 있으면 화살표 쪽을 나타내며, 필릿은 삼각형 모양으로 표시한다.

15 단면도의 표시방법으로서 알맞지 않은 것은?

① 단면도의 도형은 절단면을 사용하여 대상물을 절단하였다고 가정하고 절단면의 앞부분을 제거하고 그린다.
② 온단면도에서 절단면을 정하여 그릴 때 절단선은 기입하지 않는다.
③ 외형도에 있어서 필요로 하는 요소의 일부만을 부분단면도로 표시할 수 있으며 이 경우 파단선에 의해서 그 경계를 나타낸다.
④ 절단했기 때문에 축, 핀, 볼트의 경우는 원칙적으로 긴쪽 방향으로 절단한다.

16 핸들이나 바퀴의 암 및 리브 훅, 축 구조물의 부재 등에 절단면을 90° 회전하여 그린 단면도는?

① 회전 단면도 ② 부분 단면도
③ 한쪽 단면도 ④ 온 단면도

> 해설 회전 단면도는 핸들, 벨트 풀리, 기어 등과 같은 바퀴의 암, 림, 훅, 축, 구조물의 부재 등의 절단면을 회전시켜 나타낸 단면도이다.

17 한국산업규격 용접 기호 중 Z∟n×L(e)에서 n이 의미하는 것은?

① 용접부 수   ② 피치
③ 용접길이   ④ 목 길이

> 해설
> • Z : 절단면에 내접하는 최대 이등변 삼각형의 변
> • n : 용접부의 개수
> • L : 용접부의 길이
> • (e) : 인접한 용접부 간의 거리

18 면이 평면으로 가공되어 있고, 복잡한 윤곽을 갖는 부품인 경우에 그 면에 광명단 등을 발라 스케치 용지에 찍어 그 면의 실형을 얻는 스케치 방법은?

① 프리핸드법   ② 프린트법
③ 모양뜨기법   ④ 사진촬영법

19 물체의 구멍이나 홈 등 한 부분만의 모양을 표시하는 것으로 충분한 경우에 그 필요 부분만을 중심선, 치수보조선 등으로 연결하여 나타내는 투상도의 명칭은?

① 부분투상도   ② 보조투상도
③ 국부투상도   ④ 회전투상도

> 해설
> • 부분투상도 : 그림의 일부를 도시하는 것으로 필요한 부분만을 투상하여 도시한다.
> • 보조투상도 : 경사도가 있는 물체는 그 경사면의 실제 모양을 표시할 필요가 있을 때 부분의 전체 또는 일부분을 도시한다.
> • 회전투상도 : 대상물의 일부가 어느 각도를 가지고 있기 때문에 그 부분을 회전해서 실제모양을 도시한다.

20 KS의 부문별 분류 기호가 바르게 짝지어진 것은?

① KS A : 기계   ② KS B : 기본
③ KS C : 전기   ④ KS D : 광산

> 해설 KS A : 기본, KS B : 기계, KS D : 금속, KS E : 광산

제2과목 용접구조설계

21 용접부의 단면을 나타낸 것이다. 열 영향부를 나타내는 것은?

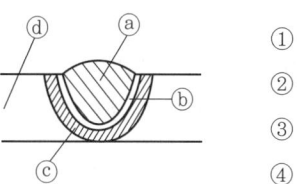

① ⓐ
② ⓑ
③ ⓒ
④ ⓓ

> 해설 ⓐ : 용접비드, ⓓ : 모재

22 무부하 전압이 80V, 아크 전압 35V, 아크 전류 400A라 하면 교류 용접기의 역률과 효율은 각각 몇 %인가? (단 내부손실은 4kW이다)

① 역률 : 50, 효율 : 72
② 역률 : 56, 효율 : 78
③ 역률 : 61, 효율 : 82
④ 역률 : 66, 효율 : 88

해설
- 아크전력 = 아크전압 × 정격2차전류 = 35×400 = 14000 = 14kW
- 소비전력 = 아크전력 + 내부손실 = 14 + 4 = 18kW
- 전원입력 = 무부하전압 × 정격2차전류 = 80×400 = 32000 = 32kW
- 역률 = (소비전력 / 전원입력)×100 = (18 / 32)×100 = 56.25%
- 효율 = (아크전력 / 소비전력)×100 = (14 / 18)×100 = 77.77%

23 탐촉자를 이용하여 결함의 위치 및 크기를 검사하는 비파괴시험법은?

① 방사선투과시험 ② 초음파탐상시험
③ 침투탐상시험   ④ 자분탐상시험

해설 초음파 탐상시험은 파장이 짧은 음파를 검사물의 내부에 침투시켜 내부의 결함 또는 불균일층의 존재를 검사하는 방법이다.

24 용접구조물에서 파괴 및 손상의 원인으로 가장 관계가 없는 것은?

① 시공 불량 ② 재료 불량
③ 설계 불량 ④ 현도관리 불량

25 내균열성이 가장 우수하고 제품의 인장강도가 요구될 때 사용되는 용접봉은?

① 저수소계   ② 라임 티탄계
③ 고셀룰로스계 ④ 일미나이트계

해설 일미나이트계 용접봉은 작업성과 용접성이 우수하고 값이 싸서 조선, 철도 차량 및 일반 구조물 및 압력 용기에 널리 사용된다.

26 용접에 의한 용착금속의 기계적 성질에 대한 사항으로 옳은 것은?

① 용접시 발생하는 급열, 급냉 효과에 의하여 용착금속이 경화한다.
② 용착금속의 기계적 성질은 일반적으로 다층용접보다 단층용접 쪽이 더 양호하다.
③ 피복아크 용접에 의한 용착금속의 강도는 보통 모재보다 저하된다.
④ 예열과 후열처리로 냉각속도를 감소시키면 인성과 연성이 감소된다.

27 판 두께가 30mm인 강판을 용접하였을 때 각변형(가로 굽힘 변형)이 가장 많이 발생하는 홈의 형상은?

① H형 ② U형
③ K형 ④ V형

해설 V형은 홈 가공은 비교적 쉬우나 판 두께가 두꺼워지면 용착 금속의 양이 증가하고, 각 변형이 발생할 위험이 있다.

28 용접시 발생하는 균열로 맞대기 및 필릿 용접 등의 표면비드와 모재와의 경계부에서 발생되는 것은?

① 크레이터 균열 ② 비드 밑 균열
③ 설퍼 균열   ④ 토우 균열

해설 토우 균열은 비드면과 모재부 경계에서 모재에 균열, 용접부위 옆쪽에 발생하는 저온균열로 담금 경화성이 큰 고탄소강, 저합금강에서 주로 나타난다.

29 직접적인 용접용 공구가 아닌 것은?

① 치핑해머   ② 앞치마
③ 와이어브러쉬 ④ 용접집게

해설 앞치마는 용접용 개인 보호구이다.

30 용착부의 인장응력이 5kgf/mm², 용접선 유효길이가 80mm이며 V형 맞대기로 완전 용입인 경우 하중 8000kgf에 대한 판 두께는 몇 mm 인가? (단 하중은 용접선과 직각 방향이다.)

① 10 ② 20 ③ 30 ④ 40

해설 응력 = $\frac{인장하중}{두께 \times 용접유효길이}$, 두께 = $\frac{8000}{5 \times 80} = 20$

31 용접 구조물 조립순서 결정시 고려사항이 아닌 것은?

① 가능한 구속하여 용접을 한다.
② 가접용 정반이나 지그를 적절히 채택한다.
③ 구조물의 형상을 고정하고 지지할 수 있어야 한다.
④ 변형이 발생되었을 때 쉽게 제거할 수 있어야 한다.

32 용접 이음 설계상 주의사항으로 옳지 않은 것은?

① 용접 순서를 고려해야 한다.
② 용접선이 가능한 집중되도록 한다.
③ 용접부에 되도록 잔류응력이 발생하지 않도록 한다.
④ 두께가 다른 부재를 용접할 경우 단면의 급격한 변화를 피하도록 한다.

해설 용접선은 가능한 분산되도록 해야 한다.

33 용접 균열에 관한 설명으로 틀린 것은?

① 저탄소강에 비해 고탄소강에서 잘 발생한다.
② 저수소계 용접봉을 사용하면 감소된다.
③ 소재의 인장강도가 클수록 발생하기 쉽다.
④ 판 두께가 얇아질수록 증가한다.

해설 판 두께가 두꺼울수록 균열이 증가한다.

34 다음 ( )에 들어갈 적합한 말은?

〈보기〉
용접구조물을 설계할 때 제작측에서 문의가 없어도 제작할 수 있게 설계도면에서 공작법의 세부 지시사항을 지시한 ( )을(를) 작성하게 된다.

① 공작도면
② 사양서
③ 재료적산
④ 구조계획

35 용접이음의 부식 중 용접 잔류응력 등 인장응력이 걸리거나 특정의 부식 환경으로 될 때 발생하는 부식은?

① 입계부식 ② 틈새부식
③ 접촉부식 ④ 응력부식

해설 응력부식은 재료에 응력이 걸린 부분에서만 나타나는 것과 냉간가공이나 용접 등에 의해서 재료 내에 남은 응력이 원인이 되는 화학적 부식이 있다.

36 용접변형 방지법의 종류로 거리가 가장 먼 것은?

① 전진법
② 억제법
③ 역변형법
④ 피닝법

해설 본 용접의 용접방향에 따라 전진법, 후진법, 대칭법, 스킵법이 있다.

37 용접균열의 발생 원인이 아닌 것은?

① 수소에 의한 균열
② 탈산에 의한 균열
③ 변태에 의한 균열
④ 노치에 의한 균열

38 비파괴 검사법 중 표면결함 검출에 사용되지 않는 것은?

① MT　　② UT
③ PT　　④ ET

해설 초음파 탐상법은 표면 거칠기, 형상의 복잡함 등 표면 결함을 검출할 수 없다.

39 모재의 인장강도가 400MPa이고 용접시험편의 인장강도가 280MPa이라면 용접부의 이음효율은 몇 %인가?

① 50　　② 60
③ 70　　④ 80

해설 이음효율(%) = $\dfrac{\text{용접시험편 인장강도}}{\text{모재 인장강도}} \times 100$
= $\dfrac{280}{400} \times 100 = 70$

40 용접이음의 기본 형식이 아닌 것은?

① 맞대기 이음　　② 모서리 이음
③ 겹치기 이음　　④ 플레어 이음

해설 플레어 이음은 동관작업에 사용되는 접합 방식이다.

제3과목　용접일반 및 안전관리

41 서브머지드 아크 용접법의 설명 중 잘못된 것은?

① 용융속도와 용착속도가 빠르며 용입이 깊다.
② 비소모식이므로 비드의 외관이 거칠다.
③ 모재 두께가 두꺼운 용접에서 효율적이다.
④ 용접선이 수직인 경우 적용이 곤란하다.

해설 서브머지드 아크 용접은 잠호 용접으로 비드외관이 아름답다.

42 MIG 용접의 특징에 대한 설명으로 틀린 것은?

① 반자동 또는 전자동 용접기로 용접속도가 빠르다.
② 정전압 특성 직류 용접기가 사용된다.
③ 상승특성의 직류용접기가 사용된다.
④ 아크 자기 제어 특성이 없다.

해설 MIG 용접은 아크 자기제어 특성이 있다.

43 아크(arc) 용접의 불꽃온도는 약 몇 ℃ 인가?

① 1000℃　　② 2000℃
③ 4000℃　　④ 5000℃

해설 아크 용접은 아크용접을 할 때의 온도는 5,000~6,000K의 고온에 달하며, 또 강한 자외선이 방출되므로 작업자는 눈이나 몸을 보호하기 위해 헬멧, 장갑 등을 착용해야 한다.

44 모재에 유황(S) 함량이 많을 때 생기는 용접부 결함은?

① 용입 불량　　② 언더컷
③ 슬래그 섞임　　④ 균열

해설 균열은 모재 유황 함량이 많거나 과대 전류, 과대 속도, 모재의 탄소, 망간 등의 합금 원소 함량이 많을 때 발생된다.

45 가스용접에 쓰이는 토치의 취급상 주의사항으로 틀린 것은?

① 팁을 모래나 먼지 위에 놓지 말 것
② 토치를 함부로 분해하지 말 것
③ 토치에 기름, 그리스 등을 바를 것
④ 팁을 바꿀 때에는 반드시 양쪽 밸브를 잘 닫고 할 것

해설 토치에 기름, 그리스 등을 바를 경우 폭발의 우려가 있다.

46 용접 작업 중 전격의 방지대책으로 적합하지 않은 것은?

① 용접기 내부에 함부로 손을 대지 않는다.
② TIG 용접기나 MIG 용접기의 수냉식 토치에서 물이 새어 나오면 사용을 금지한다.
③ 홀더나 용접봉은 맨손으로 취급해도 된다.
④ 용접작업이 종료했을 때나 장시간 중지할 때는 반드시 전원스위치를 차단시킨다.

해설 홀더나 용접봉을 맨손으로 만질 경우 감전의 우려가 있다.

47 저압식 가스 용접 토치로 니들밸브가 있는 가변압식 토치는 어느 것인가?

① 영국식　　② 프랑스식
③ 미국식　　④ 독일식

해설
• 가변압식 토치 : 프랑스식, B형
• 불변압식 토치 : 독일식, A형

48 다음 보기 중 용접의 자동화에서 자동제어의 장점에 해당되는 사항으로만 조합한 것은?

〈보기〉
㉠ 제품의 품질이 균일화되어 불량품이 감소된다.
㉡ 원자재, 원료 등이 증가된다.
㉢ 인간에게는 불가능한 고속작업이 가능하다.
㉣ 위험한 사고의 방지가 불가능하다.
㉤ 연속작업이 가능하다.

① ㉠, ㉡, ㉣
② ㉠, ㉡, ㉢, ㉤
③ ㉠, ㉢, ㉤
④ ㉠, ㉡, ㉢, ㉣, ㉤

49 산소-아세틸렌가스 연소 혼합비에 따라 사용되고 있는 용접방법 중 산화불꽃(산소과잉 불꽃)을 적용하는 재질은 어느 것인가?

① 황동　　② 연강
③ 주철　　④ 스테인리스강

해설 산화불꽃은 산화성 분위기를 만들기 때문에 구리, 황동 등의 가스 용접에 주로 이용된다.

50 용접에 관한 설명으로 틀린 것은?

① 저항용접 : 용접부에 대 전류를 직접 흐르게 하여 전기저항열로 접합부를 국부적으로 가열시킨 후 압력을 가해 접합하는 방법이다.
② 가스압접 : 열원은 주로 산소-아세틸렌 불꽃이 사용되며 접합부를 그 재료의 재결정 온도 이상으로 가열하여 축 방향으로 압축력을 가하여 접합하는 방법이다.
③ 냉간압접 : 고온에서 강하게 압축함으로써 경계면을 국부적으로 탄성 변형시켜 압접하는 방법이다.
④ 초음파용접 : 용접물을 겹쳐서 용접 팁과 하부 앤빌 사이에 끼워 놓고 압력을 가하면서 초음파 주파수로 횡진동을 주어 그 진동 에너지에 의한 마찰열로 압접하는 방법이다.

해설 냉간압접은 외부로부터 열이나 전류를 가하지 않고 연성 재료의 경계부를 상온에서 강하게 압축하여 접합면을 국부적으로 소성 변형시켜서 압접하는 방법이다.

51 다음 중 중압식 토치(medium pressure torch)에 대한 설명으로 틀린 것은?

① 아세틸렌가스의 압력은 $0.07 \sim 1.3 kgf/cm^2$이다.
② 산소의 압력은 아세틸렌의 압력과 같거나 약간 높다.
③ 팁의 능력에 따라 용기의 압력조정기 및 토치의 조정밸브로 유량을 조절한다.
④ 인젝터 부분에 니들 밸브로 유량과 압력을 조정한다.

해설 인젝트 부분에 니들 밸브로 유량 압력을 조정하는 가변압식은 저압식 토치이다.

52 불활성가스 아크 용접 시 주로 사용되는 가스는?

① 아르곤가스
② 수소가스
③ 산소와 질소의 혼합가스
④ 질소가스

53 서브머지드 아크 용접에서 용융형 용제의 특징으로 틀린 것은?

① 비드 외관이 아름답다.
② 용제의 화학적 균일성이 양호하다.
③ 미용융 용제는 재사용할 수 없다.
④ 용융시 산화되는 원소를 첨가할 수 없다.

해설 용융형 용제는 고속 용접성이 양호하고, 흡습성이 없어 반복 사용이 가능하다.

54 아크 용접 작업 시에 사용되는 차광유리의 규정 중 차광도 번호 13~14의 경우 몇 A 이상에 쓰이는가?

① 100
② 200
③ 400
④ 300

해설 차광도 번호 13~14는 용접전류 300 이상이며, 용접봉 지름은 4.4mm 이상이다.

55 정격전류가 500A인 용접기를 실제는 400A로 사용하는 경우의 허용사용률은 몇 %인가? (단, 이 용접기의 정격사용률은 40%이다.)

① 66.5
② 64.5
③ 62.5
④ 60.5

해설 허용사용률(%) = $\dfrac{(정격2차전류)^2}{(실제용접전류)^2} \times 정격사용률$
= $\dfrac{500^2}{400^2} \times 40 = 62.5$

56 용접 용어 중 "아크 용접의 비드 끝에서 오목하게 파진 곳"을 뜻하는 것은?

① 크레이터
② 언더컷
③ 오버랩
④ 스패터

해설 크레이터
• 용접 중에 아크를 중단시키면 중단된 부분이 오목하거나 납작하게 파진 모습으로 남게 되는 현상이다.
• 크레이터부에는 불순물과 편석이 남게 되고 냉각 중에 균열이 발생할 우려가 있으므로 아크 중단시 완전하게 메꾸어 주는 것을 크레이터 처리라 한다.

57 돌기 용접(projection welding)의 특징 중 틀린 것은?

① 용접부의 거리가 짧은 점용접이 가능하다.
② 전극 수명이 길고 작업 능률이 좋다.
③ 작은 용접점이라도 높은 신뢰도를 얻을 수 있다.
④ 한 번에 한 점씩만 용접할 수 있어서 속도가 느리다.

해설 프로젝션 용접은 용접속도가 빠르고 용접피치를 작게 할 수 있으며, 전극 수명이 길고 작업능률이 높으며, 외관이 아름답고, 응용 범위가 넓고 신뢰도가 높은 용접이다.

58 전기 저항 접속의 방법이 아닌 것은?

① 직·병렬 접속
② 병렬접속
③ 직렬접속
④ 합성접속

해설 저항 접속에는 직렬, 병렬, 직·병렬 접속이 있다.

59 전기저항용접과 가장 관계가 깊은 법칙은?

① 줄(Joule)의 법칙
② 플레밍의 법칙
③ 암페어의 법칙
④ 뉴턴(Newton)의 법칙

> **해설** 줄(Joule)의 법칙은 저항체에 흐르는 전류의 크기와, 이 저항체에서 단위시간당 발생하는 열량과의 관계를 나타낸 법칙이다.

60 각종 강재 표면의 탈탄층이나 홈을 얇고 넓게 깎아 결함을 제거하는 방법은?

① 가우징   ② 스카핑
③ 선삭   ④ 천공

> **해설** 스카핑은 강재 표면의 홈, 개재물, 탈탄층 등을 제거하기 위하여 될 수 있는 대로 얇게 타원형 모양으로 표면을 깎아내는 가공법으로 주로 제강 공정에 많이 사용된다.

2014년도 제3회 기출문제 정답

01 ①	02 ②	03 ④	04 ④	05 ②	06 ④	07 ③	08 ②	09 ①	10 ①
11 ④	12 ④	13 ②	14 ③	15 ④	16 ①	17 ①	18 ②	19 ③	20 ③
21 ③	22 ②	23 ②	24 ④	25 ①	26 ①	27 ④	28 ④	29 ②	30 ②
31 ①	32 ②	33 ④	34 ①	35 ④	36 ①	37 ②	38 ②	39 ③	40 ④
41 ②	42 ④	43 ④	44 ④	45 ③	46 ③	47 ②	48 ③	49 ①	50 ③
51 ④	52 ①	53 ③	54 ④	55 ③	56 ①	57 ④	58 ④	59 ①	60 ②

최근기출문제
2015년도 제1회 시행

제1과목 용접야금 및 용접설비제도

01 두 종류의 금속이 간단한 원자의 정수비로 결합하여 고용체를 만드는 물질은?

① 충간 화합물 ② 금속간 화합물
③ 합금 화합물 ④ 치환 화합물

해설 금속간 화합물은 금속을 다른 금속과 함께 용해하여 합금을 만들 때, 그 금속이 가진 원자가에 대응하는 성분비로는 되지 않으나 어떤 간단한 정수비로 결합한 화합물을 말한다.

02 용접용 고장력강의 인성(toughness)을 향상시키기 위해 첨가하는 원소가 아닌 것은?

① P   ② Al
③ Ti ④ Mn

03 탄소량이 약 0.80%인 공석강의 조직으로 옳은 것은?

① 페라이트   ② 펄라이트
③ 시멘타이트 ④ 레데뷰라이트

해설 탄소 0.8%의 공석강을 약 750℃ 이상의 고온에서 서서히 냉각하면, 650~600℃에서 변태를 일으켜(이 변태를 A₁변태라고 한다) 펄라이트 조직이 나타난다.

04 스테인리스강의 종류가 아닌 것은?

① 마텐자이트계 스테인리스강
② 페라이트계 스테인리스강
③ 오스테나이트계 스테인리스강
④ 트루스타이트계 스테인리스강

해설 스테인리스강 종류에는 오스테나이트계, 페라이트계, 마텐자이트계가 있다.

05 고장력강의 용접부 중에서 경도값이 가장 높게 나타나는 부분은?

① 원질부   ② 본드부
③ 모재부   ④ 용착금속부

해설 본드부는 모재의 일부가 녹고 일부는 고체 그대로 아주 조립한 위드만 조직을 나타내는 부분으로 일반적으로 본드부에 인접한 조립역의 강도가 가장 높다.

06 Fe-C 평형 상태도에서 감마철(γ-Fe)의 결정 구조는?

① 면심입방격자
② 체심입방격자
③ 조밀입방격자
④ 사방입방격자

해설 감마철은 면심입방격자. 격자상수는 900℃ 근처이며 강자성체이다.

07 용접할 재료의 예열에 관한 설명으로 옳은 것은?

① 예열은 수축 정도를 늘려준다.
② 용접 후 일정시간동안 예열을 유지시켜도 효과는 떨어진다.
③ 예열은 냉각 속도를 느리게 하여 수소의 확산을 촉진시킨다.
④ 예열은 용접 금속과 열영향 모재의 냉각속도를 높여 용접균열에 저항성이 떨어진다.

08 일반적으로 금속의 크리프(creep)곡선은 어떠한 관계를 나타낸 것인가?

① 응력과 시간의 관계
② 변위와 연신율의 관계
③ 변형량과 시간의 관계
④ 응력과 변형율의 관계

> 해설) 크리프 곡선은 크리프 현상을 나타낸 곡선으로 일정한 응력 σ를 받을 때의 변형량과 시간와의 관계를 그림으로 나타낸 것을 말한다.

09 질기고 강하며 충격파괴를 일으키기 어려운 성질은?

① 연성　　　　② 취성
③ 굽힘성　　　④ 인성

> 해설) 인성은 외력에 의해 파괴되기 어려운 질기고 강한 충격에 잘 견디는 재료의 성질로 탄성한계를 초과하여도 간단하게 파단되지 않는 성질을 말한다.

10 금속강화방법으로 금속을 구부리거나 두드려서 변형을 가하여 금속을 단단하게 하는 방법은?

① 가공경화　　② 시효경화
③ 고용경화　　④ 이상경화

> 해설)
> • 가공경화 : 금속은 가공하여 변형시키면 단단해지며 그 굳기는 변형의 정도에 따라 커지지만 어느 가공도 이상에서는 일정한 현상
> • 시효경화 : 금속재료를 일정한 시간 적당한 온도 하에 놓아두면 단단해지는 현상
> • 고용경화 : 순금속에 합금 원소를 첨가하여 고용체로 만들면 강도나 경도가 증가하는 현상

11 가상선의 용도에 대한 설명으로 틀린 것은?

① 인접부분을 참고로 표시할 때
② 공구, 지그 등의 위치를 참고로 나타낼 때
③ 대상물이 보이지 않는 부분을 나타낼 때
④ 가공 전 또는 가공 후의 모양을 나타낼 때

> 해설) 대상물이 보이지 않는 부분의 모양이나 형태를 나타내는 선은 숨은선(은선)이다.

12 도면의 종류와 내용이 다른 것은?

① 조립도 : 물품의 전체적인 조립상태를 나타내는 도면
② 부품도 : 물품을 구성하는 각 부품을 개별적으로 상세하게 그린 도면
③ 스케치도 : 기계나 장치 등의 실체를 보고 자를 대고 그린 도면
④ 전개도 : 구조물, 물품 등의 표면을 평면으로 나타내는 도면

> 해설) 스케치도는 실물이나 새로 구상 중인 제품을 프리핸드로 그린 도면이다.

13 용접 기호를 설명한 것으로 틀린 것은?

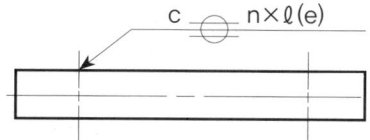

① 시임용접으로 C는 슬롯부의 폭을 나타낸다.
② 시임용접으로 (e)는 용접비드의 사이거리를 나타낸다.
③ 시임용접으로 화살표 반대방향의 용접을 나타낸다.
④ 시임용접으로 n은 용접부의 개수를 나타낸다.

14 도면에서 표제란의 척도 표시란에 NS의 의미는?

① 배척을 나타낸다.
② 척도가 생략됨을 나타낸다.
③ 비례척이 아님을 나타낸다.
④ 현척이 아님을 나타낸다.

> 해설) NS는 비례척이 아님을 나타낸다.

15 투상법 중 등각투상도법에 대한 설명으로 옳은 것은?

① 한 평면 위에 물체의 실제모양을 정확히 표현하는 방법을 말한다.
② 정면, 측면, 평면을 하나의 투상면 위에서 동시에 볼 수 있도록 그려진 투상도이다.
③ 물체의 주요 면을 투상면에 평행하게 놓고, 투상면에 대해 수직보다 다소 옆면에서 보고 나타낸 투상도이다.
④ 도면에 물체의 앞면, 뒷면을 동시에 표시하는 방법이다.

16 전개도를 그리는 방법에 속하지 않는 것은?

① 평행선 전개법 ② 나선형 전개법
③ 방사선 전개법 ④ 삼각형 전개법

해설) 전개법에는 평행선, 방사선, 삼각형 전개법이 있다.

17 도면의 크기에 대한 설명으로 틀린 것은?

① 제도 용지의 세로와 가로 비는 $1 : \sqrt{2}$이다.
② A0의 넓이는 약 $1[m^2]$이다.
③ 큰 도면을 접을 때는 A3의 크기로 접는다.
④ A4의 크기는 $210 \times 297[mm]$이다.

해설) 도면을 접을 때는 A4의 크기로 접는다

18 용접부의 표면 형상 중 끝단부를 매끄럽게 가공하는 보조 기호는?

① ─ ② ⌒
③ ⌣ ④ ⌣⌣

해설) ① : 평면(동일 평면으로 다듬질)
② : 볼록형
③ : 오목형
④ : 끝단부를 매끄럽게 함

19 건축, 교량, 선박, 철도, 차량 등의 구조물에 쓰이는 일반구조용 압연강재 2종의 재료기호는?

① SHP 2 ② SCP 2
③ SM 20C ④ SS 400

해설) SM : 기계구조용, SS : 일반구조용

20 도면에서 치수 숫자의 방향과 위치에 대한 설명 중 틀린 것은?

① 치수 숫자의 기입은 치수선 중앙 상단에 표시한다.
② 치수 보조선이 짧아 치수 기입이 어렵더라도 숫자 기입은 중앙에 위치하여야 한다.
③ 수평 치수선에 대하여는 치수가 위쪽으로 향하도록 한다.
④ 수직 치수선에서는 치수를 왼쪽에 기입하도록 한다.

해설) 치수 보조선의 간격이 좁아서 화살표를 그릴만한 공간이 없을 때에는 화살표 대신 검은 점을 사용한다.

제2과목 용접구조설계

21 120A의 용접전류로 피복아크 용접을 하고자 한다. 적정한 차광 유리의 차광도 번호는?

① 6번 ② 7번
③ 8번 ④ 10번

해설)

용접 종류	용접전류(A)	차광도 번호
금속 아크	30 이하	6
	30~45	7
	45~75	8
헬리 아크	75~130	9
금속 아크	100~200	10

22 인장강도가 430MPa인 모재를 용접하여 용접시험편의 인장강도가 350MPa일 때, 이 용접부의 이음효율은 약 몇 %인가?

① 81　　② 90
③ 71　　④ 122

해설 이음효율 = $\dfrac{\text{용접시험편 인장강도}}{\text{모재 인장강도}} \times 100$
= $\dfrac{350}{430} \times 100 = 81.39$

23 용접이음의 준비사항으로 틀린 것은?

① 용입이 허용하는 한 홈 각도를 작게 하는 것이 좋다.
② 가접은 이음의 끝 부분, 모서리 부분을 피한다.
③ 구조물을 조립할 때에는 용접 지그를 사용한다.
④ 용접부의 결함을 검사한다.

24 인장시험에서 구할 수 없는 것은?

① 인장응력
② 굽힘응력
③ 변형률
④ 단면 수축률

해설 인장시험으로는 항복점, 인장강도, 변형률, 단면 수축률 등을 측정할 수 있다.

25 용접부에 발생하는 잔류응력 완화법이 아닌 것은?

① 응력 제거 풀림법
② 피닝법
③ 스퍼터링법
④ 기계적 응력 완화법

26 전자빔용접의 특징을 설명한 것으로 틀린 것은?

① 고진공 속에서 용접하므로 대기와 반응되기 쉬운 활성 재료도 용이하게 용접이 된다.
② 전자렌즈에 의해 에너지를 집중시킬 수 있으므로 고 용융재료의 용접이 가능하다.
③ 전기적으로 매우 정확히 제어되므로 얇은 판에서의 용접에만 용접이 가능하다.
④ 에너지의 집중이 가능하기 때문에 용융 속도가 빠르고 고속 용접이 가능하다.

해설 전자빔용접은 진공 중에서 용접을 하므로 텅스텐, 몰리브덴과 같은 대기에서 반응하기 쉬운 금속을 쉽게 용접할 수 있다.

27 접합하고자 하는 모재 한 쪽에 구멍을 뚫고 그 구멍으로부터 용접하여 다른 한쪽 모재와 접합하는 용접방법은?

① 플러그 용접　　② 필릿 용접
③ 초음파 용접　　④ 테르밋 용접

28 다음 [그림]은 겹치기 필릿 용접 이음을 나타낸 것이다. 이음부에 발생하는 허용응력은 5MPa 일 때 필요한 용접 길이(ℓ)는 얼마인가? (단, h=20mm, P=6kN이다.)

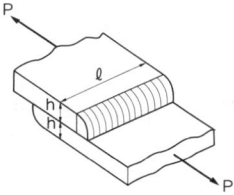

① 약 42mm　　② 약 38mm
③ 약 35mm　　④ 약 32mm

해설 · 응력 = $\dfrac{\text{하중}}{\text{단면적}}$ = $\dfrac{P}{(h_1+h_2) \times \text{용접길이}}$ 에서
· 용접길이 = $\dfrac{\sqrt{2} \times 6{,}000}{(20+20) \times 5} = 42.42$

29 용접입열이 일정한 경우 용접부의 냉각속도는 열전도율 및 열의 확산하는 방향에 따라 달라질 때, 냉각속도가 가장 빠른 것은?

① 두꺼운 연강판의 맞대기 이음
② 두꺼운 구리판의 T형 필릿 이음
③ 얇은 연강판의 모서리 이음
④ 얇은 구리판의 맞대기 이음

30 용접 이음부의 형태를 설계할 때 고려할 사항이 아닌 것은?

① 용착 금속량이 적게 드는 이음 모양이 되도록 할 것
② 적당한 루트 간격과 홈 각도를 선택할 것
③ 용입이 깊은 용접법을 선택하여 가능한 이음의 베벨가공은 생략하거나 줄일 것
④ 후판용접에서는 양면 V형 홈보다 V형 홈 용접하여 용착 금속량을 많게 할 것

31 연강 및 고장력강용 플럭스 코어 아크용접 와이어의 종류 중 하나인 Y F W - C 50 2 X에서 2가 뜻하는 것은?

① 플럭스 타입
② 실드가스
③ 용착금속의 최소 인장강도 수준
④ 용착금속의 충격시험 온도와 흡수에너지

32 용접부의 시험과 검사 중 파괴 시험에 해당되는 것은?

① 방사선 투과시험
② 초음파 탐상시험
③ 현미경 조직시험
④ 음향 시험

> 해설 현미경 조직은 파괴시험 중 야금학적 시험 방법이다.

33 용접 방법과 시공 방법을 개선하여 비용을 절감하는 방법으로 틀린 것은?

① 사용 가능한 용접 방법 중 용착 속도가 큰 것을 사용한다.
② 피복아크 용접할 경우 가능한 굵은 용접봉을 사용한다.
③ 용접변형을 최소화하는 용접순서를 택한다.
④ 모든 용접에 되도록 덧살을 많게 한다.

34 설계단계에서의 일반적인 용접변형 방지법으로 틀린 것은?

① 용접 길이가 감소될 수 있는 설계를 한다.
② 용착금속을 증가시킬 수 있는 설계를 한다.
③ 보강재 등 구속이 커지도록 구조 설계를 한다.
④ 변형이 적어질 수 있는 이음 형상으로 배치한다.

35 탄산가스(CO_2) 아크 용접부의 기공발생에 대한 방지 대책으로 틀린 것은?

① 가스 유량을 적정하게 한다.
② 노즐 높이를 적정하게 한다.
③ 용접 부위의 기름, 녹, 수분 등을 제거한다.
④ 용접전류를 높이고 운봉을 빠르게 한다.

> 해설 용접 전류를 높이는 것은 용입 불량 방지 대책이다.

36 용접부에 대한 침투검사법의 종류에 해당하는 것은?

① 자기침투검사, 와류침투검사
② 초음파침투검사, 펄스침투검사
③ 염색침투검사, 형광침투검사
④ 수직침투검사, 사각침투검사

해설: 침투 검사에는 유기 고분자 유용성 형광 물질을 점도 낮은 기름에 녹여 침투액으로 이용하는 형광침투검사와 적색 염료를 주체로 한 침투액과 백색의 현상제를 사용하는 염색 침투 검사가 있다.

37 습기 찬 저수소계 용접봉은 사용 전 건조해야 하는데 건조 온도로 가장 적당한 것은?

① 70~100℃ ② 100~150℃
③ 150~200℃ ④ 300~350℃

해설: 300~350℃ 정도로 1~2시간 정도 건조시켜야 한다.

38 필릿 용접과 맞대기 용접의 특성을 비교한 것으로 틀린 것은?

① 필릿 용접이 공작하기 쉽다.
② 필릿 용접은 결함이 생기지 않고 이면 따내기가 쉽다.
③ 필릿 용접의 수축변형이 맞대기 용접보다 작다.
④ 부식은 필릿 용접이 맞대기 용접보다 더 영향을 받는다.

39 용접이음 강도 계산에서 안전율을 5로 하고 허용 응력을 100MPa이라 할 때 인장강도는 얼마인가?

① 300MPa ② 400MPa
③ 500MPa ④ 600MPa

해설: 안전율 = $\frac{인장강도}{허용응력}$ 이므로, 인장강도 = 100×5 = 500

40 용접봉 종류 중 피복제에 석회석이나 형석을 주성분으로 하고 용착금속 중의 수소 함유량이 다른 용접봉에 비해서 1/10 정도로 현저하게 낮은 용접봉은?

① E4301 ② E4303
③ E4311 ④ E4316

해설: 저수소계(E4316), 일미나이트계(E4301), 라임티타니아계(E4303), 고셀룰로오스계(E4311)

제3과목 용접일반 및 안전관리

41 돌기용접(projection welding)의 특징으로 틀린 것은?

① 용접된 양쪽의 열용량이 크게 다를 경우라도 양호한 열평형이 얻어진다.
② 작은 용접점이라도 높은 신뢰도를 얻기 쉽다.
③ 점용접에 비해 작업 속도가 매우 느리다.
④ 점용접에 비해 전극의 소모가 적어 수명이 길다.

해설: 프로젝션 용접은 1회의 작동으로 여러 개의 점용접이 되도록 한 것이므로 속도가 빠르다.

42 높은 에너지밀도 용접을 하기 위한 10^{-4}~10^{-6}mmHg 정도의 고진공속에서 용접하는 용접법은?

① 플라즈마용접 ② 전자빔용접
③ 초음파용접 ④ 원자수소용접

해설: 전자빔 용접은 높은 진공실 속에서 음극으로부터 방출된 전자를 고전압으로 가속시켜 피용접물과의 충돌에 의한 에너지로 용접하는 방법이다.

43 용접의 특징으로 틀린 것은?

① 재료가 절약된다.
② 기밀, 수밀성이 우수하다.
③ 변형, 수축이 없다.
④ 기공(blow hole), 균열 등 결함이 있다.

해설: 용접은 변형 및 수축이 발생된다.

44 정격 2차 전류 300[A], 정격 사용률이 40%인 교류 아크 용접기를 사용하여 전류 150[A]로 용접 작업하는 경우 허용 사용률(%)은?

① 180   ② 160
③ 80   ④ 60

해설 허용사용률 = $\dfrac{\text{정격 2차 전류}^2}{\text{실제 용접 전류}^2}$ × 정격 사용률(%)

= $\dfrac{300^2}{150^2}$ × 40 = 160(%)

45 카바이드(CaC_2)의 취급법으로 틀린 것은?

① 카바이드는 인화성물질과 같이 보관한다.
② 카바이드 개봉 후 뚜껑을 잘 닫아 습기가 침투되지 않도록 보관한다.
③ 운반시 타격, 충격, 마찰을 주지 말아야 한다.
④ 카바이드 통을 개봉할 때 절단가위를 사용한다.

46 슬래그의 생성량이 대단히 적고 수직 자세와 위보기 자세에 좋으며 아크는 스프레이 형으로 용입이 좋아 아주 좁은 홈의 용접에 가장 적합한 특성을 갖고 있는 가스실드계 용접봉은?

① E4301   ② E4316
③ E4311   ④ E4327

해설 E4311(고셀룰로오스계)은 셀룰로오스를 20~30% 정도 포함하고 있으며 피복이 얇고, 슬래그가 적으므로 좁은 홈 용접이나 수직상진 및 하진, 위보기 용접에서 우수한 작업성을 가지고 있다.

47 피복 아크 용접부의 결함 중 언더컷(undercut)이 발생하는 원인으로 가장 거리가 먼 것은?

① 아크 길이가 너무 긴 경우
② 용접봉의 유지각도가 적당치 않은 경우
③ 부적당한 용접봉을 사용한 경우
④ 용접 전류가 너무 낮은 경우

해설 언더컷은 용접전류가 너무 높을 때 발생하며, 용접전류가 너무 낮은 경우는 용입부족이 일어난다.

48 피복아크용접에서 피복제의 작용으로 틀린 것은?

① 아크를 안정시킨다.
② 산화, 질화를 방지한다.
③ 용융점이 높고 점성없는 슬래그를 만든다.
④ 용착 효율을 높이고 용적을 미세화시킨다.

해설 피복제는 용융점이 낮은 적당한 점성의 가벼운 슬래그를 만든다.

49 가스용접 작업에 필요한 보호구에 대한 설명 중 틀린 것은?

① 앞치마와 팔덮개 등은 착용하면 작업하기에 힘이 들기 때문에 착용하지 않아도 된다.
② 보호장갑은 화상방지를 위하여 꼭 착용한다.
③ 보호안경은 비산되는 불꽃에서 눈을 보호한다.
④ 유해가스가 발생할 염려가 있을 때에는 방독면을 착용한다.

해설 개인 보호구는 반드시 착용해야 한다.

50 납땜에 쓰이는 용제(flux)가 갖추어야 할 조건으로 가장 적합한 것은?

① 청정한 금속면의 산화를 촉진 시킬 것
② 납땜 후 슬래그 제거가 어려울 것
③ 침지땜에 사용되는 것은 수분을 함유할 것
④ 모재와 친화력을 높일 수 있으며 유동성이 좋을 것

해설 용제는 모재의 산화 피막과 같은 불순물을 제거하고 유동성이 좋아야 한다.

51 피복아크 용접 중 수동 용접기에 가장 적합한 용접기의 특성은?

① 정전압특성   ② 상승특성
③ 수하특성   ④ 정특성

해설) 수하특성은 아크 전류가 증가하면 단자 전압이 저하하는 특성이다.

52 아크 용접 보호구가 아닌 것은?

① 핸드 실드   ② 용접용 장갑
③ 앞치마   ④ 치핑 해머

53 점용접의 3대 주요 요소가 아닌 것은?

① 용접전류   ② 통전시간
③ 용제   ④ 가압력

해설) 점용접 3대요소 : 전류세기, 통전시간, 가압력

54 플래시 버트 용접의 과정 순서로 옳은 것은?

① 예열 → 업셋 → 플래시
② 업셋 → 예열 → 플래시
③ 예열 → 플래시 → 업셋
④ 플래시 → 예열 → 업셋

해설) 플래시 버트는 용접할 2개의 금속 단면을 가볍게 접촉시켜 대전류를 통하여 집중적으로 접촉점을 가열해 용접하는 방법으로 예열, 플래시, 업셋 과정으로 구분된다.

55 서브머지드 아크 용접에서 소결형 용제의 특징이 아닌 것은?

① 고전류에서의 용접 작업성이 좋다.
② 합금원소의 첨가가 용이하다.
③ 전류에 상관없이 동일한 용제로 용접이 가능하다.
④ 용융형 용제에 비하여 용제의 소모량이 많다.

해설) 소결형 용제는 큰 입열 용접성이 양호하므로 용융형 용제에 비해 용제의 소모량이 적다.

56 피복 아크용접기를 사용할 때의 주의 사항이 아닌 것은?

① 정격 사용률 이상 사용하지 않는다.
② 용접기 케이스를 접지한다.
③ 탭 전환형은 아크발생 중 탭을 전환시킨다.
④ 가동부분, 냉각 팬(fan)를 점검하고 주유를 해야 한다.

57 피복아크용접봉에서 용융 금속 중에 침투한 산화물을 제거하는 탈산 정련작용제로 사용되는 것은?

① 붕사   ② 석회석
③ 형석   ④ 규소철

해설) 탈산제는 규소철, 망간철, 티탄철 등의 철합금 또는 금속 망간, 알루미늄 등이 사용된다.

58 46.7리터의 산소용기에 150kgf/cm^{2}이 되게 산소를 충전하였고 이것을 대기 중에서 환산하면 산소는 약 몇 리터인가?

① 4,090   ② 5,030
③ 6,100   ④ 7,005

해설) 46.7 × 150 = 7,005

59 퍼커링(puckering) 현상이 발생하는 한계 전류값의 주원인이 아닌 것은?

① 와이어 지름
② 후열 방법
③ 용접 속도
④ 보호 가스의 조성

60 가스절단시 절단면에 생기는 드래그 라인(drag line)에 관한 설명으로 틀린 것은?

① 절단속도가 일정할 때 산소 소비량이 적으면 드래그 길이가 길고 절단면이 좋지 않다.
③ 가스 절단의 양부를 판정하는 기준이 된다.
③ 절단속도가 일정할 때 산소 소비량을 증가시키면 드래그 길이는 길어진다.
④ 드래그 길이는 주로 절단속도, 산소 소비량에 따라 변화한다.

> 해설 드래그 길이는 산소 압력의 저하, 산소의 오염 등으로 인하여 절단이 지연되고 드래그 길이가 증가하게 된다.

2015년 제1회 기출문제 정답

01 ②	02 ①	03 ②	04 ④	05 ②	06 ①	07 ③	08 ③	09 ④	10 ①
11 ③	12 ③	13 ③	14 ③	15 ②	16 ②	17 ③	18 ④	19 ④	20 ②
21 ④	22 ①	23 ④	24 ②	25 ③	26 ③	27 ①	28 ①	29 ②	30 ④
31 ④	32 ③	33 ④	34 ②	35 ④	36 ③	37 ③	38 ②	39 ③	40 ④
41 ③	42 ②	43 ③	44 ②	45 ①	46 ③	47 ④	48 ③	49 ①	50 ④
51 ③	52 ④	53 ③	54 ③	55 ④	56 ③	57 ④	58 ④	59 ②	60 ③

최근기출문제
2015년도 제2회 시행

제1과목 | 용접야금 및 용접설비제도

01 순철에서는 A_2 변태점에서 일어나며 원자 배열의 변화 없이 자기의 강도만 변화되는 자기 변태 온도는?

① 723℃ ② 768℃
③ 910℃ ④ 1401℃

해설 자기 변태는 원자 내부에 자기 변화를 일으키는 온도로 768℃이다.

02 연강용접에서 용착금속의 샤르피(Charpy) 충격치가 가장 높은 것은?

① 산화철계 ② 티탄계
③ 저수소계 ④ 셀룰로스계

03 습기제거를 위한 용접봉의 건조시 건조온도가 가장 높은 것은?

① 일미나이트계 ② 저수소계
③ 고산화티탄계 ④ 라임티탄계

해설 저수소계는 습기를 흡습하기 쉽기 때문에 300~350℃ 정도로 1~2시간 정도 건조시켜야 한다.

04 연화를 목적으로 적당한 온도까지 가열한 다음 그 온도에서 유지하고 나서 서랭하는 열처리법은?

① 불림 ② 뜨임
③ 풀림 ④ 담금질

해설 풀림은 금속 재료를 적당한 온도로 가열한 다음 서서히 상온으로 냉각시키는 것으로 가공 또는 담금질로 경화한 재료의 내부 균열을 제거하고, 결정 입자를 미세화하여 전연성을 높인다.

05 Fe_3C에서 Fe의 원자비는?

① 75% ② 50%
③ 25% ④ 10%

해설 Fe : 3개, C : 1개이므로 75%이다.

06 응력제거 풀림처리 시 발생하는 효과가 아닌 것은?

① 잔류응력을 제거한다.
② 응력부식에 대한 저항력이 증가한다.
③ 충격저항과 크리프 저항이 감소한다.
④ 온도가 높고 시간이 길수록 수소함량은 낮아진다.

07 용접금속에 수소가 침입하여 발생하는 것이 아닌 것은?

① 은점 ② 언더컷
③ 헤어 크랙 ④ 비드 밑 균열

해설 언더컷은 전류가 너무 낮거나, 아크 길이가 길 때, 부적당한 용접봉을 사용했을 때 발생된다.

08 용접부의 노내 응력제거 방법에서 가열부를 노에 넣을 때 및 꺼낼 때의 노내 온도는 몇 ℃ 이하로 하는가?

① 300℃ ② 400℃
③ 500℃ ④ 600℃

해설 연강 제품을 노내에서 출입시키는 온도는 300℃가 적당하다.

09 합금을 함으로써 얻어지는 성질이 아닌 것은?

① 주조성이 양호하다.
② 내열성이 증가한다.
③ 내식, 내마모성이 증가한다.
④ 전연성이 증가되며, 융점 또한 높아진다.

해설 합금을 하면 융점은 낮아진다.

10 실용 주철의 특성에 대한 설명으로 틀린 것은?

① 비중은 C와 Si 등이 많을수록 작아진다.
② 용융점은 C와 Si 등이 많을수록 낮아진다.
③ 흑연편이 클수록 자기 감응도가 나빠진다.
④ 내식성 주철은 염산, 질산 등의 산에는 강하나 알칼리에는 약하다.

11 제도에 대한 설명으로 가장 적합한 것은?

① 투명한 재료로 만들어지는 대상물 또는 부분은 투상도에서는 그리지 않는다.
② 투상도는 설계자가 생각하는 것을 투상하여 입체 형태로 그린 것이다.
③ 나사, 중심 구멍 등 특수한 부분의 표시는 별도로 정한 한국산업표준에 따른다.
④ 한국산업표준에서 규정한 기호를 사용할 경우 주기를 입력해야 하며, 기호 옆에 뜻을 명확히 주기한다.

12 그림에 대한 설명으로 옳은 것은?

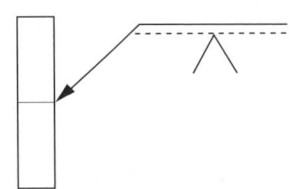

① 화살표 쪽에 용접
② 화살표 반대쪽 용접
③ 원둘레 용접
④ 양면 용접

해설 용접부가 이음의 화살표 쪽에 있으면 기호는 실선 쪽의 기준선에 표시하고, 화살표 반대쪽에 있을 때에는 파선 쪽에 기본 기호를 붙인다.

13 하나의 그림으로 물체의 정면, 우(좌)측면, 평(저)면 3면의 실제모양과 크기를 나타낼 수 있어 기계의 조립, 분해를 설명하는 정비 지침서나, 제품의 디자인도 등을 그릴 때 사용되는 3축이 모두 120° 되도록 한 입체도는?

① 사 투상도
② 분해 투상도
③ 등각 투상도
④ 투시도

14 구의 반지름을 나타내는 기호는?

① C
② R
③ t
④ SR

해설 C : 45도 모떼기, R : 반지름 치수, t : 두께

15 도면 크기의 종류 중 호칭방법과 치수(A×B)가 틀린 것은?(단, 단위는 mm 이다.)

① A0 = 841×1189
② A1 = 594×841
③ A3 = 297×420
④ A4 = 220×297

해설 A4는 210×297 mm이다.

16 종이의 가장자리가 찢어져서 도면의 내용을 훼손하지 않도록 하기 위해 긋는 선은?

① 파선
② 2점 쇄선
③ 1점 쇄선
④ 윤곽선

해설 윤곽선(border line)은 0.5mm 이상의 굵은 실선으로 그린다.

17 기계제도에서 선의 종류별 용도에 대한 설명으로 옳은 것은?

① 가는 2점 쇄선은 특별한 요구사항을 적용할 수 있는 범위를 표시한다.
② 가는 파선은 중심이 이동한 중심궤적을 표시 한다.
③ 굵은 실선은 치수를 기입하기 위하여 쓰인다.
④ 가는 1점 쇄선은 위치 결정의 근거가 된다는 것을 명시할 때 쓰인다.

18 용접부의 기호 표시 방법에 대한 설명 중 틀린 것은?

① 기준선의 하나는 실선으로 하고 다른 하나는 파선으로 표시한다.
② 용접부가 이음의 화살표 쪽에 있을 때에는 실선 쪽의 기준선에 표시한다.
③ 가로 단면의 주요 치수는 기본 기호의 우측에 기입한다.
④ 용접방법의 표시가 필요한 경우에는 기준선의 끝 꼬리 사이에 숫자로 표시한다.

> 해설 세로 단면 치수를 기본 기호의 우측에 기입한다.

19 용접기호에 대한 설명으로 옳은 것은?

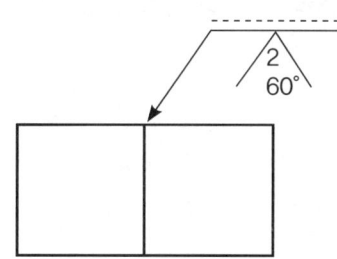

① V형 용접, 화살표 쪽으로 루트간격 2mm, 홈각 60°이다.
② V형 용접, 화살표 반대쪽으로 루트간격 2mm, 홈각 60°이다.
③ 필렛 용접, 화살표 쪽으로 루트간격 2 mm, 홈각 60°이다.
④ 필렛 용접, 화살표 반대쪽으로 루트간격 2mm, 홈각 60°이다.

> 해설 용접부가 이음의 화살표 쪽에 있으면 기호는 실선 쪽의 기준선에 표시한다.

20 치수기입 원칙의 일반적인 주의사항으로 틀린 것은?

① 치수는 중복 기입을 피한다.
② 관련되는 치수는 되도록 분산하여 기입한다.
③ 치수는 되도록 계산해서 구할 필요가 없도록 기입한다.
④ 치수 중 참고 치수에 대하여는 치수 수치에 괄호를 붙인다.

제2과목 용접구조설계

21 용접부의 구조상 결함인 기공(Blow Hole)을 검사하는 가장 좋은 방법은?

① 초음파검사   ② 육안검사
③ 수압검사   ④ 침투검사

> 해설 기공은 초음파 검사가 적당하다.

22 용접자세 중 H – Fil이 의미하는 자세는?

① 수직 자세
② 아래 보기 자세
③ 위 보기 자세
④ 수평 필릿 자세

> 해설 H – Fill : 수평 필릿, V : 수직, F : 아래보기, OH : 위보기

23 다음 금속 중 냉각속도가 가장 큰 금속은?

① 연강 ② 알루미늄
③ 구리 ④ 스테인리스강

해설 구리는 열전도도가 연강의 8배 이상으로 냉각속도도 가장 크다.

24 연강판의 두께가 9mm, 용접길이를 200mm로 하고 양단에 최대 720[kN]의 인장하중을 작용시키는 V형 맞대기 용접 이음에서 발생하는 인장응력[MPa]은?

① 200 ② 400
③ 600 ④ 800

해설 응력 = $\dfrac{하중}{단면적}$ = $\dfrac{하중}{두께 \times 용접선 길이}$

= $\dfrac{720,000}{9 \times 200}$ = 400(MPa)

25 다층용접시 한 부분의 몇 층을 용접하다가 이것을 다음 부분의 층으로 연속시켜 전체가 단계를 이루도록 용착시켜 나가는 방법은?

① 후퇴법(Backstep method)
② 캐스케이드법(Cascade method)
③ 블록법(Block method)
④ 덧살올림법(Build-up method)

해설
- 후퇴법 : 용접 진행 방향과 용착 방향이 서로 반대가 되는 방법으로 잔류 응력은 다소 적게 발생되나 작업 능률이 저하된다.
- 블록법 : 한 개의 용접봉으로 살을 붙일만한 길이로 구분해 홈을 한 부분씩 여러 층으로 쌓아올린 다음 다른 부분으로 진행하는 방법이다.
- 덧살 올림법 : 각 층 마다 전체 길이를 용접하면서 쌓아올리는 방법으로 가장 많이 사용된다.

26 완전 맞대기 용접이음이 단순굽힘모멘트 Mb = 9800N · cm을 받고 있을 때, 용접부에 발생하는 최대굽힘응력은?(단, 용접선길이 = 200mm, 판 두께 = 25mm 이다.)

① 196.0 N/cm²
② 470.4 N/cm²
③ 376.3 N/cm²
④ 235.2 N/cm²

해설 굽힘응력 = $\dfrac{M}{Z}$ = $\dfrac{6M}{용접선 길이 \times 판두께^2}$

= $\dfrac{6 \times 9,800}{20 \times 2.5^2}$ = 470.4

27 용접제품과 주조제품을 비교하였을 때 용접이음 방법의 장점으로 틀린 것은?

① 이종재료의 접합이 가능하다.
② 용접변형을 교정할 때에는 시간과 비용이 필요치 않다.
③ 목형이나 주형이 불필요하고 설비의 소규모가 가능하여 생산비가 적게 된다.
④ 제품의 중량을 경감시킬 수 있다.

28 용접 시공 관리의 4대(4M) 요소가 아닌 것은?

① 사람(Man)
② 기계(Machine)
③ 재료(Material)
④ 태도(Manner)

해설 용접 시공 관리의 4대 요소 : 사람, 기계, 재료, 작업방법

29 용접준비 사항 중 용접 변형 방지를 위해 사용하는 것은?

① 터닝 롤러(turing roller)
② 매니플레이터(manipulator)
③ 스트롱백(strong back)
④ 엔빌(anvil)

해설 스트롱백은 용접시공에 사용되는 지그(jig)의 일종이며, 가접을 피하기 위해서 피용접재를 구속시키기 위한 도구이다.

30 용접 경비를 적게 하고자 할 때 유의할 사항으로 틀린 것은?

① 용접봉의 적절한 선정과 그 경제적 사용방법
② 재료 절약을 위한 방법
③ 용접 지그의 사용에 의한 위보기 자세의 이용
④ 고정구 사용에 의한 능률 향상

해설 용접 지그를 사용할 경우에는 가능한 아래보기 자세를 이용한다.

31 똑같은 두께의 재료를 용접할 때 냉각 속도가 가장 빠른 이음은?

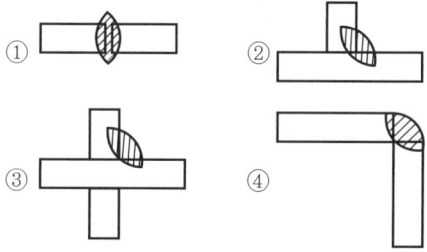

32 용접부의 응력 집중을 피하는 방법이 아닌 것은?

① 부채꼴 오목부를 설계한다.
② 강도상 중요한 용접이음 설계시 맞대기 용접부는 가능한 피하고 필릿 용접부를 많이 하도록 한다.
③ 모서리의 응력 집중을 피하기 위해 평탄부에 용접부를 설치한다.
④ 판두께가 다른 경우 라운딩(rounding)이나 경사를 주어 용접한다.

33 구속 용접 시 발생하는 일반적인 응력은?

① 잔류 응력   ② 연성력
③ 굽힘력   ④ 스프링 백

해설 잔류 응력은 재료 내부에 존재하는 응력으로 냉간 가공이나 담금질, 용접 등에 의한 불균일 소성변형의 결과 때문에 생긴다.

34 설계 단계에서 용접부 변형을 방지하기 위한 방법이 아닌 것은?

① 용접 길이가 감소될 수 있는 설계를 한다.
② 변형이 적어질 수 있는 이음 부분을 배치한다.
③ 보강재 등 구속이 커지도록 구조설계를 한다.
④ 용착금속을 증가시킬 수 있는 설계를 한다.

해설 용착금속을 감소시킬 수 있도록 설계해야 한다.

35 용접 수축량에 미치는 용접시공 조건의 영향을 설명한 것으로 틀린 것은?

① 루트간격이 클수록 수축이 크다.
② V형 이음은 X형 이음보다 수축이 크다.
③ 같은 두께를 용접할 경우 용접봉 직경이 큰 쪽이 수축이 크다.
④ 위빙을 하는 쪽이 수축이 작다.

36 용접 후처리에서 변형을 교정할 때 가열하지 않고, 외력만으로 소성변형을 일으켜 교정하는 방법은?

① 형재(形材)에 대한 직선 수축법
② 가열한 후 해머로 두드리는 법
③ 변형 교정 롤러에 의한 방법
④ 박판에 대한 점 수축법

해설 외력만으로 소성변형을 일으켜 교정하는 방법은 롤러에 거는 방법과 피닝법이 있다.

37 용접순서에서 동일 평면 내에 이음이 많을 경우, 수축은 가능한 자유단으로 보내는 이유로 옳은 것은?

① 압축변형을 크게 해주는 효과와 구조물 전체를 가능한 균형 있게 인장응력을 증가시키는 효과 때문
② 구속에 의한 압축응력을 작게 해주는 효과와 구조물 전체를 가능한 균형 있게 굽힘응력을 증가시키는 효과 때문
③ 압축응력을 크게 해주는 효과와 구조물 전체를 가능한 균형 있게 인장응력을 경감시키는 효과 때문
④ 구속에 의한 잔류응력을 작게 해주는 효과와 구조물 전체를 가능한 균형 있게 변형을 경감시키는 효과 때문

38 용접부 취성을 측정하는데 가장 적당한 시험방법은?

① 굽힘시험 　　② 충격시험
③ 인장시험 　　④ 부식시험

> **해설** 충격시험은 시험편에 V형, U형의 노치를 만들고 충격적인 하중을 주어 시험편의 취성을 측정하는 시험방법이다.

39 용접 변형을 경감하는 방법으로 용접 전 변형 방지책은?

① 역변형법 　　② 빌드업법
③ 캐스케이드법 　④ 전진블록법

> **해설** 역변형법은 용접 금속 및 모재 수축에 대하여 용접 전에 반대 방향으로 굽혀 놓고 작업하는 방법이다.

40 필릿 용접 크기에 대한 설명으로 틀린 것은?

① 필릿 이음에서 목길이를 증가시켜 줄 필요가 있을 경우 양쪽 목길이를 같게 증가시켜 주는 것이 효과적이다.
② 판두께가 같은 경우 목길이가 다른 필릿 용접시는 수직 쪽의 목길이를 짧게 수평 쪽의 목길이를 길게 하는 것이 좋다.
③ 필릿 용접시 표면 비드는 오목형보다 볼록형이 인장에 의한 수축 균열 발생이 적다.
④ 다층 필릿 이음에서의 첫 패스는 항상 오목형이 되도록 하는 것이 좋다.

제3과목　용접일반 및 안전관리

41 가스 실드(shield)형으로 파이프 용접에 가장 적합한 용접봉은?

① 라임티타니아계(E4303)
② 특수계(E4340)
③ 저수소계(E4316)
④ 고셀룰로스계(E4311)

> **해설** 고셀룰로스계는 가스 실드계의 대표적인 용접봉으로 비드 표면이 거칠고 스패터 발생이 많다.

42 피복 아크 용접에서 용접부의 보호 방식이 아닌 것은?

① 가스 발생식 　　② 슬래그 생성식
③ 아크 발생식 　　④ 반가스 발생식

> **해설** 용접부 보호방식에는 가스 발생식, 슬래그 생성식, 반가스 발생식이 있다.

43 황동을 가스 용접시 주로 사용하는 불꽃의 종류는?

① 탄화 불꽃 　　② 중성 불꽃
③ 산화 불꽃 　　④ 질화 불꽃

> **해설** 산화불꽃은 간단한 가열이나 가스 절단 등에 효율이 좋으나 산화성 분위기를 만들기 때문에 구리, 황동 등의 가스 용접에 주로 이용된다.

44 피복 아크 용접봉에서 피복제의 편심률은 몇 % 이내 이어야 하는가?

① 3% ② 6%
③ 9% ④ 12%

해설 피복제의 편심률은 3% 이내이어야 한다.

45 압접의 종류가 아닌 것은?

① 단접(forged welding)
② 마찰 용접(friction welding)
③ 점 용접(spot welding)
④ 전자 빔 용접(electron beam welding)

해설 전자 빔 용접은 용접 중 특수용접에 포함된다.

46 산소 아세틸렌 불꽃에서 아세틸렌이 이론적으로 완전연소 하는데 필요한 산소 : 아세틸렌의 연소비로 가장 알맞은 것은?

① 1.5 : 1 ② 1 : 1.5
③ 2.5 : 1 ④ 1 : 2.5

47 현장에서의 용접 작업 시 주의사항이 아닌 것은?

① 폭발, 인화성 물질 부근에서는 용접작업을 피할 것
② 부득이 가연성 물체 가까이서 용접할 경우는 화재 발생 방지 조치를 충분히 할 것
③ 탱크 내에서 용접 작업 시 통풍을 잘하고 때때로 외부로 나와서 휴식을 취할 것
④ 탱크 내 용접 작업 시 2명이 동시에 들어가 작업을 실시하고 빠른 시간에 작업을 완료하도록 할 것

48 산소 용기의 취급상 주의사항이 아닌 것은?

① 운반이나 취급에서 충격을 주지 않는다.
② 가연성 가스와 함께 저장한다.
③ 기름이 묻은 손이나 장갑을 끼고 취급하지 않는다.
④ 운반 시 가능한 한 운반 기구를 이용한다.

해설 산소 용기를 가연성 가스와 저장하면 폭발의 우려가 있다.

49 용접의 분류방법 중 아크 용접에 해당하는 것은?

① 프로젝션 용접 ② 마찰 용접
③ 서브머지드 용접 ④ 초음파 용접

해설 프로젝션, 마찰, 초음파 용접은 압접에 해당된다.

50 불활성가스 아크용접의 특징으로 틀린 것은?

① 아크가 안정되어 스패터가 적고, 조작이 용이하다.
② 높은 전압에서 용입이 깊고 용접속도가 빠르며, 잔류용제 처리가 필요하다.
③ 모든 자세 용접이 가능하고 열집중성이 좋아 용접 능률이 높다.
④ 청정작용이 있어 산화막이 강한 금속의 용접이 가능하다.

해설 낮은 전압에서 용입이 깊고 용접속도가 빠르다.

51 스터드 용접의 용접장치가 아닌 것은?

① 용접건 ② 용접헤드
③ 제어장치 ④ 텅스텐 전극봉

해설 스터드 용접은 스터드 선단에 페롤이라고 불리는 보조 링을 끼우고 스터드를 모재에 약간 떼어 놓아 아크를 발생시켜 적당히 용융되었을 때 압력을 가하여 접합시키는 방법으로 용접건, 용접헤드, 제어장치가 있다.

52 용접 중 용융금속 중에 가스의 흡수로 인한 기공이 발생되는 화학 반응식을 나타낸 것은?

① $FeO + Mn \rightarrow MnO + Fe$
② $2FeO + Si \rightarrow SiO_2 + 2Fe$
③ $FeO + C \rightarrow CO + Fe$
④ $3FeO + 2Al \rightarrow Al_2O_3 + 3Fe$

53 TIG 용접기에서 직류 역극성을 사용하였을 경우 용접 비드의 형상으로 옳은 것은?

① 비드 폭이 넓고 용입이 깊다.
② 비드 폭이 넓고 용입이 얕다.
③ 비드 폭이 좁고 용입이 깊다.
④ 비드 폭이 좁고 용입이 얕다.

해설 직류 역극성은 용접기의 음극에 모재, 양극에 토치를 연결하는 방식으로 비드 폭이 넓고 용입이 얕으며 산화 피막을 제거하는 청정 작용을 한다.

54 가장 두꺼운 판을 용접할 수 있는 용접법은?

① 일렉트로 슬래그 용접
② 전자 빔 용접
③ 서브머지드 아크 용접
④ 불활성가스 아크 용접

해설 일렉트로 슬래그 용접은 단층 수직 상진용접법으로 원판의 용접에 적당하며 1m 두께의 강판을 연속 용접이 가능하다.

55 자동으로 용접을 하는 서브머지드 아크 용접에서 루트 간격과 루트면의 필요한 조건은? (단, 받침쇠가 없는 경우이다.)

① 루트간격 0.8mm 이상, 루트면은 ±5mm 허용
② 루트간격 0.8mm 이하, 루트면은 ±1mm 허용
③ 루트간격 3mm 이상, 루트면은 ±5mm 허용
④ 루트간격 10mm 이상, 루트면은 ±10mm 허용

56 다음 중 직류아크 용접기는?

① 가동코일형 용접기
② 정류형 용접기
③ 가동철심형 용접기
④ 탭전환형 용접기

해설 직류 아크 용접기에는 발전기형, 정류형 용접기가 있다.

57 이론적으로 순수한 카바이드 5kg에서 발생할 수 있는 아세틸렌 량은 약 몇 리터인가?

① 3,480   ② 1,740
③ 348   ④ 174

해설 순수한 카바이드 1kg에 348리터이므로 348×5 = 1,740

58 정격 2차 전류 400A, 정격 사용율이 50%인 교류 아크 용접기로서 250A로 용접할 때 이 용접기의 허용 사용률(%)은?

① 128   ② 122
③ 112   ④ 95

해설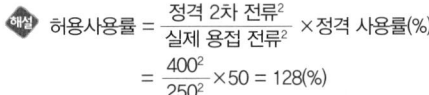
허용사용률 = $\dfrac{\text{정격 2차 전류}^2}{\text{실제 용접 전류}^2} \times \text{정격 사용률(\%)}$
= $\dfrac{400^2}{250^2} \times 50 = 128(\%)$

59 불활성가스 금속 아크용접 시 사용되는 전원 특성은?

① 수하 특성   ② 동전류 특성
③ 정전압 특성   ④ 정극성 특성

해설 불활성가스 금속아크 용접(MIG 용접)에는 정전압 특성 또는 상승 특성의 직류 용접기가 사용된다.

60 플래시 버트 용접의 일반적인 특징으로 틀린 것은?

① 가열부의 열 영향부가 좁다.
② 용접면을 아주 정확하게 가공할 필요가 없다
③ 서로 다른 금속의 용접은 불가능하다.
④ 용접시간이 짧고 업셋 용접보다 전력 소비가 적다.

해설 플래시 버트 용접은 이종 금속 용접도 가능하다.

2015년 제2회 기출문제 정답

01 ②	02 ③	03 ②	04 ③	05 ①	06 ③	07 ②	08 ①	09 ④	10 ④
11 ③	12 ②	13 ③	14 ④	15 ④	16 ④	17 ④	18 ③	19 ①	20 ②
21 ①	22 ④	23 ③	24 ②	25 ②	26 ②	27 ②	28 ④	29 ③	30 ③
31 ③	32 ②	33 ①	34 ④	35 ③	36 ③	37 ④	38 ②	39 ①	40 ③
41 ④	42 ③	43 ③	44 ①	45 ④	46 ③	47 ④	48 ②	49 ③	50 ②
51 ④	52 ③	53 ②	54 ①	55 ②	56 ②	57 ②	58 ①	59 ③	60 ③

최근기출문제
2015년도 제3회 시행

제1과목 용접야금 및 용접설비제도

01 용접하기 전 예열하는 목적이 아닌 것은?

① 수축 변형을 감소한다.
② 열 영향부의 경도를 증가시킨다.
③ 용접금속 및 열영향부에 균열을 방지한다.
④ 용접금속 및 열영향부의 연성 또는 노치 인성을 개선한다.

02 강의 표면 경화법이 아닌 것은?

① 불림   ② 침탄법
③ 질화법   ④ 고주파 열처리

해설 불림은 강을 표준상태로 만들기 위한 열처리로 강을 단련한 후, 오스테나이트의 단상이 되는 온도 범위에서 가열하여 대기 속에 자연 냉각하여 조직을 미세화하고, 냉간가공·단조 등에 의한 내부응력을 제거하며, 결정조직, 기계적·물리적 성질 등을 표준화시키는 데 있다.

03 용융금속 중에 첨가하는 탈산제가 아닌 것은?

① 규소 철(Fe-Si)   ② 티탄철(Fe-Ti)
③ 망간 철(Fe-Mn)   ④ 석회석($CaCO_3$)

해설 석회석은 슬래그 생성제, 가스 발생제, 아크 안정제이다.

04 이종의 원자가 결정격자를 만드는 경우 모재 원자보다 작은 원자가 고용할 때 모재 원자의 틈새 또는 격자결함에 들어가는 경우의 고용체는?

① 치환형 고용체   ② 변태형 고용체
③ 침입형 고용체   ④ 금속간 고용체

해설 침입형 고용체는 용질원자가 금속 용매원자 결정격자의 중간 위치에 침입한 고용체를 말한다.

05 고장력강 용접시 일반적인 주의사항으로 틀린 것은?

① 용접봉은 저수소계를 사용한다
② 아크 길이는 가능한 길게 유지한다
③ 위빙 폭은 용접봉 지름의 3배 이하로 한다
④ 용접 개시 전에 이음부 내부 또는 용접할 부분을 청소한다

해설 아크 길이는 가능한 짧게 유지하고 저수소계 용접봉에 의한 용접시에는 용접 시작점보다 20~30mm 앞에서 아크를 발생하여 예열한 후 용접 시작점으로 후퇴하여 시작점부터 용접을 시작해야 한다.

06 γ고용체와 α고용체의 조직은?

① γ고용체 : 페라이트 조직,
   α고용체 : 오스테나이트 조직
② γ고용체 : 페라이트 조직,
   α고용체 : 시멘타이트 조직
③ γ고용체 : 시멘타이트 조직,
   α고용체 : 페라이트 조직
④ γ고용체 : 오스테나이트조직,
   α고용체 : 페라이트 조직

해설 γ고용체는 오스테나이트 조직, α고용체는 페라이트 조직이다.

07 비열이 가장 큰 금속은?

① Al ② Mg
③ Cr ④ Mn

해설 Mg > Al > Mn > Cr

08 재가열 균열 시험법으로 사용되지 않는 것은?

① 고온인장시험
② 변형이완시험
③ 자율 구속도시험
④ 크리프 저항시험

해설 크리프 시험은 시험편을 일정한 온도로 유지하고 여기에 일정한 하중을 가하여 시간과 더불어 변화하는 변형을 측정하는 시험이다.

09 용접 후 잔류 응력이 있는 제품에 하중을 주고 용접부에 소성변형을 일으키는 방법은?

① 연화 풀림법
② 국부 풀림법
③ 저온 응력 완화법
④ 기계적 응력 완화법

해설
• 기계적 응력 완화법 : 잔류 응력이 있는 제품에 하중을 주고 용접부에 소성변형을 일으키는 방법
• 저온 응력 완화법 : 용접선 양측을 일정 속도로 이동하는 가스 불꽃에 의해 수냉하는 방법

10 철강 재료의 변태 중 순철에서는 나타나지 않는 변태는?

① A_1 ② A_2
③ A_3 ④ A_4

해설 A_2 : 자기변태(768℃), A_3 : 동소변태(910℃), A_4 : 동소변태(1,400℃)

11 도면에 치수를 기입하는 경우에 유의사항으로 틀린 것은?

① 치수는 되도록 주 투상도에 집중한다.
② 치수는 되도록 계산할 필요가 없도록 기입한다.
③ 치수는 되도록 공정마다 배열을 분리하여 기입한다.
④ 참고 치수에 대하여는 치수에 원을 넣는다.

해설 참고 치수에는 괄호를 넣는다.

12 용접부 보조 기호 중 제거 가능한 덮개판을 사용하는 기호는?

① ⌣ ② ⌒
③ M ④ MR

해설 ① : 서페이싱, ② : 볼록형, ③ : 영구적인 덮개판 사용, ④ : 제거 가능한 덮개판 사용

13 다음 용접 기호 중 이면 용접 기호는?

① ∨ ② ∨∨
③ ⌒ ④ ⌣

해설
① : 부분 용입 한쪽면 K형 맞대기 이음 용접
② : 급경사면 한쪽면 V형 홈 맞대기 이음 용접
③ : 이면 용접
④ : 용접부 끝단부를 매끄럽게 함

14 척도에 관계없이 적당한 크기로 부품을 그린 후 치수를 측정하여 기입하는 스케치 방법은?

① 프린트법 ② 프리핸드법
③ 본뜨기법 ④ 사진촬영법

해설 프리핸드법은 척도에 관계없이 적당한 크기로 부품을 그린 후 치수를 기입하는 방법이다.

15 가는 실선으로 규칙적으로 줄을 늘어놓은 것으로 도형의 한정된 특정 부분을 다른 부분과 구별하는데 사용하며 예를 들면 단면도의 절단된 부분을 나타내는 선의 명칭은?

① 파단선　　② 지시선
③ 중심선　　④ 해칭

해설 해칭은 단면인 것을 표시할 필요가 있는 경우에 이용되는 단면 표시 방법의 한 방법이다.

16 평면도법에서 인벌류트곡선에 대한 설명으로 옳은 것은?

① 원기둥에 감긴 실의 한 끝을 늦추지 않고 풀어나갈 때 이 실의 끝이 그리는 곡선이다.
② 1개의 원이 직선 또는 원주 위를 굴러갈 때 그 구르는 원의 원주 위의 1점이 움직이며 그려 나가는 자취를 말한다.
③ 전동원이 기선 위를 굴러갈 때 생기는 곡선을 말한다.
④ 원뿔을 여러 가지 각도로 절단하였을 때 생기는 곡선이다.

17 3각법에서 물체의 위에서 내려다 본 모양을 도면에 표현한 투상도는?

① 정면도　　② 평면도
③ 우측면도　④ 좌측면도

18 다음 중 용접기호에 대한 명칭으로 틀린 것은?

① △ : 필릿 용접
② ∥ : 한쪽면 수직 맞대기 용접
③ ∨ : V형 맞대기 용접
④ ╳ : 양면 V형 맞대기 용접

해설 보기 ②항은 평면형 평행 맞대기 이음 용접

19 한 도면에서 두 종류 이상의 선이 같은 장소에 겹치게 될 때 우선순위로 옳은 것은?

① 숨은선 → 절단선 → 외형선 → 중심선 → 무게 중심선
② 외형선 → 중심선 → 절단선 → 무게중심선 → 숨은선
③ 숨은선 → 무게중심선 → 절단선 → 중심선 → 외형선
④ 외형선 → 숨은선 → 절단선 → 중심선 → 무게중심선

해설 겹치는 선의 우선순위 : 외형선 → 숨은선 → 절단선 → 중심선 → 무게중심선 → 치수 보조선

20 도면에서 척도를 기입하는 경우, 도면을 정해진 척도값으로 그리지 못하거나 비례하지 않을 때 표시하는 방법은?

① 현척　　② 축척
③ 배척　　④ NS

해설
• 현척 : 같은 크기로 그린 것
• 축척 : 일정한 비율로 줄여서 그린 것
• 배척 : 실물보다 큰 비율로 그린 것

제2과목　용접구조설계

21 아크용접시 용접이음의 용융부 밖에서 아크를 발생시킬 때 모재표면에 결함이 생기는 것은?

① 아크 스트라이크
② 언더 필
③ 스캐터링
④ 은점

해설 아크 스트라이크는 용접 개시 전에 모재 위에서 아크를 일으키는 것으로, 고장력강의 경우에는 이 부분이 급랭되어 경화하기 때문에 결함의 원인이 된다.

22 용접에 의한 용착효율을 구하는 식으로 옳은 것은?

① $\dfrac{용접봉의\ 총사용량}{용착금속의\ 중량} \times 100(\%)$

② $\dfrac{피복제의\ 중량}{용착금속의\ 중량} \times 100(\%)$

③ $\dfrac{용착금속의\ 중량}{용접봉의\ 사용중량} \times 100(\%)$

④ $\dfrac{피복제의\ 중량}{용접봉의\ 사용중량} \times 100(\%)$

23 용접부 검사법에서 파괴 시험 방법 중 기계적 시험방법이 아닌 것은?

① 인장시험　　② 부식시험
③ 굽힘시험　　④ 경도시험

해설
- 기계적 시험 : 인장, 굽힘, 경도, 충격, 피로 시험 등
- 화학적 시험 : 화학 분석, 부식, 함유 수소 시험 등
- 야금학적 시험 : 육안조직, 현미경 조직, 파면, 설퍼 프린트 시험 등

24 용접작업시 적절한 용접지그의 사용에 따른 효과로 틀린 것은?

① 용접 작업을 용이하게 한다.
② 다량생산의 경우 작업능력이 향상된다.
③ 제품의 마무리 정밀도를 향상시킨다.
④ 용접변형은 증가되나 잔류응력을 감소시킨다.

해설 용접지그를 사용하므로 용접 변형을 감소시킨다.

25 맞대기 용접이음에서 각 변형이 가장 크게 나타날 수 있는 홈의 형상은?

① H형　　② V형
③ X형　　④ I형

해설 V형은 두께 20mm 이하의 판을 한쪽 용접으로 완전히 용입하고자 할 때 쓰이며 각 변형이 발생할 위험이 있다.

26 용접변형 방지방법에서 역변형법에 대한 설명으로 옳은 것은?

① 용접물을 고정시키거나 보강재를 이용하는 방법이다.
② 용접에 의한 변형을 미리 예측하여 용접하기 전에 반대쪽으로 변형을 주는 방법이다.
③ 용접물을 구속시키고 용접하는 방법이다.
④ 스트롱 백을 이용하는 방법이다.

27 겹쳐진 두 부재의 한쪽에 둥근 구멍 대신에 좁고 긴 홈을 만들어 놓고 그 곳을 용접하는 용접법은?

① 겹치기 용접　　② 플랜지 용접
③ T형 용접　　　 ④ 슬롯 용접

해설 슬롯 용접은 겹친 2매의 판 한쪽에 가늘고 긴 홈을 파고, 그 속에다 살붙임 용접을 하는 방법이다.

28 아크 전류 200A, 아크전압 30V, 용접속도 20cm/min 일 때 용접 길이 1cm당 발생하는 용접입열(J/cm)은?

① 12,000　　② 15,000
③ 18,000　　④ 20,000

해설 용접 입열 $= \dfrac{60EI}{V} = \dfrac{60 \times 30 \times 200}{20} = 18,000$

29 전 용접 길이에 방사선 투과검사를 하여 결함이 1개도 발견되지 않았을 때 용접이음의 효율은?

① 70%　　② 80%
③ 90%　　④ 100%

30 가접에 대한 설명으로 틀린 것은?

① 본 용접 전에 용접물을 잠정적으로 고정하기 위한 짧은 용접이다.

② 가접은 아주 쉬운 작업이므로 본 용접사보다 기량이 부족해도 된다.
③ 홈 안에 가접을 할 경우 본 용접을 하기 전에 갈아낸다.
④ 가접에는 본 용접보다는 지름이 약간 가는 용접봉을 사용한다.

해설 가접은 기량이 동일한 용접사가 해야 한다

31 용접부의 이음효율 공식으로 옳은 것은?

① $\dfrac{모재의\ 인장강도}{용접시험편의\ 인장강도} \times 100(\%)$

② $\dfrac{모재의\ 충격강도}{용접시험편의\ 충격강도} \times 100(\%)$

③ $\dfrac{용접시험편의\ 충격강도}{모재의\ 충격강도} \times 100(\%)$

④ $\dfrac{용접시험편의\ 인장강도}{모재의\ 인장강도} \times 100(\%)$

32 맞대기 용접에서 제1층부에 결함이 생겨 밑면 따내기를 하고자 할 때 이용되지 않는 방법은?

① 선삭
② 핸드 그라인더에 의한 방법
③ 아크 에어 가우징
④ 가스 가우징

해설 선삭은 선반 등의 공작기계에 절삭 공구를 사용하여 제품을 절삭하는 가공법을 말한다.

33 맞대기 용접 이음의 피로강도 값이 가장 크게 나타나는 경우는?

① 용접부 이면 용접을 하고 표면 용접 그대로인 것
② 용접부 이면 용접을 하지 않고 표면 용접 그대로인 것
③ 용접부 이면 및 표면을 기계 다듬질 한 것
④ 용접부 표면의 덧살만 기계 다듬질 한 것

34 모세관 현상을 이용하여 표면 결함을 검사하는 방법은?

① 육안 검사
② 침투 검사
③ 자분 검사
④ 전자기적 검사

해설 침투 검사에는 형광 침투와 염료 침투 검사가 있다.

35 용접 시 발생되는 용접변형을 방지하기 위한 방법이 아닌 것은?

① 용접에 의한 국부 가열을 피하기 위하여 전체 또는 국부적으로 가열하고 용접한다.
② 스트롱 백을 사용한다.
③ 용접 후에 수냉처리를 한다.
④ 역변형을 주고 용접한다.

36 강판의 두께 15mm, 폭 100mm의 V형 홈을 맞대기 용접이음할 때 이음효율을 80%, 판의 허용응력을 35kgf/mm²로 하면 인장하중(kgf)은 얼마까지 허용할 수 있는가?

① 35,000
② 38,000
③ 40,000
④ 42,000

해설 응력 = $\dfrac{인장하중}{단면적}$, 인장하중 = 응력×단면적
= 35×100×15 = 52,500(kg)
∴ 이음효율이 80%이므로 52,500×0.8 = 42,000(kg)

37 양면 용접에 의하여 충분한 용입을 얻으려고 할 때 사용되며 두꺼운 판의 용접에 가장 적합한 맞대기 홈의 형태는?

① J형
② H형
③ V형
④ I형

해설 H형은 양면 용접이 가능한 경우에 용착 금속 양과 패스 수를 줄일 목적으로 사용되며 두꺼운 판 용접에 적합하다.

38 불활성 가스 텅스텐 아크용접 이음부 설계에서 I형 맞대기 용접이음의 설명으로 적합한 것은?

① 판 두께가 12mm 이상의 두꺼운 판 용접에 이용된다.
② 판 두께가 6~20mm 정도의 다층 비드 용접에 이용된다.
③ 판 두께가 3mm 정도의 박판 용접에 많이 이용된다.
④ 판 두께가 20mm 이상의 두꺼운 판 용접에 이용된다.

39 용접구조물에서의 비틀림 변형을 경감시켜 주는 시공 상의 주의사항 중 틀린 것은?

① 집중적으로 교차 용접을 한다.
② 지그를 사용한다.
③ 가공 및 정밀도에 주의한다.
④ 이음부의 맞춤을 정확하게 해야 한다.

> 해설 비틀림 변형을 경감시키기 위해 용접의 집중 또는 교차는 피하여야 한다.

40 용접부의 시점과 끝나는 부분에 용입 불량이나 각종 결함을 방지하기 위해 주로 사용되는 것은?

① 엔드 탭   ② 포지셔너
③ 회전 지그   ④ 고정 지그

> 해설 엔드 탭은 판이음 용접 등의 맞대기 용접이나 플랜지와 웨브의 머리 용접, 모서리 용접 등의 필릿 용접을 할 때, 모재의 용접선 연장상에 1차적으로 부착하는 모재와 동등한 형상 또는 홈을 가진 강판으로 용접 비드의 시작 부분과 끝부분에 생기기 쉬운 결함을 방지하기 위한 것이다.

제3과목 용접일반 및 안전관리

41 레이저 용접의 설명으로 틀린 것은?

① 모재의 열변형이 거의 없다.
② 이종금속의 용접이 가능하다.
③ 미세하고 정밀한 용접을 할 수 있다.
④ 접촉식 용접방법이다.

> 해설 레이저 용접은 비접촉식 용접방법이다.

42 가스용접에서 산소에 대한 설명으로 틀린 것은?

① 산소는 산소용기에 35℃, 150kgf/cm² 정도의 고압으로 충전되어 있다.
② 산소병은 이음매 없이 제조되며 인장강도는 약 57kgf/cm² 이상, 연신율은 18% 이상의 강재가 사용된다.
③ 산소를 다량으로 사용하는 경우에는 매니폴드를 사용한다.
④ 산소의 내압 시험 압력은 충전압력의 3배 이상으로 한다.

> 해설 산소의 내압 시험 압력은 충전압력의 5/3 이상으로 해야 한다.

43 산소-아세틸렌 가스 용접시 사용하는 토치의 종류가 아닌 것은?

① 저압식   ② 절단식
③ 중압식   ④ 고압식

> 해설 아세틸렌 가스 압력에 따라 저압식, 중압식, 고압식으로 구분되며 토치 구조에 따라 불변압식과 가변압식으로 분류한다.

44 다음 중 아크 에어 가우징의 설명으로 가장 적합한 것은?

① 압축공기의 압력은 1~2kgf/cm²이 적당하다.
② 비철금속에는 적용되지 않는다.
③ 용접 균열 부분이나 용접 결함부를 제거하는데 사용한다.
④ 그라인딩이나 가스 가우징보다 작업 능률이 낮다.

해설 아크 에어 가우징은 탄소 아크 절단에 압축 공기를 병용하여 전극 홀더의 구멍에서 탄소 전극봉에 나란히 분출하는 고속의 공기를 분출하여 용융 금속을 불어 내어 홈을 파는 방법이다.

45 용접법의 분류에서 융접에 속하는 것은?

① 전자빔 용접 ② 단접
③ 초음파 용접 ④ 마찰 용접

해설 단접, 초음파 용접, 마찰 용접은 압접에 속한다.

46 탄산가스 아크 용접의 특징에 대한 설명으로 틀린 것은?

① 전류밀도가 높아 용입이 깊고 용접속도를 빠르게 할 수 있다.
② 적용 재질이 철 계통으로 한정되어 있다.
③ 가시 아크이므로 시공이 편리하다.
④ 일반적인 바람의 영향을 받지 않으므로 방풍장치가 필요없다.

해설 탄산 가스 아크 용접은 바람의 영향을 받으므로 방풍장치가 필요하다.

47 교류 아크 용접시 비안전형 홀더를 사용할 때 가장 발생하기 쉬운 재해는?

① 낙상 재해 ② 협착 재해
③ 전도 재핵 ④ 전격 재해

48 가스절단에서 일정한 속도로 절단할 때 절단 홈의 밑으로 갈수록 슬랙의 방해, 산소의 오염 등에 의해 절단이 느려져 절단면을 보면 거의 일정한 간격으로 평행한 곡선이 나타난다. 이 곡선을 무엇이라 하는가?

① 절단면의 아크 방향
② 가스궤적
③ 드래그 라인
④ 절단속도의 불일치에 따른 궤적

해설 드래그 라인은 절단면에 일정한 간격의 곡선이 진행 방향으로 나타나 있는 것을 말한다.

49 가스용접에 사용하는 지연성 가스는?

① 산소   ② 수소
③ 프로판 ④ 아세틸렌

해설 산소는 가연성 가스가 연소되게 도와주는 지연성 가스이다.

50 피복 아크 용접 작업에서 용접조건에 관한 설명으로 틀린 것은?

① 아크 길이가 길면 아크가 불안정하게 되어 용융금속의 산화나 질화가 일어나기 쉽다.
② 좋은 용접비드를 얻기 위해서 원칙적으로 긴 아크로 작업한다.
③ 용접 전류가 너무 낮으면 오버랩이 발생한다.
④ 용접속도를 운봉속도 또는 아크속도라고도 한다.

51 사람의 팔꿈치나 손목의 관절에 해당하는 움직임을 갖는 로봇으로 아크 용접용 다관절 로봇은?

① 원통 좌표 로봇 ② 직각 좌표 로봇
③ 극 좌표 로봇   ④ 관절 좌표 로봇

52 스터드 용접에서 페룰의 역할로 틀린 것은?

① 용융금속의 유출을 촉진시킨다.
② 아크열을 집중시켜준다.
③ 용융금속의 산화를 방지한다.
④ 용착부의 오염을 방지한다.

해설) 페룰은 내부는 공기가 희박해지고, 용융 금속이 산화되지 않게 되어 있으며, 주형의 역할을 겸하고, 용융 금속의 냉각을 지연시키는 작용도 있다.

53 납땜에서 용제가 갖추어야 할 조건으로 틀린 것은?

① 청정한 금속면의 산화를 방지할 것
② 모재와 땜납에 대한 부식 작용이 최소한 일 것
③ 전기 저항 납땜에 사용되는 것은 비전도체일 것
④ 납땜 후 슬래그의 제거가 용이할 것

해설) 전기 저항 납땜에 사용되는 것은 전도체이어야 한다.

54 TIG 용접 시 안전사항에 대한 설명으로 틀린 것은?

① 용접기 덮개를 벗기는 경우 반드시 전원 스위치를 켜고 작업한다.
② 제어장치 및 토치 등 전기계통의 절연 상태를 항상 점검해야 한다.
③ 전원과 제어장치의 접지 단자는 반드시 지면과 접지되도록 한다.
④ 케이블 연결부와 단자의 연결 상태가 느슨해졌는지 확인하여 조치한다.

55 다음 중 맞대기 저항 용접이 아닌 것은?

① 스폿 용접
② 플래시 용접
③ 업셋버트 용접
④ 퍼커션 용접

해설) • 맞대기 저항 용접 : 플래시, 업셋버트, 퍼커션 용접
• 겹치기 저항 용접 : 스폿, 심, 프로젝션 용접

56 프랑스식 가스용접 토치의 200번 팁으로 연강판을 용접할 때 가장 적당한 판 두께는?

① 판두께와 무관
② 0.2mm
③ 2mm
④ 20mm

해설) 프랑스식 가스용접 토치의 200번은 1.5~2mm가 적당하다. 참고로 프랑스식은 시간당 소비되는 아세틸렌의 양으로, 독일식은 용접할 수 있는 판 두께로 팁번호를 표시한다.

57 점용접(spot welding)의 3대 요소에 해당되는 것은?

① 가압력, 통전시간, 전류의 세기
② 가압력, 통전시간, 전압의 세기
③ 가압력, 냉각수량, 전류의 세기
④ 가압력, 냉각수량, 전압의 세기

해설) 점용접의 3대 요소는 용접 전류, 통전 시간, 가압력이다.

58 가스절단 작업에서 드래그는 판 두께의 몇 % 정도를 표준으로 하는가?(단, 판 두께는 25mm 이하인 경우이다.)

① 50%
② 40%
③ 30%
④ 20%

해설) 드래그 길이는 절단속도, 산소 소비량 등에 의해 변화하며 보통 판 두께의 20% 정도이다.

59 교류 아크 용접기에 감전사고를 방지하기 위해서 설치하는 것은?

① 전격방지 장치
② 2차권선 장치
③ 원격제어 장치
④ 핫 스타트 장치

해설 전격방지 장치는 무부하 전압이 70~80V 정도로 감전의 위험이 있어 용접사를 보호하기 위한 장치이다.

60 피복 아크 용접의 용접 입열에서 일반적으로 모재에 흡수되는 열량은 입열의 몇 % 정도인가?

① 45~55%
② 60~70%
③ 75~85%
④ 90~100%

해설 모재에 흡수된 열량은 입열의 78~85% 정도가 보통이다.

2015년 제3회 기출문제 정답

01 ②	02 ①	03 ④	04 ③	05 ②	06 ④	07 ②	08 ④	09 ④	10 ①
11 ④	12 ④	13 ③	14 ②	15 ④	16 ①	17 ②	18 ②	19 ④	20 ④
21 ①	22 ③	23 ②	24 ④	25 ②	26 ②	27 ④	28 ③	29 ④	30 ②
31 ④	32 ①	33 ③	34 ②	35 ③	36 ④	37 ②	38 ③	39 ①	40 ①
41 ④	42 ④	43 ②	44 ③	45 ①	46 ④	47 ④	48 ③	49 ①	50 ②
51 ④	52 ①	53 ③	54 ①	55 ①	56 ③	57 ①	58 ④	59 ①	60 ③

최근기출문제
2016년도 제1회 시행

제1과목 용접야금 및 용접설비제도

01 용융 슬래그의 염기도 식은?

① $\dfrac{\Sigma 산성성분(\%)}{\Sigma 염기성성분(\%)}$ ② $\dfrac{\Sigma 염기성성분(\%)}{\Sigma 산성성분(\%)}$

③ $\dfrac{\Sigma 중성성분(\%)}{\Sigma 염기성성분(\%)}$ ④ $\dfrac{\Sigma 염기성성분(\%)}{\Sigma 중성성분(\%)}$

해설 염기도란 용융 슬래그 속의 염기 성분이 얼마인가의 정도 표시이며, 슬래그 성분 중에 염기성 성분 총합을 산성 성분의 총합으로 나눈 값을 말한다. 염기도가 높을수록 작업성은 떨어지지만 내균열성은 좋아진다.

02 Fe-C계 평형 상태도의 조직과 결정구조에 대한 연결이 옳은 것은?

① δ페라이트 : 면심입방격자
② 펄라이트 : δ+Fe₃C의 혼합물
③ γ오스테나이트 : 체심입방격자
④ 레데뷰라이트 : γ+Fe₃C의 혼합물

해설
- δ 페라이트 : 체심입방격자
- 펄라이트 : δ 페라이트와 시멘타이트의 층상 조직
- 오스테나이트 : 면심입방격자

03 용접부 응력제거 풀림의 효과 중 틀린 것은?

① 치수 오차 방지
② 크리프강도 감소
③ 용접 잔류 응력 제거
④ 응력 부식에 대한 저항력 증가

해설 용접부의 응력제거 풀림을 하게 되면 크리프 강도가 증가한다.

04 동합금의 용접성에 대한 설명으로 틀린 것은?

① 순동은 좋은 용입을 얻기 위해서 반드시 예열이 필요하다.
② 알루미늄 청동은 열간에서 강도나 연성이 우수하다.
③ 인청동은 열간 취성의 경향이 없으며, 용융점이 낮아 편석에 의한 균열 발생이 없다.
④ 황동에는 아연이 다량 함유되어 있어 용접시 증발에 의해 기포가 발생하기 쉽다.

해설 인청동 : 청동 주조시에 탈산제로 0.05~0.5% 존재하며 용탕의 유동성을 좋게 하지만 소량만 구리에 고용되고 나머지는 Cu₃P상으로 존재하며 경취한 성질을 갖고 있다.

05 주철의 용접에서 예열은 몇 ℃ 정도가 가장 적당한가?

① 0~50℃ ② 60~90℃
③ 100~150℃ ④ 150~300℃

해설 주철 용접시 예열 온도에 따라 미세화 정도나 조직이 달라지므로 최소 100℃ 이상 되어야 효과가 있으며, 보통 500~600℃로 예열이나 후열을 하지만 여기서 가장 높은 온도는 보기 ④이다.

06 용착금속이 응고할 때 불순물은 주로 어디에 모이는가?

① 결정입계 ② 결정입내
③ 금속의 표면 ④ 금속의 모서리

해설 결정입계 : 용융지는 전체가 동시에 응고하는 것이 아니라 가장 낮은 모재부분에서 결정핵이 생성되어 각 부분의 결정핵이 성장하여 전체가 응고할 무렵 결정입계가 형성되는데 이 결정입계는 가장 늦게 응고하는 부분이기 때문에 용융점이 낮은 불순물이 이 부분에 모이게 된다.

07 아크 분위기는 대부분이 플럭스를 구성하고 있는 유기물 탄산염 등에서 발생한 가스로 구성되어 있다. 아크 분위기의 가스 성분에 해당되지 않는 것은?

① He ② CO
③ H_2 ④ CO_2

해설) 헬륨은 불활성가스이므로 아크 분위기 가스 성분이 아니다.

08 용접시 용접부에 발생하는 결함이 아닌 것은?

① 기공 ② 텅스텐 혼입
③ 슬래그 혼입 ④ 라미네이션 균열

해설) 라미네이션 균열 : 층상 균열이라고도 하며 모재 결함의 일종이다.

09 다음 중 경도가 가장 낮은 조직은?

① 페라이트 ② 펄라이트
③ 시멘타이트 ④ 마텐자이트

해설) 경도 크기 순서
시멘타이트(HB800) > 마텐자이트(HB600~720) > 펄라이트(HB200~255) > 페라이트(HB90~100)

10 용접 비드의 끝에서 발생하는 고온 균열로서 냉각속도가 지나치게 빠른 경우에 발생하는 균열은?

① 종균열 ② 횡균열
③ 호상균열 ④ 크레이터 균열

해설)
• 고온 균열은 비드 균열과 크레이터 균열로 분류되며, 비드 균열은 종균열, 횡균열, 호상 균열이 있으며 비드 끝에는 크레이터 균열이 발생할 수 있다.
• 호상 균열은 비드파에 수직방향으로 발생하는 균열로 용접부 연성 부족과 모재에 황이 많으며 냉각속도가 너무 빠를 때 발생한다.

11 KS 분류기호 중 KS B는 어느 부분에 속하는가?

① 전기 ② 금속
③ 조선 ④ 기계

해설) KS A : 기본, KS B : 기계, KS C : 전기, KS D : 금속, KS V : 조선

12 필릿 용접에서 a5 △4×300 (50)의 설명으로 옳은 것은?

① 목두께 5mm, 용접부 수 4, 용접길이 300mm, 인접한 용접부 간격 50mm
② 판두께 5mm, 용접두께 4mm, 용접 피치 300mm, 인접한 용접부 간격 50mm
③ 용입깊이 5mm, 경사길이 4mm, 용접 피치 300mm, 용접부 수 50
④ 목길이 5mm, 용입깊이 4mm, 용접길이 300mm, 용접부 수 50

해설) △ : 필릿 용접기호, a5 대신 Z5는 각장(목 길이, 다리길이)를 의미한다.

13 다음 용접 기호의 명칭으로 옳은 것은?

① 플러그 용접
② 뒷면 용접
③ 스폿 용접
④ 심 용접

해설) ⊖ : 심 용접, ○ : 점용접.

14 다음 그림 중 I형 맞대기 이음용접에 해당하는 것은?

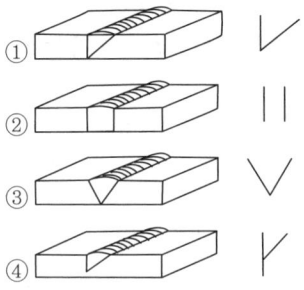

해설) ① : 일면 개선형(베벨형) 맞대기 용접

15 KS 용접 기본 기호에서 현장용접 보조 기호로 옳은 것은?

① ○ ② ▶
③ ♀ ④ ◐

해설 ① : 점용접 기호, ② : 현장용접 기호

16 1개의 원이 직선 또는 원주 위를 굴러갈 때 그 구르는 원의 원주 위 1점이 움직이며 그려 나가는 선은?

① 타원(ellipse)
② 포물선(parabola)
③ 쌍곡선(hyperbola)
④ 사이클로이드 곡선(cycloidal curve)

17 도면에 치수를 기입할 때의 유의사항으로 틀린 것은?

① 치수는 계산할 필요가 없도록 기입하여야 한다.
② 치수는 중복 기입하여 도면을 이해하기 쉽게 한다.
③ 관련되는 치수는 가능한 한 곳에 모아서 기입한다.
④ 치수는 될 수 있는 대로 주투상도에 기입해야 한다.

해설 치수 기입은 중복을 피하고 정투상(주투상)도에 가능한 한 한곳에 모아서 기입한다.

18 척도의 표시 방법에서 A : B로 나타낼 때 A가 의미하는 것은?

① 윤곽선의 굵기 ② 물체의 실제 크기
③ 도면에서의 크기 ④ 중심마크의 크기

해설 도면의 척도 표시에서 A : B는 도면의 크기 : 실물의 크기로, 1/2의 경우 분자는 도면의 크기, 분모는 실물의 크기를 나타낸다.

19 45° 모따기의 기호는?

① SR ② R
③ C   ④ t

해설 C : 모따기, R : 반지름, SR : 구의 반지름, t : 판두께

20 굵은 실선으로 나타내는 선의 명칭은?

① 외형선 ② 지시선
③ 중심선 ④ 피치선

제2과목 용접구조설계

21 용접 이음의 종류에 따라 분류한 것 중 틀린 것은?

① 맞대기 용접 ② 모서리 용접
③ 겹치기 용접 ④ 후진법 용접

해설 후진법 용접은 용접 방향에 따른 분류이다.

22 피복 아크 용접에서 발생한 용접결함 중 구조상의 결함이 아닌 것은?

① 기공   ② 변형
③ 언더컷 ④ 오버랩

해설 • 치수상 결함 : 변형, 치수불량, 형상불량
• 구조상 결함 : 기공, 슬래그 섞임, 융합불량, 용입불량, 언더컷, 오버랩, 용접균열, 표면결함
• 성질상 결함 : 기계적 성질 부족, 화학적 성질 부족, 물리적 성질 부족

23 용접부 시험에는 파괴 시험과 비파괴 시험이 있다. 파괴 시험 중에서 야금학적 시험 방법이 아닌 것은?

① 파면 시험   ② 물성 시험
③ 매크로 시험 ④ 현미경 조직 시험

24 용접성을 저하시키며 적열 취성을 일으키는 원소는?

① 황 ② 규소
③ 구리 ④ 망간

해설 적열 취성 : 철강이 고온이 되면 붉게(빨갛게) 되며, 이때 황과 화합한 유화철(FeS)의 용융점은 980℃ 정도인데, 단조나 용접, 열처리시 용융점 가까이에 달하여 강도가 부족한 유화철에 의해 쉽게 파괴될 수 있다.

25 작은 강구나 다이아몬드를 붙인 소형 추를 일정한 높이에서 시험편 표면에 낙하시켜 튀어오르는 반발 높이로 경도를 측정하는 시험은?

① 쇼어 경도 시험
② 브리넬 경도 시험
③ 로크웰 경도 시험
④ 비커스 경도 시험

해설 압입 자국의 크기에 의한 경도 측정 : ②, ③, ④의 시험은 압입 자국이 크고 깊으면 경도가 약하고, 작으면 경도가 크다는 의미의 시험이다.

26 재료의 크리프 변형은 일정 온도의 응력 하에서 진행하는 현상이다. 크리프 곡선의 영역에 속하지 않는 것은?

① 강도 크리프 ② 천이 크리프
③ 정상 크리프 ④ 가속 크리프

27 레이저 용접의 특징으로 틀린 것은?

① 좁고 깊은 용접부를 얻을 수 있다.
② 고속 용접과 용접 공정의 융통성을 부여할 수 있다.
③ 대입열 용접이 가능하고, 열영향부의 범위가 넓다.
④ 접합되어야 할 부품의 조건에 따라서 한면 용접으로 접합이 가능하다.

해설 레이저 용접 : 대입열 용접이 가능하며 열영향부의 범위가 좁다.

28 길이가 긴 대형의 강관 원주부를 연속 자동용접을 하고자 한다. 이 때 사용하고자 하는 지그로 가장 적당한 것은?

① 엔드탭(end tap)
② 터닝 롤러(turning roller)
③ 컨베이어(conveyor) 정반
④ 용접 포지셔너(welding positioner)

해설 엔드탭 : 용접시점과 종점에 용접부 형상과 같은 보조판을 붙여 용접 시점과 종점의 용입불량 등의 결함을 방지하는 보조판

29 용접 지그(Jig)에 해당되지 않는 것은?

① 용접 고정구 ② 용접 포지셔너
③ 용접 핸드 실드 ④ 용접 매니플레이터

30 용접 구조물 조립시 일반적인 고려사항이 아닌 것은?

① 변형 제거가 쉽게 되도록 하여야 한다.
② 구조물의 형상을 유지할 수 있어야 한다.
③ 경제적이고 고품질을 얻을 수 있는 조건을 설정한다.
④ 용접 변형 및 잔류응력을 상승시킬 수 있어야 한다.

해설 용접 구조물 조립시 용접 변형이나 잔류응력이 생기지 않도록 하여야 된다.

31 용착금속의 최대 인장강도 σ = 300MPa이다. 안전율을 3으로 할 때 강판의 허용응력은 몇 MPa인가?

① 50 ② 100
③ 150 ④ 200

해설 안전율(S) = $\dfrac{\text{극한(인장)강도}(\sigma)}{\text{허용응력}(\sigma_a)}$

∴ 허용응력(σ_a) = $\dfrac{\text{극한(인장)강도}(\sigma)}{\text{안전율}(S)}$ = $\dfrac{300}{3}$ = 100

32 내마멸성을 가진 용접봉으로 보수 용접을 하고자 할 때 사용하는 용접봉으로 적합하지 않은 것은?

① 망간강 계통의 심선
② 크롬강 계통의 심선
③ 규소강 계통의 심선
④ 크롬-코발트-텅스텐 계통의 심선

해설 규소는 강도를 크게 하는 원소가 아니라 전자기적 성질이나 탄성한도를 상승시키고 내산성을 증가시키는 원소이다.

33 처음 길이가 340mm인 용접 재료를 길이 방향으로 인장시험한 결과 390mm가 되었다. 이 재료의 연신율은 약 몇 %인가?

① 12.8 ② 14.7
③ 17.2 ④ 87.2

해설 연신율(ε) = $\dfrac{\text{늘어난 길이} - \text{표점(본래) 길이}}{\text{표점 길이}} \times 100$

= $\dfrac{390-340}{340} \times 100 = 14.7$

34 V형에 비하여 홈의 폭이 좁아도 작업성과 용입이 좋으며 한 쪽에서 용접하여 충분한 용입을 얻을 필요가 있을 때 사용하는 이음형상은?

① U형 ② I형
③ X형 ④ K형

해설 X형이나 K형은 양면에서 용접하는 맞대기 용접 홈이며, I형은 좀 두꺼운 판은 용입이 불량할우려가 많다.

35 용접 이음의 피로강도에 대한 설명으로 틀린 것은?

① 피로강도란 정적인 강도를 평가하는 시험 방법이다.
② 하중, 변위 또는 열응력이 반복되어 재료가 손상되는 현상을 피로라고 한다.
③ 피로강도에 영향을 주는 요소는 이음형상, 하중상태, 용접부 표면상태, 부식환경 등

이 있다.
④ S-N 선도를 피로선도라 부르며 응력 변동이 피로한도에 미치는 영향을 나타내는 선도를 말한다.

해설 피로강도는 피로 시험에 의한 피로한도의 크기를 말한다. 즉 허용응력 이내의 작은 하중을 수없이 많은 반복하중을 가하여 파괴될 때의 피로 한도를 의미하며, 동적 시험의 일종이다.

36 그림과 같은 V형 맞대기 용접에서 각 부의 명칭 중 틀린 것은?

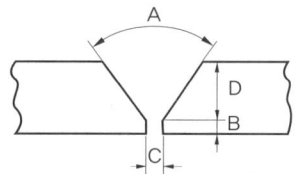

① A : 홈 각도   ② B : 루트 면
③ C : 루트 간격 ④ D : 비드 높이

해설 D : 홈의 깊이

37 용접 작업에서 지그 사용 시 얻어지는 효과로 틀린 것은?

① 용접 변형을 억제한다.
② 제품의 정밀도가 낮아진다.
③ 대량 생산의 경우 용접 조립 작업을 단순화시킨다.
④ 용접 작업이 용이하고 작업능률이 향상된다.

38 용접 홈의 형상 중 V형 홈에 대한 설명으로 옳은 것은?

① 판 두께가 대략 6mm 이하의 경우 양면 용접에 사용한다.
② 양쪽 용접에 의해 완전한 용입을 얻으려고 할 때 쓰인다.
③ 판 두께 3mm 이하로 개선 가공없이 한쪽

에서 용접할 때 쓰인다.
④ 보통 판 두께 15mm 이하의 판에서 한쪽 용접으로 완전한 용입을 얻고자 할 때 쓰인다.

39 용접기에 사용되는 전선(cable) 중 용접기에서 모재까지 연결하는 케이블은?

① 1차 케이블 ② 입력 케이블
③ 접지 케이블 ④ 비닐 코드 케이블

해설 용접기에서 홀더까지 연결된 케이블은 홀더 케이블이라 하며 접지 케이블과 홀더 케이블을 2차 케이블이라 한다.

40 용접 구조 설계상의 주의사항으로 틀린 것은?

① 용착 금속량이 적은 이음을 설계할 것
② 용접 치수는 강도상 필요한 치수 이상으로 크게 하지 말 것
③ 용접성, 노치인성이 우수한 재료를 선택하여 시공이 쉽게 설계할 것
④ 후판을 용접할 경우는 용입이 얕고 용착량이 적은 용접법을 이용하여 층수를 늘릴 것

해설 후판 용접시 용입이 얕고 용착량이 적은 용접법을 선택할 경우 그만큼 패스 수(층수)를 많이 해야 되므로 용접시간도 많이 소요되지만 변형도 훨씬 커지게 된다. 따라서 가급적 굵은 용접봉을 사용하여 용입이 깊고 용착량이 많게 용접해야 된다.

제3과목 용접일반 및 안전관리

41 가스 용접에서 산소 압력조정기의 압력 조정 나사를 오른쪽으로 돌리면 밸브는 어떻게 되는가?

① 닫힌다.
② 고정된다.
③ 열리게 된다.
④ 중립상태로 된다.

해설 가스 압력 조정기는 보통 브르동관식 압력계의 구조로서 조정기의 핸들을 시계방향(오른쪽)으로 돌리면 나사의 원리에 의해 나사가 안으로 들어가 호스쪽으로 흐르는 입구의 스프링으로 받혀진 격판을 밀어 열리게 함으로서 가스가 호스 쪽으로 흐르게 된다.

42 가용접시 주의사항으로 틀린 것은?

① 강도상 중요한 부분에는 가용접을 피한다.
② 본 용접보다 지름이 굵은 용접봉을 사용하는 것이 좋다.
③ 용접의 시점 및 종점이 되는 끝 부분은 가용접을 피한다.
④ 본 용접과 비슷한 기량을 가진 용접사에 의해 실시하는 것이 좋다.

해설 가용접은 가능한 한 지름이 가는 용접봉을 사용하여 가용접하며, 시점, 종점, 모서리, 중요한 부분 등에는 피하는 것이 좋다.

43 피복 아크 용접에서 용입에 영향을 미치는 원인이 아닌 것은?

① 용접 속도 ② 용접 홀더
③ 용접 전류 ④ 아크의 길이

해설 용입 : 어떤 열에 의해 모재가 녹은 깊이를 말하며, 전류가 높거나 속도가 느릴 때 아크의 길이가 짧을 때 등 단위 면적당 입열량의 크기에 따라 결정된다. 용접 홀더의 종류나 형상과는 무관하다.

44 직류 아크 용접기에서 발전형과 비교한 정류기형의 특징으로 틀린 것은?

① 소음이 적다.
② 보수 점검이 간단하다.
③ 취급이 간편하고 가격이 저렴하다.
④ 교류를 정류하므로 완전한 직류를 얻는다.

해설 정류기형 직류 용접기 : 교류를 다이오드 등에 의해 직류로 변환한 용접기로 완전한 직류는 얻지 못한다.

45 저항용접에 의한 압접에서 전류 20A, 전기저항 30Ω, 통전시간 10sec일 때 발열량은 약 몇 cal인가?

① 14,400
② 24,400
③ 28,800
④ 48,800

해설 저항열 $J = 0.24 I^2 RT$
$= 0.24 \times 20^2 \times 30 \times 10 = 28,800$

46 불활성 가스 아크용접에서 비용극식, 비소모식인 용접의 종류는?

① TIG 용접
② MIG 용접
③ 퓨즈 아크법
④ 아코스 아크법

해설 비용극식(비소모식) : 전극이 아크를 발생하여 용융지를 형성하지만 녹지 않고 소모가 안되므로 붙여진 이름이다.

47 가스 용접의 특징으로 틀린 것은?

① 아크 용접에 비해 불꽃 온도가 높다.
② 용융 범위가 넓고 운반이 편리하다.
③ 아크 용접에 비해 유해광선의 발생이 적다.
④ 전원설비가 없는 곳에서도 용접이 가능하다.

해설 가스 용접에서 가스 불꽃의 최고 온도는 3,420℃이며, 피복 아크 용접은 최고 6,000℃, 보통 3,500~5,000℃이다.

48 산소-아세틸렌 가스로 절단이 가장 잘 되는 금속은?

① 연강
② 구리
③ 알루미늄
④ 스테인리스강

해설 가스 절단은 철의 연소반응(연소온도 보통 800~950℃)을 이용하여 연소시킨 후 고압으로 불어 절단하는 절단법으로 연강이 가장 잘 된다.

49 산소 용기 취급시 주의사항으로 틀린 것은?

① 산소병을 눕혀 두지 않는다.
② 산소병은 화기로부터 멀리한다.
③ 사용 전에 비눗물로 가스 누설검사를 한다.
④ 밸브는 기름을 칠하여 항상 유연해야 한다.

해설 산소는 기름과 접촉하면 화학반응에 의해 폭발성 화합물을 형성하여 폭발할 위험이 크다.

50 지름이 3.2mm인 피복 아크용접봉으로 연강판을 용접하고자 할 때 가장 적합한 아크 길이는 몇 mm 정도인가?

① 3.2
② 4.0
③ 4.8
④ 5.0

해설 피복 아크 용접에서 아크 길이는 보통 심선 지름의 1배 이하로 하는 것이 좋다.

51 다음 중 용사법의 종류가 아닌 것은?

① 아크 용사법
② 오토콘 용사법
③ 가스불꽃 용사법
④ 플라즈마 제트 용사법

52 가스 용접 토치의 취급상 주의사항으로 틀린 것은?

① 토치를 망치 등 다른 용도로 사용해서는 안된다.
② 팁 및 토치를 작업장 바닥이나 흙 속에 방

치하지 않는다.
③ 팁을 바꿔 끼울 때에는 반드시 양쪽 밸브를 모두 열고 팁을 교체한다.
④ 작업 중 발생하기 쉬운 역류, 역화, 인화에 항상 주의하여야 한다.

> **해설** 팁을 교환할 때는 토치의 밸브를 닫고 가스 배출 여부를 확인한 후에 교환해야 된다.

53 산소 및 아세틸렌 용기 취급에 대한 설명으로 옳은 것은?

① 산소병은 60℃ 이하, 아세틸렌 병은 30℃ 이하의 온도로 보관한다.
② 아세틸렌병은 눕혀서 운반하되 운반도중 충격을 주어서는 안된다.
③ 아세틸렌 충전구가 동결되었을 때는 50℃ 이상의 온수로 녹여야 한다.
④ 산소병 보관 장소에 가연성 가스를 혼합하여 보관해서는 안되며 누설시험시는 비눗물을 사용한다.

> **해설** 산소병은 40℃ 이하에서 보관하며, 아세틸렌병은 눕힐 경우 아세톤이 유출될 수 있으므로 세워서 보관해야 되며, 용기 충전구가 얼었을 때는 40℃ 이하의 온수로 녹여야 된다.

54 카바이드 취급시 주의사항으로 틀린 것은?

① 운반시 타격, 충격, 마찰 등을 주지 않는다.
② 카바이드 통을 개봉할 때는 정으로 따낸다.
③ 저장소 가까이에 인화성 물질이나 화기를 가까이 하지 않는다.
④ 카바이드 개봉 후 보관시는 습기가 침투하지 않도록 보관한다.

55 일렉트로 슬래그 용접의 특징으로 틀린 것은?

① 용접 입열이 낮다.
② 후판 용접에 적당하다.
③ 용접 능률과 용접 품질이 우수하다.
④ 용접 진행 중 직접 아크를 눈으로 관찰할 수 없다.

> **해설** 일렉트로 슬래그 용접은 수직 전용 용접으로 고융점 용접에 속하므로 입열이 매우 크다.

56 서브머지드 아크 용접의 특징으로 틀린 것은?

① 유해광선 발생이 적다.
② 용착속도가 빠르며 용입이 깊다.
③ 전류밀도가 낮아 박판 용접에 용이하다.
④ 개선각을 작게 하여 용접의 패스수를 줄일 수 있다.

> **해설** 서브머지드 아크 용접은 고 전류밀도와 대입열을 사용하는 용접으로 후판 용접에 적합하다.

57 탄산가스 아크용접 장치에 해당되지 않는 것은?

① 제어 케이블
② CO_2 용접 토치
③ 용접봉 건조로
④ 와이어 송급장치

58 용착금속 중의 수소 함유량이 다른 용접봉에 비해 1/10 정도로 현저하게 적어 용접성은 다른 용접봉에 비해 우수하나 흡습하기 쉽고, 비드 시작점과 끝점에서 아크 불안정으로 기공이 생기기 쉬운 용접봉은?

① E4301
② E4316
③ E4324
④ E4327

> **해설** 저수소계 용접봉(E4316, E7016)은 건조해서 사용해야 되며, 건조시 다른 용접봉에 비해 수소 함유량이 1/10 정도이다.

59 AW300 용접기의 정격 사용률이 40%일 때 200A로 용접을 하면 10분 작업 중 몇 분까지 아크를 발생해도 용접기에 무리가 없는가?

① 3분　② 5분
③ 7분　④ 9분

해설 허용 사용률 = $\dfrac{\text{정격전류}^2}{\text{사용전류}^2} \times \text{정격 사용률(\%)}$
　　　　　 = $\dfrac{300^2}{200^2} \times 40 = 90\%$

60 가스 용접에서 충전가스 용기의 도색을 표시한 것으로 틀린 것은?

① 산소 – 녹색　② 수소 – 주황색
③ 프로판 – 회색　④ 아세틸렌 – 청색

해설 아세틸렌 : 황색, CO_2 : 청색, 아르곤 가스 : 회색

2016년 제1회 기출문제 정답

01 ②	02 ④	03 ②	04 ③	05 ④	06 ①	07 ①	08 ④	09 ①	10 ④
11 ④	12 ①	13 ①	14 ②	15 ②	16 ①	17 ②	18 ③	19 ③	20 ①
21 ④	22 ②	23 ②	24 ①	25 ①	26 ①	27 ③	28 ②	29 ③	30 ④
31 ②	32 ③	33 ②	34 ①	35 ①	36 ④	37 ②	38 ④	39 ③	40 ④
41 ③	42 ②	43 ②	44 ④	45 ③	46 ①	47 ①	48 ①	49 ④	50 ①
51 ②	52 ③	53 ④	54 ②	55 ①	56 ③	57 ①	58 ②	59 ④	60 ④

최근기출문제
2016년도 제2회 시행

제1과목 용접야금 및 용접설비제도

01 용접 전후의 변형 및 잔류응력을 경감시키는 방법이 아닌 것은?

① 억제법 ② 도열법
③ 역변형법 ④ 롤러에 거는 법

> 해설 롤러에 거는 법은 외력만으로써 소성 변형을 일어나게 한 것이다.

02 주철과 강을 분류할 때 탄소의 함량이 약 몇 %를 기준으로 하는가?

① 0.4% ② 0.8%
③ 2.0% ④ 4.3%

03 강의 연화 및 내부응력 제거를 목적으로 하는 열처리는?

① 불림 ② 풀림
③ 침탄법 ④ 질화법

> 해설 풀림은 금속 재료를 적당한 온도로 가열한 다음 서서히 상온으로 냉각시키는 조작으로 가공 또는 담금질로 인하여 경화한 재료의 내부 균열을 제거하고, 결정 입자를 미세화하여 전연성을 높인다.

04 결정입자에 대한 설명으로 틀린 것은?

① 냉각속도가 빠르면 입자는 미세화된다.
② 냉각속도가 빠르면 결정핵 수는 많아진다.
③ 과냉도가 증가하면 결정핵 수는 점차적으로 감소한다.
④ 결정핵의 수는 용융점 또는 응고점 바로 밑에서는 비교적 적다.

05 수소 취성도를 나타내는 식으로 옳은 것은?
(단, δ_H : 수소에 영향을 받은 시험편의 면적, δ_O : 수소에 영향을 받지 않은 시험편의 면적)

① $\dfrac{\delta_H - \delta_O}{\delta_H}$ ② $\dfrac{\delta_O - \delta_H}{\delta_O}$

③ $\dfrac{\delta_O \times \delta_H}{\delta_O}$ ④ $\dfrac{\delta_O \times \delta_H}{\delta_H}$

06 금속간 화합물에 대한 설명으로 틀린 것은?

① 간단한 원자비로 구성되어 있다.
② Fe_3C는 금속간 화합물이 아니다.
③ 경도가 매우 높고 취약하다.
④ 높은 용융점을 갖는다.

07 용접금속의 응고 직후에 발생하는 균열로서 주로 결정입계에 생기며 300℃ 이상에서 발생하는 균열을 무슨 균열이라고 하는가?

① 저온 균열 ② 고온균열
③ 수소균열 ④ 비드밑 균열

> 해설 고온 균열은 용접 중 또는 용접 직후에 용접부가 아직 고온일 때 발생하는 용접 균열로 대부분은 입계 균열로써, 용접비드 및 열 영향부에도 발생한다.

08 다음 중 슬래그 생성 배합제로 사용되는 것은?

① $CaCO_3$ ② Ni
③ Al ④ Mn

> 해설 슬래그 생성제는 산화철, 일미나이트, 산화티탄(TiO_2), 이산화망간(MnO_2), 석회석($CaCO_3$), 규사(SiO_2), 장석, 형석 등이다.

09 철에서 체심입방격자인 α철이 A_3점에서 γ철인 면심입방격자로, A_4점에서 다시 δ인 체심입방격자로 구조가 바뀌는 것은?

① 편석　　② 고용체
③ 동소변태　④ 금속간 화합물

10 E4301로 표시되는 용접봉은?

① 일미나이트계　② 고셀룰로오스계
③ 고산화티탄계　④ 저수소계

해설
- E4301 : 일미나이트계
- E4311 : 고셀룰로오스계
- E4313 : 고산화티탄계
- E4316 : 저수소계

11 겹쳐진 부재에 홀(Hole) 대신 좁고 긴 홈을 만들어 용접하는 것은?

① 필릿 용접　② 슬롯 용접
③ 맞대기 용접　④ 플러그 용접

12 투상도의 배열에 사용된 제 1각법과 제 3각법의 대표 기호로 옳은 것은?

[제1각법]　　[제3각법]

① 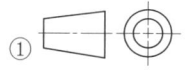　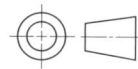
② 　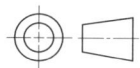
③ 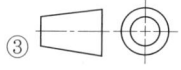　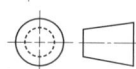
④ 　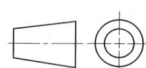

13 핸들이나 바퀴 등 암 및 리브, 훅, 축, 구조물의 부재 등의 절단면을 표시하는데 가장 적합한 단면도는?

① 부분 단면도
② 한쪽 단면도
③ 회전도시 단면도
④ 조합에 의한 단면도

14 가는 1점 쇄선의 용도에 의한 명칭이 아닌 것은?

① 중심선　② 기준선
③ 피치선　④ 숨은선

해설　가는 1점 쇄선 : 중심선, 기준선, 피치선
※ 숨은선은 가는 파선, 굵은 파선을 사용한다.

15 필릿 용접 끝단부를 매끄럽게 다듬질하라는 보조 기호는?

① 　②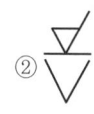
③ 　④

해설
① : 오목필릿 용접
② : 평면 마감처리한 V형 맞대기 용접
④ : 평면 마감처리한 V형 맞대기 용접

16 도면의 치수 기입방법 중 지름을 나타내는 기호는?

① Sϕ　② SR
③ ( )　④ ϕ

17 KS에서 일반 구조용 압연강재의 종류로 옳은 것은?

① SS400　② SM45C
③ SM400A　④ STKM

18 도면의 분류 중 내용에 따른 분류에 해당되지 않는 것은?

① 기초도　② 스케치도
③ 계통도　④ 장치도

해설　계통도는 표현 형식에 따른 분류에 속한다

19 다음 [그림]과 같이 경사부가 있는 물체를 경사면의 실제 모양을 표시할 때 보이는 부분의 전체 또는 일부를 나타낸 투상도는?

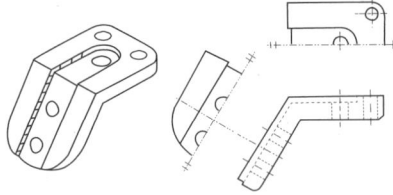

① 주투상도 ② 보조투상도
③ 부분투상도 ④ 회전투상도

20 도면에서 2종류 이상의 선이 같은 장소에서 중복될 경우 가장 우선이 되는 선은?

① 외형선 ② 숨은선
③ 절단선 ④ 중심선

제2과목　용접구조설계

21 용접 길이를 짧게 나누어 간격을 두면서 용접하는 방법으로 피용접물 전체에 변형이나 잔류 응력이 적게 발생하도록 하는 용착법은?

① 스킵법 ② 후진법
③ 전진블록법 ④ 캐스케이드법

해설
- 후진법 : 용접 진행 방향과 용착 방향이 서로 반대가 되는 방법으로 잔류 응력은 다소 적게 발생하나 작업 능률이 떨어진다.
- 전진 블록법 : 한 개의 용접봉으로 덧살을 붙일만한 길이로 구분해 홈을 한 부분씩 여러 층으로 쌓아 올린 다음, 다른 부분으로 진행하는 방법
- 캐스케이드법 : 한 부분의 몇 층을 용접하다가 이것을 다음 부분의 층으로 연속시켜 전체가 계단 형태의 단계를 이루도록 용착시켜 나가는 방법

22 용접 구조물의 강도 설계에 있어서 가장 주의해야 할 사항은?

① 용접봉 ② 용접기
③ 잔류응력 ④ 모재의 치수

23 맞대기 용접이음에서 강판의 두께 6mm, 인장하중 60kN을 적용시키려 한다. 이 때 필요한 용접길이는? (단, 허용 인장응력은 500Mpa이다)

① 20mm ② 30mm
③ 40mm ④ 50mm

해설 $\sigma = \dfrac{W}{hl} = \dfrac{60,000N}{500 \times 6} = 20mm$

24 연강판의 양면 필릿 용접 시 용접부의 목길이는 판 두께의 얼마 정도로 하는 것이 가장 좋은가?

① 25% ② 50%
③ 75% ④ 100%

25 맞대기 용접 이음의 덧살은 용접이음의 강도에 어떤 영향을 주는가?

① 덧살은 응력집중과 무관하다.
② 덧살을 작게 하면 응력집중이 커진다.
③ 덧살을 크게 하면 피로강도가 증가한다.
④ 덧살은 보강 덧붙임으로써 과대한 경우 피로강도를 감소시킨다.

26 맞대기 용접 이음 홈의 종류가 아닌 것은?

① I형 홈 ② V형 홈
③ U형 홈 ④ T형 홈

해설 맞대기 용접 이음 종류 : I, V, U, J, X, K, H, 양면 J 형 등이 있다.

27 용접부 결함의 종류가 아닌 것은?

① 기공 ② 비드
③ 융합 불량 ④ 슬래그 섞임

해설 용접부 결함에는 용접 균열, 기공, 융합불량, 슬래그 섞임, 은점 등이 있다.

28 용접 결함 중 구조상의 결함이 아닌 것은?

① 균열 ② 언더 컷
③ 용입 불량 ④ 형상 불량

29 용접 이음을 설계할 때 주의 사항으로 틀린 것은?

① 위보기 자세 용접을 많이 하게 한다.
② 강도상 중요한 이음에서는 완전 용입이 되게 한다.
③ 용접 이음을 한 곳으로 집중되지 않게 한다.
④ 맞대기 용접에는 양면 용접을 할 수 있도록 하여 용입 부족이 없게 한다.

해설 용접 이음 설계시 가급적 위보기 자세 용접을 피해야 한다.

30 용융금속의 용적이행 형식인 단락형에 관한 설명으로 옳은 것은?

① 표면장력의 작용으로 이행하는 형식
② 전류소자 간 흡인력에 이행하는 형식
③ 비교적 미세 용적이 단락되지 않고 이행하는 형식
④ 미세한 용적이 스프레이와 같이 날려 이행하는 형식

31 용접부의 피로강도 향상법으로 옳은 것은?

① 덧붙이 용접의 크기를 가능한 최소화한다.
② 기계적 방법으로 잔류 응력을 강화한다.
③ 응력 집중부에 용접 이음부를 설계한다.
④ 야금적 변태에 따라 기계적인 강도를 낮춘다.

32 용접 후 구조물에서 잔류 응력이 미치는 영향으로 틀린 것은?

① 용접 구조물에 응력 부식이 발생한다.
② 박판 구조물에서는 국부 좌굴을 촉진한다.
③ 용접 구조물에서는 취성파괴의 원인이 된다.
④ 기계부품에서 사용 중에 변형이 발생되지 않는다.

33 비드 바로 밑에서 용접선과 평행되게 모재 열영향부에 생기는 균열은?

① 층상 균열
② 비드 밑 균열
③ 크레이터 균열
④ 라미네이션 균열

해설 비드 밑 균열은 용접에 의해서 비드의 바로 밑 열영향부에 생기는 균일이다.

34 완전 용입된 평판 맞대기 이음에서 굽힘응력을 계산하는 식은? (단, σ : 용접부의 굽힘 응력, M : 굽힘 모멘트, l : 용접 유효 길이, h : 모재의 두께)

① $\sigma = \dfrac{4M}{lh^2}$ ② $\sigma = \dfrac{4M}{lh^3}$
③ $\sigma = \dfrac{6M}{lh^2}$ ④ $\sigma = \dfrac{6M}{lh^3}$

35 용접부의 결함을 육안검사로 검출하기 어려운 것은?

① 피트 ② 언더컷
③ 오버랩 ④ 슬래그 혼입

해설 슬래그 혼입은 용접 금속의 내부 또는 모재와의 융합부에 슬래그가 남는 결함으로 비파괴검사로 파악할 수 있다.

36 현장용접으로 판 두께 15mm를 위보기 자세로 20m 맞대기 용접할 경우 환산 용접 길이는 몇 m인가? (단, 위보기 맞대기 용접 환산계수 : 4.8)

① 4.1 ② 24.8
③ 96 ④ 152

해설 환산 용접 길이 = 용접한 길이 × 환산계수 = 20 × 4.8 = 96m

제3과목 용접일반 및 안전관리

37 다음 중 가장 얇은 판에 적용하는 용접 홈 형상은?

① H형　　② I형
③ K형　　④ V형

해설 I형 홈은 판 두께가 6mm이하의 경우 사용되며 홈 가공이 쉽고 루트 간격을 좁게 하면 용착 금속의 양도 적어 경제적인 면에서 우수하나 두께가 두꺼워지면 완전 용입이 어렵게 된다.

38 고셀룰로스계(E4311) 용접봉의 특징으로 틀린 것은?

① 슬래그 생성량이 적다.
② 비드 표면이 양호하고 스패터의 발생이 적다.
③ 아크는 스프레이 형상으로 용입이 비교적 양호하다.
④ 가스 실드에 의한 아크 분위기가 환원성이므로 용착금속의 기계적 성질이 양호하다.

해설 고셀룰로스계는 비드 표면이 거칠고 스패터 발생이 많은 것이 단점이다.

39 용접 구조물의 수명과 가장 관련이 있는 것은?

① 작업률　　② 피로 강도
③ 작업 태도　　④ 아크 타임률

40 비드가 끊어졌거나 용접봉이 짧아져서 용접이 중단될 때 비드 끝 부분이 오목하게 된 부분을 무엇이라고 하는가?

① 언더컷　　② 앤드탭
③ 크레이터　　④ 용착금속

해설 크레이터 부위는 불순물과 편석이 남게 되고 냉각 중에 균열이 발생할 우려가 있어 아크 중단 시 완전하게 메꾸어 주어야 한다.

41 피복 아크 용접에 사용되는 피복 배합제의 성질을 작용면에서 분류한 것으로 틀린 것은?

① 아크 안정제는 아크를 안정시킨다.
② 가스 발생제는 용착금속의 냉각속도를 빠르게 한다.
③ 고착제는 피복제를 단단하게 심선에 고착시킨다.
④ 합금제는 용강 중에 금속원소를 첨가하여 용접 금속의 성질을 개선한다.

42 피복아크 용접에서 직류 정극성의 설명으로 틀린 것은?

① 용접봉의 용융이 늦다.
② 모재의 용입이 얕아진다.
③ 두꺼운 판의 용접에 적합하다.
④ 모재를 +극에, 용접봉을 −극에 연결한다.

해설 정극성(DCSP) 특징
• 모재 용입이 깊고, 용접봉의 녹음이 느리다.
• 비드 폭이 좁고 용접봉(−), 모재(+)에 연결한다.

43 전격방지기가 설치된 용접기의 가장 적당한 무부하 전압은?

① 25V 이하　　② 50V 이하
③ 75V 이하　　④ 상관없다.

44 납땜에서 경납용으로 쓰이는 용제는?

① 붕사　　② 인산
③ 염화아연　　④ 염화암모니아

해설 경납 땜의 용제로는 붕사를 가장 많이 사용한다.

45 브레이징(Brazing)은 용가재를 사용하여 모재를 녹이지 않고 용가재만 녹여 용접을 이행하는 방식인데, 몇 ℃ 이상에서 이행하는 방식인가?

① 150℃
② 250℃
③ 350℃
④ 450℃

46 피복 아크 용접봉 기호와 피복제 계통을 각각 연결한 것 중 틀린 것은?

① E 4324 : 라임 티탄계
② E 4301 : 일미나이트계
③ E 4327 : 철분산화철계
④ E 4313 : 고산화티탄계

해설
- E4324 : 철분산화티탄계
- E4303 : 라임틴탄계

47 용접하고자 하는 부위에 분말형태의 플럭스를 일정 두께로 살포하고, 그 속에 전극 와이어를 연속적으로 송급하여 와이어 선단과 모재사이에 아크를 발생시키는 용접법은?

① 전자빔 용접
② 서브머지드 아크 용접
③ 불활성 가스 금속 아크 용접
④ 불활성 가스 텅스텐 아크 용접

48 탄산가스 아크 용접에 대한 설명으로 틀린 것은?

① 용착금속에 포함된 수소량은 피복 아크 용접봉의 경우보다 적다.
② 박판 용접은 단락이행 용접법에 의해 가능하고 전자세 용접도 가능하다.
③ 피복 아크 용접처럼 용접봉을 갈아 끼우는 시간이 필요없으므로 용접 생산성이 높다.
④ 용융지의 상태를 보면서 용접할 수가 없으므로 용접진행의 양부 판단이 곤란하다.

49 고장력강용 피복아크 용접봉 중 피복제의 계통이 특수계에 해당되는 것은?

① E 5000
② E 5001
③ E 5003
④ E 5026

해설
- E 5000, E 8000 : 특수계
- E 5003 : 라임티탄계
- E 5001 : 일미나이트계
- E 5026 : 철분저수소계

50 TIG, MIG, 탄산가스 아크 용접 시 사용하는 차광렌즈 번호로 가장 적당한 것은?

① 4~5
② 6~7
③ 8~9
④ 12~13

해설
- 납땜 작업 : 2~4
- 가스용접 : 4~6
- 피복아크용접 : 10~12
- TIG 및 탄산가스 : 12~13

51 활성가스를 보호가스로 사용하는 용접법은?

① SAW 용접
② MIG 용접
③ MAG 용접
④ TIG 용접

52 피복아크 용접시 안전홀더를 사용하는 이유로 옳은 것은?

① 고무장갑 대용
② 유해가스 중독 방지
③ 용접작업 중 전격 예방
④ 자외선관 적외선 차단

53 피복 아크 용접 시 전격방지에 대한 주의사항으로 틀린 것은?

① 작업을 장시간 중지할 때는 스위치를 차단한다.
② 무부하 전압이 필요이상 높은 용접기를 사용하지 않는다.
③ 가죽장갑, 앞치마, 발 덮개 등 규정된 안전보호구를 착용한다.

④ 땀이 많이 나는 좁은 장소에서는 신체를 노출시켜 용접해도 된다.

해설 신체 노출은 시켜서는 안된다.

54 용해 아세틸렌가스를 충전하였을 때의 용기 전체의 무게가 65kgf이고, 사용 후 빈병의 무게가 61kgf였다면, 사용한 아세틸렌 가스는 몇 리터(L)인가?

① 905　　② 1810
③ 2,715　　④ 3,620

해설 가스량 = 905×(65−61) = 3,620

55 금속 원자 간에 인력이 작용하여 영구결합이 일어나도록 하기 위해서 원자 사이의 거리가 어느 정도 접근해야 하는가?

① 0.001mm　　② 10^{-6}cm
③ 10^{-8}cm　　④ 0.0001mm

56 불활성 가스 텅스텐 아크용접의 특징으로 틀린 것은?

① 보호가스가 투명하여 가시용접이 가능하다.
② 가열범위가 넓어 용접으로 인한 변형이 크다.
③ 용제가 불필요하고 깨끗한 비드 외관을 얻을 수 있다.
④ 피복아크용접에 비해 용접부의 연성 및 강도가 우수하다.

해설 불활성 가스 텅스텐 아크 용접은 전 자세의 용접이 가능하고 고능률적이면서 용접 품질이 우수하다.

57 피복 아크 용접에서 용접부의 보호방식이 아닌 것은?

① 가스 발생식　　② 슬래그 생성식
③ 반가스 발생식　　④ 스프레이 발생식

58 교류 아크 용접기의 용접전류 조정 범위는 정격 2차 전류의 몇 % 정도인가?

① 10~20%　　② 20~110%
③ 110~150%　　④ 160~200%

59 불활성 가스 텅스텐 아크 용접에서 일반 교류전원에 비해 고주파 교류전원이 갖는 장점이 아닌 것은?

① 텅스텐 전극봉이 많은 열을 받는다.
② 텅스텐 전극봉의 수명이 길어진다.
③ 전극을 모재에 접촉시키지 않아도 아크가 발생한다.
④ 아크가 안정되어 작업 중 아크가 약간 길어져도 끊어지지 않는다.

60 아크 용접에서 피복 배합제 중 탈산제에 해당되는 것은?

① 산성 백토　　② 산화티탄
③ 페로망간　　④ 규산나트륨

해설 탈산제 : 망간, 페로망간, 크롬, 페로 크롬, 알루미늄, 마그네슘 등

2016년 제2회 기출문제 정답

01 ④	02 ③	03 ②	04 ③	05 ②	06 ②	07 ②	08 ①	09 ③	10 ①
11 ②	12 ①	13 ④	14 ④	15 ③	16 ④	17 ①	18 ③	19 ②	20 ①
21 ①	22 ③	23 ①	24 ③	25 ④	26 ④	27 ②	28 ④	29 ①	30 ①
31 ①	32 ④	33 ②	34 ③	35 ④	36 ③	37 ②	38 ②	39 ②	40 ③
41 ②	42 ②	43 ①	44 ①	45 ④	46 ①	47 ②	48 ④	49 ①	50 ④
51 ③	52 ③	53 ④	54 ④	55 ③	56 ②	57 ④	58 ②	59 ①	60 ③

최근기출문제
2016년도 제3회 시행

제1과목 용접야금 및 용접설비제도

01 용착금속이 응고할 때 불순물이 한 곳으로 모이는 현상은?

① 공석 ② 편석
③ 석출 ④ 고용체

해설
- 편석 : 불순물이나 일부 원소가 한 곳으로 편중되어 응고한 것
- 석출 : 어떤 고형체에서 다른 상태의 결정이 분리 성장하는 현상

02 알루미늄과 그 합금의 용접성이 나쁜 이유로 틀린 것은?

① 비열과 열전도도가 대단히 커서 수축량이 크기 때문
② 용융 응고시 수소 가스를 흡수하여 기공이 발생하기 쉽기 때문
③ 강에 비해 용접 후의 변형이 커 균열이 발생하기 쉽기 때문
④ 산화 알루미늄의 용융온도가 알루미늄의 용융온도보다 매우 낮기 때문

해설 산화 알루미늄(Al_2O_3)의 용융점은 2050℃로 순알루미늄의 용융점 660℃보다 매우 높기 때문에 산화막을 용융시키려고 가열하면 순알루미늄은 이미 비등할 정도 고온이 되며, 산화알루미늄이 용융 시 용락되므로 보통 방법으로는 용접이 어렵다.

03 잔류응력 제거법 중 잔류응력이 있는 제품에 하중을 주어 용접부위에 약간의 소성변형을 일으킨 다음 하중을 제거하는 방법은?

① 피닝법
② 노내 풀림법
③ 국부 풀림법
④ 기계적 응력 완화법

해설
- 국부 풀림법 : 로내에 넣을 수 없는 대형 용접 구조물 용접선의 좌우 양측을 각각 약 250mm의 범위나 또는 판 두께의 12배 이상의 범위까지를 625±25℃로 일정시간 유지시킨 후 서랭하여 응력을 제거하는 방법
- 기계적 응력 완화법 : 잔류응력이 존재하는 구조물에 약간의 하중을 걸어 용접부를 소성변형시킨 다음 하중을 제거하여 잔류응력을 감소시키는 방법

04 예열 및 후열의 목적이 아닌 것은?

① 균열의 방지 ② 기계적 성질 향상
③ 잔류응력의 경감 ④ 균열 감수성의 증가

해설 예열 후열의 목적 : 균열 감수성을 감소시켜 균열 방지와 잔류응력 경감

05 서브머지드 아크 용접시 용융지에서 금속정련 반응이 일어날 때 용접금속의 청정도 및 인성과 매우 깊은 관계가 있는 것은?

① 플럭스(flux)의 입도
② 플럭스(flux)의 염기도
③ 플럭스(flux)의 소결도
④ 플럭스(flux)의 용융도

해설 플럭스의 염기도 : 염기도가 높으면 내균열성이 커서 인성이 좋으며, 염기도가 낮으면 인이 낮아진다.

06 적열 취성에 가장 큰 영향을 미치는 것은?

① S ② P
③ H_2 ④ N_2

해설 적열 취성 : 고온 취성이라고도 하며, 황(S)이 많은 경우 FeS로 존재하게 되며 용융점이 1,180℃ 정도로 낮아지게 되며 단조나 열처리시 균열이 발생하기 쉽게 되는 성질이 있다.

07 6 : 4 황동에 1~2% Fe를 첨가한 것으로 강도가 크며 내식성이 좋아 광산기계, 선박용 기계, 화학기계 등에 이용되는 합금은?

① 톰백
② 라우탈
③ 델타메탈
④ 네이벌 황동

해설 델타메탈 : 6-4 황동에 Fe 1~2%를 함유한 것으로 결정입자(結晶粒子)가 미세하여 강도외 경도가 증대되고 대기 및 해수(海水)에 대해 내식성이 크다.

08 강의 오스테나이트 상태에서 냉각 속도가 가장 빠를 때 나타나는 조직은?

① 펄라이트
② 소르바이트
③ 마텐자이트
④ 트루스타이트

해설 열처리시 냉각속도에 따른 구분
서랭 – 풀림, 공랭 – 불림, 급랭(수랭, 유랭) – 담금질
※강을 오스테나이트 상태에서 급랭하면 열처리 조직 중에 가장 단단한 마텐자이트 조직으로 변태한다.

09 용접시 수소 원소에 의한 영향으로 옳은 것은?

① 수소는 용해도가 매우 높아 용접시 쉽게 흡수된다.
② 용접 중에 흡수되는 대부분의 수소는 기체 수소로부터 공급된다.
③ 수소는 용접시 냉각 중에 균열 또는 은점 형성의 원인이 된다.
④ 응력이 존재한 경우 격자 결함은 원자수소의 인력으로 작용하여 응력계(stress-system)를 증가시켜 탄성 인자로 작용한다.

해설 철강의 용접시 수소에 의한 영향 : 은점, 비드 밑 균열(저온 균열), 은점, 헤어 크랙 등의 원인이 된다.

10 스테인리스강에서 용접성이 가장 좋은 계통은?

① 페라이트계
② 펄라이트계
③ 마텐자이트계
④ 오스테나이트계

해설 스테인리스강은 조직에 따라 페라이트계(18%Cr계), 마텐자이트계(13%Cr계), 오스테나이트계(Cr–Ni계), 석출 경화계, 듀플렉스(2중조직, 페라이트–오스테나이트) 등이 있으며, 오스테나이트계가 용접성과 내식성이 가장 우수하다.

11 기계나 장치 등의 실체를 보고 프리핸드(free hand)로 그린 도면은?

① 스케치도
② 부품도
③ 배치도
④ 기초도

해설 스케치도 : 부품의 일부가 파손되거나 기계를 개조할 때 실시하는 도면으로 일반적으로 자나 공구를 사용하지 않고 프리핸드로 그린다.

12 대상물의 보이지 않는 부분을 표시하는데 쓰이는 선의 종류는?

① 굵은 실선
② 가는 파선
③ 가는 실선
④ 가는 이점쇄선

해설 숨은 선 : 물체의 보이지 않는 부분을 표시하며 외형선의 1/2 굵기로 2~3mm 긋고 약 1mm 정도 띄워 연속으로 그리는 선

13 가는 실선으로 사용하는 선이 아닌 것은?

① 지시선
② 수준면선
③ 무게 중심선
④ 치수 보조선

해설 가는 실선의 용도 : 치수 보조선, 치수선, 지시선, 수준면선, 파단선

14 KS 재료기호 중 SM 45C의 설명으로 옳은 것은?

① 기계 구조용강 중에 45종이다.
② 재질강도가 45MPa인 기계 구조용강이다.
③ 탄소 함유량 4.5%인 기계 구조용 주물이다.
④ 탄소 함유량 0.45%인 기계 구조용 탄소강재이다.

해설 재료기호 표시 : 첫째 문자는 재질을 나타내므로 S는 강(steel)을 표시하며, 두 번째 문자는 제품명이나 규격명, 세 번째 문자는 인장강도, 탄소 함유량 등을 나타낸다. 따라서 기계 구조용 강으로 탄소 함유량이 0.4~0.5% 이내의 강을 나타낸 것이다.

15 투상법에 대한 설명으로 틀린 것은?

① 투상 : 대상물의 형태를 평면상에 투영하는 것을 말한다.
② 시선 : 시점과 공간에 있는 점을 연결하는 선 및 그 연장선을 말한다.
③ 투상선 : 시점과 대상물의 각 점을 연결하고 대상물의 형태를 투상면에 찍어내기 위해서 사용하는 선이다.
④ 시점 : 공간에 있는 점을 시점과 다른 방향으로 무한정 멀리했을 경우에 시점과 투상면과의 교점이다.

해설 시점 : 눈으로 대상물을 볼 때 눈에서의 투시 시작점

16 실형의 물건에 광명단 등 도료를 발라 용지에 찍어 스케치하는 방법은?

① 본뜨기법   ② 프린트법
③ 사진촬영법   ④ 프리핸드법

해설 프린트법 : 부품에 면이 평면으로 가공되어 있고, 복잡한 윤곽을 갖는 부품인 경우에 그 면에 광명단 등을 발라 스케치 용지에 찍어 그 면의 실형을 얻는 직접법과 면에 용지를 대고 연필 등으로 문질러서 도형을 얻는 간접법이 있다.

17 선을 긋는 방법에 대한 설명으로 틀린 것은?

① 1점 쇄선은 긴 쪽 선으로 시작하고 끝나도록 긋는다.
② 파선이 서로 평행할 때에는 서로 엇갈리게 그린다.
③ 실선과 파선이 서로 만나는 부분은 띄워지도록 그린다.
④ 평행선은 선 간격을 선 굵기의 3배 이상으로 하여 긋는다.

해설 실선과 파선이 만나는 경우는 실선과 교차시킨다.

18 도면으로 사용된 용지의 안쪽에 그려진 내용이 확실히 구분되도록 그리는 윤곽선은 일반적으로 몇 mm 이상의 실선으로 그리는가?

① 0.2mm   ② 0.25mm
③ 0.3mm   ④ 0.5mm

해설 도면의 윤곽선은 최소 0.5mm 이상의 굵은 실선으로 용지 윤곽의 10mm(A2 용지는 20mm) 안쪽에 그린다.

19 용접기호에 대한 명칭이 틀리게 짝지어진 것은?

① ⊖ 스폿용접   ② ⊓ 플러그 용접
③ ⌒ 뒷면 용접   ④ ▶ 현장 용접

해설 ① : 시임 용접 기호이다. spot(점) 용접 기호는 수평 평행선이 없는 원으로 표시한다.

20 도면의 크기 중 A0 용지의 넓이는 약 얼마인가?

① 0.25m²   ② 0.5m²
③ 0.8m²   ④ 1.0m²

해설 A0 용지 크기 = 841×1,189 = 999,949mm²
= 0.9999m² ≒ 1.0m²

제2과목 용접구조설계

21 석회석이나 형석을 주성분으로 사용한 것으로 용착 금속 중의 수소 함유량이 다른 용접봉에 비해 약 1/10 정도로 현저하게 적은 용접봉은?

① 저수소계　　② 고산화티탄계
③ 일미나이트계　④ 철분산화티탄계

22 용착법 중 단층 용착법이 아닌 것은?

① 스킵법　　② 전진법
③ 대칭법　　④ 빌드업법

해설
- 빌드업법 : 비드 덧쌓기법을 말하며 전체를 한층 한층 쌓아 올리는 다층 용접법
- 스킵법 : 박판 등의 용접시 일정 부분 용접하고 일정 부분 띄워 용접한 후 다시 그 사이를 용접하는 방법

23 용접 후 실시하는 잔류 응력 완화법으로 틀린 것은?

① 도열법
② 저온 응력 완화법
③ 응력 제거 풀림법
④ 기계적 응력 완화법

해설 도열법 : 용접부에 구리로 된 덮개판이나, 뒷면에서 용접부를 실수하는 수랭 또는 용접부 근처에 물기가 있는 석면이나 천 등을 두고 모재에 용접입열을 막는 변형 방지법으로 용접 중에 실시하는 방법이다.

24 일반적인 용접순서를 결정하는 유의사항 설명으로 틀린 것은?

① 용접 구조물이 조립되어 강에 따라 용접작업이 불가능한 곳이나 곤란한 경우가 생기지 않도록 한다.
② 용접물의 중심에 대하여 항상 대칭으로 용접을 해 나간다.
③ 수축이 작은 이음을 먼저 용접하고 수축이 큰 이음(맞대기 등)은 나중에 용접한다.
④ 용접 구조물의 중립축에 대하여 용접 수축력의 모멘트의 합이 0(零)이 되게 한다.

해설 수축이 큰 이음을 먼저 용접하고 다음에 수축이 작은 이음을 용접한다.

25 완전한 맞대기 용접이음의 굽힘모멘트(M) = 12,000N · mm가 작용하고 있을 때 최대굽힘응력은 약 몇 N/mm²인가? (단, l = 300mm, t = 25mm)

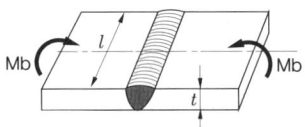

① 0.324　　② 0.344
③ 0.384　　④ 0.424

해설 굽힘응력 = $\dfrac{\text{굽힘 모멘트}}{\text{단면계수}}$ = $\dfrac{\text{굽힘 모멘트}}{\dfrac{\text{용접선 길이}\times\text{두께}^2}{6}}$

= $\dfrac{6\times 12,000}{300\times 25^2}$ = 0.384

26 결함 에코 형태로 결함을 판정하는 방법으로 초음파 검사법의 종류 중에서 가장 많이 사용하는 방법은?

① 투과법　　② 공진법
③ 타격법　　④ 펄스 반사법

해설 펄스 반사법 : 수직 탐상법과 사각 탐상법으로 구분되며, 용접부에는 주로 사각 탐상법이 적용된다. 사각 탐상법은 송수신 탐촉자에서 초음파를 일정한 각도로 경사지게 보내어 용접부를 검사하는 방법이다.

27 용접 지그에 대한 설명으로 틀린 것은?

① 잔류 응력을 제거하기 위한 것이다.
② 모재를 용접하기 쉬운 상태로 놓기 위한 것이다.
③ 작업을 용이하게 하고 용접능률을 높이기 위한 것이다.

④ 용접제품의 치수를 정확하게 하기 위해 변형을 억제하는 것이다.

해설 용접 지그는 다량 생산 시 작업 능률을 높이기 위해 사용하는 것으로 구속이 있기 때문에 잔류응력은 오히려 많아지게 된다.

28 접합하려는 두 모재를 겹쳐놓고 한 쪽의 모재에 드릴이나 밀링머신으로 둥근 구멍을 뚫고 그곳을 용접하는 이음은?

① 필릿 용접　② 플레어 용접
③ 플러그 용접　④ 맞대기 홈 용접

29 맞대기 용접 이음에서 모재의 인장강도가 50N/mm²이고, 용접 시험편의 인장강도가 25N/mm²으로 나타났을 때 이음 효율은?

① 40%　② 50%
③ 60%　④ 70%

해설 이음 효율 = $\dfrac{용접시험편 인장강도}{모재 인장강도} \times 100$

$= \dfrac{25}{50} \times 100 = 50\%$

30 용착금속의 인장 또는 파면 시험을 했을 경우 파단면에 나타나는 고기 눈 모양의 취약한 은백색 파면의 결함은?

① 기공　② 은점
③ 오버랩　④ 크레이터

31 재료 절약을 위한 용접설계 요령으로 틀린 것은?

① 안전하고 외관상 모양이 좋아야 한다.
② 용접 조립시간을 줄이도록 설계를 한다.
③ 가능한 용접할 조각의 수를 늘려야 한다.
④ 가능한 표준 규격의 부품이나 재료를 이용한다.

해설 용접 시간을 줄이는 방법은 용착금속의 양이 적게 하며, 조각수를 줄여서 가공공수나 용접공수를 줄이는 것이 필요하다.(이 문제는 재료 절약보다 비용 절약이 적당한 표현이다.)

32 용접의 내부결함이 아닌 것은?

① 은점　② 피트
③ 선상조직　④ 비금속 개재물

해설 표면 용접 결함 : 언더컷, 오버랩, 피트 등을 말하며, 피트는 용착금속이 응고 중에 가스 방출이 용착금속 표면에서 멈춘 경우로 보통 기공, 기포라고 칭하는 결함이다.

33 자기 비파괴 검사에서 사용하는 자화 방법이 아닌 것은?

① 형광법　② 극간법
③ 관통법　④ 축통전법

해설 형광법 : 자기 탐상에서 형광법은 자화 방법은 아니고 검출이 용이하도록 자분에 형광 물질을 함유시켜 검사하는 방법을 말한다.

34 불활성 가스 텅스텐 아크 용접에서 직류 역극성(DCRP)으로 용접할 경우 비드 폭과 용입에 대한 설명으로 옳은 것은?

① 용입이 깊고 비드 폭이 넓다.
② 용입이 깊고 비드 폭이 좁다.
③ 용입이 얕고 비드 폭이 넓다.
④ 용입이 얕고 비드 폭이 좁다.

해설 직류 역극성 : 모재를 (-)에 전극을 (+)로 연결한 극성으로 음극에서 약 30%, 양극에서 약 70%의 열이 나므로 모재의 용융은 낮고 용접봉의 녹음은 많으므로 용입이 얕고 비드 폭이 넓어진다.

35 강판의 맞대기 용접이음에서 가장 두꺼운 판에 사용할 수 있으며 양면 용접에 의해 충분한 용입을 얻으려고 할 때 사용하는 홈의 형상은?

① V형　② U형
③ I형　④ H형

해설 판두께별 홈 형상 순 : I형 < V형 < U형 < X형 < H형

36 가용접 작업시 주의사항으로 틀린 것은?

① 가용접 작업도 본 용접과 같은 온도로 예열을 한다.
② 가용접시 용접봉은 본 용접보다 굵은 것을 사용하여 견고하게 접합시키는 것이 좋다.
③ 중요 부분은 용접 홈 내에 가접하는 것은 피한다. 부득이한 경우 본 용접 전 깎아내도록 한다.
④ 가용접의 위치는 부품의 끝, 모서리, 각 등과 같이 단면이 급변하여 응력이 집중되는 곳은 피한다.

해설 가용접시 용접봉은 본 용접보다 가는 용접봉을 사용하는 것이 좋다.

37 용접이음에서 피로 강도에 영향을 미치는 인자가 아닌 것은?

① 이음 형상
② 용접 결함
③ 하중 상태
④ 용접기 종류

해설 피로 파괴는 이음 형상에서 단면적의 급변, 결함, 하중의 크기 등에 영향이 크며, 용접기 종류와는 전혀 무관하다.

38 방사선투과 검사의 장점에 대한 설명으로 틀린 것은?

① 모든 재질의 내부 결함 검사에 적용할 수 있다.
② 검사 결과를 필름에 영구적으로 기록할 수 있다.
③ 미세한 표면 균열이나 라미네이션도 검출할 수 있다.
④ 주변 재질과 비교하여 1% 이상의 흡수차를 나타내는 경우도 검출할 수 있다.

해설 방사선 탐상은 미세 균열이나 라미네이션(층상 균열, 라멜라테어), 수평 균열 등은 검출이 곤란하다.

39 용접 이음의 내식성에 영향을 미치는 요인이 아닌 것은?

① 슬래그
② 용접 자세
③ 잔류 응력
④ 용접 이음 형상

해설 잔류응력이 있는 경우 응력부식을 일으키며, 용접 자세와 내식성과는 전혀 무관하다.

40 필릿 용접의 이음 강도를 계산할 때 목 길이 10mm라면 목 두께는?

① 약 7mm
② 약 10mm
③ 약 12mm
④ 약 15mm

해설 목 두께는 목 길이의 0.707%, 즉 목 두께는 루트부에서 45° 경사진 부분의 길이이므로 $\cos 45° = 0.707$이므로 $10mm \times 0.707 ≒ 7mm$

제3과목 | 용접일반 및 안전관리

41 수소가스 분위기에 있는 2개의 텅스텐 전극봉 사이에서 아크를 발생시키는 용접법은?

① 스터드 용접
② 레이저 용접
③ 전자 빔 용접
④ 원자 수소 아크 용접

42 AW-240용접기로 180A를 이용하여 용접한다면, 허용 사용률은 약 몇 %인가? (단, 정격 사용률은 40%이다.)

① 51
② 61
③ 71
④ 81

해설 허용사용률 = $\dfrac{\text{정격 2차 전류}^2}{\text{실제 용접 전류}^2} \times \text{정격 사용률(\%)}$

$= \dfrac{240^2}{180^2} \times 40 ≒ 71\%$

43 용접기의 전원 스위치를 넣기 전에 점검해야 할 사항으로 틀린 것은?

① 냉각팬의 회전부에는 윤활유를 주입해서는 안된다.
② 용접기가 전원에 잘 접속되어 있는지 점검한다.
③ 용접기의 케이스에서 접지선이 이어져 있는지 점검한다.
④ 결선부의 나사가 풀어진 곳이나 케이블의 손상된 곳은 없는지 점검한다.

해설 냉각팬 등의 회전부에는 그리스나 윤활유를 주입하여 회전이 원활하게 해야 된다.

44 MIG 용접법의 특징에 대한 설명으로 틀린 것은?

① 전자세 용접이 불가능하다.
② 용접 속도가 빠르므로 모재의 변형이 적다.
③ 피복아크용접에 비해 빠른 속도로 용접할 수 있다.
④ 후판에 적합하고 각종 금속 용접에 다양하게 적용할 수 있다.

해설 MIG 용접법은 전자세 용접이 용이하다.

45 가스 절단을 할 때 사용되는 예열가스 중 최고 불꽃 온도가 가장 높은 것은?

① CH_4 ② C_2H_2
③ H_2 ④ C_3H_8

해설 아세틸렌은 불꽃 온도가 3,420℃로 가장 높으며, 프로판은 약 2,900℃ 정도이다.

46 티그(TIG)용접시 보호가스로 쓰이는 아르곤과 헬륨의 특징을 비교할 때 틀린 것은?

① 헬륨은 용접 입열이 많으므로 후판용접에 적합하다.
② 헬륨은 열영향부(HAZ)가 아르곤보다 좁고 용입이 깊다.
③ 아르곤은 헬륨보다 가스 소모량이 적고 수동용접에 많이 쓰인다.
④ 헬륨은 위보기 자세나 수직 자세 용접에서 아르곤보다 효율이 떨어진다.

해설 헬륨은 열량이 많으나 아르곤보다 가벼워서 아래보기 자세 등에서는 보호 능력이 떨어지므로 사용이 적으나 위보기 자세나 수직 자세에서는 아르곤보다 효율이 더 높다.

47 아크 빛으로 인해 눈에 급성 염증 증상이 발생하였을 때 우선 조치해야 할 사항은?

① 온수로 씻은 후 작업한다.
② 소금물로 씻은 후 작업한다.
③ 냉습포를 눈 위에 얹고 안정을 취한다.
④ 심각한 사안이 아니므로 계속 작업한다.

48 텅스텐 전극봉을 사용하는 용접은?

① TIG 용접
② MIG 용접
③ 피복 아크 용접
④ 산소-아세틸렌 용접

해설 TIG 용접은 텅스텐 전극을 사용하는 비소모식, 비용극식 용접법이다.

49 가스 용접에서 황동은 무슨 불꽃으로 용접하는 것이 가장 좋은가?

① 탄화 불꽃
② 산화 불꽃
③ 중성 불꽃
④ 약한 탄화 불꽃

해설 중성 불꽃은 탄소강, 주철, 주강 등 대부분의 용접에 적합하며, 모넬메탈 등은 약한 탄화 불꽃을 사용한다.

50 탄소전극과 모재와의 사이에 아크를 발생시켜 고압의 공기로 용융금속을 불어내어 홈을 파는 방법은?

① 불꽃 가우징
② 기계적 가우징
③ 아크 에어 가우징
④ 산소 수소 가우징

51 피복 아크 용접 작업의 기초적인 용접조건으로 가장 거리가 먼 것은?

① 오버랩　　② 용접 속도
③ 아크 길이　④ 용접 전류

해설 오버랩은 용접 결함으로 기초적 용접 조건과 무관하다.

52 일반적으로 가스 용접에서 사용하는 가스의 종류와 용기의 색상이 옳게 짝지어진 것은?

① 산소 – 황색
② 수소 – 주황색
③ 탄산가스 – 녹색
④ 아세틸렌 가스 – 백색

해설 산소 : 녹색, 탄산가스 : 청색, 아세틸렌 가스 : 황색

53 AW 300의 교류 아크 용접기로 조정할 수 있는 2차 전류(A) 값의 범위는?

① 30~220A　② 40~330A
③ 60~330A　④ 120~480A

해설 정격 전류의 20~110% 정도이므로 60~330A이다.

54 가스용접에 쓰이는 가연성 가스의 조건으로 옳은 것은?

① 발열량이 적어야 한다.
② 연소속도가 느려야 한다.
③ 불꽃의 온도가 낮아야 한다.
④ 용융금속과 화학반응을 일으키지 않아야 한다.

해설 가연성 가스는 발열량이 높고, 연소 속도가 빠르며, 불꽃 온도가 높을수록 좋다.

55 피복 아크 용접에서 자기 불림(magnetic blow)의 방지책으로 틀린 것은?

① 교류 용접을 한다.
② 접지점을 2개로 연결한다.
③ 접지점을 용접부에 가깝게 한다.
④ 용접부가 긴 경우는 후퇴 용접법으로 한다.

해설 자기 쏠림은 아크 쏠림이라고도 하며, 직류 용접시 자력의 형성으로 아크가 한쪽으로 쏠리는 현상이며, 접지점을 용접부에서 멀리하는 것이 좋다.

56 피복 아크 용접봉의 고착제에 해당되는 것은?

① 석면　　② 망간
③ 규소철　④ 규산나트륨

해설 규산나트륨은 물유리라고도 하며 아교 등과 같이 고착제로 쓰인다.

57 이음부의 루트 간격 치수에 특히 유의하여야 하며, 아크가 보이지 않는 상태에서 용접이 진행된다고 하여 잠호 용접이라고도 부르는 용접은?

① 피복 아크 용접
② 탄산가스 아크 용접
③ 서브머지드 아크 용접
④ 불활성가스 금속 아크 용접

해설 서브머지드 아크 용접은 아크가 보이지 않는다 해서 불가시 용접, 개발회사의 이름을 따서 유니언 멜트 용접 등으로 불려진다.

58 구리 및 구리합금의 가스용접용 용제에 사용되는 물질은?

① 붕사　　② 염화칼슘
③ 황산칼륨　④ 중탄산소다

59 가스 절단 작업에서 프로판 가스와 아세틸렌 가스를 사용하였을 경우를 비교한 사항으로 틀린 것은?

① 포갬 절단 속도는 프로판 가스를 사용하였을 때가 빠르다.
② 슬래그 제거가 쉬운 것은 프로판 가스를 사용하였을 경우이다.
③ 후판 절단시 절단 속도는 프로판 가스를 사용하였을 때가 빠르다.
④ 점화가 쉽고 중성 불꽃을 만들기 쉬운 것은 프로판 가스를 사용하였을 경우이다.

해설 점화나 중성불꽃 맞추는 것은 아세틸렌이 더 쉽다.

60 용접 자동화에 대한 설명으로 틀린 것은?

① 생산성이 향상된다.
② 용접봉의 손실이 많아진다.
③ 외관이 균일하고 양호하다.
④ 용접부의 기계적 성질이 향상된다.

해설 용접 자동화가 되면 용접봉 손실은 훨씬 적어지며 품질의 균일성과 생산성이 좋아진다.

2016년 제3회 기출문제 정답

01 ②	02 ④	03 ④	04 ④	05 ②	06 ①	07 ③	08 ③	09 ③	10 ④
11 ①	12 ②	13 ③	14 ④	15 ④	16 ②	17 ③	18 ④	19 ①	20 ④
21 ①	22 ④	23 ①	24 ③	25 ③	26 ④	27 ①	28 ③	29 ②	30 ②
31 ③	32 ②	33 ①	34 ③	35 ④	36 ②	37 ④	38 ③	39 ②	40 ①
41 ④	42 ③	43 ①	44 ①	45 ②	46 ④	47 ③	48 ①	49 ②	50 ④
51 ①	52 ②	53 ③	54 ④	55 ③	56 ④	57 ③	58 ①	59 ④	60 ②

최근기출문제
2017년도 제1회 시행

제1과목 용접야금 및 용접설비제도

01 다음 스테인리스강 중 용접성이 가장 우수한 것은?

① 페라이트 스테인리스강
② 펄라이트 스테인리스강
③ 마텐자이트계 스테인리스강
④ 오스테나이트계 스테인리스강

해설 스테인리스강은 조직에 따라 페라이트계(18%Cr계), 마텐자이트계(13%Cr계), 오스테나이트계(Cr-Ni계), 석출 경화계, 듀플렉스(2중조직, 페라이트-오스테나이트) 등이 있으며, 오스테나이트계가 용접성과 내식성이 가장 우수하다.

02 용접균열 중 일반적인 고온 균열의 특징으로 옳은 것은?

① 저합금강의 비드균열, 루트균열 등이 있다.
② 대입열량의 용접보다 소입열량의 용접에서 발생하기 쉽다.
③ 고온균열은 응고과정에서 발생하지 않고, 응고 후에 많이 발생한다.
④ 용접금속 내에서 종균열, 횡균열, 크레이터 균열 형태로 많이 나타난다.

해설 용접 금속의 균열
• 비드의 균열 : 횡균열, 종 균열, 루트 균열, 마이크로 균열, 설퍼 균열(고온 균열, 용접 금속 내부를 향해 균열이 진행됨, 황의 영향을 덜 받는 와이어와 플럭스의 결합을 고려함, 저수소계 용접봉으로 수동 용접)
• 크레이터의 균열(고온균열, 고장력강이나 합금 원소가 많은 강에 주로 나타남, 아크를 끊는 점을 중심으로 발생, 용접 금속의 수축이 원인, 아크를 끊을 때의 처리 방법이 필요), 선상 균열

03 Fe-C 평행 상태도에서 나타나는 불변 반응이 아닌 것은?

① 포석반응
② 포정반응
③ 공석반응
④ 공정반응

해설 불변 반응
• 포정 반응 : 0.53%C의 조성을 갖는 액상과 0.09%C의 조성을 갖는 δ 페라이트가 1495℃의 일정한 온도에서 0.17%C의 조성을 갖는 γ 오스테나이트로 변화하는 반응이다.
• 공정 반응 : 4.3%C의 조성을 갖는 액상이 1148℃의 일정한 온도에서 2.08%C의 조성을 갖는 γ 오스테나이트와 6.67%C의 시멘타이트로 변화하는 반응이다.
• 공석 반응 : 0.8%C의 조성을 갖는 γ 오스테나이트가 723℃의 일정한 온도에서 0.02%C의 조성을 갖는 α 페라이트와 6.67%C의 시멘타이트로 분해되는 반응이다.

04 다음 중 전기 전도율이 가장 높은 것은?

① Cr
② Zn
③ Cu
④ Mg

해설 전기 전도율의 크기 : 은 > 구리 > 금 > 알루미늄 > 마그네슘 > 아연 > 니켈 > 철 > 납 > 안티몬

05 청열취성이 발생하는 온도는 약 몇 ℃인가?

① 250
② 450
③ 650
④ 850

해설 청열취성은 철강이 200~300℃에서 푸른색을 띠게 되는데 이때 상온보다 메짐이 증가하는 현상이며, 그 원인은 주로 N이며, 그 외 C, O의 영향도 있다.

06 다음 중 재질을 연화시키고 내부응력을 줄이기 위해 실시하는 열처리 방법으로 가장 적합한 것은?

① 풀림
② 담금질
③ 크로마이징
④ 세라다이징

해설 • 담금질 : 경도 증가
• 뜨임 : 강의 강인성 부여
• 불림 : 조직의 균일화 및 표준화
• 풀림 : 가공 경화된 재료의 연화

07 다음 중 황의 함유량이 많을 경우 발생하기 쉬운 취성은?

① 적열취성
② 청열취성
③ 저온취성
④ 뜨임취성

> **해설** 적열취성은 1000℃ 부근의 고온에서 일어나는 취화로 S, O, Cu 등이 원인이다

08 다음 중 일반적인 금속재료의 특징으로 틀린 것은?

① 전성과 연성이 좋다.
② 열과 전기의 양도체이다.
③ 금속 고유의 광택을 갖는다.
④ 이온화하면 음(-)이온이 된다.

> **해설** 금속재료의 특징
> • 상온에서 고체이며 결정체이다.(예외 : Hg, Na, K, Li)
> • 비중이 크고 금속마다 고유의 광택을 갖는다.
> • 결정면에서 슬립이 용이하여 가공이 용이하고 연성, 전성이 좋다.
> • 열과 전기의 양도체이다.
> • 이온화하면 양(+)이온이 된다.
> • 모든 금속은 전자, 양자, 중성자를 가지고 있다.
> • 각 금속마다 금속의 성질과 구조가 다른 이유는 입자들이 다르게 배열되어 있기 때문이다.
> • 대부분의 금속은 고체 상태에서 빠르게 배열되어 있다.
> • 금속 결합의 요인은 자유 전자이다.

09 강의 내부에 모재 표면과 평행하게 층상으로 발생하는 균열로, 주로 T이음, 모서리 이음에서 볼 수 있는 것은?

① 토우 균열
② 설퍼 균열
③ 크레이터 균열
④ 라멜라 티어 균열

> **해설** 라멜라 티어 균열은 라미네이션이 용접부 근처에 있고 용접열과 확산성 수소의 영향 때문에 발생되는 균열이다.

10 다음 중 용접 후 잔류응력을 제거하기 위한 열처리 방법으로 가장 적합한 것은?

① 담금질
② 노내 풀림법
③ 실리코나이징
④ 서브제로처리

> **해설** 노내 풀림법은 응력 제거 열처리 방법 중에서 가장 잘 이용되고 있는 방법으로 제품 전체를 가열로 안에 넣고 적당한 온도에서 일정시간 유지한 다음, 노 내에서 서랭시킴으로써 잔류응력을 제거하는 방법이다.

11 사투상도에 있어서 경사축의 각도로 가장 적합하지 않은 것은?

① 20°
② 30°
③ 45°
④ 60°

> **해설** 사투상도에서 경사축과 수평선이 이루는 각은 30°, 45°, 60° 등이 사용되며, 이 중 30°가 주로 사용된다.

12 제3각법의 투상도 배치에서 정면도의 위쪽에는 어느 투상면이 배치되는가?

① 배면도
② 저면도
③ 평면도
④ 우측면도

> **해설** 3각법은 정면도를 중심으로 보는 방향에서 그린 투상도를 그 방향에 배치하는데 우측면도는 정면도 우측, 저면도는 정면도 아래에 배치한다.

13 일부를 도시하는 것으로 충분한 경우에는 그 필요 부분만을 표시하는 투상도는?

① 부분 투상도
② 등각 투상도
③ 부분 확대도
④ 회전 투상도

> • 부분 투상도 : 그림의 일부를 도시하는 것으로 충분한 경우에는 그 필요 부분만을 부분 투상도로써 표시하고 생략한 부분과의 경계를 파단선으로 나타낸다.
> • 등각 투상도 : 물체의 옆면 모서리가 수평선과 30°가 되도록 회전시켜서, 세 모서리가 이루는 각이 모두 120°가 되도록 그린 투상도를 말한다.
> • 부분 확대도 : 특정 부분의 도형이 작아서 그 부분의 상세한 도시나 치수 기입을 할 수 없을 때에는 그 부분을 가는 실선으로 에워싸고, 글자 및 척도를 기입한다.
> • 회전 투상도 : 대상물의 일부가 어느 각도를 가지고 있기 때문에 그 실제 모양을 나타내기 위해서 회전하여 실제 모양을 나타낸다.

14 다음 선의 종류 중 특수한 가공을 하는 부분 등 특별한 요구사항을 적용할 수 있는 범위를 표시하는데 사용하는 선은?

① 굵은 실선 ② 굵은 1점 쇄선
③ 가는 1점 쇄선 ④ 가는 2점 쇄선

> 해설
> • 굵은 실선 : 외형선
> • 굵은 1점 쇄선 : 특수지정선
> • 가는 1점 쇄선 : 중심선, 기준선, 피치선
> • 가는 2점 쇄선 : 가상선, 무게중심선

15 다음 중 기계를 나타내는 KS 부분별 분류기호는?

① KS A ② KS B
③ KS C ④ KS D

> 해설 ① 기본, ② 기계, ③ 전기, ④ 금속

16 복사한 도면을 접을 때 그 크기는 원칙적으로 어느 사이즈로 하는가?

① A1 ② A2
③ A3 ④ A4

> 해설 A3 이상의 용지에 작도한 도면을 접을 경우 A4 크기로 접는 것을 원칙으로 한다.

17 탄소강 단강품인 SF 340A에서 340이 의미하는 것은?

① 종별 번호 ② 탄소 함유량
③ 열처리 상황 ④ 최저 인장강도

> 해설 S : 재질, F : 단조, 340 : 최저 인장강도, A : A종

18 용접부 보조 기호 중 영구적인 덮개판을 사용하는 기호는?

①  ② ⌐M⌐
③ ⌐MR⌐ ④ ─────

> 해설 ① 토우를 매끄럽게 함, ③ 제거 가능한 이면판재 사용, ④ 평면 마감처리

19 KS 용접 기호 중 Z△n×L(e)에서 n이 의미하는 것은?

① 피치 ② 목 길이
③ 용접부 수 ④ 용접 길이

> 해설 Z : 목 길이, L : 용접부 길이, e : 인접 용접부와의 간격

20 다음 용접 기호 중 가장자리 용접에 해당하는 기호는?

①  ② ─────
③  ④ ⌒

> 해설 ① 표면 육성, ② 표면 접합부, ④ 겹침 접합부

제2과목 용접구조설계

21 용접균열의 발생 원인이 아닌 것은?

① 수소에 의한 균열 ② 탈산에 의한 균열
③ 변태에 의한 균열 ④ 노치에 의한 균열

> 해설 용접 균열은 급열, 급랭에 따른 팽창과 수축이 발생 원인이며, 수소나 노치 부분의 균열도 발생 원인이 되나 탈산에 의한 균열은 거리가 멀다.

22 그림과 같은 용접이음에서 굽힘 응력을 σ_b라 하고 굽힘 단면계수를 W_b라 할 때 굽힘모멘트 M_b를 구하는 식은?

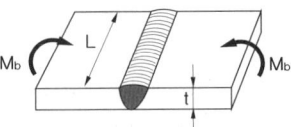

① $M_b = \dfrac{\sigma_b}{W_b}$ ② $M_b = \sigma_b \cdot W_b$

③ $M_b = \dfrac{\sigma_b \cdot W_b}{L}$ ④ $M_b = \dfrac{\sigma_b \cdot W_b}{t}$

> 해설 굽힘응력(σ_b) = $\dfrac{\text{굽힘 모멘트}(M_b)}{\text{단면 계수}(W_b)}$ ∴ $M_b = \sigma_b \times W_b$

23 두께가 5mm인 강판을 가지고 다음 그림과 같이 완전 용입의 맞대기 용접을 하려고 한다. 이 때 최대 인장하중을 50000N 작용시키려면 용접 길이는 얼마인가?(단, 용접부의 허용 인장응력은 100MPa 이다.)

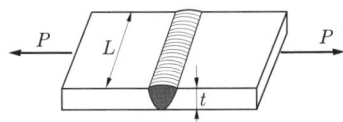

① 50mm ② 100mm
③ 150mm ④ 200mm

해설 $\sigma = \dfrac{P}{A} = \dfrac{P}{t \times L}$, $L = \dfrac{50,000N}{100 \times 5} = 100mm$

24 용접부의 변형교정 방법으로 틀린 것은?

① 롤러에 의한 방법
② 형재에 대한 직선 수축법
③ 가열 후 해머링 하는 방법
④ 후판에 대하여 가열 후 공랭하는 방법

해설 후판에 대하여 가열 후 해머링이나 롤러에 의해 교정해야 한다.

25 용접 이음을 설계할 때 주의사항으로 틀린 것은?

① 국부적인 열의 집중을 받게 한다.
② 용접선의 교차를 최대한으로 줄여야 한다.
③ 가능한 아래보기 자세로 작업을 많이 하도록 한다.
④ 용접 작업에 지장을 주지 않도록 공간을 두어야 한다.

해설 용접 이음에 국부적인 열의 집중은 열응력 발생에 의한 균열, 변형, 응력집중, 조직변화가 발생될 수 있으므로 가급적 피해야 한다.

26 용접부 이음 강도에서 안전율을 구하는 식은?

① 안전율 = $\dfrac{허용응력}{전단응력}$

② 안전율 = $\dfrac{인장강도}{허용응력}$

③ 안전율 = $\dfrac{전단응력}{2 \times 허용응력}$

④ 안전율 = $\dfrac{2 \times 인장강도}{허용응력}$

27 맞대기 용접부의 접합면에 홈(groove)을 만드는 가장 큰 이유는?

① 용접 변형을 줄이기 위하여
② 제품의 치수를 맞추기 위하여
③ 용접부의 완전한 용입을 위하여
④ 용접 결함 발생을 적게 하기 위하여

해설 용접 홈은 모재 두께 전체가 완전 용접이 이루어지도록 하기 위한 것이다.

28 용접 비용을 줄이기 위한 방법으로 틀린 것은?

① 용접지그를 활용 한다.
② 대기 시간을 길게 한다.
③ 재료의 효과적인 사용계획을 세운다.
④ 용접이음부가 적은 경제적인 설계를 한다.

해설 대기 시간이 길어지면 작업이 빠르게 진행되지 못하므로 비용이 늘어난다.

29 용접 결함 중 기공의 발생 원인으로 틀린 것은?

① 용접이음부가 서랭될 경우
② 아크 분위기 속에 수소가 많을 경우
③ 아크 분위기 속에 일산화탄소가 많을 경우
④ 이음부에 기름, 페인트 등 이물질이 있을 경우

해설 용착금속이 서랭될 경우 가스 배출이 발생되므로 기공 발생률이 적어질 수 있다.

30 용접부 결함 중 구조상의 결함에 속하지 않는 것은?

① 기공
② 변형
③ 오버랩
④ 융합 불량

> **해설**
> • 치수상 결함 : 변형, 치수불량, 형상불량
> • 구조상 결함 : 기공, 슬래그 섞임, 융합불량, 용입불량, 언더컷, 오버랩, 용접균열, 표면결함
> • 성질상 결함 : 기계적 성질 부족, 화학적 성질 부족, 물리적 성질 부족

31 용접 시험에서 금속학적 시험에 해당되지 않는 것은?

① 파면 시험
② 피로 시험
③ 현미경 시험
④ 매크로 조직시험

> **해설** 피로시험은 기계적 파괴시험이다.

32 용접전류가 120A, 용접전압이 12V, 용접속도가 분당 18cm/min일 경우에 용접부의 입열량은 몇 J/cm인가?

① 3500
② 4000
③ 4800
④ 5100

> **해설** $H = \dfrac{60EI}{V} = \dfrac{60 \times 12 \times 120}{18} = 4800 J/cm$

33 레이저 용접장치의 기본형에 속하지 않는 것은?

① 반도체형
② 에너지형
③ 가스 방전형
④ 고체 금속형

> **해설** 레이저는 고체나 가스, 반도체 등을 진동시킬 때 만들어진다.

34 강판을 가스 절단할 때 절단열에 의하여 생기는 변형을 방지하기 위한 방법이 아닌 것은?

① 피절단재를 고정하는 방법
② 절단부에 역변형을 주는 방법
③ 절단 후 절단부를 수랭에 의하여 열을 제거하는 방법
④ 여러 대의 절단 토치로 한꺼번에 평행 절단하는 방법

> **해설** 역변형법은 용접변형의 방지법으로 용접에 의한 변형을 미리 예측하여 용접하기 전에 반대쪽으로 변형을 주는 방법을 말한다.

35 용접시공 시 엔드 탭(end tab)을 붙여 용접하는 가장 주된 이유는?

① 언더컷의 방지
② 용접변형 방지
③ 용접 목두께의 증가
④ 용접 시작점과 종점의 용접 결함 방지

> **해설** 엔드 탭(end tab)은 서브머지드 아크 용접에서 본용접 시점과 끝나는 부분에 용접결함을 효과적으로 방지하기 위해 사용하는 것으로 모재와 동일한 재질을 사용한다.

36 다음 중 접합하려고 하는 부재 한쪽에 둥근 구멍을 뚫고 다른 쪽 부재와 겹쳐서 구멍을 완전히 용접하는 것은?

① 가 용접
② 심 용접
③ 플러그 용접
④ 플레어 용접

> **해설** 플러그 용접은 한쪽 구멍을 이용하여 구멍 안쪽과 다른 모재의 표면을 용접하는 방법이다.

37 용접 시공 전에 준비해야 할 사항 중 틀린 것은?

① 용접부의 녹 부분은 그대로 둔다.
② 예열, 후열의 필요성 여부를 검토한다.
③ 제작 도면을 확인하고 작업 내용을 검토한다.
④ 용접 전류, 용접순서, 용접 조건을 미리 정해둔다.

> **해설** 용접 전에 용접부의 녹, 이물질 등을 제거해야 한다.

38 용접 균열의 종류 중 맞대기 용접, 필릿 용접 등의 비드 표면과 모재와의 경계부에 발생되는 균열은?

① 토 균열
② 설퍼 균열
③ 헤어 균열
④ 크레이터 균열

> **해설** 토 균열은 비드 표면과 모재부 경계에서 모재에 균열, 용접부위 옆쪽에 발생하는 저온균열로 담금 경화성이 큰 고탄소강, 저합금강에서 주로 나타난다.

39 가 용접에 대한 설명으로 틀린 것은?

① 가 용접에는 본 용접보다도 지름이 약간 가는 용접봉을 사용한다.
② 가 용접은 쉬운 용접이므로 기량이 좀 떨어지는 용접사에 의해 실시하는 것이 좋다.
③ 가 용접은 본 용접을 하기 전에 좌우의 홈 부분을 잠정적으로 고정하기 위한 짧은 용접이다.
④ 가 용접은 슬래그 섞임, 기공 등의 결함을 수반하기 때문에 이음의 끝 부분, 모서리 부분을 피하는 것이 좋다.

> **해설** 가 용접
> • 조립 및 가 용접은 용접 시공에서 중요한 공정의 하나이다.
> • 본 용접을 실시하기 전에 좌우의 홈 부분을 잠정적으로 고정하기 위한 짧은 용접이다.
> • 가 용접 상태의 좋고 나쁨은 용접 결과에 직접 영향을 준다.
> • 본 용접 시와 동일한 기량을 가진 용접사에 의해 실시하여야 한다.
> • 가접 시 약간 높은 전류를 사용하거나 지름이 작은 용접봉을 사용한다.
> • 본용접과 같은 온도에서 예열을 한다.
> • 강도상 중요한 곳(응력이 집중하는 곳)과 용접의 시점 및 종점이 되는 끝부분은 피해야 한다.
> • 일반적으로 본 용접을 할 부분은 피해야 하며, 부득이한 경우에는 본 용접전 갈아낸 후 용접한다.

40 용접부 초음파 검사법의 종류에 해당되지 않는 것은?

① 투과법
② 공진법
③ 펄스 반사법
④ 자기 반사법

> **해설** 초음파 검사법의 종류
> • 투과법 : 시험체 속에 초음파의 펄스 또는 연속파를 투과하고 뒷면에서 이를 수신하여 결함으로 인한 초음파의 장해 및 쇠약 정도를 조사한다.
> • 펄스반사법 : 초음파 펄스를 시험체의 한 쪽면으로 송신하여 그 결함에서 반사되는 반사파의 형태로 결함을 판정하며 가장 많이 이용된다.
> • 공진법 : 시험체의 두께에 따라 어떤 특정 주파수일 때 시험체 속에 초음파의 정상파가 생겨 공진하므로 그 상황을 근거로 라미네이션을 검출할 수 있다

제3과목 용접일반 및 안전관리

41 가스 용접에서 판 두께를 t(mm)라고 하면 용접봉의 지름 D(mm)를 구하는 식으로 옳은 것은? (단 모재의 두께는 1mm 이상인 경우이다.)

① $D = t+1$
② $D = \dfrac{t}{2}+1$
③ $D = \dfrac{t}{3}+1$
④ $D = \dfrac{t}{4}+1$

> **해설** 가스 용접봉은 NSR(응력을 제거하지 않은 것)과 SR(응력 제거 풀림)이 있고 크기는 판 두께의 절반에 1을 더한 것으로 생각하면 된다.

42 연강판 가스 절단 시 가장 적합한 예열 온도는 약 몇 ℃인가?

① 100~200
② 300~400
③ 400~500
④ 800~900

> **해설** 탄소강의 절단은 철의 연소온도를 이용하므로 900℃ 정도의 예열 후 고압 산소를 분출시키면서 진행하면 연속 절단을 할 수 있다.

43 직류 역극성(reverse polarity)을 이용한 용접에 대한 설명으로 옳은 것은?

① 모재의 용입이 깊다.
② 용접봉의 용융속도가 느려진다.
③ 용접봉을 음극(-), 모재를 양극(+)에 설치한다.
④ 얇은 판의 용접에서 용락을 피하기 위하여 사용한다.

해설 **직류 정극성과 역극성**

극성	열분배	후진법
직류정극성 (DCSP)	• 용접봉(-) : 30% • 모재(+) : 70%	• 모재의 용입이 깊다. • 용접봉의 녹음이 느리다. • 비드 폭이 좁다. • 일반적으로 많이 사용된다.
직류역극성 (DCRP)	• 모재(-) : 30% • 용접봉(+) : 70%	• 모재의 용입이 얕다. • 용접봉의 녹음이 빠르다. • 비드 폭이 넓다. • 박판, 주철, 고탄소강, 합금강, 비철금속의 용접에 사용된다.

44 다음 중 열전도율이 가장 높은 것은?

① 구리 ② 아연
③ 알루미늄 ④ 마그네슘

해설 **열전도율**
- 거리 1m에 1℃씩 변할 때, 1m² 단면에 1시간 동안 전해지는 열량이다.
- 단위는 kJ/m·h·℃ 이다.
- 열전도율의 크기 : 은(Ag) > 구리(Cu) > 백금(Pt) > 알루미늄(Al) > 아연(Zn) > 니켈(Ni) > 철(Fe)

45 다음 연료가스 중 발열량(kcal/m²)이 가장 많은 것은?

① 수소 ② 메탄
③ 프로판 ④ 아세틸렌

해설
- 수소 : 2420 kcal/m²
- 메탄 : 8080 kcal/m²
- 프로판 : 20750 kcal/m²
- 아세틸렌 : 12690 kcal/m²

46 아크 용접기로 정격 2차 전류를 사용하여 4분간 아크를 발생시키고 6분을 쉬었다면 용접기의 사용률은?

① 20% ② 30%
③ 40% ④ 60%

해설 사용률 = $\dfrac{아크발생시간}{아크발생시간+정지시간} \times 100$

$= \dfrac{4}{4+6} \times 100 = 40\%$

47 용접 자동화에서 자동제어의 특징으로 틀린 것은?

① 위험한 사고의 방지가 불가능하다.
② 인간에게는 불가능한 고속작업이 가능하다.
③ 제품의 품질이 균일화되어 불량품이 감소된다.
④ 적정한 작업을 유지할 수 있어서 원자재, 원료 등이 절약된다.

해설 로봇 등을 이용한 자동화 용접은 위험한 사고 방지가 가능하다.

48 강재 표면의 홈이나 개재물, 탈탄층 등을 제거하기 위하여 얇게 타원형 모양으로 표면을 깎아내는 가공법은?

① 스카핑 ② 피닝법
③ 가스 가우징 ④ 겹치기 절단

해설
- 가우징 : 홈을 파는 작업
- 피닝법 : 구면인 작은 해머 등으로 용접부를 두드려서 응력을 제거하고 기계적 성질을 좋게 하는 작업

49 불활성 가스 텅스텐 아크 용접을 할 때 주로 사용하는 가스는?

① H_2 ② Ar
③ CO_2 ④ C_2H_2

해설 불활성 가스 아크 용접 : 아르곤(Ar) 또는 헬륨(He) 등 고온에서도 금속과 반응하지 않고 불활성 가스 분위기속에서 텅스텐 전극봉 또는 와이어와 모재와의 사이에서 아크를 발생시켜 그 열로 용접하는 방식이다.

50 용접에 사용되는 산소를 산소용기에 충전시키는 경우 가장 적당한 온도와 압력은?

① 35℃, 15MPa ② 35℃, 30MPa
③ 45℃, 15MPa ④ 45℃, 18MPa

해설 산소용기는 35℃, 150kgf/cm²(15MPa)으로 충전되어 있다.

51. 서브머지드 아크 용접의 특징에 대한 설명으로 틀린 것은?

① 용융속도 및 용착속도가 빠르며 용입이 깊다.
② 특수한 지그를 사용하지 않는 한 아래보기 자세에 한정된다.
③ 용접선이 짧거나 불규칙한 경우 수동 용접에 비하여 능률적이다.
④ 불가시 용접으로 용접 도중 용접 상태를 육안으로 확인할 수 없다.

해설 서브머지드 아크 용접은 용접선이 짧거나 곡선, 불규칙한 경우는 용접이 불가능하고 수동용접에 비해 극히 비능률적이다.

52. 다음 중 압접에 속하지 않는 것은?

① 마찰 용접 ② 저항 용접
③ 가스 용접 ④ 초음파 용접

해설 가스용접은 융접에 포함된다.

53. 일반적인 용접의 특징으로 틀린 것은?

① 작업 공정이 단축되며 경제적이다.
② 재질의 변형이 없으며 이음효율이 낮다.
③ 제품의 성능과 수명이 향상되며 이종 재료도 접합할 수 있다.
④ 소음이 적어 실내에서의 작업이 가능하며 복잡한 구조물 제작이 쉽다.

해설 일반적인 용접의 장점 및 단점

구분	내용
장점	• 재료가 절약되고 중량이 경감된다. • 작업공정이 단축되며 경제적이다. • 재료의 두께에 제한이 없다. • 기밀·수밀·유밀성이 우수하며 이음효율이 좋다. • 제품의 성능과 수명이 향상되며 이종재료도 접합이 가능하다. • 용접준비 및 작업이 비교적 간단하고 용접의 자동화가 용이하다. • 소음이 적어 실내에서의 작업이 가능하며 복잡한 구조물 제작이 쉽다. • 보수와 수리가 용이하다.
단점	• 재질의 변형 및 잔류응력이 발생한다. • 저온취성이 생길 우려가 있다. • 품질검사가 곤란하고 변형과 수축이 생긴다. • 용접사의 기량에 따라 용접부의 품질이 좌우된다.

54. 피복아크 용접에서 피복제의 역할로 틀린 것은?

① 용착 효율을 높인다.
② 전기 절연 작용을 한다.
③ 스패터 발생을 적게 한다.
④ 용착금속의 냉각속도를 빠르게 한다.

해설 피복제의 역할
• 아크를 안정하게 한다.
• 중성 또는 환원성 분위기로 용착금속을 보호한다.
• 용적(globule)을 미세화하여 용착효율을 향상시킨다.
• 용착금속의 냉각속도를 느리게 하여 급랭을 방지한다.
• 용착금속의 탈산 정련 작용을 한다.
• 슬래그를 제거하기 쉽게 하고, 파형이 고운 비드를 형성한다.
• 모재 표면의 산화물을 제거한다.
• 용착금속에 필요한 합금원소를 첨가하고 전기절연작용을 한다.

55. 직류 용접기와 비교한 교류 용접기의 특징으로 틀린 것은?

① 무부하 전압이 높다.
② 자기 쏠림이 거의 없다.
③ 아크의 안정성이 우수하다.
④ 직류보다 감전의 위험이 크다.

해설 직류와 교류 아크 용접기의 비교

구분	직류 용접기	교류 용접기
아크 안정성	우수	약간 떨어짐
극성 변화	가능	불가능
자기 쏠림 방지	불가능	가능
무부하 전압	40~60V	70~80V
감전 위험	적음	많음
구조	복잡함	간단함
역률	매우 양호	불량
가격	비쌈	저렴

56 다음 중 피복 아크 용접기 설치장소로 가장 부적합한 곳은?

① 진동이나 충격이 없는 장소
② 주위 온도가 −10℃ 이하인 장소
③ 유해한 부식성 가스가 없는 장소
④ 폭발성 가스가 존재하지 않는 장소

> **해설** 용접기 설치 금지장소
> • 비에 노출되거나 수증기 및 습기가 많은 장소
> • 주위 온도가 −10℃ 이하인 장소
> • 유해한 내식성 가스나 폭발성 가스가 존재하는 장소
> • 진동 또는 충격을 받는 장소
> • 먼지가 많은 장소

57 레일의 접합, 차축, 선박의 프레임 등 비교적 큰 단면을 가진 주조나 단조품의 맞대기 용접과 보수용접에 사용되는 용접은?

① 가스 용접   ② 전자빔 용접
③ 테르밋 용접 ④ 플라즈마 용접

> **해설** 테르밋 용접은 알루미늄 분말과 산화철 분말을 1 : 3∼4정도 혼합하여 노 속에 넣어 화학 반응에 의해 용접부에 부어 접합하는 용접이다.

58 용접 시 필요한 안전 보호구가 아닌 것은?

① 안전화   ② 용접 장갑
③ 핸드 실드 ④ 핸드 그라인더

> **해설** 핸드 그라인더는 용접 모재를 가공하거나 용접한 부위를 제거하거나 절단하는 작업에 필요한 공구이다.

59 산소 및 아세틸렌 용기의 취급 시 주의사항으로 틀린 것은?

① 용기는 가연성 물질과 함께 뉘어서 보관할 것
② 통풍이 잘 되고 직사광선이 없는 곳에 보관할 것
③ 산소 용기의 운반 시 밸브를 닫고 캡을 씌워서 이동할 것
④ 용기의 운반 시 가능한 운반기구를 이용하고 넘어지지 않게 주의할 것

> **해설** 가스 용기는 서로 다른 용기와 같이 보관하지 않으며 용기는 반드시 세워서 보관해야 한다.

60 불활성 가스 금속 아크 용접에서 이용하는 와이어 송급 방식이 아닌 것은?

① 풀 방식   ② 푸시 방식
③ 푸시-풀 방식   ④ 더블-풀 방식

> **해설** 와이어 송급 방식에는 푸시 방식, 풀 방식, 푸시-풀 방식, 더블 푸시 방식이 있다.

2017년 제1회 기출문제 정답

01 ④	02 ④	03 ①	04 ③	05 ①	06 ①	07 ①	08 ④	09 ④	10 ②
11 ①	12 ③	13 ①	14 ②	15 ②	16 ④	17 ④	18 ②	19 ③	20 ③
21 ②	22 ②	23 ②	24 ④	25 ①	26 ②	27 ③	28 ②	29 ①	30 ②
31 ②	32 ③	33 ②	34 ④	35 ④	36 ③	37 ①	38 ①	39 ②	40 ④
41 ②	42 ④	43 ④	44 ①	45 ②	46 ③	47 ①	48 ①	49 ②	50 ①
51 ③	52 ③	53 ②	54 ④	55 ③	56 ②	57 ③	58 ④	59 ①	60 ④

최근기출문제
2017년도 제2회 시행

제1과목: 용접야금 및 용접설비제도

01 탄소강에서 탄소의 함유량이 증가할 경우에 나타나는 현상은?

① 경도증가, 연성감소
② 경도감소, 연성감소
③ 경도증가, 연성증가
④ 경도감소, 연성증가

> **해설** 탄소가 증가하면 인장강도, 항복강도, 전기저항은 증가하고, 연신율, 단면 수축률, 충격치, 전기전도도, 비중, 용융점 등은 감소한다.

02 담금질 시 재료의 두께에 따라 내·외부의 냉각속도 차이로 인하여 경화되는 깊이가 달라져 경도차이가 발생하는 현상을 무엇이라고 하는가?

① 시효경과
② 질량효과
③ 노치효과
④ 담금질효과

> **해설** 질량 효과가 커지면 경화능이 낮아서 내·외부의 경도 차이가 발생하게 된다.

03 다음 중 펄라이트의 조성으로 옳은 것은?

① 페라이트 + 소르바이트
② 페라이트 + 시멘타이트
③ 시멘타이트 + 오스테나이트
④ 오스테나이트 + 트루스타이트

> **해설** 펄라이트는 오스테나이트 조직에서 탄소가 철과 반응하여 Fe₃C(시멘타이트)가 석출되고 그 옆에 탄소가 적어진 페라이트가 형성되며, 층상 구조로 형성되기 때문에 탄소강의 기본 조직 중에서는 가장 강인한 조직이 된다.

04 다음 중 금속조직에 따라 스테인리스강을 3종류로 분류하였을 때 옳은 것은?

① 마텐자이트계, 페라이트계, 펄라이트계
② 페라이트계, 오스테나이트계, 펄라이트계
③ 마텐자이트계, 페라이트계, 오스테나이트계
④ 페라이트계, 오스테나이트계, 시멘타이트계

> **해설** 금속조직에 따라 스테인라스강을 구분하면 페라이트계, 마르텐자이트계, 오스테나이트계가 있으며, 특히 오스테나이트계 스테인리스강은 내식성, 내열성, 용접성이 우수하며 대표적인 조성은 18Cr-8Ni이다.

05 용접작업에서 예열을 실시하는 목적으로 틀린 것은?

① 열영향부와 용착 금속의 경화를 촉진하고 연성을 감소시킨다.
② 수소의 방출을 용이하게 하여 저온 균열을 방지한다.
③ 용접부의 기계적 성질을 향상시키고 경화 조직의 석출을 방지시킨다.
④ 온도 분포가 완만하게 되어 열응력의 감소로 변형과 잔류응력의 발생을 적게 한다.

> **해설** 예열의 목적
> • 열영향부의 경도를 낮추고 연성을 증가시킨다.
> • 수소의 방출을 용이하게 하여 저온 균열을 방지한다.
> • 용접부의 기계적 성질을 향상시키고 경화 조직의 석출을 방지시킨다.
> • 온도 분포가 완만하게 되어 열응력의 감소로 변형과 잔류응력의 발생을 적게 한다.
> • 피용접물의 전체 또는 이음부 부근의 온도를 올리고 용접하여 용접부의 냉각속도를 늦춘다.

06 강의 조직을 개선 또는 연화시키기 위해 가장 흔히 쓰이는 방법이며, 주조 조직이나 고온에서 조대화된 입자를 미세화시키기 위해 Ac3 또는 Ac1 이상 20~50℃로 가열 후 노냉시키는 풀림 방법은?

① 연화 풀림 ② 완전 풀림
③ 항온 풀림 ④ 구상화 풀림

해설
- 완전 풀림 : Ac3 또는 Ac1 이상 20~50℃로 가열 후 노냉시키는 풀림
- 저온 풀림 : Ac1 이하에서 내부응력 제거, 재질을 연화시킬 목적으로 하는 풀림

07 일반적인 고장력강 용접 시 주의해야할 사항으로 틀린 것은?

① 용접봉은 저수소계를 사용한다.
② 위빙 폭을 크게 하지 말아야 한다.
③ 아크 길이는 최대한 길게 유지한다.
④ 용접 전 이음부 내부를 청소한다.

해설 아크 길이는 가능한 한 짧게 유지해야 된다.

08 다음 중 용접성이 가장 좋은 것은?

① 1.2%C 강 ② 0.8%C 강
③ 0.5%C 강 ④ 0.2%C 이하의 강

해설 용접성에 가장 큰 영향을 미치는 원소는 탄소(C)이며, 탄소 함량이 많을수록 용접성이 나빠지고, 균열이 생길 가능성이 크다. 또한, 탄소(C)가 0.2% 이하일 때 용접성이 가장 좋다.

09 담금질한 강을 실온까지 냉각한 다음, 다시 계속하여 실온 이하의 마텐자이트 변태 종료 온도까지 냉각하여 잔류 오스테나이트를 마텐자이트로 변화시키는 열처리는?

① 심랭 처리 ② 하드 페이싱
③ 금속 용사법 ④ 연속 냉각 변태 처리

해설 심랭처리 : 고탄소강 등의 경우 마텐자이트 변태 종료점이 0℃ 이하이며 뜨임에 의해서도 잔류 오스테나이트가 존재하는 강의 경우 드라이아이스나 액체 질소로 냉각하여 잔류 오스테나이트를 마텐자이트로 변태시키는 열처리

10 다음 중 건축 구조용 탄소 강관의 KS 기호는?

① SPS 6 ② SGT 275
③ SRT 275 ④ SNT 275A

해설 구조용 강관의 KS 기호(2016년 12월 개정)
- 일반구조용 탄소 강관 : SGT 275, SGT 355, SGT 410, SGT 450, SGT 550
- 일반구조용 각형 강관 : SRT 275, SRT 355, SRT 410, SRT 450, SRT 550
- 건축구조용 탄소 강관 : SNT 275E, SNT 355E, SNT 460E, SNT 275A, SNT 355A, SNT 460A

11 다음 선의 용도 중 가는 실선을 사용하지 않는 것은?

① 지시선 ② 치수선
③ 숨은선 ④ 회전단면선

해설
- 굵은 실선 : 외형선
- 가는 실선 : 치수선, 치수보조선, 지시선, 회전단면선, 중심선, 수준면선
- 가는 일점쇄선 : 중심선, 기준선, 피치선
- 굵은 파선 : 숨은선

12 용접부 표면의 형상과 기호가 올바르게 연결된 것은?

① 토우를 매끄럽게 함 : ⌣
② 동일 평면으로 다듬질 : ⎸/
③ 영구적인 덮개 판을 사용 : ⌣
④ 제거 가능한 이면 판재 사용 : ⎸/

해설
- ⎸/ : 넓은 루트면이 있는 한면 개선형 맞대기 용접
- ⎸/ : 일면 개선형 맞대기 용접
- M : 영구적인 이면판재 사용
- MR : 제거 가능한 이면판재 사용
- ⌣ : 오목형

13 다음 중 치수 기입의 원칙으로 틀린 것은?

① 치수는 중복 기입을 피한다.
② 치수는 되도록 주 투상도에 집중시킨다.
③ 치수는 계산하여 구할 필요가 없도록 기입한다.
④ 관련되는 치수는 되도록 분산시켜서 기입한다.

해설 **치수기입의 원칙**
- 대상물의 기능, 제작, 조립 등 필요하다고 생각되는 치수를 명료하게 도면에 지시한다.
- 치수는 대상물의 크기, 자세 및 위치를 가장 명확하게 표시하는데 필요하고 충분한 것을 기입한다.
- 치수에는 기능상(호환성을 포함) 필요로 한 경우 KS A 0108에 따라 치수의 허용 한계를 지시한다. 다만, 이론적으로 정확한 치수를 제외한다.
- 치수는 되도록 주 투상도에 집중한다.
- 치수는 중복 기입을 피한다.
- 치수는 되도록 계산해서 구할 필요가 없도록 기입한다.
- 치수는 필요에 따라 기준으로 하는 점, 선, 또는 면을 기준으로하여 기입한다.
- 관련되는 치수는 되도록 한 곳에 모아서 기입한다.
- 치수는 되도록 공정마다 배열을 분리하여 기입한다.
- 치수 중 참고 치수에 대하여는 치수 수치에 괄호를 붙인다.

14 다음 용접의 명칭과 기호가 맞지 않는 것은?

① 심 용접 : ⊖   ② 이면 용접 : ⌣
③ 겹침 접합부 : \/   ④ 가장자리 용접 : |||

해설
- \/ : 개선각이 급격한 V형 맞대기 용접
- ⌒ : 겹침 접합부

15 다음 중 SM 45C의 명칭으로 옳은 것은?

① 기계 구조용 탄소강재
② 일반 구조용 각형 강관
③ 저온 배관용 탄소 강관
④ 용접용 스테인리스강 선재

해설 SM 45C : 탄소 함유량이 0.42~0.47%의 기계 구조용 탄소강

16 치수 기입의 방법을 설명한 것으로 틀린 것은?

① 구의 반지름 치수를 기입할 때는 구의 반지름 기호인 S∅를 붙인다.
② 정사각형 변의 크기 치수 기입 시 치수 앞에 정사각형 기호 □를 붙인다.
③ 판재의 두께 치수 기입 시 치수 앞에 두께를 나타내는 기호 t를 붙인다.

④ 물체의 모양이 원형으로서 그 반지름 치수를 표시할 때는 치수 앞에 R을 붙인다.

해설 **치수 기입에 사용되는 기호**

기호 이름	모양	기호 이름	모양
지름	∅	45° 모따기	C
반지름	R	이론적으로 정확한 치수	50
구의 지름	S∅	참고치수	(50)
구의 반지름	SR	치수의 취소	5̶0̶
정사각형의 변	□	비례척도가 아닌 치수	50
판의 두께	t	치수의 기준	
원호의 길이	⌒		

17 다음 중 각기둥이나 원기둥을 전개할 때 사용하는 전개도법으로 가장 적합한 것은?

① 사진 전개도법   ② 평행선 전개도법
③ 삼각형 전개도법   ④ 방사선 전개도법

해설 **전개도법의 종류**
- 방사선 전개도법 : 원뿔이나 각뿔 등을 전개할 때 사용하는 전개도법이다.
- 삼각형 전개도법 : 꼭짓점이 너무 멀리 떨어져 있어서 방사선법을 이용하기 어려운 원뿔이나 편심 원뿔, 각뿔 등의 전개도를 그릴 때 많이 사용하는 전개도법이다.
- 평행선 전개도법 : 각기둥이나 원기둥을 전개할 때 사용하는 전개도법이다.

18 다음 중 가는 1점 쇄선의 용도가 아닌 것은?

① 중심선   ② 외형선
③ 기준선   ④ 피치선

해설
- 굵은 실선 : 외형선
- 가는 실선 : 치수선, 치수보조선, 지시선, 회전단면선, 중심선, 수준면선
- 가는 일점쇄선 : 중심선, 기준선, 피치선
- 굵은 파선 : 숨은선

19 다음 중 스케치 방법이 아닌 것은?

① 프린트법   ② 투상도법
③ 본뜨기법   ④ 프리핸드법

해설 투상도법은 눈높이와 시점을 이용하여 입체의 형태를 2차원의 평면에 고착하고 평면상의 도형으로 표현하는 방법이다.

20 KS의 부문별 기호 연결이 잘못된 것은?

① KS A – 기본 ② KS B – 기계
③ KS C – 전기 ④ KS D – 건설

해설 KS D – 금속, KS F – 건설

제2과목 용접구조설계

21 다음 중 용접 균열 시험법은?

① 킨젤 시험 ② 코머렐 시험
③ 슈나트 시험 ④ 리하이 구속 시험

해설 용접 균열 시험법에는 T형 필릿 시험, CTS 시험, 리하이 구속 시험, 바텔 비드밑 시험, 피스코 시험, 분할형 원주 홈 시험 등이 있다.

22 중판 이상의 용접을 위한 홈 설계 요령으로 틀린 것은?

① 루트 반지름은 가능한 크게 한다.
② 홈의 단면적을 가능한 작게 한다.
③ 적당한 루트면과 루트간격을 만들어 준다.
④ 전후좌우 5° 이하로 용접봉을 운봉할 수 없는 홈 각도를 만든다.

해설 최소 10° 정도는 전후좌우로 용접봉을 움직일 수 있는 홈 각도를 만들어야 된다.

23 용착부의 인장응력이 5kgf/mm², 용접선 유효길이가 80mm이며, V형 맞대기로 완전 용입인 경우 하중 8000kgf에 대한 판 두께는 몇 mm인가?(단, 하중은 용접선과 직각 방향이다.)

① 10 ② 20
③ 30 ④ 40

해설 $\sigma = \dfrac{P}{A} = \dfrac{P}{t \times L}$, $t = \dfrac{8{,}000\text{kgf}}{5\text{kgf/mm}^2 \times 80\text{mm}} = 20\text{mm}$

24 일반적인 용접의 장점으로 틀린 것은?

① 수밀, 기밀이 우수하다.
② 이종재료 접합이 가능하다.
③ 재료가 절약되고 무게가 가벼워진다.
④ 자동화가 가능하며 제작 공정수가 많아진다.

해설 일반적인 용접의 장점
- 재료가 절약되고 중량이 경감된다.
- 작업공정이 단축되며 경제적이다.
- 재료의 두께에 제한이 없다.
- 기밀 · 수밀 · 유밀성이 우수하며 이음효율이 좋다.
- 제품의 성능과 수명이 향상되며 이종재료도 접합이 가능하다.
- 용접준비 및 작업이 비교적 간단하고 용접의 자동화가 용이하다.
- 소음이 적어 실내에서의 작업이 가능하며 복잡한 구조물 제작이 쉽다.
- 보수와 수리가 용이하다.

25 용접 전 길이를 적당한 구간으로 구분한 후 각 구간을 한 칸씩 건너뛰어서 용접한 후 다시금 비어 있는 곳을 차례로 용접하는 방법으로 잔류응력이 가장 적은 용착법은?

① 후퇴법 ② 대칭법
③ 비석법 ④ 교호법

해설 비석법(스킵법)은 용접 길이를 짧게 나누어 간격을 두면서 용접하는 방법으로 피용접물 전체에 변형이나 잔류 응력이 적게 발생하도록 하는 용착 방법이다.

26 다음 중 용접부 예열의 목적으로 틀린 것은?

① 용접부의 기계적 성질을 향상시킨다.
② 열응력의 감소로 잔류응력의 발생이 적다.
③ 열영향부와 용착금속의 경화를 방지한다.
④ 수소의 방출이 어렵고 경도가 높아져 인성이 저하한다.

해설 예열의 목적
- 열영향부의 경도를 낮추고 연성을 증가시킨다.
- 수소의 방출을 용이하게 하여 저온 균열을 방지한다.
- 용접부의 기계적 성질을 향상시키고 경화 조직의 석출을 방지시킨다.
- 온도 분포가 완만하게 되어 열응력의 감소로 변형과 잔류응력의 발생을 적게 한다.
- 피용접물의 전체 또는 이음부 부근의 온도를 올리고 용접하여 용접부의 냉각속도를 늦춘다.

27 V형 맞대기 용접에서 판 두께가 10mm, 용접선의 유효길이가 200mm일 때 5N/mm²의 인장응력이 발생한다면 이 때 작용하는 인장하중은 몇 N인가?

① 3000　　② 5000
③ 10000　　④ 12000

해설 $\sigma = \dfrac{P}{A}$, $P = 5 \times 10 \times 200 = 10000\text{N}$

28 용접 작업 시 용접 지그를 사용했을 때 얻는 효과로 틀린 것은?

① 용접 변형을 증가시킨다.
② 작업 능률을 향상시킨다.
③ 용접 작업을 용이하게 한다.
④ 제품의 마무리 정도를 향상시킨다.

해설 용접 지그 사용시 이점
 • 동일 제품을 다량 생산할 수 있다.
 • 제품의 정밀도와 용접부의 신뢰성을 높인다.
 • 작업을 용이하게 하고 용접 능률을 높인다.

29 강자성체인 철강 등의 표면 결함 검사에 사용되는 비파괴 검사 방법은?

① 누설 비파괴 검사
② 자기 비파괴 검사
③ 초음파 비파괴 검사
④ 방사선 비파괴 검사

해설 표면 결함 검사법에는 침투 탐상 검사와 자기(분) 탐상 검사가 있으나 강자성체의 경우 자기 검사법 적용이 좋다.

30 다음 용착법 중 각 층마다 전체 길이를 용접하며 쌓는 방법은?

① 전진법　　② 후진법
③ 스킵법　　④ 빌드업법

해설
 • 전진법 : 한 끝에서 다른 쪽 끝을 향해 연속적으로 진행하는 간단한 방법으로 용접 길이가 짧은 경우나 변형과 잔류 응력이 그다지 문제가 되지 않을 때 이용되며 수축과 잔류 응력이 용접의 시작부분보다 끝부분에 더 크게 된다.
 • 후진법 : 용접 진행 방향과 용착 방향이 서로 반대가 되는 방법으로 잔류 응력은 다소 적게 발생한다.
 • 스킵법 : 일명 비석법이라고 하며 용접 길이를 짧게 나누어 간격을 두면서 용접하는 방법으로 피용접물 전체에 변형이나 잔류 응력이 적게 발생하도록 하는 용착 방법이다.

31 용접부의 결함 중 구조상 결함이 아닌 것은?

① 변형　　② 기공
③ 언더컷　　④ 오버랩

해설
 • 치수상 결함 : 변형, 치수불량, 형상불량
 • 구조상 결함 : 기공, 슬래그 섞임, 융합불량, 용입불량, 언더컷, 오버랩, 용접균열, 표면결함
 • 성질상 결함 : 기계적 성질 부족, 화학적 성질 부족, 물리적 성질 부족

32 가접 시 주의해야 할 사항으로 옳은 것은?

① 본 용접자보다 용접 기량이 낮은 용접자가 가접을 실시한다.
② 용접봉은 본 용접 작업 시에 사용하는 것보다 가는 것을 사용한다.
③ 가용접 간격은 일반적으로 판 두께의 60~80배 정도로 하는 것이 좋다.
④ 가용접 위치는 부품의 끝 모서리나 각 등과 같이 응력이 집중되는 곳에 가접한다.

해설 가 용접
 • 조립 및 가 용접은 용접 시공에서 중요한 공정의 하나이다.
 • 본 용접을 실시하기 전에 좌우의 홈 부분을 잠정적으로 고정하기 위한 짧은 용접이다.
 • 가 용접 상태의 좋고 나쁨은 용접 결과에 직접 영향을 준다.
 • 본 용접 시와 동일한 기량을 가진 용접사에 의해 실시하여야 한다.
 • 가접 시 약간 높은 전류를 사용하거나 지름이 작은 용접봉을 사용한다.
 • 본용접과 같은 온도에서 예열을 한다.
 • 강도상 중요한 곳(응력이 집중하는 곳)과 용접의 시점 및 종점이 되는 끝부분은 피해야 한다.
 • 일반적으로 본 용접을 할 부분은 피해야 하며, 부득이한 경우에는 본 용접전 갈아낸 후 용접한다.

33 용접 구조물을 조립하는 순서를 정할 때 고려 사항으로 틀린 것은?

① 용접 변형을 쉽게 제거할 수 있어야 한다.
② 작업환경을 고려하여 용접자세를 편하게 한다.
③ 구조물의 형상을 고정하고 지지할 수 있어야 한다.
④ 용접진행은 부재의 구속단을 향하여 용접한다.

> 해설) 용접 진행은 부재의 구속단 반대 방향을 향하여 용접한다.

34 연강판 용접을 하였을 때 발생한 용접 변형을 교정하는 방법이 아닌 것은?

① 롤러에 의한 방법
② 기계적 응력 완화법
③ 가열 후 해머링하는 법
④ 얇은 판에 대한 점 수축법

> 해설) 변형 교정의 방법
> - 박판에 대한 점 수축법
> - 형재에 대한 직선 수축법
> - 가열 후 해머링하는 방법
> - 두꺼운 판에 대하여 가열 후 압력을 가하고 수냉하는 방법
> - 롤러에 거는 방법
> - 피닝법
> - 절단에 의하여 성형하고 재 용접하는 방법

35 비파괴 검사법 중 표면 결함 검출에 사용되지 않는 것은?

① PT   ② MT
③ UT   ④ ET

> 해설) • UT : 초음파 탐상법으로 내부 결함 검사에 주로 사용되는 비파괴 검사법
> • PT : 침투 탐상법
> • MT : 자분(기) 탐상법
> • ET : 와류 탐상법

36 용접부에 잔류응력을 제거하기 위하여 응력 제거 풀림처리를 할 때 나타나는 효과로 틀린 것은?

① 충격 저항의 증대
② 크리프 강도의 향상
③ 응력 부식에 대한 저항력의 증대
④ 용착 금속 중의 수소 제거에 의한 경도 증대

> 해설) 응력제거 풀림에 의해 기대되는 효과
> - 용접 잔류 응력의 제거
> - 응력 부식에 대한 저항력 증대
> - 수소 방출에 의한 자체 파괴의 방지
> - 치수의 빗나감 방지
> - 용접부의 연성 증가
> - 열영향부의 뜨임 연화
> - 노치인성 및 강도 변화

37 맞대기 용접 이음에서 이음 효율을 구하는 식은?

① 이음효율 = $\dfrac{허용 \ 응력}{사용 \ 응력} \times 100$

② 이음효율 = $\dfrac{사용 \ 응력}{허용 \ 응력} \times 100$

③ 이음효율 = $\dfrac{모재의 \ 인장강도}{용접시험편의 \ 인장강도} \times 100$

④ 이음효율 = $\dfrac{용접시험편의 \ 인장강도}{모재의 \ 인장강도} \times 100$

38 얇은 판의 용접 시 주로 사용하는 방법으로 용접부의 뒷면에서 물을 뿌려주는 변형 방지법은?

① 살수법   ② 도열법
③ 석면포 사용법   ④ 수냉 동판 사용법

> 해설) 냉각법
> - 수냉 동판 사용법 : 수냉 동판을 뒷면에 대어 열을 식히는 방법
> - 살수법 : 용접부 뒷면에 물을 뿌려 주는 방법
> - 석면포 사용법 : 물에 적신 석면포를 용접선의 옆면에 대어 열을 식히는 방법

39 다음 중 비파괴 시험법에 해당되는 것은?

① 부식시험　　② 굽힘시험
③ 육안시험　　④ 충격시험

> **해설** 용접부 검사의 종류(비파괴시험)
> • 외관시험(육안시험) : 비드 모양, 언더컷, 오버랩, 용입 불량, 표면균열, 기공 등의 검사
> • 누설시험
> • 침투시험 : 형광침투시험, 염료침투시험
> • 음향시험
> • 초음파시험
> • 자기적시험
> • 와류시험(맴돌이 검사)
> • 방사선투과시험
> • 천공시험

40 판 두께 25mm 이상인 연강판을 0℃ 이하에서 용접할 경우 예열하는 방법은?

① 이음의 양쪽 폭 100mm 정도를 40~75℃로 예열하는 것이 좋다.
② 이음의 양쪽 폭 150mm 정도를 150~200℃로 예열하는 것이 좋다.
③ 이음의 한쪽 폭 100mm 정도를 40~75℃로 예열하는 것이 좋다.
④ 이음의 한쪽 폭 150mm 정도를 150~200℃로 예열하는 것이 좋나.

> **해설** 연강을 0℃ 이하에서 용접할 경우 이음의 양쪽 폭 100mm 정도를 40~75℃로 예열하고, 고장력강, 저합금강, 주철의 경우 용접 홈을 50~350℃로 예열한다.

제3과목　용접일반 및 안전관리

41 불활성가스 텅스텐 아크용접에 대한 설명으로 틀린 것은?

① 직류 역극성으로 용접하면 청정작용을 얻을 수 있다.
② 가스 노즐은 일반적으로 세라믹 노즐을 사용한다.
③ 불가시 용접으로 용접 중에는 용접부를 확인할 수 없다.
④ 용접용 토치는 냉각 방식에 따라 수랭식과 공랭식으로 구분된다.

> **해설** 불활성가스 텅스텐 아크용접은 TIG 용접이라고도 하며, 용접 중에 용접부를 볼 수 있으므로 가시 용접이라 한다. 참고로 불가시 용접은 서브머지드 아크용접이나 일렉트로 슬래그 용접처럼 용제 속에서 용접하기 때문에 용접부를 볼 수 없는 용접을 말한다.

42 다음 중 아크 용접 시 발생되는 유해한 광선에 해당되는 것은?

① X-선　　② 자외선
③ 감마선　④ 중성자선

> **해설** 용접 중에 발생하는 자외선, 적외선은 유해한 광선이므로 반드시 차광 보안경 등의 보호구를 착용한 후 용접해야 된다.

43 다음 중 교류 아크 용접기에 해당되지 않는 것은?

① 발전기형 아크 용접기
② 탭 전환형 아크 용접기
③ 가동 코일형 아크 용집기
④ 가동 철심형 아크 용접기

> **해설** 아크 용접기의 종류
> • 직류 용접기 : 발전기형(모터형, 엔진형), 정류기형
> • 교류 용접기 : 가동 철심형, 가동 코일형, 탭 전환형, 가포화 리액터형

44 가스절단에서 예열 불꽃이 약할 때 일어나는 현상으로 가장 거리가 먼 것은?

① 드래그가 증가한다.
② 절단면이 거칠어진다.
③ 절단 속도가 늦어진다.
④ 절단이 중단되기 쉽다.

해설 가스절단 예열 불꽃

구분	내용
역할	• 절단 산소의 운동량을 유지하도록 한다. • 절단 산소의 순도 저하를 방지한다. • 절단 개시 발화점 온도를 가열한다. • 절단재의 표면 스케일 등을 박리시켜 산소의 반응을 용이하게 한다.
강할 때	• 절단면이 거칠어진다. • 모서리가 용융되어 둥글게 된다. • 슬래그 중의 철 성분의 박리가 어려워진다.
약할 때	• 드래그가 증가한다. • 절단 속도가 늦어진다. • 절단이 중단되기 쉽다.

45 모재 두께가 다른 경우에 전극의 과열을 피하기 위하여 전류를 단속하여 용접하는 점 용접법은?

① 맥동 점 용접　　② 단극식 점 용접
③ 인터랙 점 용접　④ 다전극 점 용접

해설 점 용접법의 종류
• 단극식 점 용접 : 1쌍의 전극으로 1점의 용접부를 만드는 용접법
• 다전극 점 용접 : 전극을 2개 이상으로 하여 2점 이상의 용접을 하며 용접 속도 향상, 용접 변형을 방지시키는 효과
• 직렬식 점 용접 : 1개의 전류 회로에 2개 이상의 용접점을 만드는 방법
• 맥동 점 용접 : 모재 두께가 다른 경우에 전극의 과열을 피하기 위해 전류를 단속하여 용접
• 인터랙 점 용접 : 용접 전류가 피용접물의 일부를 통하여 다른 곳으로 전달하는 방식

46 U형, H형의 용접 홈을 가공하기 위하여 슬로우 다이버전트로 설계된 팁을 사용하여 깊은 홈을 파내는 가공법은?

① 스카핑　　　　② 수중 절단
③ 가스 가우징　　④ 산소창 절단

해설
• 수중 절단 : 침몰선의 해체나 교량의 개조, 항만의 방파제 공사 등에 사용
• 가스 가우징 : 용접 부분의 뒷면을 따내든지 U형, H형의 용접홈을 가공하기 위한 가공법
• 스카핑 : 강재 표면의 홈이나 개재물, 탈탄층 등을 제거하기 위하여 될 수 있는 대로 얇게 그리고 타원형 모양으로 표면을 깎아 내는 가공법
• 산소창 절단 : 토치의 팁 대신에 안지름 3.2~6mm, 길이 1.5~3m 정도의 강관(긴 파이프)에 산소를 공급

하여 그 강관이 산화 연소할 때의 반응열로 금속을 절단하는 방법

47 피복제 중에 석회석이나 형석을 주성분으로 사용한 것으로 용착금속 중의 수소 함유량이 다른 용접봉에 비해 약 1/10 정도로 현저하게 적은 피복 아크 용접봉은?

① E4301　　　　② E4311
③ E4313　　　　④ E4316

해설 ① 일미나이트계, ② 고셀룰로스계
③ 고산화티탄계, ④ 저수소계

48 일반적인 가동 철심형 교류 아크 용접기의 특성으로 틀린 것은?

① 미세한 전류 조정이 가능하다.
② 광범위한 전류 조정이 어렵다.
③ 조작이 간단하고 원격 제어가 된다.
④ 가동철심으로 누설자속을 가감하여 전류를 조정한다.

해설 가동 철심형 교류 아크 용접기의 특성
• 가동 철심으로 누설 자속을 가감하여 전류를 조정하는 방식으로 현재 가장 많이 사용한다.
• 중간 이상 가동 철심을 빼내면 누설 자속의 영향으로 아크가 불안정하게 되기 쉽다.
• 광범위한 전류 조정이 어렵다.
• 미세한 전류 조정이 가능하다.

49 자동 및 반자동 용접이 수동 아크 용접에 비하여 우수한 점이 아닌 것은?

① 용입이 깊다.
② 와이어 송급 속도가 빠르다.
③ 위보기 용접자세에 적합하다.
④ 용착금속의 기계적 성질이 우수하다.

해설
자동 용접은 용접 조작을 모두 자동적으로 행하는 것으로 용접 전류를 통전하면서 용가재의 송급과 용접 진행을 전동기로 수행하는 방식이다. 또한, 반자동 용접은 용접 와이어의 송급만을 자동적으로 행하고 용접의 진행은 수동으로 조작하는 방식으로 두 방법 모두 수동 용접에 비해 능률은 좋지만, 여러 가지 용접 자세를 요구하는 구조물의 현장 조립 용접 등에는 부적합하다.

50 산소-아세틸렌가스 용접의 특징으로 틀린 것은?

① 용접 변형이 적어 후판 용접에 적합하다.
② 아크 용접에 비해서 불꽃의 온도가 낮다.
③ 열 집중성이 나빠서 효율적인 용접이 어렵다.
④ 폭발의 위험성이 크고 금속이 탄화 및 산화될 가능성이 많다.

해설 산소-아세틸렌가스 용접의 장·단점

구분	내용
장점	• 응용 범위가 넓으며 운반이 편리하다. • 열량 조절이 용이하여 박판 용접에 적합하다. • 전원 설비가 불필요하고 설치비용이 저렴하다. • 아크 용접에 비해 유해 광선의 발생이 적다.
단점	• 아크 용접에 비해 불꽃의 온도가 낮다. • 열 집중성이 나빠서 효율적인 용접이 어렵다. • 폭발의 위험성이 크고 금속이 탄화 및 산화될 가능성이 많다. • 가열 범위가 커서 용접 응력이 크고, 가열 시간이 오래 걸린다. • 용접 변형이 크고 금속의 종류에 따라 기계적 강도가 저하된다. • 일반적으로 아크 용접에 비해 신뢰성이 적다.

51 다음 용접 자세의 기호 중 수평 자세를 나타낸 것은?

① F ② H
③ V ④ O

해설
• F : 아래보기 자세 • H : 수평 자세
• V : 수직 자세 • O : 위보기 자세

52 가스용접에서 탄산나트륨 15%, 붕사 15%, 중탄산나트륨 70%가 혼합된 용제는 어떤 금속용접에 가장 적합한가?

① 주철 ② 연강
③ 알루미늄 ④ 구리합금

해설 금속과 용제
• 연강 : 거의 사용하지 않음
• 주철 : 탄산나트륨 15%, 붕사 15%, 중탄산나트륨 70%
• 알루미늄 : 염화칼륨 45%, 염화나트륨 30%, 염화리튬 15%, 플루오르화 칼륨 7%, 황산칼륨 3%
• 구리합금 : 붕사 75%, 염화리튬 25%

53 탄산가스 아크 용접에 대한 설명으로 틀린 것은?

① 전자세 용접이 가능하다.
② 가시 아크이므로 시공이 편리하다.
③ 용접전류의 밀도가 낮아 용입이 얕다.
④ 용착금속의 기계적, 야금적 성질이 우수하다.

해설 탄산가스 아크 용접(CO_2 용접)의 장·단점

구분	내용
장점	• 전류 밀도가 높아 용입이 깊고 용접 속도를 빠르게 할 수 있다. • 용착 금속의 기계적 성질 및 금속학적 성질이 우수하다. • 단락 이행에 의하여 박판도 용접이 가능하며 전자세 용접이 가능하다. • 용제를 사용하지 않아 슬래그의 혼입이 없고 용접 후 처리가 간단하다. • 가시 아크(Visible arc)이므로 시공이 편리하다.
단점	• 바람의 영향을 받으므로 풍속 2m/sec 이상에서 방풍 장치가 필요하다. • 비드 외관이 피복 아크 용접이나 서브머지드 용접보다 약간 거칠다. • 적용되는 재질이 철 계통으로 한정되어 있다.

54 다음 중 압접에 해당하는 것은?

① 전자빔 용접 ② 초음파 용접
③ 피복 아크 용접 ④ 일렉트로 슬래그 용접

해설 압접의 종류 : 단접, 냉간압접, 저항용접(겹치기, 맞대기), 유도가열용접, 초음파용접, 마찰용접, 가압테르밋용접, 가스압접

55 피복 아크 용접봉의 피복 배합제 중 아크 안정제에 속하지 않는 것은?

① 석회석 ② 마그네슘
③ 규산칼륨 ④ 산화티탄

해설 피복 배합제의 종류
• 가스 발생제 : 유기물(셀룰로오스, 전분, 펄프), 탄산염(석회석, 마그네사이트)
• 탈산제 : 페로망간, 페로실리콘
• 슬래그 생성제 : 규사, 운모, 석면, 석회석, 마그네사이트, 일미나이트, 이산화망간
• 아크 안정제 : 규산칼륨, 산화티탄, 탄산바륨
• 합금 첨가제 : 페로망간, 페로실리콘, 페로크롬, 니켈, 페로바나듐

56 가스용접에서 가변압식 토치의 팁(B형) 250번을 사용하여 표준불꽃으로 용접하였을 때의 설명으로 옳은 것은?

① 독일식 토치의 팁을 사용한 것이다.
② 용접 가능한 판 두께가 250mm이다.
③ 1시간 동안에 산소 소비량이 25리터이다.
④ 1시간 동안에 아세틸렌가스의 소비량이 250리터이다.

해설 B형 토치(가변압식 토치)는 프랑스식 토치로 니들 밸브가 있어 불꽃 조절이 용이하며, 시간당 소비하는 아세틸가스의 소비량으로 표시한다.

57 정격 2차 전류가 300A, 정격 사용률 50%인 용접기를 사용하여 100A의 전류로 용접을 할 때 허용 사용률은?

① 5.6%
② 150%
③ 450%
④ 550%

해설 허용사용률 = $\dfrac{\text{정격 2차 전류}^2}{\text{실제 용접 전류}^2} \times \text{정격 사용률}\%$
= $\dfrac{300^2}{100^2} \times 50 = 450\%$

58 불활성가스 텅스텐 아크용접에서 전극을 모재에 접촉시키지 않아도 아크 발생이 되는 이유로 가장 적합한 것은?

① 전압을 높게 하기 때문에
② 텅스텐의 작용으로 인해서
③ 아크 안정제를 사용하기 때문에
④ 고주파 발생장치를 사용하기 때문에

해설 고주파 발생 장치 : 상용 주파수의 아크 전류에 고전압(2000~3000V)의 고주파를 중첩하는 장치

59 연강용 피복 아크 용접봉의 종류에서 E4303 용접봉의 피복제 계통은?

① 특수계
② 저수소계
③ 일루미나이트계
④ 라임티타니아계

해설 연강 피복 아크 용접봉

용접봉 종류	피복제 계통	용접 자세
E4301	일미나이트계	F, V, OH, H
E4303	라임티타니아계	F, V, OH, H
E4311	고셀룰로오스계	F, V, OH, H
E4313	고산화티탄계	F, V, OH, H
E4316	저수소계	F, V, OH, H
E4324	철분산화티탄계	F, H-Fil
E4326	철분저수소계	F, H-Fil
E4327	철분산화철계	F, H-Fil
E4340	특수계	F, V, OH, H-Fil 전부 또는 어느 한 자세

60 용접작업자의 전기적 재해를 줄이기 위한 방법으로 틀린 것은?

① 절연상태를 확인한 후에 사용한다.
② 용접 안전보호구를 완전히 착용한다.
③ 무부하 전압이 낮은 용접기를 사용한다.
④ 직류 용접기보다 교류 용접기를 많이 사용한다.

해설 교류 용접기의 무부하 전압이 70~80V인데 비해 직류 용접기의 무부하 전압은 40~60V로 낮기 때문에 감전의 위험이 교류가 더 크다.

2017년 제2회 기출문제 정답

01 ①	02 ②	03 ②	04 ③	05 ①	06 ②	07 ③	08 ④	09 ①	10 ④
11 ③	12 ①	13 ④	14 ③	15 ①	16 ①	17 ②	18 ②	19 ②	20 ④
21 ④	22 ②	23 ②	24 ④	25 ③	26 ④	27 ③	28 ①	29 ②	30 ④
31 ①	32 ②	33 ①	34 ②	35 ③	36 ①	37 ③	38 ①	39 ③	40 ①
41 ③	42 ②	43 ①	44 ②	45 ①	46 ③	47 ④	48 ③	49 ③	50 ①
51 ②	52 ①	53 ③	54 ②	55 ②	56 ④	57 ③	58 ④	59 ④	60 ④

최근기출문제
2017년도 제3회 시행

제1과목 : 용접야금 및 용접설비제도

01 체심입방격자의 슬립면과 슬립방향으로 맞는 것은?

① {110}–⟨110⟩ ② {110}–⟨111⟩
③ {111}–⟨110⟩ ④ {111}–⟨111⟩

해설 슬립면과 슬립방향

구조	금속	슬립면	슬립방향	계의 수
면심입방격자 (FCC)	Cu, Al, Ni, Ag, Au	{111}	⟨110⟩	12
체심입방격자 (BCC)	α-Fe, W, Mo	{110}	⟨111⟩	12
	α-Fe, W	{211}	⟨111⟩	12
	α-Fe, K	{321}	⟨111⟩	24
조밀육방격자 (HCP)	Cd, Zn, Mg, Ti, Be	{0001}	⟨1120⟩	3
	Ti, Mg, Zr	{1010}	⟨1120⟩	3
	Ti, Mg	{1011}	⟨1120⟩	6

02 다음 재료의 용접작업 시 예열을 하지 않았을 때 용접성이 가장 우수한 강은?

① 고장력강
② 고탄소강
③ 마텐자이트계 스테인리스강
④ 오스테나이트계 스테인리스강

해설 오스테나이트계 스테인리스강
- 화학적 조성은 18% Cr, 8% Ni 이다.
- 스테인리스강 중 내식성이 가장 높다.
- 비자성이며, 용접이 비교적 잘 되며 가공성이 좋다.

03 일반적인 금속의 특성으로 틀린 것은?

① 열과 전기의 양도체이다.
② 이온화하면 양(+) 이온이 된다.
③ 비중이 크고, 금속적 광택을 갖는다.
④ 소성변형성이 있어 가공하기 어렵다.

해설 금속재료의 특징
- 상온에서 고체이며 결정체이다.(예외 : Hg, Na, K, Li)
- 비중이 크고 금속마다 고유의 광택을 갖는다.
- 결정면에서 슬립이 용이하여 가공이 용이하고 연성, 전성이 좋다.
- 열과 전기의 양도체이다.
- 이온화하면 양(+)이온이 된다.
- 모든 금속은 전자, 양자, 중성자를 가지고 있다.
- 각 금속마다 금속의 성질과 구조가 다른 이유는 입자들이 다르게 배열되어 있기 때문이다.
- 대부분의 금속은 고체 상태에서 빠르게 배열되어 있다.
- 금속 결합의 요인은 자유 전자이다.

04 용접부의 잔류응력을 경감시키기 위한 방법으로 틀린 것은?

① 예열을 할 것
② 용착 금속량을 증가시킬 것
③ 적당한 용착법, 용접순서를 선정할 것
④ 적당한 포지셔너 및 회전대 등을 이용할 것

해설 잔류응력을 경감시키기 위해서는 용착 금속량을 적게 해야 하며, 50~150℃ 정도로 예열하고 적절한 용착법을 선정해야 한다.

05 다음 원소 중 강의 담금질 효과를 증대시키며, 고온에서 결정립 성장을 억제시키고, S의 해를 감소시키는 것은?

① C ② Mn
③ P ④ Si

해설
- C : 강도, 경도, 전기저항, 항복점 증가, 연신율, 인성, 전연성, 충격치 감소
- Mn : 강도, 경도, 인성 증가, 유동성 향상, 탈산제, 황(S)의 해를 감소
- P : 강도, 경도 증가, 연신율 감소, 청열취성, 상온취성 원인
- Si : 강도, 경도 증가, 용접성 저하

06 피복 아크 용접봉의 피복 배합제의 성분 중 용착금속의 산화, 질화를 방지하고 용착금속의 냉각속도를 느리게 하는 것은?

① 탈산제 ② 가스 발생제
③ 아크 안정제 ④ 슬래그 생성제

해설 슬래그 생성제는 용착금속의 산화, 질화를 방지하고 용착금속의 냉각속도를 느리게 하는 것으로 규사, 운모, 석면, 석회석, 마그네사이트, 일미나이트, 이산화망간 등이 사용된다.

07 다음 중 열전도율이 가장 높은 것은?

① Ag ② Al
③ Pb ④ Fe

해설 열전도율
• 거리 1m에 1℃씩 변할 때, 1m² 단면에 1시간 동안 전해지는 열량이다.
• 단위는 kJ/m·h·℃ 이다.
• 열전도율의 크기 : 은(Ag) > 구리(Cu) > 백금(Pt) > 알루미늄(Al) > 아연(Zn) > 니켈(Ni) > 철(Fe)

08 용접부의 저온균열은 약 몇 ℃ 이하에서 발생하는가?

① 200℃ ② 450℃
③ 600℃ ④ 750℃

해설 저온균열은 200℃ 이하의 비교적 낮은 온도에서 발생하는 균열로 루트, 토우, 비드 밑, 지연균열 등이 있다.

09 응력제거 풀림처리 시 발생하는 효과가 아닌 것은?

① 잔류응력이 제거된다.
② 응력부식에 대한 저항력이 증가한다.
③ 충격저항성과 크리프 강도가 감소한다.
④ 용착금속 중의 수소가스가 제거되어 연성이 증가된다.

해설 응력제거 풀림에 의해 기대되는 효과
• 용접 잔류 응력의 제거
• 응력 부식에 대한 저항력 증대
• 수소 방출에 의한 자체 파괴의 방지
• 치수의 빗나감 방지
• 용접부의 연성 증가
• 열영향부의 뜨임 연화
• 노치인성 및 강도 변화

10 용접 시 발생하는 일차결함으로 응고온도 범위 또는 그 직하의 비교적 고온에서 용접부의 자기수축과 외부구속 등에 의한 인장 스트레인과 균열에 민감한 조직이 존재하면 발생하는 용접부의 균열은?

① 루트 균열 ② 저온 균열
③ 고온 균열 ④ 비드 밑 균열

해설 고온 균열은 500℃ 이상에서 발생되는 균열로 크레이터, 재열, 응고 균열 등이 있다.

11 선의 종류에 의한 용도에서 가는 실선으로 사용하지 않는 것은?

① 치수선 ② 외형선
③ 지시선 ④ 치수보조선

해설
• 굵은 실선 : 외형선
• 가는 실선 : 치수선, 치수보조선, 지시선, 회전단면선, 중심선, 수준면선
• 가는 일점쇄선 : 중심선, 기준선, 피치선
• 굵은 파선 : 숨은선

12 KS의 부문별 분류기호 중 "B"에 해당하는 분야는?

① 기본 ② 기계
③ 전기 ④ 조선

해설 A : 기본, B : 기계, C : 전기, V : 조선

13 용접 기본 기호 중 "⌒" 기호의 명칭으로 옳은 것은?

① 표면 육성 ② 표면 접합부
③ 경사 접합부 ④ 겹침 접합부

해설
• 표면 육성 : ⌒ • 표면 접합부 : ═
• 경사 접합부 : // • 겹침 접합부 : ⌒

14 치수 보조기호로 사용되는 기호가 잘못 표기된 것은?

① 구의 지름 : S
② 45° 모떼기 : C
③ 원의 반지름 : R
④ 정사각형의 변 : □

해설 치수 기입에 사용되는 기호

기호 이름	모양	기호 이름	모양
지름	φ	45° 모따기	C
반지름	R	이론적으로 정확한 치수	50
구의 지름	Sφ	참고치수	(50)
구의 반지름	SR	치수의 취소	5̶0̶
정사각형의 변	□	비례척도가 아닌 치수	50
판의 두께	t	치수의 기준	◆
원호의 길이	⌒		

15 다음 용접부 기호의 설명으로 옳은 것은?
(단, 네모박스 안의 영문자는 MR이다.)

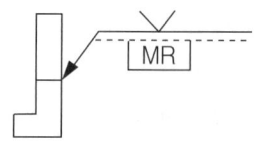

① 화살표 반대쪽에 필릿 용접한다.
② 화살표 쪽에 V형 맞대기 용접한다.
③ 화살표 쪽에 토우를 매끄럽게 한다.
④ 화살표 반대쪽에 영구적인 덮개판을 사용한다.

해설 MR은 제거 가능한 덮개판, M은 영구적인 덮개판이다. 따라서, 화살표 쪽에 제거 가능한 덮개판을 사용하는 V형 맞대기 용접의 지시이다.

16 그림과 같이 치수를 둘러싸고 있는 사각 틀(□) 뜻하는 것은?

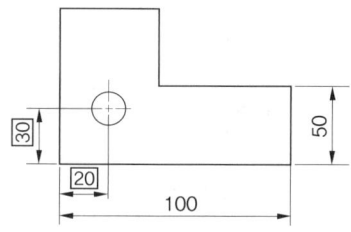

① 참고 치수
② 판 두께의 치수
③ 이론적으로 정확한 치수
④ 정사각형 한 변의 길이

해설 사각 틀(□)은 이론적인 정확한 치수를 나타낸다.

17 다음 용접기호 중 플러그 용접을 표시한 것은?

① ○   ② ∨
③ ∟   ④ ⊔

해설 ① 점(스폿) 용접
② 개선각이 급격한 V형 맞대기 용접
③ 개선각이 급격한 일면 개선형 맞대기 용접
④ 플러그 용접

18 도면에 치수를 기입할 때 유의해야 할 사항으로 틀린 것은?

① 치수는 중복 기입을 피한다.
② 관련되는 치수는 되도록 분산하여 기입한다.
③ 치수는 되도록 계산해서 구할 필요가 없도록 기입한다.
④ 치수는 필요에 따라 점, 선 또는 면을 기준으로 하여 기입한다.

해설 관련되는 치수는 되도록 한 곳에 모아서 기입한다.

19 다음 용접기호 표시를 올바르게 설명한 것은?

$$C \ominus n \times \ell (e)$$

① 지름이 C이고 용접길이 ℓ인 스폿 용접이다.
② 지름이 C이고 용접길이 ℓ인 플러그 용접이다.
③ 용접부 너비가 C이고 용접부 수가 n인 심 용접이다.
④ 용접부 너비가 C이고 용접부 수가 n인 스폿 용접이다.

해설
- 점(스폿) 용접 : ◯
- 플러그 용접 : ▢
- 심(seam) 용접 : ⊖

20 일반적으로 부품의 모양을 스케치하는 방법이 아닌 것은?

① 판화법 ② 프린트법
③ 프리핸드법 ④ 사진 촬영법

해설 부품 모양의 스케치 방법
- 프리핸드법 : 일반적인 방법으로 척도에 관계없이 적당한 크기로 부품을 그린 후 치수를 측정하여 기입하는 방법이다.
- 프린트법 : 부품에 면이 평면으로 가공되어 있고, 복잡한 윤곽을 갖는 부품인 경우에 그 면에 광명단 등을 발라 스케치 용지에 찍어 그 면의 실형을 얻는 직접법과 면에 용지를 대고 연필 등으로 문질러서 도형을 얻는 간접법이 있다.
- 본뜨기법 : 불규칙한 곡선부분이 있는 부품을 직접 용지 위에 놓고 윤곽을 본뜨는 직접 본뜨기법과 납선 또는 구리선 등의 연선을 부품의 윤곽에 대고 구부린 후 그 선의 커브를 용지에 대고 간접적으로 본뜨는 방법이 있다.
- 사진 촬영법 : 복잡한 기계의 조립 상태나 부품의 형상, 구조를 가장 잘 나타내고 있는 방향에서 여러 장의 사진을 찍어 두면, 제도할 때 또는 부품을 조립할 때 좋은 자료로 활용 할 수 있다.

제2과목 용접구조설계

21 구조물 용접에서 조립순서를 정할 때의 고려사항으로 틀린 것은?

① 변형제거가 쉽게 되도록 한다.
② 잔류응력을 증가시킬 수 있게 한다.
③ 구조물의 형상을 유지할 수 있어야 한다.
④ 작업환경의 개선 및 용접자세 등을 고려한다.

해설 용접 구조물의 조립순서는 구조물의 변형 혹은 잔류응력을 최소화하는 용접순서를 고려하여 결정하여야 한다.

22 용접 구조 설계상의 주의사항으로 틀린 것은?

① 용접 이음의 집중, 접근 및 교차를 피할 것
② 용접치수는 강도상 필요한 치수 이상으로 크게 하지 말 것
③ 용접성, 노치인성이 우수한 재료를 선택하여 시공하기 쉽게 설계할 것
④ 후판을 용접할 경우에는 용입이 얕은 용접법을 이용하여 층수를 늘릴 것

해설 후판 용접 시 용입이 얕고 용착량이 적은 용접법을 선택할 경우 그만큼 패스 수(층수)를 많이 해야 되므로 용접시간도 많이 소요되지만 변형도 훨씬 커지게 된다. 따라서 가급적 굵은 용접봉을 사용하여 용입이 깊고 용착량이 많게 용접해야 된다.

23 다음 중 용접 비용 절감 요소에 해당되지 않는 것은?

① 용접 대기시간의 최대화
② 합리적이고 경제적인 설계
③ 조립 정반 및 용접지그의 활용
④ 가공불량에 의한 용접 손실 최소화

해설 용접 비용 절감을 위해서는 용접 대기시간을 최소화하여야 한다.

24 다음 중 용접 구조물의 이음설계 방법으로 틀린 것은?

① 반복하중을 받는 맞대기 이음에서 용접부의 덧붙임을 필요 이상 높게 하지 않는다.
② 용접선이 교차하는 곳이나 만나는 곳의 응력집중을 방지하기 위하여 스캘롭을 만든다.
③ 용접 크레이터 부분의 결함을 방지하기 위하여 용접부 끝단에 돌출부를 주어 용접한 후 돌출부를 절단한다.
④ 굽힘응력이 작용하는 겹치기 필릿용접의 경우 굽힘응력에 대한 저항력을 크게 하기 위하여 한쪽 부분만 용접한다.

해설 겹치기 필릿용접에서는 루트부에 응력이 집중되기 때문에 보통 맞대기 이음에 비하여 피로강도가 낮다. 따라서, 굽힘응력에 대한 저항력을 크게 하기 위하여 양쪽을 모두 용접한다.

25 다음 그림과 같은 순서로 용접하는 용착법을 무엇이라고 하는가?

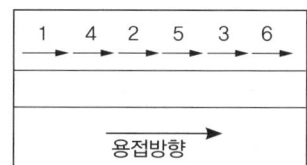

① 전진법   ② 후퇴법
③ 스킵법   ④ 캐스케이드법

해설) 스킵법은 비석법으로 용접 길이를 짧게 나누어 간격을 두면서 용접하는 방법으로 피용접물의 전체에 변형이나 잔류 응력이 적게 발생하도록 하는 용착법이다.

26 피닝(peening)의 목적으로 가장 거리가 먼 것은?

① 수축변형의 증가
② 잔류응력의 완화
③ 용접변형의 방지
④ 용착금속의 균열방지

해설) 피닝의 목적
- 잔류응력의 완화
- 용접변형의 방지
- 용착금속의 균열방지

27 다음 중 직류 아크 용접기가 아닌 것은?

① 정류기식 직류 아크 용접기
② 엔진 구동식 직류 아크 용접기
③ 가동철심형 직류 아크 용접기
④ 전동 발전식 직류 아크 용접기

해설) 아크 용접기의 종류
- 직류 용접기 : 발전기형(모터형, 엔진형), 정류기형
- 교류 용접기 : 가동 철심형, 가동 코일형, 탭 전환형, 가포화 리액터형

28 강판의 두께가 7mm, 용접 길이가 12mm인 완전 용입된 맞대기 용접 부위에 인장하중을 3444kgf로 작용시켰을 때 용접부에 발생하는 인장응력은 약 몇 kgf/mm²인가?

① 0.024   ② 41
③ 82   ④ 2009

해설) 인장응력 = $\dfrac{\text{인장하중}}{\text{두께} \times \text{용접길이}} = \dfrac{3444}{7 \times 12} = 41$

29 다음 맞대기 용접이음 홈의 종류 중 가장 두꺼운 판의 용접이음에 적용하는 것은?

① H형   ② I형
③ U형   ④ V형

해설) 적용 판 두께는 표준 홈 개선에서 I형은 6mm 이하, V형은 6~20mm, K형은 12mm 정도이며, 그 이상일 때는 X, U, H형이 사용되며, 특히 두꺼운 판에는 H형이 사용된다.

30 필릿용접에서 다리길이가 10mm인 용접부의 이론 목두께는 약 몇 mm인가?

① 0.707   ② 7.07
③ 70.7   ④ 707

해설) 이론 목두께 = 다리길이 × cos 45° = 10 × 0.707 = 7.07

31 주로 비금속 개재물에 의해 발생되며, 강의 내부에 모재 표면과 평행하게 층상으로 형성되는 균열은?

① 토 균열   ② 힐 균열
③ 재열 균열   ④ 라멜라 티어 균열

해설) 라멜라 티어 균열은 라미네이션이 용접부 근처에 있고 용접열과 확산성 수소의 영향 때문에 발생되는 균열이다.

32 다음 용접봉 중 내압용기, 철골 등의 후판용접에서 비드 하층 용접에 사용하는 것으로 확산성 수소량이 적고 우수한 강도와 내균열성을 갖는 것은?

① 저수소계   ② 일미나이트계
③ 고산화티탄계 ④ 라임티타니아계

해설) 저수소계(E4316)는 석회석이나 형석이 주성분으로 아크가 약간 불안하고 용접속도는 느리지만 다른 연강 용접봉보다 우수한 강도와 내균열성을 갖는다.

33 응력 제거 풀림에 의해 얻어지는 효과로 틀린 것은?

① 충격저항이 증대된다.
② 크리프 강도가 향상된다.
③ 용착금속 중의 수소가 제거된다.
④ 강도는 낮아지고 열영향부는 경화된다.

> **해설** 응력제거 풀림에 의해 기대되는 효과
> - 용접 잔류 응력의 제거
> - 응력 부식에 대한 저항력 증대
> - 수소 방출에 의한 자체 파괴의 방지
> - 치수의 빗나감 방지
> - 용접부의 연성 증가
> - 열영향부의 뜨임 연화
> - 노치인성 및 강도 변화

34 모재 및 용접부의 연성을 조사하는 파괴시험 방법으로 가장 적합한 것은?

① 경도시험   ② 피로시험
③ 굽힘시험   ④ 충격시험

> **해설** 굽힘시험은 용접부 연성을 조사하기 위한 기계적 시험법의 한 종류로 자유 굽힘, 롤러 굽힘, 형틀 굽힘이 있으며 표면 상태에 따라 표면 굽힘시험, 이면 굽힘시험, 측면 굽힘시험이 있다.

35 두께 4mm인 연강 판을 I형 맞대기 이음용접을 한 결과 용착금속의 중량이 3kg이었다. 이때 용착효율이 60%라면 용접봉의 사용중량은 몇 kg인가?

① 4   ② 5
③ 6   ④ 7

> **해설** 용접봉 소요량 = $\dfrac{순수용착금속중량}{용착효율}$ = $\dfrac{3}{0.6}$ = 5

36 가용접 시 주의해야 할 사항으로 틀린 것은?

① 본 용접과 같은 온도에서 예열을 한다.
② 본 용접사와 동등한 기량을 갖는 용접사로 하여금 가용접을 하게 한다.
③ 가용접의 위치는 부품의 끝, 모서리, 각 등과 같이 단면이 급변하여 응력이 집중되는 곳은 가능한 피한다.
④ 용접봉은 본 용접 작업에 사용하는 것보다 큰 것을 사용하며, 간격은 판 두께의 5~10배 정도로 하는 것이 좋다.

> **해설** 가 용접
> - 조립 및 가 용접은 용접 시공에서 중요한 공정의 하나이다.
> - 본 용접을 실시하기 전에 좌우의 홈 부분을 잠정적으로 고정하기 위한 짧은 용접이다.
> - 가 용접 상태의 좋고 나쁨은 용접 결과에 직접 영향을 준다.
> - 본 용접 시와 동일한 기량을 가진 용접사에 의해 실시하여야 한다.
> - 가접 시 약간 높은 전류를 사용하거나 지름이 작은 용접봉을 사용한다.
> - 본용접과 같은 온도에서 예열을 한다.
> - 강도상 중요한 곳(응력이 집중하는 곳)과 용접의 시점 및 종점이 되는 끝부분은 피해야 한다.
> - 일반적으로 본 용접을 할 부분은 피해야 하며, 부득이한 경우에는 본 용접전 갈아낸 후 용접한다.

37 침투탐상 검사의 특징으로 틀린 것은?

① 제품의 크기, 형상 등에 크게 구애를 받지 않는다.
② 주변 환경이나 특히 온도에 민감하여 제약을 받는다.
③ 국부적 시험과 미세한 균열도 탐상이 가능하다.
④ 시험 표면이 침투제 등과 반응하여 손상을 입은 제품도 검사할 수 있다.

> **해설** 침투탐상 검사의 장 · 단점
>
> | 구분 | 내용 |
> |---|---|
> | 장점 | • 시험 방법이 간단하고 고도의 숙련이 요구되지 않는다.
• 제품의 크기, 형상 등에 크게 구애를 받지 않는다.
• 국부적 시험이 가능하고 미세한 균열도 탐상이 가능하다.
• 비교적 가격이 저렴하고 판독이 쉽다.
• 철, 비철, 플라스틱, 세라믹 등의 거의 모든 제품에 적용이 용이하다. |
> | 단점 | • 표면의 균열이 열려 있는 상태이어야 한다.
• 시험 표면이 너무 거칠거나 기공이 많으면 허위지시 모양을 만든다.
• 시험 표면이 침투제 등과 반응하여 손상을 입는 제품은 검사할 수 없다.
• 주변 환경 특히 온도에 민감하여 제약을 받는다.
• 후처리가 요구되고 침투제가 오염되기 쉽다. |

38 다음 중 플레어 용접부의 형상으로 맞는 것은?

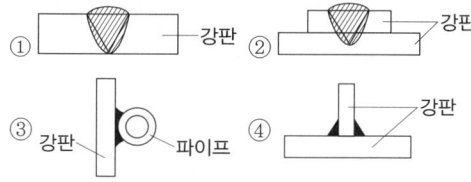

해설 플레어 용접은 두 부재 사이의 휨 부분을 용접하는 것을 말하는 것으로 다음의 형태가 있다.

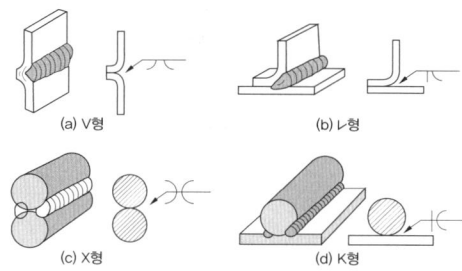

(a) V형 (b) L형 (c) X형 (d) K형

39 용접부의 부식에 대한 설명으로 틀린 것은?

① 틈새부식은 틈 사이의 부식을 말한다.
② 용접부의 잔류응력은 부식과 관계없다.
③ 용접부의 부식은 전면부식과 국부부식으로 분류한다.
④ 입계부식은 용접 열영향부의 오스테나이트 입계에 Cr탄화물이 석출될 때 발생한다.

해설 재료의 잔류응력이 존재하는 부분이 부식 인자와 응력과의 공동 작용으로 재료의 결정 입자에 슬립이 생겨 그 면에 발생하는 부식을 응력부식이라 한다.

40 다음 중 용접 홈을 설계할 때 고려하여야 할 사항으로 가장 거리가 먼 것은?

① 용접 방법   ② 아크 쏠림
③ 모재의 두께 ④ 변형 및 수축

해설 **용접 이음의 선택 조건**
• 각종 이음의 특성
• 하중의 종류, 크기
• 용접방법, 판 두께, 구조물의 종류, 형상, 재질
• 변형도 및 용접의 난이도
• 이음의 준비 및 설계 용접에 필요한 비용

제3과목 용접일반 및 안전관리

41 다음 중 허용 사용률을 구하는 공식은?

① 허용 사용률 = $\dfrac{정격2차전류^2}{실제용접전류} \times 정격 사용률(\%)$

② 허용 사용률 = $\dfrac{정격2차전류^2}{실제용접전류} \times 정격 사용률(\%)$

③ 허용 사용률 = $\dfrac{실제용접전류^2}{정격2차전류} \times 정격 사용률(\%)$

④ 허용 사용률 = $\dfrac{정격2차전류^2}{실제용접전류^2} \times 정격 사용률(\%)$

해설
• 사용률(%) = $\dfrac{아크발생시간}{아크발생시간+정지시간} \times 100$
• 허용사용률(%) = $\dfrac{정격2차전류^2}{실제용접전류^2} \times 정격 사용률$
• 역률(%) = $\dfrac{소비전력(kW)}{전원입력(kVA)} \times 100$
• 효율(%) = $\dfrac{아크출력(kW)}{소비전력(kW)} \times 100$

42 일반적인 탄산가스 아크 용접의 특징으로 틀린 것은?

① 용접속도가 빠르다.
② 전류 밀도가 높으므로 용입이 깊다.
③ 가시 아크이므로 용융지의 상태를 보면서 용접할 수 있다.
④ 후판용접은 단락이행 방식으로 가능하고, 비철금속 용접에 적합하다.

해설 **탄산가스 아크 용접(CO_2 용접)의 장·단점**

구분	내용
장점	• 전류 밀도가 높아 용입이 깊고 용접 속도를 빠르게 할 수 있다. • 용착 금속의 기계적 성질 및 금속학적 성질이 우수하다. • 단락 이행에 의하여 박판도 용접이 가능하며 전자세 용접이 가능하다. • 용제를 사용하지 않아 슬래그의 혼입이 없고 용접 후 처리가 간단하다. • 가시 아크(Visible ARC)이므로 시공이 편리하다.
단점	• 바람의 영향을 받으므로 풍속 2m/sec 이상에서 방풍 장치가 필요하다. • 비드 외관이 피복 아크 용접이나 서브머지드 용접보다 약간 거칠다. • 적용되는 재질이 철 계통으로 한정되어 있다.

43 가스용접 작업 시 역화가 생기는 원인과 가장 거리가 먼 것은?

① 팁의 과열
② 산소압력 과대
③ 팁과 모재의 접촉
④ 팁 구멍에 이물질 부착

해설 역화는 팁 끝이 모재에 닿는 순간 팁 끝이 막히거나 과열, 가스 압력이 부적당할 때 팁 속에서 폭발음을 내며 불꽃이 꺼졌다 다시 나타나는 현상이다.

44 다음 용접법 중 전기에너지를 에너지원으로 사용하지 않는 것은?

① 마찰 용접
② 피복 아크 용접
③ 서브머지드 아크 용접
④ 불활성가스 아크 용접

해설 마찰 용접은 금속과 금속의 마찰에 의한 열을 이용하는 용접이다.

45 연납 땜과 경납 땜을 구분하는 온도는?

① 350℃   ② 450℃
③ 550℃   ④ 650℃

해설 • 연납 땜 : 융점이 450℃ 이하인 용가재를 사용하며, 주석(Sn) 40%, 납(Pb) 60%의 합금이 대표적이다.
• 경납 땜 : 융점이 450℃ 이상인 용가재를 사용하며, 은납, 황동납, 양은납, 금납, 백금납, 알루미늄납, 철납 등이 있다.

46 다음 중 모재를 녹이지 않고 접합하는 용접법으로 가장 적합한 것은?

① 납땜
② TIG 용접
③ 피복 아크 용접
④ 일렉트로 슬래그 용접

 납땜은 금속판의 모재 간에 납을 가열 용해하여 모재를 용해하지 않고 접합하는 방법으로 450℃ 기준으로 연납 땜과 경납 땜으로 구분한다.

47 아크전류 200A, 무부하 전압 80V, 아크전압 30V인 교류 용접기를 사용할 때 효율과 역률은 얼마인가?(단, 내부손실은 4kW라고 한다.)

① 효율 60%, 역률 40%
② 효율 60%, 역률 62.5%
③ 효율 62.5%, 역률 60%
④ 효율 62.5%, 역률 37.5%

해설 • 전원입력 = 무부하 전압×아크전류 = 80×200
            = 16000VA = 16kVA
• 아크출력 = 아크전압×아크전류 = 30×200
            = 6000 = 6kW
• 소비전력 = 아크출력 + 내부손실 = 6 + 4 = 10kW

∴ 효율(%) = $\frac{아크출력(kW)}{소비전력(kW)} \times 100 = \frac{6}{10} \times 100 = 60\%$

∴ 역률(%) = $\frac{소비전력(kW)}{전원입력(kVA)} \times 100 = \frac{10}{16} \times 100 = 62.5\%$

48 일반적인 정류기형 직류 아크 용접기의 특성에 관한 설명으로 틀린 것은?

① 소음이 거의 없다.
② 보수 점검이 간단하다.
③ 완전한 직류를 얻을 수 있다.
④ 정류기 파손에 주의해야 한다.

해설 **정류기형 직류 아크 용접기의 특성**
• 소음의 거의 없다.
• 보수 점검이 간단하다.
• 교류를 정류하므로 완전한 직류를 얻지 못한다.
• 정류기 파손에 주의하여야 한다.(셀렌 80℃, 실리콘 150℃ 이상에서 파손)
• 취급이 간단하고 가격이 저렴하다.

49 용접전류 200A, 전압 40V일 때 1초 동안에 전달되는 일률을 나타내는 전력은?

① 2kW   ② 4kW
③ 6kW   ④ 8kW

해설 전력 = 전압×전류 = 40×200 = 8000W = 8kW

50 가스용접에 쓰이는 토치의 취급상 주의사항으로 틀린 것은?

① 토치를 함부로 분해하지 말 것
② 팁을 모래나 먼지 위에 놓지 말 것
③ 토치에 기름, 그리스 등을 바를 것
④ 팁을 바꿀 때에는 반드시 양쪽 밸브를 잘 닫고 할 것

> **해설** 토치 취급상의 주의사항
> • 토치를 함부로 분해하지 않아야 한다.
> • 팁 및 토치를 작업장 바닥이나 흙 속에 방치하지 않는다.
> • 점화되어 있는 토치를 아무 곳에나 방치하지 않는다.
> • 토치에 충격을 주어 변형이 되지 않도록 해야 한다.
> • 팁 과열 시는 아세틸렌 밸브를 닫고 산소 밸브만 조금 열어 물 속에서 냉각시킨다.
> • 팁을 바꿔 끼울 때는 반드시 양쪽 밸브를 모두 닫은 다음에 행한다.
> • 작업 중 발생하기 쉬운 역류, 역화, 인화에 항상 주의한다.

51 용접의 분류에서 압접에 속하지 않는 용접은?

① 저항 용접
② 마찰 용접
③ 스터드 용접
④ 초음파 용접

> **해설** 스터드 용접은 스터드를 모재에 접속시켜 전류를 흘린 다음 스터드를 모재에서 조금 떼어 아크를 발생시켜 용융지에 밀어붙여 용착시키는 방법으로 용접에 속한다.

52 아크 용접기에 핫 스타트(hot start) 장치를 사용함으로써 얻어지는 장점이 아닌 것은?

① 기공을 방지한다.
② 아크 발생이 쉽다.
③ 크레이터 처리가 용이하다.
④ 아크 발생 초기의 용입을 양호하게 한다.

> **해설** 핫 스타트 장치 사용의 장점
> • 기공을 방지한다.
> • 아크 발생을 쉽게 한다.
> • 아크 발생 초기의 비드 용입을 양호하게 한다.
> • 비드 모양을 개선한다.

53 불가시 아크 용접, 잠호 용접, 유니언 멜트 용접, 링컨 용접 등으로 불리는 용접법은?

① 전자 빔 용접
② 가압 테르밋 용접
③ 서브머지드 아크 용접
④ 불활성가스 아크 용접

> **해설** 서브머지드 아크 용접
> • 아크가 보이지 않는 상태에서 용접이 진행되어 잠호 용접, 유니언 멜트 용접법, 링컨 용접법이라고도 한다.
> • 용접 방법은 미세한 용제를 용접부에 산포(散布)하고, 그 속에 전극 와이어를 연속적으로 공급해 용제 속에서 모재와 와이어 사이에 아크를 발생하면서 이동 대차에 의해 주행하는 자동 방식이다.
> • 고전류 사용이 가능하다.
> • 용융속도와 용착속도가 빠르며, 용입이 깊다.
> • 작업능률이 수동에 비하여 대단히 높다.
> • 개선각을 작게하여 용접의 패스 수가 감소된다.
> • 인장강도, 연신율, 충격치, 균일성 등 기계적 성질이 우수하다.
> • 유해광선, 흄 가스 등의 발생이 적어 작업환경이 양호하다.
> • 비드의 외관이 아름답다.

54 가스절단에서 예열불꽃이 약할 때 나타나는 현상을 가장 적절하게 설명한 것은?

① 드래그가 증가한다.
② 절단속도가 빨라진다.
③ 절단면이 거칠어진다.
④ 모서리가 용융되어 둥글게 된다.

> **해설** 가스절단 예열 불꽃
>
> | 구분 | 내용 |
> |---|---|
> | 역할 | • 절단 산소의 운동량을 유지하도록 한다.
• 절단 산소의 순도 저하를 방지한다.
• 절단 개시 발화점 온도를 가열한다.
• 절단재의 표면 스케일 등을 박리시켜 산소의 반응을 용이하게 한다. |
> | 강할 때 | • 절단면이 거칠어진다.
• 모서리가 용융되어 둥글게 된다.
• 슬래그 중의 철 성분의 박리가 어려워진다. |
> | 약할 때 | • 드래그가 증가한다.
• 절단 속도가 늦어진다.
• 절단이 중단되기 쉽다. |

55 다음 중 전격의 위험성이 가장 적은 것은?

① 젖은 몸에 홀더 등이 닿았을 때
② 땀을 흘리면서 전기용접을 할 때
③ 무부하 전압이 낮은 용접기를 사용할 때
④ 케이블의 피복이 파괴되어 절연이 나쁠 때

해설 아크 용접기에는 전격방지기를 설치하여 작업자를 감전 재해로부터 보호하는 데 전격방지기는 출력 측의 무부하 전압을 순간적으로 낮추어 전격을 방지한다.

56 다음 중 불활성 가스 금속 아크 용접(MIG)의 특징으로 틀린 것은?

① 후판용접에 적합하다.
② 용접속도가 빠르므로 변형이 적다.
③ 피복 아크 용접보다 전류 밀도가 크다.
④ 용접토치가 용접부에 접근하기 곤란한 경우에도 용접하기가 쉽다.

해설 MIG 용접의 특징
- 후판용접에 적합하다.
- 용접속도가 빠르므로 변형이 적다.
- 전류 밀도가 피복 아크 용접보다 6~8배, TIG 용접에 비해 2배 정도로 크다.
- 대체로 모든 금속의 용접이 가능하다.
- 스패터 및 합금성분의 손실이 적다.
- 용착 금속의 품질이 높다.
- 반자동 또는 전자동 용접기로 용접속도가 빠르다.
- 정전압 특성 직류용접기가 사용된다.
- 상승특성의 직류용접기가 사용된다.
- 아크 자기 제어 특성이 있다.

57 연강의 가스 절단 시 드래그(drag) 길이는 주로 어느 인자에 의해 변화하는가?

① 후열과 절단 팁의 크기
② 토치 각도와 진행 방향
③ 절단 속도와 산소 소비량
④ 예열 불꽃 및 백심의 크기

해설 드래그 길이는 절단 속도, 산소 소비량 등에 의하여 변화하며 절단면 말단부가 남지 않을 정도의 드래그를 표준 드래그 길이라 하는데 보통 판 두께의 20% 정도이다.

58 가스 절단이 곤란한 주철, 스테인리스강 및 비철금속의 절단부에 철분 또는 용제를 공급하며 절단하는 방법은?

① 스카핑
② 분말 절단
③ 가스 가우징
④ 플라즈마 절단

해설
- 스카핑 : 강재 표면의 홈이나 개재물, 탈탄층 등을 제거하기 위하여 될 수 있는 대로 얇게 그리고 타원형 모양으로 표면을 깎아 내는 가공법을 말한다.
- 분말 절단 : 절단할 부분에 철분이나 용제의 미세한 분말을 압축 공기 또는 압축 질소와 같이 팁을 통해서 분출시키고 가스 불꽃으로 가열하여 그 산화열 또는 용제의 화학작용을 이용하는 방법으로 철분 절단, 용제 절단 등이 있다.
- 가스 가우징 : 용접 부분의 뒷면을 따내든지 U형, H형의 용접홈을 가공하기 위한 가공법을 말한다.
- 플라즈마 절단 : 아크 플라즈마의 바깥 둘레를 강제로 냉각하여 발생하는 고온, 고속의 플라즈마를 이용한 절단 방법이다.

59 가스 용접 장치 중 압력 조정기의 취급상 주의사항으로 틀린 것은?

① 압력 지시계가 잘 보이도록 설치한다.
② 압력 용기의 설치구 방향에는 아무런 장애물이 없어야 한다.
③ 조정기를 취급할 때는 기름이 묻은 장갑을 착용하고 작업해야 한다.
④ 조정기를 견고하게 설치한 다음 조정 나사를 풀고 밸브를 천천히 열어야 하며 가스 누설 여부를 비눗물로 점검한다.

해설 압력 조정기 취급상의 유의사항
- 압력 지시계가 잘 보이게 설치하며 유리가 파손되지 않도록 한다.
- 압력 용기의 설치구 방향에는 아무런 장애물이 없어야 한다.
- 조정기를 취급할 때에는 기름이 묻은 장갑 등을 사용해서는 안 된다.
- 조정기를 설치할 때는 설치구에 있는 먼지를 제거하고 연결부에 정확하게 연결한다.

60 일반적인 용접의 특징으로 틀린 것은?

① 품질 검사가 곤란하다.
② 변형과 수축이 발생한다.
③ 잔류응력이 발생하지 않는다.
④ 저온취성이 발생할 우려가 있다.

해설 일반적인 용접의 장점 및 단점

구분	내용
장점	• 재료가 절약되고 중량이 경감된다. • 작업공정이 단축되며 경제적이다. • 재료의 두께에 제한이 없다. • 기밀·수밀·유밀성이 우수하며 이음효율이 좋다. • 제품의 성능과 수명이 향상되며 이종재료도 접합이 가능하다. • 용접준비 및 작업이 비교적 간단하고 용접의 자동화가 용이하다. • 소음이 적어 실내에서의 작업이 가능하며 복잡한 구조물 제작이 쉽다. • 보수와 수리가 용이하다.
단점	• 재질의 변형 및 잔류응력이 발생한다. • 저온취성이 생길 우려가 있다. • 품질검사가 곤란하고 변형과 수축이 생긴다. • 용접사의 기량에 따라 용접부의 품질이 좌우된다.

2017년 제3회 기출문제 정답

01 ②	02 ④	03 ④	04 ②	05 ②	06 ④	07 ①	08 ①	09 ③	10 ③
11 ②	12 ②	13 ④	14 ①	15 ②	16 ③	17 ④	18 ②	19 ③	20 ①
21 ②	22 ④	23 ①	24 ④	25 ③	26 ①	27 ③	28 ②	29 ①	30 ②
31 ④	32 ①	33 ④	34 ③	35 ②	36 ④	37 ④	38 ③	39 ②	40 ②
41 ④	42 ④	43 ②	44 ①	45 ②	46 ①	47 ②	48 ③	49 ④	50 ③
51 ③	52 ③	53 ③	54 ①	55 ③	56 ④	57 ③	58 ②	59 ③	60 ③

최근기출문제
2018년도 제1회 시행

제1과목 용접야금 및 용접설비제도

01 저온균열의 발생에 관한 내용으로 옳은 것은?

① 용융금속의 응고 직후에 일어난다.
② 오스테나이트계 스테인리스강에서 자주 발생한다.
③ 용접금속이 약 300℃ 이하로 냉각되었을 때 발생한다.
④ 입계가 충분히 고상화 되지 못한 상태에서 응력이 작용하여 발생한다.

해설 저온균열은 200℃ 이하의 비교적 낮은 온도에서 발생하는 균열로 루트, 토우, 비드 밑, 지연균열 등이 있다.

02 일반적인 금속의 결정격자 중 전연성이 가장 큰 것은?

① 면심입방격자 ② 체심입방격자
③ 조밀육방격자 ④ 체심정방격자

해설 면심 입방격자(FCC)는 전연성이 크고, 전기전도도 및 가공성이 우수하다. 또한 원자수는 4개이며 Ni, Cu, Al, Ag, Au 등이 있다.

03 탄소와 질소를 동시에 강의 표면에 침투, 확산시켜 강의 표면을 경화시키는 방법은?

① 침투법
② 질화법
③ 침탄 질화법
④ 고주파 담금질

해설 침탄 질화법은 철강을 변태점 이상으로 가열하여 가스 분위기로부터 C(0.8%)와 N(0.3%)를 침투시켜 표면경화하는 법을 말한다.

04 킬드강(killed steel)을 제조할 때 탈산 작용을 하는 가장 적합한 원소는?

① P   ② S
③ Ar   ④ Si

해설 킬드강은 규소 또는 알루미늄과 같은 강한 탈산제로 탈산한 강이다.

05 연강을 0℃ 이하에서 용접할 경우 예열하는 요령으로 옳은 것은?

① 연강은 예열이 필요 없다.
② 용접 이음부를 약 500~600℃ 전후로 예열한다.
③ 용접 이음부의 홈 안을 700℃ 전후로 예열한다.
④ 용접 이음의 양쪽 폭 100mm 정도를 40~75℃로 예열한다.

06 스테인리스강 중 내식성, 내열성, 용접성이 우수하며 대표적인 조성이 18Cr-8Ni인 계통은?

① 페라이트계   ② 소르바이트계
③ 마텐자이트계 ④ 오스테나이트계

해설 오스테나이트계는 상온에서의 내력은 220~250MPa, 인장강도는 540~640MPa, 연신율은 50~60% 정도로 기계적 성질을 가지고 있다.

07 다음 중 용착금속의 샤르피 흡수 에너지를 가장 높게 할 수 있는 용접봉은?

① E4303   ② E4311
③ E4316   ④ E4327

해설 E4316(저수소계) 용접봉은 강인성이 풍부하고 기계적 성질, 내균열성이 우수하다.

08 Fe-C 합금에서 6.67%C를 함유하는 탄화철의 조직은?

① 페라이트 ② 시멘타이트
③ 오스테나이트 ④ 트루스타이트

> 해설 시멘타이트는 강이 고온에서 생성하는 탄화철로 백색의 단단하고 부서지기 쉬운 결정 조직이다.

09 일반적인 피복 아크 용접봉의 편심률은 몇 % 이내인가?

① 3% ② 5%
③ 10% ④ 20%

> 해설 편심률 = $\dfrac{D'-D}{D} \times 100\%$로 3% 이내이어야 한다.

10 슬래그를 구성하는 산화물 중 산성 산화물에 속하는 것은?

① FeO ② SiO_2
③ TiO_2 ④ Fe_2O_3

> 해설
> - 산성 산화물 : SiO_2, P_2O_5
> - 염기성 산화물 : CaO, MgO, FeO, PbO

11 다음 용접자세 중 수직 자세를 나타내는 것은?

① F ② O ③ V ④ H

> 해설 F : 아래보기, O : 위보기, V : 수직, H : 수평 자세

12 다음 중 도면의 크기에 대한 설명으로 틀린 것은?

① A0의 넓이는 약 $1m^2$이다.
② A4의 크기는 210mm×297mm이다.
③ 제도 용지의 세로와 가로 비는 $1 : \sqrt{2}$이다.
④ 복사한 도면이나 큰 도면을 접을 때는 A3의 크기로 접는 것을 원칙으로 한다.

> 해설 복사한 도면이나 큰 도면을 접을 때는 A4의 크기로 한다.

13 다음 중 얇은 부분의 단면도를 도시할 때 사용하는 선은?

① 가는 실선
② 가는 파선
③ 가는 1점 쇄선
④ 아주 굵은 실선

> 해설
> - 가는 실선 : 외형선 및 숨은선 연장을 표시
> - 가는 파선 : 대상물의 보이지 않는 부분의 모양을 표시
> - 가는 1점 쇄선 : 도형의 중심을 표시

14 다음 중 치수 보조기호의 의미가 틀린 것은?

① C : 45° 모떼기
② SR : 구의 반지름
③ t : 판의 두께
④ ( ) : 이론적으로 정확한 치수

> 해설 ( )는 참고치수의 수치를 나타낼 때 사용한다.

15 일반적인 판금전개도를 그릴 때 전개 방법이 아닌 것은?

① 사각형 전개법 ② 평행선 전개법
③ 방사선 전개법 ④ 삼각형 전개법

> 해설 전개도법의 종류
> - 방사선 전개도법 : 원뿔이나 각뿔 등을 전개할 때 사용하는 전개도법이다.
> - 삼각형 전개도법 : 꼭짓점이 너무 멀리 떨어져 있어서 방사선법을 이용하기 어려운 원뿔이나 편심 원뿔, 각뿔 등의 전개도를 그릴 때 많이 사용하는 전개도법이다.
> - 평행선 전개도법 : 각기둥이나 원기둥을 전개할 때 사용하는 전개도법이다.

16 상, 하 또는 좌, 우 대칭인 물체의 중심선을 기준으로 내부와 외부 모양을 동시에 표시하는 단면도법은?

① 온 단면도 ② 한쪽 단면도
③ 계단 단면도 ④ 부분 단면도

> 해설
> - 온 단면도 : 물체의 전체에 직선으로 절단면을 설치하여 앞부분의 반을 잘라내고 뒷부분의 단면 모양을 그리는 것
> - 부분 단면도 : 안쪽 모양의 특정 부분을 나태내기 위하여 주로 바깥 모양을 잘라내고 그리는 것

17 다음은 KS 기계제도의 모양에 따른 선의 종류를 설명한 것이다. 틀린 것은?

① 실선 : 연속적으로 이어진 선
② 파선 : 짧은 선을 불규칙한 간격으로 나열한 선
③ 일점쇄선 : 길고 짧은 두 종류의 선을 번갈아 나열한 선
④ 이점쇄선 : 긴 선과 두 개의 짧은 선을 번갈아 나열한 선

해설 파선은 짧은 선을 일정한 간격으로 나열한 선

18 제도에서 사용되는 선의 종류 중 가는 2점 쇄선의 용도를 바르게 나타낸 것은?

① 대상물의 실제 보이는 부분을 나타낸다.
② 도형의 중심선을 간략하게 나타내는데 쓰인다.
③ 가공 전 또는 가공 후의 모양을 표시하는데 쓰인다.
④ 특수한 가공을 하는 부분 등 특별한 요구사항을 적용할 수 있는 범위를 표시하는데 쓰인다.

19 도면에서 2종류 이상의 선이 같은 장소에서 중복될 경우 도면에 우선적으로 그어야 하는 선은?

① 외형선 ② 중심선
③ 숨은선 ④ 무게 중심선

해설 도면에서 두 종류 이상의 선이 같은 장소에 겹치는 경우에는 외형선, 숨은선, 절단선, 중심선, 무게중심선, 치수 보조선 순으로 한다.

20 다음 중 가는 실선을 사용하지 않는 선은?

① 치수선 ② 지시선
③ 숨은선 ④ 치수 보조선

해설 숨은선은 가는 파선 또는 굵은 파선을 사용한다.

제2과목 용접구조설계

21 각 변형의 방지대책에 관한 설명 중 틀린 것은?

① 구속지그를 활용한다.
② 용접속도가 빠른 용접법을 이용한다.
③ 개선 각도는 작업에 지장이 없는 한도 내에서 작게 하는 것이 좋다.
④ 판 두께와 개선형상이 일정할 때 용접봉 지름이 작은 것을 이용하여 패스의 수를 늘린다.

22 용접 시점이나 종점 부분의 결함을 줄이는 설계 방법으로 가장 거리가 먼 것은?

① 주부재와 2차 부재를 전둘레 용접하는 경우 틈새를 10mm정도로 둔다.
② 용접부의 끝단에 돌출부를 주어 용접한 후에 엔드 탭(end tab)은 제거한다.
③ 양면에서 용접 후 다리길이 끝에 응력이 집중되지 않게 라운딩을 준다.
④ 엔드 탭(end tab)을 붙이지 않고 한 면에 V형 홈으로 만들어 용접 후 라운딩한다.

23 용접부 윗면이나 아랫면이 모재의 표면보다 낮게 되는 것으로 용접사가 충분히 용착금속을 채우지 못하였을 때 생기는 결함은?

① 오버랩 ② 언더필
③ 스패터 ④ 아크 스트라이크

해설 언더필(under fill)은 용접부 윗면이나 아래면이 모재의 표면보다 낮게 되는 것으로 용접사가 충분히 용착금속을 채우지 못하였을 때 생기는 결함이다.

24 용접구조물에서 파괴 및 손상의 원인으로 가장 거리가 먼 것은?

① 재료 불량 ② 포장 불량
③ 설계 불량 ④ 시공 불량

25 T 이음 등에서 강의 내부에 강판 표면과 평행하게 층상으로 발생되는 균열로 주요 원인이 모재의 비금속 개재물인 것은?

① 토 균열   ② 재열 균열
③ 루트 균열 ④ 라멜라 테어

> **해설** 라멜라 테어(Lamella Tear)
> 모재 표면에 직각 방향으로 강한 인장 구속응력이 형성되는 이음부의 경우, 용접 열영향부 및 그 인접부에 모재 표면과 평행하게 계단형상으로 발생하는 균열

26 아래 그림과 같은 필릿 용접부의 종류는?

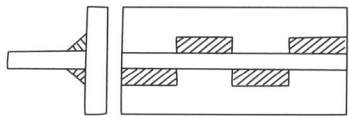

① 연속 필릿 용접
② 단속 병렬 필릿 용접
③ 연속 병렬 필릿 용접
④ 단속 지그재그 필릿 용접

> **해설** 단속 지그재그 필릿 용접은 용접이 한 곳에 집중하지 않도록 지그재그로 배치하는 용접을 말한다.

27 응력 제거 풀림의 효과에 대한 설명으로 틀린 것은?

① 치수틀림의 방지
② 충격저항의 감소
③ 크리프 강도의 향상
④ 열영향부의 템퍼링 연화

28 다음 중 용접용 공구가 아닌 것은?

① 앞치마   ② 치핑해머
③ 용접집게 ④ 와이어브러시

> **해설** 앞치마는 개인 보호구이다.

29 판두께 8mm를 아래보기 자세로 15m, 판두께 15mm를 수직 자세로 8m 맞대기 용접 하였다. 이 때 환산 용접 길이는 얼마인가? (단, 아래보기 맞대기 용접의 환산계수는 1.32이고, 수직 맞대기 용접의 환산 계수는 4.32이다.)

① 44.28m   ② 48.56m
③ 54.36m   ④ 61.24m

> **해설** 환산 용접 길이 = 용접한 길이×환산계수
> = (15×1.32) + (8×4.32) = 54.36m

30 용접변형의 일반적 특성에서 홈 용접시 용접 진행에 따라 홈 간격이 넓어지거나 좁아지는 변형은?

① 종변형   ② 횡변형
③ 각변형   ④ 회전변형

> **해설** 회전 변형은 아크 용접에 있어서, 아크의 이동에 따라서 용접되지 않는 부분의 홈이 용접의 진행에 따라서 회전, 이동되므로써 생기는 변형이다.
> 손 용접시에는 통상 홈이 좁아지는 경향이 있으며, 서브머지드 아크 용접과 같이 용접 입열이 클 때에는 반대로 홈이 넓어지는 경향이 있다.

31 다음 중 용착금속 내부에 발생된 기공을 검출하는데 가장 적합한 검사법은?

① 누설 검사   ② 육안 검사
③ 침투 탐상 검사 ④ 방사선 투과 검사

> **해설** 방사선 투과 검사는 모든 재질에 적용할 수 있으며, 검사 결과를 필름에 영구적으로 기록할 수 있고 내부 결함 검출이 용이하다.

32 모세관 현상을 이용하여 표면결함을 검사하는 방법은?

① 육안 검사   ② 침투 검사
③ 자분 검사   ④ 전자기적 검사

> **해설** 침투 검사는 제품 크기, 형상 등에 크게 구애를 받지 않으며 국부적 시험도 가능하며 미세한 균열도 탐상이 가능하며 비교적 가격이 저렴하다.

33 맞대기 용접 시에 사용되는 엔드 탭(end tab)에 대한 설명으로 틀린 것은?

① 모재와 다른 재질을 사용해야 한다.
② 용접 시작부와 끝부분의 결함을 방지한다.
③ 모재와 같은 두께와 홈을 만들어 사용한다.
④ 용접 시작부와 끝부분에 가접한 후 용접한다.

해설 엔드 탭은 모재와 같은 재질을 사용해야 한다.

34 어떤 용접구조물을 시공할 때 용접봉이 0.2톤이 소모되었는데, 170kgf의 용착금속 중량이 산출되었다면 용착효율은 몇 % 인가?

① 7.6   ② 8.5
③ 76   ④ 85

해설 용착효율 = $\frac{\text{용착금속 중량}}{\text{용접봉 소모량}} \times 100\%$
= $\frac{170}{0.2 \times 1000} \times 100\% = 85\%$

35 본 용접의 용착법에서 용접방향에 따른 비드 배치법이 아닌 것은?

① 전진법   ② 펄스법
③ 대칭법   ④ 스킵법

해설
- 전진법 : 한 끝에서 다른 쪽 끝을 향해 연속적으로 진행하는 방법
- 대칭법 : 용접부의 중앙으로부터 양끝을 향해 대칭적으로 용접해 나가는 방법
- 스킵법 : 비석법으로 용접길이를 짧게 나누어 간격을 두면서 용접하는 방법

36 인장 시험기로 인장·파단하여 측정할 수 없는 것은?

① 연신율
② 인장 강도
③ 굽힘 응력
④ 단면 수축률

해설 굽힘 응력은 보 등이 굽힘작용을 받을 때 보의 내부에 생기는 인장과 압축 응력을 말한다.

37 용착금속의 인장강도가 40kgf/mm²이고 안전율이 5라면 용접이음의 허용응력은 몇 kgf/mm² 인가?

① 8   ② 20
③ 40   ④ 200

해설 허용응력 = $\frac{\text{인장강도}}{\text{안전율}} = \frac{40}{5} = 8$

38 용접 구조 설계 시 주의 사항으로 틀린 것은?

① 용접 이음의 집중, 접근 및 교차를 피한다.
② 리벳과 용접의 혼용 시에는 충분히 주의를 한다.
③ 용착 금속은 가능한 다듬질 부분에 포함되게 한다.
④ 후판 용접의 경우 용입이 깊은 용접법을 이용하여 층수를 줄인다.

해설 용착 금속량도 강도상 필요한 최소한으로 한다.

39 똑같은 두께의 재료를 용접할 때 냉각 속도가 가장 빠른 이음은?

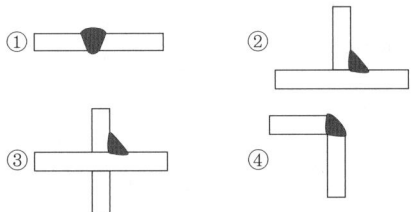

40 용접 이음부의 형태를 설계할 때 고려하여야 할 사항으로 틀린 것은?

① 최대한 깊은 홈을 설계한다.
② 적당한 루트간격과 홈각도를 선택한다.
③ 용착 금속량이 적게 되는 이음모양을 선택한다.
④ 용접봉이 쉽게 접근되도록 하여 용접하기 쉽게 한다.

제3과목　용접일반 및 안전관리

41 불활성 가스 텅스텐 아크 용접에서 일반 교류전원을 사용하지 않고, 고주파 교류 전원을 사용할 때의 장점으로 틀린 것은?

① 텅스텐 전극의 수명이 길어진다.
② 텅스텐 전극봉이 많은 열을 받는다.
③ 전극봉을 모재에 접촉시키지 않아도 아크가 발생한다.
④ 아크가 안정되어 작업 중 아크가 약간 길어져도 끊어지지 않는다.

42 공업용 아세틸렌 가스 용기의 색상은?

① 황색　　② 녹색
③ 백색　　④ 주황색

해설
• 아세틸렌 : 황색　• 산소 : 녹색
• 암모니아 : 백색　• 수소 : 주황색

43 피복 아크 용접 작업에서 아크 쏠림의 방지대책으로 틀린 것은?

① 짧은 아크를 사용할 것
② 직류용접 대신 교류용접을 사용할 것
③ 용접봉 끝을 아크 쏠림 반대 방향으로 기울일 것
④ 접지점을 될 수 있는 대로 용접부에 가까이 할 것

해설 접지점은 가능한 용접부에서 멀리해야 한다.

44 아크용접과 가스용접을 비교할 때, 일반적인 가스용접의 특징으로 옳은 것은?

① 아크용접에 비해 불꽃의 온도가 높다.
② 열 집중성이 좋아 효율적인 용접이 된다.
③ 금속이 탄화 및 산화 될 가능성이 많다.
④ 아크용접에 비해서 유해광선의 발생이 많다.

45 CO_2 가스아크 용접에 대한 설명으로 틀린 것은?

① 전류 밀도가 높아 용입이 깊고, 용접속도를 빠르게 할 수 있다.
② 용접장치, 용접전원 등 장치로서는 MIG 용접과 같은 점이 많다.
③ CO_2 가스 아크 용접에서는 탈산제로 Mn 및 Si를 포함한 용접와이어를 사용한다.
④ CO_2 가스 아크 용접에서는 보호가스로 CO_2에 다량의 수소를 혼합한 것을 사용한다.

해설 CO_2에 아르곤 또는 산소와 아르곤 가스의 혼합가스를 사용한다.

46 용접 작업에서 전격의 방지대책으로 틀린 것은?

① 무부하 전압이 높은 용접기를 사용한다.
② 작업을 중단하거나 완료 시 전원을 차단한다.
③ 전기홀더 및 완전 절연된 보호구를 착용한다.
④ 습기 찬 작업복 및 장갑 등을 착용하지 않는다.

해설 무부하 전압은 낮은 용접기를 사용한다.

47 가스 용접봉에 관한 내용으로 틀린 것은?

① 용접봉을 용가재라고도 한다.
② 인이나 황의 성분이 많아야 한다.
③ 용융온도가 모재와 동일하여야 한다.
④ 가능한 모재와 같은 재질이어야 한다.

해설 인이나 황 등의 유해 성분이 극히 적은 저탄소강이 사용된다.

48 돌기용접(projection welding)의 특징으로 틀린 것은?

① 점용접에 비해 작업 속도가 매우 느리다.
② 작은 용접점이라도 높은 신뢰도를 얻을 수 있다.
③ 점용접에 비해 전극의 소모가 적어 수명이 길다.
④ 용접된 양쪽의 열용량이 크게 다를 경우라도 양호한 열평형이 얻어진다.

49 정격전류가 500A인 용접기를 실제는 400A로 사용하는 경우의 허용사용률은 몇 %인가? (단, 이 용접기의 정격사용률은 40%이다.)

① 60.5　② 62.5
③ 64.5　④ 66.5

해설 허용사용률 = $\dfrac{\text{정격 2차 전류}^2}{\text{실제 용접전류}^2} \times \text{정격 사용률}$
= $\dfrac{500^2}{400^2} \times 40 = 62.5\%$

50 저수소계 용접봉의 피복제에 30~50% 정도의 철분을 첨가한 것으로 용착 속도가 크고 작업 능률이 좋은 용접봉은?

① E4326　② E4313
③ E4324　④ E4327

해설 철분 저수소계(E4326)는 용착 금속의 기계적 성질이 양호하고 슬래그의 박리성이 저수소계보다 좋으며 아래보기 및 수평 필릿 용접 자세만 사용한다.

51 아크 에어 가우징에 대한 설명으로 틀린 것은?

① 가우징봉은 탄소 전극봉을 사용한다.
② 가스 가우징보다 작업 능률이 2~3배 높다.
③ 용접 결함부 제거 및 홈의 가공 등에 이용된다.
④ 사용하는 압축공기의 압력은 20kgf/cm² 정도가 좋다.

해설 압축 공기 압력은 0.5~0.7MPa 정도가 좋다.

52 불활성 가스 금속 아크 용접의 특징으로 틀린 것은?

① 가시 아크이므로 시공이 편리하다.
② 전류 밀도가 낮기 때문에 용입이 얕고, 용접 재료의 손실이 크다.
③ 바람이 부는 옥외에서는 별도의 방풍 장치를 설치하여야 한다.
④ 용접토치가 용접부에 접근하기 곤란한 조건에서는 용접이 불가능한 경우가 있다.

해설 전류밀도가 크기 때문에 용입이 깊고 필릿 용접에서 작은 용접 사이즈로도 요구하는 용접 강도를 얻을 수 있다.

53 표피효과(skin effect)와 근접효과(proximity effect)를 이용하여 용접부를 가열 용접하는 방법은?

① 폭발 압접 (explosive welding)
② 초음파 용접 (ultrasonic welding)
③ 마찰 용접 (friction pressure welding)
④ 고주파 용접 (hight-frequency welding)

해설 고주파 용접은 높은 주파수의 전류를 용접 대상물에 흘려보내 이 때 발생하는 열로 용접하는 방법으로 에너지 효율이 좋아 낮은 전류로도 용접할 수 있으므로, 전력 소모가 적고 용접 속도가 빠르며 국부적인 가열로 용접부의 산화나 변형의 위험성이 없고 강종의 제한이 없다는 것이 장점이다.

54 다음 용착법 중 각 층마다 전체의 길이를 용접하면서 쌓아 올리는 다층 용착법은?

① 스킵법
② 대칭법
③ 빌드업법
④ 캐스케이드법

해설 빌드업법은 각 층마다 전체의 길이를 용접하면서 쌓아 올리는 방법으로 덧살 올림법이라고도 한다.

55 가스용접에서 압력 조정기(pressure regulator)의 구비조건으로 틀린 것은?

① 동작이 예민해야 한다.
② 빙결하지 않아야 한다.
③ 조정압력과 방출압력과의 차이가 커야 한다.
④ 조정압력은 용기 내의 가스량이 변화하여도 항상 일정해야 한다.

해설 조정압력과 방출압력은 차이가 없어야 한다.

56 용접법의 분류에서 경납땜의 종류가 아닌 것은?

① 가스 납땜
② 마찰 납땜
③ 노내 납땜
④ 저항 납땜

해설 납땜에는 가스, 담금, 저항, 노내, 유도가열 납땜이 있다.

57 다음 중 용접작업자가 착용하는 보호구가 아닌 것은?

① 용접 장갑
② 용접 헬멧
③ 용접 차광막
④ 가죽 앞치마

58 용접기의 아크 발생시간을 6분, 휴식시간을 4분이라 할 때 용접기의 사용률은 몇 %인가?

① 20
② 40
③ 60
④ 80

해설 사용률 = $\dfrac{\text{아크시간}}{(\text{아크시간}+\text{휴식시간})} \times 100\%$

$= \dfrac{6}{6+4} \times 100\% = 60\%$

59 TIG용접 시 직류 정극성을 사용하여 용접하면 비드 모양은 어떻게 되는가?

① 비극성 비드와는 관계없다.
② 비드 폭이 역극성과 같아진다.
③ 비드 폭이 역극성보다 좁아진다.
④ 비드 폭이 역극성보다 넓어진다.

해설 직류 정극성(DCSP) : 용접기의 양극에 모재를, 음극에 토치를 연결하는 방식으로 비드 폭이 좁고 용입이 깊다.

60 실드 가스로써 주로 탄산가스를 사용하여 용융부를 보호하고 탄산가스 분위기 속에서 아크를 발생시켜 그 아크열로 모재를 용융시켜 용접하는 방법은?

① 실드 용접
② 테르밋 용접
③ 전자 빔 용접
④ 일렉트로 가스 아크 용접

해설 일렉트로 가스아크 용접의 특징
- 관 두께에 관계없이 단층으로 상진용접한다.
- 용접장치가 간단하며 취급이 쉽고 고도의 숙련을 요하지 않는다.
- 용접 속도는 자동으로 조절되며, 용접 후 변형이 거의 없다.
- 스패터, 흄 발생이 많다.

2018년 제1회 기출문제 정답

01	02	03	04	05	06	07	08	09	10
③	①	③	④	④	④	③	②	①	②
11	12	13	14	15	16	17	18	19	20
③	④	④	④	①	②	②	③	①	③
21	22	23	24	25	26	27	28	29	30
④	①	②	②	④	④	②	①	③	④
31	32	33	34	35	36	37	38	39	40
④	②	①	④	②	③	①	③	③	①
41	42	43	44	45	46	47	48	49	50
②	①	③	③	②	①	③	①	②	①
51	52	53	54	55	56	57	58	59	60
④	②	④	③	③	②	③	③	③	④

최근기출문제
2018년도 제2회 시행

제1과목 용접야금 및 용접설비제도

01 풀림의 방법에 속하지 않는 것은?
① 질화   ② 항온
③ 완전   ④ 구상화

<해설> 풀림 방법은 항온풀림, 완전풀림, 구상화풀림, 응력제거 풀림 등이 있다. 질화는 강에 질소를 침투시켜 질화시키는 표면 경화법이다.

02 Fe-C 평형 상태도에 없는 반응은?
① 편정 반응   ② 공정 반응
③ 공석 반응   ④ 포정 반응

<해설> 편정반응은 기름과 물과의 반응이다.

03 강에 함유된 원소 중 강의 담금질 효과를 증대시키며, 고온에서 결정립 성장을 억제시키는 것은?
① 황   ② 크롬
③ 탄소   ④ 망간

04 γ 고용체와 α 고용체에서 나타나는 조직은?
① γ 고용체 : 페라이트 조직, α 고용체 : 오스테나이트 조직
② γ 고용체 : 페라이트 조직, α 고용체 : 시멘타이트 조직
③ γ 고용체 : 시멘타이트 조직, α 고용체 : 페라이트 조직
④ γ 고용체 : 오스테나이트 조직, α 고용체 : 페라이트 조직

<해설>
- 오스테나이트 : γ 고용체로 면심입방격자
- 페라이트 : α 고용체로 체심입방격자

05 마텐자이트계 스테인리스강은 지연 균열 감수성이 높다. 이를 방지하기 위한 적정한 예열 온도 범위는?
① 100~200℃   ② 200~400℃
③ 400~500℃   ④ 500~650℃

06 일반적으로 탄소의 함유량이 0.025~0.8% 사이의 강을 무슨 강이라 하는가?
① 공석강   ② 공정강
③ 아공석강   ④ 과공석강

<해설> 0.8C 강 : 공석강, 0.8%C 이상 : 과공석강

07 다음 중 강의 5원소에 포함되지 않는 것은?
① P   ② S
③ Cr   ④ Mn

<해설> 철강의 5원소 : 탄소(C), 규소(Si), 망간(Mn), 인(P), 황(S)

08 비드 밑 균열에 대한 설명으로 틀린 것은?
① 주로 200℃ 이하 저온에서 발생한다.
② 용착 금속 속의 확산성 수소에 의해 발생한다.
③ 오스테나이트에서 마텐사이트 변태시 발생한다.
④ 담금질 경화성이 약한 재료를 용접했을 때 발생하기 쉽다.

<해설> 담금질 경화성은 클수록 비드 밑 균열이 발생하기 쉽다.

09 주철용접에서 예열을 실시할 때 얻는 효과 중 틀린 것은?

① 변형의 저감
② 열영향부 경도의 증가
③ 이종재료 용접시 온도 기울기 감소
④ 사용 중인 주조의 탄수화물 오염 저감

해설 예열을 함으로써 열영향부의 경화를 방지한다.

10 다음 중 탈황을 촉진하기 위한 조건으로 틀린 것은?

① 비교적 고온이어야 한다.
② 슬래그의 염기도가 낮아야 한다.
③ 슬래그의 유동성이 좋아야 한다.
④ 슬래그 중의 산화철분 함유량이 낮아야 한다.

해설 피복제 염기도가 높을수록 내균열성이 높아진다.

11 도면에서 해칭을 하는 경우는?

① 단면도의 절단된 부분을 나타낼 때
② 움직이는 부분을 나타내고자 할 때
③ 회전하는 물체를 나타내고자 할 때
④ 대상물의 보이는 부분을 표시할 때

12 도면의 양식 및 도면 접기에 대한 설명 중 틀린 것은?

① 척도는 도면의 표제란에 기입한다.
② 복사한 도면을 접을 때 그 크기는 원칙적으로 $210 \times 297mm$(A4) 크기로 한다.
③ 도면의 중심 마크는 사용하기 편리한 크기와 양식으로 임의의 위치에 설치한다.
④ 도면의 크기 치수에 따라 굵기 0.5mm 이상의 실선으로 윤곽선을 그린다.

해설 중심 마크는 제도용지 윤곽의 중앙으로부터 윤곽선의 안쪽으로 약 5mm까지가 적당하다.

13 다음 중 용접 기본 기호의 명칭으로 맞는 것은?

① 필릿 용접
② 가장자리 용접
③ 일면 개선형 맞대기 용접
④ 개선각이 급격한 V형 맞대기 용접

14 도형 내의 특정한 부분이 평면이라는 것을 표시할 경우 맞는 기입 방법은?

① 은선으로 대각선을 기입
② 가는 실선으로 대각선을 기입
③ 가는 1점 쇄선으로 사각형을 기입
④ 가는 2점 쇄선으로 대각선을 기입

15 도면에 치수를 기입할 때 유의사항으로 틀린 것은?

① 치수는 가급적 주 투상도에 집중해서 기입한다.
② 치수는 가급적 계산할 필요가 없도록 기입한다
③ 치수는 가급적 공정마다 배열을 분리하여 기입한다.
④ 참고치수를 기입할 때는 원을 먼저 그린 후 원 안에 치수를 넣는다.

해설 참고 치수는 괄호 안에 기입한다.

16 용접부 표면 및 용접부 형상 보조기호 중 영구적인 이면 판재 사용을 나타내는 기호는?

해설 ③ : 제거 가능한 이면판재 사용
④ : 토우를 매끄럽게 함

17 다음 도면에서 ①이 표시된 선의 명칭은?

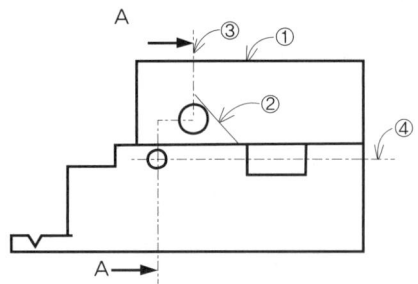

① 해칭선　　　② 절단선
③ 외형선　　　④ 치수 보조선

> 해설
> • 해칭선 : 단면을 나타내기 위해 45도의 가는 실선으로 표시
> • 치수보조선 : 치수선을 나타내기 위해 치수선과 직각 방향으로 표시

18 KS의 재료 기호 중 'SPLT 390'은 어떤 재료를 의미하는가?

① 내열강판
② 저온 배관용 탄소 강관
③ 일반 구조용 탄소 강관
④ 보일러, 열 교환기용 합금강 강관

> 해설
> SPLT(Steel Pipe Low Temperature) : 저온 배관용 탄소 강관

19 그림과 같은 용접도시기호에 의하여 용접할 경우 설명으로 틀린 것은?

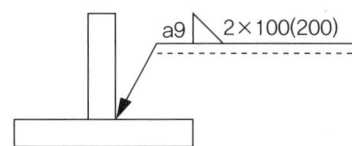

① 목두께는 9mm이다.
② 용접부의 개수는 2개이다.
③ 화살표 쪽에 필릿 용접한다.
④ 용접부 길이는 200mm이다.

> 해설
> 200 : 100mm 용접 비드 2개와의 사이가 200mm임을 나타냄, z9로 표시된 경우 목길이(각장)을 의미함

20 도면 관리에 필요한 사항과 도면 내용에 관한 중요한 사항을 정리하여 도면에 기입하는 것은?

① 표제란　　　② 윤곽선
③ 중심 마크　　④ 비교 눈금

제2과목　용접구조설계

21 다음 중 용접부에서 방사선 투과 시험법으로 검출하기 가장 곤란한 결함은?

① 기공　　　　② 용입 불량
③ 슬래그 섞임　④ 라미네이션 균열

> 해설
> 라미네이션은 층상 결함의 일종으로 강괴에서 큰 기공이 압연 중에 압착되어 수평면상으로 압착된 층이 형성되어 있기에 방사선 투과 시험으로는 두께 차이가 나타나지 않기 때문에 나타나지 않는다. 초음파 탐상으로 검출이 가능하다.

22 다음 금속 중 열전도율이 가장 낮은 금속은?

① 연강　　　　② 구리
③ 알루미늄　　④ 18-8 스테인리스강

> 해설
> 열전도율 순서 : 구리 > 알루미늄 > 연강 > 18-8스테인리스강

23 아크 용접시 용접이음의 용융부 밖에서 아크를 발생시킬 때 아크열에 의해 모재 표면에 생기는 결함은?

① 은점(fish eye)
② 언더 필(under fill)
③ 스케터링(scatttering)
④ 아크 스트라이크(arc strike)

> 해설
> 피복 아크 용접봉으로 아크 발생시 모재에 긁어 내릴 때 스파크에 의해 모재에 나타난 자국, 이것도 중요한 부분에서는 하나의 결함이 된다.

24 다음 용접 기호가 뜻하는 것은?

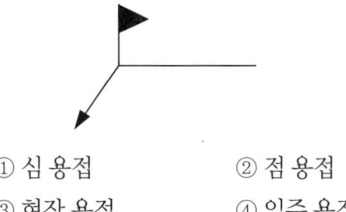

① 심 용접 ② 점 용접
③ 현장 용접 ④ 일주 용접

해설) 현장 용접의 경우 깃발 기호로 표시한다.

25 그라인더를 사용하여 용접부의 표면 비드를 모재의 표면 높이와 동일하게 잘 다듬질 하는 가장 큰 이유는?

① 용접부의 인성을 낮추기 위해
② 용접부의 잔류응력을 증가시키기 위해
③ 용접부의 응력 집중을 감소시키기 위해
④ 용접부의 내부 결함의 크기를 증대시키기 위해

해설) 응력 집중은 급격한 단면 변화가 일어난 부분에 응력이 집중되는 현상이며, 가급적 단면 변화가 완만하게 하면 응력 집중도 적어진다.

26 잔류응력이 남아있는 용접제품에 소성변형을 주어 용접 잔류응력을 제거(완화)하는 방법을 무엇이라고 하는가?

① 노내 풀림법 ② 국부 풀림법
③ 저온 응력 완화법 ④ 기계적 응력 완화법

해설) 기계적 응력 완화법은 잔류 응력이 있는 제품에 하중을 주고 용접부 약간의 소성 변형을 일으킨 다음 하중을 제거하는 방법이다.

27 용접 모재의 뒤편을 강하게 받쳐 주어 구속에 의하여 변형을 억제하는 것은?

① 포지셔너 ② 회전 지그
③ 스트롱 백 ④ 매니 플레이터

해설) 스트롱 백 : 필릿 이음과 리브 등이 겹치는 경우 리브의 용접부쪽을 오목하게 하여 응력이 집중되지 않게 한다.

28 다음 중 용접부를 검사하는데 이용하는 비파괴 검사법이 아닌 것은?

① 누설 시험
② 충격 시험
③ 침투 탐상법
④ 초음파 탐상법

해설) 충격 시험은 재료의 인성 여부를 알아보는 기계적 파괴 시험의 일종이다.

29 잔류응력 측정법에는 정성적 방법과 정량적 방법이 있다. 다음 중 정성적 방법에 속하는 것은?

① X-선법
② 자기적 방법
③ 충격 이완법
④ 광탄성에 의한 방법

30 20kg의 피복 아크 용접봉을 가지고 두께 9mm 연강판 구조물을 용접하여 용착되고 남은 피복중량, 스패터, 잔봉, 연소에 의한 손실 등의 무게가 4kg이었다면 이 때 피복 아크 용접봉의 용착 효율은?

① 60% ② 70%
③ 80% ④ 90%

해설) 용접 효율 = $\frac{20-4}{20} \times 100 = 80\%$

31 본 용접에서 그림과 같은 순서로 용접하는 용착법은?

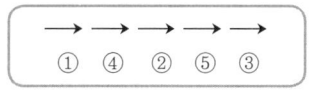

① 대칭법 ② 스킵법
③ 후퇴법 ④ 살수법

해설) 후퇴법 :

32 다음 용접봉 중 제품의 인장강도가 요구될 때 사용하는 것으로 내균열성이 가장 우수한 용접봉은?

① 저수소계　　② 라임 티탄계
③ 고셀룰로스계　④ 고산화티탄계

해설 내균열성 : 저수소계 〉 일미나이트계 〉 고셀룰로스계 〉 고산화티탄계

33 그림과 같이 완전용입 T형 맞대기 용접 이음에 굽힘 모멘트 M = 9000kgf·cm가 작용할 때 최대 굽힘응력(kgf/cm²)은? (단, L=400mm, h=300mm, t = 20mm, P(kgf)는 하중이다.)

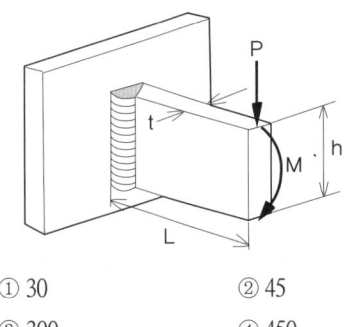

① 30　　② 45
③ 300　　④ 450

해설 최대 굽힘응력 $\sigma_b = \dfrac{6M}{th^2} = \dfrac{6 \times 9000}{2 \times 30^2} = 30(kgf/cm^2)$

34 서브머지드 아크용접 이음설계에서 용접부의 시작점과 끝점에 모재와 같은 재질의 판 두께를 사용하여 충분한 용입을 얻기 위하여 사용하는 것은?

① 앤드 탭　　② 실링 비드
③ 플레이트 정반　④ 알루미늄 판 받침

35 끝이 구면인 특수한 해머로 용접부를 연속적으로 때려 용착금속부의 인장응력을 완화하는데 큰 효과가 있는 잔류응력 제거법은?

① 피닝법　　② 국부 풀림법
③ 케이블 커넥터법　④ 저온 응력 완화법

36 용접 구조물의 재료절약 설계요령으로 틀린 것은?

① 가능한 표준 규격의 재료를 이용한다.
② 용접할 조각의 수를 가능한 많게 한다.
③ 재료는 쉽게 구입할 수 있는 것으로 한다.
④ 고장이 발생했을 경우 수리할 때의 편의도 고려한다.

해설 용접 조각 수가 많은 만큼 용접량이 많아지고 시간도 더 많이 걸린다.

37 그림과 같은 겹치기 이음의 필릿 용접을 하려고 한다. 허용응력이 50MPa, 인장하중이 50kN, 판두께가 12mm일 때 용접 유효길이는 약 몇 mm인가?

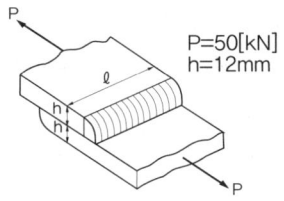

① 59　　② 73
③ 69　　④ 83

해설 응력 = $\dfrac{\sqrt{2} \times 인장하중}{(두께 \times 2) \times 용접유효길이}$ 에서

용접유효길이 = $\dfrac{\sqrt{2} \times 50,000}{50 \times (12 \times 2)} = 58.92$

38 구조물 용접작업시 용접 순서에 관한 설명으로 틀린 것은?

① 용접물의 중심에서 대칭으로 용접을 해나간다.
② 용접작업이 불가능한 곳이나 곤란한 곳이 생기지 않도록 한다.
③ 수축이 작은 이음을 먼저 용접하고 수축이 큰 이음을 나중에 용접한다.
④ 용접 구조물의 중심축을 기준으로 용접 수축력의 모멘트 합이 0이 되게 하면 용접선 방향에 대한 굽힘을 줄일 수 있다.

해설 수축이 큰 맞대기 이음을 먼저하고 수축이 적은 필릿 이음을 나중에 한다.

39 다음 중 용접이음 성능에 영향을 주는 요소로 거리가 먼 것은?

① 용접 결함
② 용접 홀더
③ 용접 이음의 위치
④ 용접 변형 및 잔류응력

40 용접 제품을 제작하기 위한 조립 및 가용접에 대한 일반적인 설명으로 틀린 것은?

① 조립 순서는 용접 순서 및 용접 작업의 특성을 고려하여 계획한다.
② 불필요한 잔류응력이 남지 않도록 미리 검토하여 조립 순서를 정한다.
③ 강도상 중요한 곳과 용접의 시점과 종점이 되는 끝부분에 주로 가용접한다.
④ 가용접시에는 본용접보다도 지름이 약간 가는 용접봉을 사용하는 것이 좋다.

> **해설** 가용접부는 용입부족, 기공, 슬래그 섞임등 용접 결함이 많이 생기기 때문에 중요한 부분이나 시점, 종점에는 가용접해서는 안된다.

제3과목 용접일반 및 안전관리

41 금속 원자 사이에 작용하는 인력으로 원자를 서로 결합하기 위해서는 원자 간의 거리를 어느 정도 되어야 하는가?

① 10^{-4}cm
② 10^{-6}cm
③ 10^{-7}cm
④ 10^{-8}cm

> **해설** 원자간 거리를 1억분의 1cm(10^{-8}cm) 만큼 가까이 하면 가열이 없어도 접합이 되지만 실질적으로는 아무리 정밀 가공을 하더라도 엄청확대 해보면 요철이 있게 되고 이물질, 산화물이 있어 접합이 안되므로 가열이나 압력을 주어 용접하는 것이다.

42 다음 재료 중 용제 없이 가스용접을 할 수 있는 것은?

① 주철
② 황동
③ 연강
④ 알루미늄

> **해설** • 연강 : 거의 사용하지 않음
> • 알루미늄 : 염화칼륨, 염화나트륨, 염화리튬

43 다음 〈보기〉 중 용접의 자동화에서 자동제어의 장점을 모두 고른 것은?

〈보기〉
㉠ 제품의 품질이 균일되어 불량품이 감소한다.
㉡ 원자재, 원가 등이 증가한다.
㉢ 인간에게는 불가능한 고속 작업이 가능하다.
㉣ 위험한 사고의 방지가 불가능하다.
㉤ 연속작업이 가능하다.

① ㉠, ㉡, ㉣
② ㉠, ㉢, ㉤
③ ㉠, ㉡, ㉢, ㉤
④ ㉠, ㉡, ㉢, ㉣, ㉤

44 가스절단에서 판 두께가 12.7mm일 때 표준 드래그의 길이로 가장 적당한 것은?

① 2.4mm
② 5.2mm
③ 5.6mm
④ 6.4mm

> **해설** 표준 드래그 길이는 판두께의 20%가 적당하다.

45 용접법의 종류 중 압접법이 아닌 것은?

① 마찰 용접
② 초음파 용접
③ 스터드 용접
④ 업셋 맞대기 용접

> **해설** 스터드 용접은 융접이다.

46 두 개의 모재에 압력을 가해 접촉시킨 후 회전시켜 발생하는 열과 가압력을 이용하여 접합하는 용접법은?

① 단조 용접
② 마찰 용접
③ 확산 용접
④ 스터드 용접

47 유전, 습지대에서 분출되는 메탄이 주성분인 가스는?

① 수소 가스　　② 천연 가스
③ 아르곤 가스　④ 프로판 가스

48 피복 아크 용접에서 정극성과 역극성의 설명으로 옳은 것은?

① 박판의 용접은 주로 정극성을 이용한다.
② 용접봉에 (-)극을, 모재에 (+)극을 연결하는 것을 정극성이라 한다.
③ 정극성일 때 용접봉의 용융속도는 빠르고 모재의 용입은 얕아진다.
④ 역극성일 때 용접봉의 용융속도는 빠르고 모재의 용입은 깊어진다.

해설 모재를 기준으로 모재가 (+)이면 정극성,모재가 (-)이면 역극성이다. (+)쪽에서 열이 70% 이상 발생하므로 정극성의 경우 모재는 열이 높아 용입이 깊게 되나 용접봉은 적게 녹아 좁고 깊은 용입이 되므로 후판 용접에 적당하다.

49 다음 중 용접기의 설치 및 정비시 주의해야 할 사항으로 틀린 것은?

① 습도가 높은 곳에 설치해야 한다.
② 먼지가 많은 장소에는 가급적 용접기 설치를 피한다.
③ 용접 케이블 등의 파손된 부분은 절연 테이프로 감아야 한다.
④ 2차측 단자의 한쪽과 용접기 케이스는 접지를 확실히 해 둔다.

해설 아크 용접기는 전기를 사용하므로 습도가 높을 경우 감전의 위험도 있으며, 용접기에서 스파크가 일어나 파손될 수 있다.

50 가스 용접 토치의 종류가 아닌 것은?

① 저압식 토치　② 중압식 토치
③ 고압식 토치　④ 등압식 토치

해설 가스 용접 토치는 아세틸렌 압력에 따라 저압, 중압, 고압으로 분류된다.

51 아크 용접시 차광유리를 선택할 경우 용접전류가 400A 이상일 때의 가장 적합한 차광도 번호는?

① 5　　② 8
③ 10　④ 14

해설 가스 용접에는 4~8번, 피복 아크 용접에는 10~11번, 전류가 높거나 아크 불빛이 강한 경우 14번을 사용한다.

52 진공 상태에서 용접을 행하게 되므로 텅스텐, 몰리브덴과 같이 대기에서 반응하기 쉬운 금속도 용접하기 용이하게 접합할 수 있는 용접은?

① 스터드 용접
② 테르밋 용접
③ 전자 빔 용접
④ 원자 수소 용접

해설 전자 빔 용접은 고진공 속에서 융점이 높거나 보통 용접으로 접합이 어려운 용접에 적합하다.

53 강인성이 풍부하고 기계적 성질, 내균열성이 가장 좋은 피복 아크 용접봉은?

① 저수소계
② 고산화티탄계
③ 철분 산화티탄계
④ 고셀룰로스계

해설 저수소계는 아크가 약간 불안하고 용접 속도가 느리며, 용착 금속은 강인성이 풍부하고 기계적 성질, 내균열성이 우수하다.

54 다음 용접법 중 가장 두꺼운 판을 용접할 수 있는 것은?

① 전자빔 용접
② 불활성 가스 아크 용접
③ 서브머지드 아크 용접
④ 일렉트로 슬래그 용접

해설 일렉트로 슬래그 용접이나 일렉트로 가스 용접은 후판 수직 용접에 적합하다.

55 무부하 전압 80V, 아크 전압 30V, 아크 전류 300A, 내부 손실이 4kW인 경우 아크 용접기의 효율은 약 몇 %인가?

① 59　　　② 69
③ 75　　　④ 80

해설 효율 = $\dfrac{\text{아크 출력}}{\text{소비 전력}}$ = $\dfrac{30 \times 300}{(30 \times 300)+4000} \times 100 = 69.23$

56 서브머지드 아크 용접법의 설명 중 틀린 것은?

① 비소모식이므로 비드의 외관이 거칠다.
② 용접선이 수직인 경우 적용이 곤란하다.
③ 모재 두께가 두꺼운 용접에서 효율적이다.
④ 용융속도와 용착속도가 빠르며, 용입이 깊다.

해설 서브머지드 아크 용접은 와이어가 전극의 역할을 하면서 소모되므로 소모식(용극식) 용접이며 용제 속에서 아크가 발생되며 용접이 이루어지므로 비드 외관이 매우 미려하다.

57 리벳이음과 비교하여 용접의 장점을 설명한 것으로 틀린 것은?

① 작업 공정이 단축된다.
② 기밀, 수밀이 우수하다.
③ 복잡한 구조물 제작에 용이하다.
④ 열 영향으로 이음부의 재질이 변하지 않는다.

해설 용접은 가열과 냉각에 의해 팽창과 수축이 일어나므로 이음부 재질이 변하게 된다.

58 다음 분말 소화기의 종류 중 A, B, C급 화재에 모두 사용할 수 있는 것은?

① 제1종 분말 소화기
② 제2종 분말 소화기
③ 제3종 분말 소화기
④ 제4종 분말 소화기

59 냉간 압접의 일반적인 특징으로 틀린 것은?

① 용접부가 가공 경화된다.
② 압접에 필요한 공구가 간단하다.
③ 접합부의 열 영향으로 숙련이 필요하다.
④ 접합부의 전기 저항은 모재와 거의 동일하다.

해설 냉간 압접은 열을 거의 받지 않으며 간단하므로 숙련이 필요하지 않다.

60 다음 중 연소의 3요소에 해당하지 않는 것은?

① 가연물　　　② 점화원
③ 충진제　　　④ 산소 공급원

해설 연소의 3요소는 가연성 물질, 산소 공급원, 점화원이다.

2018년 제2회 기출문제 정답

01	02	03	04	05	06	07	08	09	10
①	①	④	④	②	③	③	④	②	②
11	12	13	14	15	16	17	18	19	20
①	③	③	②	④	②	③	②	④	①
21	22	23	24	25	26	27	28	29	30
④	④	③	③	④	③	③	②	②	③
31	32	33	34	35	36	37	38	39	40
②	①	①	①	①	②	①	③	②	③
41	42	43	44	45	46	47	48	49	50
④	③	②	①	③	②	②	②	①	④
51	52	53	54	55	56	57	58	59	60
④	③	①	④	②	①	④	③	③	③

최근기출문제
2018년도 제3회 시행

제1과목 용접야금 및 용접설비제도

01 다음 중 탈황을 촉진하기 위한 조건으로 틀린 것은?

① 비교적 고온이어야 한다.
② 슬래그의 염기도가 낮아야 한다.
③ 슬래그의 유동성이 좋아야 한다.
④ 슬래그 중의 산화철분이 낮아야 한다.

02 탄소강의 표준조직이 아닌 것은?

① 페라이트
② 마텐자이트
③ 펄라이트
④ 시멘타이트

> 해설 마텐자이트는 강철을 고온의 오스테나이트 상태에서 담금질하였을 때 얻어지는 매우 단단하고 치밀한 침상조직이다.

03 용접하기 전 예열하는 목적이 아닌 것은?

① 수축 변형을 감소한다.
② 열영향부의 경도를 증가시킨다.
③ 용접 금속 및 열영향부에 균열을 방지한다.
④ 용접 금속 및 열영향부의 연성 또는 노치 인성을 개선한다.

04 다음 균열 중 모재의 열팽창 및 수축에 의한 비틀림이 주원인이며, 필릿 용접 이음부의 루트부문에 생기는 균열은?

① 휨 균열
② 설퍼 균열
③ 크레이터 균열
④ 라미네이션 균열

> 해설 휨균열 : 휨 모멘트를 받는 부재의 인장 가장자리에서 축에 직각으로 생기는 균열

05 강자성체인 Fe, Ni, Co의 자기 변태 온도가 낮은 것에서 높은 순으로 바르게 배열된 것은?

① Fe → Ni → Co
② Fe → Co → Ni
③ Ni → Fe → Co
④ Ni → Co → Fe

06 강을 연하게 하여 기계가공성을 향상시키거나 내부 응력을 제거하기 위해 실시하는 열처리는?

① 불림
② 뜨임
③ 담금질
④ 풀림

> 해설 풀림은 금속 재료를 적당한 온도로 가열한 다음 서서히 상온으로 냉각시키는 것으로 가공 또는 담금질로 인하여 경화한 재료의 내부 균열을 제거하고, 결정 입자를 미세화하여 전연성을 높인다.

07 일반적인 탄소강에 함유된 5대 원소에 속하지 않는 것은?

① Mn
② Si
③ P
④ Cr

> 해설 철강의 5원소는 탄소(C), 규소(Si), 망간(Mn), 인(P), 황(S)이다.

08 습기제거를 위한 용접봉의 건조시 건조 온도가 가장 높은 것은?

① 저수소계
② 라임티탄계
③ 셀룰로오스계
④ 고산화티탄계

> 해설 저수소계는 습기를 흡습하기 쉽기 때문에 300~350℃ 정도로 1~2시간 건조시켜 사용한다.

09 알루미늄 계열의 분류에서 번호대와 첨가원소가 바르게 짝지어진 것은?

① 1000계 : 순금속 알루미늄(순도)99.0%)
② 3000계 : 알루미늄-Si계
③ 4000계 : 알루미늄-Mg계
④ 5000계 : 알루미늄-Mn계

10 다음 원소 중 황(s)의 해를 방지할 수 있는 것으로 가장 적합한 것은?

① Mn   ② Si
③ Al   ④ Mo

해설 Mn : 강도, 경도, 인성 증가, 유동성 향상, 탈산제, 황의 해를 감소시킨다.

11 다음 중 판의 맞대기 용접에서 위보기 자세를 나타낸 것은?

① H   ② V
③ O   ④ AP

해설 아래보기(F), 수직(V), 수평(H), 위보기(O, OH), 수직필릿(V-Fil), 수평필릿(H-Fil)

12 다음 KS 용접기호에서 C가 의미하는 것은?

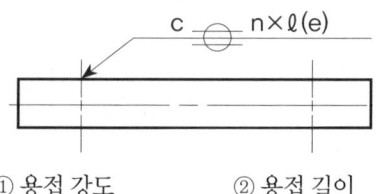

① 용접 강도   ② 용접 길이
③ 루트간격   ④ 용접부의 너비

해설 C : 용접의 폭(너비), I : 용접 길이

13 기계제도에 사용하는 문자의 종류가 아닌 것은?

① 한글   ② 알파벳
③ 상형 문자   ④ 아라비아 숫자

14 X, Y, Z 방향의 축을 기준으로 공간상에 하나의 점을 표시할 때 각 축에 대한 X, Y, Z에 대응하는 좌표값으로 표시하는 CAD 시스템의 좌표계의 명칭은?

① 극좌표계   ② 직교좌표계
③ 원통좌표계   ④ 구면 좌표계

해설 직교 좌표계는 xy, xz, 그리고 yz 평면으로 이루어지는데 이 세 평면은 서로 직교하며 평면을 이루는 x축(수평 방향)과 y축(수직 방향) 그리고 z축 또한 서로 직교한다.

15 아래 그림의 화살표 쪽의 인접부분을 참고로 표시하는 데 사용하는 선의 명칭은?

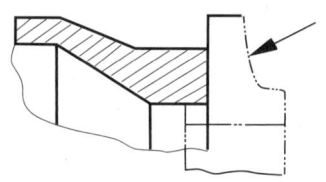

① 가상선   ② 숨은선
③ 외형선   ④ 파단선

해설 **가상선 용도**
• 인접부분을 참고로 표시
• 공구, 지그 등의 위치를 참고로 나타내는데 사용
• 도시된 단면의 앞쪽에 있는 부분을 표시
• 가공 전, 후의 모양을 표시

16 다음 중 가는 실선으로 표시되는 것은?

① 외형선   ② 숨은선
③ 절단선   ④ 회전 단면선

해설 가는 실선 : 치수선, 치수보조선, 지시선, 회전단면선, 중심선, 수준면선에 표시한다.

17 다음 중 심(seam) 용접이음 기호로 맞는 것은?

해설 ① : 점용접, ② : 이면 용접
③ : 심용접, ④ : 표면 육성

18 다음 치수기입 방법의 일반 형식 중 잘못 표시된 것은?

① 각도 치수:

② 호의 길이 치수: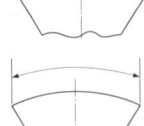

③ 현의 길이 치수: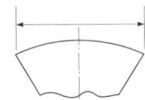

④ 변의 길이 치수:

19 도면에 치수를 기입할 때 유의사항으로 틀린 것은?

① 치수는 계산할 필요가 없도록 기입하여야 한다.
② 치수는 중복 기입하여 도면을 이해하기 쉽게 한다.
③ 관련되는 치수는 가능한 한 곳에 모아서 기입한다.
④ 치수는 될 수 있는 대로 주투상도에 기입해야 한다.

> 해설 치수는 중복을 피해서 기입해야 한다.

20 핸들이나 바퀴의 암 및 축 구조물의 부재 등에 절단면을 90도 회전하여 그린 단면도는?

① 회전 단면도
② 부분 단면도
③ 한쪽 단면도
④ 온 단면도

> 해설 회전 단면도는 핸들, 바퀴 암, 림, 리브, 훅, 축, 구조물에 사용하는 형강, 각 강 등 절단한 단면 모양을 90도 회전하여 그린 것을 말한다.

제2과목 용접구조설계

21 일반적인 자분탐상 검사를 나타내는 기호는?

① UT   ② PT
③ MT   ④ RT

> 해설 UT : 초음파 검사
> PT : 침투탐상 검사
> RT : 방사선 검사

22 가늘고 긴 망치로 용접 부위를 계속적으로 두들겨 줌으로써 비드 표면층에 성질 변화를 주어 용접부의 인장 잔류 응력을 변화시키는 방법은?

① 피닝법   ② 역변형법
③ 취성 경감법   ④ 저온 응력 완화법

> 해설 피닝법은 용접 금속부의 변형과 잔류 응력을 경감시키는 방법이다.

23 맞대기 용접 시 부등형 용접 홈을 사용하는 이유로 가장 거리가 먼 것은?

① 수축 변형을 적게 하기 위해
② 홈의 용적을 가능한 크게 하기 위해
③ 루트 주의를 가우징을 해야 할 경우 가우징을 쉽게 하기 위해
④ 위보기 용접을 할 경우 용착량을 적게 하여 용접 시공을 쉽게 해야 할 때

24 피복 아크 용접에서 언더컷의 발생 원인으로 가장 거리가 먼 것은?

① 용착부가 급냉될 때
② 아크길이가 너무 길 때
③ 용접전류가 너무 높을 때
④ 용접봉의 운봉속도가 부적당할 때

> 해설 용착부가 급냉되게 되면 선상조직이 발생된다.

25 본 용접을 시행하기 전에 좌우의 이음 부분을 일시적으로 고정하기 위한 짧은 용접은?

① 후 용접   ② 점 용접
③ 가 용접   ④ 선 용접

해설) 가 용접은 본 용접을 실시하기 전에 좌우의 홈 또는 이음 부분을 고정하기 위한 짧은 용접을 말한다.

26 다음 중 예열에 관한 설명으로 틀린 것은?

① 용접부와 인접한 모재의 수축응력을 감소시키기 위하여 예열한다.
② 냉각속도를 지연시켜 열영향부와 용착금속의 경화를 방지하기 위하여 예열을 한다.
③ 냉각속도를 지연시켜 용접금속 내에 수소성분을 배출함으로써 비드 밑 균열을 방지한다.
④ 탄소성분이 높을수록 임계점에서의 냉각속도가 느리므로 예열을 할 필요가 없다.

27 용접구조물을 설계할 때 주의해야 할 사항으로 틀린 것은?

① 용접구조물은 가능한 균형을 고려한다.
② 용접성, 노치인성이 우수한 재료를 선택하여 시공하기 쉽게 설계한다.
③ 중요한 부분에서 용접이음의 집중, 접근, 교차가 되도록 설계한다.
④ 후판을 용접할 경우는 용입이 깊은 용접법을 이용하여 층수를 줄이도록 한다.

해설) 중요한 부분에서 용접이음의 집중, 접근을 피해서 설계해야 한다.

28 인장강도 P, 사용응력 σ, 허용응력 σ_m라 할 때 안전율을 구하는 공식으로 옳은 것은?

① 안전율 = $\dfrac{P}{\sigma \times \sigma_m}$ ② 안전율 = $\dfrac{P}{\sigma_m}$
③ 안전율 = $\dfrac{P}{2\sigma}$ ④ 안전율 = $\dfrac{P}{\sigma}$

해설) 안전율 = $\dfrac{허용응력}{사용응력}$ = $\dfrac{인장강도}{허용응력}$

29 일반적인 침투 탐상 검사의 특징으로 틀린 것은?

① 제품의 크기, 형상 등에 크게 구애를 받지 않는다.
② 주변 환경의 오염도, 습도, 온도와 무관하게 항상 검사가 가능하다.
③ 철, 비철, 플라스틱, 세라믹 등 거의 모든 제품에 적용이 용이하다.
④ 시험 표면이 침투제 등과 반응하여 손상을 입는 제품은 검사할 수 없다.

해설) 주변 환경 특히 온도에 민감하여 제약을 받는다.

30 다음 중 용접사의 기량과 무관한 결함은?

① 용입불량   ② 슬래그 섞임
③ 크레이터 균열   ④ 라미네이션 균열

해설) 라미네이션 균열은 내부 결함, 비금속 개재물, 기포 또는 불순물 등이 압연방향을 따라 평행하게 늘어나 층 모양으로 분리되는 결함으로 이중 판 균열로 용접사 기량과는 무관하다.

31 잔류 응력 측정법의 분류에서 정량적 방법에 속하는 것은?

① 부식법   ② 자기적 방법
③ 응력 이완법   ④ 경도에 의한 방법

32 다음 그림과 같은 형상의 용접 이음 종류는?

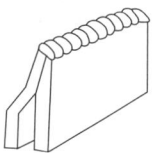

① 십자 이음
② 모서리 이음
③ 겹치기 이음
④ 변두리 이음

해설) 변두리 이음은 2개 이상이 거의 평행하게 겹친 부재의 끝면 사이의 이음이다.

33 그림의 용착 방법 종류로 옳은 것은?

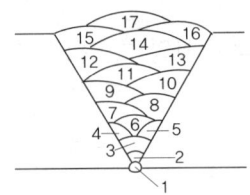

① 전진법
② 후진법
③ 비석법
④ 덧살 올림법

> 해설) 덧살 올림법은 각 층마다 전체의 길이를 용접하면서 쌓아 올리는 방법으로 가장 일반적인 용착 방법이다.

34 그림과 같은 용접부에 발생하는 인장응력(σ)은 약 몇 MPa인가? (단 용접 길이, 두께의 단위는 mm이다)

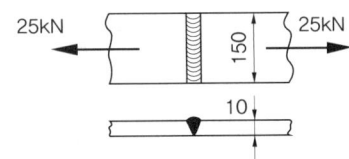

① 14.6
② 16.7
③ 21.6
④ 26.6

> 해설) 1kN=100kgf, 1MP은 약 10kgf/cm²이므로
> 인장응력 = $\frac{25 \times 100}{15 \times 1}$ = 1.67kgf/cm²
> = 1.67×10 = 16.7MPa

35 금속에 열을 가했을 경우 변화에 대한 설명으로 틀린 것은?

① 팽창과 수축의 정도는 가열된 면적의 크기에 반비례한다.
② 구속된 상태의 팽창과 수축은 금속의 변형과 잔류응력을 생기게 한다.
③ 구속된 상태의 수축은 금속이 그 장력에 견딜 만한 연성이 없으면 파단한다.
④ 금속은 고온에서 압축응력을 받으면 잘 파단 되지 않으며 인장력에 대해서는 파단되기 쉽다.

36 용접을 실시하면 일부 변형과 내부에 응력이 남는 경우가 있는데 이것을 무엇이라 하는가?

① 인장응력
② 공칭응력
③ 잔류응력
④ 전단 응력

> 해설) 잔류 응력은 응력제거 풀림을 하면 완화시키거나 제거할 수 있다.

37 처음 길이가 340mm인 용접재료를 길이방향으로 인장시험한 결과 390mm가 되었다. 이 재료의 연신율은 약 몇 %인가?

① 12.8
② 14.7
③ 17.2
④ 87.2

> 해설) 연신율 = $\frac{390-340}{340} \times 100$ = 14.7

38 저온 균열의 발생에 가장 큰 영향을 주는 것은?

① 피닝
② 후열처리
③ 예열처리
④ 용착금속의 확산성 수소

> 해설) 확산성 수소는 기공, 용접 균열, 용접부의 자체 파괴 등과 밀접한 관계가 있다.

39 용접구조물의 피로 강도를 향상시키기 위한 주의사항으로 틀린 것은?

① 가능한 응력 집중부에 용접부가 집중되도록 할 것
② 냉간가공 또는 야금적 변태 등에 의하여 기계적인 강도를 높일 것
③ 열처리 또는 기계적인 방법으로 용접부 잔류 응력을 완화시킬 것
④ 표면가공 또는 다듬질 등을 이용하여 단면이 급변하는 부분을 최소화 할 것

> 해설) 피로 강도를 향상시키기 위해서는 응력 집중부에 용접부가 없도록 해야 한다.

40 판 두께가 25mm이상인 연강에서는 주위의 기온이 0℃ 이하로 내려가면 저온 균열이 발생할 우려가 있다. 이것을 방지하기 위한 예열온도는 얼마 정도로 하는 것이 좋은가?

① 50~75℃   ② 100~150℃
③ 200~250℃ ④ 300~350℃

해설 연강을 0℃ 이하에서 용접할 경우 이음의 양쪽 폭 100mm 정도를 40~75℃로 예열하고, 고장력강, 저합금강, 주철의 경우 용접 홈을 50~350℃로 예열한다.

제3과목 용접일반 및 안전관리

41 다음 중 아크 에어 가우징의 관한 설명으로 가장 적합한 것은?

① 비철금속에는 적용되지 않는다.
② 압축공기의 압력은 1~2kgf/cm² 정도가 가장 좋다.
③ 용접 균열부분이나 용접 결함부를 제거하는데 사용한다.
④ 그라인딩이나 가스 가우징보다 작업능률이 낮다.

해설 아크 에어 가우징은 탄소 아크 절단에 전극 홀더의 구멍에서 탄소 전극봉에 나란히 분출하는 고속의 공기를 분출시켜 용융 금속을 불어 내어 홈을 파는 방법으로 비철 금속에도 적용되며 압축공기 압력은 0.5~0.7MPa 정도가 좋다.

42 아크 용접 작업 중 전격에 관련된 설명으로 옳지 않은 것은?

① 용접 홀더를 맨손으로 취급하지 않는다.
② 습기찬 작업복, 장갑 등을 착용하지 않는다.
③ 전격 받은 사람을 발견하였을 때에는 즉시 맨손으로 잡아당긴다.
④ 오랜 시간 작업을 중단할 때에는 용접기의 스위치를 끄도록 한다.

43 다음 중 T형 필릿 용접을 나타낸 것은?

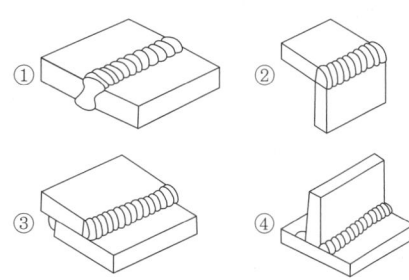

44 가스 용접시 전진법에 비교한 후진법의 장점으로 가장 거리가 먼 것은?

① 열 이용율이 좋다.
② 용접 변형이 작다.
③ 용접속도가 빠르다.
④ 판두께가 얇은 것(3~4mm)에 적당하다.

해설 후진법은 두꺼운 판에 적당하다.

45 피복아크 용접기의 구비조건으로 틀린 것은?

① 역률 및 효율이 좋아야 한다.
② 구조 및 취급이 간단해야 한다.
③ 사용 중에 온도 상승이 커야 한다.
④ 용접전류 조정이 용이하여야 한다.

해설 사용 중에는 온도 상승이 적어야 한다.

46 피복 아크 용접에서 감전으로부터 용접사를 보호하는 장치는?

① 원격 제어 장치   ② 핫 스타트 장치
③ 전격 방지 장치   ④ 고주파 발생 장치

해설 전격 방지 장치는 무부하 전입이 70~80V 정도로 비교적 높아 감전 위험이 있어 용접사를 보호하기 위해 부착한다.

47 피복 아크 용접봉에서 피복 배합제의 성분 중 슬래그 생성제의 역할이 아닌 것은?

① 급냉 방지
② 균일한 전류 유지
③ 산화와 질화 방지
④ 가공, 내부결함 방지

해설 슬래그 생성제는 용융 금속을 서서히 냉각시키므로 기공, 내부 결함을 방지하고 용융점이 낮은 가벼운 슬래그를 만들어 용융 금속의 표면을 덮어서 산화나 질화를 방지한다.

48 납땜에 쓰이는 용제가 갖추어야 할 조건으로 가장 적합한 것은?

① 납땜 후 슬래그 제거가 어려울 것
② 금속면의 산화를 촉진시킬 것
③ 수분을 함유할 것
④ 모재와 친화력을 높일 수 있으며 유동성이 좋을 것

해설 모재의 산화 피막과 같은 불순물을 제거하고 유동성이 좋아야 한다.

49 가스 용접용 용제에 관한 설명 중 틀린 것은?

① 용제는 건조한 분말, 페이스트 또는 용접봉 표면에 피복한 것도 있다.
② 용제의 융점은 모재의 융점보다 낮은 것이 좋다.
③ 연강재료를 가스 용접할 때에는 용제를 사용하지 않는다.
④ 용제는 용접 중에 발생하는 금속의 산화물을 용해하지 않는다.

해설 용제는 용접 중에 생기는 금속의 산화물 또는 비금속 개재물을 용해하여 용융온도가 낮은 슬래그를 만들고, 용융 금속의 표면에 떠올라 용착금속의 성질을 양호하게 한다.

50 일반적으로 서브머지드 아크 용접에 대한 설명으로 틀린 것은?

① 용접 전류를 증가시키면 용입이 증가한다.
② 용접 전압이 증가하면 비드 폭이 넓어진다.
③ 용접 속도가 증가하면 비드 폭과 용입이 감소한다.
④ 용접 와이어 지름이 증가하면 용입이 깊어진다.

51 다음 교류 아크 용접기 중 가변 저항의 변화로 용접 전류를 조정하며, 조작이 간단하고 원격제어가 가능한 것은?

① 탭 전환형
② 가동 코일형
③ 가동 철심형
④ 가포화 리액터형

해설 가포화 리액터형 특징
• 가변 저항의 변화로 용접 전류를 조정한다.
• 전기적 전류 조정으로 소음이 없고, 기계 수명이 길다.
• 조작이 간단하고 원격 제어가 된다.

52 다음 중 폭발 위험이 가장 큰 산소 : 아세틸렌가스의 혼합비율은?

① 85 : 15
② 75 : 25
③ 25 : 75
④ 15 : 85

해설 산소량이 많을수록 폭발 위험이 커진다.

53 MIG 용접에 관한 설명으로 틀린 것은?

① CO_2 가스 아크 용접에 비해 스패터의 발생이 많아 깨끗한 비드를 얻기 힘들다.
② 수동 피복아크 용접에 비해 용접 속도가 빠르다.
③ 정전압 특성 또는 상승특성이 있는 직류용접기가 사용된다.
④ 전류 밀도가 높아 3mm 이상의 두꺼운 관의 용접에 능률적이다.

54 판 두께가 12.7mm인 강판을 가스 절단하려 할 때 표준 드래그의 길이는 2.4mm이다. 이때 드래그는 약 몇 %인가?

① 18.9   ② 32.1
③ 42.9   ④ 52.4

해설 드래그 = $\frac{드래그\ 길이}{판\ 두께} \times 100 = \frac{2.4}{12.7} \times 100 = 18.89$

55 다음 중 압접에 속하는 용접법은?

① 단접   ② 가스 용접
③ 전자빔 용접   ④ 피복아크 용접

해설 압접에는 단접, 냉간압접, 저항용접, 유도가열용접, 초음파 용접, 마찰용접, 가압 테르밋 용접, 가스 압접 등이 있다.

56 다전극 서브머지드 아크 용접 중 두 개의 전극 와이어를 독립된 전원에 접속하여 용접선에 따라 전극의 간격을 10~30mm 정도로 하여 2개의 전극 와이어를 동시에 녹게 함으로써 한꺼번에 많은 양의 용착금속을 얻을 수 있는 것은?

① 다전극식   ② 탠덤식
③ 횡직렬식   ④ 횡병렬식

해설 탠덤식은 전원의 조합은 교류와 직류, 교류와 교류가 좋으며 직류와 직류는 자기 불림현상이 생기므로 사용하지 않으며 비드 폭이 좁고 용입이 깊으며 단 전극에 비해 2배 이상 속도가 빠르다.

57 구리(순동)를 불활성 가스 텅스텐아크 용접으로 용접하려 할 때의 설명으로 틀린 것은?

① 보호가스는 아르곤 가스를 사용한다.
② 전류는 직류 정극성을 사용한다.
③ 전극봉은 순수 텅스텐 봉을 사용하는 것이 가장 효과적이다.
④ 박판을 용접할 때에는 아크열로 시작점에서 가열한 후 용융지가 형성될 때 용접한다.

해설 전극봉은 토륨 2%를 함유한 텅스텐 봉을 사용해야 한다.

58 φ3.2mm인 용접봉으로 연강판을 가스 용접하려 할 때 선택하여야 할 가장 적합한 판재의 두께는 몇 mm인가?

① 4.4   ② 6.6
③ 7.5   ④ 8.8

해설 $D\ (용접봉의\ 지름) = \frac{T(판\ 두께)}{2} + 1$
판 두께 = $2 \times (D-1) = 2 \times (3.2-1) = 4.4$

59 상온에서 강하게 압축함으로써 경계면을 국부적으로 소성 변형시켜 압접하는 방법은?

① 냉간 압접   ② 가스 압접
③ 테르밋 용접   ④ 초음파 용접

해설 냉간 압접은 2개의 금속을 밀착시켜 자유 전자가 공동화하여 결정 격자점의 금속이온과 상호 작용으로 금속 원자를 결합시키는 방법으로 상온에서 단순히 가압만으로 금속상호 간의 확산을 일으켜 접합하는 방식이다.

60 절단산소의 순도가 낮은 경우 발생하는 현상이 아닌 것은?

① 절단속도가 늦어진다.
② 절단 홈의 폭이 좁아진다.
③ 산소의 소비량이 증가된다.
④ 절단 개시 시간이 길어진다.

해설 산소의 순도가 낮으면 절단면이 거칠어지고 절단 속도가 늦어지며, 산소 소비량이 많아지고 절단 개시 시간이 길고, 슬랙 이탈성이 나빠지며 절단 홈 폭이 넓어진다.

2018년 제3회 기출문제 정답

01	02	03	04	05	06	07	08	09	10
②	②	②	②	③	④	④	②	①	①
11	12	13	14	15	16	17	18	19	20
③	④	③	②	①	④	③	①	②	①
21	22	23	24	25	26	27	28	29	30
③	①	②	①	③	④	③	②	②	④
31	32	33	34	35	36	37	38	39	40
③	④	④	②	①	③	②	④	①	①
41	42	43	44	45	46	47	48	49	50
③	③	③	②	④	③	③	④	④	④
51	52	53	54	55	56	57	58	59	60
④	①	①	①	①	②	③	①	①	②

최근기출문제
2019년도 제1회 시행

제1과목   용접야금 및 용접설비제도

01 금속의 일반적인 특성으로 틀린 것은?

① 전성 및 연성이 좋다.
② 전기 및 열의 양도체이다.
③ 금속 고유의 광택을 가진다.
④ 액체 상태에서 결정 구조를 가진다.

해설 고체상태에서 결정 구조를 가진다.

02 용접작업에서 예열을 하는 목적으로 가장 거리가 먼 것은?

① 열 영향부와 용착 금속의 경도를 증가시키기 위해
② 수소의 방출을 용이하게 하여 저온균열을 방지하기 위해
③ 용접부의 기계적 성질을 향상시키고 경화 조직의 석출을 방지하기 위해
④ 온도 분포가 완만하게 되어 열응력의 감소로 용접변형을 줄이기 위해

03 Fe-c계 평형 상태도에서 체심입방격자인 α 철이 A_3점에서 γ철인 면심입방격자로, A_4점에서 다시 δ철인 체심입방격자로 구조가 바뀌는 것을 무엇이라 하는가?

① 편석   ② 자기 변태
③ 동소 변태   ④ 금속간 화합물

해설 동소변태는 고체 내에서 원자 배열의 변화를 수반하는 변태로 A_3점(912℃)과 A_4점(1400℃)에서 발생된다.

04 한국산업표준에서 정한 일반 구조용 탄소강 관을 표시하는 것은?

① SS275   ② SM275A
③ SGT275   ④ STWW290

해설 일반구조용 탄소강관(KS D 3566)의 종류 : SGT275, SGT355, SGT410, SGT450, SGT550

05 다음 원소 중 적열취성의 원인이 되는 것은?

① C   ② H
③ P   ④ S

해설 적열취성은 금속 재료가 열간 가공의 온도 범위에서 약해지는 성질로 황(S) 성분이 원인이 된다.

06 연강류 제품을 용접한 후 노내 풀림법을 이용하여 용접 후 처리를 하려고 한다. 이때 제품을 노 내에서 출입시키는 온도가 가장 적당한 것은?

① 300℃ 이하   ② 400℃ 이하
③ 500℃ 이하   ④ 600℃ 이하

해설 노내 풀림법은 응력제거 열처리법 중 가장 잘 이용되는 방법으로 제품 전체를 가열하고 안에 넣고 적당한 온도에서 일정시간 유지한 다음 노 내에서 서냉시킴으로써 잔류 응력을 제거하는 방법으로 300℃에서 급속히 감소하기 시작한다.

07 황동에서 일어나는 화학적 성질이 아닌 것은?

① 자연균열   ② 시효경화
③ 탈아연부식   ④ 고온 탈아연

08 일반적으로 강재의 탄소당량이 몇 % 이하일 때 용접성이 양호한 것으로 판단하는가?

① 0.4   ② 0.6
③ 0.8   ④ 1.0

09 다음 중 경도가 가장 낮은 조직은?

① 펄라이트 ② 페라이트
③ 시멘타이트 ④ 마텐자이트

> 해설 페라이트는 α고용체의 강자성체로 경도는 HB 90~100 정도로 보기 중 가장 낮다.

10 용접한 오스테나이트계 스테인리스강의 입간 부식을 방지하기 위해 사용하는 탄화물 안정화 원소에 속하지 않는 것은?

① Ti ② Nb
③ Ta ④ Al

11 다음 재료 기호 중 기계 구조용 탄소 강재를 나타낸 것은?

① SM38C ② SF340A
③ SMA460 ④ SM375A

> 해설 기계구조용 탄소강재는 기계를 구조적으로 지탱할 수 있는 탄소가 함유된 강으로, 탄소의 함유량에 따라 기계구조용 탄소강재를 20종류로 분류되어 있다. 일반적으로 SM35C와 SM45C를 사용한다.

12 도면에서 척도를 표시할 때 NS의 의미는?

① 배척을 나타낸다.
② 현척이 아님을 나타낸다.
③ 비례척이 아님을 나타낸다.
④ 척도가 생략됨을 나타낸다.

13 다음 그림과 같은 제3각법 투상도에서 A 정면도일 때 배면도는?

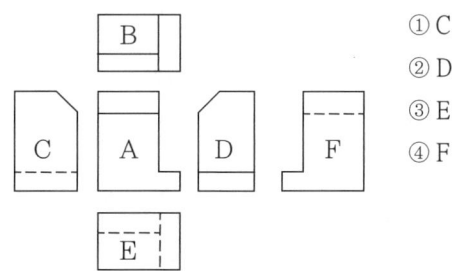

① C
② D
③ E
④ F

14 다음 용접 기호 중 '2a'가 의미하는 것은?

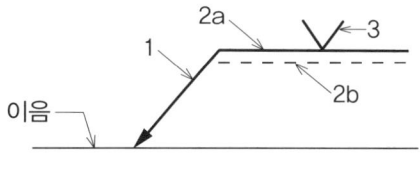

① 홈 형상 ② 루트 간격
③ 기준선 ④ 식별선(점선)

> 해설
> • 1 : 지시선   • 2a : 기준선
> • 2b : 동일선(파선)   • 3 : 용접 기호

15 용접 기호의 참고 표시로 끝(꼬리)부분에 표시하는 내용이 아닌 것은?

① 용접 방법
② 허용 수준
③ 작업 자세
④ 재료 인장강도

16 다음 그림 중 모서리 이음을 나타낸 것은?

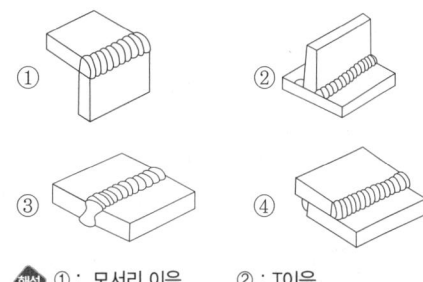

> 해설 ① : 모서리 이음 ② : T이음
> ③ : 맞대기 이음 ④ : 겹치기 이음

17 부품의 면이 평면으로 가공되어 있고, 복잡한 윤곽을 갖는 부품인 경우에 그 면에 광면단 등을 발라 스케치 용지에 찍어 그 면의 실형을 얻는 스케치 방법은?

① 본뜨기법
② 프린트법
③ 사진촬영법
④ 프리핸드법

18 다음 중 가는 이점 쇄선의 용도로 가장 적합한 것은?

① 치수선 ② 수준면선
③ 회전 단면선 ④ 무게 중심선

해설) 가는 이점 쇄선은 가상선 및 무게 중심선을 나타낸다.

19 핸들이나 바퀴 등의 암 및 리브, 훅, 축, 구조물의 부재 등의 절단면을 표시하는데 가장 적합한 단면도는?

① 부분 단면도 ② 한쪽 단면도
③ 회전도시 단면도 ④ 조합에 의한 단면도

해설)
• 부분 단면도 : 일부분을 잘라 내고 필요한 내부 모양을 그리기 위한 방법
• 한쪽 단면도 : 대칭형의 대상물은 외형도의 절반과 온 단면도의 절반을 조합하여 표시

20 다음 용접 도시기호의 설명으로 옳은 것은?

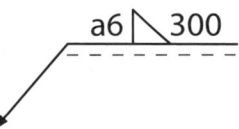

① 필릿 용접부의 목 길이는 6mm이다.
② 필릿 용접부의 목 두께는 6mm이다.
③ 맞대기 용접부의 길이는 300mm이다.
④ 필릿 용접을 화살표 반대쪽에서 실시한다.

해설) 목 두께는 6mm 필릿 용접부의 길이는 300mm이다.

제2과목 | **용접구조설계**

21 연강의 맞대기 용접 이음에서 용착금속의 인장강도가 100 kgf/mm²이고 안전율이 5일 때 용접 이음의 허용 응력은 몇 kgf/mm²인가?

① 10 ② 20
③ 40 ④ 80

해설) 안전율 = $\dfrac{\text{인장강도}}{\text{허용응력}}$ = $\dfrac{100}{5}$ = 20

22 다음 용접시공 조건 중 수축과 관련된 내용으로 틀린 것은?

① 루트 간격이 클수록 수축이 작다.
② 피닝을 하면 수축이 감소한다.
③ 구속도가 크면 수축이 작아진다.
④ V형 이음은 X형 이음보다 수축이 크다.

23 용접 구조물 조립 시 일반적인 고려사항이 아닌 것은?

① 변형제거가 쉽게 되도록 하여야 한다.
② 구조물의 형상을 유지할 수 있어야 한다.
③ 경제적이고 고품질을 얻을 수 있는 조건을 설정한다.
④ 용접 변형 및 잔류 응력을 증가시킬 수 있어야 한다.

해설) 용접 변형 및 잔류 응력을 감소시킬 수 있어야 한다.

24 용접부의 후열 처리로 나타나는 효과가 아닌 것은?

① 조직을 경화시킨다.
② 잔류응력을 제거한다
③ 확산성 수소를 방출한다.
④ 급냉에 따른 균열을 방지한다.

25 표점거리가 50mm인 인장 시험편을 인장 시험한 결과 62mm로 늘어났다면 연신율(%)은 얼마인가?

① 12 ② 18
③ 24 ④ 30

해설) 연신율(ε) = $\dfrac{\text{늘어난 길이} - \text{표점(본래) 길이}}{\text{표점 길이}} \times 100$
= $\dfrac{62-50}{50} \times 100 = 24\%$

26 120A의 용접 전류로 피복 아크 용접을 하고자 한다. 적정한 차광 유리의 차광도 번호는?

① 4번 ② 6번
③ 8번 ④ 10번

> 해설: 납땜 작업에서는 2~4, 가스 용접에는 4~6, 피복아크용접에는 10~12 정도 사용하며, 용접 전류가 100~200A에서는 10번을 사용한다.

27 다음 그림의 필릿 용접부에서 이론 목 두께 ht 는?

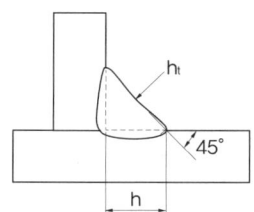

① 0.303h ② 0.505h
③ 0.707h ④ 1.414h

> 해설: $h_t = 0.707h$ (단, h는 필릿 용접의 크기, 즉 각장)

28 용접 이음을 설계할 때 정하중을 받는 강(steel)의 안전율로 가장 적합한 것은?

① 3 ② 6
③ 9 ④ 12

29 다음 중 침투 탐상 검사의 특징으로 틀린 것은?

① 침투제가 오염되기 쉽다.
② 국부적 시험이 불가능하다.
③ 미세한 균열도 탐상이 가능하다.
④ 시험표면이 너무 거칠거나 기공이 많으면 허위 지시 모양을 만든다.

> 해설: 침투 탐상검사는 국부적 시험이 가능하다.

30 잔류 응력을 경감시키는 방법이 아닌 것은?

① 피닝법
② 담금질 열처리법
③ 저온 응력 완화법
④ 기계적 응력 완화법

> 해설: 잔류 응력 제거방법에는 노내 풀림법, 국부풀림법, 저온 응력 완화법, 기계적 응력 완화법, 피닝법 등이 있다.

31 용접 구조물 설계시 주의사항에 대한 설명으로 틀린 것은?

① 용접이음의 집중, 교차를 피한다.
② 용접치수는 강도상 필요 이상 크게 하지 않는다.
③ 후판을 용접할 경우 용입이 낮은 용접법을 이용하여 층수를 늘린다.
④ 판면에 직각방향으로 인장하중이 작용할 경우 판의 압연방향에 주의한다.

32 용접 잔류응력 등 인장응력이 걸리거나, 특정의 부식 환경으로 될 때 발생하는 용접이음의 부식은?

① 입계부식 ② 틈새부식
③ 응력부식 ④ 접촉부식

> 해설: 응력부식은 재료에 응력이 걸린 부분에서만 나타나는 것과 냉간가공이나 용접 등에 의해서 재료 내에 남은 응력이 원인이 되는 화학적 부식이 있다.

33 일반적인 용접 구조물의 조립순서를 결정할 때 고려해야 할 사항으로 틀린 것은?

① 변형 발생 시 변형제거가 용이해야 한다.
② 수축이 큰 이음보다 적은 이음을 먼저 용접한다.
③ 구조물의 형상을 고정하고 지지할 수 있어야 한다.
④ 변형 및 잔류응력을 경감할 수 있는 방법을 채택한다.

34 다음 용접 결함 중 치수상의 결함이 아닌 것은?

① 변형 ② 치수 불량
③ 형상 불량 ④ 슬래그 섞임

해설 슬래그 섞임은 구조상 결함에 속한다.

35 용융된 금속이 모재와 잘못 녹아 어울리지 못하고 모재에 덮인 상태의 결함은?

① 스패터 ② 언더컷
③ 오버랩 ④ 기공

해설 오버랩은 용접 금속의 끝이 모재와 융합하지 않고 포개져 있는 것처럼 되어 있는 형상으로 맞대기 용접보다는 필릿 용접의 경우 발생하기 쉽다.

36 용접이음부의 홈 형상을 선택할 때 고려해야 할 사항이 아닌 것은?

① 용착 금속의 양이 많을 것
② 경제적인 시공이 가능할 것
③ 완전한 용접부가 얻어질 수 있을 것
④ 홈가공이 쉽고 용접하기가 편할 것

37 용접 준비 사항 중 용접 변형 방지를 위해 사용하는 것은?

① 앤빌(anvil)
② 스트롱 백(strong back)
③ 터닝 롤러(turing roller)
④ 용접 머니퓰레이터(welding manipulator)

해설 스트롱 백은 가접을 피하기 위해 피용접재를 구속시키는 지그의 일종이다.

38 용접 구조물 시공 시 비틀림 변형을 경감하기 위한 방법으로 틀린 것은?

① 용접 지그를 활용한다.
② 집중 용접을 피하여 작업한다.
③ 이음부의 맞춤을 정확하게 한다.
④ 용접순서는 구속이 없는 자유단에서부터 구속이 큰 부분으로 진행한다.

39 허용 응력을 계산하는 식으로 옳은 것은?

① 허용 응력 = $\dfrac{하중}{단면적}$

② 허용 응력 = $\dfrac{단면적}{하중}$

③ 허용 응력 = $\dfrac{변형량}{단면적}$

④ 허용 응력 = $\dfrac{단면적}{변형량}$

40 다음 중 위보기 자세를 의미하는 기호는?

① F ② H
③ V ④ O

해설
- F : 아래보기 • H : 수평
- V : 수직 • O(OH) : 위보기

제3과목 용접일반 및 안전관리

41 피복 아크 용접 작업 중 스패터가 발생하는 원인으로 가장 거리가 먼 것은?

① 운봉이 불량할 때
② 전류가 너무 높을 때
③ 아크 길이가 너무 짧은 때
④ 건조되지 않은 용접봉을 사용했을 때

해설 스패터는 아크 길이가 너무 길 때 발생한다.

42 46.7리터의 산소용기에 150kgf/cm²이 되게 산소를 충전하였고, 이것을 대기 중에서 환산하면 산소는 약 몇 리터인가?

① 4090　　② 5030
③ 6100　　④ 7005

> 해설) 대기 중 환산 용량 = 용기 내 용량×압력
> = 46.7×150 = 7,005

43 피복아크 용접 중 용접봉에서 모재로 용융금속이 이행하는 방식이 아닌 것은?

① 단락형　　② 용단형
③ 스프레이형　　④ 글로뷸러형

> 해설) 용융금속 이행 방식에는 단락형, 스프레이형, 글로뷸러형이 있다.

44 TIG 용접 시 안전사항에 대한 설명으로 틀린 것은?

① 용접기 덮개를 벗기는 경우 반드시 전원 스위치를 켜고 작업한다.
② 제어장치 및 토치 등 전기계통의 절연 상태를 항상 점검해야 한다.
③ 전원과 제어장치의 접지 단자는 반드시 지면과 접지되도록 한다.
④ 케이블 연결부와 단자의 연결 상태가 느슨해졌는지 확인하여 조치한다.

45 연납땜에 가장 많이 사용하는 용가재는?

① 구리납　　② 망간납
③ 주석납　　④ 황동납

> 해설) 연납땜에 사용되는 용가재는 주석납을 가장 많이 사용하고 이외에 납-카드뮴납, 납-은납 등이 있다.

46 가스용접에서 수소가스 충전용기의 도색 표시로 옳은 것은?

① 회색　　② 백색
③ 청색　　④ 주황색

> 해설) 수소 - 주황색, 탄산가스 - 청색

47 산소-아세틸렌 용접에서 후진법과 비교한 전진법의 특징으로 틀린 것은?

① 용접변형이 크다.
② 용접속도가 느리다.
③ 열 이용률이 나쁘다.
④ 산화의 정도가 약하다.

> 해설) 전진법은 용접 변형이 크고, 용접속도가 느리며 열 이용률이 나쁘고, 산화 정도는 심하다.

48 아크용접기의 보수 및 점검 시 유의해야 할 사항으로 틀린 것은?

① 회전부와 가동부분에 윤활유가 없도록 한다.
② 용접기는 습기나 먼지 많은 곳에 설치하지 않도록 한다.
③ 2차측 단자의 한쪽과 용접기 케이스는 접지를 확실히 해 둔다.
④ 탭 전환의 전기적 접속부는 샌드 페이퍼 등으로 잘 닦아 준다.

> 해설) 가동부분 및 냉각팬은 점검하고 주유해야 한다.

49 일반적인 가스압접의 특징으로 틀린 것은?

① 전력이 불필요하다.
② 용가재 및 용제가 불필요하다.
③ 이음부의 탈탄층이 전혀 없다.
④ 장치가 복잡하고 설비비가 비싸다.

> 해설) 가스 압접은 장치가 간단하며, 설비비·보수비가 저렴하다.

50 다음 중 땜납의 구비조건으로 틀린 것은?

① 접합강도가 우수해야 한다.
② 모재보다 용융점이 높아야 한다.
③ 표면장력이 적어 모재의 표면에 잘 퍼져야 한다.
④ 유동성이 좋고 금속과의 친화력이 있어야 한다.

해설 땜납은 모재보다 용융점이 낮아야 한다.

51 가스 절단시 예열불꽃의 세기가 강할 때 나타나는 현상으로 틀린 것은?

① 절단면이 거칠어진다.
② 역화를 일으키기 쉽다.
③ 모서리가 용융되어 둥글게 된다.
④ 슬래그 중 철 성분의 박리가 어려워진다.

해설 역화는 예열 불꽃이 약할 때 발생한다.

52 탄산가스 아크 용접에 대한 설명으로 틀린 것은?

① 가시 아크이므로 시공이 편리하다.
② 바람의 영향을 받지 않으므로 방풍장치가 필요 없다.
③ 전류 밀도가 높아 용입이 깊고, 용접 속도를 빠르게 할 수 있다.
④ 단락 이행에 의하여 박판도 용접이 가능하며, 전자세 용접이 가능하다.

해설 탄산 가스 아크 용접은 바람의 영향을 받으므로 풍속 2m/s 이상에서는 방풍장치가 필요하다.

53 논 가스 아크 용접의 특징으로 옳은 것은?

① 보호가스나 용제를 필요로 한다.
② 용접장치가 복잡하고 운반이 불편하다.
③ 보호가스의 발생이 적어 용접선이 잘 보인다.
④ 용접 길이가 긴 용접물에 아크를 중단하지 않고 연속 용접을 할 수 있다.

54 초음파 용접으로 금속을 용접하고자 할 때 모재의 두께로 가장 적당한 것은?

① 0.01~2 mm
② 3~5 mm
③ 6~9 mm
④ 10~15 mm

해설 초음판 용접은 금속은 0.01~2mm, 플라스틱은 1~5mm가 적당하다.

55 AW 300의 교류 아크 용접기로 조정할 수 있는 2차 전류(A) 값의 범위는?

① 30~220 A
② 40~330 A
③ 60~330 A
④ 120~480 A

해설 AW 300에서는 2차 전류는 60~330A이다.

56 가스절단에 사용하는 연료용 가스 중 발열량(kcal/m³)이 가장 낮은 것은?

① 수소
② 메탄
③ 프로판
④ 아세틸렌

해설 · 수소 : 2420 · 메탄 : 8080
· 프로판 : 20780 · 아세틸렌 : 12690

57 다음 용접기호 중 수평 자세를 의미하는 것은?

① F
② H
③ V
④ O

해설 · F : 아래보기 자세 · H : 수평 자세
· V : 수직 자세 · O : 위보기 자세

58 카바이드(CaC_2)의 취급 시 주의사항으로 틀린 것은?

① 카바이드는 인화성 물질과 같이 보관한다.
② 카바이드 통 개봉 시 절단 가위를 사용한다.
③ 카바이드 운반 시 타격, 충격, 마찰을 주지 말아야 한다.
④ 카바이드 개봉 후 뚜껑을 잘 닫아 습기가 침투되지 않도록 보관한다.

59 토치를 사용하여 용접 부분의 뒷면을 따내거나 U형, H형의 용접홈으로 가공하기 위한 방법으로 가장 적당한 것은?

① 스카핑
② 분말 절단
③ 가스 가우징
④ 산소창 절단

해설 가스 가우징은 용접부 결함, 뒤따내기, 가접의 제거, 압연 강재, 단조, 주강의 표면 결함의 제거 등에 사용되며 스카핑에 비해 나비가 좁은 홈을 가공한다.

60 접합부 모재를 고정시킨 후 비소모식 툴을 이음부에 삽입시킨 후 회전하여 마찰열을 발생시켜 접합하는 것으로 알루미늄 및 마그네슘 합금의 접합에 주로 활용되는 용접은?

① 오토콘 용접
② 레이저빔 용접
③ 마찰 교반 용접
④ 고주파 업셋용접

해설 마찰 용접은 두 개 모재에 압력을 가해 접촉시킨 후 접촉면에 압력을 주면서 상대 운동을 시키면 마찰열로 접합부의 산화물을 녹여 내리면서 압력으로 접합하는 방식이다.

2019년 제1회 기출문제 정답

01	02	03	04	05	06	07	08	09	10
④	①	③	③	④	①	②	①	②	④
11	12	13	14	15	16	17	18	19	20
①	③	④	③	④	①	②	④	③	②
21	22	23	24	25	26	27	28	29	30
②	①	④	①	③	④	③	①	②	②
31	32	33	34	35	36	37	38	39	40
③	③	②	④	③	①	②	④	①	④
41	42	43	44	45	46	47	48	49	50
③	④	②	①	③	④	④	①	④	②
51	52	53	54	55	56	57	58	59	60
②	②	④	①	③	①	②	①	③	③

최근기출문제
2019년도 제2회 시행

제1과목 | 용접야금 및 용접설비제도

01 제련 공정 및 용접공정에서 용융금속과 슬래그와의 반응에 의해 P를 제거하여 금속 중의 P의 함량을 제거시키는 것을 무엇이라 하는가?

① 탈산 ② 탈황
③ 탈인 ④ 탈탄

02 다음 스테인리스강 중 내식성, 가공성 및 용접성이 가장 우수한 것은?

① 페라이트계 스테인리스강
② 펄라이트계 스테인리스강
③ 마텐자이트계 스테인리스강
④ 오스테나이트계 스테인리스강

해설) 스테인리스강은 조직에 따라 페라이트계(18%Cr계), 마텐자이트계(13%Cr계), 오스테나이트계(Cr-Ni계), 석출 경화계, 듀플렉스(2중조직, 페라이트-오스테나이트) 등이 있으며, 오스테나이트계가 용접성과 내식성이 가장 우수하다.

03 내부 응력의 제거, 경도 저하, 연화를 목적으로 적당한 온도까지 가열한 다음 그 온도에서 유지하고 나서 서랭하는 열처리는?

① 뜨임
② 풀림
③ 담금질
④ 심랭처리

해설) 풀림은 금속 재료를 적당한 온도로 가열한 다음 서서히 냉각시켜 상온으로 하는 조작. 이 조작은 가공 또는 담금질 등에 의해 경화된 재료의 내부 잔류 응력을 없애고 결정립을 미세화시켜 연성을 높인다.

04 한국 산업 규격에서 용접 구조용 압연 강재를 나타내는 종류의 기호는?

① SM 35C ② SM 420A
③ HSM 500 ④ STS 430TKA

해설)
• SM 35C : 기계구조용 탄소 강재
• SM 420A : 용접구조용 압연 강재
• STS 430TKA : 기계구조용 스테인리스 강관

05 Fe-C 평형상태도에서 아공석강의 탄소 함량은 약 몇 %인가?

① 0.0025~0.80 ② 0.80~2.0
③ 2.0~4.3 ④ 4.3~6.67

해설) 아공석강은 탄소 함량이 0.85% 이하 함유한 강으로 페라이트와 펄라이트 조직을 말한다.

06 용접부의 노 내 응력 제거 방법에서 가열부를 노에 넣을 때와 꺼낼 때의 노내 온도는 몇 ℃ 이하로 하는가?

① 300℃ ② 400℃
③ 500℃ ④ 600℃

07 Fe-C 평형 상태도에서 탄소함유량 4.3%, 온도 1130℃에서 공정반응이 일어날 때 생성되는 금속 조직은?

① 페라이트
② 펄라이트
③ 베이나이트
④ 레데뷰라이트

해설) 철-탄소 합금에 있어서 오스테나이트와 시멘타이트의 공정으로 탄소함유량은 4.3% 이며 그의 생성 온도는 1140℃이다.

08 용착금속이 응고할 때 불순물은 주로 어디에 모이는가?

① 결정입계 ② 결정입내
③ 금속의 표면 ④ 금속의 모서리

09 다음 조직 중 브리넬 경도가 가장 높은 것은?

① 페라이트 ② 펄라이트
③ 마텐자이트 ④ 오스테나이트

> **해설** 주조직의 경도 순서 : C > M > P > A > F
> C(시멘타이트), M(마텐자이트), P(펄라이트), A(오스테나이트), F(페라이트)

10 오스테나이트계 스테인리스강의 용접 시 유의해야 할 사항이 아닌 것은?

① 예열을 실시한다.
② 짧은 아크 길이를 유지한다.
③ 층간 온도가 320℃ 이상을 넘어서는 안 된다.
④ 아크를 중단하기 전에 크레이터 처리를 한다.

> **해설** 오스테나이트계 스테인리스강은 열간 균열이 발생하기 쉬우므로 예열을 하지 말아야 한다.

11 불규칙한 곡선 부분이 있는 부품을 직접 용지위에 놓고 납선 또는 구리선 등의 연납선을 부품의 윤곽에 때고 스케치 하는 방법은?

① 사진법 ② 프린트법
③ 본뜨기법 ④ 프리핸드법

12 정투상도법의 제3각법에서 투상 순서로 가장 적합한 것은?

① 눈 → 투상면 → 물체
② 눈 → 물체 → 투상면
③ 물체 → 투상면 → 눈
④ 물체 → 눈 → 투상면

> **해설**
> • 제3각법 : 눈 → 투상면 → 물체
> • 제1각법 : 눈 → 물체 → 투상면

13 도면에서 2종류 이상의 선이 같은 장소에서 중복될 경우 우선되는 선의 순서는?

① 외형선 → 숨은선 → 중심선 → 절단선
② 외형선 → 숨은선 → 절단선 → 중심선
③ 외형선 → 중심선 → 절단선 → 숨은선
④ 외형선 → 중심선 → 숨은선 → 절단선

> **해설** 겹치는 선의 우선순위 : 외형선 → 숨은선 → 절단선 → 중심선 → 무게중심선 → 치수 보조선

14 정면, 평면, 측면을 하나의 투상면 위에 동시에 볼 수 있도록 두 개의 옆면 모서리가 수평선과 30°가 되게 하여 세 축이 120°의 등각이 되도록 입체도로 투상한 것은?

① 투시도
② 정 투상도
③ 등각 투상도
④ 부등각 투상도

> **해설** 등각투상도(isometric view)는 물체의 옆면 모서리가 수평선과 30°가 되도록 회전시켜서, 세 모서리가 이루는 각이 모두 120°가 되도록 그린 투상도를 말한다. 등각을 이루는 세 개의 모서리를 등각축(isometric axis)이라 한다.

15 특수한 용도의 선으로 얇은 부분의 단면 도시를 명시하는데 사용하는 선은?

① 파단선 ② 가는 1점 쇄선
③ 가는 2점 쇄선 ④ 아주 굵은 실선

> **해설** 아주 굵은 실선은 얇은 부분의 단선 도시를 명시하는데 사용한다.

16 도면의 크기에서 A4 제도 용지의 크기는?
(단 단위는 mm이다)

① 594×841 ② 420×594
③ 297×420 ④ 210×297

> **해설**
> • A0 : 841×11289
> • A1 : 594×84
> • A2 : 420×594
> • A3 : 297×420
> • A4 : 210×297

17 1개의 원이 직선 또는 원주 위를 굴러갈 때 그 구르는 원의 원주 위의 1점이 움직이며 그려 나가는 선은?

① 타원 ② 포물선
③ 쌍곡선 ④ 사이클로이드 곡선

해설
- 사이클로이드 곡선 : 1개의 원이 직선 또는 원주 위를 굴러갈 때 그 구르는 원의 원주 위 1점이 움직이며 그려나가는 선
- 인벌류트 곡선 : 원 또는 다각형에 감긴 실을 잡아당기면서 풀어갈 때 실 위의 한 점이 그려가는 것을 이어서 얻은 선

18 KS 용접 도기 기호에서 현장 용접을 표시한 것은?

19 다음 그림이 나타내는 용접 명칭으로 옳은 것은?

① 점 용접
② 심 용접
③ 플러그 용접
④ 단속 필릿 용접

해설

20 치수보조 기호에 대한 용어의 연결이 틀린 것은?

① φ – 지름
② C – 치핑
③ R – 반지름
④ SR – 구의 반지름

해설  C : 45° 모따기

제2과목 용접구조설계

21 다음 용접 기호 중 가장자리 용접 기호로 옳은 것은?

①   ②
③ ○ ④ ⊏

해설 ① : 필릿 용접, ③ : 스폿용접, ④ : 플러그 용접

22 그림과 같은 변형 방지용 지그의 명칭은?

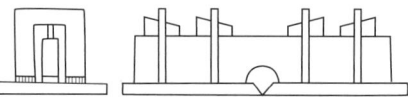

① 스트롱 백
② 바이스 지그
③ 탄성 역변형 지그
④ 맞대기 이음 각변형 지그

23 다음 그림과 같은 용접 이음의 종류는?

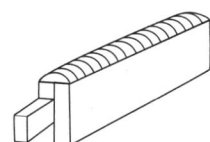

① 변두리 이음
② 모서리 이음
③ 겹치기 이음
④ 전면필릿 이음

24 용접 구조물을 설계할 때 주의사항으로 틀린 것은?

① 용접 이음의 집중, 접근 및 교차를 피한다
② 용접치수는 강도상 필요한 치수 이상으로 크게 하지 않는다.
③ 두꺼운 판을 용접할 때에는 용입이 얕은 용접법을 이용하여 층수를 늘린다.
④ 이음의 역학적 특성을 고려하여 구조상의 불연속부, 단면형상의 급격한 변화를 피한다.

해설 두꺼운 판을 용접할 때에는 용입이 깊은 용접법을 이용해야 한다.

25 용접부의 이음효율을 계산하는 식으로 옳은 것은?

① 이음효율 = $\frac{모재의 인장강도}{용접시편의 인장강도} \times 100\%$

② 이음효율 = $\frac{모재의 충격강도}{용접시편의 충격강도} \times 100\%$

③ 이음효율 = $\frac{용접시편의 충격강도}{모재의 충격강도} \times 100\%$

④ 이음효율 = $\frac{용접시편의 인장강도}{모재의 인장강도} \times 100\%$

26 서브머지드 아크 용접에서 와이어 돌출길이는 와이어 지름의 몇 배 전후가 가장 적당한가?

① 2배　　② 5배
③ 8배　　④ 12배

27 용접시공시 모재의 열전도를 억제하여 변형을 방지하는 방법으로 가장 적합한 것은?

① 피닝법　　② 도열법
③ 역변형법　　④ 가우징법

해설
- 피닝법 : 용접 직후 피닝 해머로 비드를 두드린 후, 용접 금속의 변형을 방지
- 역변형법 : 가접이나 지그 홀더 등을 이용하여 용접 전 변형 발생을 억제
- 가우징법 : 열에 의해 모재를 용융시켜 소재의 표면에 홈을 내는 방법

28 다음 용접 결함 중 구조상 결함에 속하지 않는 것은?

① 변형　　② 기공
③ 균열　　④ 오버랩

해설 용접 결함의 분류
- 구조상 결함 : 기공, 슬래그 혼입, 용입 부족, 융합 부족, 균열
- 치수상 결함 : 변형 및 비틀림, 치수 결함, 형상 결함
- 성능상 결함 : 기계적, 화학적 성질 불량

29 일반적으로 가접(tack welding)시에 수반되는 용접 결함이라고 볼 수 없는 것은?

① 기공　　② 균열
③ 슬래그 섞임　　④ 용접 홈 각도 증가

해설 용접 홈 각도는 용접 전에 절단하므로 용접시에는 수반되지 않는다.

30 레이저 용접의 특징으로 틀린 것은?

① 좁고 깊은 용접부를 얻을 수 있다.
② 대입열 용접이 가능하고, 열영향부의 범위가 넓다.
③ 고속 용접과 용접 공정의 융통성을 부여할 수 있다.
④ 접합되어야 할 부품의 조건에 따라서 한 방향의 용접으로 접합이 가능하다.

해설 레이저 용접은 모재 열변형이 거의 없으며 열영향부의 범위는 좁다

31 용접봉의 용착효율은 용접봉의 소요량을 산출하거나 용접 작업시간을 판단하는데 필요하다. 용착효율(%)을 나타내는 식으로 옳은 것은?

① 용착효율 = $\frac{피복제의 중량}{용착금속의 중량} \times 100\%$

② 용착효율 = $\frac{용착금속의 중량}{피복제의 중량} \times 100\%$

③ 용착효율 = $\frac{용착금속의 중량}{용접봉 사용 중량} \times 100\%$

④ 용착효율 = $\frac{용접봉 사용 중량}{용착금속의 중량} \times 100\%$

32 용접부에 균열이 발생했을 때 보수 방법으로 가장 적합한 것은?

① 가열 후 해머링한다.
② 앤드탭을 사용하여 재용접한다.
③ 국부풀림을 이용하여 열처리한다.
④ 정지 구멍을 뚫고 가우징 후 재용접한다.

33 다음 중 크리프(creep) 곡선의 영역에 속하지 않는 것은?

① 강도 크리프 ② 천이 크리프
③ 정상 크리프 ④ 가속 크리프

해설 크리프 곡선은 재료에 일정한 하중 또는 응력을 준 상태에서 변형이 시간과 더불어 변화하는 현상으로 천이 크리프, 정상 크리프, 가속 크리프로 구분된다.

34 각 층마다 전체의 길이를 용접하면서 쌓아 올리는 용착법은?

① 비석법 ② 대칭법
③ 덧살 올림법 ④ 캐스캐이드법

해설 덧살 올림법은 각 층마다 전체 길이를 용접하면서 쌓아 올리는 방법으로 가장 일반적인 방법이다.

35 다음 용접부 표면결함 검출법 중 렌즈, 반사경을 이용하여 작은 결함을 확대하여 조사하거나 치수의 적부를 조사하는 것은?

① 육안검사 ② 침투검사
③ 자기검사 ④ 와류검사

36 노 내 풀림법으로 잔류 응력을 제거하고자 할 때 연강재 용접부의 최대 두께가 25mm인 경우 가열 및 냉각속도 R이 만족시켜야 하는 식은?

① R ≤ 500(deg/h) ② R ≤ 200(deg/h)
③ R ≤ 300(deg/h) ④ R ≤ 400(deg/h)

해설 $R \leq 200 \times \frac{25}{t} = 200 \times \frac{25}{25}$ (deg/h)

37 일반적인 용접구조물을 제작할 때 용접 순서를 결정하는 기준으로 틀린 것은?

① 용접구조물이 조립되면서 용접이 곤란한 경우가 발생하지 않도록 한다.
② 용접물의 중심에서 항상 좌우가 대칭이 되도록 용접해 나간다.
③ 수축이 작은 이음을 먼저하고 수축이 큰 이음은 나중에 용접한다.
④ 구조물의 중립축에 대하여 수축력의 모멘트의 합이 0이 되도록 한다.

해설 수축이 큰 이음부터 먼저 용접을 해야 한다.

38 맞대기 용접이음의 덧살은 용접이음의 강도에 어떤 영향을 주는가?

① 덧살은 응력집중과 무관하다
② 덧살을 작게 하면 응력집중이 커진다
③ 덧살을 크게 하면 피로강도가 증가한다.
④ 덧살은 보강 덧붙임으로서 과대한 경우 피로강도를 감소시킨다.

39 용접비용을 줄이기 위해 고려해야 할 사항으로 틀린 것은?

① 효과적인 재료 사용 계획을 세운다
② 조립 정반 및 용접 지그의 활용한다
③ 인원 배치 및 교대 시간 등에 대한 시간 계획을 잘 세운다
④ 개선 홈, 가공 정밀도가 불량하더라도 우선 용접작업을 수행한다.

해설 개선 홈, 가공 정밀도는 정확히 해야 한다.

40 두께 10mm, 폭 20mm인 시편을 인장시험한 후 파단 부위를 측정하였더니 두께 8mm, 폭 16mm가 되었을 때 단면 수축률은 몇 %인가?

① 36 ② 48
③ 64 ④ 82

해설 단면수축률 = $\frac{최초\ 단면적 - 나중\ 단면적}{최초\ 단면적} \times 100\%$

$= \frac{(10 \times 20) - (8 \times 16)}{(10 \times 20)} \times 100 = 36\%$

제3과목 용접일반 및 안전관리

41 가스절단에서 절단용 산소 중에 불순물이 증가되었을 때 나타나는 현상으로 옳은 것은?

① 절단면이 거칠어진다.
② 절단시간이 단축된다.
③ 절단 홈의 폭이 좁아진다.
④ 슬래그 박리성이 양호하다.

42 아크에어 가우징에 대한 설명으로 틀린 것은?

① 그라인딩이나 가스 가우징보다 작업능률이 높다.
② 용접 현장에서 결함부 제거, 용접 홈의 준비 및 가공 등에 이용된다.
③ 비철금속(스테인리스강, 알루미늄, 동 합금 등)에는 사용할 수 없다.
④ 가우징 봉은 탄소와 흑연의 혼합물로 만들어지고, 표면은 구리로 도금한다.

> 해설: 아크에어 가우징은 활용 범위가 넓어 비철 금속에도 적용가능하다

43 침몰선의 해체나 교량의 개조공사 등에 쓰이는 수중절단 작업에서 예열가스의 양은 공기 중에서보다 몇 배가 필요한가?

① 1   ② 3
③ 4~8   ④ 10~15

> 해설: 수중에서 작업할 때 예열가스 양은 공기 중에서 4~8배 정도, 절단 산소의 압력은 1.5~2배로 한다.

44 자동으로 용접을 하는 서브머지드 아크 용접에서 루트 간격과 루트면의 필요한 조건은? (단 받침쇠가 없는 경우이다.)

① 루트간격 3mm 이상, 루트면은 ±5mm 허용
② 루트간격 0.8mm 이하, 루트면은 ±1mm 허용
③ 루트간격 0.8mm 이상, 루트면은 ±5mm 허용
④ 루트간격 10mm 이상, 루트면은 ±10mm 허용

> 해설: 홈 각도는 ±5°, 루트 간격은 0.8mm 이하, 루트 면은 ±1mm 허용된다.

45 아크 용접 작업장 안에서 나타나는 상황의 설명으로 옳지 않은 것은?

① 작업 중 해로운 가스가 발생한다.
② 용접 시 발생하는 가스에 일산화탄소가 함유되어 있다.
③ 아크 용접 시 저융점 금속의 경우도 증기가 발생한다.
④ 아연 도금 판 용접에는 유독한 금속증기가 발생하나, 납 도금 판의 경우에는 증기가 발생하지 않아 중독의 위험이 없다.

46 다음 용접 중 산화철 분말과 알루미늄 분말의 혼합제에 점화시켜 화학 반응을 이용하여 용접하는 것은?

① 테르밋 용접   ② 스터드 용접
③ 전자 빔 용접   ④ 아크 점 용접

> 해설: 테르밋 용접은 알루미늄분과 산화철과의 혼합물, 즉 알루미늄·테르밋을 사용하여 철 또는 강재를 접촉시키는 방법이다.

47 피복 아크 용접에서 아크가 용접의 단위길이 1cm당 발생하는 용접 입열(H)를 구하는 식은? (단 아크 전압 E[V], 아크전류 I[A], 용접속도 V [cm/min]이다.)

① $H = \dfrac{EI}{60V}$ [J/min]

② $H = \dfrac{60V}{EI}$ [J/min]

③ $H = \dfrac{V}{60EI}$ [J/min]

④ $H = \dfrac{60EI}{V}$ [J/min]

48 탄산가스 아크용접 장치에 해당되지 않는 것은?

① 제어 케이블
② 세라믹 노즐
③ CO_2 용접 토치
④ 와이어 송급장치

해설 세라믹 노즐은 TIG 용접에 사용된다.

49 피복 아크 용접봉에서 피복제의 역할이 아닌 것은?

① 아크를 안정시킨다.
② 용착 금속의 냉각속도를 빠르게 한다.
③ 용적을 미세화하고 용착 효율을 높인다.
④ 용착 금속에 필요한 합금 원소를 첨가한다.

해설 피복제는 용착 금속이 냉각 속도를 느리게 하여 급냉을 방지한다.

50 탄산가스 아크 용접의 특징으로 틀린 것은?

① 용착 금속의 기계적 성질 및 금속학적 성질이 좋다.
② 전류밀도가 높으므로 용입이 깊고 용접속도를 빠르게 할 수 있다.
③ 가시아크이므로 용융지의 상태를 보면서 용접할 수 있어 시공이 편리하다.
④ 솔리드 와이어를 이용한 용접에서는 용제가 필요하고 슬래그 섞임이 발생하여 용접후의 처리가 필요하다.

51 일반적인 용접의 특징으로 틀린 것은?

① 재료가 절약된다.
② 변형, 수축이 없다.
③ 기밀성, 수밀성이 우수하다.
④ 기공, 균열 등 결함이 있다.

해설 용접은 변형 및 수축이 생겨 잔류 응력이 발생한다.

52 가스용접에서 사용하는 가스의 종류와 용기의 색상이 옳게 짝지어진 것은?

① 산소 - 황색
② 수소 - 주황색
③ 탄산가스 - 녹색
④ 아세틸렌가스 - 흰색

해설 산소 - 녹색, 탄산가스 - 청색, 아세틸렌 - 황색

53 불활성 가스 텅스텐 아크 용접에서 직류 정극성 사용에 관한 내용으로 옳은 것은?

① 비드 폭이 넓어진다.
② 전극이 냉각되며 용입이 얕아진다.
③ 양극(+)에 모재를, 음극(-)에 토치를 연결한다.
④ 직류 역극성을 사용할 때 청정 작용이 우수하다.

해설 직류 정극성은 용접기 양극에 모재, 음극에 토치를 연결하는 방식으로 비드 폭이 좁고 용입이 깊다.

54 일반적인 가스용접에 사용하는 차광유리의 차광도 번호로 가장 적합한 것은?

① 0~1번
② 2~3번
③ 4~8번
④ 10~12번

해설 일반적인 가스용접에서는 4~8번, 피복 아크용접에는 10~11번을 사용하며, 아크용접 시 용접전류가 300A 이상이면 13~14, 400A 이상이면 14번을 사용한다.

55 플라스마 아크 용접의 특징으로 틀린 것은?

① 전류 밀도가 높아 용입이 깊다.
② 아크의 방향성과 집중성이 좋다
③ 1층으로 용접할 수 있으므로 능률적이다.
④ 용접부에 텅스텐이 혼입될 가능성이 높다.

해설 플라스마 아크 용접은 용입이 깊고, 비드폭이 좁으며 용접속도가 빠르다.

56 내용적 40리터의 산소용기에 125kg/cm²의 산소가 들어있다. 1시간에 200리터를 사용하는 토치를 쓰고 있을 때 1:1의 중성 불꽃으로는 약 몇 시간 쓸 수 있는가?

① 2　　　② 4
③ 25　　　④ 40

해설 $\frac{40 \times 125}{200} = 25$시간

57 피복 아크 용접 시 아크 쏠림 방지 대책이 아닌 것은?

① 직류로 용접한다.
② 짧은 아크를 사용한다.
③ 용접봉 끝을 아크 쏠림 반대 방향으로 기울인다.
④ 접지점은 될 수 있는 대로 용접부에서 멀리한다.

해설 교류로 용접을 해야 한다.

58 이음 형상에 따른 저항용접의 분류 중 맞대기 용접에 속하지 않는 것은?

① 점 용접　　　② 플래시 용접
③ 버트심 용접　　　④ 퍼커션 용접

해설 맞대기 용접 : 플래시 버트 용접, 업셋 용접, 퍼커션 용접
점용접은 저항용접에 속한다.

59 교류 아크 용접 시 비안전형 홀더를 사용할 때 가장 발생하기 쉬운 재해는?

① 낙상 재해　　　② 협착 재해
③ 전도 재해　　　④ 전격 재해

해설 용접봉 홀더는 일반적으로 용접봉을 끼우고 빼기가 쉽고 무게도 가벼우며 전기절연이 잘 된 것을 선택하여야 하며, 용접봉 접속부 외 부분이 완전절연되어 있지 않은 비안전형 홀더를 사용할 경우 전격 재해가 발생할 수 있다.

60 다음 피복 아크 용접봉 중 가스 실드계의 대표적인 용접봉으로 셀룰로오스를 20~30% 정도 포함하고 있으며 파이프 용접에 이용되는 용접봉은?

① E4301　　　② E4303
③ E4311　　　④ E4316

해설 E4311(고셀룰로우스계)는 피복이 얇고, 슬래그가 적으므로 좁은 홈의 용접이나 수직 상진, 하진 및 위보기 용접에서 우수한 작업성을 나타낸다.

2019년 제2회 기출문제 정답

01	02	03	04	05	06	07	08	09	10
③	④	②	②	①	②	②	①	③	①
11	12	13	14	15	16	17	18	19	20
③	①	③	②	④	④	④	②	①	②
21	22	23	24	25	26	27	28	29	30
②	①	①	②	④	③	②	①	④	②
31	32	33	34	35	36	37	38	39	40
③	④	①	③	①	②	③	④	④	①
41	42	43	44	45	46	47	48	49	50
①	③	③	②	④	④	③	②	②	④
51	52	53	54	55	56	57	58	59	60
②	②	②	③	④	①	①	①	④	③

최근기출문제
2019년도 제3회 시행

제1과목: 용접야금 및 용접설비제도

01 피복 아크 용접 시 수소가 원인이 되어 발생할 수 있는 결함으로 가장 거리가 먼 것은?
① 은점
② 언더컷
③ 헤어 크랙
④ 비드 밑 균열

> 해설) 언더컷은 전류가 너무 높을 때, 아크 길이가 너무 길 때 발생된다.

02 다음 중 입방정계의 결정격자구조에 해당하지 않는 것은?
① SC
② BCC
③ FCC
④ HCP

> 해설) HCP는 조밀육방격자이다.

03 Fe-C 평형 상태도에서 용융액으로부터 γ(감마) 고용체와 시멘타이트가 동시에 정출하는 점은?
① 포정점
② 공석점
③ 공정점
④ 고용점

> 해설) 공정점은 서로 다른 2가지의 물질을 용해할 경우 그 농도가 진할수록 동결 온도가 점차 낮아지는데, 어느 일정한 한계의 농도에서는 더 이상 동결온도가 낮아지지 않는 최저의 온도이다.

04 연강용 피복 아크 용접봉에서 피복제의 염기도가 가장 낮은 것은?
① 티탄계
② 저수소계
③ 일미나이트계
④ 고셀룰로스계

> 해설) 염기도 순서: 티탄계 < 고셀룰로스계 < 고산화철계 < 일미나이트계 < 저수소계

05 용접하기 전 예열을 하는 목적으로 틀린 것은?
① 수축변형의 감소를 위하여
② 용접 작업성의 개선을 위하여
③ 용접부의 결함을 방지하기 위하여
④ 용접부의 냉각 속도를 빠르게 하기 위하여

06 다음 중 용접 구조용 압연 강재는?
① STC2
② SS330
③ SM275A
④ SMn433

> 해설) 용접 구조용 압연 강재는 용접성이 뛰어나고, 특히 균열 등이 생기지 않는다. 강재 기호는 SM으로 표시되고 A, B, C의 순서로 용접성이 좋아진다.

07 내부 응력 제거, 경도 저하, 절삭성 및 냉간 가공성을 향상시키기 위해 실시하는 일반 열처리는?
① 뜨임
② 풀림
③ 청화법
④ 오소포밍

> 해설) 풀림은 금속 재료를 적당한 온도로 가열한 다음 서서히 상온 냉각 시키는 것으로, 내부 균열 제거 및 결정 입자를 미세화하여 전연성을 높인다.

08 두 가지 이상의 금속 원소가 간단한 원자비로 결합되어 있는 물질을 무엇이라고 하는가?
① 층간 화합물
② 합금 화합물
③ 치환 화합물
④ 금속간 화합물

> 해설) 금속간 화합물은 두 가지 이상의 금속원소가 간단한 원자비로 결합된 화합물로 보통의 합금인 고용체와 달리 결정 구조나 물리·화학적 성질이 그 성분원소와 다르고 일정한 녹는점을 가진다.

09 일반적인 용접작업 시 각종 금속의 예열에 대한 설명으로 틀린 것은?

① 주철의 경우 용접 홈을 600~700℃로 예열한다.
② 알루미늄 합금, 구리 합금은 200~400℃ 정도로 예열한다.
③ 고장력강, 저합금강의 경우 용접 홈을 50~350℃로 예열한다.
④ 연강을 0℃ 이하에서 용접할 경우 이음의 양쪽 폭 100mm정도를 40~75℃로 예열한다.

해설 주철의 경우 용접 홈을 50~350℃로 예열한다.

10 규소는 선철과 탈산제에서 잔류하게 되며, 보통 0.35~1.0%를 함유한다. 규소가 페라이트 중에 고용되면 생기는 영향으로 틀린 것은?

① 용접성을 저하시킨다.
② 결정립을 조대화한다.
③ 연신율과 충격값을 감소시킨다.
④ 강의 인장강도, 탄성한계, 경도를 낮게 한다.

11 다음 용접보조기호의 설명으로 옳은 것은?

① 오목 필릿 용접
② 평면 마감 처리한 필릿 용접
③ 매끄럽게 처리한 필릿 용접
④ 표면 모두 평면 마감 처리한 필릿 용접

12 치수선, 치수보조선, 지시선, 회전단면선에 사용되는 선으로 가장 적합한 것은?

① 가는 실선   ② 가는 파선
③ 굵은 파선   ④ 굵은 실선

해설 • 가는 실선 : 치수선, 치수보조선, 지시선, 회전단면선 등
• 굵은 실선 : 외형선 등
• 가는 파선 : 숨은선 등

13 일반 구조용 압연 강재를 KS 기호로 바르게 나타낸 것은?

① SM 45C   ② SS 235
③ SGT 275   ④ SPP

해설 대표적인 일반구조용 압연강재는 SS400이며, '400'은 최소인장강도가 400N/mm²라는 것을 나타낸다.

14 다음 중 관 결합 방식의 종류가 아닌 것은?

① 용접식 이음   ② 풀리식 이음
③ 플랜지식 이음 ④ 턱걸이식 이음

해설 관 결합 방식 : 용접식 이음, 플랜지식 이음, 턱걸이식 이음, 나사 이음, 소켓 이음 등

15 복사한 도면을 접을 때 그 크기는 원칙적으로 어느 사이즈로 하는가?

① A1   ② A2
③ A3   ④ A4

16 다음 용접부 기호에 대한 설명으로 틀린 것은?

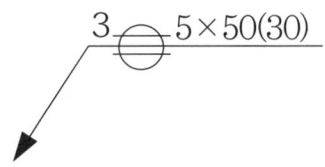

① 심 용접부의 폭은 3mm이다.
② 심 용접부의 두께는 5mm이다.
③ 심 용접부의 길이는 50mm이다.
④ 심 용접부의 간격은 30mm이다.

해설 5는 용접수를 나타낸다.

17 치수 기입 시 구의 반지름을 표시하는 치수보조기호는?

① t ② R
③ SR ④ $S\phi$

해설 t : 두께, R : 반지름, $S\phi$: 구 지름

18 사투상도에 있어서 경사축의 각도로 가장 적합하지 않은 것은?

① 20° ② 30°
③ 45° ④ 60°

> 해설) 사투상도에서 경사축과 수평선이 이루는 각은 30°, 45°, 60° 등이 사용되며, 이 중 30°가 주로 사용된다.

19 핸들이나 바퀴 등의 암 및 림, 리브, 훅 등의 절단부위를 90° 회전시켜서 그린 단면도는?

① 온 단면도 ② 한쪽 단면도
③ 부분 단면도 ④ 회전도시 단면도

> 해설)
> - 온 단면도 : 대상물을 절단면으로 절단해서 얻어지는 단면을 빼놓지 않고 그린 단면도
> - 한쪽 단면도 : 대칭형의 대상물은 외형도의 절반과 온 단면도의 절반을 조합하여 표시한 단면도
> - 부분 단면도 : 일부분을 잘라내고 필요한 내부 모양을 그린 단면도

20 KS규격에 의한 치수 기입의 원칙에 대한 설명으로 틀린 것은?

① 치수는 되도록 주 투상도에 집중한다.
② 각 형체의 치수는 하나의 도면에서 한번만 기입한다.
③ 기능 치수는 대응하는 도면에 직접 기입해야 한다.
④ 도면에는 특별히 명시하지 않는 한 그 도면에 도시한 대상물의 다듬질 치수를 생략한다.

제2과목 용접구조설계

21 연강의 맞대기 용접이음에서 용착금속의 인장강도가 45kgf/mm², 안전율 3일 때 용접이음의 허용응력은 몇 kgf/mm² 인가?

① 10 ② 15
③ 20 ④ 25

> 해설) 허용응력 = $\frac{\text{인장강도}}{\text{안전율}} = \frac{45}{3} = 15$

22 용접 결함의 분류에서 내부 결함에 속하지 않는 것은?

① 기공 ② 은점
③ 언더컷 ④ 선상조직

> 해설) 언더컷은 용접의 끝부분에서 모재가 파져 용착 금속이 채워지지 않고 홈처럼 우묵하게 남아 있는 부분으로 용접 전류가 너무 높을 때, 운봉 속도의 부적당할 때 발생된다.

23 용접부에 발생하는 기공이나 피트의 원인으로 가장 거리가 먼 것은?

① 용접봉 건조 불량
② 용접 홈 각도의 과대
③ 이음부에 녹이나 이물질 부착
④ 용접 전류가 높고 아크 길이가 길 때

24 약 2.5g의 강구를 25cm 높이에서 낙하시켰을 때 20cm 튀어 올랐다면 쇼어경도(HS) 값은 약 얼마인가? (단 계측통은 목측형(C형)이다.)

① 112.4 ② 192.3
③ 123.1 ④ 154.1

> 해설) 쇼어경도$(HS) = \frac{10000}{65} \times \frac{\text{반발 높이}}{\text{낙하 높이}}$
> $= \frac{10000}{65} \times \frac{20}{25} = 123.1$

25 강에서 탄소량이 증가할 때 기계적 성질의 변화로 옳은 것은?

① 경도가 증가한다.
② 인성이 증가한다.
③ 전연성이 증가한다.
④ 단면 수축율이 증가한다.

> 해설) 탄소량이 증가함에 따라 강도 및 경도는 증가하고 인성 및 가공성이 감소한다.

26 피복아크용접을 이용하여 연강 맞대기 용접을 실시할 때 용접 경비를 줄이기 위한 방법으로 가장 거리가 먼 것은?

① 적절한 용접봉을 선정하여 용접한다.
② 용접용 고정구를 사용하여 용접한다.
③ 재료를 절약할 수 있는 용접방법을 사용하여 용접한다.
④ 용접 지그를 사용하여 위보기 자세 위주로 용접한다.

> 해설 용접 경비를 줄이기 위해서는 아래보기 자세 위주로 용접해야 작업하기가 쉽다.

27 용접 재료의 시험 중 경도 시험에 포함되지 않는 것은?

① 쇼어 경도 시험　② 비커스 경도 시험
③ 현미경 경도 시험　④ 브리넬 경도 시험

> 해설 경도 시험에는 브리넬, 로크웰, 비커스, 쇼어 경도가 있다.

28 탐촉자를 이용하여 결함의 위치 및 크기를 검사하는 비파괴시험법은?

① 침투탐상시험　② 자분탐상시험
③ 방사선 투과시험　④ 초음파탐상시험

> 해설 초음파 탐상시험의 종류에는 투과법, 펄스반사법, 공진법이 있다.

29 파이프 용접 시 용접 능률과 품질을 향상시킬 수 있고 아래보기 자세의 유지가 가능한 용접지그는?

① 정반　② 터닝롤러
③ 스트롱 백　④ 바이스 플라이어

30 일반적인 주철의 용접 시 주의사항으로 틀린 것은?

① 용접봉은 지름이 굵은 것을 사용한다.
② 비드의 배치는 짧게 여러 번 실시한다.
③ 가열되어 있을 때는 피닝 작업을 하여 변형을 줄이는 것이 좋다.
④ 용접 전류는 필요 이상 높이지 않고 지나치게 용입을 깊게 하지 않는다.

31 다음 이음 홈 형상 중 가장 얇은 판의 용접에 이용되는 것은?

① I형　② V형
③ U형　④ K형

> 해설 I형은 판 두께가 대략 6mm 이하의 경우 사용되며 홈 가공이 쉽고 루트 간격을 좁게 하면 용착 금속의 양도 적어 경제적인 면에서는 우수하나 두께가 두꺼워지면 완전용입이 어렵게 된다.

32 다음 중 수직자세를 나타내는 기호는?

① O　② F
③ V　④ H

33 V형 맞대기 이음에 완전 용입된 경우 용접선에 직각 방향으로 5000kgf의 인장하중이 작용하고 모재 두께가 5mm, 용접선 길이가 5cm 일 때 이음부에 발생되는 인장 응력은 몇 kgf/mm²인가?

① 2　② 20
③ 200　④ 2000

> 해설 인장응력 $= \dfrac{5000}{5 \times 50} = 20$

34 연강용 피복아크용접봉 중 내균열성이 가장 우수한 것은?

① E 4303　② E 4311
③ E 4313　④ E 4316

> 해설
> • E4303 : 라임티타니아계
> • E4311 : 고셀룰로오스계
> • E4313 : 고산화티탄계
> • E4316 : 저수소계

35 용접구조물을 설계할 때 일반적인 주의사항으로 틀린 것은?

① 용접에 적합한 설계와 용접하기 편하고 쉽도록 설계할 것
② 용접 길이는 짧게 하고 용착량도 강도상 필요한 최소량으로 설계할 것
③ 용접이음이 한 곳에 집중되고 용접선이 한쪽 방향으로 되도록 설계할 것
④ 노치 인성이 우수한 재료를 선택하여 시공하기 쉽게 설계할 것

36 용접부를 연속적으로 타격하여 표면층의 소성변형을 주어 잔류응력을 감소시키는 방법은?

① 피닝법　　　② 변형 교정법
③ 응력제거 풀림　④ 저온 응력 완화법

해설 피닝법은 끝이 구면인 특수한 피닝 해머로 용접부를 연속적으로 때려 용접 표면상에 소성 변형을 주는 방법으로 용접 금속부의 인장 응력을 완화시키는데 큰 효과가 있다.

37 그림과 같은 V형 맞대기 용접 이음부에서 각 부의 명칭 중 틀린 것은?

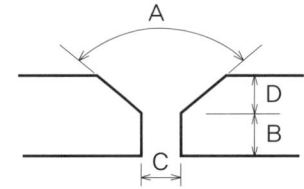

① A : 홈 각도　　② B : 루트 면
③ C : 루트 간격　④ D : 비드 높이

해설 D : 홈 깊이

38 용접부에 응력제거 풀림을 실시했을 때 나타나는 효과가 아닌 것은?

① 충격저항의 감소
② 응력부식의 방지
③ 크리프 강도의 향상
④ 열영향부의 템퍼링 연화

39 다음 중 적열취성의 주요 원인이 되는 원소는?

① P　　　　② S
③ Si　　　④ Mn

해설 적열 취성은 금속 재료가 열간 가공의 온도 범위에서 약해지는 성질로 황(S) 성분이 원인이다.

40 용접부의 응력 집중을 피하는 방법이 아닌 것은?

① 판 두께가 다른 경우 라운딩이나 경사를 주어 용접한다.
② 모서리의 응력 집중을 피하기 위해 평탄부에 용접부를 설치한다.
③ 용접 구조물에서 용접선의 교차하는 곳에는 부채꼴 오목부를 주어 설계한다.
④ 강도상 중요한 용접이음 설계시 맞대기 용접부는 가능한 피하고 필릿 용접부를 많이 하도록 한다.

제3과목　용접일반 및 안전관리

41 300A 이상의 아크용접 및 절단 시 착용하는 차광 유리의 차광도 번호로 가장 적합한 것은?

① 1~2　　　② 5~6
③ 9~10　　 ④ 13~14

해설
- 납땜 작업 : 2~4, 가스 용접 : 4~6, 피복아크용접 : 10~12 정도 사용
- 용접 전류가 300A 이상 : 13~14 정도 사용

42 이음 형상에 따른 저항 용접의 분류에서 맞대기 용접에 속하는 것은?

① 점 용접　　② 심 용접
③ 플래시 용접　④ 프로젝션 용접

> 해설: 맞대기 용접에는 플래시, 업셋, 방전 충격 용접이 있으며 겹치기 용접에는 스폿, 심, 프로젝션 용접이 있다.

43 용접봉의 용융속도에 대한 설명으로 틀린 것은?

① 용융속도는 아크전압×용접봉 쪽 전압강하이다.
② 용접봉 혹은 용접심선이 1분간에 용융되는 중량(g/min)을 말한다.
③ 용접봉 혹은 용접심선이 1분간에 용융되는 길이(mm/min)를 말한다.
④ 용접봉의 지름(심선의 지름)이 동일할 때는 전압과 전류가 높을수록 커진다.

> 해설: 용융속도 = 아크 전류×용접봉 쪽 전압강하

44 산소 용기의 윗부분에 표기된 각인 중 용기 중량을 나타내는 기호는?

① V　　② W
③ FP　　④ TP

> 해설:
> • V : 내용적　　• W : 용기 중량
> • TP : 내압시험압력　• FP : 최고충전 압력

45 아크 용접기의 보수 및 점검 시 지켜야 할 사항으로 틀린 것은?

① 가동부분, 냉각팬을 점검하고 회전부 등에는 주유를 해야 한다.
② 2차측 단자의 한쪽과 용접기 케이스는 접지해서는 안 된다.
③ 탭 전환의 전기적 접속부는 샌드 페이퍼 등으로 잘 닦아준다.
④ 용접 케이블 등의 파손된 부분은 절연테이프로 감아야 한다.

46 산소-아세틸렌 용접에서 전진법과 비교한 후진법의 특징으로 옳은 것은?

① 용접변형이 크다.
② 열이용률이 나쁘다.
③ 용접속도가 빠르다.
④ 용접 가능한 판 두께가 얇다.

> 해설: 후진법은 열이용이 좋고, 용접변형이 적으며 용접 속도가 빠르고 판 두께가 두껍다.

47 가용접 시 주의사항으로 가장 거리가 먼 것은?

① 강도상 중요한 부분에는 가용접을 피한다.
② 용접의 시점 및 종점이 되는 끝 부분은 가용접을 피한다.
③ 본 용접보다 지름이 굵은 용접봉을 사용하는 것이 좋다.
④ 본 용접과 비슷한 기량을 가진 용접사에 의해 실시하는 것이 좋다.

48 정격 2차 전류 300A인 아크 용접기에서 200A로 용접 시 허용 사용률은 몇 %인가? (단, 정격사용률은 40%이다)

① 75　　② 90
③ 100　　④ 120

> 해설: 허용사용률 = $\dfrac{정격\ 2차\ 전류^2}{실제\ 용접\ 전류^2} \times 정격\ 사용률(\%)$
> = $\dfrac{300^2}{200^2} \times 40 = 90(\%)$

49 전기 저항 용접에 의한 압접에서 전류 25A, 저항 20Ω, 통전시간 10s 일 때 발열량은 약 몇 cal인가?

① 300　　② 1200
③ 6000　　④ 30000

> 해설: $H = 0.24I^2Rt = 0.24 \times 25^2 \times 20 \times 10 = 30000[cal]$

50 탄소전극과 모재와의 사이에 아크를 발생시켜 고압의 공기로 용융금속을 불어내어 홈을 파는 방법은?

① 스카핑 ② 용제 절단
③ 워터젯 가우징 ④ 아크에어 가우징

51 용접봉 홀더 200호로 접속할 수 있는 최대 홀더용 케이블의 도체 공칭 단면적은 몇 mm² 인가?

① 22 ② 30
③ 38 ④ 50

해설 용접봉 홀더의 종류

종류	정격용접 전류(A)	홀더로 잡을 수 있는 용접봉 지름(mm)	접속할 수 있는 최대 홀더용 케이블 도체공칭 단면적(mm²)
125호	125	1.6 ~ 3.2	22
160호	160	3.2 ~ 4.0	(30)
200호	200	3.2 ~ 5.0	38
250호	250	4.0 ~ 6.0	(50)
300호	300	4.0 ~ 6.0	(50)
400호	400	5.0 ~ 8.0	60
500호	500	6.4~	(80)

단, ( )안의 수치는 KSD 7004 및 KSC 3321에 규정되어 있지 않은 것이다.

52 피복 아크 용접봉에서 피복 배합제 성분인 슬래그 생성제에 속하지 않는 원료는?

① 구리 ② 규사
③ 산화티탄 ④ 이산화망간

해설 슬래그 생성제는 산화철, 일미나이트, 산화티탄, 이산화망간, 석회석, 규사, 장석, 형석 등이 사용된다.

53 산소 및 아세틸렌용기 취급에 대한 설명으로 옳은 것은?

① 아세틸렌 용기는 눕혀서 운반하되 운반 중 충격을 주어서는 안된다.
② 용기를 이동할 때에는 밸브를 닫고 캡을 반드시 제거하고 이동시킨다.
③ 산소용기는 60℃ 이하, 아세틸렌 용기는 30℃ 이하의 온도에서 보관한다.
④ 산소용기 보관 장소에 가연성 가스용기를 혼합하여 보관해서는 안 되며 누설시험시는 비눗물을 사용한다.

54 용접재를 강하게 맞대어 놓고 대전류를 통하여 이음부 부근에 발생하는 접촉저항열에 의해 용접부가 적당한 온도에 도달하였을 때 축 방향으로 큰 압력을 주어 용접하는 방법은?

① 업셋 용접 ② 가스 압접
③ 초음파 용접 ④ 테르밋 용접

해설 업셋 용접은 저항 용접으로 밧드 용접이라고도 한다.

55 일반적인 일렉트로 슬래그 용접의 특징으로 틀린 것은?

① 용접 속도가 빠르다
② 박판용접에 주로 이용된다.
③ 아크가 눈에 보이지 않는다.
④ 용접구조가 복잡한 형상은 적용하기 어렵다.

해설 일렉트로 슬래그 용접은 용융된 슬래그와 용융 금속이 용접부에서 흘러나오지 않도록 둘러싸고, 용융된 슬래그 풀에 용접봉을 연속적으로 공급한다.
주로 용융 슬래그의 저항열에 의하여 용접봉과 모재를 용융시켜 위로 용접을 진행하는 방법으로 후판 용접에 이용된다.

56 피복 아크 용접기의 구비조건으로 틀린 것은?

① 역률 및 효율이 좋아야 한다.
② 구조 및 취급이 간단해야 한다.
③ 사용 중 내부 온도상승이 커야 한다.
④ 전류 조정이 용이하고 일정한 전류가 흘러야 한다.

해설 사용 중에 온도 상승이 적어야 한다.

57 점 용접의 특징으로 틀린 것은?

① 가압력에 의하여 조직이 치밀해진다.
② 용접부 표면에 돌기가 발생하지 않는다.
③ 재료가 절약되고 작업의 공정수가 감소한다.
④ 작업속도가 느리고 용접변형이 비교적 크다.

> **해설** 점 용접은 두 장을 겹쳐놓고 이것을 환봉 모양의 전극으로 좁은 곳에 전기를 통하게 해서 압력을 가해 점 모양으로 압접시키는 용접법으로 작업속도는 빠르고 용접 변형이 비교적 적다.

58 피부가 붉게 되고 따끔거리는 통증을 수반하며 피부층의 가장 바깥쪽 표피의 손상만을 가져오는 화상으로 며칠 안에 증세는 없어지며 냉찜질만으로도 효과를 볼 수 있는 화상은?

① 제 1도 화상   ② 제 2도 화상
③ 제 3도 화상   ④ 제 4도 화상

> **해설** 화상의 분류

분류	손상 조직	증상	치유기간
1도 화상	표피, 각 질층	통증, 열감	약 5~10일
2도 화상	표피, 얕은 진피층	심한 통증, 감각 둔화	약 2~8주간
3도 화상	진피층 전체, 피하조직	통증 및 감각 없음	자연치유 안됨
4도 화상	진피층 전체, 피하조직, 근육, 뼈	통증 및 감각 없음	피부의 상피가 재생되지 않음

59 금속 산화물이 알루미늄에 의하여 산소를 빼앗기는 반응을 이용하여 주로 레일의 접합, 차축, 선박의 프레임 등 비교적 큰 단면을 가진 주조나 단조품의 맞대기용접과 보수용접에 사용되는 용접은?

① 테르밋 용접
② 레이저 용접
③ 플라스마 용접
④ 넌 실드 아크 용접

> **해설** 테르밋 용접은 산화철과 알루미늄 분말을 배합해서 점화하면, 알루미늄에 의해 산화철이 환원되어 생긴 철이, 반응 때 발생된 약 2,800℃의 고온에 의해 녹은 것을 용접할 부분에 부어 용접하는 방법이다.

60 가스용접시 역화의 원인에 대한 설명으로 틀린 것은?

① 팁이 과열 되었을 때
② 역화방지기를 사용하였을 때
③ 순간적으로 팁 끝이 막혔을 때
④ 사용 가스의 압력이 부적당할 때

> **해설** 역화방지기는 역화를 방지하기 위한 장치이므로 역화 방지 방법이다.

2019년 제3회 기출문제 정답

01	02	03	04	05	06	07	08	09	10
②	④	③	①	④	③	②	④	①	④
11	12	13	14	15	16	17	18	19	20
③	①	②	②	④	②	③	①	④	④
21	22	23	24	25	26	27	28	29	30
②	④	③	②	①	④	③	④	②	①
31	32	33	34	35	36	37	38	39	40
①	③	②	④	③	①	④	①	②	②
41	42	43	44	45	46	47	48	49	50
④	③	①	②	②	④	③	②	④	②
51	52	53	54	55	56	57	58	59	60
③	①	④	①	②	③	④	①	①	②

최근기출문제
2020년도 제1·2회 통합시행

제1과목 용접야금 및 용접설비제도

01 용융슬래그의 염기도 식은?

① $\dfrac{\Sigma \text{염기성 성분}(\%)}{\Sigma \text{산성 성분}(\%)}$

② $\dfrac{\Sigma \text{산성 성분}(\%)}{\Sigma \text{염기성 성분}(\%)}$

③ $\dfrac{\Sigma \text{중성 성분}(\%)}{\Sigma \text{염기성 성분}(\%)}$

④ $\dfrac{\Sigma \text{염기성 성분}(\%)}{\Sigma \text{중성 성분}(\%)}$

해설 용접봉 피복제의 대부분은 용접 시에 용융하여 슬래그로 된다. 용융슬래그의 화학반응의 진행방향을 결정하는 산 혹은 염기로서의 세기는 염기도에 의해 나타낸다.

∴ 용융슬래그의 염기도 = $\dfrac{\Sigma \text{염기성 성분}(\%)}{\Sigma \text{산성 성분}(\%)}$

02 용접 모재의 탄소 당량에 대한 설명으로 옳은 것은?

① 탄소 당량이 클수록 연성이 증가된다.
② 탄소 당량이 클수록 용접성이 좋아진다.
③ 탄소 당량이 클수록 저온균열이 발생하기 쉽다.
④ 탄소 당량이 클수록 예열은 불필요하다.

해설 탄소 당량은 강재의 단단함과 용접성을 나타내는 지표로 탄소 당량이 클수록 저온균열이 발생이 쉽다.

03 실용 주철의 특성에 대한 설명으로 틀린 것은?

① 비중은 C와 Si 등이 많을수록 감소한다.
② 용융점은 C와 Si 등이 많을수록 낮아진다.
③ 흑연편이 클수록 자기 감응도가 나빠진다.
④ 내식성 주철은 염산, 질산 등의 산에는 강하나 알칼리에는 약하다.

해설 주철의 화학적 성질
• 내식성 주철은 염산, 질산 등의 산에는 약하나 알칼리에는 강하다.
• 물과 토양에 대한 내식성이 좋고, 흑연이 조대한 편이 묽은 산에서의 내식성이 좋다.
• 금속염이나 산을 함유한 광산폐수, 공장폐수 등에는 내식성이 나쁘다.
• 니켈(Ni)이나 크롬(Cr)은 내식성을 향상시킨다.

04 순철의 조직에 관련된 설명으로 틀린 것은?

① α-철 : 910℃ 이하에서 BCC 구조이다.
② γ-철 : 910~1390℃에서 FCC 구조이다.
③ δ-철 : 1390~1537℃에서 BCC 구조이다.
④ β-철 : 1537~1890℃에서 FCP 구조이다.

해설 β-철은 체심입방격자(BCC) 구조이다.
※ β-철은 α-철 중 자기 변태점을 넘은 것으로, 최근에는 α-철과 동일하게 여겨지고 있다.

05 용접부의 냉각 속도가 빨라지는 경우가 아닌 것은?

① 모재가 두꺼울 때
② 예열을 해주었을 때
③ 모재의 열전도율이 높을 때
④ 맞대기 이음보다 T형 이음일 때

해설 예열은 용접부 및 주변의 열영향을 줄이고 냉각속도를 느리게 하여 취성 및 균열을 방지한다.

06 이종 원자의 합금화에서 모재원자보다 작은 원자가 모재원자의 틈새 또는 결정격자 사이에 들어가는 경우의 고용체는?

① 치환형 고용체
② 변태형 고용체

③ 침입형 고용체
④ 금속간 고용체

해설 침입형 고용체는 용질원자가 금속 용매원자 결정격자의 중간 위치에 침입한 고용체를 말한다.

07 제품이 너무 크거나 노 내에 넣을 수 없는 대형 용접 구조물의 경우에 용접부 주위를 가열하여 잔류 응력을 제거하는 방법은?

① 국부 응력 제거법
② 저온 응력 완화법
③ 기계적 응력 완화법
④ 노내 응력 제거법

해설 국부 응력 제거법은 용접선의 좌우 양측을 각각 약 250mm의 범위나 판 두께의 12배 이상의 범위까지 온도와 시간을 유지시킨 후 서냉하여 응력을 제거하는 방법이다.

08 다음 중 펄라이트의 구성 조직으로 옳은 것은?

① 페라이트+소르바이트
② 페라이트+시멘타이트
③ 시멘타이트+오스테나이트
④ 오스테나이트+트루스타이트

해설 펄라이트(pearlite)는 페라이트(α 고용체)와 시멘타이트의 층상 조직을 나타내는 것으로 탄소 0.76%의 강을 약 750℃ 이상의 고온에서 서서히 냉각하면, 650~600℃에서 변태를 일으키는 조직이다.

09 철강재가 200~300℃ 정도에서 상온보다 인장강도와 경도가 증가하지만 연신율이 저하하는 현상은?

① 적열 취성
② 청열 취성
③ 고온 취성
④ 크리프 취성

해설 청열취성은 탄소강을 가열하면, 200~300℃ 부근에서 인장강도나 경도가 상온에서의 값보다 크게 되어 변형이나 수축이 감소하여 여리게 되는 현상이다.

10 예열 및 후열의 목적이 아닌 것은?

① 균열의 방지
② 기계적 성질 향상
③ 잔류응력의 경감
④ 균열 감수성의 증가

해설 예열 및 후열의 목적은 균열 감수성을 감소시켜 균열을 방지하고, 잔류응력을 경감시키는 데 있다.

11 특정 부분의 도형이 작아서 그 부분의 상세한 도시나 치수 기입을 할 수 없을 때는 그 부분을 가는 실선으로 에워싸고, 영문자 대문자로 표시함과 동시에 그 해당 부분을 다른 장소에 확대하여 그리는 것은?

① 국부 투상도
② 부분 확대도
③ 보조 투상도
④ 부분 투상도

해설 투상도
• 국부 투상도 : 대상물의 구멍, 홈 등 한 국부만의 모양을 도시하는 것으로 충분한 경우에는 그 필요 부분을 국부 투상도로써 나타낸다.
• 부분 확대도 : 특정 부분의 도형이 작아서 그 부분의 상세한 도시나 치수 기입을 할 수 없을 때는 그 부분을 가는 실선으로 에워싸고, 글자 및 척도를 기입한다.
• 보조 투상도 : 경사면부가 있는 물체는 정투상도로 그리면 물체의 실형을 나타낼 수 없으므로 그 경사면과 맞서는 위치에 보조 투상도를 그려 경사면의 실형을 나타낸다.
• 부분 투상도 : 그림의 일부를 도시하는 것으로 충분한 경우에는 그 필요 부분만을 부분 투상도로써 표시하고 생략한 부분과의 경계를 파단선으로 나타낸다.

12 다음 용접 기호에 대한 설명으로 틀린 것은?

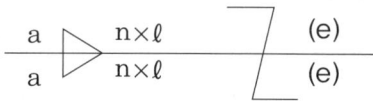

① n은 용접부의 개수를 말한다.
② 목 두께가 a인 지그재그 단속 필릿 용접이다.
③ (e)는 인접한 용접부 간의 거리를 표시한다.
④ ℓ 은 크레이터부를 포함한 용접부의 길이이다.

해설 ℓ 은 용접부의 길이로 크레이터부를 제외한다.

13 제조 공정의 도중 상태 또는 일련의 공정 전체를 나타낸 제작도로 공작 공정도, 검사도, 설치도가 포함된 제작도는?

① 공정도
② 설명도
③ 승인도
④ 배근도

해설 제작도의 종류
- 공정도 : 제조 공정의 도중 상태, 또는 일련의 공정 전체를 나타낸 제작도로 공작 공정도, 검사도, 설치도가 포함된다.
- 시공도 : 현장시공을 대상으로 해서 그린 제작도이다.
- 상세도 : 건조물이나 구성재의 일부에 대해서 그 형태, 구조 또는 조립, 결합의 상세함을 나타낸 제작도로서 일반적으로 큰 척도로 그린다.

14 KS에서 일반 구조용 압연강재의 종류로 옳은 것은?

① SS410
② SM45C
③ SM400A
④ STKM

해설 일반 구종용 압연강재
- 탄소강의 한 종류로 KS규격에 따라 SS×××라고 부른다.
- SS 뒤의 ×××는 최저 인장강도를 표기하며, 410인 경우 최저인장강도가 410N/mm² 라는 것을 나타낸다.

15 중심축과 물체의 표면이 나란하게 이루어진 물체, 즉 각 모서리가 직각으로 만나는 물체나 원통형 물체를 전개할 때 사용하는 전개도법으로 가장 적합한 것은?

① 타출을 이용한 전개도법
② 방사선을 이용한 전개도법
③ 삼각형을 이용한 전개도법
④ 평행선을 이용한 전개도법

해설 전개도법의 종류
- 방사선 전개도법 : 원뿔이나 각뿔 등을 전개할 때 사용
- 삼각형 전개도법 : 꼭짓점이 너무 멀리 떨어져 있어서 방사선법을 이용하기 어려운 원뿔이나 편심 원뿔, 각뿔 등의 전개도를 그릴 때 많이 사용
- 평행선 전개도법 : 각기둥이나 원기둥을 전개할 때 사용

16 그림과 같이 "넓은 루트면이 있고 이면 용접된 V형 맞대기 용접"의 기호를 바르게 표시한 것은?

①   ② MR
③ M ④

해설
① 뒤쪽면 용접을 하는 한쪽면 V형 맞대기 용접
② 영구적인 이면 판재(backing strip) 사용
③ 제거 가능한 이면 판재 사용

17 다음 용접의 명칭과 기호가 틀린 것은?

① 심 용접 :
② 이면 용접 :
③ 겹침 용접 :
④ 가장자리 용접 :

해설 ③ 개선 각이 급격한 V형 맞대기 용접

18 다음 선의 종류 중 특수한 가공을 하는 부분 등 특별한 요구사항을 적용할 수 있는 범위를 표시하는데 사용하는 선은?

① 굵은 실선
② 굵은 1점 쇄선
③ 가는 1점 쇄선
④ 가는 2점 쇄선

해설 선의 종류와 용도
- 굵은 실선 : 외형선
- 가는 실선 : 치수선, 치수보조선 등
- 파선 : 숨은선
- 가는 1점 쇄선 : 중심선, 기준선 등
- 가는 2점 쇄선 : 가상선, 무게 중심선
- 굵은 1점 쇄선 : 특수 지정선

19 CAD 시스템의 도입 효과가 아닌 것은?

① 품질향상
② 원가절감
③ 납기연장
④ 표준화

해설 CAD 시스템 도입 효과
- 설계제도의 규격화, 표준화가 용이하다.
- 품질향상, 도면 작성 시간이 단축되고 원가가 절감된다.
- 신뢰성 향상 및 경쟁력이 강화된다.
- 수치결과에 대한 정확성이 증가한다.

20 치수선으로 사용되는 선의 종류는?

① 은선
② 가는 실선
③ 굵은 실선
④ 가는 1점 쇄선

해설 18번 문제 해설 참조

제2과목 용접구조설계

21 두께가 5mm인 강판을 가지고 다음 그림과 같이 완전 용입의 맞대기 용접을 하려고 한다. 이때 최대 인장하중을 50000M 작용시키려면 용접 길이는 얼마인가?(단, 용접부의 허용 인장응력은 100MPa이다.)

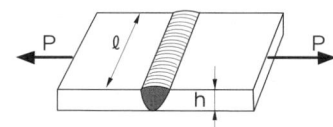

① 50mm
② 100mm
③ 150mm
④ 200mm

해설 $\sigma = \dfrac{P}{A} = \dfrac{P}{h \times e}$

$\therefore e = \dfrac{50,000}{100 \times 5} = 100\,[\text{mm}]$

22 용접성을 저하시키며 적열 취성을 일으키는 원소는?

① 황
② 규소
③ 구리
④ 망간

해설 적열 취성은 금속 재료가 열간 가공의 온도 범위에서 약해지는 성질이며, 황(S)의 함유량이 많은 경우 발생하기 쉽다. 참고로 적열 취성을 방지하기 위해서는 망간(Mn)을 첨가한다.

23 다음 용착법 중 용접방향과 용착방향이 동일하게 되도록 용착하는 방법은?

① 전진법
② 후퇴법
③ 양분법
④ 빔 진동법

해설 전진법과 후진법
- 전진법 : 용접방향과 용착방향이 동일하게 되도록 용착하는 방법으로 5mm 이하의 얇은 판 맞대기 용접이나 비철 및 주철, 금속 덧붙이 용접에 이용된다.
- 후진법 : 용접방향과 용착방향이 서로 반대가 되는 방법으로 화염이 용접부를 집중 가열하므로 두꺼운 판재의 용접에 적합하며, 잔류응력은 다소 적게 발생한다.

24 용접 구조 설계상의 주의 사항으로 틀린 것은?

① 용접에 의한 변형 및 잔류응력을 경감시킬 수 있도록 한다.
② 용접 치수는 강도상 필요한 치수 이상으로 크게 하지 않는다.
③ 용접 부위는 단면 형상의 급격한 변화 및 노치가 있는 부위로 한다.
④ 용접 이음을 감소시키기 위하여 압연 형재, 주단조품, 파이프 등을 적절히 이용한다.

해설 설계상의 주의 사항
- 용접 이음의 집중, 교차, 접근 등을 피한다.
- 노치인성, 용접성이 우수한 재료를 선택하여 시공하기 쉽게 설계한다.
- 리벳과 용접을 병용할 때에는 충분히 유의해야 한다.
- 후판 용접시 용입이 깊은 용접법을 이용하여 층수를 줄이도록 한다.
- 용접에 의한 변형이나 잔류응력을 줄일 수 있도록 한다.
- 용접치수는 강도상 필요한 치수 이상으로 크게 하지 않는다.

25 일반적인 용접 이음 설계시 주의사항으로 틀린 것은?

① 가능하면 용접선은 교차하지 않도록 설계한다.
② 될 수 있는 한 용접량이 많은 홈 형상을 설계한다.
③ 용접 작업에 지장을 주지 않도록 충분한 공간을 갖도록 설계한다.
④ 맞대기 용접에는 이면용접을 할 수 있도록 해서 용입 부족이 없도록 한다.

해설 용접 설계 시 될 수 있는 한 용접량이 적은 홈 형상으로 설계한다.

26 다음 금속 중 냉각 속도가 가장 빠른 것은?

① 구리　　② 연강
③ 알루미늄　　④ 스테인리스강

해설 냉각속도는 열전도율과 비례한다.
※ 열전도율 순서 : 은 > 구리 > 금 > 알루미늄 > 마그네슘 > 아연 > 니켈 > 철

27 인장강도가 530N/mm²인 모재를 용접하여 만든 용접시험편의 인장강도가 380N/mm²일 때 이 용접부의 이음효율은 약 몇 %인가?

① 52　　② 72
③ 94　　④ 140

해설 이음효율 = $\dfrac{용접시험편\ 인장강도}{모재\ 인장강도} \times 100\%$

$= \dfrac{380}{530} \times 100\% ≒ 71.7\%$

28 최초길이가 15mm인 시험편을 인장시험 후 20mm가 되었을 경우 연신률은 약 몇 %인가?

① 13　　② 23
③ 33　　④ 53

해설 연신률 = $\dfrac{변형\ 후\ 길이 - 변형\ 전\ 길이}{변형\ 전\ 길이} \times 100\%$

$= \dfrac{20-15}{15} \times 100\% = 33.3\%$

29 용접구조물을 제작할 때 피로강도를 향상시키기 위한 방법을 올바르게 설명한 것은?

① 표면가공, 다듬질 등에 의하여 단면이 급변하게 할 것
② 가능한 응력 집중부에는 용접부가 집중되도록 할 것
③ 냉간 가공 또는 야금적 변태를 이용하여 기계적 강도를 줄일 것
④ 열처리 또는 기계적인 방법으로 용접부 잔류응력을 완화시킬 것

해설 피로강도 향상 방법
• 가능한 응력 집중부에 용접부가 없도록 할 것
• 냉간가공 또는 야금적 변태 등에 의하여 기계적인 강도를 높일 것
• 열처리 또는 기계적인 방법으로 용접부 잔류응력을 완화시킬 것
• 표면가공 또는 다듬질 등을 이용하여 단면이 급변하는 부분을 최소화할 것

30 피복아크용접에서 판두께 8mm 이상의 두꺼운 강판을 용접할 때 사용되는 이음 홈의 형상으로 가장 거리가 먼 것은?

① I형　　② H형
③ U형　　④ 양면 J형

해설 I형 홈은 판 두께가 6mm 이하의 경우 사용되며 홈 가공이 쉽고, 루트 간격을 좁게 하면 용착 금속의 양도 적어져 경제적인 면에서 우수하나 두께가 두꺼워지면 완전 용입이 어렵다.

31 탄소 함유량이 약 0.25%인 탄소강을 용접할 때 가장 적당한 예열온도는 약 몇 ℃인가?

① 90~150
② 250~350
③ 400~450
④ 470~550

해설 탄소량에 따른 예열온도
• 0.20% 이하 : 90℃ 이하
• 0.20%~0.30% : 90~150℃
• 0.30%~0.45% : 150~260℃
• 0.45%~0.80% : 260~420℃

32 용접부 검사의 분류 중 기계적 시험법이 아닌 것은?

① 인장 시험
② 굽힘 시험
③ 피로 시험
④ 현미경 조직 시험

해설 파괴 시험의 종류
- 기계적 시험 : 인장 시험, 굽힘 시험, 경도 시험, 충격 시험, 피로 시험, 그 밖의 고온 및 저온 시험
- 물리적 시험 : 비중·점성·표면 장력·탄성 등의 물성 시험, 팽창·비열·열전도 등의 열특성 시험, 전기·저항·기전력·투자율 등의 자기 특성 시험
- 화학적 시험 : 화학 분석 시험, 부식 시험, 함유 수소 시험
- 야금학적 시험 : 육안 조직 시험, 현미경 조직 시험, 파면 시험, 설퍼 프린트 시험
- 용접성 시험 : 노치 취성 시험, 용접 경화성 시험, 용접 연성 시험, 용접 균열 시험
- 내압 시험
- 낙하 시험

33 강에 황이 층상으로 존재하는 유황 밴드가 심한 모재를 서브머지드 아크용접 할 때 나타나는 고온 균열은?

① 토 균열
② 설퍼 균열
③ 비드 밑 균열
④ 크레이터 균열

해설
- 토(토우) 균열 : 맞대기 및 필릿 용접 등의 표면비드와 모재와의 경계부에서 발생하는 저온 균열
- 설퍼 균열 : 강에 황이 층상으로 존재하는 유황 밴드가 심한 모재를 서브머지드 아크용접 할 때 나타나는 고온 균열
- 비드 밑 균열 : 용착금속 속의 확산성 수소에 의해 주로 200℃ 이하에서 발생하는 저온 균열
- 크레이터 균열 : 고장력강이나 합금 원소가 많은 강에 주로 나타나는 고온 균열

34 가용접시 주의해야 할 사항으로 틀린 것은?

① 본 용접과 같은 온도에서 예열한다.
② 개선 홈 내의 가용접부는 백치핑으로 완전히 제거한다.
③ 가용접 위치는 부품의 끝 모서리나 중요한 부위에 실시한다.
④ 본 용접자와 동등한 기량을 갖는 작업자가 가용접을 실시한다.

해설 가용접시 주의사항
- 본 용접 시와 동일한 기량을 가진 용접사에 의해 실시하여야 한다.
- 가용접 시 약간 높은 전류를 사용하거나 지름이 작은 용접봉을 사용한다.
- 본 용접과 같은 온도에서 예열을 한다.
- 강도상 중요한 곳(응력이 집중하는 곳)과 용접의 시점 및 종점이 되는 끝부분은 피해야 한다.
- 일반적으로 본 용접을 할 부분은 피해야 하며, 부득이한 경우에는 본 용접 전 갈아낸 후 용접한다.

35 플러그 용접의 전단강도는 구멍의 면적당 전용착 금속 인장강도의 몇 % 정도인가?

① 20~30
② 40~50
③ 60~70
④ 80~90

해설 플러그 용접 및 슬롯 용접에서는 용착 금속이 전단 응력을 부담하는 경우가 많기 때문에 전단강도는 구멍의 면적당 전용착 금속 인장강도의 60~70% 정도이다.

36 다음 그림과 같은 홈의 종류는 무슨 형인가?

① U형
② V형
③ I형
④ J형

해설 맞대기 용접부의 홈 형상

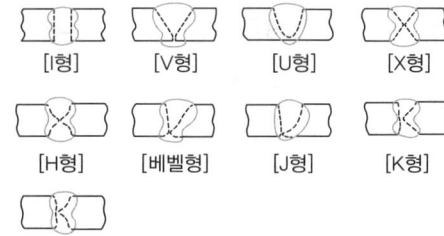

37 초음파 탐상법의 종류가 아닌 것은?

① 투과법　　② 공진법
③ 펄스반사법　④ 플라스마법

해설 초음파 탐상법의 종류
- 투과법 : 시험체 속에 초음파의 펄스 또는 연속파를 투과하고 뒷면에서 이를 수신하여 결함으로 인한 초음파의 장해 및 쇠약 정도를 조사한다.
- 펄스반사법 : 초음파 펄스를 시험체의 한쪽 면으로 송신하여 그 결함에서 반사되는 반사파의 형태로 결함을 판정하며 가장 많이 이용된다.
- 공진법 : 시험체의 두께에 따라 어떤 특정 주파수일 때 시험체 속에 초음파의 정상파가 생겨 공진하므로 그 상황을 근거로 라미네이션을 검출할 수 있다.

38 용접변형의 종류에 해당되지 않는 것은?

① 좌굴 변형　② 연성 변형
③ 회전 변형　④ 비틀림 변형

해설 용접변형의 종류
- 면 내의 수축 변형 : 가로(횡) 수축, 세로(종) 수축, 회전 변형
- 면 외의 휨 변형 : 각 변형(횡 굴곡), 종 굴곡, 좌굴 변형, 비틀림 변형(나선변형)

39 용접부를 연속적으로 타격하여 표면층에 소성변형을 주어 잔류 응력을 감소시키는 방법은?

① 피닝법　　　② 변형 교정법
③ 저온 응력 완화법　④ 응력 제거 어닐링

해설 피닝법은 외력만으로 소성변형을 일어나게 하는 방법이다.

40 일반적인 각변형 방지 대책으로 틀린 것은?

① 구속지그를 활용한다.
② 역변형의 시공법을 사용한다.
③ 용접속도가 느린 용접법을 이용한다.
④ 개선각도는 작업에 지장이 없는 한도 내에서 작게 하는 것이 좋다.

해설 각변형(횡굴곡)은 용접 시의 온도분포가 후판의 경우 판두께 방향으로 불균일하기 때문에, 모재가 용접부를 중심으로 꺾여 굽혀지는 변형으로 일반적으로 용접속도가 느릴수록 변형이 크다.

제3과목　용접일반 및 안전관리

41 레이저 용접의 설명으로 틀린 것은?

① 접촉식 용접방법이다.
② 모재의 열변형이 거의 없다.
③ 이종금속의 용접이 가능하다.
④ 미세하고 정밀한 용접을 할 수 있다.

해설 레이저 용접은 비접촉식 용접방식으로 모재에 손상을 주지 않는다.

42 전격방지기가 설치된 용접기의 가장 적당한 무부하 전압은 몇 V 정도인가?

① 20~30　② 40~50
③ 60~70　④ 80~90

해설 전격방지기는 용접기에 사용하여 용접작업자의 감전재해를 방지하기 위해 설치하는 것으로, 용접기의 주회로를 제어하는 장치를 가지고 있어, 용접봉의 조작에 따라 용접할 때에만 용접기의 주회로를 형성하고, 그 외에는 용접기의 출력측의 무부하전압을 25V 이하로 저하시키도록 동작하는 장치를 말한다.

43 저항 용접의 특징으로 틀린 것은?

① 접합강도가 비교적 크다.
② 산화 및 변질 부분이 적다.
③ 용접봉, 용제 등이 불필요하다.
④ 작업속도가 느려 소량생산에 적합하다.

해설 저항 용접은 작업속도가 빠르고 대량생산에 적합하다.

44 고장력강용 피복 아크 용접봉에서 피복제 계통이 철분 저수소계인 것은?

① E5001　② E5003
③ E5316　④ E5326

해설 고장력강용 피복 아크 용접봉 피복제의 계통
- 일루미나이트계 : E5001
- 라임티타니아계 : E5003
- 저수소계 : E5016, E5316, E5816, E6216, E7016, E7616, E8016
- 철분 저수소계 : E5026, E5326, E5826, E6226
- 특수계 : E5000, E8000

45 역류, 역화, 인화 등을 막기 위해 사용하는 수봉식 안전기 취급 시 주의사항이 아닌 것은?

① 수봉관에 규정된 선까지 물을 채운다.
② 안전기가 얼었을 경우 가스 토치로 해빙시킨다.
③ 한 개의 안전기에는 반드시 한 개의 토치를 설치한다.
④ 수봉관의 수위는 작업 전에 반드시 점검한다.

해설 안전기가 얼었을 때는 온수를 이용하여 해빙시킨다.

46 정격사용률이 50%이고, 정격 2차 전류가 300A인 아크 용접기를 사용하여 실제 300A로 용접한다면 용접기의 허용 사용률은 몇 %인가?

① 34.7   ② 41.7
③ 50   ④ 72

해설 허용사용률(%) = $(\frac{정격2차전류}{용접전류})^2 \times 정격사용률$
= $(\frac{300}{300})^2 \times 50 = 50\%$

47 직류 아크 용접기의 극성에 따른 특징으로 옳은 것은?

① 역극성의 경우 비드폭이 좁다.
② 정극성의 경우 모재의 용입이 깊다.
③ 역극성의 경우 용접봉의 녹음이 느리다.
④ 정극성은 박판용접 및 비철금속 용접에 쓰인다.

해설 정극성(DCSP)
• 용접봉(−), 모재(+)에 연결한다.
• 모재의 용입이 깊다.
• 용접봉의 녹음이 느리다.
• 비드 폭이 좁다.
• 일반적으로 많이 쓰인다.

48 일반적인 프로젝션 용접의 특징으로 옳은 것은?

① 전극의 수명이 짧다.
② 용접 속도가 느리다.
③ 제품의 신뢰도가 낮다.
④ 작업능률이 높으며 외관이 아름답다.

해설 프로젝션 용접의 특징
• 전극의 수명이 길다.
• 용접 속도가 빠르다.
• 제품의 신뢰도가 높다.
• 용접 피치를 작게 할 수 있다.
• 작업능률이 높으며 외관이 아름답다.

49 1차 입력이 40kVA인 피복아크 용접기에서 전원 전압이 200V라면 퓨즈의 용량은 몇 A가 가장 적합한가?

① 100   ② 150
③ 200   ④ 250

해설 퓨즈용량 = $\frac{40kVA}{200V} = \frac{40,000VA}{200V} = 200[A]$

50 서브머지드 아크 용접의 특징으로 틀린 것은?

① 유해광선 발생이 적다.
② 용착속도가 빠르며 용입이 깊다.
③ 전류밀도가 낮아 박판용접에 용이하다.
④ 개선각을 작게 하여 용접의 패스 수를 줄일 수 있다.

해설 서브머지드 아크 용접은 아크가 보이지 않는 상태에서 용접이 진행된다고 하여 잠호 용접이라고도 하며, 높은 전류밀도와 대입열을 사용하는 용접으로 후판용접에 적합하다.

51 MIG용접의 특징으로 옳은 것은?

① 수하특성 및 정전류 특성을 가진다.
② MIG 용접은 전자동 용접에만 사용한다.
③ 전류 밀도가 피복아크용접의 약 6배 정도 높다.
④ TIG 용접에 비해 능률이 작아 3mm 이하의 박판 용접에 주로 사용한다.

해설 불활성가스 금속아크 용접(MIG 용접)의 특징
- 반자동 또는 전자동으로 용접속도가 빠르다.
- 정전압 특성 또는 상승 특성의 직류 용접기가 사용된다.
- 전류 밀도가 피복아크용접의 약 6배 정도로 높아 3mm 이상의 두꺼운 판 용접에 능률적이다.
- 아크 자기 제어 특성이 있다.
- 직류 역극성 이용 시 청정작용에 의해 알루미늄, 마그네슘 등 용접이 가능하다.

52 가스용접에서 토치의 취급상 주의사항으로 틀린 것은?

① 토치를 망치 등 다른 용도로 사용해서는 안 된다.
② 팁 및 토치를 작업장 바닥이나 흙 속에 방치하지 않는다.
③ 작업 중 발생하기 쉬운 역류, 역화, 인화에 항상 주의하여야 한다.
④ 팁을 바꿔 끼울 때는 반드시 양쪽 밸브를 모두 열고 팁을 교체한다.

해설 토치의 팁을 바꿔 끼울 때는 반드시 양쪽 밸브를 모두 닫고 교체하여야 하며, 토치에 기름이나 그리스 등을 바르면 폭발의 우려가 있으므로 주의하도록 한다.

53 가스 절단에 사용되는 프로판 가스의 성질을 설명한 것 중 틀린 것은?

① 공기보다 가볍다.
② 증발잠열이 크다.
③ 상온에서는 기체 상태이고 무색이다.
④ 액화하기 쉽고 용기에 넣어 수송하기 편리하다.

해설 프로판은 공기보다 무겁다.

54 가스 절단에서 일정한 속도로 절단할 때 절단 홈의 밑으로 갈수록 슬래그의 방해, 산소의 오염 등에 의해 절단이 느려져 절단면을 보면 거의 일정한 간격으로 평행한 곡선이 나타난다. 이 곡선을 무엇이라 하는가?

① 가스궤적
② 드래그 라인
③ 절단면의 아크 방향
④ 절단속도의 불일치에 따른 궤적

해설 드래그 길이는 주로 절단 속도, 산소 소비량 등에 의하여 변화하며 절단면 말단부가 남지 않을 정도의 드래그를 표준 드래그 길이라 하고 보통 판 두께의 20% 정도이다.

55 가스 절단 시 사용되는 산소 중에 불순물이 증가되면 나타나는 결과로 틀린 것은?

① 절단면이 거칠어진다.
② 절단 속도가 빨라진다.
③ 산소의 소비량이 많아진다.
④ 슬래그의 이탈성이 나빠진다.

해설 가스절단 시 순도가 낮은 산소를 사용하면 절단속도가 저하되고 절단면이 거칠어진다.

56 피복아크 용접봉의 피복 배합제 중 탈산제로 사용되는 것은?

① 붕사
② 망간철
③ 석회석
④ 산화티탄

해설 피복 배합제의 성분
- 아크 안정제 : 규산칼륨, 규산나트륨, 산화타이타늄, 석회석 등
- 가스 발생제 : 녹말, 목재톱밥, 셀룰로오스, 석회석 등
- 슬래그 생성제 : 산화철, 일미나이트, 산화티탄, 이산화망간, 석회석, 규사, 장석, 형석 등
- 탈산제 : 규소철, 망간철, 티탄철 등의 철합금 또는 금속망간, 알루미늄 분말, 페로실리콘, 소맥분, 목재톱밥, 면사, 면포, 종이 등
- 고착제 : 규산나트륨, 규산칼륨 등
- 합금 첨가제 : 페로망간, 페로실리콘, 페로크로뮴, 페로바륨, 니켈 등

57 연납 땜과 경납 땜을 구분하는 기준 온도는 몇 ℃인가?

① 120 ② 300
③ 350 ④ 450

> **해설**
> - 연납 땜 : 융점이 450℃ 이하인 용가재를 사용하며 주석(Sn) 40%, 납(Pb) 60%의 합금이 대표적이다.
> - 경납 땜 : 융점이 450℃ 이상인 용가재를 사용하며 은납, 황동납, 양은납, 금납, 백금납, 알루미늄납, 철납 등이 있다.

58 교류아크용접기의 부속장치 중 아크 발생 초기만 용접 전류를 특별히 높이는 장치는?

① 핫 스타트 장치
② 원격 제어 장치
③ 전격 방지 장치
④ 초음파 발생 장치

> **해설** 핫 스타트 장치
> 아크가 발생하는 초기에 용접봉과 모재가 냉각되어 있어 용접 입열이 부족하여 아크가 불안정하기 때문에 아크 초기만 용접 전류를 특별히 높게 하는 것이다.

59 교류 아크 용접기에서 용접전류 조정범위는 정격 2차 전류의 몇 % 정도인가?

① 20~110%
② 40~170%
③ 60~190%
④ 80~210%

> **해설** 교류 아크 용접기의 정격 2차 전류 범위는 정격 2차 전류의 20~110% 정도이다.

60 중압식 가스용접 토치에서 사용되는 아세틸렌 가스의 압력으로 적당한 것은?

① 0.25MPa 이상
② 0.13~0.25MPa
③ 0.007~0.13MPa
④ 0.001~0.007MPa

> **해설** 가스용접 토치에 사용되는 아세틸렌 가스 압력
> - 저압식 : 0.07kgf/cm² (0.007MPa) 이하
> - 중압식 : 0.07~1.3kgf/cm² (0.007~0.13MPa)
> - 고압식 : 1.3kgf/cm² (0.13MPa) 이상

2020년 제1·2회 통합기출문제 정답

01	02	03	04	05	06	07	08	09	10
①	③	④	④	②	③	①	②	②	④
11	12	13	14	15	16	17	18	19	20
②	④	①	①	④	④	③	②	③	②
21	22	23	24	25	26	27	28	29	30
②	①	③	③	②	①	②	③	④	①
31	32	33	34	35	36	37	38	39	40
①	④	②	③	①	④	④	②	②	③
41	42	43	44	45	46	47	48	49	50
①	①	③	③	③	②	②	③	③	③
51	52	53	54	55	56	57	58	59	60
③	④	①	②	②	②	④	①	①	③

최근기출문제
2020년도 제3회 시행

제1과목 용접야금 및 용접설비제도

01 금속의 일반적인 성질로 틀린 것은?

① 수은 이외에는 상온에서 고체이다.
② 전기에 부도체이며, 비중이 작다.
③ 고체 상태에서 결정구조를 갖는다.
④ 금속 고유의 광택을 갖고 있다.

해설 금속은 열과 전기의 양도체이다.

02 아크용접 피복제의 종류 중에서 슬래그 생성제로만 짝지어진 것은?

① 산화철, 규사, 장석, 석회석, 일미나이트
② 석회석, 일미나이트, 망간철, 장석, 몰리브덴
③ 산화철, 석회석, 톱밥, 형석, 일미나이트
④ 석회석, 산화니켈, 장석, 규산나트륨, 일미나이트

해설 피복 배합제의 성분
- 아크 안정제 : 규산칼륨, 규산나트륨, 산화타이타늄, 석회석 등
- 가스 발생제 : 녹말, 목재톱밥, 셀룰로오스, 석회석 등
- 슬래그 생성제 : 산화철, 일미나이트, 산화티탄, 이산화망간, 석회석, 규사, 장석, 형석 등
- 탈산제 : 규소철, 망간철, 티탄철 등의 철합금 또는 금속망간, 알루미늄 분말, 페로실리콘, 소맥분, 목재톱밥, 면사, 면포, 종이 등
- 고착제 : 규산나트륨, 규산칼륨 등
- 합금 첨가제 : 페로망간, 페로실리콘, 페로크로뮴, 페로바륨, 니켈 등

03 강의 조직 중에서 경도가 높은 것에서 낮은 순으로 나열된 것은?

① 트루스타이트 > 솔바이트 > 오스테나이트 > 마텐자이트
② 솔바이트 > 트루스타이트 > 오스테나이트 > 마텐자이트
③ 마텐자이트 > 오스테나이트 > 솔바이트 > 트루스타이트
④ 마텐자이트 > 트루스타이트 > 솔바이트 > 오스테나이트

해설 조직 경도 순서
마텐자이트 > 트루스타이트 > 솔바이트 > 펄라이트 > 오스테나이트

04 강의 연화 및 내부 응력 제거를 목적으로 하는 열처리는?

① marquenching
② annealing
③ carburizing
④ nitriding

해설 어닐링(annealing, 풀림, 소둔)
- 단조, 압연 등의 소성가공이나 주조로 거칠어진 조직을 미세화하고 편석이나 잔류 응력을 제거하기 위하여 910°C보다 약 30~50°C 높게 가열하여 공기 중에서 공랭하는 것을 말한다.
- 결정 입자와 조직이 미세하게 되어서 경도, 강도가 크게 증가하고 연신율과 인성도 조금 증가한다.

05 다음 중 용접 전에 적당한 온도로 예열하는 목적과 가장 거리가 먼 것은?

① 수축 변형을 감소시키기 위하여
② 냉각속도를 빠르게 하기 위하여
③ 잔류응력을 경감시키기 위하여
④ 연성을 증가시키기 위하여

해설 예열은 용접부 및 주변의 열영향을 줄이고 냉각속도를 느리게 하여 취성 및 균열을 방지한다.

06 체심입방격자의 단위 격자에 속하는 원자수는?

① 1개　　② 2개
③ 3개　　④ 4개

해설 결정구조

결정구조	원자수	배위수	충진율
면심입방격자	4	12	74%
체심입방격자	2	8	68%
조밀육방격자	2	12	74%

07 순철의 성질이 아닌 것은?

① 담금질 효과를 받지 않는다.
② 용접성이 좋다.
③ 연성이 크다.
④ 취성이 크다.

해설 순철(pure iron)
- 탄소함유량이 0~0.02% 정도인 철을 말한다.
- 기계구조용보다는 전기재료로 많이 사용된다.
- 알파(α)철, 감마(γ)철, 델타(δ)철의 3개의 동소체가 있다.
- 전연성이 풍부하며 취성이 적다.

08 저탄소강의 용접 열영향부 조직 중 가열온도 범위가 900~1100℃이고, 재결정으로 미세화되어 인성 등의 기계적 성질이 양호한 것은?

① 조립부　　② 세립부
③ 모재부　　④ 취화부

해설 용접 열영향부의 조직
- 용착금속부(1500℃ 이상) : 용융 응고 부분으로 수지상(Dendrite) 조직을 나타낸다.
- 조립부(1250~1500℃) : 결정립이 조대화되어 마르텐사이트 등의 경화조직이 되기 쉽고, 저온 균열의 발생 가능성이 크다.
- 혼립부(bond부, 1100~1250℃) : 조립과 세립의 중간 성질을 갖는다.
- 세립부(900~1100℃) : 결정립이 A_3 변태에 재결정으로 미세화되어 인성 등의 기계적 성질이 양호해진다.
- 입상펄라이트부(750~900℃) : 펄라이트만 변태하거나 구상화하며, 서냉 시에는 인성이 양호하나 급냉 시에는 마르텐사이트화되어 인성이 저하된다.
- 취화부(300~750℃) : 열응력 또는 석출현상에 의한 취화가 발생하며, 현미경 조직검사로는 변화가 없는 것으로 나타난다.
- 모재부(원질부, 실온~300℃) : 열 영향을 받지 않는 모재부분에 해당된다.

09 강의 제조법 중 탈산 정도에 따른 강괴의 종류에 해당하지 않는 강은?

① 킬드강
② 림드강
③ 쾌삭강
④ 세미킬드강

해설 탈산 정도에 따른 강괴의 종류
- 킬드강 : 완전 탈산강으로 편석이 적고 재질이 균일하며 압연재로 널리 사용된다.
- 세미킬드강 : 킬드강보다 탈산이 적은 것으로 킬드강과 림드강의 중간이다.
- 림드강 : 탈산 및 가스처리가 불충분한 상태의 것으로 용접봉, 선재 등으로 쓰인다.

10 용접 슬래그 중 중성 산화물은 어느 것인가?

① SiO_2
② Al_2O_3
③ MnO
④ Na_2O

해설 산화물
- 산성 산화물 : SiO_2, Na_2O, P_2O_5
- 중성 산화물 : Al_2O_3, Fe_2O_3, TiO_2, Cr_2O_3
- 염기성 산화물 : CaO, MgO, FeO, PbO

11 다음 중 치수 기입의 원칙으로 틀린 것은?

① 치수는 중복기입을 피한다.
② 치수는 되도록 주 투상도에 집중시킨다.
③ 치수는 계산하여 구할 필요가 없도록 기입한다.
④ 관련되는 치수는 되도록 분산시켜서 기입한다.

해설 치수 기입 원칙
- 대상물의 기능, 제작, 조립 등을 고려하여 필요하다고 생각되는 치수를 명료하게 도면에 지시한다.
- 치수는 대상물의 크기, 자세, 위치를 명확하게 표시하는데 필요하다.
- 치수는 되도록 주 투상도에 집중하고 중복 기입을 피한다.
- 치수는 필요에 따라 기준으로 하는 점, 선 또는 면을 기준으로 하여 기입한다.
- 치수는 되도록 공정마다 배열을 분리하여 기입한다.

12 다음 그림의 용접기호는 어떤 용접을 나타내는가?

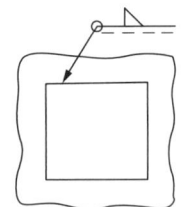

① 일주 필릿 용접
② 연속 필릿 현장 용접
③ 단속 필릿 현장 용접
④ 일주 맞대기 현장 용접

해설 □ : '필릿 용접'을 의미하는 기본 기호
○ : '일주(전둘레) 용접'을 뜻하는 보조 기호

13 다음과 같은 용접 기본 기호의 명칭으로 맞는 것은?

① 일면 개선형 맞대기 용접
② 개선 각이 급격한 V형 맞대기 용접
③ 넓은 루트면이 있는 V형 맞대기 용접
④ 넓은 루트면이 있는 한 면 개선형 맞대기 용접

해설
• 일면 개선형 맞대기 용접 : ╱
• 개선 각이 급격한 V형 맞대기 용접 : ╲╱

14 특정 부분의 도형이 작아서 그 부분의 상세한 도시나 치수 기입을 할 수 없을 때 그 부분을 가는 실선으로 에워싸고, 영문자 대문자로 표시함과 동시에 그 해당 부분을 다른 장소에 확대하여 그리는 것은?

① 부분 투상도
② 부분 확대도
③ 국부 투상도
④ 보조 투상도

해설 투상도
• 국부 투상도 : 대상물의 구멍, 홈 등 한 국부만의 모양을 도시하는 것으로 충분한 경우에는 그 필요 부분을 국부 투상도로써 나타낸다.
• 부분 확대도 : 특정 부분의 도형이 작아서 그 부분의 상세한 도시나 치수 기입을 할 수 없을 때는 그 부분을 가는 실선으로 에워싸고, 글자 및 척도를 기입한다.
• 보조 투상도 : 경사면부가 있는 물체는 정투상도로 그리면 물체의 실형을 나타낼 수 없으므로 그 경사면과 맞서는 위치에 보조 투상도를 그려 경사면의 실형을 나타낸다.
• 부분 투상도 : 그림의 일부를 도시하는 것으로 충분한 경우에는 그 필요 부분만을 부분 투상도로써 표시하고 생략한 부분과의 경계를 파단선으로 나타낸다.

15 다음 선의 종류 중 단면의 무게 중심을 연결한 선을 표시하거나, 렌즈를 통과하는 광측을 나타내는데 사용하는 것은?

① 굵은 파선
② 가는 일점 쇄선
③ 가는 이점 쇄선
④ 굵은 일점 쇄선

해설 선의 종류와 용도
• 굵은 실선 : 외형선
• 가는 실선 : 치수선, 치수보조선 등
• 파선 : 숨은선
• 가는 1점 쇄선 : 중심선, 기준선 등
• 가는 2점 쇄선 : 가상선, 무게 중심선
• 굵은 1점 쇄선 : 특수 지정선

16 도형의 표시방법 중 도형의 생략 도시에 관한 내용으로 가장 적절하지 않은 것은?

① 도형이 대칭일 경우에는 대칭 중심선의 한쪽 도형만 그리고, 그 대칭 중심선의 양끝 부분에 짧은 2개의 나란한 가는 선을 그린다.
② 도면에서 같은 크기나 모양이 계속 반복될 경우에는 생략하여 도시할 수 있다.
③ 긴 테이퍼 부분 또는 기울기 부분을 잘라낸 도시에서는 경사가 완만한 것은 실제의 각도로 도시하지 않아도 된다.
④ 긴 테이퍼의 중간 부분을 생략하여 도시하였을 경우 잘라낸 끝부분은 아주 굵은 선으로 나타낸다.

해설 축, 봉, 관, 형강, 테이퍼 축 등과 같이 일정한 단면 모양의 부분 또는 테이퍼 부분이 긴 경우에는 그 중간 부분을 절단하여 짧게 도시할 수 있으며, 이때 절단한 끝부분은 파단선으로 표시하고 필요한 경우에는 단면의 모양을 표시한다.

17 다음 중 각기둥이나 원기둥을 전개할 때 사용하는 전개도법으로 가장 적합한 것은?

① 사진 전개도법　② 평행선 전개도법
③ 삼각형 전개도법　④ 방사선 전개도법

해설 전개도법의 종류
- 방사선 전개도법 : 원뿔이나 각뿔 등을 전개할 때 사용하는 전개도법이다.
- 삼각형 전개도법 : 꼭짓점이 너무 멀리 떨어져 있어서 방사선법을 이용하기 어려운 원뿔이나 편심 원뿔, 각뿔 등의 전개도를 그릴 때 많이 사용하는 전개도법이다.
- 평행선 전개도법 : 각기둥이나 원기둥을 전개할 때 사용하는 전개도법이다.

18 다음 관 이음쇠의 기호 중 플랜지 이음의 캡 기호로 가장 적합한 것은?

해설 관 끝부분의 종류 및 기호

종류	기호
막힌 플랜지	—‖
나사박힘식 캡 및 나사박음식 플러그	—⊃
용접식 캡	—▷

19 한 도면에서 두 종류 이상의 선이 같은 장소에 겹치게 될 때 우선순위로 옳은 것은?

① 숨은선 → 절단선 → 외형선 → 중심선
② 숨은선 → 절단선 → 중심선 → 외형선
③ 외형선 → 숨은선 → 절단선 → 중심선
④ 외형선 → 중심선 → 절단선 → 숨은선

해설 겹치는 선의 우선순위
외형선 → 숨은선 → 절단선 → 중심선 → 무게 중심선 → 치수 보조선

20 그림과 같은 용접기호가 심(seam) 용접부에 도시되어 있다. 다음 중 설명이 틀린 것은?

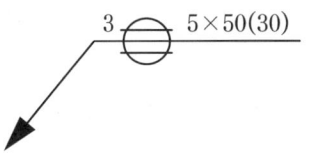

① 심 용접부의 폭은 3mm이다.
② 심 용접부의 두께는 5mm이다.
③ 심 용접부의 길이는 50mm이다.
④ 심 용접의 용접 거리는 30mm이다.

해설 5는 용접부의 갯수를 나타낸다.

제2과목　용접구조설계

21 용접 접합면에 홈(groove)을 만드는 주된 이유는?

① 변형을 줄이기 위하여
② 완전한 용입을 위하여
③ 재료를 절약하기 위하여
④ 제품의 치수를 조절하기 위하여

해설 일반적으로 두께가 4mm 이상인 판재를 용접할 경우 접합하고자 하는 부분에 적당한 홈(groove)을 만들어 완전한 용입이 되도록 하여야 한다.

22 용접부 검사에서 비파괴 시험법에 속하는 것은?

① 충격 시험　② 피로 시험
③ 경도 시험　④ 형광침투 시험

해설 비파괴 시험법의 종류
- 자기탐상검사(MT)
- 침투탐상검사(PT) : 형광침투시험, 염색침투시험
- 방사선 투과 검사(RT)
- 초음파 탐상 검사(UT) : 투과법, 펄스 반사법, 공진법

23 용접수축에 의한 굽힘 변형 방지법으로 틀린 것은?

① 개선 각도는 용접에 지장이 없는 범위에서 작게 한다.
② 후퇴법, 대칭법, 비석법 등을 채택하여 용접한다.
③ 역변형을 주거나 구속 지그로 구속한 후 용접한다.
④ 판 두께가 얇은 경우 첫 패스 측의 개선 깊이를 작게 한다.

해설 각변형 방지법
- 개선 각도는 용접에 지장이 없는 범위에서 작게 한다.
- 판 두께가 얇을수록 첫 패스 측의 개선 깊이를 크게 한다.
- 판 두께와 개선 형상이 일정할 때 용접봉 지름이 큰 것을 이용하여 패스 수를 줄인다.
- 용착 속도가 빠른 용접방법을 선택한다.
- 역변형을 주거나, 구속 지그로 구속한 후 용접한다.

24 용접 기본기호에서 "넓은 루트면이 있는 한 면 개선형 맞대기 용접"을 나타내는 것은?

① ∨   ② Y
③ ⊻   ④ ⋎

해설
① 한 면 개선형 맞대기 용접
② 넓은 루트면이 있는 V형 맞대기 용접
③ 넓은 루트면이 있는 한 면 개선형 맞대기 용접
④ U형 맞대기 용접(평행 또는 경사면)

25 모재의 인장강도가 400MPa이고, 용접시험편의 인장강도가 280MPa이라면 용접부의 이음효율은 몇 %인가?

① 50   ② 60
③ 70   ④ 80

해설 이음효율 = $\frac{\text{용접시험편 인장강도}}{\text{모재 인장강도}} \times 100\%$
 = $\frac{280}{400} \times 100\% = 70\%$

26 용접변형의 일반적 특성에서 홈 용접시 용접 진행에 따라 홈 간격이 넓어지거나 좁아지는 변형은?

① 종변형   ② 횡변형
③ 각변형   ④ 회전변형

해설 회전변형
- 맞대기 이음에 있어 용접 진행에 따라 홈 간격이 좁아지거나 넓어지는 변형을 말한다.
- 일반적으로 수동용접 등의 저속 소입열의 용접에서는 개선이 좁아지며, 서브머지드 아크용접과 같은 고속 대입열의 용접에서는 벌어지는 경향이 있다.

27 다음 중 용접구조물의 피로강도를 향상시키기 위한 방법으로 틀린 것은?

① 구조상 응력 집중이 되는 곳에 용접을 집중시킬 것
② 열처리 방법을 이용하여 용접부의 잔류응력을 완화시킬 것
③ 냉간 가공이나 야금적 변화 등을 이용하여 기계적인 강도를 높일 것
④ 표면 가공이나 다듬질을 이용하여 단면이 급변하는 부분을 피할 것

해설 피로강도 향상 방법
- 가능한 응력 집중부에 용접부가 없도록 할 것
- 냉간가공 또는 야금적 변태 등에 의하여 기계적인 강도를 높일 것
- 열처리 또는 기계적인 방법으로 용접부 잔류응력을 완화시킬 것
- 표면가공 또는 다듬질 등을 이용하여 단면이 급변하는 부분을 최소화할 것

28 용접이음 설계시 충격하중을 받는 연강의 안전율로 적당한 것은?

① 3   ② 5   ③ 8   ④ 12

해설 안전율

재료	정하중	동하중		충격하중
		반복하중	교번하중	
주철, 취약한 금속	4	6	10	15
연강	3	5	8	12
구리 및 유연한 금속	5	6	9	15

29 두께 4mm인 연강 판을 I형 맞대기 이음 용접을 한 결과 용착금속의 중량이 3kg이었다. 이때 용착효율이 60%라면 용접봉의 사용 중량은 몇 kg인가?

① 4   ② 5   ③ 6   ④ 7

해설 용착효율 = $\dfrac{\text{용착금속의 중량}}{\text{용접봉 사용중량}} \times 100\%$

∴ 용접봉 사용중량 = $\dfrac{\text{용착금속의 중량}}{\text{용착효율}} = \dfrac{3}{0.6} = 5[kg]$

30 용접부의 단면을 연삭기나 샌드페이퍼 등으로 연마하고 적당히 부식시켜 육안이나 저배율의 확대경으로 관찰하여 용입의 상태, 다층 용접에 있어서의 각 층의 양상, 열영향부의 범위, 결함의 유무 등을 알아보는 시험은?

① 파면 시험   ② 피로 시험
③ 전단 시험   ④ 매크로 조직 시험

해설
- 파면 시험 : 모서리 용접부를 해머 또는 프레스로 굽힘 파단하여 그 파단면의 용입 부족, 결함, 결정의 조밀성, 선상조직, 은점 등을 육안으로 검사하는 방법
- 피로 시험 : 재료에 반복하중(인장, 압축, 회전, 굽힘, 비틀림, 충격 등)을 가하고 파괴될 때까지의 반복 횟수를 구하는 시험
- 전단 시험 : 공시체에 전단 하중을 가하여 파괴하고 전단에 대한 재료의 성상, 강도 등을 측정하는 시험
- 매크로 조직 시험 : 용접부의 단면을 연삭기나 샌드페이퍼 등으로 연마하고 적당히 부식시켜 육안이나 저배율의 확대경으로 관찰하여 용입의 상태, 다층 용접에 있어서의 각층의 양상, 열영향부의 범위, 결함의 유무 등을 알아보는 시험

31 중판 이상 두꺼운 판의 용접을 위한 홈 설계 시 고려사항으로 틀린 것은?

① 루트 반지름은 가능한 작게 한다.
② 홈의 단면적은 가능한 작게 한다.
③ 적당한 루트 간격과 루트 면을 만들어 준다.
④ 최소 10° 정도 전후 좌우로 용접봉을 움직일 수 있는 홈 각도를 만든다.

해설 루트 반지름은 가능한 크게 한다.

32 다음 홈 이음 형상 중 플레어 용접부의 형상과 가장 거리가 먼 것은?

① I형   ② V형
③ X형   ④ K형

해설 플레어 용접은 두 부재 사이의 휨 부분을 용접하는 것을 말하는 것으로 다음의 형태가 있다.

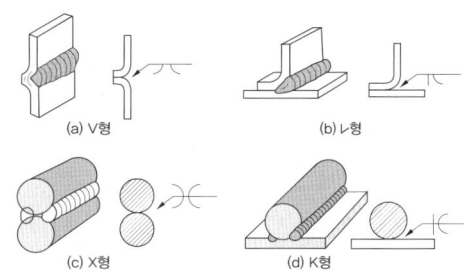

(a) V형   (b) ㄴ형
(c) X형   (d) K형

33 용접 설계상 유의할 사항이 아닌 것은?

① 가능한 낮은 전류를 사용한다.
② 가능한 아래보기 용접을 하도록 한다.
③ 이음부가 한곳에 집중되지 않도록 한다.
④ 적당한 루트 간격과 홈 각도를 선택하도록 한다.

해설 용접 시 전류는 해당 용접의 재료 및 성격 등에 따라 적합한 전류를 정하여야 한다.

34 용접이음에서 취성파괴의 일반적 특징에 대한 설명 중 틀린 것은?

① 온도가 높을수록 발생하기 쉽다.
② 항복점 이하의 평균응력에서도 발생한다.
③ 거시적 파면상황은 판 표면에 거의 수직이다.
④ 파괴의 기점은 응력과 변형이 집중하는 구조적 및 형상적인 불연속부에서 발생하기 쉽다.

해설 철강 재료 등에서는 연성-취성 천이온도가 있으며, 그 온도보다 높은 온도에서는 연성파괴를 나타내지만, 낮은 온도 쪽에서는 취성파괴를 나타낸다.

35 피복아크 용접에서 아크전류 200A, 아크전압 30V, 용접속도 20cm/min 일 때 용접 길이 1cm당 발생하는 용접입열(Joule/cm)은?

① 12000   ② 15000
③ 18000   ④ 20000

해설 용접입열 $H = \dfrac{60EI}{V} = \dfrac{60 \times 200 \times 30}{20} = 18000$(Joule/cm)

36 연강 판의 양면 필릿(fillet) 용접시 용접부의 목길이는 판 두께의 얼마 정도로 하는 것이 가장 좋은가?

① 25%   ② 50%   ③ 75%   ④ 100%

해설 연강 판의 양면 필릿 용접 시 용접부의 목길이는 판 두께의 75%가 적당하다.

37 판의 굽힘이 생긴 부분을 가열 온도 500~600℃, 가열 시간은 약 30초, 가열점의 지름은 20~30mm, 중심 거리는 60~80mm로 가열 후 즉시 수냉하는 용접변형 교정방법은?

① 피닝법
② 점 가열법
③ 선상 가열법
④ 가열 후 해머링법

38 용접 시 발생하는 일차결함으로서, 응고온도범위 또는 그 직하의 비교적 고온에서 용접부의 자기수축과 외부구속 등에 의한 인장 스트레스와 균열에 민감한 조직이 존재하면 발생하는 용접부의 균열은?

① 공칭 균열   ② 저온 균열
③ 고온 균열   ④ 지연 균열

해설 **고온 균열**
용접부의 응고 온도 범위 또는 그 바로 아래와 같은 비교적 고온에서 발생하는 균열. 용접 중 또는 용접 직후에 용접부가 아직 고온일 때 발생하는 용접 균열을 가리킨다. 고온 균열의 대부분은 입계 균열로써, 용접 비드 및 열 영향부에도 발생한다.

39 양면 용접에 의하여 충분한 용입을 얻으려고 할 때 사용되며 두꺼운 판의 용접에 가장 적합한 맞대기 홈의 형태는?

① I형   ② H형
③ U형   ④ V형

해설
- I형 : 판 두께가 6mm 이하의 용접에 사용되며 루트 간격 없이 완전용입이 가능하다.
- V형 : 판 두께가 4~19mm 이하의 경우를 한쪽에서 용접으로 완전용입을 얻고자 할 때 사용한다.
- U형 : V형 홈 가공보다 두꺼운 판을 양면 용접할 수 없는 경우에 사용한다.

40 일반적으로 용접순서를 결정할 때 주의해야 할 사항으로 옳은 것은?

① 중심선에 대하여 비대칭으로 용접을 진행한다.
② 리벳과 용접을 병용하는 경우에는 용접이음을 먼저 한다.
③ 동일 평면 내에 이음이 많을 경우, 수축은 오른쪽으로 보낸다.
④ 수축이 작은 이음을 먼저 용접하고, 수축이 큰 이음을 나중에 용접한다.

해설
- 중심선에 대하여 대칭적으로 용접을 진행한다.
- 동일 평면 내에 이음이 많을 경우, 수축은 자유단으로 보낸다.
- 수축이 큰 맞대기 이음을 먼저 용접한다.

제3과목 용접일반 및 안전관리

41 다음 재료 중 용접시 가스 중독을 일으킬 수 있는 위험이 가장 큰 것은?

① 아연 도금판   ② 니켈 도금판
③ 망간 도금판   ④ 알루미늄 도금판

해설 아연도금판 및 납도금판의 용접에는 유독한 금속증기가 발생하기 때문에 방독마스크를 착용하고 용접하여야 한다.

42 다음 중 연납에 대한 설명으로 틀린 것은?

① 연납에는 주석–납을 가장 많이 사용한다.
② 염화아연, 염산, 염화암모늄은 연납용 용제로 사용된다.
③ 전기적인 접합이나 기밀, 수밀을 필요로 하는 장소에 사용된다.
④ 연납의 흡착 작용은 아연의 함량에 의존되며 아연 100%의 것이 가장 좋다.

해설 연납의 흡착 작용은 주석의 함량에 의존되며 주석 100%의 것이 가장 좋다.

43 불활성 가스 금속 아크용접에 관한 설명으로 틀린 것은?

① 롤러 가압 방식은 2단식과 4단식이 있다.
② 송급롤러의 형태는 V형, U형, 룰렛형 등이 있다.
③ 와이어 송급방식은 푸시, 풀, 푸시–풀, 더블 푸시의 4종류가 있다.
④ 공랭식 MIG용접 토치는 비교적 높은 전류로 용접하는 곳에 사용되며 형태로는 릴부착형을 사용한다.

해설 200A 이상의 용접전류를 사용할 때는 냉각효과가 큰 수랭식 토치를 사용하는 것이 능률적이다.

44 용접이나 절단에서 사용하는 가스와 가스용기의 색상이 바르게 짝지어진 것은?

① 수소 – 주황색
② 프로판 – 황색
③ 아세틸렌 – 녹색
④ 이산화탄소 – 흰색

해설
- 프로판 – 회색
- 아세틸렌 – 황색
- 이산화탄소 – 청색
- 산소 – 녹색

45 이음부의 루트 간격 치수에 특히 유의하여야 하며, 아크가 보이지 않는 상태에서 용접이 진행된다고 하여 잠호 용접이라고도 하는 것은?

① 피복아크 용접
② 탄산가스 아크 용접
③ 서브머지드 아크 용접
④ 불활성 가스 금속 아크 용접

해설 서브머지드 아크 용접
- 아크가 보이지 않는 상태에서 용접이 진행된다고 하여 잠호 용접이라고도 한다.
- 높은 전류밀도와 대입열을 사용하는 용접으로 후판용접에 적합하다.

46 아세틸렌 압력조정기의 구비조건으로 옳은 것은?

① 압력조정기는 항상 빙결되어야 한다.
② 압력조정기는 동작이 둔감해야 한다.
③ 조정압력과 방출압력과의 차이가 클수록 좋다.
④ 조정압력은 용기 내의 가스량이 변해도 항상 일정해야 한다.

해설 아세틸렌 압력조정기 구비조건
- 빙결되지 않아야 한다.
- 동작이 예민해야 한다.
- 조정압력과 방출압력의 차이가 작아야 한다.
- 조정압력은 용기 내의 가스량이 변해도 항상 일정해야 한다.

47 다음 중 아크 용접시 발생되는 유해한 광선에 해당되는 것은?

① X선
② 자외선
③ 감마선
④ 중성자선

해설 아크 용접은 아크용접을 할 때의 온도는 5,000~6,000 K의 고온에 달하며, 또 강한 자외선이 방출되므로 작업자는 눈이나 몸을 보호하기 위해 헬멧, 장갑 등을 착용해야 한다.

48 일반적인 초음파 용접의 특징으로 틀린 것은?

① 얇은 판이나 필름(film)의 용접도 가능하다.
② 판의 두께에 따라 용접 강도가 현저하게 변화한다.
③ 냉간압접에 비하여 주어지는 압력이 작으므로 용접물의 변형이 적다.
④ 용접 입열이 적고 용접부가 좁으며 용입이 깊어 이종 금속의 용접이 불가능하다.

해설 초음파 용접은 이종 금속, 플라스틱, 두꺼운 고속도강 용접도 가능하다.

49 직류 아크 용접 중의 전압분포에서 양극 전압 강하 V_1, 음극 전압 강하 V_2, 아크 기둥 전압 강하 V_3 로 분류할 때, 아크전압 V_a를 구하는 식으로 옳은 것은?

① $V_a = V_1 - V_2 + V_3$
② $V_a = V_1 - V_2 - V_3$
③ $V_a = V_1 + V_2 + V_3$
④ $V_a = V_1 + V_2 - V_3$

해설 아크전압은 양극, 아크 기둥, 음극 전압 강하를 모두 합친 값이다.

50 스터드 용접에서 페룰(ferrule)의 작용이 아닌 것은?

① 용융금속의 산화를 방지한다.
② 용접 후 모재의 변형을 방지한다.
③ 용접이 진행되는 동안 아크열을 집중시켜 준다.
④ 용접사의 눈을 아크 광선으로부터 보호해 준다.

해설 페룰(ferrule)의 작용
• 용융금속의 산화를 방지한다.
• 용융금속의 유출을 막아준다.
• 아크열을 집중시켜 준다.
• 용접사의 눈을 아크 광선으로부터 보호해 준다.
• 용착부의 오염을 방지한다.

51 일반적인 용접의 특징으로 틀린 것은?

① 작업 공정이 단축되며 경제적이다.
② 재질의 변형이 없으며 이음효율이 낮다.
③ 제품의 성능과 수명이 향상되며 이종 재료도 접합할 수 있다.
④ 소음이 적어 실내에서의 작업이 가능하며, 복잡한 구조물 제작이 쉽다.

해설 일반적인 용접의 장점 및 단점

구분	내용
장점	• 재료가 절약되고 중량이 경감된다. • 작업공정이 단축되며 경제적이다. • 재료의 두께에 제한이 없다. • 기밀 · 수밀 · 유밀성이 우수하며 이음효율이 좋다. • 제품의 성능과 수명이 향상되며 이종재료도 접합이 가능하다. • 용접준비 및 작업이 비교적 간단하고 용접의 자동화가 용이하다. • 소음이 적어 실내에서의 작업이 가능하며 복잡한 구조물 제작이 쉽다. • 보수와 수리가 용이하다.
단점	• 재질의 변형 및 잔류응력이 발생한다. • 저온취성이 생길 우려가 있다. • 품질검사가 곤란하고 변형과 수축이 생긴다. • 용접사의 기량에 따라 용접부의 품질이 좌우된다.

52 TIG 용접에서 교류 용접기에 고주파 전류를 사용할 때의 특징으로 틀린 것은?

① 텅스텐 전극봉의 수명이 길어진다.
② 전극봉을 모재에 접촉시키지 않아도 아크가 발생된다.
③ 주어진 전극봉 지름에 비하여 전류 사용범위가 크다.
④ 용접 작업 중 아크 길이가 약간 길어지면 아크가 끊어진다.

해설 고주파 전류를 사용할 때의 특징
• 아크가 안정된다.
• 긴 아크를 유지할 수 있으므로 육성 용접이나 표면경화 작업에 용이하다.
• 전극봉을 모재에 접촉시키지 않아도 아크가 발생된다.
• 텅스텐 전극봉의 수명이 길어진다.
• 주어진 전극봉 지름에 비하여 전류 사용범위가 크고, 보다 낮은 전류로 용접이 용이하다.

53 발전형 직류용접기와 비교할 때, 정류기형 직류용접기의 특징이 아닌 것은?

① 보수와 점검이 어렵다.
② 완전한 직류를 얻지 못한다.
③ 정류기의 파손에 주의해야 한다.
④ 취급이 간단하고 가격이 저렴하다.

해설 정류기형 용접기의 특징
- 직류를 얻는데 소음이 나지 않는다.
- 취급이 간단하고 발전형보다 가격이 저렴하다.
- 교류를 정류하므로 완전한 직류를 얻지 못한다.
- 고장이 적지만 파손에 주의해야 한다.
- 보수와 점검이 발전형보다 간편하다.

54 구리나 황동을 가스 용접할 때 주로 사용하는 불꽃의 종류는?

① 탄화 불꽃
② 산화 불꽃
③ 질화 불꽃
④ 중성 불꽃

해설 산소-아세틸렌 불꽃의 종류
- 중성불꽃 : 산소와 아세틸렌 가스의 용적이 1:1로 혼합된 불꽃으로 표준불꽃이라고도 한다.
- 탄화불꽃 : 아세틸렌 과잉 불꽃으로 스테인리스강 용접에 사용된다.
- 산화불꽃 : 산소 과잉 불꽃으로 구리나 황동을 가스 용접할 때 사용된다.

55 피복 아크 용접에서 피복 배합제의 성분 중 탈산제에 속하는 것은?

① 형석
② 석회석
③ 페로실리콘
④ 중탄산나트륨

해설 피복 배합제의 성분
- 아크 안정제 : 규산칼륨, 규산나트륨, 산화타이타늄, 석회석 등
- 가스 발생제 : 녹말, 목재톱밥, 셀룰로오스, 석회석 등
- 슬래그 생성제 : 산화철, 일미나이트, 산화티탄, 이산화망간, 석회석, 규사, 장석, 형석 등
- 탈산제 : 규소철, 망간철, 티탄철 등의 철합금 또는 금속망간, 알루미늄 분말, 페로실리콘, 소맥분, 목재톱밥, 면사, 면포, 종이 등
- 고착제 : 규산나트륨, 규산칼륨 등
- 합금 첨가제 : 페로망간, 페로실리콘, 페로크로뮴, 페로바륨, 니켈 등

56 가스절단이 용이하지 않은 주철 및 스테인리스강 등을 철분 또는 용제를 분출시켜 산화열 또는 용제의 화학 작용을 이용하여 절단하는 방법은?

① 분말절단
② 수중절단
③ 산소창절단
④ 탄소아크절단

해설 분말 절단
절단 부위에 철분이나 용제의 미세한 분말을 압축 공기 또는 압축 질소와 같이 연속적으로 팁을 통해서 분출시키고, 예열 불꽃으로 이들과의 연소 반응을 시켜 절단 부위를 고온으로 만들어 그 산화열 또는 용제의 화학 작용을 이용하여 절단하는 방법이다.

57 아크 용접기의 사용률을 구하는 식으로 옳은 것은?

① 사용률 = $\dfrac{휴식시간}{아크시간} \times 100(\%)$

② 사용률 = $\dfrac{휴식시간}{아크시간} \times 100(\%)$

③ 사용률 = $\dfrac{아크시간 + 휴식시간}{아크시간} \times 100(\%)$

④ 사용률 = $\dfrac{아크시간}{아크시간 + 휴식시간} \times 100(\%)$

해설 아크용접의 주요 공식
- 사용률(%) = $\dfrac{아크발생시간}{아크발생시간+정지시간} \times 100$
- 허용사용률(%) = $\dfrac{정격2차전류^2}{실제용접전류^2} \times 정격 사용률$
- 역률(%) = $\dfrac{소비전력(kW)}{전원입력(kVA)} \times 100$
- 효율(%) = $\dfrac{아크출력(kW)}{소비전력(kW)} \times 100$

58 AW-400, 정격 사용률이 60%인 아크 용접기로 300A의 전류로 용접한다면 허용 사용률은 약 몇 %인가?

① 90 ② 100
③ 107 ④ 126

해설 허용 사용률(%) = $(\frac{정격2차전류}{사용전류})^2 \times$ 정격 사용률

$= \frac{400^2}{300^2} \times 0.6 ≒ 1.07$

∴ 107%

※ AW-400은 정격2차전류가 400A인 용접기를 의미한다.

59 높은 진공 속에서 음극으로부터 방출된 전자를 고전압으로 가속시켜 피용접물과의 충돌에 의한 에너지로 용접을 행하는 방법은?

① 테르밋 용접법
② 스터드 용접법
③ 전자 빔 용접법
④ 그래비티 용접법

해설 전자 빔 용접은 진공 중에서 용접을 하므로 텅스텐, 몰리브덴과 같은 대기에서 반응하기 쉬운 금속도 용이하게 용접할 수 있다.

60 연강용 피복 아크 용접봉 중 가스 실드계의 대표적인 용접봉으로 피복제 중에 유기물을 20~30% 정도 포함하고 있는 것은?

① E4303 ② E4311
③ E4313 ④ E4326

해설

구분	내용
E4303 (라임 티타니아계) 용접봉	• 주성분 : 산화티탄(약 30% 이상) • 전 자세 용접이 가능 • 작업성과 기계적 성질도 우수
E4311 (고셀룰로오스계) 용접봉	• 셀룰로오스 20~30% • 가스 실드에 의한 아크 분위기가 환원성으로 용착금속의 기계적 성질이 양호 • 피복이 얇고, 슬래그가 적으므로 좁은 홈의 용접이나 수직상진·하진 및 위보기 용접에서 우수한 작업성을 갖는다.
E4313 (고산화 티탄계) 용접봉	• 주성분 : 산화티탄(약 35% 이상) • 수직 용접도 가능 • 용접 외관과 작업성이 좋음 • 용입이 비교적 얕아서 얇은 판의 용접에 적당하다. • 기계적 성질이 다른 용접봉에 비하여 약하고 용접 중에 고온 균열을 일으키기 쉬운 결점이 있다.
E4316 (저수소계) 용접봉	• 주성분 : 석회석 • 용착금속 중의 수소 함유량이 다른 용접봉에 비해 약 1/10 정도로 현저하게 적다.

2020년 제3회 기출문제 정답

01	02	03	04	05	06	07	08	09	10
②	①	④	②	②	②	④	②	③	②
11	12	13	14	15	16	17	18	19	20
④	①	①	②	③	④	②	①	③	②
21	22	23	24	25	26	27	28	29	30
②	④	④	③	③	①	④	②	④	④
31	32	33	34	35	36	37	38	39	40
①	①	①	①	③	③	②	③	②	②
41	42	43	44	45	46	47	48	49	50
①	④	④	①	③	②	②	④	③	②
51	52	53	54	55	56	57	58	59	60
②	④	①	②	②	①	④	③	③	②

용접산업기사 필기
10년간 기출문제

2026년 01월 05일 인쇄
2026년 01월 20일 발행

지은이 | 나중식
펴낸이 | 이강복

펴낸곳 | (주)도서출판 책과상상
주　소 | 경기도 고양시 일산동구 장항로 203-191
대표전화 | 02-3272-1703
구입문의 | 02-3272-1704
출판등록 | 제2020-000205호
홈페이지 | www.sangsangbooks.co.kr

Copyright©나중식, 2026. Printed in Seoul, Korea

• 잘못된 책은 구입한 서점에서 교환해 드립니다.
• 이 책에 실린 모든 내용, 디자인, 이미지, 편집구성의 저작권은 (주)책과상상과 저자에게 있습니다. 허락없이 복제하거나 다른 매체에 옮겨 실을 수 없습니다.

책값은 뒤표지에 있습니다.

ISBN 979-11-6967-290-0

Industrial Engineer Welding